Konstruktionslehre
Grundlagen

Herausgegeben von
Dietrich Schlottmann

Autoren:
Dietrich Schlottmann
Franz Heider
Friedrich Habedank
Peter Goetze

Erweiterter Nachdruck
der zweiten, durchgesehenen Auflage

Mit einem Anhang
von Gerhard Siegmund

Springer-Verlag Wien GmbH

Autoren:

Prof. Dr. sc. techn. *D. Schlottmann*, Rostock
Abschnitte 1., 2., 3., 4. (außer 4.4.) und 6.

Dr.-Ing. *F. Heider*, Rostock
Abschnitte 4.4., 7. und 8.

Doz. Dr.-Ing. *F. Habedank*, Rostock
Abschnitte 5. und 10.

Dipl.-Ing. *P. Goetze*, Rostock
Abschnitt 9.

Dipl.-Ing. *G. Siegmund*, Wien
Anhang.

Mit 422 Abbildungen

CIP-Kurztitelaufnahme der Deutschen Bibliothek

Konstruktionslehre. – Wien; New York:
Springer
Grundlagen / hrsg. von Dietrich Schlottmann.
Autoren: Dietrich Schlottmann... – Erw.
Nachdr. d. 2., durchges. Aufl. / mit e. Anh.
von Gerhard Siegmund. – 1983.

NE: Schlottmann, Dietrich [Hrsg.]

Ursprünglich erschienen bei VEB Verlag Technik Berlin 1979.
Softcover reprint of the hardcover 2nd edition 1979

ISBN 978-3-7091-4059-8 ISBN 978-3-7091-4058-1 (eBook)
DOI 10.1007/978-3-7091-4058-1

Geleitwort

Das vorliegende Buch behandelt in gut ausgewogenem Verhältnis die für Maschinenbauingenieure wesentlichen Themenkreise: Konstruktionssystematik, Gestaltung und zeichnerische Darstellung, Dimensionierung und Berechnung von Konstruktionselementen und Verbindungen. Der Berechnung ist dabei der größte Teil des Buches gewidmet, und zwar derart, daß stets die theoretische Basis wie auch die praktische Anwendung präsentiert werden.
Der Nachdruck der zweiten Auflage enthält einige Textänderungen und einen Anhang mit zusätzlichen Norm- und Literaturhinweisen, wodurch die Verwendung des ursprünglich in der DDR erschienenen Buches in jenen Ländern erleichtert wird, die nach DIN- oder ähnlichen Normen orientiert sind.
Das Buch ist für die Konstruktionspraxis ebenso zu empfehlen wie für das Studium des Maschinenbaues an technischen Lehranstalten und Universitäten.

Wien, im Frühjahr 1982

o. Prof. Dipl.-Ing. Dr. techn. *Felix Fritsch*
Vorstand des Instituts für Allgemeine
Maschinenlehre und Fördertechnik
der Technischen Universität Wien

Vorwort zur ersten Auflage

In den letzten Jahren entwickelte sich die Konstruktionslehre aus einer gewissen Schattenstellung in eine Schlüsselposition.
Empirie und Intuition sind abzulösen durch Programme und Algorithmen. Das setzt eine zunehmend mathematisch-naturwissenschaftliche und philosophisch-erkenntnistheoretische Durchdringung der Konstruktionslehre voraus.
Mit dem vorliegenden Buch, das den ehemaligen Titel „Maschinenelemente – Grundlagen“ ablöst, zugleich aber auf dessen Basis erarbeitet wurde, ist der Versuch, den konventionellen Lehrstoff zu den Grundlagen der Konstruktionslehre mit modernen mathematisch-naturwissenschaftlichen Mitteln darzustellen, fortgesetzt worden.
Die neuesten Erkenntnisse und Entwicklungsrichtungen auf Teilgebieten, wie der Konstruktionstheorie und der Berechnung von Sicherheit, Zuverlässigkeit und Lebensdauer, sind ebenso berücksichtigt, wie die inhaltliche Anpassung an den verbindlichen Studienplan für die Grundstudienrichtung „Maschineningenieurwesen“. Eine Reihe von Beispielen unterstreicht die besondere Bedeutung als Lehrbuch.
Ein junges Autorenkollektiv mit Erfahrung aus Lehre, Forschung und Industriepraxis bemühte sich, diesen Forderungen gerecht zu werden.
Verschiedene Hinweise auf noch nicht befriedigend gelöste Probleme unterstreichen den Hochschulcharakter des Buches und sollen insbesondere den theoretisch interessierten Leser anregen. Auf eine Faktenvermittlung wurde weitgehend verzichtet. Diese Aufgabe übernimmt das „Taschenbuch Maschinenbau“, auf das im Inhalt wiederholt verwiesen wird.
Herausgeber und Autoren geben der Überzeugung Ausdruck, daß dieses Buch dazu beiträgt, die Hochschulausbildung effektiver zu gestalten.

Prof. Dr. sc. techn. *D. Schlottmann*

Inhaltsverzeichnis

1. Allgemeine Grundlagen der Konstruktionslehre

1.1. Begriffsbestimmung

Gegenstand der Konstruktionstätigkeit ist das zu schaffende technische Gebilde oder technische System, das Baugruppe oder Einzelteil oder aus diesen aufgebaut sein kann.
Unter dem Terminus *Konstruktionselement* sollen alle Teilsysteme des technischen Systems zusammengefaßt werden, die häufig wiederkehren und dabei gleiche oder ähnliche Funktionen zu erfüllen haben.
Es ist notwendig, den Begriff *Konstruktionselement* gegenüber den sog. Maschinenelementen abzugrenzen:
Echte Maschinenelemente sind z. B. Schrauben, Federn, Wellen. Ständig wiederkehrende Teilsysteme sind aber auch die Funktionseinheiten Schraubenverbindung, Nabenverbindung, Lager usw. sowie stoffschlüssige Verbindungstechnologien, wie Schweißen, Löten, Kleben, und Prinzipien des Austauschbaus, wie Passungsfamilien und Toleranzen, so daß die Wandlung des Begriffs Maschinenelemente in Konstruktionselemente notwendig und unumgänglich geworden ist. Andererseits ist der Terminus *Konstruktionselement* gegenüber den *Elementen des Konstruierens* abzugrenzen. Während die Konstruktionselemente nur Elemente und Prinzipien einschließen, sind unter Elementen des Konstruierens gedankliche Methoden und Verfahren des Konstruierens zu verstehen.
Die Kenntnis der Konstruktionselemente und in zunehmendem Maß der gedanklichen Verfahren und Methoden des Konstruierens ist als eine wesentliche Voraussetzung für eine praxisnahe und erfolgreiche Tätigkeit des Ingenieurs bzw. des bearbeitenden Technikerteams anzusehen.

1.2. Gedanklicher Prozeß des Konstruierens

Unter *Konstruieren* ist das bildhafte Vorausdenken eines technischen Gebildes zu verstehen, das in der objektiven Realität noch nicht existiert.
Mit der Aufdeckung der Gesetzmäßigkeiten des Konstruktionsprozesses haben sich viele Wissenschaftler befaßt. Eine Auswahl von Veröffentlichungen ist im Literaturverzeichnis bzw. im Anhang angeführt.
Im Konstruktionsprozeß werden technisch nutzbare Aussagen getroffen über

- die Funktion des technischen Gebildes
- seine innere Struktur
- die Gestalt, die Abmessungen und stofflichen Eigenschaften des Gebildes

und, wenn erforderlich und möglich, Aussagen über die

- technische und ökonomische Wertigkeit des technischen Gebildes im Vergleich mit äquivalenten technischen Strukturen.

Der Vorgang wird ausgelöst durch ein gesellschaftliches Bedürfnis, das ein technisches Gebilde zur Realisierung bestimmter Funktionen erfordert.
Diese Aussage läßt sich mit Mitteln der Systemtheorie präzisieren.

Ein technisches Gebilde soll, als Black-box (Bild 1.1) betrachtet, einen Eingang E in eine Ausgangsgröße A wandeln. Durch den Konstruktionsprozeß soll die Struktur als Menge von Systemelementen $\mathfrak{M}$, die über Relationen $\mathfrak{R}$ in Verbindung stehen, gefunden werden, die den Übergang von E nach A optimal erfüllt. Ein Beispiel soll diese Aussagen veranschaulichen.

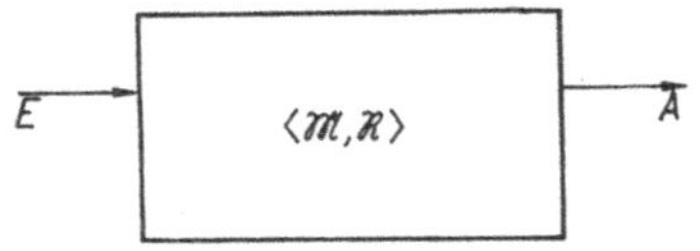

Bild 1.1
Black-box

Aufgabe

Es ist ein technisches Gebilde zu konstruieren, das eine Kraft F um den Winkel α umlenkt und zugleich mit dem Faktor β wandelt (Bild 1.2).
Im Bild 1.2 ist die Aufgabe bereits auf einen Black-box transformiert, und es ist angedeutet, daß die funktionserfüllende Struktur in Elementen, die ebenfalls wieder Teilsysteme sein können, und Relationen zu suchen ist.
Bild 1.3 zeigt einige technisch mögliche Strukturen, die die durch die Aufgabe festgelegte Funktion erfüllen. Die dargestellten Lösungen stellen dabei zweifellos nur einen Bruchteil ihrer theoretisch möglichen Menge dar. Es wird jedoch erkennbar, wie vielfältig die möglichen funktionserfüllenden Strukturen sein können.
Zur Auswahl der optimalen Struktur wird es notwendig, die Funktions- und Herstellungsbedingungen zu kennen.

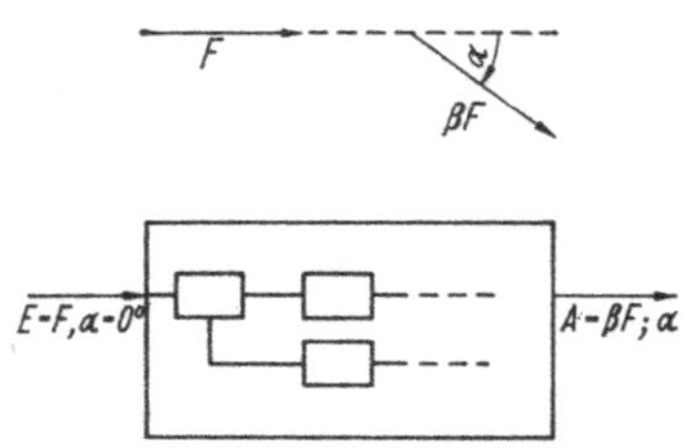

Bild 1.2. Black-box mit spezieller Übergangsfunktion

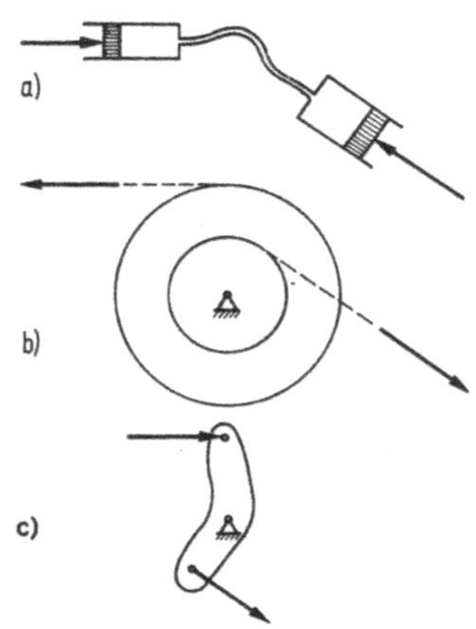

Bild 1.3. Für die Wandlung einer Kraft geeignete technische Lösungen
a) Hydraulik; b) Seilrollen; c) Hebel

Weitere Schritte wären dann mit der Gestaltung und Dimensionierung bis zur Erstellung der Fertigungsunterlagen zu erfüllen. Hierauf wird später noch ausführlich eingegangen.
Wir stellen die Frage: Sind wir bereits als Erfinder tätig geworden? Offensichtlich nicht; denn wir haben die aufgabenlösende Struktur lediglich aus unserem Speicher *Gedächtnis* abgerufen, wobei vorauszusetzen ist, daß diese oder ähnliche Lösungen dort abrufbereit vorlagen. Sicher hätte uns jedoch die Literatur als weitere Speicherform geholfen. In der Tat sind echte *Erfindungen* außerordentlich selten, da eine Vielfalt technischer Elemente und Teilsysteme sich als zweckmäßig erwiesen hat.
Der Prozeß des Konstruierens verbindet diese Konstruktionselemente in einer Synthese zu neuen Strukturen. Es entsteht die Notwendigkeit, diese zweckmäßigen Elemente und

Teilsysteme zu analysieren, zu optimieren und zu systematisieren, um sie für die Synthese des funktionserfüllenden technischen Gebildes bereitzustellen.
Es ist zu vermuten, daß diesem Prozeß des Konstruierens bestimmte Gesetzmäßigkeiten zugrunde liegen.
Um Möglichkeiten zur wissenschaftlichen Gestaltung und Rationalisierung dieses Prozesses aufzuspüren, seien zunächst Überlegungen zu seiner Struktur angestellt.
Dabei wird es notwendig, den Konstruktionsprozeß in seiner Einbettung in die technische Vorbereitung der Produktion zu sehen.

1.3. Zur Struktur des konstruktiven Entwicklungsprozesses

Wesentlicher Teilprozeß der technischen Vorbereitung der materiellen Produktion technischer Gebilde ist der konstruktive Entwicklungsprozeß (KEP). Er umfaßt alle geistigen, manuellen und maschinellen Operationen, die, ausgehend von einem gesellschaftlichen Bedürfnis, zu einer vollständigen Strukturbestimmung des technischen Gebildes oder Systems führen.
Dabei steht der konstruktive Entwicklungsprozeß in enger Wechselbeziehung mit dem Verfahrensentwicklungsprozeß (VEP) und dem technologischen Entwicklungsprozeß (TEP). Gegenstand des Verfahrensentwicklungsprozesses ist das technische Verfahren, das innerhalb oder mit Hilfe des zu entwickelnden technischen Gebildes realisiert werden soll.

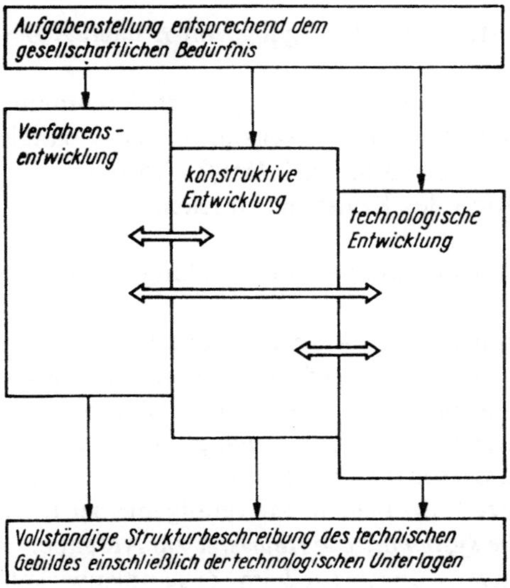

Bild 1.4
Zusammenwirken der Teilprozesse in der technischen Vorbereitung der Produktion nach [1.2.]

Die Funktion des technischen Gebildes ist also zu bestimmen, bevor dessen Struktur bekannt ist. Zweckmäßig werden Verfahrensentwicklung und konstruktive Bearbeitung nach dem Finden des Verfahrensprinzips parallel verlaufen und ebenso der später einsetzende technologische Entwicklungsprozeß. Bild 1.4 veranschaulicht das Zusammenwirken der Teilprozesse der technischen Vorbereitung der Produktion.
Wenden wir auch auf den konstruktiven Entwicklungsprozeß die Black-box-Darstellung an, so wird eine Eingangsgröße E

E aus einem gesellschaftlichen Bedürfnis abgeleitete Aufgabenstellung in eine Ausgangsgröße *A*

A vollständige Strukturbeschreibung des technischen Gebildes

gewandelt (Bild 1.5).
Eine entscheidende Stellung im konstruktiven Entwicklungsprozeß nimmt der *Bearbeiter* bzw. das *Bearbeitungsteam* – im folgenden ebenfalls *Bearbeiter* genannt – ein.
Analysieren wir den konstruktiven Entwicklungsprozeß, so wird eine sehr komplizierte Struktur offenbar.
Schon der *Bearbeiter* wird sich aus mehreren zeitlich nacheinander oder parallel eingesetzten Bearbeitungsteams aufbauen, wobei dieses Teilsystem stark von der Art der zu lösenden Aufgabe abhängt.
Wir wollen die Struktur des konstruktiven Entwicklungsprozesses deshalb nur soweit aufdecken, wie es für die nachfolgenden Überlegungen notwendig und zweckmäßig ist.
Wesentlich für einen optimalen Übergang von *E* nach *A* werden zunächst die Umstände sein, unter denen der *Bearbeiter* wirksam wird (Bild 1.5). Diese Umstände gehen unter anderem als Erkenntnisse der Arbeitspsychologie mit in das System ein.

Bild 1.5
Konstruktiver Entwicklungsprozeß als Black-box
E aus einem gesellschaftlichen Bedürfnis abgeleitete Aufgabenstellung; *A* vollständige Strukturbeschreibung des benötigten technischen Gebildes; *U* Umstände, die den konstruktiven Entwicklungsprozeß beeinflussen; *N* anfallende Nebenwirkungen, z.B. der „Methodologische Informationsgewinn"

In zunehmendem Maß werden auch Speichersysteme den Übergang von *E* nach *A* beeinflussen.
Es wird immer notwendiger, dem *Bearbeiter* eine ständige und unkomplizierte Kommunikation mit den Speichern zu ermöglichen, um Daten, Gesetzesaussagen und letztlich auch die Konstruktionselemente abrufen zu können. Auf das *Abrufen* wird im Zusammenhang mit dem Versuch einer Klassifikation der Konstruktionselemente im Abschnitt 1.4. noch eingegangen.
Ein bisher relativ wenig beachteter Faktor im konstruktiven Entwicklungsprozeß ist Methodologie der Ingenieurarbeit.
Analog zu der Eingangsgröße *Umstände* werden neben der Ausgangsgröße *Lösung* noch Nebenwirkungen auftreten, wie *Erfahrungen*, die in nachfolgenden Bearbeitungsprozessen oder weniger optimal arbeitenden Bereichen nutzbar zu machen wären.
Diesem bisher spontan anfallenden sog. *methodologischen Informationsgewinn* wurde in der Vergangenheit zuwenig Beachtung geschenkt. Diesen methodologischen Informationsgewinn aus dem gedanklichen Bearbeitungsprozeß abzuheben, zu verallgemeinern, zu systematisieren und abzuspeichern, stellte sich die *systematische Heuristik* zur Aufgabe.
Bild 1.6 veranschaulicht den konstruktiven Entwicklungsprozeß im Zusammenwirken mit den Speichern.
Die Verbesserung der Kommunikation zwischen *Bearbeiter* und *Speicher* wird in Zukunft erhebliche Reserven für die Produktivitätssteigerung im konstruktiven Entwicklungsprozeß frei machen.
Diese Problematik wird später noch ausführlich insbesondere im Zusammenhang mit der Konstruktionssynthese – auch *projektierende Konstruktion* genannt – untersucht.
Aus den im Abschn. 1.2. zum gedanklichen Prozeß des Konstruierens angestellten Überlegungen wird erkennbar, daß zwischen der Eingangsgröße *gesellschaftliches Bedürfnis* bzw. der daraus abgeleiteten Aufgabenstellung und der Ausgangsgröße *Struktur-*

beschreibung des technischen Gebildes vom Konstrukteur eine Reihe von Teilschritten abzuarbeiten ist.
Diese im Bild 1.7 aufgelisteten Funktionsphasen im Prozeß der konstruktiven Bearbeitung geben weiteren Aufschluß über die Struktur des konstruktiven Entwicklungsprozesses. Bild 1.7 ist nun sicher nicht als Strukturbeschreibung für den konstruktiven Entwicklungsprozeß aufzufassen, da lediglich die üblichen, beim Konstruieren auftretenden Phasen aneinandergereiht wurden.

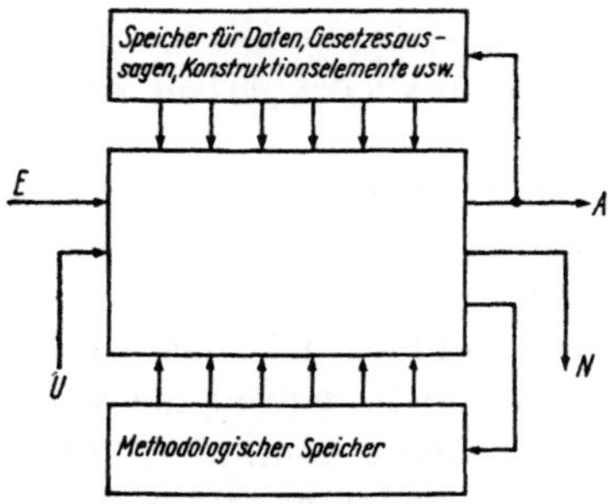

***Bild 1.6.** Konstruktiver Entwicklungsprozeß und notwendige Speicher*

***Bild 1.7.** Grobstruktur des konstruktiven Entwicklungsprozesses*

Es wird dabei offensichtlich ein Unterschied sein, ob

- Einzelteile
- Baugruppen oder
- größere Systeme

zu entwickeln sind. Abhängig von den speziellen Bedingungen werden einzelne Phasen entfallen oder an Bedeutung gewinnen. Auch das mehrmalige Durchlaufen der einzelnen Phasen kann in der Praxis notwendig werden, wobei eine ständige Wechselwirkung mit dem VEP (sofern eine Verfahrensentwicklung parallel läuft) und dem TEP sowie mit den Speichern, die als elektronische Speicher, als Buch oder als das menschliche Gedächtnis zu verstehen sind, gewährleistet sein muß. Hieraus wird ersichtlich, daß die Struktur des KEP in hohem Maß von den Denkstrukturen einzelner Bearbeiter und vom gedanklichen Zusammenwirken innerhalb des Bearbeiterteams abhängt.

Während die meisten Tätigkeiten des Menschen im Produktionsprozeß nach determinierten und bereits formulierten Technologien ablaufen, ist im konstruktiven Entwicklungsprozeß der Übergang von der Aufgabenstellung (E) bis zur vollständigen Strukturbeschreibung (A) bisher weitgehend dem Ideenreichtum und individuellen Arbeitsstil des *Bearbeiters* unterworfen. Dieser Tatbestand ist offensichtlich nicht nur für den konstruktiven Entwicklungsprozeß spezifisch, sondern trifft für nahezu alle Kategorien gedanklicher Arbeit zu. Wird die Steigerung der Arbeitsproduktivität bei manueller und gedanklicher Arbeit verglichen, so wird eindeutig der Mangel an geeigneten Technologien für geistige Arbeiten erkennbar.

Es gibt eine Reihe von Versuchen, solche Technologien gedanklicher Arbeit zu entwickeln.

Die methodischen Möglichkeiten reichen dabei vom eindeutig determinierten Algorithmus bis zum heuristischen Programm. Welcher Zusammenhang besteht zwischen einem heuristischen Programm und einem eindeutig determinierten Algorithmus?

Im Unterschied zur Gesetzesaussage des determinierten Algorithmus stellt das heuristische Programm eine Menge von Vorschriften dar, deren Anwendung zwar die Wahrscheinlichkeit, ein gestecktes Ziel erreichen zu können, erheblich erhöht, aber nur im Grenzfall des Übergangs vom heuristischen Programm in den eindeutig determinierten Algorithmus den Bearbeitungsprozeß eindeutig bestimmt.

Es liegt nahe, diese Wahrscheinlichkeit für den Übergang vom gesellschaftlichen Bedürfnis bzw. der daraus abgeleiteten Aufgabenstellung (E) in die vollständige Beschreibung der aufgabenlösenden Struktur (A) in die systemtheoretische Betrachtung einzubeziehen. Wir können schreiben

$$E \underset{p_{\ddot{u}}}{\Rightarrow} A, \tag{1.1}$$

d.h., E geht nur mit einer Wahrscheinlichkeit $p_{\ddot{u}}$ in A über.

Die Übergangswahrscheinlichkeit ist geeignet, die Konstruktionsaufgaben nach ihrem Schwierigkeitsgrad zu ordnen.

Eine allein durch Speicherabfrage zu lösende Aufgabe hat die Übergangswahrscheinlichkeit $p_{\ddot{u}} \to 1$; sie stellt den weitaus größten Teil der Konstruktionsarbeit. Im Grenzfall $p_{\ddot{u}} = 1$ und bei entsprechender Anwendungshäufigkeit des technischen Gebildes sind die Grundvoraussetzungen für eine Standardisierung des Konstruktionselements gegeben.

Relativ große Übergangswahrscheinlichkeiten liegen auch vor, wenn die Gesamtstruktur eines technischen Gebildes nicht vollständig, aber die Teilsysteme und Elemente durch Speicherabfrage gefunden werden können. Diese Problematik liegt vor z.B. bei der Synthese von hydraulischen oder elektronischen Systemen aus bekannten Bauelementen.

Wesentlich schwieriger wird die Situation, wenn die Übergangswahrscheinlichkeit $p_{\ddot{u}} \ll 1$ ist. Dieser Fall tritt bei der Entwicklung völlig neuartiger technischer Gebilde auf, und es wird unumgänglich, die Phasen des konstruktiven Entwicklungsprozesses im Sinn eines heuristischen Programms abzuarbeiten.

Es wird also sicher nicht möglich sein, eine allgemeingültige, in jedem Fall zutreffende Struktur des konstruktiven Entwicklungsprozesses anzugeben.

Hingewiesen sei auf Abschn. 1.8., in dem ein Flußbild für die Konstruktionssynthese angegeben wird. Diese Darstellung kann als eine Ergänzung zu den bisherigen Ausführungen als die Struktur des konstruktiven Entwicklungsprozesses angesehen werden.

Zunächst sollen die einzelnen Phasen des Konstruierens näher untersucht werden.

1.4. Ableitung und Präzisierung konstruktiver Aufgabenstellungen

Systematische Konstruktionsarbeit ist nur denkbar, wenn bereits die Aufgabenstellung systematisch abgeleitet und aufbereitet wird. Es ist nämlich in der Praxis festzustellen, daß eine Reihe von Entwicklungsarbeiten abgebrochen wurden bzw. zu Fehlentwicklungen führten, weil die Aufbereitung der Aufgabenstellung vernachlässigt wurde.
Es ist deshalb nicht verwunderlich, daß die Konstruktionstheoretiker und insbesondere wieder *Hansen* [1.1] und *Müller* [1.2] dieser Phase große Aufmerksamkeit schenkten.
Der primäre Aspekt bei der Aufbereitung der Aufgabe sollte die zu erfüllende *Funktion* des technischen Gebildes sein, die in dieser Phase der Bearbeitung natürlich nur qualitativ zu formulieren ist. Eine wertvolle Hilfe kann dabei z. B. schon das verbale Auflisten

- der zu erzielenden Ausgangsgrößen und
- der zur Verfügung stehenden Eingangsgrößen

am Black-box des zu konstruierenden technischen Gebildes sein.
Die Realisierung der Wandlung dieser Ein- und Ausgangsgrößen in einem technischen Gebilde ist die Zielstellung des konstruktiven Entwicklungsprozesses, d.h. Bestandteil seiner Ausgangsgrößen.
Folgerichtig werden wir also auch die Eingangsgrößen des KEP überprüfen müssen.
Damit ist bereits der Ansatz für ein gedankliches Schema zur Aufbereitung der Aufgabenstellung gegeben (Bild 1.8).

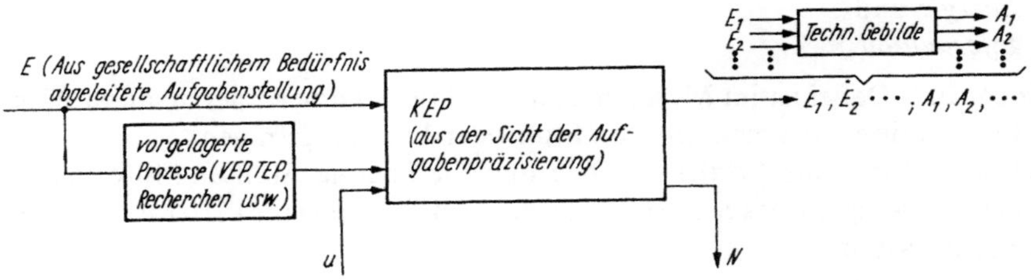

Bild 1.8. Schema zur gedanklichen Überschaubarkeit des KEP in der Phase der Präzisierung der Aufgabenstellung

Erweisen sich die Eingangsgrößen des zu konzipierenden KEP als nicht ausreichend bestimmt (z. B. fehlende Patent- und Literaturrecherchen usw.), so sind diese in einem vorgelagerten Prozeß zu ermitteln. Auch Forderungen an die Verfahrensentwicklung (VEP) und an den technologischen Entwicklungsprozeß (TEP) müssen durch die Präzisierung der Aufgabenstellung ausgelöst und in vorgelagerten Prozessen geklärt werden. Auch zu erwartende Umstände *U* (z. B. das Bearbeiterteam betreffend) und Nebenwirkungen *N* (z. B. die Patentfähigkeit und multivalente Nutzung des zu entwickelnden technischen Gebildes) sind bei der Präzisierung der Aufgabenstellung zu analysieren.
Darüber hinaus sollten Forderungen an die Minimierung bzw. Optimierung des Herstellungsaufwands, der Masse und des Raumbedarfs, der Energieverluste sowie an die Formgestaltung der Konstruktion Bestandteil jeder Aufgabenstellung sein.
Die Ergebnisse der Präzisierung der Aufgabenstellung sind wesentlich für die Arbeit des Leiters und seine Entscheidungsfindung.

1.5. Funktion und Funktionszerlegung

Im Abschn. 1.2. wurde bereits auf die Funktion eines technischen Gebildes eingegangen, und sie spielte auch bei der *Präzisierung der Aufgabenstellung* eine gewisse Rolle. Zum Verständnis der weiteren Betrachtungen sind einige theoretische Erwägungen zur Funktion unerläßlich.

Die Funktion eines technischen Gebildes (und jedes anderen Systems) soll als verbal oder mathematisch formulierbarer Zusammenhang zwischen den Ein- und Ausgangsgrößen eines Black-box definiert sein:

$$A\,(A_1, A_2, \ldots, A_m) = f\,[E(E_1, E_2, \ldots, E_n)]. \qquad (1.2)$$

Es soll zunächst der Versuch unternommen werden, einfachen Grundfunktionen technische Gebilde zuzuordnen und an bekannten technischen Gebilden eine Funktionsanalyse durchzuführen.

Dazu untersuchen wir die technischen Gebilde in zwei Richtungen. Wir stellen die Fragen:

- Was wird durch das technische Gebilde beim Übergang von E nach A verändert?
- Welche Art der Veränderung wird realisiert?

Eine Analyse der technischen Gebilde bezüglich der ersten Frage führt auf die sog. *Funktionswertflußklassen*. Es zeigt sich, daß alle technischen Gebilde nach den Klassen

- Wandlung *Stoff*
- Wandlung *Energie* und
- Wandlung *Information*

zu unterscheiden sind. Dabei ist im Maschinenbau praktisch immer Energie an Stoff gebunden, und Information wird meistens von Stoff oder Energie getragen.

Ein zweiter Klassifikator ist die Art der Veränderung, die Energie, Stoff und Information vom Eingang bis zum Ausgang des Systems erfahren. Bild 1.9 zeigt eine dieser Änderungs- oder Modifikationsklassen.

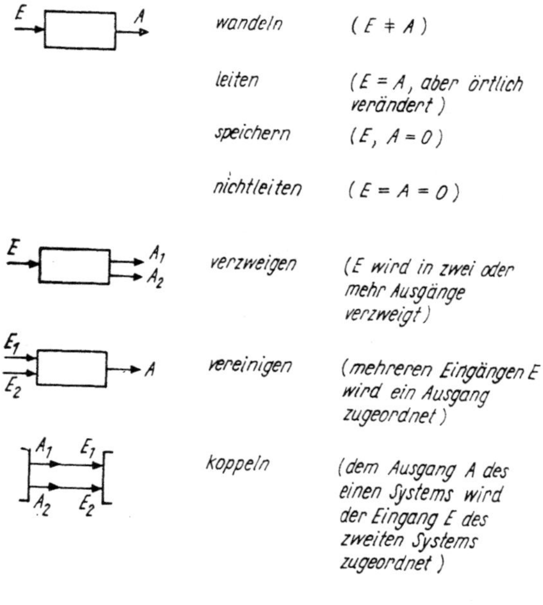

Bild 1.9
Systemtheoretische Änderungsklassen

Mit diesen Funktionswert- und Modifikationsklassen läßt sich ein ebenes Klassifikationsfeld aufspannen, das im Zusammenhang mit der *projektierenden Konstruktion* Bedeutung erlangen kann.

Sicherlich ist dieser Klassifikationsvorschlag noch nicht widerspruchsfrei und lückenlos. So wird einerseits eine gewisse Äquivalenz zwischen *leiten* und *koppeln* auffallen, andererseits sind Funktionselemente der Stützung, wie Gleitlager, Wälzlager und Gehäuse, auf diese Weise nicht zu erfassen. Im Hinblick auf die *projektierende Konstruktion* werden außerdem Überlegungen angestellt werden müssen, wie stoffschlüssig verbundene Konstruktionselemente strukturiert werden können. Die Kopplung der Elemente erfolgt hierbei über Schnittgrößen, die als innere Kräfte und Momente in Form von Spannungen auftreten.

MK \ FFK	Stoff	Energie	Information
qualitativ wandeln		Bremse	
quantitativ wandeln		Getriebe	
leiten	Rohrleitung	Welle	
speichern	Behälter	Feder	
verteilen			
vereinigen			
koppeln		Kupplung	

Bild 1.10
Mögliche Klassifikation der Konstruktionselemente
FFK **Funktionsklassen;**
MK **Modifikationsklasse**

Welcher Funktionsflußklasse gehört die Spannung an? Ist eine Spannung als Systemeingang und -ausgang zulässig? Diese und andere Fragen sind noch einer Klärung zuzuführen.

Im folgenden soll auf die mathematischen Möglichkeiten der Funktionsbeschreibung eingegangen werden.

Gelten lineare bzw. linearisierbare Beziehungen zwischen den Ein- und Ausgangsgrößen eines i-ten Teilsystems, so kann das Transformationsverhalten nach Gl. (1.2) als Matrizengleichung geschrieben werden:

$$A^{(i)} = C^{(i)} E^{(i)}$$

mit

$$C^{(i)} = \begin{pmatrix} C_{11} & C_{12} \dots & C_{1m} \\ C_{21} & C_{22} & \\ \vdots & & \\ C_{n1} & & C_{nm} \end{pmatrix}^{(i)} \tag{1.3}$$

als Funktionsmatrix.

Die Parameter eines Zahnradgetriebes mögen den Inhalt der Gleichung veranschaulichen.

Für den Leistungsfluß gilt

$$P_A = \eta P_E; \quad \eta \text{ Wirkungsgrad,} \tag{1.4}$$

d.h., die Matrizengleichung reduziert sich auf

$$A_1 = C_{11} E_1. \tag{1.5}$$

Die Aussage kann jedoch wesentlich verbessert werden, wenn die Parameter *Moment* und *Winkelgeschwindigkeit* als Ein- und Ausgangsgrößen definiert werden.
Es gilt dann

$$\begin{pmatrix} \omega_A \\ M_A \end{pmatrix} = \begin{pmatrix} 1/i & 0 \\ 0 & \eta i \end{pmatrix} \begin{pmatrix} \omega_E \\ M_E \end{pmatrix}; \quad i \text{ Übersetzungsverhältnis.} \tag{1.6}$$

Für ein Flüssigkeitsgetriebe werden dann die vier Elemente der Matrix notwendig sein, um das Übertragungsverhalten zu kennzeichnen.
Werden nun n Ausgänge des i-ten Teilsystems mit n Eingängen des $(i + 1)$-ten Teilsystems gekoppelt, so kann das durch die Gleichung

$$A^{(i)} = \mathfrak{E} E^{(i+1)} \tag{1.7}$$

ausgedrückt werden. Darin ist $\mathfrak{E}$ die Einheitsmatrix.

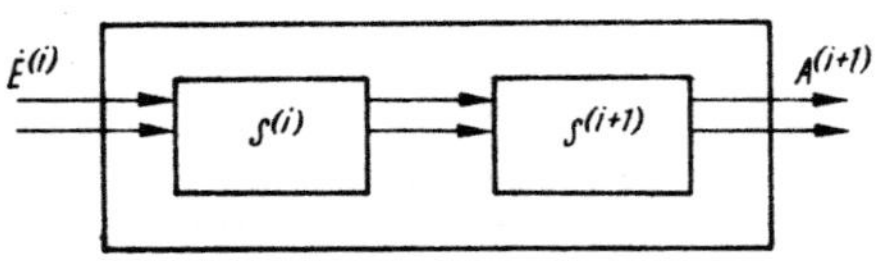

Bild 1.11
Reihenschaltung der Teilsysteme $S^{(i)}$ und $S^{(i+1)}$

Die Reihenschaltung zwischen den Teilsystemen i und $i + 1$ (Bild 1.11) wird dann durch das Gleichungssystem

$$\begin{aligned} A^{(i)} &= C^{(i)} E^{(i)} \\ A^{(i)} &= \mathfrak{E} E^{(i+1)} \\ A^{(i+1)} &= C^{(i+1)} E^{(i+1)} \end{aligned} \tag{1.8}$$

beschrieben. Die Ausrechnung ergibt

$$A^{(i+1)} = C^{(i,i+1)} E^{(i)} \tag{1.9}$$

mit

$$C^{(i,i+1)} = C^{(i)} C^{(i+1)}. \tag{1.10}$$

Die Einheitsmatrix entfällt, da sie den Wert 1 hat. Die Matrizenmultiplikation kann nach bekannten Regeln ausgeführt werden.
Die Zahl der Teilsysteme kann dabei beliebig vergrößert werden. So kann eine Antriebsanlage z.B. aus

S_1 Antriebsmaschine
S_2 Getriebe
S_3 Arbeitsmaschine

bestehen, die aneinander anzupassen sind.
Dabei ist zu unterscheiden zwischen *statischer* und *dynamischer* Anpassung. Bei der statischen Betrachtung genügt es, die stoff- oder energieorientierten Funktionsflüsse ohne zeitliche Abhängigkeiten zu verfolgen (s. Beispiel *Getriebe*).

Eine Reihe von Eigenschaften und Elementen ist jedoch nur *dynamisch* zu beschreiben, z. B. wird die drehelastische Kupplung in der Systemkette nur auf Grund ihres dynamischen Verhaltens ausgewählt und angepaßt werden können. Hierzu ist es notwendig, die Zeitvariable mit in die Betrachtung einzubeziehen. Über die Laplace-Transformation ergibt sich aber formal eine analoge Darstellungsweise zur *statischen* Betrachtung [1.3]. Es ist offensichtlich, daß die dargestellte Funktionsbeschreibung EDV-gerecht ist und damit den Schlüssel für eine Konstruktionssynthese mit Hilfe funktionsorientierter Elementespeicher liefert.

1.6. Prinzipfindung und Bewertung

1.6.1. Prinzip und funktionserfüllende Struktur

Ein sehr wesentlicher und zugleich in hohem Maß schöpferischer Vorgang im konstruktiven Entwicklungsprozeß ist der Übergang von der Funktion zum Prinzip der Lösung oder, wenn das Prinzip mit allen stofflichen und geometrischen Parametern belegt werden kann, zur funktionserfüllenden Struktur. Die Struktur wird dann meistens mit Hilfe der technischen Zeichnung (oder anderer Strukturbeschreibungsmöglichkeiten, s. Abschn. 2.) darzustellen sein.
In der Konstruktionspraxis kann der Schritt von der Funktion zur Struktur meistens ohne die Zwischenstufe *Prinzip der Lösung* vollzogen werden, soweit es sich um bekannte Funktionen handelt. Für neuartige Aufgabenstellungen ist diese Phase jedoch notwendig und sollte mit aller Konsequenz bearbeitet werden.
Dabei ist es zweckmäßig, eine Funktion, die es zu erfüllen gilt, in Teilfunktionen zu zerlegen, da mit abnehmender Komplexitätsebene die Wahrscheinlichkeit zunimmt, eine funktionserfüllende Struktur für Teilfunktionen zu finden (Bild 1.12). Selbst bei kompliziertesten Funktionen werden einige der Teilfunktionen auf bekannte Konstruktionselemente oder sogar standardisierte Bauteile führen.

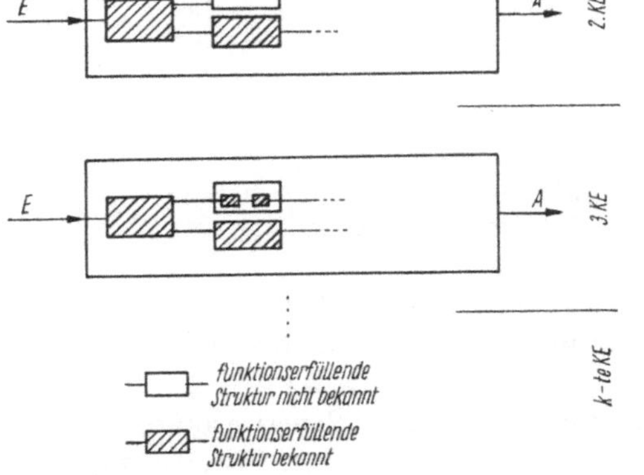

Bild 1.12
Zerlegung einer Funktion in Teilfunktionen

Für Teilfunktionen, die nicht mit bekannten Strukturen zu belegen sind, müssen praktisch alle Phasen des KEP (s. Bild 1.7) abgearbeitet werden.
Der Übergang von der Funktion zur Struktur (bzw. zum *Prinzip*) kann für den Konstrukteur insofern problematisch werden, da für eine Funktion durchaus mehrere Strukturen bzw. Prinzipe als *funktionserfüllend* gelten können. Der Schritt von der Funktion zur Struktur ist also im Gegensatz zur Strukturanalyse mehrdeutig, wie bereits im Abschn. 1.2. am Beispiel gezeigt wurde.
Eine *Bewertung* mit dem Ziel des Auswählens der optimalen Lösung wird dann notwendig.
Wie diese Schritte zu bewältigen sind, soll im folgenden dargestellt werden.

1.6.2. Systematische Prinzipfindung, Intuition und Ideenkonferenz

Die wesentlichen Grundgedanken der *systematischen Prinzipfindung* bestehen in

- der Auflistung aller denkbaren strukturellen Realisierungsmöglichkeiten für die Teilfunktionen und
- der zweckmäßigen Kombination dieser Realisierungsmöglichkeiten bezüglich der Gesamtfunktion.

Ist die durch ein technisches Gebilde zu realisierende Funktion in m Teilfunktionen zerlegt worden, so sind zunächst die Realisierungsmöglichkeiten nach dem im Bild 1.13 dargestellten Schema aufzulisten.

Teil-funktion	Realisierungs-möglichkeiten
F_1	a_{11} a_{12} a_{13} ... a_{1n}
F_2	a_{21} a_{22} a_{23}
F_3	a_{31} a_{32} a_{33}
⋮	⋮
F_m	a_{m1} a_{mn}

Bild 1.13
Auflistung der Realisierungsmöglichkeiten für die Teilfunktionen

Der schwierigste Schritt besteht nun darin, die Realisierungsmöglichkeiten zweckmäßig miteinander zu kombinieren. Das geschieht in Kombinationsmatrizen nach Bild 1.14. Dazu werden die Teilfunktionen zunächst nach ihrer zentrierenden Bedeutung geordnet, und die beiden erstgeordneten werden in der ersten Kombinationsmatrix miteinander in Verbindung gebracht. Nehmen wir an, daß die Teilfunktionen im Bild 1.14 bereits in der richtigen Reihenfolge angeordnet waren, so ergibt die erste Kombination die im Bild 1.14 dargestellte Matrix.

	a_{11}	a_{12}	a_{13}
a_{21}	a_{11} a_{21}	a_{12} a_{21}	...
a_{22}	a_{11} a_{22}	...	
a_{23}	...		

Bild 1.14
Kombinationsmatrix

Nach Streichung der technisch unsinnigen Kombinationen werden die Realisierungsmöglichkeiten für die drittgeordnete Teilfunktion in die Kombination einbezogen usw. bis zur letzten Teilfunktion.
Am Ende dieser Prozedur wird meistens eine Reihe von technisch verwertbaren Realisierungsmöglichkeiten für die Gesamtfunktion vorliegen, die dann einer Bewertung zu unter-

ziehen sind. (Auf die Bewertung wird im nächsten Abschnitt eingegangen). Die hier abstrakt dargestellte Prinzipfindung wird an einem Beispiel im Abschn. 1.6.4. noch näher erläutert.

Selbstverständlich unterliegt die systematische Prinzipfindung erheblichen subjektiven Einflüssen; denn sowohl *die Auflistung der Realisierungsmöglichkeiten für die Teilfunktionen* (s. Bild 1.13) als auch die *Kombinationsmatrizen* (s. Bild 1.14) liefern nur das, was der Bearbeiter in sie eingespeist hat.

Es bietet sich deshalb an, das Auflisten der Realisierungsmöglichkeiten im Team mit Hilfe der sog. *Ideenkonferenz* durchzuführen.

In einer Ideenkonferenz (vgl. [1.4]) *denken mehrere Menschen zum gleichen Zeitpunkt über das gleiche Problem nach und regen sich gegenseitig an. Die eine Idee spielt den anderen Einfall hoch. Ein Gedanke stößt den anderen an, er wird freigegeben und durch andere vervollständigt... Alles, was ... gerade zur gestellten Frage einfällt, wird gesagt. Kritisiert wird nicht!*

Tatsächlich entpuppt sich manchmal eine auf diese Weise erzielte *verrückte* Idee durchaus als Ausgangspunkt für eine neue und optimale Lösung eines Problems.

Trotz verschiedener Erfolgsmeldungen kann die Ideenkonferenz nicht als der Stein der Weisen angesehen werden, da das Grundgesetz die Intuition ist.

Nach den Erfahrungen des Verfassers läßt sich die systematische Prinzipfindung jedoch sehr gut mit einer Ideenkonferenz koppeln, da drei, vier oder fünf Bearbeiter eben schneller und vollständiger denken als ein einzelner. Der subjektive Einfluß auf die systematische Prinzipfindung wird dadurch wesentlich reduziert.

1.6.3. **Bewertung**

In den vorangegangenen Abschnitten wurde unter verschiedenen Aspekten dargestellt, daß der Übergang von der Funktion zur Struktur mehrdeutig ist bzw. daß für eine Funktion, die ein technisches Gebilde erfüllen soll, mehrere aufgabenlösende Strukturen gefunden werden können.

Dieser Umstand wurde durch die Ausführungen zur Prinzipfindung unterstrichen.

Unter den konkreten Bedingungen des Konstruierens wird jedoch nur ein Prinzip bzw. eine Struktur als optimal anzusehen sein. Der Konstrukteur hat eine *Bewertung* durchzuführen. Die Erfahrung lehrt, daß diese Aufgabe äußerst problematisch ist, da sie sehr stark subjektiven Einflüssen unterliegt; denn es läßt sich nicht bestreiten, jeder Konstrukteur hat sein „Lieblingskind".

Um diese subjektiven Einflüsse einzuschränken, werden deshalb zweckmäßig im Kollektiv die Bewertungskriterien festgelegt.

Für übliche Konstruktionen können solche Kriterien etwa

K_1 Funktionserfüllung
K_2 Gebrauchswert
K_3 technologischer Aufwand
K_4 Masse
K_5 Bauvolumen
K_i usw.

sein. Diese Kriterien sind nach ihrer Bedeutung mit Gewichtsfaktoren G_j zu belegen. Das größte Gewicht ist meist dem Gebrauchswert zuzuordnen. Für spezielle Einsatzbereiche, z. B. im Flugzeugbau, kann die Masse das entscheidende Kriterium werden und der technologische Aufwand absolut untergeordnet sein.

Außerdem ist es notwendig, den Bewertungsmodus festzulegen. Die einfachste, aber für die Konstruktionsbewertung durchaus zweckmäßige Form ist die sog. duale Bewertung, wobei die *Note* nur den Wert $N = 0$ oder $N = 1$ annehmen kann.
Soll differenzierter bewertet werden, so können auch Zensuren vergeben werden, etwa $N = 5$ (sehr gut) bis $N = 1$ (sehr schlecht).
Sind k Varianten unter i Kriterien zu bewerten, so gilt für den Gesamtwert L_k einer Variante

$$L_k = \sum_i G_i N; \quad i = 1, 2, 3, \ldots \tag{1.11}$$

Die Rechnung wird zweckmäßig in Bewertungstabellen durchgeführt. Für die Darstellung der Ergebnisse wird vielfach das Polardiagramm benutzt (Bild 1.15).

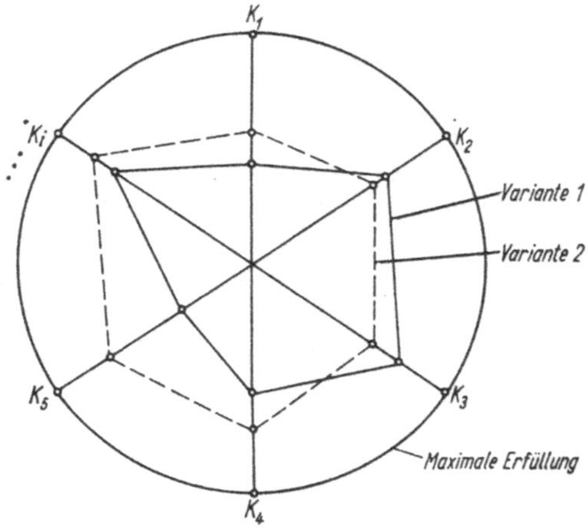

Bild 1.15
Polardiagramm zur Bewertung („Bewertungsspinne")

Es sei in diesem Zusammenhang auf den Unterschied von *Bewerten* und *Optimieren* hingewiesen:
Beim *Bewerten* wird aus verschiedenen Strukturen die optimale Struktur ausgewählt.
Beim *Optimieren* werden die Parameter einer Struktur variiert, um die optimalen Parameter zu finden (s. Abschn. 1.7.2.).

1.6.4. Beispiel zur Prinzipfindung und Bewertung

In diesem Abschnitt sollen die bisher meist nur theoretisch und abstrakt behandelten Phasen des konstruktiven Entwicklungsprozesses an einer konkreten Entwicklungsaufgabe dargestellt werden, wobei die Prinzipfindung im Vordergrund steht.
Natürlich haben die folgenden Ausführungen nur Demonstrationswert; die Bearbeitung einer solchen Aufgabe in der Praxis wird sicher nicht so problemlos zum Ergebnis führen.
Im Industriezweig Schiffbau der DDR wurde die Notwendigkeit erkannt, die bislang gefertigte Verstellpropelleranlage konstruktiv zu überarbeiten, um einerseits die Herstellungskosten zu senken und um andererseits die Funktionsparameter zu verbessern.
Die Schwachstellenanalyse der Gesamtanlage (sie besteht im wesentlichen aus den Teilsystemen Propellernabe, Propellerflügel, Hydraulik und elektronische Steuerung) ergab, daß die Verstellpropellernabe die eigentlichen Schwachstellen aufweist. Sie ist (Bild 1.16)

- masseaufwendiger als vergleichbare Propellernaben
- relativ kompliziert im konstruktiven Aufbau und
- weist eine für den Einbau im Schiff zu ungünstige Länge auf.

Die Propellernabe hat drei Teilfunktionen zu erfüllen:

- drehbare Lagerung der Propellerflügel zur Realisierung dem Fahrtzustand angepaßter Anströmwinkel (Flügellagerung)
- Umsetzen der Verstellkraft von der im Schiffsinnern hydraulisch betätigten Schubstange auf die drei, vier oder fünf Propellerflügel (Verstellmechanismus) als Verstellmoment
- Übertragen des Antriebsmoments auf die Propellerflügel sowie Hüllfunktion (Gehäuse).

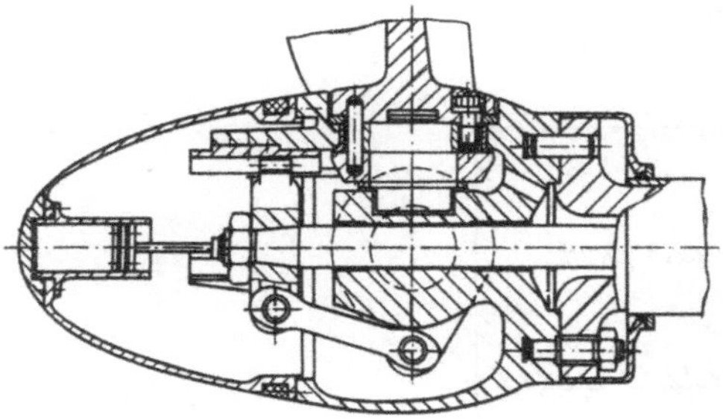

Bild 1.16
Verstellpropeller mit zweifacher Flügelfußlagerung und Kurbeltrieb (DDR-Entwicklung)

Es erwies sich als zweckmäßig, auch für die Teilsysteme der zu verändernden Propellernabe die Schwachstellen zu analysieren. Sie sind in Tafel 1.1 dargestellt.
Bei der Entwicklung der neuen Verstellpropellernabe wurden für die einzelnen Teilfunktionen zunächst weitere Realisierungsmöglichkeiten aufgelistet. Wir folgen dabei der im Abschn. 1.6.2. dargestellten *systematischen Prinzipfindung*.

Tafel 1.1. Schwachstellen der bekannten Nabenkonstruktion

Flügellagerung	Verstellmechanismus	Gehäuse
1. geringer und damit ungünstiger Lagerabstand	1. lang bauend	1. Hülle festigkeitsmäßig nicht genutzt
2. Lagerung beansprucht Nabeninnenraum	2. ungünstige Stellmoment-erzeugung	2. kompliziertes Gußstück
3. Montage kompliziert	3. sehr viele Einzelteile	3. technologisch und korrosionsmäßig ungünstige Teilfugen
	4. Montage kompliziert	

Tafel 1.2. Liste der Realisierungsmöglichkeiten für die Teilfunktionen der Propellernabe

Teilfunktion	Realisierungsmöglichkeiten					
Flügellagerung	a_{11}	zweifache Lagerung	a_{12}	einfache Lagerung		
Verstellmechanismus	a_{21}	Schubkurbel	a_{22}	Zapfen/Nut	a_{23}	Nut/Zapfen
Gehäuse	a_{31}	Gehäuse mit Montagekappe	a_{32}	geteiltes Gehäuse	a_{33}	einteiliges Gehäuse

Einige der Realisierungsmöglichkeiten sind der Tafel 1.2 zu entnehmen.
Die Realisierungsmöglichkeiten für die beiden erstgenannten und auch wesentlichen Teilfunktionen wurden kombiniert. Das Ergebnis ist in der Kombinationsmatrix (Bild 1.17) veranschaulicht.

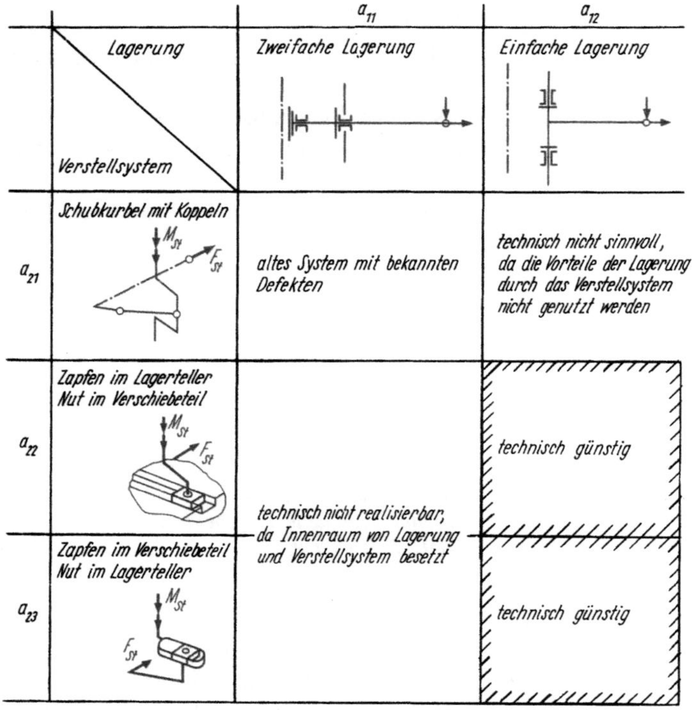

Bild 1.17
Erste Kombinationsmatrix

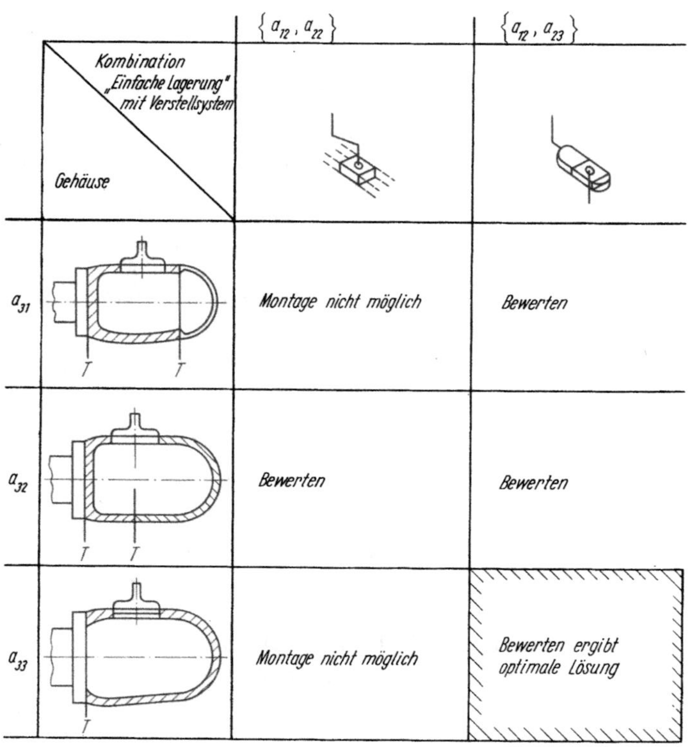

Bild 1.18
Zweite Kombinationsmatrix

Wegen offensichtlicher Unverträglichkeiten konnten vier der sechs möglichen Kombinationen sofort gestrichen werden. Die verbliebenen zwei Varianten wurden nun mit den Realisierungsmöglichkeiten für das Gehäuse kombiniert (Bild 1.18).
Technisch realisierbar sind davon wiederum nur vier Varianten, die zu bewerten waren. Bewertungskriterien sind z. B.

- die Nabenmasse
- die Nabenlänge
- die Einfachheit der Konstruktion
- die Stellmomentfunktion
- die Teilfugenzahl u. a.,

d. h., die Bewertung setzt eine Variantenkonstruktion voraus, auf die hier verzichtet werden muß.

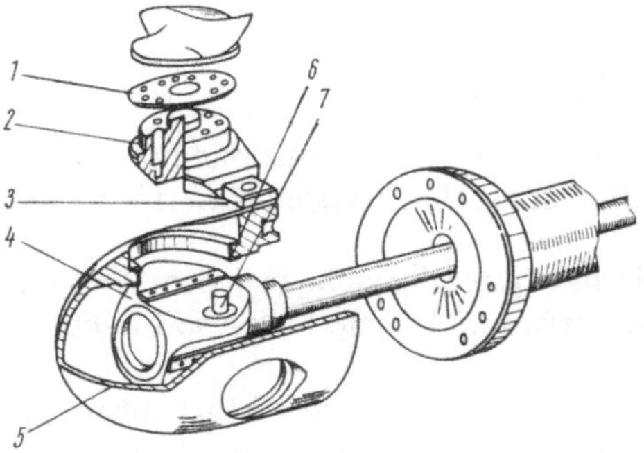

Bild 1.19
Verstellpropellernabe
vom VEB Dieselmotorenwerk Rostock
1 Dichtringträger; *2* Lagerteller; *3* Gleitstein; *4* Verstelljoch; *5* Nabengehäuse; *6* Tragring; *7* Stellzapfen

Die Bewertung brachte eine Entscheidung für die Kombination $\{a_{12}, a_{23}, a_{33}\}$, die als konstruktive Ausführung im Bild 1.19 dargestellt ist.
Diese Variante erwies sich darüber hinaus bezüglich eines Baukastensystems für drei-, vier- und fünfflüglige Propeller als sehr zweckmäßig.

1.7. Anpassung des Prinzips an die Funktionsbedingungen

1.7.1. Zur Aufgabe der Anpassungsphase

Die Anpassungsphase wurde bereits im Abschn. 1.3. in den konstruktiven Entwicklungsprozeß eingeordnet.
Die Anpassung des Prinzips an die Funktionsbedingungen unterliegt außerordentlich vielen Einflüssen. Wesentlich können dabei auch die technologischen Herstellungsbedingungen sein.
Zwei allgemeine Beispiele sollen das verdeutlichen:
Für den Transport einer Stoffmenge möge aus der Bewertung möglicher Prinziplösungen das *Rohr* hervorgegangen sein. In der Anpassungsphase sind nun Durchmesser und Wandstärke des Rohres zu bestimmen, wobei es abhängig von der Durchsatzgeschwindigkeit, dem Betriebsdruck und anderen Parametern ein *optimales* Rohr gibt. Nach den Herstellungs- und Gebrauchsbedingungen wird zu entscheiden sein, ob das Rohr aus Stahl, Beton oder einem anderen Werkstoff zu fertigen ist.
Für den Transport einer mechanischen Energie (Moment M, Winkelgeschwindigkeit ω) wurde das Prinzip der Welle gewählt. In der Anpassungsphase sind offensichtlich auch hier Durchmesser und Länge der Welle sowie der geeignete Werkstoff festzulegen.

Beide Beispiele lassen verallgemeinernd den Schluß zu, daß in der Anpassungsphase, ausgehend vom Prinzip der Lösung,

die geometrischen und stofflichen Parameter

des technischen Gebildes zu bestimmen sind.
Dieser Vorgang ist außerordentlich stark algorithmiert und führt in den allermeisten Fällen auf den komplexen Vorgang des *Gestaltens und Berechnens* von Konstruktionselementen, dem der sehr umfangreiche Abschn. 4. dieses Buches gewidmet ist.
Im Interesse einiger grundsätzlicher Erkenntnisse zur Anpassungsphase insbesondere unter Berücksichtigung des Einsatzes der elektronischen Datenverarbeitung soll versucht werden, ohne spezielle Kenntnisse des Berechnens und Gestaltens von Konstruktionselementen einige Fragen der mathematischen Formulierung der Anpassungsphase und der Anwendung der mathematischen Optimierung darzustellen.

1.7.2. Mathematische Formulierung der Anpassungsphase

Liegt das Prinzip eines technischen Gebildes nach der Phase der Prinzipfindung vor, so ist es an die Funktionsbedingungen unter Beachtung der Herstellungserfordernisse anzupassen.
In der Praxis ist diese Konstruktionsphase die häufigste, da nicht in jedem Fall eine Prinzipfindung erforderlich ist, sondern lediglich bekannte Prinzipe an neue Funktionsbedingungen anzupassen sind.
Für diese Phase bietet die elektronische Datenverarbeitung eine echte Möglichkeit, den Menschen von Routinearbeiten zu befreien, da die Anpassungsphase durchaus mathematisch formulierbar ist.
Der Vorgang sei an einem Beispiel demonstriert. Für eine Teilfunktion eines technischen Gebildes liegt die Aufgabe vor, eine Kraft F über einen Hebelarm der Länge l in ein Moment M zu wandeln.
Die Prinzipfindung ist damit als erledigt zu betrachten; denn wir greifen auf das bekannte, im Maschinenbau bewährte Hebelprinzip zurück.

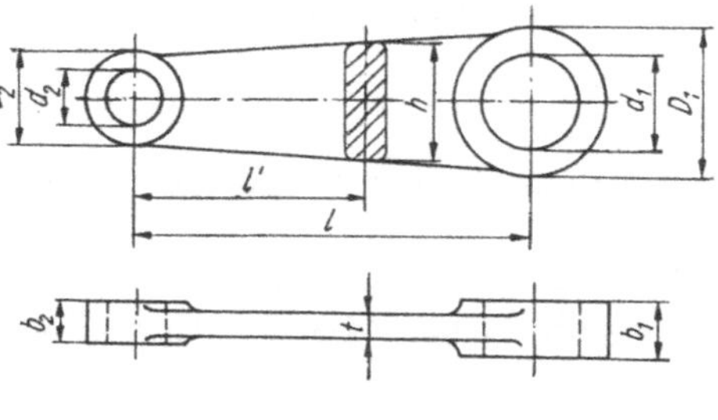

Bild 1.20
Hebel zur Wandlung zwischen Kraft und Moment

Da die Kraft gegenüber dem Hebelarm eine gewisse Winkeländerung durchführt, kommt für die Krafteinleitung nur ein sog. *Auge* in Frage, das nach dem Lochleibungsdruck zu dimensionieren ist. Das Auge ist, abhängig von der erforderlichen Länge des Hebels, in geeigneter Weise mit einer Wellen-Naben-Verbindung zu koppeln, wenn wir voraussetzen, daß das Moment in eine Welle eingeleitet werden soll (vgl. Skizze des Hebels im Bild 1.20).
Sind das Moment M und die Kraft F durch die Aufgabenstellung gegebene Größen, so folgt die Länge l des Hebels aus

$$l = \frac{M}{F}, \tag{1.12}$$

der Durchmesser d_1 der Welle mit der ebenfalls gegebenen zulässigen Werkstoffbeanspruchung τ_{zul} aus (s. Abschn. 4.)

$$d_1 = \sqrt[3]{c_1 \frac{M}{\tau_{zul}}}, \tag{1.13}$$

der Durchmesser d_2 des Auges aus der zulässigen Pressung p_{zul}

$$d_2 = \sqrt{\frac{c_2 F}{c_3 p_{zul}}} \tag{1.14}$$

(s. Abschn. 4.5.), wenn b_2 als Erfahrungswert im Verhältnis zur Bohrung

$$b_2 = c_3 d_2 \tag{1.15}$$

und analog

$$b_1 = c_4 d_1 . \tag{1.16}$$

angegeben werden.

Weitere Gleichungen für die Bestimmung der konstruktiven Eckdaten sind möglich.

Es ist also, um zur verallgemeinerungsfähigen Aussage zu kommen, für die Bestimmung der konstruktiven Eckdaten x_n (im Beispiel $x_1 = l, x_2 = d_1, x_3 = d_2$ usw.) das Gleichungssystem

$$\begin{aligned} g_1 (x_1, x_2, x_3, \ldots, x_n) &= b_1 \\ g_2 (x_1, x_2, x_3, \ldots, x_n) &= b_2 \\ &\vdots \\ g_m (x_1, x_2, x_3, \ldots, x_n) &= b_m \end{aligned} \tag{1.17}$$

$$g_m(x) = b_m \tag{1.18}$$

zu lösen, wobei die Gleichungen in der Regel nichtlinear sind. Die Konstruktionseckdaten sind also als Komponenten eines Vektors x

$$\vec{x}\ (x_1, x_2, x_3, \ldots, x_n)$$

aufzufassen.

Bezüglich der Lösbarkeit des Gleichungssystems sind mehrere Fälle zu unterscheiden. Für das Vorliegen einer eindeutigen Lösung des Gleichungssystems ist die Übereinstimmung der Zahl der Variablen mit der Zahl der Gleichungen ($m = n$) eine notwendige Bedingung, die aber nur für lineare Gleichungssysteme ebenfalls hinreichend ist, sofern die Gleichungen zueinander widerspruchsfrei und linear unabhängig sind.

Wie am Beispiel zu erkennen ist, sind die Gleichungen z. T. nichtlinear, so daß selbst für $m = n$ Schwierigkeiten bei der Lösung des Gleichungssystems auftreten können.

Im Normalfall stehen jedoch bei der Bearbeitung einer Konstruktionsaufgabe weniger Gleichungen zur Verfügung, als Variable zu bestimmen sind ($m < n$). Für diesen Fall sind einige der Variablen x_n frei wählbar; es sei denn, es werden weitere Bedingungsgleichungen formuliert, bis die Aufgabe in Fall 1 ($m = n$) übergeht. Solche zusätzlichen Gleichungen werden zweckmäßig aus ökonomischen Bedingungen abgeleitet. Da die Kosten in der Regel minimiert werden, bietet sich an dieser Stelle der Übergang zu mathematischen Optimierungsverfahren an, auf die im nächsten Abschnitt noch eingegangen

wird. Im dritten Fall ($m > n$) liegen mehr Gleichungen als Variable vor, d.h., das Gleichungssystem ist überbestimmt und mathematisch nicht lösbar. Dieser Fall kennzeichnet das Feld der Kompromißlösungen, die in der Konstruktionspraxis ebenfalls wiederholt vorkommen. In diesem Fall ist zu entscheiden, welche Gleichungen nicht erfüllt werden sollen und demzufolge zu streichen sind.
Es ist jedoch unschwer zu erkennen, daß trotz gewisser mathematischer Schwierigkeiten die Phase der Anpassung zumindest für die Bestimmung der konstruktiven Eckdaten auf die Lösung von Gleichungssystemen zurückgeführt werden kann und damit zur Routine wird.
Im folgenden soll gezeigt werden, wie die Problematik als Optimierungsproblem angefaßt werden kann.

1.7.3. Optimierung technischer Gebilde

Allgemeiner, aber mathematisch ungleich schwieriger kann die Anpassung technischer Gebilde an die Funktionsbedingungen als Optimierungsaufgabe formuliert werden.
Es wird eine sog. Zielfunktion

$$Z = f(x_1, x_2, x_3, \ldots, x_n) \tag{1.19}$$

definiert, die zum Extremum zu machen ist.
Meist stellt die Zielfunktion die Kosten in Abhängigkeit von den Konstruktionsdaten x_n dar und ist deshalb zu minimieren.
Die Suche nach dem Minimum der Zielfunktion wird nun eingeengt durch die technischen Parameter x_n, die durch Gl. (1.18) festgelegt sind.
Um eine gewisse Bewegungsfreiheit für die Minimierung der Zielfunktion zuzulassen, wird das Gleichungssystem als System von Ungleichungen aufgestellt, die garantieren, daß das Minimum der Zielfunktion in einem Bereich des n-dimensionalen Raumes gesucht wird, der verträglich mit den Funktionsbedingungen ist.

$$u_m(x) \lesseqgtr b_m \tag{1.20}$$

$$x = x_1, x_2, x_3, \ldots, x_n.$$

Die Anpassung an die Funktionsbedingungen ist hier mit einer Optimierung gekoppelt, für die in den letzten beiden Jahrzehnten ein umfangreiches mathematisches Gebäude entwickelt wurde. Die bekannt gewordenen Lösungsmethoden werden nach linearen und nichtlinearen Verfahren unterschieden.
Eine lineare Zielfunktion hat die Form

$$Z(x) = C_0 + C_1 x_1 + C_2 x_2 + \ldots + C_n x_n. \tag{1.21}$$

Für Probleme der Konstruktionstheorie wird sowohl für Restriktionen als auch für die Zielfunktion nur in den seltensten Fällen Linearität vorliegen, so daß in der Regel Verfahren der nichtlinearen Optimierung anzuwenden sind.
Die mathematische Aufgabe besteht nun darin, den oder die Extremwerte der Zielfunktion zu finden, indem die Differentialquotienten

$$\frac{\partial Z(x)}{\partial x_n} = 0; \quad n = 1, 2, 3 \ldots \tag{1.22}$$

untersucht werden. Diese Methode versagt jedoch, wenn die Extremwerte außerhalb des durch die Restriktionen festgelegten Bereichs liegen. In diesen Fällen liegt das Optimum auf dem Rand des Suchbereichs selbst.
Aus der Vielzahl der bekannt gewordenen Methoden zur Lösung des Optimierungsproblems wird immer mehr die sog. Monte-Carlo-Methode herausgehoben. Sie ist sehr variabel einsetzbar und wird mit zunehmender Operationsgeschwindigkeit der elektronischen Datenverarbeitungsanlagen immer attraktiver.
Für die Komponenten des Vektors x werden dabei Zufallszahlen x_p^* generiert.
Werden diese für den Bereich

$$0 \leqq x_p^* \leqq 1$$

definiert, so erhält man für den Konstruktionswert x_n für die p-te Zufallszahl

$$x_{np} = a_n + (b_n - a_n)\, x_p^*, \tag{1.23}$$

wenn a_n und b_n der Größt- bzw. Kleinstwert für x_n sind.

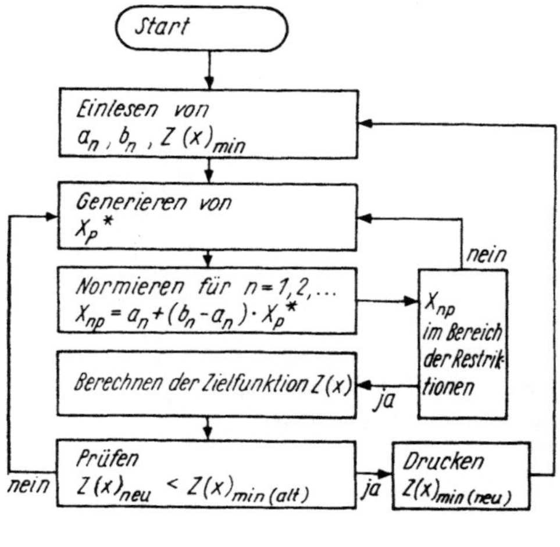

Bild 1.21
Flußbild zur Optimierung mit Hilfe der Monte-Carlo-Methode

Die Werte für a_n und b_n werden subjektiv festgelegt. Der Bereich ist engzuhalten, um eine gute Konvergenz zu gewährleisten, muß aber andererseits mit den Restriktionen verträglich sein. Der weitere Ablauf ist dem Flußbild zu entnehmen (Bild 1.21).
Ein Beispiel, das auch grafisch lösbar ist, mag den Vorgang veranschaulichen. (Das Beispiel wurde mit einigen Änderungen [1.5] entnommen.)

Beispiel

Für eine Welle der Länge $2l$, die bei l durch eine normal zur Welle wirkende Kraft F, durchgehend durch ein Torsionsmoment M_t belastet und an den Wellenenden statisch bestimmt, gestützt ist, soll die Masse ein Minimum werden.
Gegebene Daten:

$$F = 10000 \text{ N}$$
$$M_t = 100 \text{ Nm}$$
$$\left.\begin{aligned} \sigma_{b\,zul} &= 100 \text{ N/mm}^2 \\ \tau_{t\,zul} &= 70 \text{ N/mm}^2 \end{aligned}\right\} \text{ s. Abschn. 4.}$$
$$l_o \geqq 50 \text{ mm.}$$

Wegen der Minimierung der Masse lautet die Zielfunktion

$$Z = d^2 l \rightarrow \text{Min.!}$$

bzw.

$$Z(x) = x_1^2 x_2 \rightarrow \text{Min.!},$$

d.h., es werden nur x_1 und x_2 variiert.
Die Restriktionen ergeben sich aus

1. $$l \geqq l_0$$

2. $$\frac{Fl}{0{,}1d^3} \leqq \sigma_{\mathrm{b\,zul}}$$

3. $$\frac{M_\mathrm{t}}{0{,}2d^3} \leqq \tau_{\mathrm{t\,zul}}$$

(2. und 3.: s. Abschn. 4.)

Da nur zwei Variable vorliegen, kann das Problem in der Ebene grafisch gelöst werden (Bild 1.22).

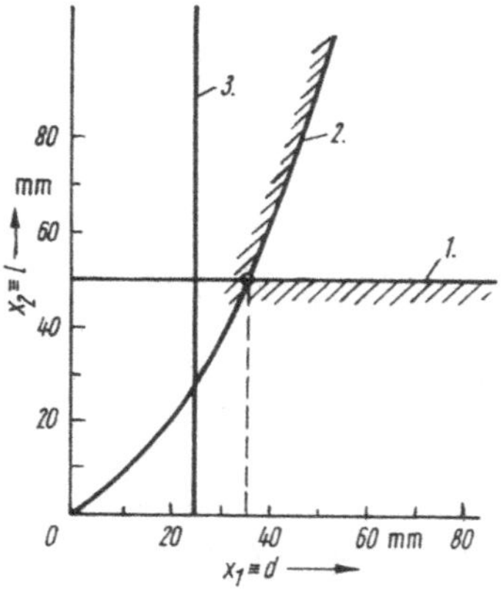

Bild 1.22
Grafische Optimierung der Wellenabmessungen
1 Funktionsbedingungen für *L*; *2* Biegebedingung; *3* Torsionsbedingung

Das Minimum der Masse ergibt sich für

$$l = 50\ \text{mm} \quad \text{und} \quad d = 36{,}7\ \text{mm}.$$

Nach der Monte-Carlo-Methode wird dieses Ergebnis ebenfalls annähernd erreicht. Nachdem der Suchbereich durch

$$a_1 = 15\ \text{mm},\ b_1 = 70\ \text{mm für den Durchmesser}$$

Tafel 1.3. Optimierung der Wellenabmessungen mit Hilfe der Monte-Carlo-Methode nach [1.5]

p	d mm	l mm	Z(x)
5	56,0	127,2	313,42
6	53,3	121,9	271,95
10	64,9	63,6	210,44
16	41,7	66,6	90,30
156	40,0	56,8	71,22
1153	40,2	51,6	65,29
1588	38,1	52,9	60,14
1987	37,9	52,7	59,32

und

$$a_2 = 50\,\text{mm}, \; b_2 = 150\,\text{mm} \quad \text{für die Länge}$$

eingeschränkt wurde, ergeben sich die in Tafel 1.3 folgenden Zufallswerte, wobei das Verfahren bei $p = 2000$ abgebrochen wurde.

Schwieriger wäre diese Aufgabe, wenn auch der Werkstoff in die Variation und die Kosten in die Minimierung der Zielfunktion einbezogen würden.

Diese Ausführungen mögen ausreichen, um das Prinzip der mathematischenKonstruktionsoptimierung zu veranschaulichen. Die Anwendung mathematischer Optimierungsverfahren in der konstruktiven Entwicklung ist dabei abhängig zu machen vom zu erwartenden Nutzen. Zweifellos zeichnen sich hier insbesondere für die Gebrauchswert-Kosten-Analyse neue Möglichkeiten ab, die auch der Konstrukteur nutzen sollte.

1.8. Rationalisierung der Konstruktionsarbeit durch *projektierende Konstruktion*

Im Abschn. 1. wurden bisher Sachverhalte und Zusammenhänge zu einer Reihe von Teilfragen des konstruktiven Entwicklungsprozesses, z. B. zu seiner Struktur, zu Funktion, Prinzip und Struktur technischer Gebilde, zur Prinzipfindung und zur Anpassung des Prinzips technischer Gebilde an die Funktionsbedingungen dargestellt.

Dabei wurde der konstruktive Entwicklungsprozeß als Syntheseprozeß charakterisiert. Die Synthese erfolgt dabei aus Elementen bzw. Teilsystemen zu einem größeren System, solange für jede Teilfunktion Elemente bzw. Teilsysteme zur Verfügung stehen. Ist das nicht der Fall, so sind diese Elemente oder Teilsysteme über eine Funktionsanalyse und Prinzipfindung, d. h. über alle Phasen des konstruktiven Entwicklungsprozesses zu entwickeln. Bisher wird dieser gesamte Vorgang spontan vom Konstrukteur bzw. von einem Team realisiert. Es liegt nun nahe, diesen Vorgang zielstrebig zu organisieren, d. h., für klassifizierte Funktionen und spezielle Bedingungen des Einsatzes und der Anpassung sind die Konstruktionselemente abzuspeichern und für den Syntheseprozeß abzurufen, bzw. es ist die Entwicklung neuer Teilsysteme und Elemente auszulösen. Dieser Vorgang ist als Blockbild im Bild 1.23 dargestellt.

Hinweise auf die Notwendigkeit *projektierender Arbeitsweise* oder der *projektierenden Konstruktion* findet man wiederholt in der neueren Literatur [1.2] [1.6].

Keine der Arbeiten kann jedoch bisher mehr oder weniger abgerundete und vollständige Vorstellungen zum System einer projektierenden Konstruktion anbieten. Am weitesten gehen die Untersuchungen in [1.6], worin eine Funktionsgruppenspezialisierung als wesentliche Voraussetzung der projektierenden Konstruktion behandelt wird. Die Baugruppenspezialisierung betrifft danach Bauteile, die sich in ähnlichen technischen Gebilden wiederholen und eine hohe Serienmäßigkeit der Produktion sichern.

Die projektierende Konstruktion muß das Ziel verfolgen, die bisher anzutreffende Vielfalt von Funktionsgruppen für analoge Teilfunktionen einzuschränken und zu einer Standardisierung dieser Funktionsgruppen als kombinierbare Baueinheiten zu kommen. Es sind also unifizierte funktionelle Teilsysteme und Elemente zu entwickeln, aus denen die Konstruktion von technischen Gebilden durch kombinatorische Synthese möglich wird (Bild 1.23). Die speziellen Bedingungen der projektierenden Konstruktion hängen stark von der Art der zu konstruierenden Gebilde ab.

Es muß hervorgehoben werden, daß zunehmend ein gesellschaftliches Bedürfnis nach einem automatisierbaren Konstruktionssystem heranreift und daß sich auch reale Voraussetzungen abzeichnen.

Die sich gegenwärtig vollziehende wissenschaftlich-technische Revolution ist gekennzeichnet durch die zunehmende Automatisierung der Prozesse der gedanklichen und der materiellen Produktion und die zunehmende Nutzung der elektronischen Datenverarbeitung. Dabei wachsen gegenwärtig sowohl der absolute Aufwand der technischen Produktionsvorbereitung als auch deren relativer Anteil an den Erzeugniskosten ständig.

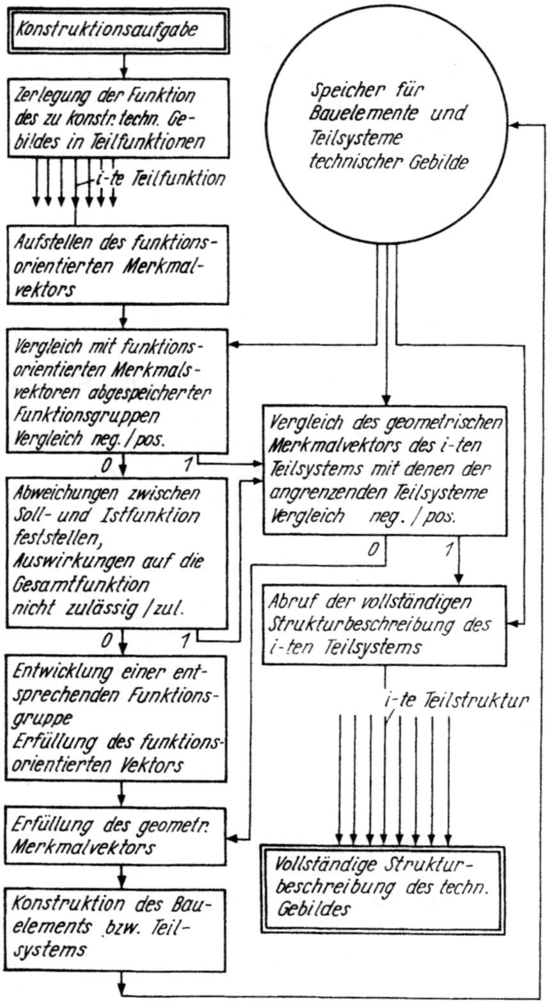

Bild 1.23
System der „projektierenden Konstruktion"

Da nur eine begrenzte Zunahme des in der Produktionsvorbereitung tätigen Personals möglich ist, besteht die vornehmlich zu lösende Aufgabe in der Programmierung und Automatisierung der formalgeistigen Arbeit, um die unumgänglich vom Menschen zu bewältigenden schöpferischen Phasen der Produktionsvorbereitung absichern zu können.
In der Tat bestehen etwa 90% der notwendigen produktionsvorbereitenden Arbeiten aus Routine, 80% hiervon könnten EDVA übertragen werden.
Nun geht es jedoch nicht schlechthin um eine *Übertragung* der Arbeiten des Menschen auf die EDVA, sondern auch um die Nutzung der qualitativ völlig neuen Möglichkeiten, die sich ergeben.

Der wissenschaftlich-technische Höchststand im Maschinenbau wird in den nächsten Jahrzehnten durch eine weitere Automatisierung aller Phasen des Reproduktionsprozesses gekennzeichnet sein.
Die Automatisierung wird die Prozesse der Be- und Verarbeitung von Werkstoffen einschließlich der technischen Vorbereitung der Produktion und der Produktionssteuerung umfassen, wobei der entscheidende Erfolg sich nur dann einstellen wird, wenn die Automatisierung für alle Phasen der Produktionsvorbereitung als komplexes und einheitliches System organisiert wird.
Entwicklungen in diesem Sinn werden derzeit in aller Welt durchgeführt und vorangetrieben.
„Ihr Ziel ist ein dynamisches Bausteinsystem, gekennzeichnet durch einheitliche Problemlösungen, einheitliche Organisationsprinzipien und einheitliche technische Mittel. Es beinhaltet die Schaffung von theoretischen Grundlagen, Methoden, Verfahren, Algorithmen und Programmen auf der Basis einer einheitlichen Rechen- und Gerätetechnik, die in Forschung, Entwicklung, Projektierung, Konstruktion und Technologie zu einer neuen Qualität der Arbeit führen."
Das Gesamtsystem wird zweckmäßig in die vorrangig zu bearbeitenden Teilsysteme aufgeteilt:

- Rationalisierung und Automatisierung der konstruktiven Vorbereitung
- Rationalisierung und Automatisierung der technologischen Vorbereitung
- Rationalisierung und Automatisierung der Projektierung von Fertigungsstätten
- Entwicklung rationeller automatisierter Organisations- und Fertigungslösungen.

Im folgenden soll noch auf einige Aspekte des Teilsystems der konstruktiven Vorbereitung eingegangen werden.
Dem aufmerksamen Leser wird nicht entgangen sein, daß die bisher behandelten Teilabschnitte der *Allgemeinen Grundlagen der Konstruktionslehre* bereits über weite Strecken dem Anliegen einer *Klassifizierung*, *Unifizierung*, *Algorithmierung* und *Programmierung* Rechnung trugen. Und dieses sind die wesentlichen Aspekte, nach denen die *Konstruktionstheorie* entwickelt werden muß, um sie in kürzester Frist in das beschriebene Bausteinsystem einordnen zu können und um die Möglichkeiten der EDVA zu nutzen.
So wird es notwendig,

- *den gedanklichen Prozeß des Konstruierens* und
- *die Struktur des konstruktiven Entwicklungsprozesses*

zu kennen, um das Teilsystem einer Konstruktionssystematik organisieren zu können, und so wird es unumgänglich, mit dem Ziel einer *projektierenden Konstruktionssynthese* einerseits zu einer

- *funktionsorientierten Klassifizierung der Konstruktionselemente*

zu kommen und andererseits die Speicherfüllung durch eine zielstrebige

- *Standardisierung im Maschinenbau*

anzustreben.
Beste Ansatzpunkte zum Einsatz elektronischer Rechner hat heute schon die

- *Dimensionierung von Konstruktionselementen,*

da die Algorithmierung hier am weitesten fortgeschritten ist, und ebenso ist es relativ unproblematisch, den

- *zweckmäßigen Werkstoffeinsatz*

durch Speicherabfrage in den Konstruktionsprozeß eingehen zu lassen.
Qualitativ bessere Ergebnisse des Konstruktionsprozesses werden jedoch nur erzielt werden können, wenn die Möglichkeiten der EDVA bezüglich

- *Bewertung und Optimierung*

konsequent genutzt werden.
Wesentliche Rationalisierungseffekte zeichnen sich auch ab bei der Anpassung bewährter Konstruktionen an andere Gebrauchsbedingungen. Einige Gedanken in dieser Richtung, die Konstrukteuren heute leider noch recht häufig unbekannt sind, wurden in

- *Anwendung der Ähnlichkeitsmechanik* bei der Konstruktion technischer Gebilde behandelt.

Alle diese Teilstrecken werden zur Rationalisierung der Konstruktionsarbeit beitragen. Dabei wird unter Rationalisierung zu verstehen sein,

- schneller als bisher
- mit größerer Wahrscheinlichkeit
- eine optimale Lösung

zu erzielen, um in der ferneren Zukunft unter Umgehung konventioneller Zeichnungen über produktionsorientierte Datenträger (Lochstreifen, Magnetbänder, Lochkarten usw.) automatisierte Werkzeugmaschinen und -maschinensysteme zu steuern.
Der Mensch wird dabei immer mehr aus dem materiellen Produktionsprozeß heraustreten und kontrollierende und – das dürfte das Wesentliche sein – schöpferische Phasen der Produktionsvorbereitung übernehmen. Hier offenbart sich eine neue, jedoch schon in der Lösung begriffene Problematik – die Kommunikation Mensch–Maschine oder speziell Konstrukteur–Maschine. Der Drucker zur Ausgabe numerischer Informationen wird in Zukunft nicht mehr ausreichen. Bereits die EDVA der dritten Generation lassen erste, wenn auch nicht optimale Ansätze zur Verbesserung der Kommunikation Mensch–Maschine erkennen. Und dieser Aufwand für die „Peripherie" wird weiter steigen. Zeichen- und Zeichenerkennungsgeräte, der Einsatz der Mikrofilmtechnik und insbesondere das Bildschirmgerät mit Eingriffsmöglichkeit über Tastatur und Lichtgriffel werden unumgängliche gerätetechnische Voraussetzungen für die Entwicklung des Teilsystems „Konstruktive Vorbereitung" und dessen Integration in ein Gesamtsystem, welches alle Phasen der Produktionsvorbereitung umfaßt.
Trotz ihrer zunehmenden Bedeutung werden diese *technischen* Mittel *Hilfsmittel* bleiben. Die entscheidende Triebkraft der Entwicklung wird immer der Mensch mit seinen Fähigkeiten und Fertigkeiten sein.

1.9. Literaturverzeichnis

[1.1] *Hansen, F.:* Konstruktionssystematik. Berlin: VEB Verlag Technik 1968.
[1.2] *Müller, J.:* Grundlagen der Systematischen Heuristik. Berlin: Dietz-Verlag 1970.
[1.3] *Schlottmann, D.:* Zur Systematisierung der Konstruktionsarbeit. Wiss. Zeitschr. d. Univ. Rostock *22* (1973) H.4/5.
[1.4] *Gilde/Starke:* Ideen muß man haben. Leipzig/Jena/Berlin: Urania-Verlag 1970.
[1.5] *Golinski, J.:* Über die Anwendung bestimmter Methoden der nichtlinearen Optimierung. Konstruktion *21* (1969) H.7.
[1.6] *Heller/Schröter:* Grundgedanken zur Funktionsgruppenspezialisierung und Analyse von Maschinen nach Funktionsgruppen unter systemtheoretischem Aspekt. Maschinenbautechnik *20* (1971) H.11.

2. Darstellung technischer Gebilde und Kommunikationsmittel des Konstrukteurs

2.1. Darstellungsmöglichkeiten für Strukturen

Ergebnis des konstruktiven Entwicklungsprozesses (s. Bild 1.7) ist die vollständige Strukturbeschreibung des technischen Gebildes. Sie wird bisher in der Konstruktionspraxis in der Regel als technische Zeichnung ausgefertigt. Nun ist aber die technische Zeichnung, bedingt durch die zunehmende Komplexität technischer Gebilde und wegen der zunehmenden Integration der elektronischen Datenverarbeitung sowohl in den konstruktiven als auch in den technologischen Prozeß, nicht immer die optimale Darstellungsmöglichkeit.
Es soll versucht werden, einen Überblick über die sich heute anbietenden Möglichkeiten zu geben. Dabei bietet es sich an, den im Abschn. 1. herausgearbeiteten Funktion–Struktur-Zusammenhang auch hier zum ordnenden Prinzip zu wählen.
Die Darstellungsmöglichkeiten seien zunächst am Beispiel eines Schaltgetriebes verdeutlicht (nach [2.1]).
Im Bild 2.1 ist das Schaltgetriebe nach den Regeln des technischen Zeichnens *gestaltidentisch*, verkleinert und im Schnitt dargestellt.

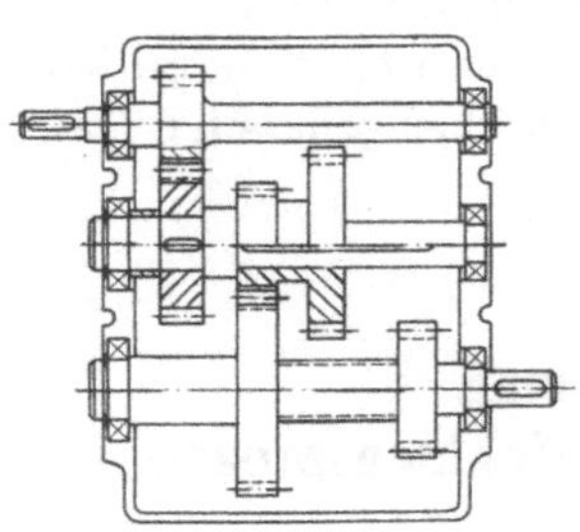

Bild 2.1. Gestaltidentische Schnittdarstellung eines Schaltgetriebes (nach [2.1]*)*

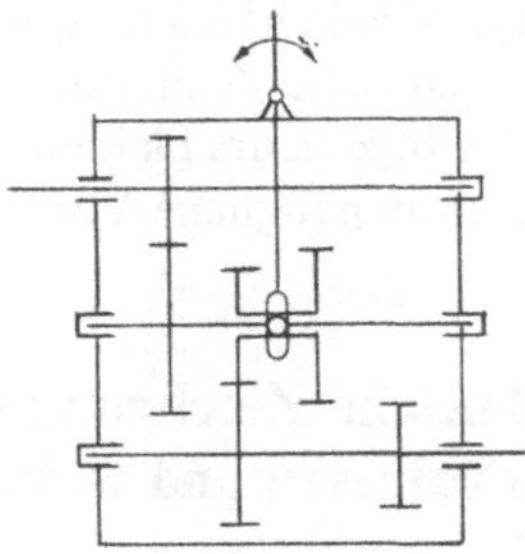

Bild 2.2. Schematische Darstellung des Schaltgetriebes nach Bild 2.1 *(nach* [2.1]*)*

Auch die schematische Darstellung nach Bild 2.2 gibt primär die geometrische Gestalt der Elemente sowie ihre funktionelle Zuordnung wieder, ohne jedoch gestaltidentisch zu sein.
Die *ikonische* Darstellung nach Bild 2.3 wie auch das *Blockschaltbild* nach Bild 2.4 sind nur noch funktionsorientiert und geben keine Auskunft über die Gestalt der Elemente.

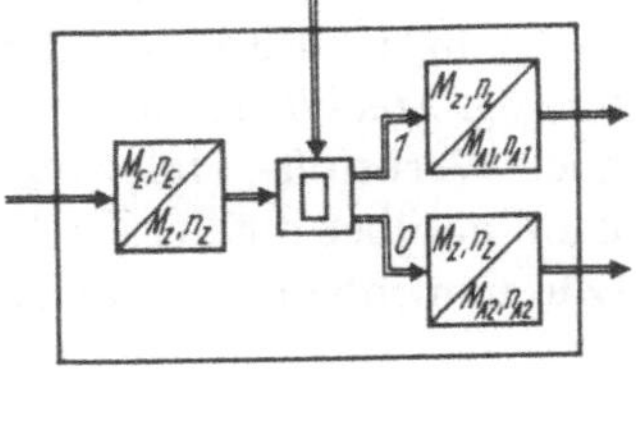

Bild 2.3
Ikonische Darstellung des Schaltgetriebes nach Bild 2.1. (nach [2.1]*)*

Es ist z. B. nicht mehr erkennbar, ob Zahnräder für die Drehmomentwandlung benutzt werden oder ob diese Funktion hydraulisch realisiert wird.
Die Darstellung nach Bild 2.4 kann auch als *Kopplungsmatrix* geschrieben werden und trägt damit den Bedingungen der elektronischen Datenverarbeitung Rechnung.

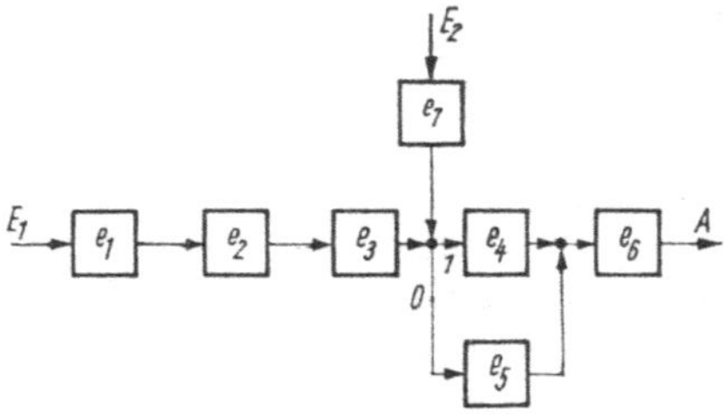

Element	Bezeichnung	Operation
e_1	Welle	leiten
e_2	Zahnradpaar	wandeln
e_3	Welle	leiten
e_4	Zahnradpaar	wandeln
e_5	Zahnradpaar	wandeln
e_6	Welle	leiten
e_7	Umschalter	schalten und koppeln

E_1 Eingangsgröße 1;
E_2 Eingangsgröße 2;
A Ausgangsgröße

Bild 2.4. Blockschaltbild des Schaltgetriebes nach Bild 2.1. (nach [2.1]*)*

Die Darstellungen nach den Bildern 2.1 bis 2.4 sind primär geeignet, Elemente in ihrer funktionellen Zuordnung zu beschreiben, wobei mit der gewählten Reihenfolge die Geometrie zugunsten des Funktions- und Systemzusammenhangs in den Hintergrund getreten ist.
Für den Produktionsprozeß selbst ist die technische Zeichnung nach wie vor das gebräuchlichste Darstellungsmittel. Unter den Bedingungen ihrer automatisierten Herstellung mit Hilfe elektronisch gesteuerter Zeichenmaschinen, der EDV-gerechten Speicherung und Archivierung und nicht zuletzt wegen der teilweise elektronischen Steuerung der Produktionsanlagen gewinnen die Mikrofilmtechnik, der Lochstreifen, das Magnetband – um nur einige Möglichkeiten zu nennen – zunehmend an Bedeutung.
Trotzdem wird die technische Zeichnung in ihrer Grundform auch weiterhin *das* Kommunikationsmittel des Ingenieurs bleiben, zumal sie auch für die eben genannten Datenträger meistens eine unumgängliche Vorstufe ist.

2.2. Die technische Zeichnung und ihre Anwendung im konstruktiven und technologischen Entwicklungsprozeß

Die technische Zeichnung muß das technische Gebilde vollständig bezüglich der geometrischen und stofflichen Parameter beschreiben.
Da die technische Zeichnung die Arbeitsgrundlage für den Fertigungsprozeß ist, hat es sich als zweckmäßig erwiesen,

- eine Gesamtzeichnung
- Teilzeichnungen
- Gruppenzeichnungen und
- Zusammenbauzeichnungen

anzufertigen. Bei komplizierten Gebilden ist es ohnehin kaum möglich, alle Angaben in der Gesamtzeichnung unterzubringen, so daß ein *Zeichnungssatz* in der Regel aus der Gesamtzeichnung, den zugehörigen Teilzeichnungen und einer sog. *Stückliste*, die nicht nur ein *Inhaltsverzeichnis* des Zeichnungssatzes ist, sondern auch Werkstoff-, Halbzeug- und Standardangaben enthält, besteht. Der Zeichnungssatz kann darüber hinaus Zeichnungen zu technologischen Zwischenstufen der Einzelteile und Zusammenbauzeichnungen mit Hinweisen zum Montagevorgang enthalten.

Obwohl dieser Abschnitt nicht das Ziel verfolgt, Lehrinhalte zum elementaren technischen Zeichnen zu vermitteln (dazu sei auf einschlägige Lehrbücher, wie [2.2] und [2.3], verwiesen), soll insbesondere dem Studierenden ein Minimum diesbezüglicher Informationen gegeben werden.

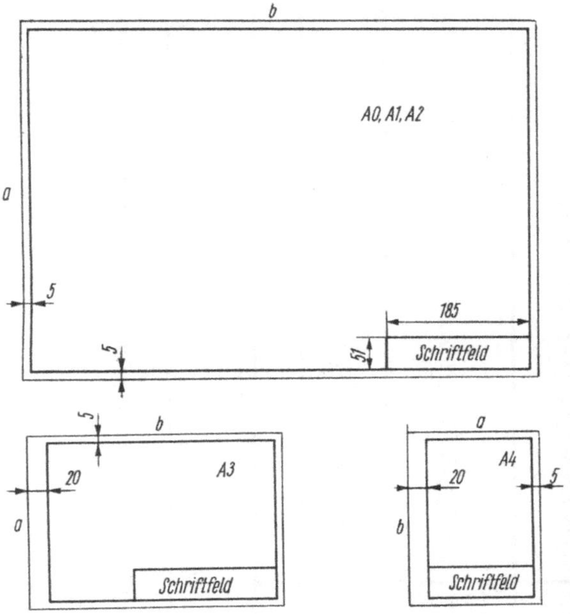

Format	A0	A1	A2	A3	A4
a×b	841×1189	594×841	420×594	297×420	210×297

Bild 2.5
Blattgrößen und deren Aufteilung** (nach* [2.3]*) a × b = **Größe der beschnittenen Lichtpause

Blattgrößen und deren Aufteilung (Bild 2.5), Schriftfelder und Stücklisten (Bild 2.6), Maßstäbe der Darstellung (Tafel 2.1) und schließlich auch die Zeichnungsschrift sind durch Standards geregelt.

Tafel 2.1. Zeichnungsmaßstäbe

Natürliche Größe	M 1:1 (ist möglichst anzuwenden!)								
Verkleinerungen	1:2,5	1:5	1:10	1:20	1:50	1:100	1:200	1:500	1:1000
Vergrößerungen	2:1	5:1	10:1	100:1					

Das technische Gebilde wird im Normalfall in der *Dreitafelprojektion* dargestellt (Bild 2.7).

Diese Ansichten können durch *Schnitte* und gegebenenfalls maßstäblich vergrößerte *Einzelheiten* ergänzt werden. Eine typische Teilzeichnung ist im Bild 2.8 wiedergegeben.

Insbesondere bei *Durchdringungen* und *Abwicklungen* gekrümmter Flächen übernimmt das technische Zeichnen typische Methoden der darstellenden Geometrie (Bild 2.9).

Für die Bemaßung gilt der Grundsatz, alle Maße so anzugeben, wie sie auch im Fertigungsprozeß benötigt werden. Auf Vorzugszahlen, Toleranzen und Passungen wird im Abschn. 3. ausführlich eingegangen.

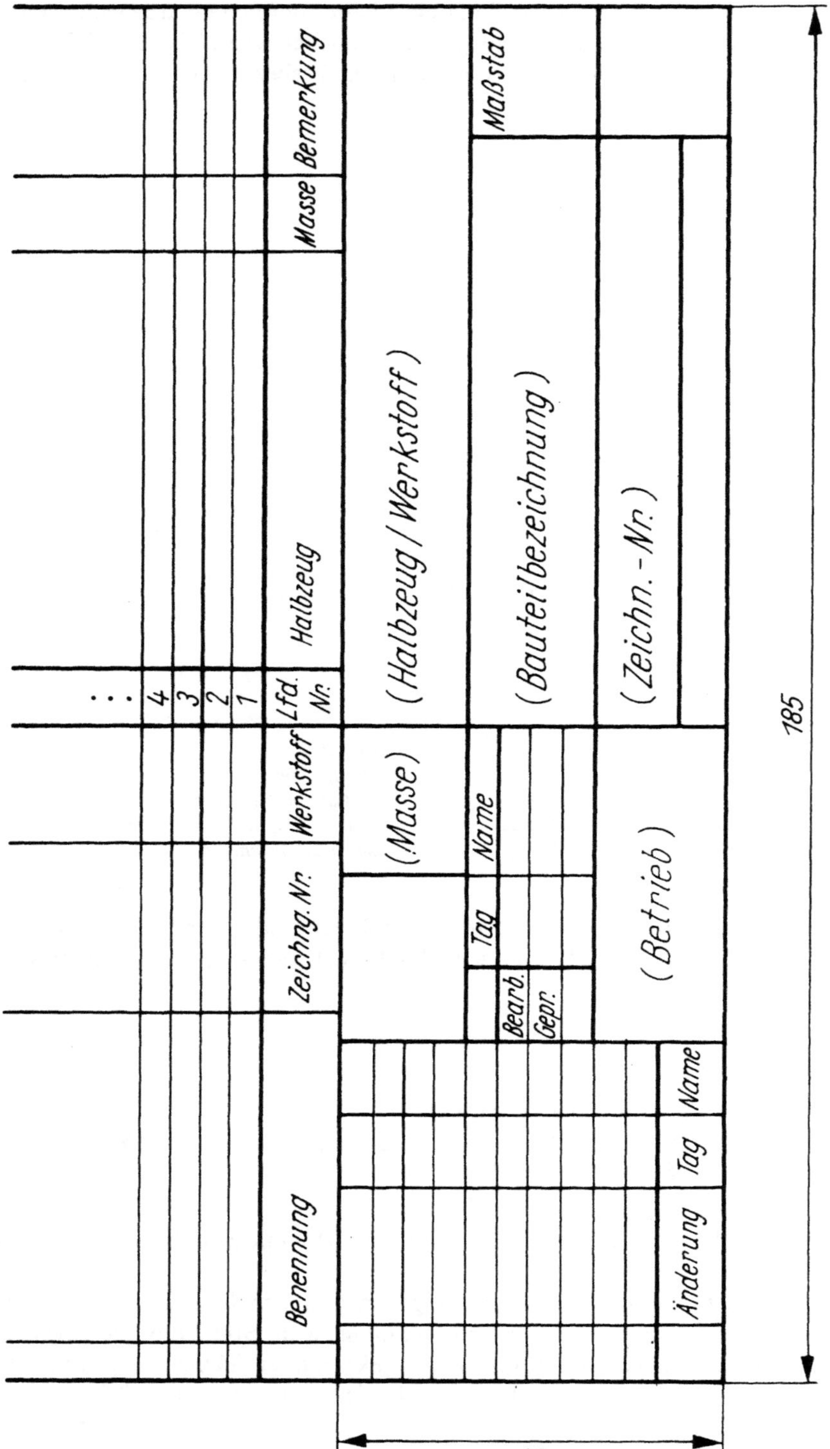

Bild 2.6. Schriftfeld (unterer Teil) mit anschließender Stückliste (oberer Teil) nach [2.3]; auch als Stückliste auf gesondertem Blatt verwendbar

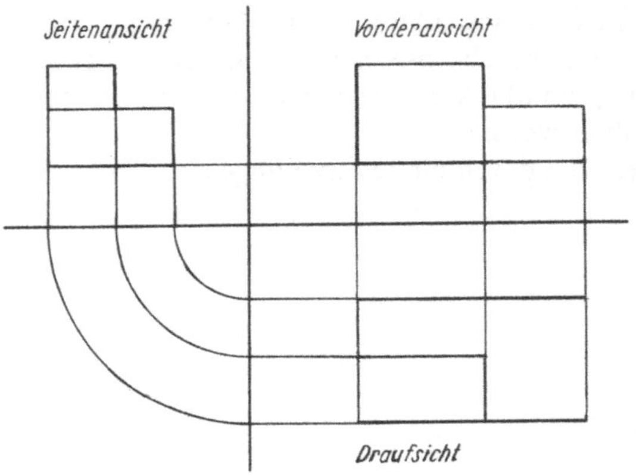

Bild 2.7
Dreitafelprojektion

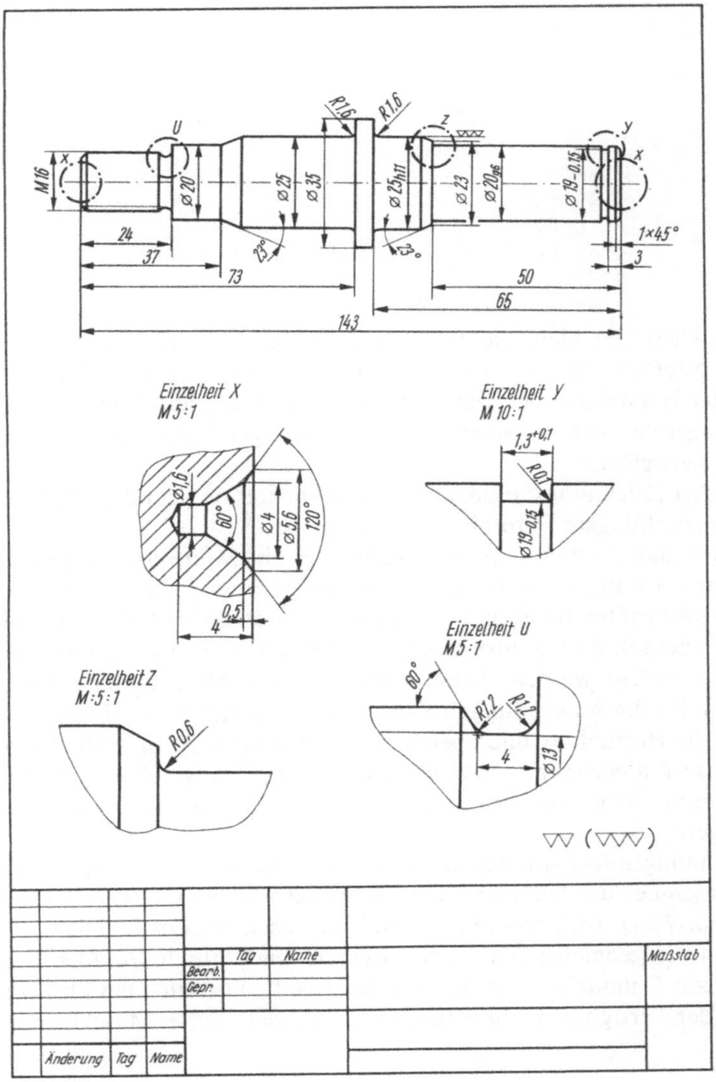

Bild 2.8
Teilzeichnung
zum Beispiel Welle

Die Arbeit mit der technischen Zeichnung im Konstruktions- und Fertigungsprozeß ist in den letzten Jahren durch den Einsatz mechanisch-optischer und elektronischer Hilfsmittel bei der Herstellung, Vervielfältigung und Dokumentation sowie ihrer Umsetzung im Produktionsprozeß wesentlich beeinflußt worden.
Sehr gute Rationalisierungserfolge lassen sich durch die relativ billige *Foto-* bzw. *Filmtechnik* erzielen.

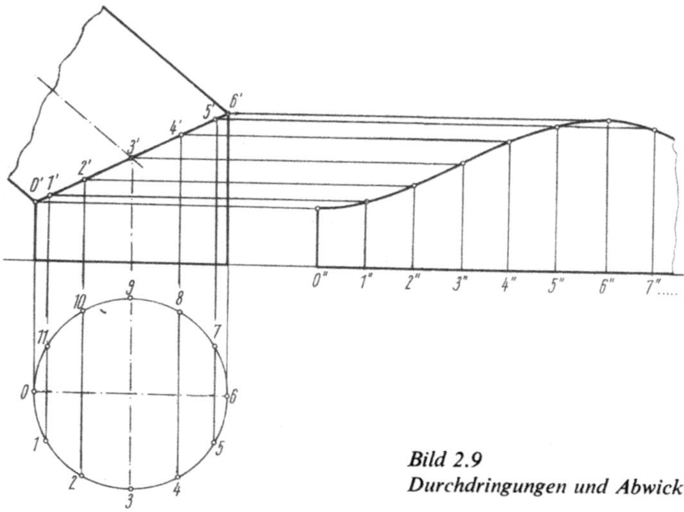

Bild 2.9
Durchdringungen und Abwicklungen

Insbesondere bei technischen Gebilden, die als Baureihen oder nach dem Baukastenprinzip konstruiert und gefertigt werden, kann durch sog. *neutrale* Originalzeichnungen (ohne Maßzahlen) bei der Herstellung der Teilzeichnungen auf fotografischem Weg viel Zeit und Arbeitskraft eingespart werden. Auch Gesamtzeichnungen lassen sich auf diese Weise als Fotomontage herstellen.
In vielen Betrieben werden Zeichnungsoriginale zur Dokumentation grundsätzlich auf die lagerungs- und strapazierfähigere Fotofolie übertragen.
In diesem Zusammenhang hat die *Mikrofilmtechnik*, bei der ein Mikrofilmbild zweckmäßig mit einer Lochkarte kombiniert wird, an Bedeutung gewonnen. Die Lochkarte, die in einem Fenster das Mikrofilmbild aufnimmt, kann mit zusätzlichen Informationen zur Speicherung und Wiederauffindung, aber auch mit Daten zur Geometrie und zum Werkstoff des Bauteils versehen werden. Diese Lochkarte mit Mikrofilmbild bietet günstige Voraussetzungen für die Anwendung in Konstruktionssystemen (s. Abschn. 1.).
Nicht so günstig wie für die Herstellung und Speicherung von Zeichnungen ist die Fototechnik im Fertigungsprozeß anwendbar. Abgesehen von Beispielen wie dem *optischen* Brennschneiden ist der numerische Datenträger meistens in Form des *Lochstreifens* genauer und leistungsfähiger.
Die Umsetzung von Zeichnungsinformationen in *numerisch gesteuerten Fertigungsanlagen* (Drehmaschinen, Fräsmaschinen u. a.) und die Informationsaufbereitung zur *numerischen Steuerung von Zeichenmaschinen* sind methodisch und technisch nahezu identisch. In beiden Prozessen werden die geometrischen Formen der Gebilde durch Geraden und Kreisstücke angenähert. Als Datenträger hat sich der 8spurige Lochstreifen bewährt. Zu diesen Problemkomplex der Fertigungsvorbereitung programmgesteuerter Maschinen sei auf [2.4] verwiesen.

2.3. Blockschaltbild

Ein günstiges Hilfsmittel bei der Analyse und Darstellung von Strukturen, das Anschaulichkeit und Abstraktion in sich vereinigt, ist das Blockschaltbild.
Über die elementare Form nach Bild 2.4 hinaus, die aus der Black-box-Symbolik der Systemtheorie abgeleitet wurde, hat es durch TGL 28261 [2.5] eine Weiterentwicklung und Anpassung an die Bedürfnisse des konstruktiven Entwicklungsprozesses erfahren.
In Fortsetzung der Überlegungen zur Funktion und Funktionszerlegung (s. Abschn. 1.5.) ist jedes Konstruktionselement durch den *Funktionswertfluß* Stoff, Energie oder Information zu kennzeichnen, der als *primärer Funktionswertfluß* vom *sekundären Funktionswertfluß* zu unterscheiden ist.
Entsprechend TGL 28261 ist jedes Element bzw. jede Baugruppe nach der im Bild 2.10 wiedergegebenen Systematik darzustellen. Bild 2.11 zeigt ein Hydrauliksystem in dieser standardisierten Blockschaltbilddarstellung.

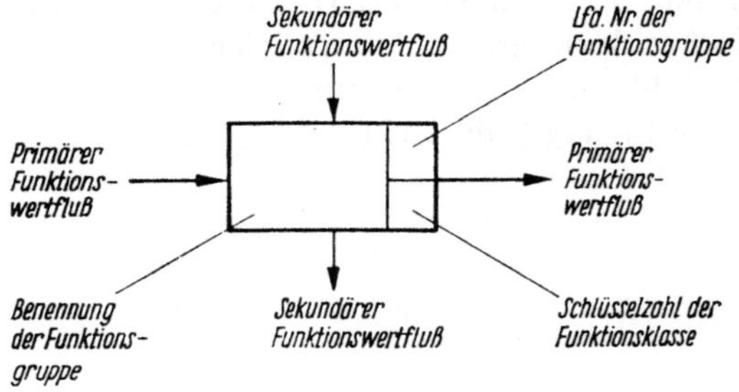

Bild 2.10
Blockschaltbild-Darstellung nach TGL 28261

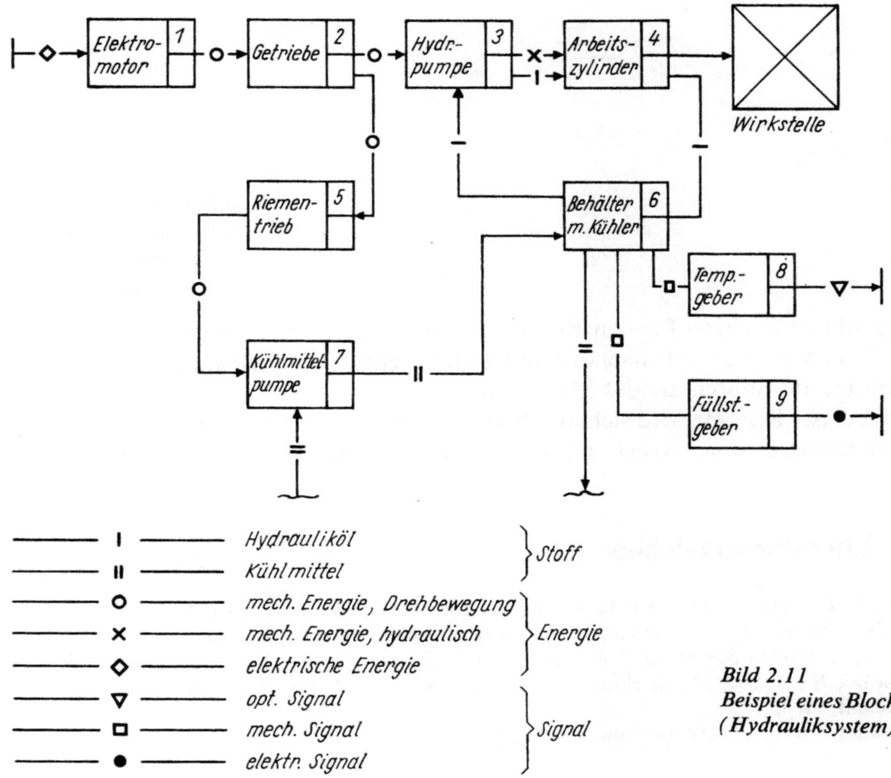

Bild 2.11
Beispiel eines Blockschaltbilds (Hydrauliksystem)

Es ist offensichtlich, daß ein solches Blockschaltbild die Struktur großer Systeme besser als eine technische Zeichnung beschreiben kann.
Das Blockschaltbild ist dabei über die Schlüsselzahl der Funktionsklasse ein grundlegendes Arbeitsmittel zur systematischen Ordnung und Erfassung bekannter und neuzuentwickelnder Funktionselemente und -gruppen des Maschinenbaus. Es ist ein günstiges Kommunikationsmittel des Konstrukteurs und wird zur Durchsetzung der *projektierenden Arbeitsweise* im Konstruktionsprozeß (s. Abschn. 1.) beitragen.

2.4. Arbeitsplatz des Konstrukteurs in der Zukunft

Nach den Ausführungen der Abschnitte 1. und 2. wird erkennbar, daß der Konstruktionsprozeß sich zunehmend zu einem numerisch-grafischen Kommunikationsprozeß zwischen Mensch und Maschine entwickelt.
Der Arbeitsplatz des Konstrukteurs der Zukunft ist nur mit Zugriffsmöglichkeiten zu Digitalrechnern und elektronisch-mechanischen Speichereinrichtungen denkbar.
Der an Rechner und Speicher gekoppelte Bildschirm mit Tastatur- und Lichtgriffeleingriffsmöglichkeit steht bereits heute zur Verfügung (Bild 2.12).

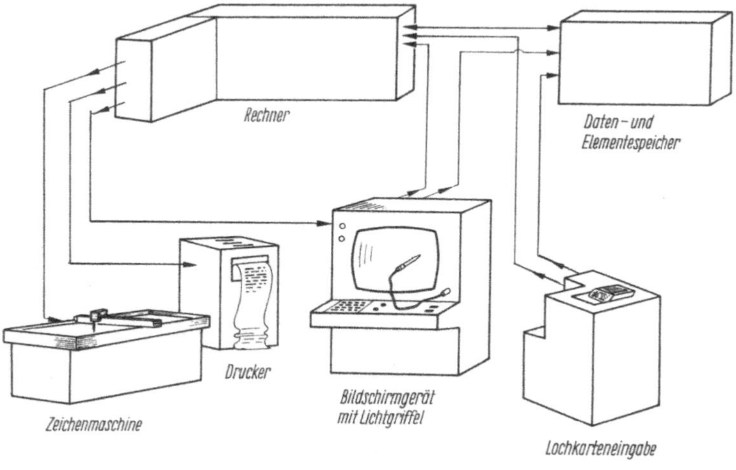

Bild 2.12 Arbeitsplatz des Konstrukteurs in der Zukunft

Allerdings gibt es Grenzen für den Einsatz derartiger Systeme. Das sind einerseits die enormen Kosten solcher Arbeitsplätze und andererseits der physisch und psychisch begrenzte Informationsdurchsatz des Menschen.
Der Einsatz dieser Systeme wird sich nur dann durchsetzen, wenn der Mensch durch Entlastung von formalgeistiger Arbeit in höherem Maß schöpferisch wirksam werden kann.

2.5. Literaturverzeichnis

[2.1] *Müller, J.:* Grundlagen der Systematischen Heuristik. Berlin: Dietz-Verlag 1970.
[2.2] *Groh, W.:* Die technische Zeichnung. 9. Aufl. Berlin: VEB Verlag Technik 1976.
[2.3] *Friedrich, F.:* Standardgerechtes Konstruieren und Zeichnen. Leipzig: VEB Fachbuchverlag.
[2.4] *Baerfacker, H.; Geilert, M.:* Zeichnung – Datenverarbeitung – Automatisierung. Berlin: VEB Verlag Technik 1968.
[2.5] TGL 28261 – Klassifikator für Funktionsgruppen.

3. Standardisierung im Maschinenbau

3.1. Begriffe und Definitionen, Anliegen der Standardisierung

Ein großer Teil der gedanklichen Arbeit im konstruktiven Entwicklungsprozeß ist ständigen Wiederholungen unterworfen.
Analysieren wir die Vielfalt der technischen Gebilde, so weisen diese viele ähnliche oder identische Bauteile und Baugruppen auf, die durch reine Routinearbeit zu *entwickeln* sind.
Um die gesellschaftlich notwendige Arbeit auf ein Optimum zu reduzieren, ist es zweckmäßig, ständig wiederkehrende Elemente und Teilsysteme technischer Gebilde, die als Bestlösungen anzusehen sind, zu standardisieren.
Die Standardisierung erstreckt sich dabei nicht nur auf technische Gebilde, sondern auch auf Begriffe, Klassifizierungen, Eigenschaften von Stoffen, Verfahren usw.
Die Notwendigkeit der *Normung* wurde schon vor der Jahrhundertwende erkannt und auf Werksebene eingeführt. Ausdruck ihrer zunehmenden Bedeutung für die Wirtschaft sind der 1917 gebildete Normenausschuß der deutschen Industrie und die 1926 gegründete International Standardizing Association (ISA, heute ISO).
Beispiele für die von den zuständigen Stellen einzelner Staaten herausgegebenen Normen sind die DIN-Normen der Bundesrepublik Deutschland, die Ö-Normen in Österreich, die AGMA-Vorschriften in den USA, die TGL-Standards der Deutschen Demokratischen Republik oder die GOST-Standards der Sowjetunion.

3.2. Grundlegende Beispiele für die Standardisierung im Maschinenbau

3.2.1. Vorzugszahlen

Die *Zahl* ist in der Technik ein Grundelement der Verständigung.
Technische Angaben, wie Länge, Fläche, Raum, Kraft, Druck, Temperatur usw., werden immer zahlenmäßig als Vielfache einer *Maßeinheit* angegeben. Dazu wird die unendliche Menge der Zahlen nicht benötigt, und es liegt nahe, bestimmte Vorzugszahlen zu benutzen.
Die Praxis zeigt nun, daß z. B. beim Bemaßen eines technischen Gebildes aus dem Intervall von 10 bis 100 die gleiche Menge der Zahlen benötigt wird wie zwischen 1 und 10 oder 100 und 1000.
Benutzen wir eine geometrische Reihe als Bildungsgesetz für die Vorzugszahlen, so würde diese Feststellung erfüllt sein.
Für zwei benachbarte Vorzugszahlen gilt bei einer geometrischen Reihe

$$a_{n+1} = a_n q, \tag{3.1}$$

und eine n-te Vorzugszahl wird aus einer Anfangszahl a_0 nach

$$a_n = a_0 q^n \tag{3.2}$$

errechnet. Werden 1 und 10 als geeignete Vorzugszahlen „gesetzt", so läßt sich das spezielle Bildungsgesetz der dazwischenliegenden Vorzugszahlen bestimmen.

Tafel 3.1. Vorzugszahlen nach TGL I 0-323 Blatt 1

Hauptwerte der Grundreihe				Genauwerte	Benachbarte Vielfache von π
R 5	R 10	R 20	R 40		
1,00	1,00	1,00	1,00	1,0000	
			1,05	1,0593	
		1,12	1,12	1,1220	
			1,18	1,1885	
	1,25	1,25	1,25	1,2589	
			1,32	1,3235	
		1,40	1,40	1,4125	
			1,50	1,4962	
1,60	1,60	1,60	1,60	1,5849	$\pi/2$
			1,70	1,6788	
		1,80	1,80	1,7783	
			1,90	1,8836	
	2,00	2,00	2,00	1,9953	
			2,12	2,1135	
		2,24	2,24	2,2388	
			2,36	2,3714	
2,50	2,50	2,50	2,50	2,5119	
			2,65	2,6607	
		2,80	2,80	2,8184	
			3,00	2,9854	
	3,15	3,15	3,15	3,1623	π
			3,35	3,3497	
		3,55	3,55	3,5481	
			3,75	3,7584	
4,00	4,00	4,00	4,00	3,9811	
			4,25	4,2170	
		4,50	4,50	4,4668	
			4,75	4,7315	
	5,00	5,00	5,00	5,0119	
			5,30	5,3088	
		5,60	5,60	5,6234	
			6,00	5,9566	
6,30	6,30	6,30	6,30	6,3096	2π
			6,70	6,6834	
		7,10	7,10	7,0795	
			7,50	7,4989	
	8,00	8,00	8,00	7,9433	
			8,50	8,4140	
		9,00	9,00	8,9125	
			9,50	9,4406	π^2

Bei fünf Zwischenräumen im Intervall 1 bis 10 gilt $a_0 = 1$, $a_5 = 10$; $n = 5$ und damit für den Stufensprung q nach Gl. (3.2)

$$q = \sqrt[5]{10} = 1{,}5849.$$

Diese mit R 5 gekennzeichnete Reihe lautet bei Abrundung der Genauwerte

1 1,6 2,5 4,0 6,3 10.

Werden in den Zwischenräumen weitere Vorzugszahlen benötigt, so entstehen die standardisierten Reihen R 10, R 20, R 40.
Tafel 3.1 enthält die Vorzugszahlen dieser Reihen und die zugehörigen *Genauwerte*.
Vorzugszahlen > 10 werden daraus durch Multiplikation mit 10^1, 10^2, 10^3 usw., Vorzugszahlen < 1 durch Multiplikation mit 10^{-1}, 10^{-2} usw. erzeugt.
In Tafel 3.1 sind außerdem Vielfache von π aufgeführt, die etwa auf Vorzugszahlen führen.
In diesem Zusammenhang erlangen die aus den Grundreihen abgeleiteten Auswahlreihen Bedeutung. Eine Auswahlreihe Rn/2 enthält z. B. nur jede zweite Vorzugszahl der Grundreihe.
Entspricht eine Länge der Reihe Rn, so ergibt sich für die abgeleiteten Größen Fläche, Volumen usw.

Länge	≙ Rn,	Stufensprung q
Fläche	≙ Rn/2,	Stufensprung q^2
Volumen, Widerstandsmoment	≙ Rn/3,	Stufensprung q^3
Flächenträgheitsmoment	≙ Rn/4,	Stufensprung q^4.

Werden Zeit und Kraft in diese Betrachtung einbezogen, so werden ähnliche Gesetzmäßigkeiten erkennbar.

3.2.2. Toleranzen für Längenmaße

Die Maßhaltigkeit technischer Gebilde unterliegt in der Fertigung gewissen Schwankungen. Die Funktionsfähigkeit wird jedoch nicht beeinträchtigt, solange die gefertigten *Istmaße* eine im konstruktiven Entwicklungsprozeß festzulegende Streubreite nicht überschreiten. Diese für die Fertigung zulässige Streubreite wird mit *Toleranz* bezeichnet.

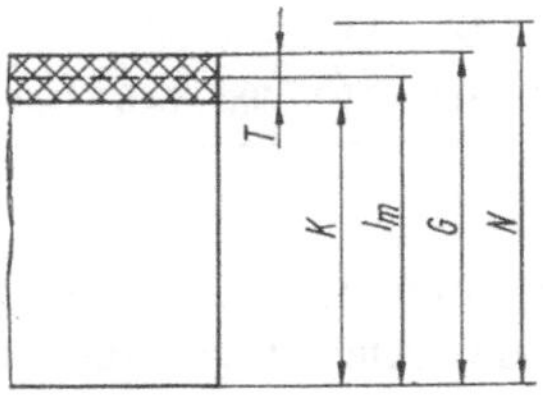

Bild 3.1
Maße und Toleranzen für Längen

Im Bild 3.1 sind die wesentlichen Größen veranschaulicht.
Nennmaß N
Maß zur Längenangabe, auf das die Abmaße der Toleranz bezogen werde. Aus Funktionsgründen und wegen der Anpassung an Nachbarelemente ist das Nennmaß meist

nicht identisch mit dem zu erwartenden mittleren Istmaß I_m. Es kann auch außerhalb des Toleranzbereichs liegen.

- Istmaß I
  Tatsächlich gefertigtes Maß. Bei Serienfertigung unterliegt es einer statistischen Streuung, deren Mittelwert I_m ist.
- Größtmaß G
  Größeres der durch den Toleranzbereich festgelegten zulässigen Grenzmaße.
- Kleinstmaß K
  Kleineres zulässiges Grenzmaß.
- Toleranz T
  Unterschied zwischen dem zulässigen Größt- und Kleinstmaß.

Auf Fertigungsunterlagen unterscheidet man

- Maße ohne Toleranzangabe
- Maße mit zahlenmäßiger Toleranzangabe
- Maße mit Kurzbezeichnung der Toleranz nach dem ISO-Toleranzsystem.

Bei Maßen ohne Toleranzangabe sind die Toleranzen nach Standard geregelt (Tafel 3.2). Dabei liegt das Toleranzfeld symmetrisch zum Nennmaß.

Tafel 3.2. Toleranzen für Maße ohne Toleranzangabe nach TGL 2897

Nennmaßbereich	Klasse			
mm	fein	mittel	grob	sehr grob
über 0,5 ... 6	±0,05	±0,1	±0,2	±0,5
über 6 ... 20	±0,1	±0,2	±0,5	±1
über 30 ... 120	±0,15	±0,3	±0,8	±1,5
über 120 ... 315	±0,2	±0,5	±1,2	±2
über 315 ... 1000	±0,3	±0,8	±2	±3
über 1000 ... 2000	±0,5	±1,2	±3	±5
über 2000 ... 4000	–	±2	±4	±8
über 4000	–	±3	±5	±10

Tafel 3.3. Toleranzfeld in Abhängigkeit von der Toleranzeinheit i, Anwendungsbereiche für Qualitäten

Qualität	1	2	3	4	5	6	7	8	9	10	11	12	13	14	15	16
Toleranzen in i	–	–	–	–	7	10	16	25	40	64	100	160	250	400	640	1000

Entspricht diese Tolerierung nicht den Anforderungen, so kann, wenn nicht auf das ISO-Toleranzsystem zurückgegriffen werden soll, das Größt- und das Kleinstmaß zahlenmäßig angegeben werden, z. B. $10^{+0,1}_{-0,3}$.
Für die Serienfertigung und zur Gewährleistung der Austauschbarkeit von Einzelteilen ist die Anwendung des ISO-Toleranzsystems am zweckmäßigsten (TGL 19071).
Die Toleranz wird dabei in Lage und Größe durch Buchstabe und Zahl festgelegt.
Der Buchstabe kennzeichnet die Lage des Toleranzfelds zum Nennmaß, große Buchstaben gelten für Innenmaße (Bohrungen), kleine für Außenmaße (Wellen), s. dazu Bild 3.2.

Die Zahl stuft die Toleranzfeldbreite in 16 Qualitäten. Die Toleranzfeldbreite wird aus der Toleranzeinheit berechnet durch Multiplikation mit den Vorzugszahlen der Reihe R 5 (Tafel 3.3).

Die so ermittelten ISO-Grundtoleranzen nach TGL 19071 sind z. B. in [3.1] enthalten. Im Maschinenbau finden vorwiegend die Qualitäten 5 bis 12 Verwendung.

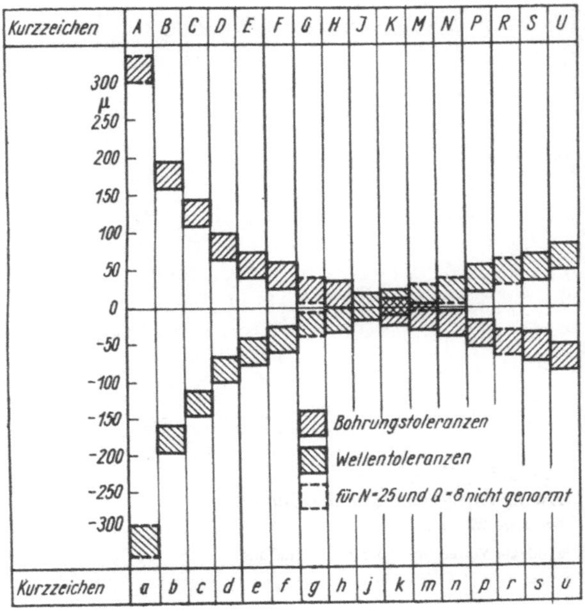

Bild 3.2
Lage des Toleranzfelds zum Nennmaß
Nennmaß = 25 mm; Qualität = 8

Aus Gründen der Wirtschaftlichkeit sollten die Toleranzen so groß wie möglich gewählt werden. Das ISO-Toleranzsystem bewährt sich besonders im Zusammenhang mit dem System der Passungen (s. Abschn. 3.4.).

Die Toleranzeinheit folgt für Nennmaße bis 500 mm dem Bildungsgesetz

$$i = 0{,}45 \sqrt[3]{N} + 0{,}001\, N \quad \frac{i}{\mu\text{m}} \bigg| \frac{N}{\text{mm}} \tag{3.3}$$

Für spezielle Fragen der Serienfertigung spielt die Häufigkeitsverteilung der Istmaße im Toleranzfeld eine Rolle.

Bei statistischer Verteilung aller auf die maßhaltige Fertigung wirkenden Faktoren gehorcht die Häufigkeitsverteilung innerhalb des Toleranzfelds der Gaußschen Glockenkurve (Bild 3.3a), die mathematisch folgendermaßen beschrieben werden kann

$$H(J) = \frac{a}{\sqrt{\pi}}\, e^{-a^2 (J - J_m)^2}. \tag{3.4}$$

Die Konstante a wird durch die Form der Glockenkurve festgelegt.

Messungen ergeben jedoch eine asymmetrische Häufigkeitsverteilung, deren Maximum bei Innenmaßen zum Kleinstmaß und bei Außenmaßen zum Größtmaß hin verschoben ist.

Als Ursache sind neben der Werkzeugabnutzung in erster Linie psychologische Momente des Facharbeiters zu nennen (Bild 3.3b).

Wesentlich ist die Erkenntnis, daß bei einem der zu fertigenden Maßqualität entsprechenden Werkzeug (Werkzeugmaschine) Grenzmaße relativ selten auftreten. So ist es sicher

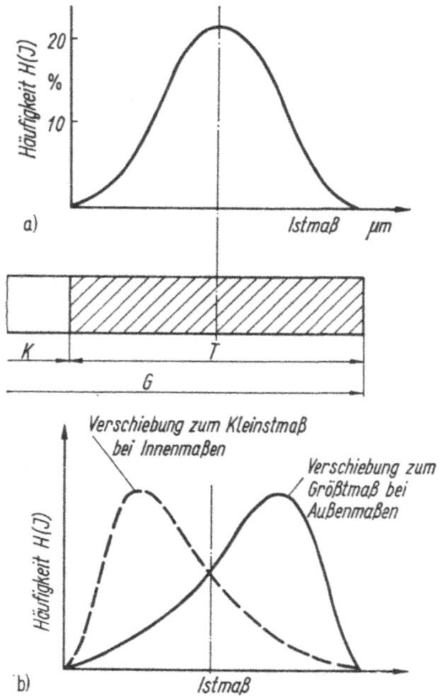

Bild 3.3
Häufigkeitsverteilungen der Stückzahlen im Toleranzfeld
a) ideale Verteilung; b) reale Verteilung

nicht gerechtfertigt, bei Summierung toleranzbehafteter Maße die Summe der Größt- bzw. der Kleinstmaße zu bilden. Die Anwendung der Wahrscheinlichkeitsrechnung kann hier erheblichen ökonomischen Nutzen erbringen.

Es sei auf die Toleranzkettentheorie [3.2] verwiesen.

3.2.3. System der Passungen

Eine Passung ermöglicht das austauschfähige Zusammenfügen von zwei Bauteilen, die an der zu *passenden* Fläche mit dem gleichen Nennmaß und einer für die beabsichtigte Funktion bewährten Toleranz gefertigt sind. Eine Passung betrifft dabei immer die Paarung zwischen dem Innenmaß des einen und dem Außenmaß des anderen Bauteils.

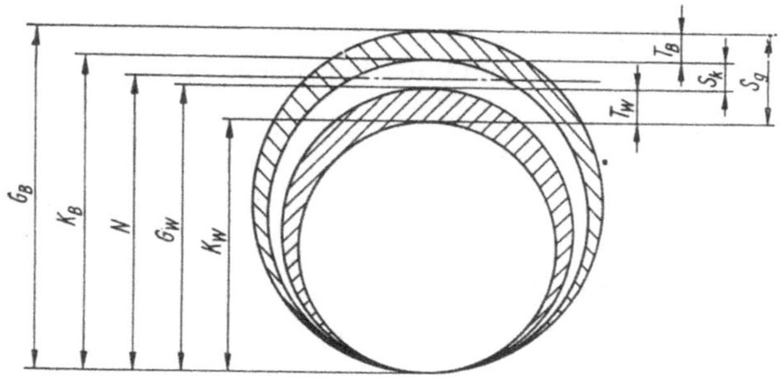

Bild 3.4
Rundpassung und charakteristische Größen

Die häufigsten Passungen sind *Rundpassungen* (zwischen Welle und Bohrung) und *Flachpassungen* (zwischen parallelen Flächen).
Bild 3.4 veranschaulicht die wesentlichen Größen einer Rundpassung.
Die bei den Toleranzen bereits erläuterten Größen G, K und T sind durch die Indizes W und B der Welle und der Bohrung zugeordnet. Das Nennmaß N ist Welle und Bohrung gemeinsam und benötigt deshalb keinen Index.
Die für die Passung wesentliche Größe ist das Spiel S.
Das Größtspiel S_g errechnet sich aus der Differenz zwischen dem Größtmaß der Bohrung und dem Kleinstmaß der Welle und entsprechend das Kleinstspiel S_k.
Es gilt

$$S_g = G_B - K_W$$

$$S_k = K_B - G_W. \tag{3.5}$$

Um das Spiel nicht als *kleine Differenz großer Zahlen* errechnen zu müssen, wird besser mit den sog. *Abmaßen* gerechnet.
Die Abmaße folgen aus

$$A_o = G - N \quad \text{(oberes Abmaß)}$$

$$A_u = K - N \quad \text{(unteres Abmaß)}. \tag{3.6}$$

Damit gilt für das Größt- und das Kleinstspiel

$$S_g = A_{oB} - A_{uW}$$

$$S_k = A_{uB} - A_{oW}. \tag{3.7}$$

Ist das Spiel negativ, so wird es als Übermaß $Ü$ bezeichnet und ist ebenfalls >0.
Analog zum Größt- und Kleinstspiel gilt damit für das Größtübermaß $Ü_g$ und das Kleinstübermaß $Ü_k$:

$$Ü_g = A_{oW} - A_{uB}$$

$$Ü_k = A_{uW} - A_{oB}. \tag{3.8}$$

Wir unterscheiden:

- Spielpassungen bei $S_g > 0,\ S_k \geqq 0$
  Für jedes zulässige Istmaß der Teile ergibt sich Spiel.
- Preßpassungen bei $Ü_g > 0,\ Ü_k \geqq 0$
  Für jedes zulässige Istmaß der Teile entsteht ein Übermaß.
- Übergangspassungen mit $S_g > 0,\ Ü_g > 0$
  Nach der statistischen Streuung der Istmaße kann sowohl Spiel als auch Übermaß auftreten.

Die Vielfalt der Paarungsmöglichkeiten zwischen Innen- und Außenmaßen, die nach dem ISO-System toleriert sind, wird mit dem Ziel einer ökonomischen Haltung von Werkzeugen und Lehren eingeschränkt, indem die Toleranzfeldlage des einen Teils konstant gehalten und nur für das andere Teil variiert wird.
Ist das Toleranzfeld für alle Bohrungen konstant – es wird das Toleranzfeld H mit $A_{uB} = 0$ gewählt –, so wird das System mit *Einheitsbohrung* (EB) bezeichnet.
Bei konstantem Toleranzfeld für die Welle (h mit $A_{ow} = 0$) liegt das System *Einheitswelle* (EW) vor.

Selbst die Einschränkung auf *Einheitsbohrung* oder *Einheitswelle* ergibt so viele Variationsmöglichkeiten, daß im Sinne der Rationalisierung eine weitere Einschränkung der Möglichkeiten durch ein System von Auswahlpassungen notwendig wird. In Tafel 3.4 sind einige Vorzugspassungen nach TGL 8275 mit ihren speziellen Anwendungsmöglichkeiten zusammengestellt.

Tafel 3.4. Vorzugspassungen nach TGL 8275 und spezielle Anwendungen

	Vorzugspassungen EB	EW	Kennzeichen, Anwendungsbeispiele
Preßpassungen	H 8/x 8/u 8		große Haftkraft Naben von Zahn-, Lauf- und Schwungrädern, Wellenflansche
	H 7/r 6		mittlere Haftkraft Kupplungsnaben, Lagerbuchsen in Gehäusen und Rädern
Übergangs-passungen	H 7/n 6		mit Presse fügen Anker auf Motorwellen, Lagerbuchsen in Lagern und Naben
	H 8/k 6		nur schwer mit Handhammer fügbar einmalig aufgebrachte Riemenscheiben, Zahnräder auf Wellen
	H 7/k 6		gut mit Handhammer fügbar Wälzlagerinnenring, Zahnräder, Kupplungen
	H 7/j 6		mit Holzhammer oder von Hand fügbar Wälzlageraußenringe, Zahnräder, Lagerbuchsen
Spielpassungen	H 7/h 6	H 7/h 6	geschmiert von Hand noch eben verschiebbar Wälzlageraußenring, Wechselräder, Stellringe
	H 7/g 6		ohne merkliches Spiel verschiebbar Schubzahnräder, Schubkupplungen, Schubstangenlager
	H 8/h 9	H 8/h 9	kraftlos verschiebbare Paßteile Handräder, Kupplungen, Zahnräder
	H 7/f 7		merkliches Spiel Kurbelwellen- und Schubstangenlager, Führungssteine
	H 8/f 7		merkliches Spiel Kurbelwellen- und Schubstangenhauptlager, Kolben in Zylinder
		F 8/h 9	reichliches Spiel Wellenlagerung in Werkzeugmaschinen
	H 7/d 9		sehr reichliches Spiel Vorgelegewellen
		D 10/h 9	sehr reichliches Spiel Lager in landwirtschaftlichen Maschinen, Stopfbuchsenteile
	H 11/h 11	H 11/h 11	leicht zusammensteckbare Teile, geringes Spiel, große Toleranz Distanzbuchsen, Scharnierbolzen
	H 11/d 9		sicheres Bewegungsspiel von Teilen mit großer Toleranz abnehmbare Hebel, Lager für Rollen und Führungen
		C 11/h 11	großes Bewegungsspiel von Teilen mit großer Toleranz Drehzapfen, Schnappstifte
		A 11/h 11	sehr großes Bewegungsspiel von Teilen mit großer Toleranz Feder- und Bremsgehänge, Bremswellenlager

Die Entscheidung, ob das System *Einheitswelle*, *Einheitsbohrung* oder eine Kombination vorzuziehen ist, hängt von folgenden Überlegungen ab:
Beliebige Toleranzfelder sind an Wellen durch Schleifen leichter und mit guten Qualitäten zu fertigen als bei entsprechenden Bohrungen. Das Sortiment an Reibahlen und Lehren für die Bohrungen kann auf das Toleranzfeld H beschränkt werden.
Das System *Einheitswelle* wird bevorzugt, wenn längere, glatte Wellen (gezogener Werkstoff) mit mehreren Hebeln, Rädern usw. verbunden werden (Landmaschinen, Textilmaschinen). Preßpassungen sind im System *Einheitswelle* kaum anzuwenden, da das Fügen nur am Wellenende möglich wäre.
Wegen der besseren Bearbeitungsmöglichkeiten für Wellen wird die Qualität der Bohrung meist ein oder zwei Stufen schlechter gewählt als für die Welle.
Maßtoleranztafeln sind den Standards bzw. [3.1] zu entnehmen.

3.2.4. Oberflächengüte

Engen Zusammenhang mit Toleranzen und Passungen sowie allgemein mit der Funktionsfähigkeit von Bauteilen hat die Oberflächengüte, die wiederum von den Bearbeitungsverfahren abhängt.
Besonders bei engen Spielpassungen und Preßsitzen führt eine geringe Oberflächengüte beim Einlauf oder beim Montagevorgang zu Spielvergrößerung und Sitzänderung. Auch die Dauerfestigkeit hängt stark von der Oberflächengüte ab.
Sie wird auf der Fertigungsvorschrift durch Dreiecke, die nur in Verbindung mit der Bemaßung der betreffenden Oberfläche angegeben werden, gekennzeichnet.
Die Bearbeitungszeichen können durch Festlegung des Bearbeitungsverfahrens ergänzt werden. Auch die Angabe der Rauhtiefe R_t ist möglich (Bild 3.5). Die Rauhtiefe wird über eine Strecke l gemessen (Bild 3.6) oder subjektiv durch Vergleich mit einem *Normal*, dessen Rauhtiefe bekannt ist, bestimmt.

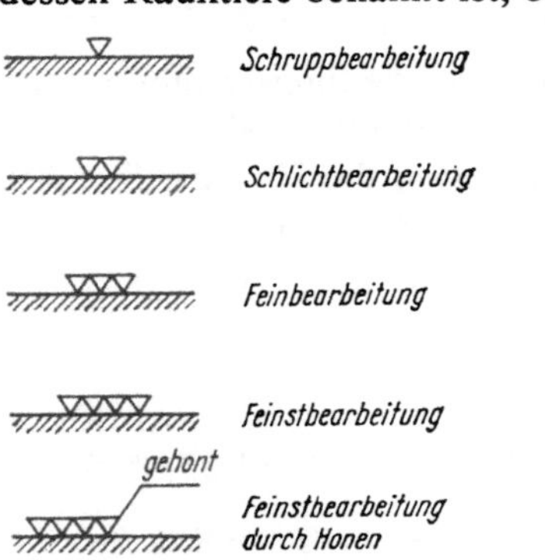

Bild 3.5. Oberflächenzeichen

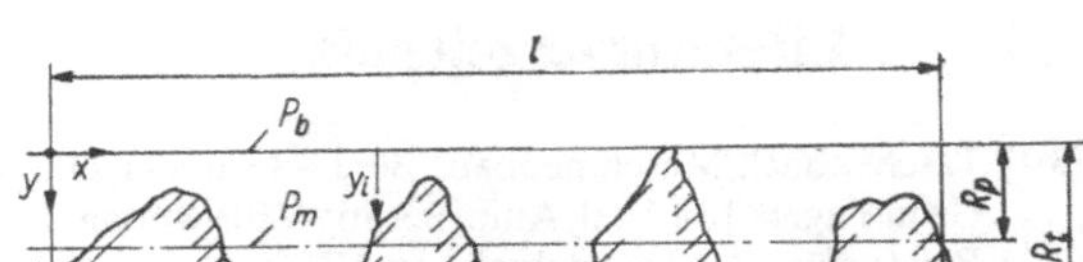

Bild 3.6. Bestimmung der Rauhtiefe am Profilschnitt

Die Rauhtiefe R_t ist das größte y innerhalb der Strecke l, wobei das Rauheitsbezugsprofil P_b in der allgemeinen Richtung des Istprofils verläuft und innerhalb der Strecke l den höchsten Punkt berührt.
Das *mittlere Profil* wird bestimmt durch die *Glättungstiefe* R_p

$$R_p = \frac{1}{l} \int_{x=0}^{x=l} y_i dx . \qquad (3.9)$$

Einfacher läßt sich die *mittlere Rauheit* R_z aus diskreten y_j der Strecke l errechnen:

$$R_z = \frac{1}{5}\left(\sum_{j=1}^{5} y_j - \sum_{k=1}^{5} y_k\right); \tag{3.10}$$

y_j größte Rauhtiefen
y_k kleinste Rauhtiefen.

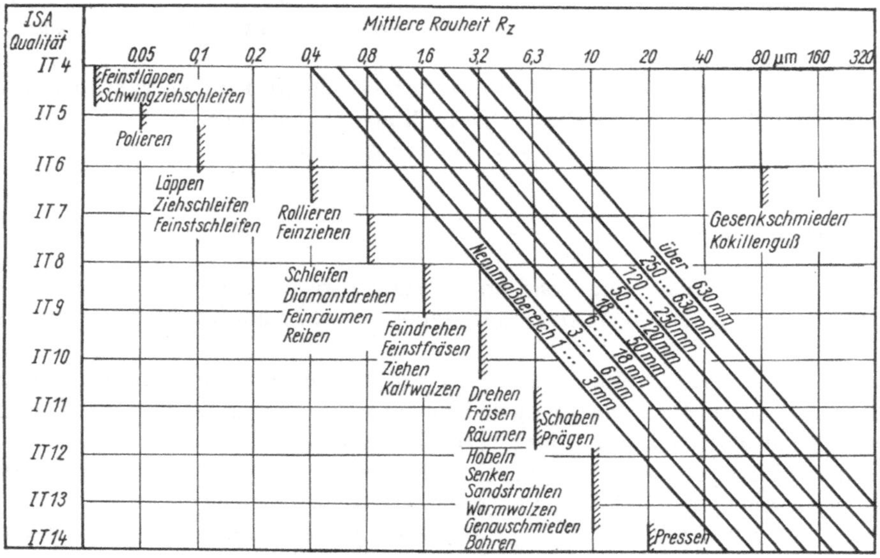

Bild 3.7. *Zuordnung der mittleren Rauheit R_z zu Qualitäten und Bearbeitungsverfahren nach* [3.1, S. 1141]

Bild 3.7 zeigt die erzielbaren Rauhtiefen R_z für verschiedene Bearbeitungsverfahren sowie die zulässigen mittleren Rauhtiefen R_z in Abhängigkeit von den Maßqualitäten. Weitere Aussagen zur Rauhigkeit sowie zu *Formabweichungen*, die über die Strecke l hinausgehen, sind der Literatur [3.1] und den Standards zu entnehmen.

3.3. Literaturverzeichnis

[3.1] Taschenbuch Maschinenbau; Bd. 1 – Grundlagen, Teil I. 3. Aufl. Berlin: VEB Verlag Technik 1974. Grundlagen Teil II. 3. Aufl. Berlin: VEB Verlag Technik 1975.
[3.2] *Balakschin, A.*: Technologie des Werkzeugmaschinenbaus. Berlin: VEB Verlag Technik 1953.

4. Berechnen und Gestalten von Konstruktionselementen

4.1. Zusammenwirken von Berechnung und Gestaltung

Berechnen und Gestalten sind die wesentlichen Tätigkeiten beim Anpassen des Prinzips eines technischen Gebildes an die Funktions- und Herstellungsbedingungen. Ihr Ergebnis ist letztlich die vollständige Strukturbeschreibung des technischen Gebildes. Unter konstruktionstheoretischem Aspekt wurde auf diese Zusammenhänge bereits im Abschn. 1. eingegangen; der Schritt vom Prinzip zur vollständigen Strukturbeschreibung wurde dabei als *Anpassungsphase* gekennzeichnet. Im Abschn. 1.7.2. wurde auch bereits der Versuch unternommen, die Anpassungsphase mathematisch zu formulieren. Ausgegangen wurde dabei von der Funktion, eine Kraft in ein Moment zu wandeln, wofür sich der *Hebel mit der Länge l als geeignetes Prinzip* erwies. Für die Bestimmung der konstruktiven Eckdaten konnte ein Gleichungssystem angegeben werden. Die Stufe der vollständigen Strukturbeschreibung wurde damit jedoch noch nicht erreicht, da Fragen der Kraft- und Momenteinleitung, optimale Gestaltung des Hebelarms selbst, Herstellungstechnologie und Werkstoffwahl unbeantwortet blieben.
Abschn. 4. soll dazu beitragen, einen dieser Zusammenhänge und Sachverhalte darzustellen.
Dabei wird es sich als schwierig bzw. teilweise unmöglich erweisen, die konstruktiven Eckdaten explizit aus dem Funktions- oder Festigkeitsnachweis zu bestimmen. Der Vorgang wird sich in den meisten Fällen als ein iterativer Prozeß zwischen

- Entwurfsrechnung zur Bestimmung der konstruktiven Eckdaten
- geometrischer Gestaltung einschließlich Werkstoffwahl sowie Entscheidung für Herstellungstechnologie und
- Festigkeitsnachweis

herausstellen.
Im Bild 4.1 ist dieser Iterationsprozeß am Beispiel einer Welle, die als geeignetes Prinzip für den Transport eines Moments M bekannt ist, dargestellt. Das Beispiel der Welle ist deshalb einfach, weil in der Entwurfsrechnung als einziger Konstruktionsparameter der Wellendurchmesser d zu berechnen ist.
Nach der Entwurfsrechnung werden die Phasen *Gestaltung* und *Festigkeitsnachweis* in der Regel mehrmals zu durchlaufen sein, bis eine optimale Lösung vorliegt. Zu beachten sind dabei folgende Kriterien:

- das Prinzip der minimalen Fertigungskosten
- das Prinzip der minimalen Masse
- das Prinzip des minimalen Raumbedarfs
- das Prinzip der optimalen Sicherheit bzw. Zuverlässigkeit

und andere den Gebrauchswert eines technischen Gebildes beeinflussende Kriterien.

Im Abschn. 4. werden unter Berücksichtigung dieser Prinzipien insbesondere

- die Entwurfsrechnung
- die Gestaltung und
- der Festigkeitsnachweis

behandelt.

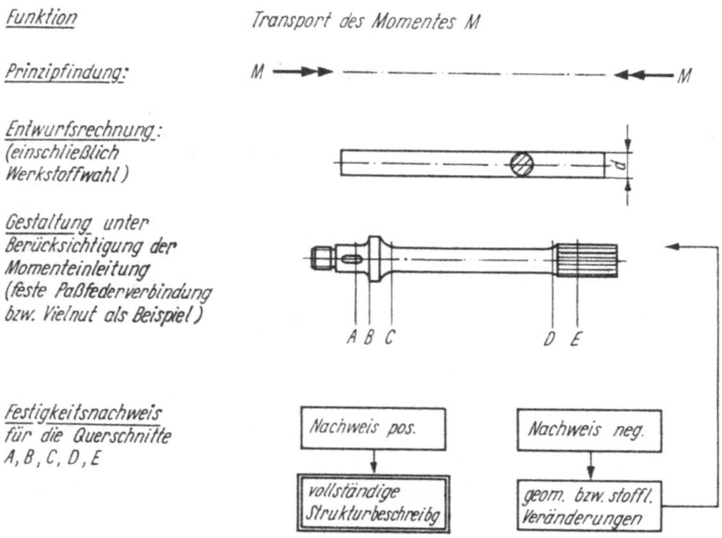

Bild 4.1. ***Zusammenwirken von Entwurfsrechnung, Gestaltung und Festigkeitsnachweis***

4.2. Elementare Entwurfsrechnung

In der Praxis des Konstruierens besteht die Aufgabe der Entwurfsrechnung meistens darin, die geometrischen und stofflichen Parameter des technischen Gebildes aus den äußeren Belastungen abzuleiten. Die Betrachtung bleibt deshalb auf die festigkeitsmäßige Entwurfsrechnung beschränkt.

Es erhebt sich die Frage, weshalb zwischen Entwurfsrechnung und Festigkeitsnachweis zu unterscheiden ist.

Der wesentliche Grund besteht darin, daß die Entwurfsrechnung bei Annahmen bezüglich stofflicher Parameter die geometrischen Größen, d.h. die *konstruktiven Eckdaten*, liefern soll, der Festigkeitsnachweis aber, ausgehend von den geometrisch-stofflichen Parametern, die Zulässigkeit der Werkstoffbeanspruchung nachweist. Eine explizite Berechnung der geometrischen Größen aus dem Festigkeitsnachweis ist nur für einfachste Fälle möglich.

Bei der Ableitung geeigneter Gleichungen für die Entwurfsrechnung geht es also darum, das Berechnungsmodell auf diese einfachsten Fälle zu beschränken. Das Ergebnis der Entwurfsrechnung wird deshalb gegenüber dem Festigkeitsnachweis nur den Wert einer *ersten Näherung* haben.

4.2.1. **Spannung als Vergleichsgröße**

Im Festigkeitsnachweis hat sich die *Spannung*, d.h. die auf eine bestimmte Querschnittsfläche des Bauteils bezogene Kraft oder, besser, das auf ein differentielles Flächenelement dA bezogene Differential der Kraft dF, als zweckmäßige Vergleichsgröße erwiesen.
Wir unterscheiden – wie aus der Festigkeitslehre bekannt (vgl. z.B. [4.2] [4.3]) – Normalspannungen σ und Schubspannungen τ (Bild 4.2).

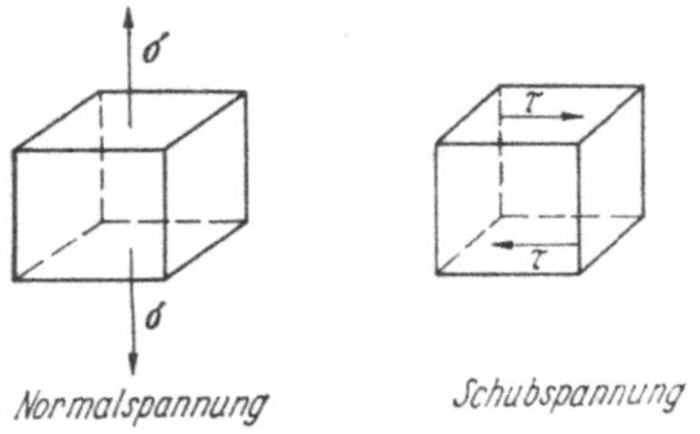

Bild 4.2
Normal- und Schubspannung

Im Interesse einfacher Entwurfsrechnungen ist es zunächst notwendig, die oftmals komplizierten Bauteilformen auf den prismatischen oder stabförmigen Körper zurückzuführen.
Die äußere Belastung durch Kräfte und Momente führt dann auf die elementaren *Beanspruchungsarten*

- Zug (Druck)
- Biegung
- Torsion und
- Abscheren,

wie sie im Bild 4.3 dargestellt sind.

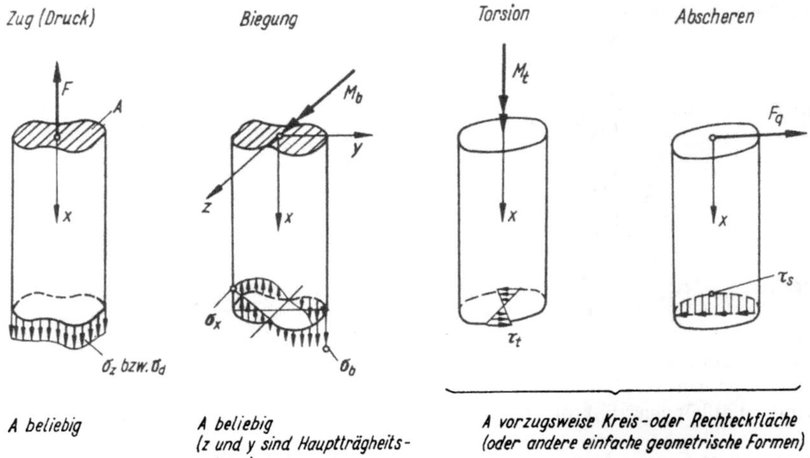

Bild 4.3. Beanspruchungsarten

Diese am Bauteilmodell ermittelten vorhandenen Spannungen sind mit äquivalenten Spannungen zu vergleichen, die am *Probestab* zum Versagen führten. Das gilt sowohl für die Entwurfsrechnung als auch für den Festigkeitsnachweis.
Von wesentlichem Einfluß ist dabei die Art der äußeren Belastung durch Kräfte und Momente als Funktionen der Zeit.

Für die Entwurfsrechnung reicht es aus, nach

- *ruhender* Belastung
- *schwellender* Belastung und
- *wechselnder* Belastung

zu unterscheiden und die real vorhandenen Belastungen näherungsweise diesen *Belastungsfällen* zuzuordnen. Die Belastungsfälle sind im Bild 4.4 dargestellt.

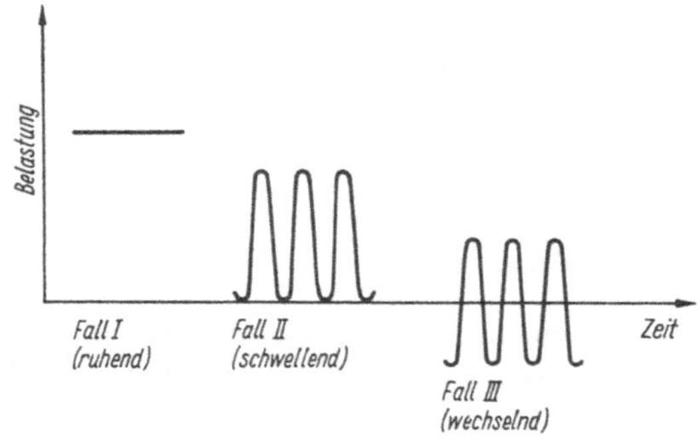

Bild 4.4
Belastungsfälle I bis III

4.2.2. Berechnung der vorhandenen Spannung

Die Berechnung der vorhandenen Spannung erfolgt entsprechend der Beanspruchungsart (s. Bild 4.3) nach den elementaren Gleichungen der Festigkeitslehre, auf deren Ableitung hier verzichtet werden soll:

$$\text{Zug (Druck)} \quad \sigma_{z(d)} = \frac{F}{A} \tag{4.1}$$

$$\text{Biegung} \quad \sigma_b = \frac{M_b}{W_z} \tag{4.2}$$

$$\text{Torsion} \quad \tau_t = \frac{M_t}{W_p} \tag{4.3}$$

$$\text{Abscheren} \quad \tau_s = \varkappa \frac{F_q}{A}; \tag{4.4}$$

A Querschnittsfläche
W_z axiales Widerstandsmoment
W_p polares Widerstandsmoment
$\varkappa$ von der Flächenform abhängiger Faktor.

Für einfache Querschnittsformen sind diese Größen der Tafel 4.1 zu entnehmen.

Die wesentliche vereinfachende Annahme der Entwurfsrechnung besteht darin, daß im Unterschied zum Festigkeitsnachweis zunächst nur eine der am Bauteil durchaus kombiniert auftretenden Beanspruchungsarten berücksichtigt werden kann. Natürlich ist das diejenige, die den größten Querschnitt bzw. das größte Widerstandsmoment erfordert.

Wie dennoch der Einfluß kombinierter Beanspruchung in der Entwurfsrechnung berücksichtigt werden kann, wird im Zusammenhang mit der *Sicherheit* im Abschn. 4.2.3. diskutiert.

4.2.3. Spannungen, die zum Versagen des Bauteils führen; Sicherheit

Nach der stark idealisierenden Einordnung des erst in der Prinziplösung vorliegenden technischen Gebildes nach den auftretenden

- Beanspruchungsarten und
- Belastungsfällen (s. Abschn. 4.2.1.)

sowie der elementaren Berechnung der vorhandenen Spannungen (s. Abschn. 4.2.2.) muß als Vergleichsgröße eine Spannung definiert werden, die als *zulässig* anzusehen ist.

Tafel 4.1. Flächen, Widerstandsmomente und Faktoren für einfache Querschnittsformen

Querschnitt	A	W_z	W_p	$\varkappa$
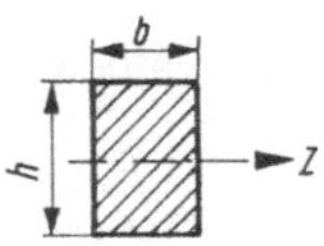	bh	$bh^2/6$	–	$\frac{3}{2}$
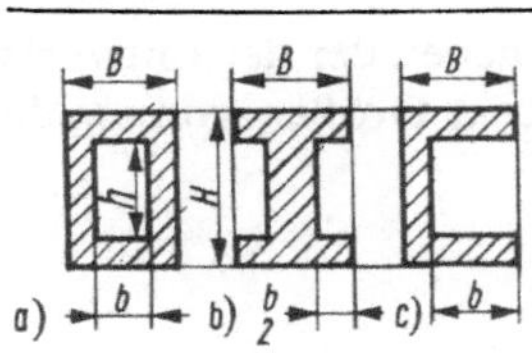	$BH - bh$	$\frac{BH^3 - bh^3}{6H}$	–	$\varkappa = f\left(\frac{b}{B}\;\frac{h}{H}\right)$
	$D^2 \frac{\pi}{4}$	$\frac{\pi}{32} D^3 \approx \frac{D^3}{10}$	$\frac{\pi}{16} D^3 \approx \frac{2D^3}{10}$	$\frac{4}{3}$
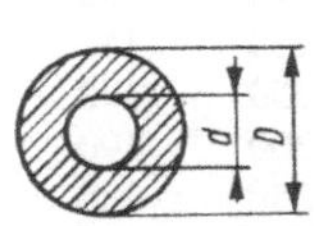	$(D^2 - d^2)\frac{\pi}{4}$	$\frac{\pi}{32}\,\frac{D^4 - d^4}{D}$	$\frac{\pi}{16}\,\frac{D^4 - d^4}{D}$	2,0 (für $d \to D$)
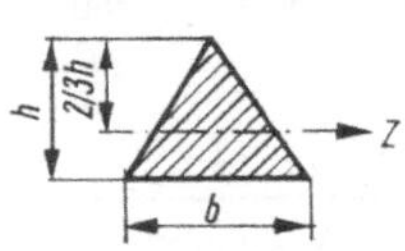	$\frac{1}{2} bh$	$bh^2/24$	–	$\frac{3}{2}$

Diese darf natürlich nicht größer sein als die Spannung, die für den Werkstoff zum *Versagen* führt:

$$\sigma_{zul} < \sigma_{vers} \tag{4.5}$$

$$\tau_{zul} < \tau_{vers}. \tag{4.6}$$

Diese Ungleichungen können als Gleichung geschrieben werden, wenn die *Sicherheitszahl S* ($S > 1$) eingeführt wird:

$$\sigma_{zul} S = \sigma_{vers} \tag{4.7}$$

$$\tau_{zul} S = \tau_{vers}. \tag{4.8}$$

Das Bauteil kann bei ruhender Belastung festigkeitsmäßig durch

- Bruch oder
- Fließen (Überschreiten der Streckgrenze)

und bei schwingender Belastung durch

- Dauerbruch

versagen. Die für den entsprechenden Werkstoff zum Versagen führenden Spannungen werden durch die Werkstoffprüfung an genormten Probestäben ermittelt. In Tafel 4.2 sind diese Festigkeitswerte für allgemeine Baustähle angegeben (s. Abschn. 4.5.3.).
Die Sicherheitszahl hat im Maschinenbau abhängig von Vorschriften, Forderungen und Erfahrungen (s. Abschn. 4.4.) die Größenordnung

$$1{,}2 < S < 4{,}0.$$

Für die Entwurfsrechnung empfiehlt es sich, die Sicherheitszahlen größer zu wählen:

- Faktor 1,5 bei gut ausgerundeten Querschnittsänderungen des Stabes
- Faktor 2,0 bei scharfen Kerben, Wellenabsätzen, Bohrungen u. dgl.

Ein weiterer Faktor der Größe 1,5 ist zu berücksichtigen, wenn neben der der Entwurfsrechnung zugrunde gelegten Beanspruchungsart weitere mit gleicher Größenordnung der Spannung auftreten.

Tafel 4.2. Festigkeitswerte für allgemeine Baustähle nach TGL 19340
(Die Festigkeiten wurden mit 1 kp = 10 N umgerechnet.)

Stahlmarke	σ_B N/mm²	σ_{bF}	σ_S	τ_F	σ_{bW}	σ_{zdW}	τ_{tW}	σ_{bSch}	σ_{zSch}	τ_{tSch}
St 34	340	240	220	130	160	130	90	240	210	130
St 38	380	260	240	150	180	140	100	260	230	150
St 42	420	320	260	170	200	160	120	310	250	170
St 50	500	370	300	190	240	190	140	370	300	190
St 60	600	430	340	220	280	210	160	430	340	220
St 70	700	490	370	260	330	240	200	490	370	260

Tafel 4.3. Zusammenstellung der Formeln für die Entwurfsrechnung

	Zug/Druck	Biegung	Torsion	Abscheren
Vorhandene Spannung	$\sigma_z = \frac{F}{A}$	$\sigma_b = \frac{M_b}{W_z}$	$\tau_t = \frac{M_t}{W_p}$	$\tau_s = \varkappa \frac{F_q}{A}$
Zulässige Spannung	$\sigma_{zzul} = \frac{\sigma_{z\,vers}}{S}$	$\sigma_{bzul} = \frac{\sigma_{b\,vers}}{S}$	$\tau_{tzul} = \frac{\tau_{t\,vers}}{S}$	$\tau_{szul} = \frac{\tau_{s\,vers}}{S}$
Erforderliche Geometrie	$A_{erf} = \frac{F}{\sigma_{zzul}}$	$W_{zerf} = \frac{M_b}{\sigma_{bzul}}$	$W_{perf} = \frac{M_t}{\tau_{tzul}}$	$A_{erf} = \varkappa \frac{F_q}{\tau_{szul}}$

Nach dem Durchrechnen einiger Festigkeitsnachweise werden sich beim Bearbeiter schnell *Erfahrungen* für die Wahl dieser Faktoren einstellen. Man darf nicht übersehen, daß die Entwurfsrechnung ohnehin nur eine Näherungsrechnung ist.
Was leistet die Entwurfsrechnung?

Aus der Überlegung, daß die vorhandene Spannung im Grenzfall gleich der zulässigen Spannung sein darf, ist nach den Gln. (4.1) bis (4.4) die erforderliche Querschnittsfläche bzw. das erforderliche Widerstandsmoment zu berechnen.
Dabei wird für die Beanspruchungsart *Zug/Druck* keine Aussage über die Form der Fläche, bei *Biegung* und *Torsion* keine Aussage über Form *und* Größe der Fläche getroffen, d.h., die geometrischen Parameter sind durch die Entwurfsrechnung noch nicht eindeutig festgelegt. Diese Aufgabe fällt der Gestaltung zu.
In Tafel 4.3 sind die Gleichungen für die Entwurfsrechnung zusammengestellt.

4.2.4. Beispiel für die Entwurfsrechnung

Eine zweifach gelagerte Welle leitet ein Torsionsmoment

$$M_t = 1200 \pm 1000 \text{ Nm}$$

von der Kupplung an das zwischen den Lagern angeordnete Zahnrad. Die am Zahnrad übertragene Kraft ruft an der Welle im Bereich des Zahnrads ein Biegemoment

$$M_b = \pm 500 \text{ Nm}$$

($\pm$ wegen des Umlaufs der Welle) hervor.
Als Werkstoff ist Stahl St 50 zu verwenden; die Sicherheit soll $S = 1{,}6$ betragen.
Gesucht ist der Wellendurchmesser nach der Entwurfsrechnung.

Lösung

Die wesentliche Beanspruchung der Welle resultiert offensichtlich aus der Torsionsbelastung, die näherungsweise als Schwellbelastung (s. Bild 4.4) mit dem Maximalwert

$$M_{t\,Sch} = 2200 \text{ Nm}$$

eingeordnet werden kann. Der erforderliche Wellendurchmesser errechnet sich nach Tafel 4.3 aus

$$W_{p\,erf} = \frac{M_t}{\tau_{t\,zul}}.$$

Mit $W_p \cong d^3/5$ ergibt sich die häufig benutzte Entwurfsformel

$$d = \sqrt[3]{\frac{5M_t}{\tau_{t\,zul}}}. \qquad (4.9)$$

Die zulässige Spannung folgt für St 50 aus

$$\tau_{t\,Sch} = 190 \text{ N/mm}^2 \quad \text{(s. Tafel 4.2)}$$

und der Sicherheit $S = 1{,}6$, die in der Entwurfsrechnung wegen Kerbwirkungen durch Wellenabsatz und Paßfedernut mit dem Faktor 2,0 auf $S = 3{,}2$ vergrößert wird. Der Schädigungseinfluß der Biegung wird vernachlässigt. Damit ergibt sich für die zulässige Spannung

$$\tau_{t\,zul} = 60 \text{ N/mm}^2.$$

Der Wellendurchmesser folgt zu

$$d = \sqrt[3]{\frac{5 \cdot 2200 \cdot 10^3}{60}}$$

$$\underline{d = 56{,}8\ \text{mm}}\ \text{Durchmesser}.$$

Der Gestaltung wird $\underline{\underline{d = 56\ \text{mm}}}$ als Vorzugszahl der Reihe R 40 zugrunde gelegt.
Es läßt sich auch leicht der Schädigungseinfluß der Biegebeanspruchung überprüfen, indem wir die Entwurfsrechnung für Biegung durchführen.
Hier ergibt sich analog

$$d = \sqrt[3]{\frac{10 M_b}{\sigma_{b\,zul}}}. \tag{4.10}$$

Mit $\sigma_{bW} = 240\ \text{N/mm}^2$ und der Sicherheit $S = 1{,}6$, vergrößert wegen der Kerbeinflüsse um den Faktor 2,0 und wegen der erheblichen Torsionsbeanspruchung um den Faktor 1,5. ergibt sich

$$\sigma_{b\,zul} = 50\ \text{N/mm}^2$$

und damit

$$d = \sqrt[3]{\frac{10 \cdot 500 \cdot 10^3}{50}} = 46{,}5\ \text{mm},$$

d. h., die Torsion ist wie vermutet die wesentliche Beanspruchung.
Das Beispiel wird im Zusammenhang mit dem Festigkeitsnachweis fortgesetzt.

4.2.5. Anwendung der Ähnlichkeitsmechanik bei der Berechnung der konstruktiven Eckdaten

In der Konstruktionspraxis sind nicht immer völlig neuartige technische Gebilde zu entwickeln; häufig sind lediglich bekannte Konstruktionen an andere Bedingungen anzupassen. Hier kann mit Hilfe von Ähnlichkeitsgesetzen meist viel zielstrebiger vorgegangen werden. Ein Beispiel mag die Problemstellung verdeutlichen:
Ein Kranausleger soll von l_1 auf l_2 verlängert und auch sonst mit diesem Maßstab geometrisch ähnlich vergrößert werden.
Wie verhalten sich die Tragfähigkeiten F_1/F_2?
Es liegt die Beanspruchungsart *Biegung* vor, und es gilt, wenn die Querschnittsabmessungen auf die Länge l bezogen werden,

$$\sigma = C' \frac{F}{l^2} \tag{4.11}$$

und damit

$$\frac{\sigma_1}{\sigma_2} = \frac{F_1}{F_2} \left(\frac{l_2}{l_1}\right)^2. \tag{4.12}$$

Wegen $\sigma_1 = \sigma_2 = \sigma_B/S$ kann vereinfacht werden mit $\sigma_1/\sigma_2 = 1$ zu

$$\frac{F_1}{F_2} = \left(\frac{l_1}{l_2}\right)^2, \tag{4.13}$$

d.h., die zulässige Belastung wächst mit dem Quadrat der Längenverhältnisse.
Eine andere Gesetzmäßigkeit ergibt sich, wenn nicht Einzelkräfte, sondern Flächendrücke p, z.B. Windbelastungen, berücksichtigt werden sollen. In diesem Fall sind die Einzelkräfte F durch $F = C''pl^2$ zu ersetzen, und es gilt

$$\frac{\sigma_1}{\sigma_2} = \frac{p_1}{p_2} = 1. \tag{4.14}$$

Das bedeutet, bei geometrisch ähnlicher Vergrößerung oder Verkleinerung werden im Gegensatz zu den Einzelkräften die gleichen Flächendrücke ertragen.
Bei Bauteilen mit gleicher Flächenbelastung sind also geometrisch ähnliche Konstruktionsänderungen zulässig. In allen anderen Fällen auf Biegung beanspruchter Bauteile ist eine *erweiterte Ähnlichkeit* anzuwenden, d.h., die Querschnittsabmessungen ändern sich in einem anderen Verhältnis als die Längen.
Soll z.B. der Kranausleger bei Längenveränderung die gleichen Kräfte F aufnehmen, so folgt aus

$$\frac{\sigma_1}{\sigma_2} = \frac{F_1}{F_2}\left(\frac{l_1}{l_2}\right)_{\text{Länge}}\left(\frac{l_2}{l_1}\right)^3_{\text{Querschnitt}} \tag{4.15}$$

$$\left(\frac{l_1}{l_2}\right)_{\text{Länge}} = \left(\frac{l_1}{l_2}\right)^3_{\text{Querschnitt}}, \tag{4.16}$$

d.h., die Querschnittsabmessungen müssen nur mit der dritten Wurzel aus dem Längenverhältnis wachsen.
Diese Überlegungen lassen sich beliebig fortsetzen:
Für fliehkraftbelastete Konstruktionen gilt

$$F = C'''\omega^2 \varrho l^4, \tag{4.17}$$

d.h., aus Gl. (4.17) folgt

$$\frac{\sigma_1}{\sigma_2} = \left(\frac{l_1}{l_2}\right)^2 \left(\frac{\omega_1}{\omega_2}\right)^2 \frac{\varrho_1}{\varrho_2}. \tag{4.18}$$

Bei gleichem Werkstoff (gleiche Dichte ϱ und gleiche Bruchfestigkeit σ_B) gilt

$$\frac{\omega_1}{\omega_2} = \frac{l_2}{l_1}. \tag{4.19}$$

Bei Vergrößerung der Konstruktionen sind also entsprechend kleinere Winkelgeschwindigkeiten zulässig, oder es müssen Werkstoffe geringerer Dichte oder größerer Festigkeit eingesetzt werden.
Auf weitere dieser für den Konstrukteur zunehmend interessanten Betrachtungen muß hier verzichtet werden. Es sei auf die Anwendung der Ähnlichkeitsmechanik beim Entwurf von Gleitlagern [4.4] sowie ihrer verbreiteten Anwendung in der Technik verwiesen.

4.3. Gestalten von Konstruktionselementen

4.3.1. Grundgesetze der Werkstoffanordnung und -auswahl

Konstruktionselemente haben im Zusammenhang mit ihrer Funktion – wie bereits gezeigt wurde – meistens Kräfte und Momente zu übertragen. Zur Realisierung des entwickelten Prinzips ist eine Werkstoffmasse in einer bestimmten Gestalt anzuordnen. Beschränken wir die Betrachtung auf prismatische, stabartige Formen von Konstruktionselementen, so wird die Masse m durch

$$m = Al\varrho; \tag{4.20}$$

A Querschnittsfläche
l Länge des Konstruktionselements
ϱ Dichte des Werkstoffs

beschrieben. Andererseits gelten nach den Ausführungen zur Entwurfsrechnung die Gleichungen

Zug $$\sigma_{z\,vers} = SF/A \tag{4.21}$$

Biegung $$\sigma_{b\,vers} = SM_b/W_z \tag{4.22}$$

Torsion $$\tau_{t\,vers} = SM_t/W_p. \tag{4.23}$$

Werden diese Gleichungen mit Gl. (4.20) verknüpft, so ergibt sich für die Masse

Zug $$m = (SFl)(\varrho/\sigma_{z\,vers}) \tag{4.24}$$

Biegung $$m = (SM_b l)(\varrho/\sigma_{b\,vers})(A/W_z) \tag{4.25}$$

Torsion $$m = (SM_t l)(\varrho/\tau_{t\,vers})(A/W_p) \tag{4.26}$$

oder, allgemein,

$$m = \underbrace{f_1\,(S;F,M;l)}_{\text{Aufgabe}}\,\underbrace{f_2\,(\varrho/\sigma_{vers};\varrho/\tau_{vers})}_{\text{Werkstoff}}\,\underbrace{f_3\,(A/W)}_{\text{Form}}. \tag{4.27}$$

Die Bauteilmasse hängt damit von drei wesentlichen Einflußgrößen ab, von

- der Aufgabenstellung (Belastung, Bauteilgröße und erforderliche Sicherheit)
- dem Werkstoff (Verhältnis Dichte zu Beanspruchung)
- der Form der Anordnung des Werkstoffquerschnitts.

Es ist zu untersuchen, welche dieser Einflußgrößen konstruktiv genutzt werden können. Während die Belastung, die Bauteilgröße und die erforderliche Sicherheit durch die Aufgabenstellung weitgehend festliegen – es wird immer das Minimum angestrebt –, entsteht bei der Werkstoffwahl und der geometrischen Gestaltung des Querschnitts eine Vielzahl von Möglichkeiten und Notwendigkeiten der Optimierung.
Bild 4.5 veranschaulicht, daß die Einflußgröße ϱ/σ_B z. B. für Aluminiumlegierungen wesentlich günstiger ist als für Stahl, da sie bei etwa einem Drittel der Dichte die Bruchfestigkeiten des Stahles nahezu erreichen.
Trotzdem wird sich der Konstrukteur nur bei erheblichen Gebrauchswertverbesserungen zum *Stoffleichtbau* entschließen können, da z. B. für Aluminiumlegierungen die Kosten die des Stahles weit übersteigen.

Analoge Überlegungen beeinflussen auch den Einsatz von Kunststoffen und anderer progressiver Werkstoffe.
Die Einflußgröße der Form führt zu folgenden Überlegungen:
Zunächst muß festgestellt werden, daß bei Zug durch eine Formvariation die Masse, wie Gl. (4.24) aussagt, nicht zu beeinflussen ist. Anders ist der Sachverhalt bei Biegung und Torsion. Das Widerstandsmoment läßt sich bei gleicher Querschnittsfläche um ein vielfaches steigern, wenn das Material weit von der Trägheitsachse bzw. bei Torsion weit vom Schwerpunkt entfernt angeordnet wird.

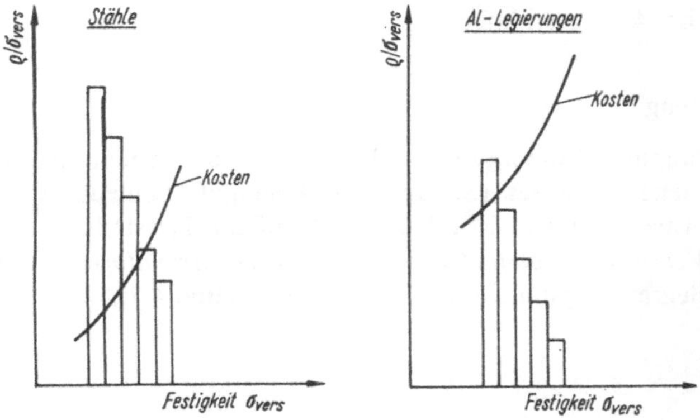

Bild 4.5
Qualitativer Vergleich der Einflußgröße und der Werkstoffkosten für Stähle und Aluminiumlegierungen

Zweckmäßige Profile des *Formleichtbaus* sind im Bild 4.6 zusammengestellt.
Dabei eröffnet der Übergang von Walzprofilen auf gezogene oder geschweißte Leichtbauprofile neue Möglichkeiten der Senkung des Masseaufwands. Eine Grenze wird gesetzt durch Instabilitäten wie Kippen bei hohen Trägern und dem Beulen der Wände.
Auch die Frage nach der Zweckmäßigkeit *offener* oder *geschlossener* Profile ist problematisch.

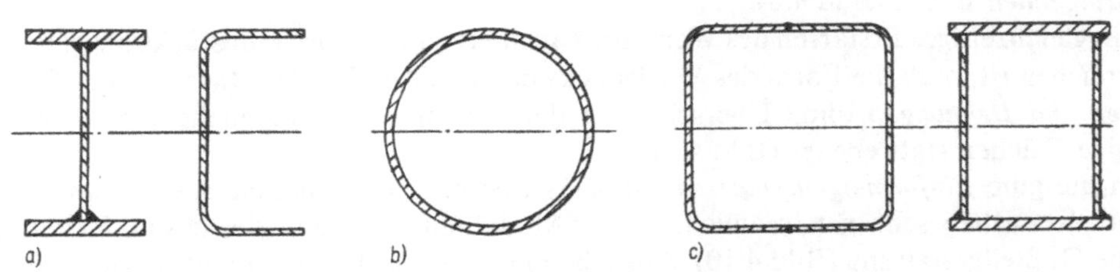

Bild 4.6. Formleichtbau bei Beanspruchung auf a) Biegung; b) Torsion und Biegung; c) vorwiegend Biegung, Torsion untergeordnet

Die Torsionsbelastung zwingt wegen des *Schubflusses* (s. [4.2] [4.3]) zum Einsatz geschlossener Profile. Da der Aufwand beim Ziehen oder Schweißen und schließlich auch beim Konservieren für geschlossene Profile erheblich ist, hat für Biegung das offene Profil eindeutige Vorteile.
Aber auch für gezogene, geschmiedete oder gepreßte Profile gelten die angestellten Überlegungen. Die technologisch erzielbare Wandstärke setzt dabei dem ausgesprochenen Leichtbau Grenzen.

4.3.2. Fertigungs- und werkstoffgerechtes Gestalten

Die Gestaltung der Konstruktionselemente hängt stark von den Fertigungsverfahren und dabei vom eingesetzten Werkstoff ab. Der ordnende Parameter soll hier das Fertigungsverfahren sein, wobei auf die technologische Seite der Verfahren in der Darstellung verzichtet werden muß. Es stehen die allgemeinen Gesichtspunkte der spanlosen unter Berücksichtigung der spanabhebenden Formung im Vordergrund, während die Gestaltung von Schweißverbindungen, Schraubenverbindungen usw. an nachfolgender Stelle aus den speziellen Grundlagen abgeleitet wird. Den werkstoffkundlichen Problemen ist ebenfalls ein spezieller Abschnitt (s. Abschn. 4.4.) gewidmet.

4.3.2.1. Gußtechnische Gestaltung

Die gießfähigen Werkstoffe (Grauguß, Temperguß, Stahlguß, Bunt- und Leichtmetallguß) lassen sich durch verschiedene Verfahren (Sandguß, Kokillenguß, Schleuderguß, Druckguß) in mannigfaltige Formen bringen. Mit Rücksicht auf die Herstellung der Formen und Kokillen ist die *Verwendung einfachster geometrischer Grundformen* mit Geraden als Erzeugender oder Begrenzungslinie oberster Grundsatz (Bild 4.7).

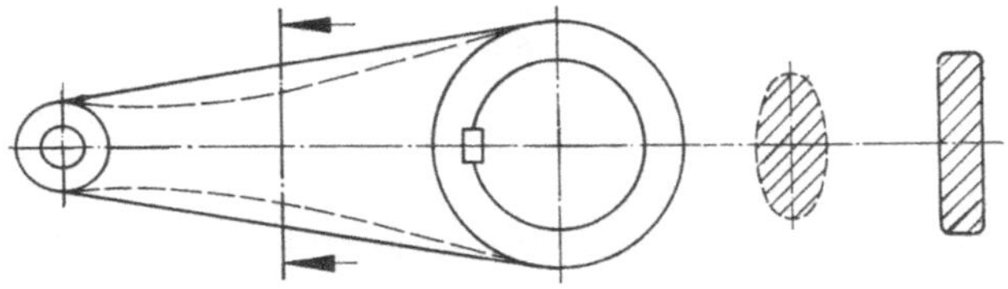

Bild 4.7 Gußteil mit Geraden als Begrenzungslinien bevorzugen

Weitere Regeln leiten sich aus dem Erstarrungsvorgang ab:
Vermeidung von Werkstoffanhäufungen, unstetigen Querschnittsänderungen und scharfen einspringenden Ecken (Bild 4.8).
Da ein gleichzeitiges Erstarren des Werkstoffs an allen Punkten des Gußstücks meist nicht zu erreichen ist, muß die Form des Werkstücks beim Schwinden den *Ausgleich der Spannungen und Dehnungen* ohne Überschreiten der Bruchgrenze ermöglichen, z. B. kegelförmige Flächen statt ebener (Bild 4.9).
Auch die gute *Einformeigenschaft des Modells* bestimmt die Qualität des Gusses; ausreichende Aushebeschrägen, möglichst wenig Modellteilungen und Kerne sind Kriterien für die Gußteilgestaltung (Bild 4.10). Aushebeschrägen sind 1 : 5 bis 1 : 40 vorzusehen.

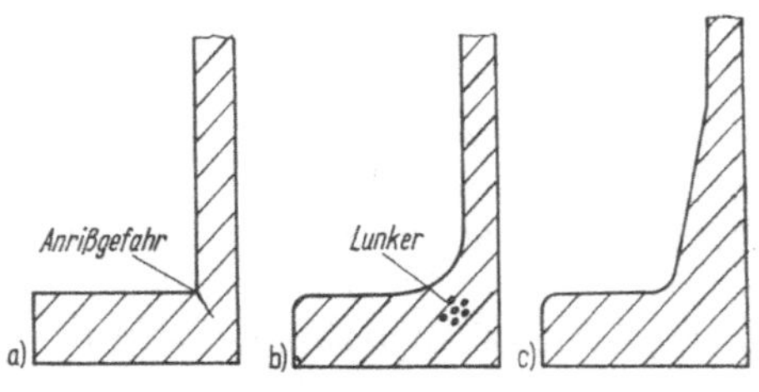

Bild 4.8. Querschnittsänderungen an Gußteilen

a) Anrißgefahr an einspringender Ecke; b) großer Radius führt zu Werkstoffanhäufung (Lunkerbildung); c) gut gestalteter Fußanschluß

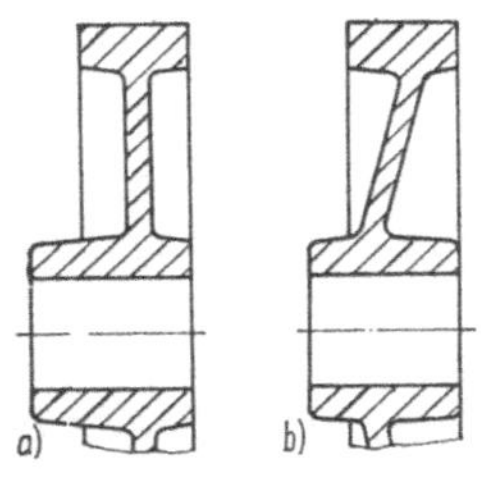

Bild 4.9. Radkörpergestaltung bei Gußteilen, ebene Flächenausdehnung vermeiden

a) Gefahr großer Eigenspannungen durch Schrumpfung; b) Ausgleichmöglichkeit kegelförmiger Flächen

Bei Graugußteilen ist die bessere Druckfestigkeit – die zulässige Druckspannung ist etwa dreimal so groß wie die Zugspannung – durch geeignete konstruktive Maßnahmen auszunutzen (auf Druck beanspruchte Rippen, asymmetrische Biegeprofile, s. Bild 4.11).
Vom Werkstoff abhängig sind die Mindestwanddicken, die für bestimmte Bauteilgrößen gußtechnisch realisierbar sind.

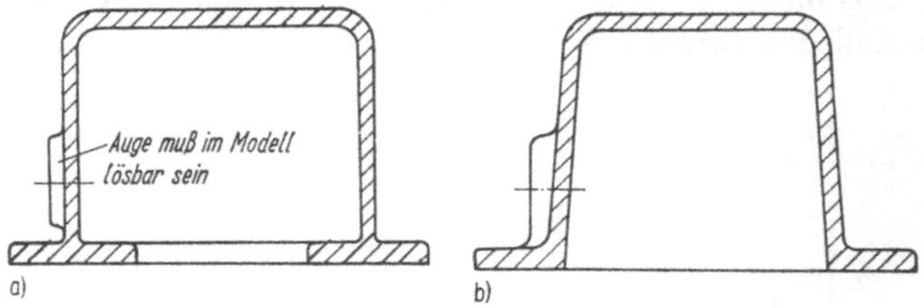

Bild 4.10
Vermeidung von Modellteilungen und Kernen
a) ungünstig, da Kern notwendig; b) günstig

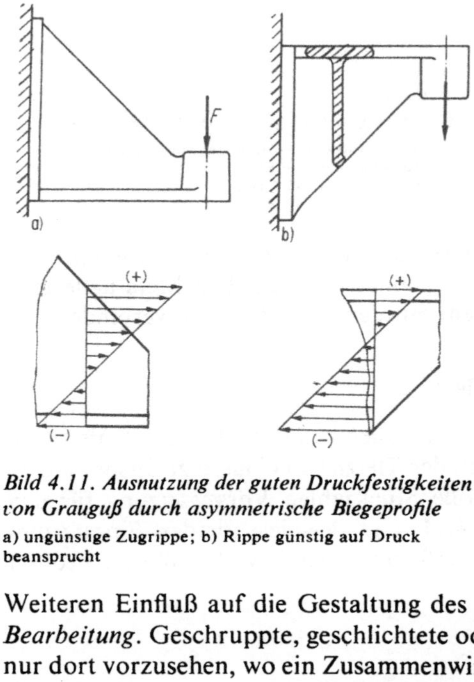

Bild 4.11. Ausnutzung der guten Druckfestigkeiten von Grauguß durch asymmetrische Biegeprofile
a) ungünstige Zugrippe; b) Rippe günstig auf Druck beansprucht

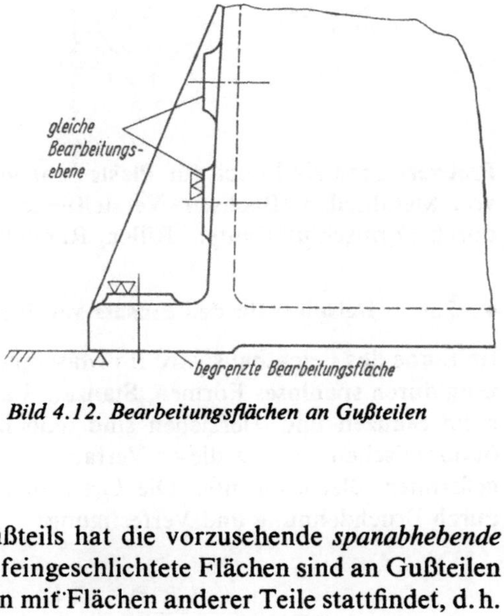

Bild 4.12. Bearbeitungsflächen an Gußteilen

Weiteren Einfluß auf die Gestaltung des Gußteils hat die vorzusehende ***spanabhebende Bearbeitung***. Geschruppte, geschlichtete oder feingeschlichtete Flächen sind an Gußteilen nur dort vorzusehen, wo ein Zusammenwirken mit Flächen anderer Teile stattfindet, d.h. an Paß-, Dicht-, Gleit- und Wälzflächen.
Dabei ist ein Minimum der zu bearbeitenden Fläche und des zu spanenden Volumens anzustreben. In *eine* Bearbeitungsebene gelegte Flächen erhöhen die Produktivität bei der spanabhebenden Bearbeitung (Beispiele im Bild 4.12).

4.3.2.2. Gestaltung von Schmiede- und Preßteilen

Für Gesenkschmiede- und Preßteile gelten ähnliche Überlegungen wie für die Gestaltung der Gußteile; Aushebeschrägen, Aushebbarkeit und gute Übergänge sind die Grundbedingungen für die fertigungsgerechte Gestaltung (Bild 4.13).
Als neues Problem kommt die vollständige und einwandfreie Gesenk- bzw. Formfüllung hinzu; Rippen geringer Wanddicke setzen der Umformung große Wandreibung entgegen und verlieren ihre Knetbarkeit schnell durch den Wärmeentzug über die Oberflächen (Bild 4.13). Schmiedeprofile sind deshalb *völliger* als Gußprofile zu gestalten.

Die Teilung der Gesenke ist möglichst in eine Ebene zu legen. Wegen der hohen Gesenkkosten ist immer zu prüfen, ob eine Gesenkhälfte gegen eine Ebene arbeitend durch geeignete Bauteilgestaltung zu erzielen ist.
Gesenkschmiede- und Preßteile sind erst bei sehr großen Stückzahlen ökonomisch zu fertigen. Bei geringen Stückzahlen und großen Teilen wird das Freiformschmieden angewendet. Abgesetzte Wellen, angestauchte Flansche, Ringe usw. werden bei großen Abmessungen durch Freiformschmieden vorgeformt.

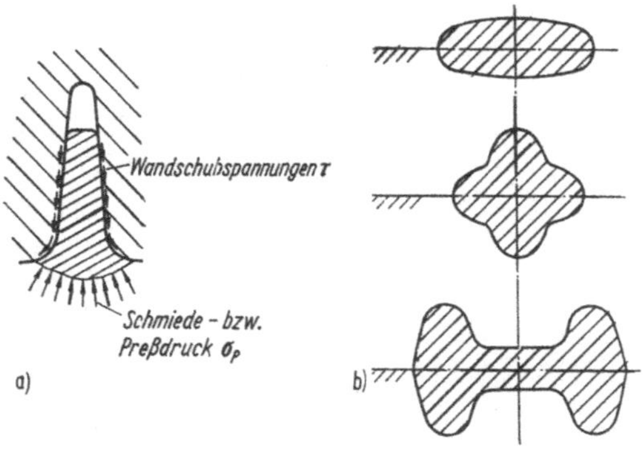

Bild 4.13
Gestaltung von Preß- und Schmiedeprofilen
a) große Wandschubspannungen verhindern ein Ausfüllen des Gesenkes;
b) zweckmäßige Profilformen

Preßverfahren sind auch für Plaste sehr gut einsetzbar. Dabei kann das Miteinpressen von Metallteilen (Buchsen, Versteifungen usw.) genutzt werden. Die Metallteile sind durch Formschluß (Nuten, Rillen, Rändelungen) mit dem Kunststoff zu verbinden.

4.3.2.3. Beispiele für den Einsatz von Walzblech

Im Sinne des Leichtbaus wird im Maschinenbau in zunehmendem Maß Blech als Halbzeug durch spanloses Formen, Stanzen, Falten oder Tiefziehen eingesetzt. Insbesondere beim Stanzen und Tiefziehen sind jedoch große Stückzahlen Voraussetzung für den ökonomischen Einsatz dieser Verfahren. Bild 4.14 zeigt Beispiele für den Einsatz umgeformter Blechelemente. Die Grenzen der Verformung sind werkstoffseitig bedingt durch Bruchdehnung und Verfestigung.

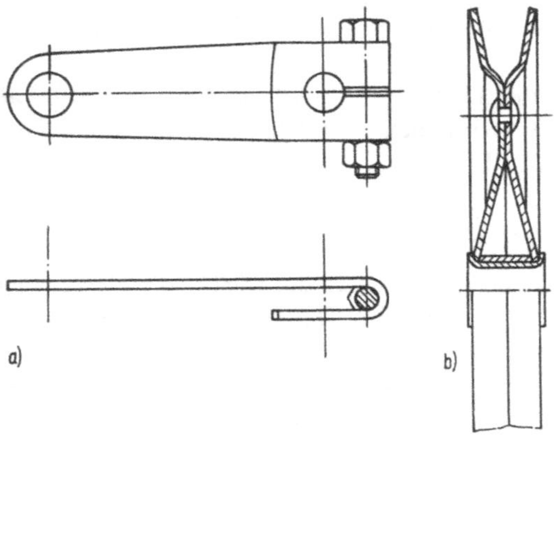

Bild 4.14
Blechumformung im Maschinenbau
a) Hebel; b) Keilriemenscheibe

4.3.3. Kraft- bzw. spannungsflußgerechte Gestaltung

Nachdem der Konstrukteur das technische Gebilde ausgehend vom Prinzip unter Berücksichtigung der Wahl des Werkstoffs und des Fertigungsverfahrens bezüglich der konstruktiven Eckdaten festgelegt hat, ist die Gestaltung in den Einzelheiten durchzuführen. Eine sorgfältige Gestaltung wird an Querschnittsänderungen, einspringenden Ecken und sonstigen *Kerben* notwendig, besonders dann, wenn in diesen Bereichen der Bauteile große Belastungen bzw. Spannungen fortzuleiten sind. Die gestaltungsmäßigen Möglichkeiten sollen am Beispiel der *abgesetzten* Welle diskutiert werden.
Ein Wellenabsatz kann aus verschiedenen Gründen konstruktiv unumgänglich sein. Er wird in der Form nach Bild 4.15a jedoch eine empfindliche Schwachstelle der meistens durch Torsion und Biegung hochbelasteten Welle sein.

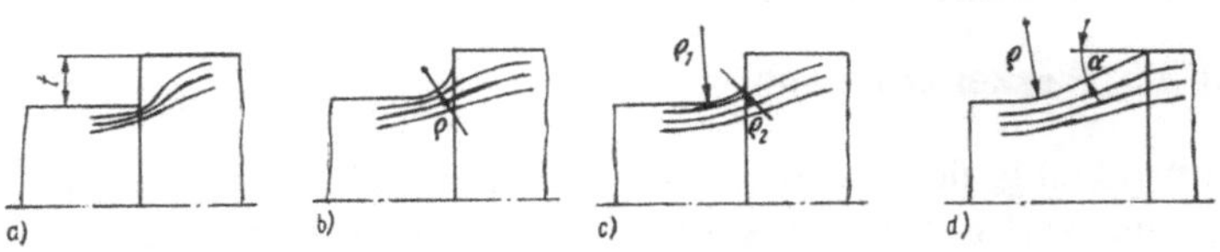

Bild 4.15. Konstruktive Gestaltung eines Wellenabsatzes

a) ungünstige scharfe Kerbe; b) Kreisbogenausrundung mit $\varrho > t/2$; c) Korbbogenausrundung mit $\varrho_1 > t$; $\varrho_2 > t/4$; d) konischer Übergang ohne Schädigungseinfluß $\varrho > 2t$; $\alpha < 30°$

Verbesserungen lassen sich durch eine sorgfältige Ausrundung der einspringenden Ecke erzielen, wobei bezüglich quantitativer Aussagen auf Abschn. 4.5. verwiesen werden muß. Für die qualitative Abschätzung der Gestaltungsmaßnahmen kann das sog. *Kraftlinienbild* herangezogen werden. Es wird trotz mangelnder wissenschaftlicher Fundierung dem Konstrukteur bei der Gestaltung eine Hilfe sein (Bild 4.15). Das Kraftlinienbild wird in Analogie zur Stromlinie der Strömungsmechanik in den Längsschnitt *hineingedacht*. Starke Krümmungen und Annäherungen der Kraftlinien lassen auf eine ungünstige Werkstoffbeanspruchung schließen.
Hat der Wellenabsatz die Funktion einer Anlagefläche, so sind *Kontaktpressungen* im Kerbbereich wegen der damit verbundenen zusätzlichen Schädigungseinflüsse unbedingt zu vermeiden. Mögliche konstruktive Lösungen sind Bild 4.16 zu entnehmen.

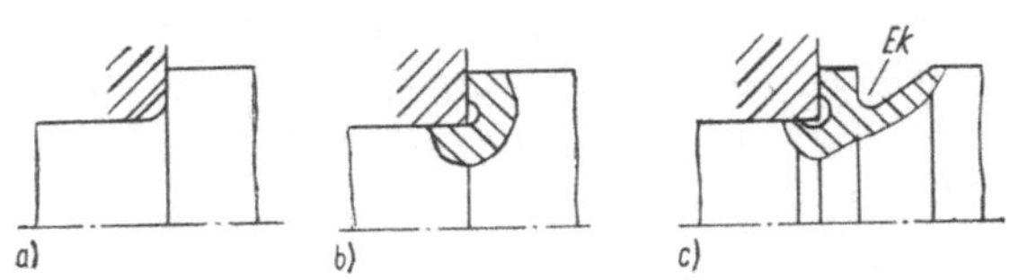

Bild 4.16. Konstruktive Gestaltung eines Wellenabsatzes mit Anlagefläche

a) normale Ausrundung mit großer Abschrägung des Nabenkörpers; b) hinterdrehte Ausrundung; c) zweifach hinterdrehte Ausrundung mit Entlastungskerbe (Ek)

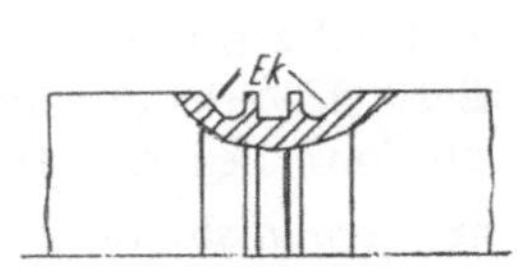

Bild 4.17. Dichtringeinstich mit Entlastungskerben (Ek)

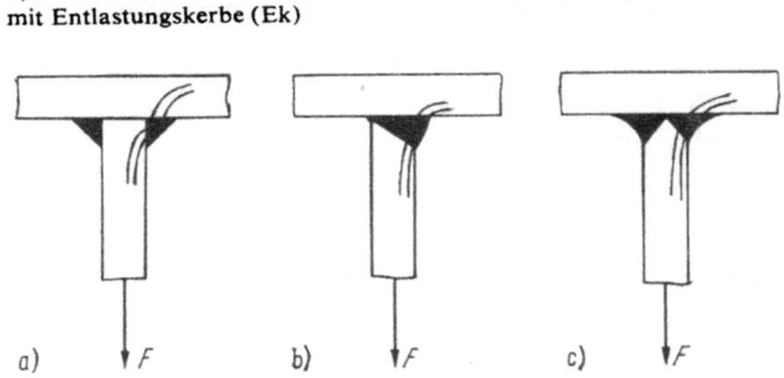

Bild 4.18
Schweißnaht als Gestaltungselement

a) ungünstige Kerbwirkung an der Nahtwurzel; b) verbesserter Kraftlinienverlauf; c) festigkeitsmäßig optimale Gestaltung, aber erhöhter technologischer Aufwand

Auch Einstiche für Dichtungen sind oft empfindliche Schwachstellen (Bild 4.17). Sie sollten möglichst in niedrigbeanspruchten Bereichen des Bauteils angeordnet werden; anderenfalls sind sie mit Entlastungskerben zu versehen.
Ein Gestaltungselement besonderer Art sind Schweißnähte. Mit Hilfe der Kraftlinienvorstellung kann der Konstrukteur unter Berücksichtigung technologisch-ökonomischer Erwägungen entscheiden (Bild 4.18).
Quantitative Aussagen zur Beanspruchung in *Kerben* sind Abschn. 4.5. zu entnehmen. Auch die Abschnitte zu speziellen Konstruktionselementen enthalten Gestaltungshinweise.

4.4. Konstruktionswerkstoffe [4.5]

4.4.1. Richtlinien für die Werkstoffauswahl

In der Forschung und Entwicklung, der Projektierung und Konstruktion werden mehr als 70% des Einflusses auf die Werkstoffkosten ausgeübt. Daher muß gerade der in den Konstruktionsabteilungen tätige Ingenieur umfassende Kenntnisse über technische Stoffe besitzen. Die Kenntnisse sollten sich nicht nur auf die mechanisch-technologischen, physikalischen und chemischen Eigenschaften beschränken, sondern auch ökonomische Gesichtspunkte (Preis, Bearbeitungskosten, Beschaffbarkeit usw.) beinhalten. Schon im Stadium der Entwicklung und Konstruktion muß die Gemeinschaftsarbeit zwischen dem Konstrukteur, dem Technologen und dem Materialwirtschaftler einsetzen. Die Wahl des Werkstoffs hat entscheidenden Einfluß auf

- die Erzeugnismasse (s. Abschn. 4.3.1.)
- die Form und das Formgebungsverfahren (s. Abschn. 4.3.2.)
- die Bearbeitbarkeit und Oberflächengüte (s. Abschn. 3.2.4.)
- die anzuwendenden Verbindungselemente (s. Abschnitte 5. bis 10.) und
- die Lebensdauer, bedingt durch das Reibungs- und Verschleißverhalten und die Korrosionsbeständigkeit (s. Abschnitte 4.5.7. und 4.5.8.).

Der ausgewählte Werkstoff bestimmt damit neben den reinen Materialkosten auch die Fertigungs- und Wartungskosten und damit den Gebrauchswert in entscheidendem Maß. Die Verringerung des Werkstoff- und Materialverbrauchs und die Wahl des zweckmäßigsten Werkstoffs sind wesentliche Schritte zur Erzielung einer technisch und ökonomisch optimalen Konstruktion. Möglichkeiten dazu bieten

- die erzeugnisbezogene Anwendung des Leichtbaus
- die ökonomische Verwendung von Werkstoffen
- die Werkstoffsubstitution.

Eine notwendige Voraussetzung zur Nutzung dieser Möglichkeiten ist die Bestimmung des Anforderungsprofils der Konstruktion unter dem Gesichtspunkt des Werkstoffeinsatzes. Das Anforderungsprofil hat im wesentlichen zu enthalten:

- den Verwendungszweck und die Funktion der Konstruktion
- die Forderungen an die Werkstoffeigenschaften
- die Forderungen an Lieferformen und Abmessungen
- ökonomische Kennwerte
- sonstige Forderungen (Oberflächenschutz, Liefermöglichkeit usw.).

Durch einen Vergleich des Anforderungsprofils mit dem Eigenschaftsprofil der Werkstoffe wird der Konstrukteur in die Lage versetzt, eine optimale Werkstoffvariante auszuwählen.

Erzeugnisbezogene Anwendung des Leichtbaus (*hier nur Stoffleichtbau*, s. Abschn. 4.3.1.)
Für stationäre Bauwerke (z. B. Brücken, Behälter, Tragwerke usw.) ergeben sich die Selbstkosten im wesentlichen aus den Werkstoff- und Fertigungskosten. Massereduzierung bedingt Verminderung der Werkstoff- und damit der Selbstkosten bis zu einem Optimum (Bild 4.19). Für eine weitere Massereduzierung ist der Einsatz teurer oder schwieriger bearbeitbarer Werkstoffe erforderlich. Die Werkstoffgrund- und Fertigungskosten und damit die Selbstkosten insgesamt steigen dann wieder an (Bilder 4.19 und 4.20).

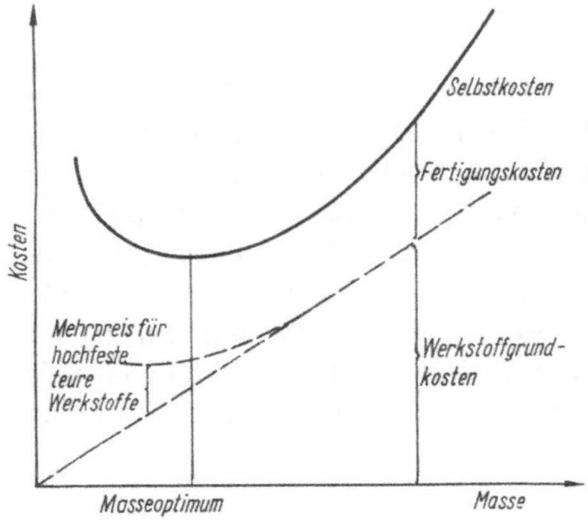

Bild 4.19. Einfluß der Bauteilmasse auf die Selbstkosten von Erzeugnissen über die Werkstoffgrund- und Fertigungskosten

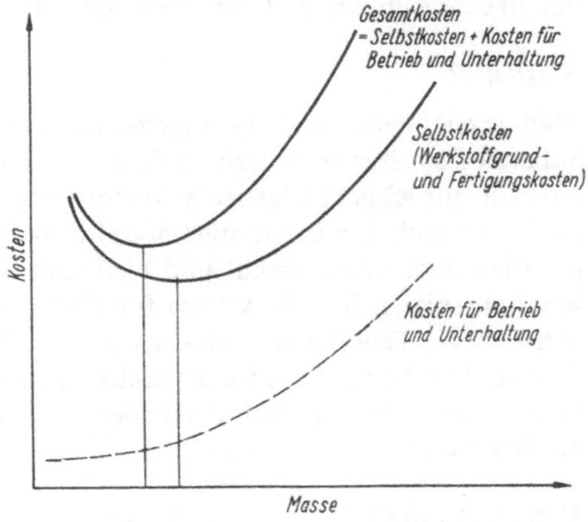

Bild 4.20. Kostenminimierung von Erzeugnissen unter Berücksichtigung der Kosten für Wartung und Betrieb

Für Straßen-, Schienen- und Wasserfahrzeuge, Hebezeuge, Land- und Arbeitsmaschinen spielen zusätzlich die Kosten für Betrieb und Unterhaltung eine große Rolle, die in entscheidendem Maß vom Werkstoff mitbestimmt werden (Bild 4.20) und das Masseoptimum gegenüber stationären Konstruktionen (Bild 4.19) verschieben.

Werkstoffsubstitution

Ziel ist allgemein der Austausch teurer und seltener Werkstoffe durch billigere Varianten. So werden zunehmend rost- und säurebeständige Stähle und korrosionsbeständige Nichteisenmetalle und Legierungen (Messing, Bronze u. a.) durch ebenso beständige, billigere und leichtere Plaste ersetzt, z. B. für Rohrleitungen, Armaturen, Behälter, Dichtungen, Gleitlager, Lüfter- und Pumpenräder usw. Es ist aber gelegentlich auch sinnvoll, teure Werkstoffe einzusetzen (z. B. hochlegierte Stähle, Aluminiumlegierungen und Plaste anstelle billiger Massenbaustähle), wenn trotz höherer Werkstoffkosten die Lebensdauer der Bauteile stark erhöht wird und der Gebrauchswert des Erzeugnisses über den werkstoffbedingten Mehraufwand hinaus gesteigert wird. Die direkte Auswahl des zweckmäßigen Werkstoffs durch den Konstrukteur erfolgt anhand verschiedener Werkstoffkennwerte bzw. Auswahlkriterien.

Festigkeit

Die Festigkeit ist der wesentlichste Gesichtspunkt, nach dem Werkstoffe im Maschinenbau ausgewählt werden. Den einzelnen Beanspruchungsarten entsprechend (Zug, Druck, Biegung, Torsion, statisch, dynamisch usw.) weisen die Werkstoffe unterschiedliche Festigkeiten auf, die in die Berechnung der Konstruktion eingehen (s. Abschn. 4.2.).

Besondere Berücksichtigung muß in vielen Fällen das Festigkeitsverhalten bei höheren Temperaturen (Dauerstandfestigkeit) finden. Nicht enthalten ist in allen Festigkeitsrechnungen das Sprödbruchverhalten der Werkstoffe. Insbesondere die un- und niedriglegierten Stähle verspröden mit sinkender Temperatur, d. h., die Verformbarkeit nimmt stark ab. Die Bauteile können dann bei Spannungen weit unterhalb der rechnerischen Festigkeit plötzlich ohne Verformung brechen. Neben dem gebräuchlichen Kerbschlagzähigkeitsnachweis gewinnen direkte Sprödbruchsicherheitsnachweise unter Anwendung der Bruchmechanik z. B. bei Turbinenläufern, Zahnrädern usw. an Bedeutung.

Elastizität

Man versteht darunter die Eigenschaft eines Werkstoffs, sich unter Einwirkung einer äußeren Last nur soweit zu verformen, daß die Verformung nach Wegnahme der Last auf Null zurückgeht (elastische Verformung). Die elastischen Eigenschaften sind gekennzeichnet durch den Elastizitätsmodul E und die Elastizitätsgrenze σ_E (Spannung, bei der die Elastizität verlorengeht und bleibende Verformung auftritt). Die elastischen Eigenschaften spielen für Werkstoffe für Federelemente eine wichtige Rolle, und für Blatt-, Schrauben-, Tellerfedern und andere Federn werden Werkstoffe mit einem hohen E-Modul und einer hohen Elastizitätsgrenze σ_E ausgewählt. Der Konstrukteur hat es dann in der Hand, die Steifigkeit der Federn durch konstruktive Gestaltung in weiten Grenzen zu variieren.

Verarbeitbarkeit

Unter diesem Gesichtspunkt hat der Konstrukteur sehr weitreichende Entscheidungen zu treffen, die den technologischen Fertigungsablauf stark beeinflussen. Die Gießbarkeit, Schweißbarkeit, Zerspanbarkeit, spanlose Umformbarkeit der Werkstoffe sind für die Auswahl bestimmend. Die Wärmebehandlungsmöglichkeiten zur Erzielung bestimmter Eigenschaften durch Härten, Vergüten, Weichglühen usw. spielen außerdem eine große Rolle.

Vorfertigungsgrad

Die Konstruktionen sollten nach Möglichkeit so ausgelegt werden, daß ein möglichst hoher Anteil an Normteilen, (Schrauben, Muttern usw.) und Halbzeugen (Rohre, Profile, Bänder u. a.) in Frage kommt. Die Anwendung vorgefertigter Halbzeuge ermöglicht beträchtliche Einsparungen an lebendiger Arbeit.

Korrosionsbeständigkeit

Die ausreichende Korrosionsbeständigkeit des Werkstoffs gewinnt für die Auswahl des zweckmäßigen Werkstoffs eine immer größere Bedeutung, da die Lebensdauer des Erzeugnisses und die Kosten für Wartung und Betrieb dadurch wesentlich beeinflußt werden. Das ist um so wichtiger, als die korrodierenden Bedingungen heute schärfer sind (zunehmende Aggressivität der Atmosphäre) und korrosive Metallabtragungen bei den dünnwandigen, die Werkstoffestigkeit voll ausnutzenden Leichtbaukonstruktionen sehr schnell zu beträchtlichen Schäden führen [4.6]. Um eine durch die Korrosion nicht begrenzte Lebensdauer zu erreichen, ist eine sinnvolle Kombination konstruktiver Maßnahmen, zweckmäßiger Werkstoffauswahl und ausreichendem Oberflächenschutz zu empfehlen. Da dem Gesichtspunkt des Korrosionsschutzes in bekannten Konstruktionslehrbüchern nicht immer genügend Augenmerk gewidmet wird, sollen an dieser Stelle einige grundsätzliche Hinweise gegeben werden.

Voraussetzung für wirkungsvolle Maßnahmen ist die genaue Kenntnis der korrodierend wirkenden Bedingungen und weiterer die Korrosion beeinflussender Faktoren (Erosion, Kavitation, Turbulenz usw.). Vom Konstrukteur sind eine Reihe von Grundregeln zur korrosionsschutzgerechten Gestaltung zu beachten:

Zweckmäßige Bauteilanordnung

- spitze Winkel und taschenartige Anordnung der Teile vermeiden
- Vermeidung enger Spalte bzw. Sicherung dauerhafter Abdichtungen
- korrosionsgefährdete Teile leicht zugänglich und auswechselbar anordnen
- Bauteile so anordnen, daß der Angriff des Korrosionsmittels behindert wird
- wenn Einwirkung vorhanden ist, ist ungehinderte Luftzirkulation zu gewährleisten.

Günstige Oberflächengestaltung

- glatte Flächen vorsehen und starke Profilierung vermeiden
- freie Schnittkanten brechen
- Feuchtigkeitsansammlungen vermeiden (Ablaufmöglichkeit schaffen).

Bauteilverbindungen

- Schweißen, Kleben, Löten sind dem Nieten und Schrauben vorzuziehen
- Überlappungen wegen der Spaltbildung möglichst vermeiden
- Kombination unterschiedlich korrosionsanfälliger Werkstoffe vermeiden bzw. ausreichend elektrisch isolieren.

Weitere Hinweise zum korrosionsschutzgerechten Gestalten sind den Standards zu entnehmen (z.B. TGL 18701, 18703 u.a.) bzw. der Literatur [4.7].
Die Konstruktionswerkstoffe (Stahl, Aluminium, Kupferlegierungen, Plaste u.a.) sind gegenüber verschiedenen korrosiven Beanspruchungen unterschiedlich beständig. Selbst innerhalb einer Werkstoffgruppe bestehen große Unterschiede. Die Auswahl eines unter den spezifischen Bedingungen optimal korrosionsbeständigen Werkstoffs erfordert umfassende Kenntnisse der Korrosionsbeständigkeit. Nähere Ausführungen werden bei den einzelnen Werkstoffgruppen gemacht.
Grundsätzlich muß sich der Konstrukteur im klaren sein, daß die Korrosion von der Werkstoffoberfläche ausgeht und bei ausreichendem Oberflächenschutz auch das gesamte Bauteil geschützt ist. Bei ungenügender Korrosionsbeständigkeit des Werkstoffs gewährleistet ein Oberflächenschutz durch

- Lackieren
- Plastbeschichtung
- metallische Überzüge (Verzinken, Verkadmen, Verchromen usw.)
- katodischen Schutz mittels Opferanoden oder Fremdstrom

oft ausreichende Lebensdauer. Zu berücksichtigen sind korrosionsschutztechnische Überlegungen auch beim Verbinden verschiedener Bauteile. Die Kombination beständiger Werkstoffe mit korrosionsanfälligen Materialien ist bei Korrosionsbeanspruchung möglichst zu vermeiden, da der weniger beständige Werkstoff einem verstärkten Angriff ausgesetzt ist. Solche ungünstigen Kombinationen sind, wobei der beständigere Werkstoff zuerst genannt wird:

Kupferlegierung – unlegierter Stahl
Kupferlegierung – Aluminiumlegierung
hochlegierter Stahl – unlegierter Stahl
hochlegierter Stahl – Aluminiumlegierung u.a.

Sind derartige Werkstoffkombinationen und Kontaktelemente nicht zu umgehen, sollte eine ausreichende elektrische Isolation zwischen beiden Werkstoffen geschaffen werden oder durch Oberflächenschutz gegenüber dem Elektrolyten (Luftfeuchtigkeit, Wasser, Lauge usw.) isoliert werden.

Alterungsbeständigkeit

Ein vom Konstrukteur unbedingt zu berücksichtigender Faktor ist die mögliche Änderung der Werkstoffeigenschaften im Laufe der Zeit während der Betriebszeit des Erzeugnisses. Kohlenstoffarme Stähle (Massenbaustähle) können nach Kaltverformung (z.B. Bördeln, Abkanten, Biegen usw.) bzw. nach raschem Abkühlen von Temperaturen dicht unterhalb 700 °C altern, wodurch die Festigkeitseigenschaften zwar steigen, die Zähigkeit und Verformbarkeit sinken aber praktisch auf Null. Alterungsbeständigkeit ist insbesondere für sprödbruchgefährdete Konstruktionen erforderlich, d. h. für Bauteile, die schlagartig und bei tiefen Temperaturen belastet werden. Wichtig ist der Gesichtspunkt der Alterungsbeständigkeit auch bei Plasten, da sich bei diesen unter Einwirkung von Wärme und Licht nicht nur die mechanischen und physikalischen Eigenschaften ändern, sondern auch das Aussehen (Farbe, Oberflächengüte usw.).

Temperaturbeständigkeit

Die Eignung der Werkstoffe für bestimmte Konstruktionen wird wesentlich davon abhängen, welchen Temperaturen sie ausgesetzt sind. Die Festigkeitseigenschaften der metallischen Werkstoffe im klimatischen Temperaturbereich ändern sich allgemein wenig, bei Temperaturen über diesen Bereich hinaus jedoch sehr stark und unterschiedlich. In der Kältetechnik werden Werkstoffe gefordert, die auch bei sehr tiefen Temperaturen eine ausreichende Verformbarkeit und Sprödbruchsicherheit aufweisen (z. B. austenitische Stähle, Aluminiumlegierungen). Im Dampfkesselbau, Turbinenbau und der Reaktortechnik werden Werkstoffe gefordert, die bei hohen Temperaturen ausreichende Festigkeiten haben und nicht verzundern.

Preis, Liefermöglichkeiten

Diese Gesichtspunkte beeinflussen sehr stark die Ökonomie von technischen Konstruktionen und sind für die Serienproduktion sehr wichtig. Einzelkonstruktionen werden weniger davon beeinflußt.

4.4.2. **Stähle**

Obwohl sich die gegenwärtige Werkstoffverbrauchsstruktur im Maschinenbau in den nächsten Jahren zugunsten der Plastwerkstoffe verschieben wird, werden die Eisenwerkstoffe auch in Zukunft die am meisten verwendeten, vielseitigsten und preisgünstigsten Konstruktionswerkstoffe bleiben. Um den Stahlverbrauch zu senken, müssen in größerem Umfang als bisher je nach Beanspruchungsbedingungen höherfeste, korrosionsträge, korrosionsbeständige, verschleißfeste und zunderbeständige Stahlsorten eingesetzt werden. Eine verstärkte Anwendung speziell wärmebehandelter bzw. oberflächenbehandelter Stähle, Einsatz- und Vergütungsstähle, kaltverfestigter Bänder und Profile sowie verzinkter, plattierter und plastbeschichteter Halbzeuge ist erkennbar.

Allgemeine schweißbare Baustähle

Die einzelnen Güten sind unlegierte Stähle mit niedrigem Kohlenstoffgehalt ($C < 0{,}5\,\%$) ohne gezielt eingesetzte weitere Legierungselemente. Die Eigenschaften hängen primär vom C-Gehalt ab, und zwar nehmen Festigkeit und Härte mit steigendem Kohlenstoffgehalt zu. Eine Wärmebehandlung nach dem Warmwalzen ist meist nicht mehr erforderlich und die Verwendung im Lieferzustand möglich. Ihre Bezeichnung erfolgt zumeist nach der Zugfestigkeit (TGL 7960, GOST 380-71, DIN 17100). Stähle mit Kohlenstoffgehalten <0,25% sind sehr gut kalt verformbar, ohne Vorwärmung schmelzschweißbar, allerdings infolge der geringen Härte nicht besonders gut zerspanbar und wenig verschleißfest. Die Korrosionsbeständigkeit unter atmosphärischen, Seewasser- und noch aggressiveren Bedingungen ist gering und ein gleichmäßiger Werkstoffabtrag vorhanden. Zusätzliche Korrosionsschutzmaßnahmen sind häufig erforderlich. Oberflächenbehandlungsverfahren (Verzinken, Verchromen, Phosphatieren, Lackieren, Plastbeschichten usw.) haben sich als zweckmäßig erwiesen, da sie gleichzeitig dekorative Funktionen übernehmen. Hauptanwendungsbereich der Massenbaustähle ist der klimatische Temperaturbereich, jedoch ist ein Einsatz bis zu Temperaturen von 350 °C möglich. Für spezielle Halbzeuge, wie Ketten (TGL 6544), Niete (TGL 6545), Rohre (TGL 9413, 9414, 13873, 14514, 18245), sind weitere Gruppen unlegierter Stähle verfügbar. Schweißbare Sonderbaustähle (mikrolegierte Stähle mit einigen Hundertstel Prozent Vanadin, Bor u. a.) werden sich in der Perspektive insbesondere für zugbeanspruchte Bauteile durchsetzen, da sie auf Grund der höheren Streckgrenze masse- und kostenmäßige Vorteile ergeben. Auch hochfeste, schweißbare, niedriglegierte, vergütete Baustähle mit Streckgrenzen bis 700 N/mm² werden zunehmend verwendet, wobei jedoch die komplizierten Verarbeitungsbedingungen (erschwerte Schweißbarkeit, höhere Umformbarkeit) zu berücksichtigen sind (z. B. TGL 14509). Zunehmende Bedeutung für den Einsatz unter atmosphärischen Bedingungen werden die sog. wetterfesten oder korrosionsträgen Baustähle (Resista, KT-Stähle, CORTEN-Stähle usw.) in den verschiedenen Festigkeitsklassen erhalten. Diese Stähle bauen eine stabile Schutzschicht auf, die an der Stahloberfläche fest haftet, sehr dicht ist, die Abrostung stark vermindert, infolge der sattbraunen Färbung dekorativ wirkt und einen zusätzlichen Oberflächenschutz überflüssig macht. Die wichtigsten Eigenschaften einiger unlegierter und niedriglegierter Baustähle sind in Tafel 4.4 und die Einsatzmöglichkeiten in Tafel 4.5 zusammengestellt. Für besondere Beanspruchungsbedingungen und Erzeugnisgruppen werden Baustähle mit niedrigen Legierungsgehalten an Cr, Si, Mn, V, Mo usw. verwendet.

Tafel 4.4. Eigenschaften bei Werkstoffdicken von 40 mm für unlegierte Baustähle nach TGL 7960, niedriglegierte Baustähle nach TGL 14509 und höherfeste schweißbare Baustähle nach TGL 22426 sowie korrosionsträge Baustähle (KT-Stähle) nach TGL 28192 im normalgeglühten Zustand bei 20 °C

Stahlmarke	Zugfestigkeit σ_B N/mm²	Biegewechselfestigkeit σ_{bW} N/mm²	Härtbarkeit[1])	Schweißbarkeit[1])	Zerspanbarkeit[1])	Kaltformbarkeit[1])
St 34	330 ... 410	160 ... 200	5	2	3	2
St 38	370 ... 460	170 ... 220	5	2	3	2
St 42	410 ... 510	200 ... 250	4 ... 5	3	2 ... 3	3
St 50	490 ... 610	240 ... 290	4	5[2])	2	4
H52-3	510 ... 610	280 ... 340	5	3	2	3
St 60	590 ... 710	280 ... 340	3	5[2])	2	4 ... 5
St 70	690 ... 830	320 ... 390	2 ... 3	5[2])	2	5
KT45	440 ... 590	–	5	3	2	3
KT52	490 ... 630	–	5	3	2	3 ... 4
9Mn6	430 ... 510	220 ... 280	5	3	2	3
25MnSi6	590 ... 710	280 ... 370	4	5[2])	2	4 ... 5
30MnCrSi6	880 ... 1030	390 ... 490	3	5[2])	3	5

[1]) Gütekennzahlen: 1 ausgezeichnet; 2 sehr gut; 3 gut; 4 mäßig; 5 schlecht.
[2]) Schmelzschweißen ungeeignet, nur Warmschweißen oder Sonderschweißverfahren möglich.

Tafel 4.5. Einsatzbereiche legierter und unlegierter Baustähle

Stahlsorte	Anwendung
St 33	für Teile untergeordneter Bedeutung und geringer Bedeutung
St 34 St 34 u-2 St 34 b-2 St 34-3	Konstruktionen mit mäßiger Belastung, aber hoher Zähigkeit, Schweißkonstruktionen, Gestänge, Hebel, Schrauben, Niete, Behälter, Bolzen, Zapfen, Rohr-, Stabwerk- und Blechkonstruktionen
St 38 St 38 u-2 St 38 b-2 St 38-3	am meisten verwendeter Walz- und Schmiedestahl, Konstruktionen mit mäßiger Beanspruchung und normaler Zähigkeit, Preßteile, Kessel, Druckbehälter, Flansche, Bolzen; St 38 und St 38 u-2 für dünnwandige Teile und niedrige Zähigkeitsforderungen; bei höherer erforderlicher Zähigkeit St 38 b-2 oder St 38-3 verwenden; gut schweißbar
St 42 St 42 u-2 St 42 b-2 St 42-3	Teile mit höheren Festigkeitsforderungen, insbesondere mit Stoß- und Schwingbelastung (Wellen, Zahnräder, Treibstangen, Kurbeltriebteile usw.) ohne Verschleißbeanspruchung, Gütegruppen für Zähigkeitsforderungen wie bei St 38 handhaben
St 50 St 50-2	für Schweißkonstruktionen ungeeignet; sonst für höher beanspruchte Triebwerkteile (Wellen, Spindeln, Schubstangen, Steuerhebel, Zahnräder)
H 52-3 HS 52-3	hochfester schweißbarer Baustahl, für schwingbeanspruchte Konstruktionen (Stahl-, Schiff-, Kessel- und Baggerbau). HS 52-3 insbesondere für Bleche $d \geqq 20$ mm und hoher Zähigkeit
St 60 St 60-2	höher beanspruchte Triebwerkteile (Ritzel, Spindeln, Wellen) und Teile mit hoher Flächenlast (Schnecken, Keile, Paßfedern)
St 70 St 70-2	verschleißbeanspruchte Teile im naturharten Zustand (Nocken, Walzen, Gleitstücke) sowie Gesenke, Preßwerkzeuge
KT 45 KT 52	Stahlbauten, Brücken, Gasbehälter, Tanks und andere Teile, die mit der freien Atmosphäre in Berührung kommen; Schutzanstriche meist nicht erforderlich
9Mn6	für Rohre und Behälter im Dampfkessel-, Apparate- und Rohrleitungsbau wegen der erhöhten Warmfestigkeit
18MnSi6	Teile mit hohen Festigkeitsforderungen, speziell Stoß- und Schwingbelastung und mäßiger Verschleißbeanspruchung (Spindeln, Wellen, Steuer- und Lenkungsteile, Ritzel und Schnecken)
30MnCrSi6	höchstbeanspruchte Maschinenteile (Treibstangen, Hebel, Wellen, Spindeln, Zahnräder, Nocken, Walzen)

Beispiele hierfür sind

Automatenstähle (TGL 12529) mit wegen des höheren Phosphor- und Schwefelgehaltes ausgezeichneter Zerspanbarkeit

Kesselstähle (TGL 14507) mit gering erhöhter Warmfestigkeit infolge höherer Si- und Mn-Gehalte

Druckwasserstoffbeständige Stähle (TGL 6918) mit geringen Gehalten an Cr, Mo für Druckgasbehälter, Rohre usw.

Kaltstauch- und Kaltfließpreßstähle für Schrauben und Muttern (TGL 14195).

Einsatz- und Vergütungsstähle

Diese Stahlgruppen sind für den Maschinen-, Motoren und Fahrzeugbau sehr wichtig. Ihre besonderen Eigenschaften werden durch spezielle Wärmebehandlungsverfahren erreicht. Einsatzstähle (Tafel 4.6) werden bevorzugt für Teile verwendet, die eine verschleißfeste Oberfläche, einen zähen Kern und eine hohe dynamische Festigkeit aufweisen müssen. Verwendet werden unlegierte und niedriglegierte Stähle mit Kohlenstoffgehalten

<0,2% (TGL 6546). Da sie infolge dieser niedrigen C-Gehalte eine geringe Festigkeit und Härte aufweisen, wird ihre Oberfläche durch Einsatzhärten verschleißfester gemacht. Unlegierte Stähle haben eine große Reinheit hinsichtlich Begleitelementen P, S, N usw. und werden nach ihrem Kohlenstoffgehalt bezeichnet, z. B. C 10 = Qualitätsstahl mit 0,10% Kohlenstoff. Stähle noch größerer Reinheit erhalten den Zusatz K, z. B. CK 10 = Edelstahl mit 0,10% Kohlenstoff. Für besonders große Anforderungen an die Oberflächenhärte und Zähigkeit werden legierte Stähle mit Gehalten von 1% Cr, Mn, Ni und anderen Elementen verwendet. Eine ähnlich hohe, z. T. noch bessere Verschleißfestigkeit weisen Nitrierstähle auf (TGL 4391), die durch eine spezielle Wärmebehandlung (Nitrieren) an der Oberfläche mit Stickstoff angereichert werden, das mit Chrom, Vanadin, Molybdän und Aluminium harte, verschleißfeste Nitride bildet. Vor der Einsatzhärtung bzw. dem Nitrieren sind dieseStähle gut schweißbar. Ihre Korrosionsbeständigkeit ist nicht nennenswert besser als die der gewöhnlichen Baustähle.

Tafel 4.6. Einsatzstähle, unlegiert und legiert nach TGL 6546 – Eigenschaften und Anwendungsmöglichkeiten

Stahlmarke	Erzielbare Härte bei 10 mm Dicke HB	Biegewechselfestigkeit σ_{bW} N/mm²	Einsatzmöglichkeit für
C10 und CK10	143 ... 201	220 ... 280	Schrauben, Buchsen, Bolzen, Dorne, Stifte
C15 und CK15	170 ... 235	250 ... 350	Kugelbolzen, Spindeln, Zapfen, Exzenter- und Nockenwellen, Gelenke, Mitnehmer
15Cr3	208 ... 300	300 ... 400	Kolbenbolzen, Rollen, Nockenwellen, Rollenlager, Bolzen, Differentialkerne
16MnCr5	269 ... 375	400 ... 520	kleine Zahnräder und Wellen hoher Belastung und < 50 mm Dmr.
20MnCr5	331 ... 420	480 ... 620	mittlere Zahnräder hoher Belastung, Kunstharzformen, Schnecken, Wellen < 80 mm Dmr.
15CrNi6	285 ... 375	440 ... 520	kleine höchstbeanspruchte Zahnräder, Kegel- und Schraubenräder, Kolbenstangen
18CrNi8	375 ... 461	640 ... 700	größere hochbeanspruchte Zahnräder, Tellerräder, Antriebsritzel, größere Wellen
20MoCr5	265 ... 433	450 ... 650	Nockenwellen, Getrieberäder und -wellen, Achsen, Keile, Nachstellschrauben < 40 mm Dmr.

Unlegierte und niedriglegierte Vergütungsstähle (TGL 6547) werden für Bauteile mit hohen Festigkeitsanforderungen, insbesondere bei Stoß- und Wechselbelastung und hohen Zähigkeitsanforderungen verwendet (s. Tafel 4.7). In Frage kommen nur Stähle mit Kohlenstoffgehalten zwischen 0,2 und 0,6%. Die Stähle werden gehärtet und anschließend durch Anlassen bei Temperaturen zwischen 450 bis 700 °C auf eine hohe Festigkeit und Zähigkeit gebracht (vergütet). Die mechanischen Eigenschaften sind stark von der Querschnittsgröße, der Vergütungsbehandlung und der Werkstoffgüte abhängig. Unlegierte Stähle (C 22 bis C 60) werden für geringe Anforderungen und dünne Querschnitte verwendet, legierte Stähle mit Gehalten bis und um 1% Cr, Ni, Mn und Anteilen Mo und V für höhere Festigkeits- und Zähigkeitsansprüche bei größeren Querschnitten (Tafel 4.7).

Stähle für hohe und tiefe Temperaturen

Stähle, bei denen die thermische Beanspruchung eine große Rolle spielt, sind in jedem Fall legiert.
Kaltzähe Stähle (TGL 13871) werden für tiefe Temperaturen eingesetzt (Kälte- und Flüssiggasanlagen) und zeichnen sich bei diesen Temperaturen durch eine gute Kerbschlagzähigkeit aus. Die Gehalte an Mn, Cr und Ni sind je nach Höhe der Forderungen verschieden hoch.

Tafel 4.7. Unlegierte und legierte Vergütungsstähle nach TGL 6547 – Eigenschaften und Anwendungsbereiche

Stahlmarke	Zugfestigkeit σ_B N/mm²	Biegewechselfestigkeit σ_{bW} N/mm²	Einsatzmöglichkeit für
C25	490 ... 640	≧230	Wellen ≦ 100 mm Dmr. und geringer Beanspruchung, Achsen, Bolzen, Schrauben, Scheiben, Muttern
C35	590 ... 740	≧270	Wellen, große Zahnräder, Zahnstangen, Laufräder, Bolzen, Kreuzkopf- und Zugstangen, Achsschenkel, Hebel, Kurbelzapfen
C45	640 ... 790	≧300	Getriebeteile, Achsen, Zahnstangen, Nockenwellen, Kegelräder, kleine Kurbelwellen, Spindeln, Schubstangen
C60	740 ... 880	≧330	Federn, Kolben, Werkzeuge, Spindeln, Getrieberäder, Schnecken und Schneckenwellen, Zylinderbuchsen
30Mn5	790 ... 930	≧390	Achsen, Rollen, Schmiedeteile < 250 mm
37MnSi5	880 ... 1030	≧450	Fräsdorne, Zahnräder, Schubstangen, Kurbelwellen
42MnV7	980 ... 1180	≧520	Kugelbolzen, Kurbelwellen, Einlaßventile, Arbeitsspindeln
25CrMo4	790 ... 930	≧350	Fräsdorne, Pleuel, Achsschenkel, Ventile
34CrMo4	880 ... 1030	≧400	Kardanwellen, Achsen, Fräsdorne, Pleuel, Kegelräder
42CrMo4	980 ... 1180	≧500	Zahnräder, Federn, Lenkungsteile, Keil- und Kurbelwellen
50CrMo4	1080 ... 1280	≧550	hochbelastete Triebwerks- und Steuerteile, Ritzel, Zahn- und Kegelräder
36CrNiMo4	980 ... 1180	≧550	höchstbelastete Teile, Ventilfedern

Eigenschaften gelten für Dicken von 16 bis 40 mm (kleine Werte gelten für große Durchmesser).

Warmfeste niedriglegierte Stähle (TGL 7961) sind infolge des niedrigen C-Gehalts unter 0,20% mit Vorwärmung gut schweißbar und erhalten zwecks Erhöhung der Warmfestigkeit einige Zehntel Prozent Molybdän und zur Verbesserung der Zunderbeständigkeit etwa bis 1,5% Cr. Sie werden eingesetzt für Dampfkessel, Druckgefäße, Dampfleitungsrohre, Überhitzer und andere Bauteile, die Wandtemperaturen bis maximal 550 °C haben. Für Wandtemperaturen ab 600 °C und darüber ist neben einer hohen Warmfestigkeit eine ausreichend hohe Hitzebeständigkeit erforderlich, da Kohlenstoffstahl stark verzundert. Für Temperaturen ab 550 °C kommen daher nur hochlegierte Stähle in Betracht. Das sind Stähle, bei denen die Summe der Legierungselemente einen Gehalt von 5% übersteigt. Zunder- und hitzebeständige Stähle (TGL 7061) weisen eine hohe Zunderbeständigkeit, Unempfindlichkeit gegen Temperaturwechsel und geringe Versprödungsneigung auf und sind für mechanisch wenig belastete Bauteile geeignet (Brennkammerteile, Trom-

meln, Hauben und Rohre im Überhitzerbau, Tragteile im Feuerungs- und Ofenbau). Chrom ist das wichtigste, die Zunderbeständigkeit begünstigende Legierungselement. Zusätzliche Gehalte an Al (CrAl-Typ) oder Si (CrSi-Typ) sind vorteilhaft. Diese ferritischen Stahlsorten sind schlecht schweißbar und schlecht kaltumformbar. Die austenitischen CrNiSi- und CrNiTi-Stähle sind bis 1200 °C beständig, besser schweiß- und kaltverformbar, aber auch wesentlich teurer.
Wird außerdem bei hohen Temperaturen noch eine hohe Warmfestigkeit verlangt (z. B. für Gasturbinenschaufeln und andere Gasturbinenteile), kommen neben hochlegierten Nickelstählen mit hohen Gehalten an Cr, Mo, Nb, Ta und Wolfram spezielle warmfeste Legierungen auf Nickel-Chrom-Basis in Frage. Normwerkstoffe existieren meistens nicht. Bei der Gestaltung von Bauteilen aus derartigen Werkstoffen ist zu berücksichtigen, daß die Legierungen außerordentlich schwierig zu zerspanen und auch zu schmieden sind (Ausgleichvariante sind Präzisionsgußstücke). Rost- und säurebeständige Stähle (TGL 7143) sind Stähle mit einem Chromgehalt $> 12\%$, da Chrom der Träger der Korrosionsbeständigkeit ist. Neben den ferritischen Chrom- und Chrom-Molybdän-Stählen, die weniger gut verarbeitbar sind, haben die austenitischen CrNi-Stahltypen eine größere Bedeutung, da sie universeller einsetzbar sind. Sie sind sehr gut schweißbar und kaltumformbar. Gleichzeitig eignen sie sich wegen des austenitischen Grundgefüges und der damit verbundenen Zähigkeit hervorragend für Tieftemperaturzwecke und wegen des hohen Cr-Gehalts für thermisch beanspruchte Bauteile. Vielfach werden derartige Stähle auf normalen Kohlenstoffstahl aufgebracht (Walzplattierung). Derartige Verbundwerkstoffe sind billiger, wobei die rostbeständige Plattierschicht den Korrosionsschutz und der darunterliegende Kohlenstoffstahl die Stützfunktion übernimmt.

Werkzeugstähle

Stähle mit Kohlenstoffgehalten oberhalb 0,6% gehören meist zu den Werkzeugstählen, die für die Herstellung von Werkzeugen zur Zerspanung, zum Zertrennen und auch zur spanlosen Verformung erforderlich sind. Werkzeugstähle müssen gut härtbar sein und eine hohe Anlaßbeständigkeit, Schneidhaltigkeit und Warmfestigkeit besitzen.
Unlegierte Werkzeugstähle (TGL 4392) sind Edelstähle mit Kohlenstoffgehalten zwischen 0,6 und 1,5% (C 60 W bis C 130 W). Dabei werden die Sorten mit Gehalten $> 1{,}0\%$ Kohlenstoff für die Metallbearbeitung (Zerspanung) verwendet. Stähle mit weniger als 1% Kohlenstoff sind bevorzugt für die Zerspanung von weichen Werkstoffen (Holz, Plaste) bzw. für Hämmer, Schraubenzieher, Zangen, Meißel u. a. geeignet.
Legierte Werkzeugstähle werden nach ihren Anwendungsbereichen eingeteilt in Kaltarbeitsstähle (TGL 4393), Warmarbeitsstähle (TGL 7746) und Schnellstähle (TGL 7571). Diese Stähle zeichnen sich gegenüber den unlegierten Werkzeugstählen durch eine höhere Schneidhaltigkeit, gleichmäßigere Härte, erhöhte Zähigkeit und Anlaßbeständigkeit aus.

4.4.3. Eisengußwerkstoffe

Von großer Bedeutung im Maschinenbau sind nach wie vor die Eisengußwerkstoffe. Für höchstbeanspruchte Formteile (Zahnräder, Kettenräder, Hebel, Pleuelstangen usw.), wo infolge stoß- oder schlagartiger Belastung ein Werkstoff hoher Zähigkeit erforderlich ist, wird zweckmäßigerweise Stahlguß verwendet (Tafel 4.8). Stahlguß hat grundsätzlich ähnliche Eigenschaften wie Schmiedestahl, läßt sich normalglühen, einsatzhärten, vergüten und oberflächenbehandeln und damit dem jeweiligen Verwendungszweck anpassen. Sehr vorteilhaft ist die gute Schweißbarkeit gegenüber anderen Gußwerkstoffen. Die Anwendungsmöglichkeiten des unlegierten Stahlgusses (TGL 14315) erweitern sich

Tafel 4.8. Eigenschaften von unlegiertem Stahlguß nach TGL 14315, legiertem Stahlguß für Bauzwecke nach TGL 14395 und rost- und säurebeständigem Stahlguß nach TGL 14394 (Auswahl)

Legierung	TGL	Zugfestigkeit σ_B N/mm²	Verarbeitungseigenschaften[1]) Gießbarkeit	Zerspanbarkeit	Schweißbarkeit	Verschleißfestigkeit	Anwendung für
GS-40.3	14315	390	3	2	2 ... 3	4	Armaturen-, Pumpen-, Getriebegehäuse, Zahn- und Kegelräder
GS-45.3		440	3	2	3 ... 4	4	Zahn- und Kegelräder, Getriebegehäuse, Grundplatten, Maschinenrahmen, Armaturen
GS-50.3		490	3	3	4	3 ... 4	Bremstrommeln, Walzen, Achsschenkel, Bolzen, Zahn- und Kettenräder
GS-60.3		590	3	3	5	3 ... 4	hochbeanspruchte Zahn- und Kettenräder, Walzen, Kurbelwellen, Lagerböcke
GS-20Mn6	14395	540	3	3	3	3	Dampfturbinenwellenteile, Rotorplatten, Polringe und Poltrommeln im E-Motorenbau
GS-30MnSi5		590	3	3	4	3	Buchsen und Ringe von Dampfturbinen, Kompressorenteile, Induktorköpfe, Polringe
GS-30CrMo4V		690	3 ... 4	3	4	3	hochbeanspruchte Läufer von Dampfturbinen und Kompressoren, Hochdruckzylinder
GS-30CrNiMo6		690	3 ... 4	4	4	3	wie GS-30CrMo4, jedoch für größere Dicken und Durchmesser
GS-X10Cr13	14394	490	3 ... 4	3	4	3	Turbinenschaufeln, Spindeln, Ventile, Kolbenstangen mit hoher Schlagbeanspruchung
GS-X22CrNi17V		680	4	3	4	2 ... 3	für hochfeste korrosionsbeständige Teile von Wasser- und Dampfturbinen, Armaturen, Pumpen
GS-X12CrNiMo18.10		490	3 ... 4	4	3	5	Pumpen, Ventile und Armaturen in chemischer, Nahrungsmittel- und Textilindustrie

[1]) Gütekennziffern: 1 ausgezeichnet; 2 sehr gut; 3 gut; 4 mäßig, bedingt; 5 schlecht, nicht angewendet.

durch Zulegieren von Cr, Ni, Mo, Si, Mn u.a. Warmfester Stahlguß (TGL 7458) findet Verwendung im Turbinen-, Motoren- und Armaturenbau. Hitze- und zunderbeständiger Stahlguß (TGL 10414) wird im Gasturbinenbau eingesetzt. Rost- und säurebeständiger Stahlguß (TGL 14394) hat Bedeutung für Armaturen und Pumpen der chemischen Industrie. Verschleißfester Stahlguß wird in großem Umfang für Walzwerkausrüstungen (Walzen, Walzenständer, Brechbacken u.a.) verwendet. In vielen Anwendungsfällen, wo gegenwärtig noch Stahlguß eingesetzt wird, kann ein Austausch durch Gußeisen mit Kugelgraphit (TGL 8189) erfolgen (Tafel 4.9).

Gußeisen mit Kugelgraphit (GGG) ist warmformbar, hochfest, zäh, kaum wanddickenabhängig in den Eigenschaften und hat ein gutes Formfüllungsvermögen. Damit sind dünnwandigere und kompliziertere Gußkonstruktionen besser möglich als mit Stahlguß.

Für geringbeanspruchte Bauteile (Werkzeugmaschinengehäuse, Motorenblöcke, Armaturen u.a.) sind die verschiedenen Graugußsorten (GGL) nach TGL 14400 vorteilhaft (Tafel 4.9). Lamellarer Grauguß ist in verschiedenen Festigkeiten lieferbar, läßt sich sehr gut gießen, ist verhältnismäßig gut verschleißfest, weniger korrosionsanfällig als Stahl und hat eine für Fundamente und Gehäuse von Maschinen und Motoren hohe Dämpfungsfähigkeit.

Durch hochwertige Gußeisensorten mit Lamellengraphit kann der bisherige Anwendungsbereich des Graugusses wesentlich erweitert werden. Temperguß (TGL 10327) ersetzt in vielen Fällen Schmiedestahl, da die Tempergußstücke preisgünstiger zu fertigen sind (Kupplungsteile, Kleinmaschinenteile, Hebel, Naben, Muffen, Schraubenschlüssel). Insbesondere in der Massenfertigung hat der Temperguß ökonomische Vorteile. Zur Korrosionsbeständigkeit der Stahlgußsorten muß gesagt werden, daß sie bei erhaltener Gußhaut an der Werkstückoberfläche besser ist als die analoger Stähle. Auch Grauguß und Kugelgraphitguß haben eine bessere Korrosionsbeständigkeit als Kohlenstoffstähle.

4.4.4. Leichtmetalle

Sie sind im allgemeinen teurer als un- und niedriglegierte Eisenwerkstoffe. Eine Anwendung ist daher nur dort sinnvoll, wo die spezifischen Eigenschaften voll genutzt werden können und wo ein erhöhter Gebrauchswert die höheren Werkstoffkosten ausgleicht. Die Aluminiumwerkstoffe sind von den Leichtmetallen am wichtigsten. Hauptverbraucher ist die Elektrotechnik, wo die verschiedensten Reinaluminiumsorten infolge der guten elektrischen Leitfähigkeit für die Übertragung von Elektroenergie genutzt werden. Bestimmende Eigenschaften der Aluminiumlegierungen sind neben den guten Leitfähigkeiten für Wärme und Elektrizität die niedrige Dichte, die gute Korrosionsbeständigkeit, Dekorationseffekte (Polierbarkeit, Eloxalschichten) und die gute Gieß- und Formbarkeit. Zur Erhöhung der Festigkeit wird Aluminium mit Mn, Mg, Si, Cu und Zn einzeln oder kombiniert legiert (Tafel 4.10). Die nicht aushärtbaren Al-Knetlegierungen auf der Basis AlMn, AlMg und AlMgMn haben eine Festigkeit bis zu $\sigma_B \approx 300\ N/mm^2$, die nur durch Kaltumformung erhöht werden kann (TGL 14725). Knetlegierungen auf der Basis AlMgSi, AlCuMg, AlZnMg und AlZnMgCu können durch eine spezielle Wärmebehandlung (Ausscheidungshärtung) eine Festigkeit bis $\sigma_B \approx 600\ N/mm^2$ erhalten. Sie überschneiden damit festigkeitsmäßig den Bereich der höherfesten Baustähle. Grundsätzlich mögliche Schweißarbeiten führen bei ausgehärteten Legierungen jedoch zu einem Festigkeitsabfall in der Wärmeeinflußzone. Die Al-Gußlegierungen auf der Basis AlSi, AlMg, AlSiMg (TGL 6556) haben eine etwas niedrigere Festigkeit, sind infolge des guten Formfüllungsvermögens für komplizierte Gußteile geeignet (Tafel 4.11).

Tafel 4.9. Eigenschaften von Gußeisen mit Lamellengraphit nach TGL 14400, Gußeisen mit Kugelgraphit nach TGL 8189 und Temperguß nach TGL 10327

Legierung	TGL	Zugfestigkeit σ_B N/mm²	Biegefestigkeit σ_{bB} N/mm²	Verarbeitungseigenschaften[1]) Gießbarkeit	Zerspanbarkeit	Verschleißfestigkeit	Anwendung für
GGL-15	14400	150	230 ... 270	1	1	2	Herde, Öfen, Heizkörper, Formstücke, Rohre, Kunstguß
GGL-20		200	290 ... 430	1	1	2	Gehäuse und Teile von Land-, Elektro- und Textilmaschinen, Armaturengehäuse
GGL-25		250	350 ... 490	1 ... 2	1	2	Maschinenguß (Gehäuse von Werkzeugmaschinen), Hebel, Laufräder, Riemenscheiben
GGL-30		290	410 ... 550	2	2	2	Maschinen- und Apparateteile erhöhter Festigkeitsbeanspruchung, Gleitbahnen
GGL-35		340	470 ... 610	2	2	2 ... 3	Bremstrommeln, Kurbel- und Nockenwellen, Pumpengehäuse und -kolben, Hebel
GGG-40	8189	390	750 ... 900	1 ... 2	2	2 ... 3	Kupplungs- und Getriebegehäuse, Riemenscheiben, Walzen, Heißluftverteiler
GGG-50		490	850 ... 1000	2	2	2 ... 3	Getriebegehäuse, Kurbelwellen mit geringer Beanspruchung, Treibräder, Laufwellen, Zylinderköpfe
GGG-60		590	900 ... 1100	2 ... 3	3	2 ... 3	Kurbelwellen, Turbinenschaufeln, Hebel, Zugstangen, Laufräder
GGG-70		690	1000 ... 1200	3	3	2 ... 3	Turbinenschaufeln
GT-35E	10327	340	700	2	2	4	Fittings, Muffen, Handräder, Schlüssel, Nähmaschinenteile
GT-40E		390	800	2	2	4	Ketten, Hebel, Handräder, Kleinmaschinenteile, Naben
GT-35		340	700	2	2	3 ... 4	Bremsbacken, Differential-, Getriebe- und Hinterachsgehäuse von Fahrzeugen
GT-65		640	1300	3	3	3	Kupplungsteile, Getrieberäder, kleine Wellen und Achsen

[1]) Gütekennziffern: 1 ausgezeichnet; 2 sehr gut; 3 gut; 4 mäßig, bedingt; 5 schlecht, nicht angewendet.

Tafel 4.10. Aluminiumlegierungen nach TGL 14725 (Auswahl) und Titanlegierungen

Legierung	Zustand	Zugfestigkeit σ_B N/mm^2	Verarbeitungseigenschaften[1]) Schweißbarkeit	Verarbeitungseigenschaften[1]) Zerspanbarkeit	Witterungsbeständigkeit	Anwendung für
AlMg3	F18 weich	180	2 ... 3	4	1	als Profile für Rahmen und Tragkonstruktionen, Rohre, Profilblechkonstruktionen für Behälter, Plattenkühler, Röhrenkühler, gepreßte Deckel, Verkleidungselemente, Sandwichkonstruktionen
	F23 halbhart	230	–[2])	3	1	
	F26 hart	260	–[2])	2	1	
AlMg5	F24 weich	240	3	3 ... 4	1	wie AlMg3, aber bei höheren Festigkeitsanforderungen
	F28 halbhart	280	–[2])	2	1	
	F32 hart	310	–[2])	1	1	
AlMgSi1	F15 weich	150	1 ... 2	4	1 ... 2	Behälter, Kühler, Verkleidungselemente, leichte Tragkonstruktionen, als Profile für Rahmen, Einfassungen aller Art
	F20 kalt ausgehärtet	200	–[2])	3	1 ... 2	
	F32 warm ausgehärtet	310	–[2])	2	1 ... 2	
AlCuMg1	F22 weich	220	4 ... 5	3	3	Rahmenkonstruktionen und Verkleidungs- und Beplankungselemente von Straßen- und Schienenfahrzeugen, Druckgefäße, Gasflaschen
	F40 kalt ausgehärtet	390	–[2])	1	3	
	F37 warm ausgehärtet	360	–[2])	1	3	
AlZnMgCu0,5	warm ausgehärtet	470	4	3	3	hochfeste Rahmenkonstruktionen und Tragwerke
EMoTi140		390	3	4	1	Rührwerke, Behälter und Pumpen in chemischer Industrie, Rotoren und lange Turbinenlaufschaufeln

[1]) Güteklassen: 1 ausgezeichnet; 2 sehr gut; 3 gut; 4 mäßig, bedingt; 5 ungenügend.
[2]) Schweißbarkeit wie im weichen Zustand möglich; Schweißen wegen des Festigkeitsverlustes im walzharten oder ausgehärteten Zustand vermeiden.

Tafel 4.11. Aluminiumgußlegierungen nach TGL 6556 (Auswahl) und Verarbeitungseigenschaften, Magnesiumgußlegierungen

Legierung²)	Lieferform und -zustand	Zugfestigkeit σ_B N/mm²	Verarbeitungseigenschaften¹) Gießbarkeit	Zerspanbarkeit	Schweißbarkeit	Witterungsbeständigkeit	Anwendung für
G-AlMg5	unbehandelt	**150**	3 ... 4	1 ... 2	3	1	einfach gestaltete Teile wie Beschläge, Griffe, Rahmen, Tragrollen, Gehäuse von Meßgeräten, Filtern, Vergasern, Steuergeräten, Maschinenkörper in der Lebensmittelindustrie und im Schiffbau
GK-AlMg5	unbehandelt	**170**	3 ... 4	1 ... 2	3	1	
GD-AlMg9	unbehandelt	**200**	4	2	5	1 ... 2	Kleinteile in Form von Hebeln, Handrädern, Griffen, feinmechanisch-optische Geräte
G-AlSi5Mg	unbehandelt	**140**	2	3 ... 4	3	2	Laufräder, Riemenscheiben, Gehäuse von Verdichtern, Pumpen, Armaturen, einfache und niedrigbelastete Kurbel- und Getriebegehäuse, Gehäusedeckel
G-AlSi5Mg	kalt ausgehärtet	**180**	2	2 ... 3	3[3]	2	
G-AlSi5Mg	warm ausgehärtet	**220**	2	1 ... 2	3[3]	2	
G-AlSi10Mg	unbehandelt	**150**	1	4	1	3	Kurbelgehäuse von Hochleistungsmotoren und hochbelasteten Getrieben, Achstrichter, Tragarme
G-AlSi10Mg	warm ausgehärtet	**220**	1	1 ... 2	1[3]	3	
G-AlSi6Cu	unbehandelt	**160**	2	3	2	3	hochbeanspruchte Teile des Maschinen und Fahrzeugbaus (Zylinderköpfe, Kurbel- und Getriebegehäuse, Einspritzpumpen, Hydraulikteile, Riemenscheiben, Bremsbacken, kleine Apparategehäuse, Fahrzeugmotorenteile, Lüftergehäuse, Flügelräder
G-AlSi6Cu	kalt ausgehärtet	**210**	2	3	2[3]	3	
G-AlSi6Cu	warm ausgehärtet	**220**	2	1	2[3]	3	
G-MgAl8Zn1	unbehandelt	**160**	1	1 ... 2	3	3 ... 4	Gestänge und Getriebeteile in Textil- und Verpackungsmaschinen, Gehäuse und Gehäuseteile im Fahrzeug- und Motorenbau sowie bei Verarbeitungsmaschinen, Buchungsautomaten
G-MgAl8Zn1	homogenisiert	**240**	1	1	3	3 ... 4	

¹) Gütekennzahlen: 1 ausgezeichnet; 2 sehr gut; 3 gut; 4 ausreichend, mäßig; 5 ungenügend.
²) Es bedeuten: G Sandguß; GK Kokillenguß; GD Druckguß.
³) Schweißen bringt Festigkeitsverlust, daher soweit wie möglich vermeiden.

Für Kolben, Zylinder und Zylinderköpfe von Verbrennungsmotoren verwendet man spezielle Kolbenlegierungen (TGL 4886) mit erhöhter Warmfestigkeit. Leichtmetallguß zeichnet sich durch geringe Wanddicken, eine gute Oberfläche und Maßgenauigkeit und geringsten Bearbeitungsaufwand aus. Die Einsatztemperaturen für Aluminiumlegierungen beschränken sich bei mechanischer Dauerbeanspruchung bis zu +150 °C und liegen damit weit unter den gewöhnlichen Kohlenstoffstählen. Für geringer beanspruchte Konstruktionen haben sich neben Al-Legierungen auch Magnesiumlegierungen gut bewährt, insbesondere für Motorenteile von Hochleistungsmotoren (Fahrzeug- und Flugzeugbau).
Knetlegierungen (TGL 14729) auf der Basis MgAlZn haben Streckgrenzen bis 200 N/mm², Zugfestigkeiten bis 280 N/mm², sind gut spanbar, jedoch schwierig kaltumformbar. Verwendung finden sie in geringem Umfang für Warmpreßteile und Schmiedestücke. Überwiegend werden MgAlZn-Gußlegierungen (TGL 20810) auch für schwierige und komplizierte Elemente verwendet.
Neben Al- und Mg-Legierungen werden in Zukunft Titanlegierungen für Konstruktionszwecke immer bedeutsamer. Titanwerkstoffe sind warmfest, tieftemperaturzäh und ausgezeichnet korrosionsbeständig gegen oxydierende Medien. Heutige Legierungen haben Zugfestigkeiten um 1300 N/mm². Auf Grund der z. Z. noch hohen Preise finden sie Anwendung dort, wo ihre spezifischen Eigenschaften voll genutzt werden können (Kompressorenschaufeln und Rahmenkonstruktionen in Düsentriebwerken, Verdichter- und Turbinenscheiben von Gasturbinen, Platten für seewasserbeauflagte Plattenwärmeübertrager usw.).
Das Werkstoffsortiment und die Einsatzmöglichkeiten der Titanwerkstoffe sind zukünftig aufmerksam zu verfolgen, da damit neue konstruktive Möglichkeiten eröffnet werden.

4.4.5. Kupferwerkstoffe

Von den Nichteisen-Schwermetallen haben das Kupfer und seine Legierungen die größte Bedeutung. Da es zu den Sparmetallen gehört, ist eine Verwendung nur dort vorzusehen, wo die besonderen spezifischen Eigenschaften der Kupferlegierungen voll genutzt werden und der Einsatz eines Austauschwerkstoffs nicht zweckmäßig ist. Die hervorstechende Eigenschaft des Kupfers ist die ausgezeichnete Leitfähigkeit für Wärme und Elektrizität. Reinkupfer (TGL 7010 und 7011) hat aus diesem Grund nach wie vor größte Bedeutung für die Elektrotechnik. Von den Kupferlegierungen sind Messinge am weitesten verbreitet. Knetlegierungen (TGL 17660 und 17661) werden als CuZn-Legierungen (Messinge) und Mehrstofflegierungen (Sondermessinge) für Schrauben, Drähte, Bleche, Beschläge, Rohre und Rohrbögen für Kondensatoren und Wärmetauscher eingesetzt. Ausschlaggebend ist für den Einsatz der Messinge der gegenüber den anderen Cu-Legierungen günstige Preis, eine ausreichend gute Korrosionsbeständigkeit sowie günstige Verarbeitungseigenschaften (Zerspanen, Walzen, Ziehen, Biegen, Schweißen, Löten usw.). Gußmessing und Gußsondermessing nach TGL 8110 (Tafel 4.12) werden für Armaturen, Beschlagteile, Buchsen, Schiffsschrauben u.a. verwendet.
Zinnbronzen (TGL 8110) zeichnen sich durch gute Gleiteigenschaften und eine hohe Korrosionsbeständigkeit aus und werden für hochbeanspruchte Armaturen, Gleitlager, Schnecken- und Schraubenräder verwendet.
Bleibronzen sind als Lagerwerkstoffe für große Lager mit höchsten Lagerdrücken und Umfangsgeschwindigkeiten geeignet (TGL 8110). Aluminiumbronzen und Aluminiummehrstoffbronzen (TGL 17665) sind besonders beständig gegen Korrosion, Erosion und

Tafel 4.12. Kupfergußlegierungen nach TGL 8110 (Auswahl)

Legierung[2])	Zugfestigkeit σ_B N/mm²	Verarbeitungseigenschaften[1]) Gießbarkeit	Zerspanbarkeit	Schweißbarkeit	Anwendung für
G-CuSn10	250	3	3	3	zäher Werkstoff mit guten Gleiteigenschaften; für Wellenbezüge, schnell-
GK-CuSn10	290	3	3	3	laufende Schnecken und Zahnräder mit Stoßbeanspruchung, Leit- und
GZ-CuSn10	290	3	3	3	Laufräder, Armaturen
G-CuSn7Zn4Pb6	200	2	2	3	Lagerbuchsen, Drucklager, Spindeln, Ventilkegel, Ritzel und Schnecken
GK-CuSn7Zn4Pb6	250	2	2	3	mit niedriger Belastung und hohen Gleitgeschwindigkeiten, Pleuelbuchsen
GZ-CuSn7Zn4Pb6	250	2	2	3	
G-CuZn38Al	350	3	3 ... 4	3 ... 4	Rohrleitungsarmaturen, bei geringer Gleit- und Verschleißbelastung
G-CuZn37Mn3AlFe	490	3	4	4 ... 3	zähhartes Sondermessing mit mäßigen Gleiteigenschaften für Armaturen,
GK-CuZn37Mn3AlFe	510	3	4	4 ... 3	hochbeanspruchte Gleit- und Stelleisten für Walzwerke und Pressen,
GZ-CuZn37Mn3AlFe	510	3	4	4 ... 3	Grund- und Stopfbuchsen
G-CuZn15Si3	350	4	3	4	Schneckenradkränze, Buchsen, Gleitlager hoher Flächenpressung
G-CuAl9Ni4Fe4Mn2	590	3 ... 4	4	4	Gußstücke für Teile der chemischen und Nahrungsmittelindustrie, hochverschleißfest
G-CuMn10Zn8Al6NiFe	620	4	4	3	Verschleißteile, Schnecken, Schneckenräder, Druckmuttern, Lauf- und Leiträder, hochbeansprucht

[1]) Verarbeitungseigenschaften: 1 ausgezeichnet; 2 sehr gut; 3 gut; 4 ausreichend; 5 ungenügend, schlecht.
[2]) G Sandguß; GK Kokillenguß; GZ Schleuderguß.

Kavitation und werden daher für Heißdampfarmaturen, säurebeständige Armaturen, Schnecken, Schneckenräder, Kegelräder, Zahnräder, Verschleißteile und Schiffsschrauben verwendet.

4.4.6. Federwerkstoffe

Werkstoffe für Federn lassen sich im wesentlichen in zwei Werkstoffgruppen einteilen:

Nichtmetalle

Hierzu gehören überwiegend Elastomere, wie Natur- und Synthesegummi, Polyurethane und andere kautschukartige Hochpolymere. Alle diese Werkstoffe zeichnen sich durch einen sehr niedrigen Elastizitätsmodul und eine geringe Festigkeit sowie eine sehr hohe elastische Verformungsfähigkeit aus. Gummifedern wirken primär als Stoffedern, wenngleich die Federungseigenschaften durch eine entsprechende Formgebung zusätzlich beeinflußt werden können. Die Elastomere haben eine gute Dämpfungs- und elektrische Isolierfähigkeit, sind wartungsarm und kommen überwiegend für druck- und schubbeanspruchte Federelemente in Frage. Für zugbeanspruchte Federn sind Elastomere wegen ihrer niedrigen Festigkeit weniger geeignet. Synthesegummi hat dabei eine durchschnittlich höhere Festigkeit und geringere elastische Verformungsfähigkeit als der sehr weiche, hochelastische Naturgummi. Für den Einsatz der Elastomere als Federwerkstoffe im Maschinenbau sind folgende besondere Eigenschaften zu berücksichtigen:

- ein niedriger, von der Gummihärte abhängiger G-Modul
- geringe Temperaturbeständigkeit der Festigkeit bis 70 °C
- ein dämpfungsabhängiger und damit für statische und dynamische Belastung unterschiedlicher E-Modul
- Neigung der Elastomere zum Kriechen bei konstanter Last
- Alterungsneigung (Rissigkeit und Verhärtung) und geringe Beständigkeit des Gummis gegen Öle und Kraftstoffe.

Metalle

Metallegierungen besitzen eine hohe Festigkeit und Elastizität und haben sich als Federwerkstoffe weitgehend durchgesetzt. Metallfedern erhalten die Federungsfähigkeit überwiegend durch die Formgebung (Formfedern). Geeignet sind Werkstoffe mit einem hohen E-Modul (z.B. Stahl, Cu-Legierungen), der als Werkstoffkenngröße durch Zusatzbehandlung kaum verändert werden kann. Deshalb werden für Federn Werkstoffe mit einer hohen Elastizitätsgrenze σ_E (Grenzspannung) für rein elastisches Verhalten verwendet.

Die Elastizitätsgrenze und mit ihr die Streckgrenze und die Zugfestigkeit können durch Kaltverfestigung, Legierungsbildung und Wärmenachbehandlung wesentlich gesteigert werden. Es kommen eine Vielzahl von unlegierten Stählen mit Kohlenstoffgehalten $>0{,}45\,\%$ sowie mit Si, Mn, Cr, V, Mo und Ni legierte Stähle zur Anwendung (Tafel 4.13). Für statisch beanspruchte Federn haben sich kaltverfestigte Güten (kaltgewalzte Bänder, kaltgezogene Drähte usw.) als ausreichend erwiesen, während für dynamisch hochbeanspruchte Federn vergütete Sorten erforderlich sind.

Für spezielle Anwendungsfälle in der chemischen Industrie werden Federn aus rost- und säurebeständigen Stählen (TGL 14187) im kaltverfestigten Zustand verwendet. In geringem Umfang kommen in der Elektrotechnik, im Elektromaschinenbau und in der Feingerätetechnik kaltverfestigte Messingsorten und zinnarme Zinnbronzen für Federn zum Einsatz.

Tafel 4.13. Federwerkstoffe – Einsatzbereiche

Werkstoffgruppe	TGL	E-Modul N/mm²	**Zugfestigkeit σ_B N/mm²**	Anwendung
Unlegierte Stähle	14515	$21 \cdot 10^4$	$\geqq 1000$	für statisch beanspruchte Blatt- und Spiralfedern < 3 mm Dicke, Sprengringe, Federringe
Federbandstahl kaltgewalzt	14192	$21 \cdot 10^4$	$\geqq 600$	kaltgeformte Flachform-, Spiral-, Band- und Tellerfedern geringer Wanddicke bis ≈ 7 mm
SiMn-Stähle	13789	$21 \cdot 10^4$	$\geqq 1300$	für warmgeformte vergütete Blatt-, Teller-, Kegel-, Drehstab- und Schraubenfedern > 7 mm Dicke, dynamisch beansprucht
Cr-Stähle	13789	$21 \cdot 10^4$	$\geqq 1350$	für dynamisch hochbeanspruchte Blatt-, Schrauben-, Drehstab- und Ventilfedern von Fahrzeugen bzw. bis 300 °C
CrMoV-Stähle	13872	$21 \cdot 10^4$	$\geqq 1400$	für warmfeste Ventil- und Dichtungsfedern an Motoren und Heißdampfarmaturen bis 450 °C
Rost- und säurebeständige Stähle	14187	$18 \cdot 10^4$	$\geqq 600$	korrosionsbeständige Blatt-, Spiral-, Ventil- und Tellerfedern in Armaturen und Maschinen der Nahrungsmittel- und chemischen Industrie
Kupferknetlegierungen	0-17662	$10 \cdot 10^4$	$\geqq 600$	als kaltgewalzte Mehrstoffbronzen für Blattfedern, Federungen bei E-Maschinen sowie für Pumpen- und Druckmembranen

4.4.7. Plastwerkstoffe

Zunehmende Bedeutung erlangen im Maschinenbau die nichtmetallischen Werkstoffe, wie Plaste und Elaste, die, teilweise mit hochfesten Fasern armiert, erhebliche Festigkeiten erreichen. Plaste und Elaste sind vernetzte Makromoleküle, die durch Polymerisation, Polykondensation oder Polyaddition monomerer Moleküle, in denen Kohlenstoff, Wasserstoff, Sauerstoff, Stickstoff, Schwefel und andere Elemente enthalten sind, gebildet werden. Nach ihrem Verhalten unterscheidet man

- Duroplaste, die bei Erwärmung aushärten (Raumvernetzung der Moleküle)
  Diese Plaste bleiben in der Wärme formbeständig und erweichen nicht mehr, sind unschmelzbar und in Lösungsmitteln unlöslich.
- Thermoplaste, die bei Erwärmung weich werden und beim Abkühlen wieder in den Ausgangszustand zurückkehren (Wechsel zwischen viscoelastischem und elastisch-plastischem Verhalten)
  Sie sind zumeist schmelzbar und in Lösungsmitteln löslich.
- Elaste, die infolge der ausgeprägten Fadenmoleküle ein gummielastisches, teilweise plastisches Verhalten zeigen (synthetische Kautschuke, Weich-PVC).

Als Konstruktionswerkstoffe zeichnen sich die Plaste durch folgende Eigenschaften aus (außer Schaumstoffen):

- geringe Dichte der füllstofffreien Plaste von 0,9 bis 1,4 kg/dm^3
- geringe Wärmeleitfähigkeit $\lambda = 0{,}1 \ldots 0{,}35$ W/m · K (Stahl $\lambda = 25 \ldots 39$ W/m · K)
- einen gegenüber Metallen etwa 7mal so großen Wärmeausdehnungskoeffizienten
- eine sehr gute Korrosionsbeständigkeit, insbesondere der Duroplaste
  Aber auch Thermoplaste sind bei Kurzzeitbeanspruchung gegen chemische und physikalische Einwirkungen (UV-Strahlen) beständig. Daher sind Plaste für die Beschichtung von Metallteilen sehr vorteilhaft.

Tafel 4.14. Plastwerkstoffe – Festigkeiten und Anwendung

Plastwerkstoffgruppe	Zugfestigkeit σ_B N/mm²	Biegefestigkeit σ_{bB} N/mm²	Anwendung für
Phenoplaste			
Formpreßmassen	≦ 50	≦ 100	Formteile, Gehäuse, Deckel, Schalter, Behälter
Schichtpreßstoffe	≦ 100	≦ 130	Lagerbuchsen, -schalen, Laufrollen, Riemenscheiben, Gleitplatten, schwingungsarme Zahnräder
Polyamide	≦ 80	≦ 100	Lagerschalen, Zahnräder, Armaturenteile, Gehäuse
Epoxidharzwerkstoffe	≦ 100	≦ 150	Lagerschalen, Pumpen- und Armaturenteile, Bremsbeläge
Polyurethane	≦ 80	≦ 100	verschleißfeste Gleitlager, Zahnräder, als Elaste für Federungs- und Dichtungselemente, Isolierstoff
Polyäthylen	≈ 30		Behälter, Rohre, Pumpen- und Ventilatorteile
PVC-hart	≦ 60	≦ 120	Chemie (Rohre, Armaturen, Pumpen), Verkleidungselemente, Isolierstoffe
Polyesterglasfaser verstärkt	≦ 350	≦ 450	hochfestigkeitsbeanspruchte große Formteile

- niedrige Temperaturbeständigkeit gegenüber Metallen und Mineralien
  Die obere Grenztemperatur der Einsetzbarkeit liegt bei etwa 100 °C und beträgt nur bei Silikonen und Polytetrafluoräthylen (Teflon) etwa 200 °C und teilweise mehr. Die untere Grenztemperatur wird durch die Versprödung bestimmt und liegt bei etwa −30 °C bzw. bei Polytetrafluoräthylen noch niedriger.
- die Festigkeiten der reinen Plaste sind bei den einzelnen Sorten sehr verschieden, allgemein jedoch beträchtlich unterhalb $\sigma_z = 100\ \text{N/mm}^2$
  Verbesserungen sind durch Zugabe von Füllstoffen (Metallpulver, Holzmehl usw.) und spezielle Einlagen (Papierbahnen, Textil- und Glasfasern und Gewebe u. a.) möglich. Glasfaserverstärkte ungesättigte Polyester erreichen bis zu $\sigma_z = 350\ \text{N/mm}^2$.
- die besonders vorteilhafte Anwendung der Plaste für die Massenfertigung ergibt sich aus der ausgezeichneten spanlosen Formbarkeit durch Gießen, Pressen, Ziehen, Blasen, Walzen usw.
  Die saubere, glatte Oberfläche und die Einfärbbarkeit der Plaste begünstigen diesen Vorzug. Tafel 4.14 gibt einen Anwendungsüberblick.

4.5. Dimensionierung von Konstruktionselementen, Festigkeitsnachweis und Lebensdauer

4.5.1. Zu methodischen Fragen und Zielstellungen der Bauteildimensionierung

Nachdem in den Abschnitten 4.1. und 4.2. bereits einige Aussagen zur elementaren Entwurfsrechnung und insbesondere zur Einordnung in den Prozeß des Konstruierens gemacht wurden, soll das Problem der Bauteildimensionierung im Abschn. 4.5. in grundsätzlicher Weise abgehandelt werden.
Dabei kann die Dimensionierungsrechnung bezüglich ihrer theoretischen und experimentellen Grundlagen nur bedingt in den Gegenstand der Konstruktionslehre integriert werden. Der Konstruktionslehre fällt aber die Aufgabe zu, Bauteile zu bemessen und dabei die Methoden und Gesetzmäßigkeiten der Statik, Dynamik, der Festigkeitslehre, der Werkstoffkunde und Werkstoffprüfung zu verknüpfen.
Ein Bauteil ist dabei so zu dimensionieren, daß die Funktion über eine bestimmte Zeit gewährleistet ist und ein *Versagen*

- durch verschiedene Arten des Bruches
- durch unzulässige elastische oder plastische Deformationen
- durch Oberflächenverschleiß
- durch Korrosion u. a.

mit einer gewissen Wahrscheinlichkeit ausgeschlossen bzw. in vertretbaren Grenzen gehalten werden kann.
Ein erstes Anliegen des Abschnitts 4.5. besteht darin, die Vorgehensweise beim festigkeitsmäßigen Dimensionieren soweit möglich und erforderlich aus den Grundlagen der oben genannten Disziplinen abzuleiten und in ingenieurmäßiger, der Konstruktionspraxis angepaßter Form bereitzustellen. Der Übergang zu den nach Standard vorgeschriebenen bzw. empfohlenen Verfahren wird aufgezeigt. Dabei steht im Vordergrund die übliche Methode der Berechnung von *Sicherheiten* gegen Bruch oder Verformung.
Im folgenden wird ein kurzer Abriß zur Lebensdauer, Schadenswahrscheinlichkeit und Zuverlässigkeit gegeben. Fragestellungen dieser Art treten in der Praxis immer mehr in

das Blickfeld, da ihre Aussage über die der Sicherheit weit hinausreicht. Es sei jedoch betont, daß die Anwendbarkeit dieser Methoden zum gegenwärtigen Zeitpunkt noch erheblichen Beschränkungen unterliegt.

4.5.2. Systematisierung der Belastung von Konstruktionselementen

Im Zusammenhang mit der Entwurfsrechnung (s. Abschn. 4.2.) wurde bereits darauf eingegangen, daß an Konstruktionselementen wirkende Belastungen (Kräfte und Momente) meistens Funktionen der Zeit sind und danach systematisiert werden können. Die bereits gekennzeichneten Belastungsfälle *ruhend, schwellend* und *wechselnd* sollen hier zunächst eingeordnet werden in die *periodisch schwingende* Belastung (Bild 4.21). Dieses Bild zeigt außerdem den Fall der *stochastischen* und damit aperiodisch von der Zeit abhängigen Belastung, die in diesem Abschnitt ebenfalls untersucht wird.

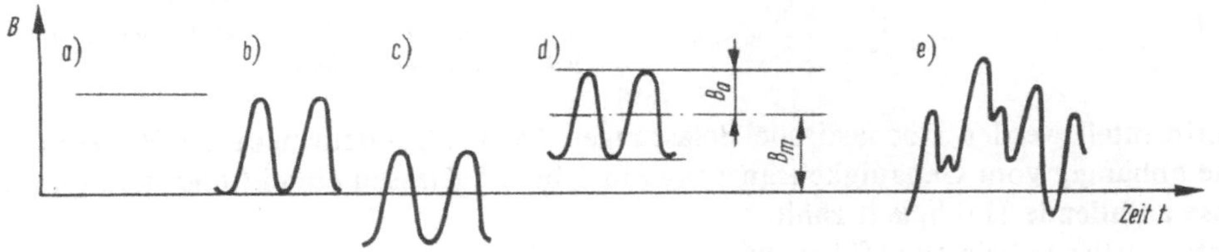

Bild 4.21. Systematik der Belastung

a) ruhende Belastung (Belastungsfall I); b) schwellende Belastung (Belastungsfall II); c) wechselnde Belastung (Belastungsfall III); d) allgemein stationär schwingende Belastung (B_m; B_a); e) stochastische Belastung

Die *periodisch schwingende* Belastung ist zu beschreiben durch die *mittlere* Belastung B_m, die im Bauteil eine sog. Mittelspannung σ_m oder τ_m hervorruft, und eine *Ausschlagsbelastung* B_a, die entsprechende Ausschlagsspannungen σ_a oder τ_a zur Folge hat.
Unter Berücksichtigung bestimmter Werkstoffeigenschaften erweist sich auch die Kennzeichnung durch die Ausschlagsgröße und den sog. *Ruhegrad r*

$$r = \frac{B_m}{B_m + B_a} \tag{4.28}$$

als zweckmäßig, der für die bekannten Belastungsfälle folgende Werte annimmt:

ruhende Belastung $r = 1$
schwellende Belastung $r = \frac{1}{2}$
wechselnde Belastung $r = 0$.

Nun ist eine Belastung nicht nur in Abhängigkeit von der Zeit unter stochastischem Aspekt zu sehen; selbst eine ruhende Belastung wird in gleichen Bauteilen abhängig von den Einsatzbedingungen statistisch verteilt sein können. Bei einem zufälligen Charakter der Einsatzbedingungen, wie sie z. B. durch die Bedienung durch den Menschen gegeben sind, wird eine *statistische Verteilung* der Belastungsgrößen vorliegen (Bild 4.22), die auch wieder [s. Gl. (3.4)] durch die Gaußsche Glockenkurve zu beschreiben ist.
Es gilt

$$H(B_{\text{vorh}}) = \frac{a_{\text{vorh}}}{\sqrt{\pi}} \, e^{-a_{\text{vorh}}^2 (B_{\text{vorh}} - \bar{B}_{\text{vorh}})^2}. \tag{4.29}$$

Diese statistische Unsicherheit der am Bauteil wirklich angreifenden Belastungen wird im Zusammenhang mit der *Sicherheit* noch diskutiert.

Statistische Verteilungen der Belastung treten aber auch unter anderem Aspekt auf, und zwar am *gleichen* Bauteil in Abhängigkeit von der Zeit. Sonderfälle diese rim Bild 4.21 bereits allgemein dargestellten *stochastischen* Belastung sind die mit konstantem Mittelwert B_m bzw. konstantem Ruhegrad r. Gehorchen die Ausschlagsgrößen B_a bzw. die Maximalwerte der stochastischen Belastung der Gaußschen Verteilung, so wird von einem *Normkollektiv* gesprochen, das dann auch der Werkstoffprüfung zugrunde gelegt wird [4.9].

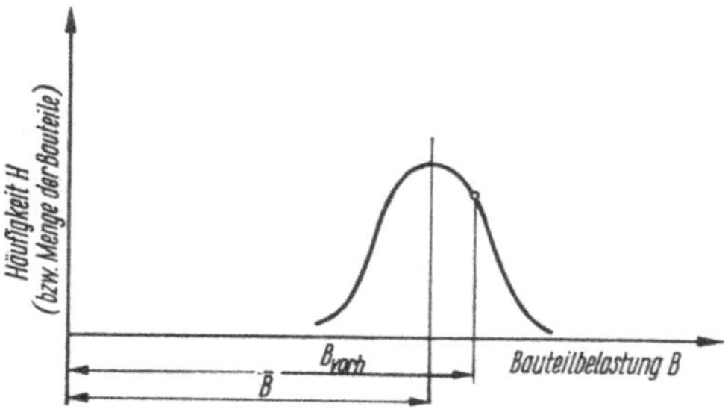

Bild 4.22
Statische Verteilung der Belastung in Abhängigkeit von den Betriebsbedingungen bei Bauteilen einer Serie

Experimentell werden stochastische Belastungen *klassiert*, indem man die Belastungsbreite abhängig vom Genauigkeitsanspruch in 5 bis 25 Klassen einteilt und die in jeder Klasse anfallende Häufigkeit zählt.
Die stochastische Belastung führt auf das Problem der Berechnung von Lebensdauer und Zuverlässigkeit, worauf im Abschn. 4.5.8. noch eingegangen wird.

4.5.3. Einfluß von Geometrie, Werkstoff, Beanspruchungsart und Belastung auf das Versagen von Konstruktionselementen; Dauerfestigkeitsschaubild

Der konstruktive Entwicklungsprozeß bringt eine unendliche Vielfalt technischer Gebilde mit unterschiedlichster geometrischer Form und aus verschiedenartigen Werkstoffen hervor, die außerdem unterschiedlichen Beanspruchungsarten und Belastungsfällen unterliegen.
Für den Festigkeitsnachweis hat es sich als zweckmäßig und ökonomisch günstig erwiesen, die Belastungsgrenzen der Konstruktionselemente durch Vergleich mit dem Versagensverhalten einer überschaubaren Menge idealisierter Prüfkörper, die idealisierten und in Prüfmaschinen realisierbaren Belastungen unterworfen werden (vorzugsweise den Belastungsfällen *ruhend*, *schwellend* und *wechselnd*), zu ermitteln.
Solche Prüfkörper sind standardisierte Rund- oder Flachproben (Bild 4.23).
Am einfachsten zu realisieren ist durch die Werkstoffprüfung der Zugversuch nach Belastungsfall *I* an einer Rund- oder Flachprobe. Die *ruhende* Belastung wird dabei *zügig*,

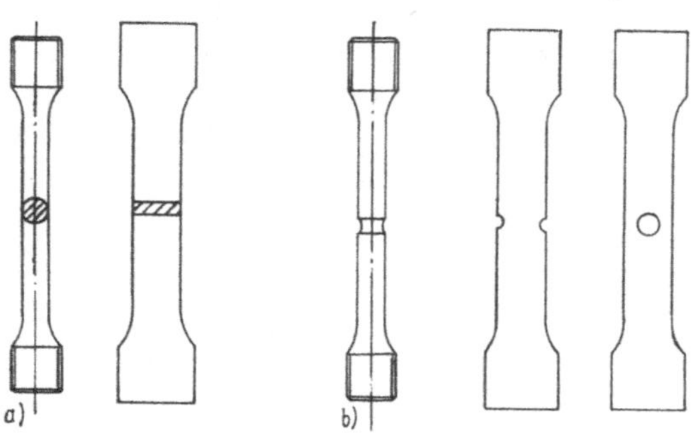

Bild 4.23
Prüfkörper der Werkstoffprüfung
a) ohne Kerbe; b) mit Kerbe

d. h. mit konstanter elastischer und schließlich plastischer Dehnungszunahme aufgebracht. Die Dehnung ε sei dabei wie üblich als Längenänderung Δl bezogen auf die ursprüngliche Meßlänge l des Probenschafts definiert:

$$\varepsilon = \frac{\Delta l}{l} \tag{4.30}$$

Nach der Art des Bruches sind drei charakteristische Gruppen von Werkstoffen zu unterscheiden:

- Werkstoffe, die bei ruhender Belastung zum spröden *Trennbruch* neigen (z. B. Glas, Grauguß, gehärteter Stahl)
- Versagen durch *Gleitbruch* (z. B. Kupfer und Kupferlegierungen)
- Werkstoffe mit ausgeprägter Fließzone, die erst nach *Einschnürung* einen Trennbruch zeigen (Bild 4.24).

Werden bei diesem Prüfvorgang die Spannungen über der Dehnung aufgetragen, so ergibt sich das aus der Werkstoffkunde bekannte Spannungs–Dehnungs-Diagramm, das abhängig von der Bruchart charakteristische Formen zeigt (Bild 4.25).

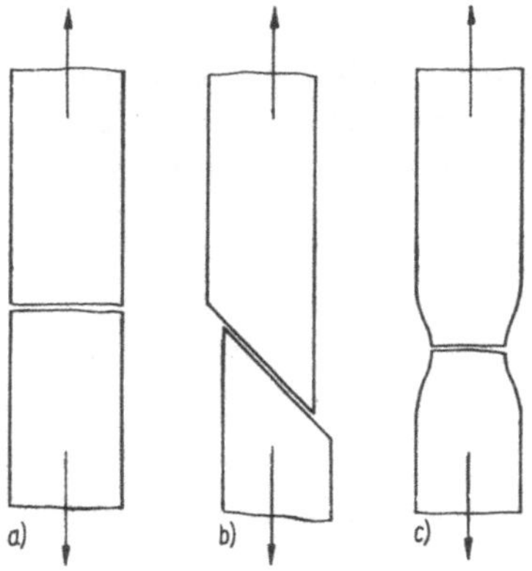

Bild 4.24. Bruchartén beim Zugversuch
a) Trennbruch bei sprödem Werkstoff;
b) Gleitbruch; c) Trennbruch nach Einschnürung und Verfestigung

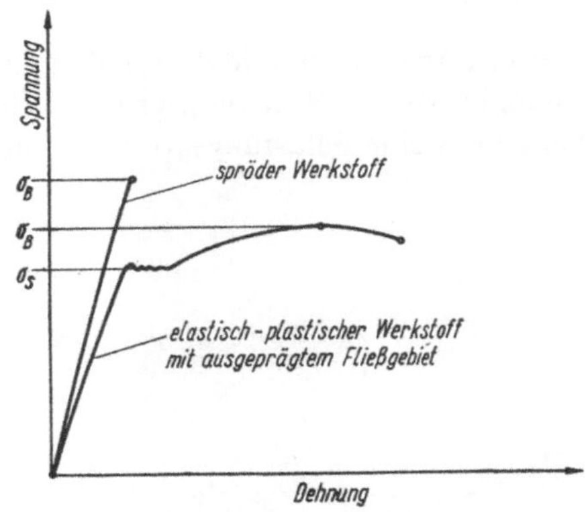

Bild 4.25. Spannungs-Dehnungs-Diagramm für spröden und elastisch-plastischen Werkstoff

Das *Versagen* des Werkstoffs bzw. des daraus gefertigten Bauteils wird also zum einen durch die zum Bruch führende Spannung zu kennzeichnen sein, zum anderen muß aber auch unter bestimmten Bedingungen vom *Versagen* gesprochen werden, wenn das Bauteil durch unzulässige plastische Verformungen seine Funktionsfähigkeit verliert.

Prinzipiell können infolge ruhender Belastung die in Tafel 4.15 zusammengestellten Versagensmöglichkeiten auftreten. Aus den Erfordernissen der Praxis heraus werden die Werkstoffkennwerte nach TGL 19340 jedoch auf die eingerahmten Größen beschränkt (s. Abschn. 4.2., Tafel 4.2).

An dieser Stelle sei darauf hingewiesen, daß auch die zum Versagen führenden Proben- bzw. Bauteilbelastungen einer statistischen Häufigkeitsverteilung unterliegen. Analog zu Gl. (4.29) gilt

$$H(B_{\text{vers}}) = \frac{a_{\text{vers}}}{\sqrt{\pi}}\, \mathrm{e}^{-a_{\text{vers}}^2 (B_{\text{vers}} - \bar{B}_{\text{vers}})^2}. \tag{4.31}$$

Alle zahlenmäßigen Festigkeitskennwerte geben die Versagensgrenze an, für die 10% der Proben ausgefallen sind. Im Zusammenhang mit der Zuverlässigkeit und der Lebensdauer wird hierauf noch näher eingegangen.

Beanspruchungsart	Art des Versagens	
	Bruch	Fließen
Zug/Druck	$\boxed{\sigma_B}$	$\boxed{\sigma_F \text{ bzw. } \sigma_S}$
Biegung	σ_{bB}	$\boxed{\sigma_{bF}}$
Torsion	τ_{tB}	$\boxed{\tau_{tF}}$
Abscheren	τ_{sB}	τ_{sF}

Tafel 4.15. Versagenskennwerte bei ruhender Belastung
(□ → nach TGL 19340 angegebene Größen)

Nun sind die meisten Bauteile nicht ruhend, sondern schwingend oder sogar stochastisch belastet, und es gilt, entsprechende Vergleichsmodelle in der Werkstoffprüfung bereitzustellen.
Wird ein Prüfkörper nach Bild 4.23 z. B. schwellend belastet (s. Bild 4.21), so tritt der Bruch abhängig von der Belastungsgröße nach einer bestimmten Zahl von Lastwechseln auf. Dabei gibt es eine Belastungsgröße, bei der beliebig viele Lastwechsel ertragen werden.

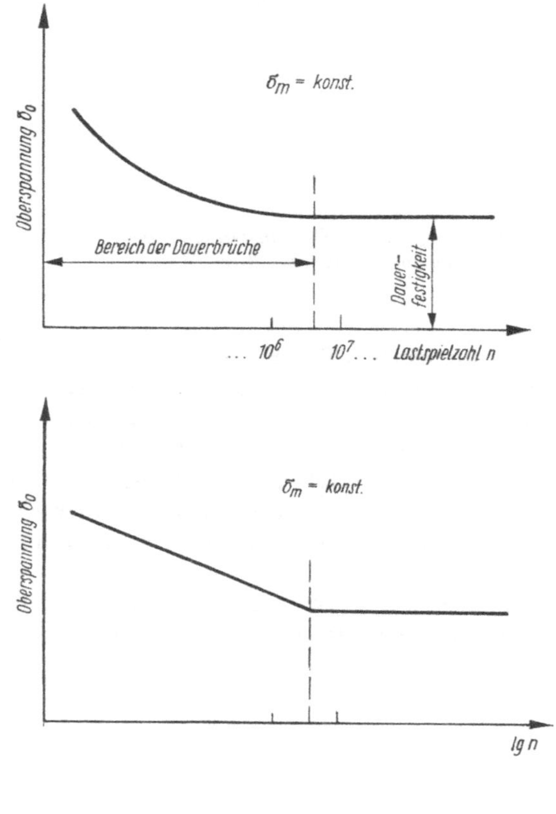

Bild 4.26
Wöhler-Diagramm

Die zugehörige Spannung wird als Dauerfestigkeit σ_D bezeichnet. Dieser Zusammenhang ist im Bild 4.26 dargestellt (Wöhler-Kurve). Hat der Probestab und ebenso ein Bauteil eine Lastwechselzahl von $n = 10^6 \ldots 10^7$ erreicht, so ist bei gleichbleibender Belastung kaum noch mit einem Dauerbruch zu rechnen.

Analoge Abhängigkeiten sind auch für den allgemeinen Belastungsfall zu beobachten, wobei mit zunehmender *mittlerer Belastung* kleinere *Ausschlagsbelastungen* ertragbar werden.

Theoretisch kann die *Mittelspannung* σ_m maximal gleich der Bruchspannung σ_B bei ruhender Belastung werden (die *Ausschlagspannung* σ_A geht dann gegen Null), wenn das Bauteil oder der Probestab nicht vorher durch unzulässig große plastische Verformungen versagt. Für praktische Fälle wird das *Dauerfestigkeitsdiagramm* deshalb durch die Streckgrenze σ_S begrenzt.

Bild 4.27 zeigt eine im Maschinenbau übliche Darstellung, das sog. Dauerfestigkeitsschaubild nach *Smith*.

Dabei wird die zum Bruch führende Ausschlagspannung σ_A an einer durch den I. und III. Quadranten gelegten 45°-Geraden in Ordinatenrichtung und in Abhängigkeit von der an der Abszisse dargestellten Mittelspannung σ_m abgetragen, wobei eine *obere* und eine *untere* Grenzkurve der Dauerfestigkeit entstehen, die auch durch Geraden ersetzt werden können.

An dieser Stelle sei darauf hingewiesen, daß Spannungen, die zum Versagen des Werkstoffs führen, auch bei schwingender Belastung immer mit großen Buchstaben als Indizes bezeichnet werden, vorhandene oder zulässige Spannungen immer mit kleinen Buchstaben. Die Orientierungsgröße *Mittelspannung* σ_m erhält ebenfalls einen kleinen Buchstaben als Index.

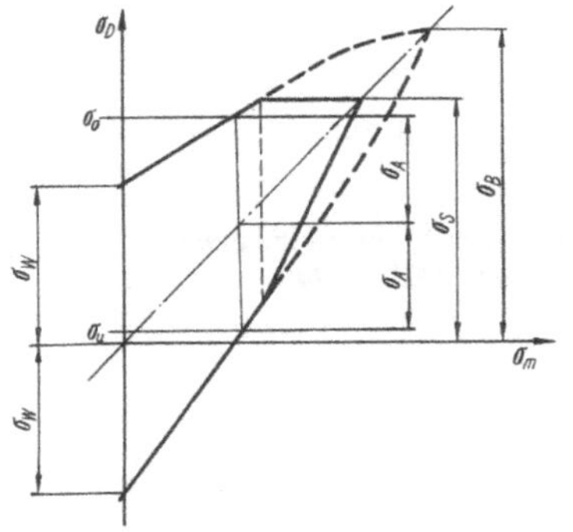

Bild 4.27. Dauerfestigkeitsschaubild nach Smith

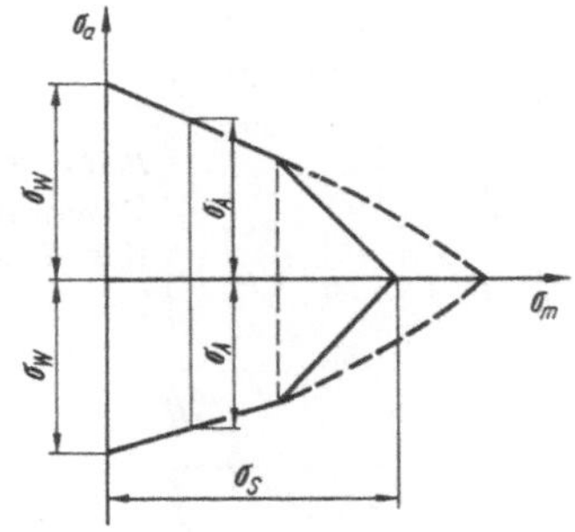

Bild 4.28. Dauerfestigkeitsschaubild nach Haigh

Neben dem Dauerfestigkeitsschaubild nach *Smith* wird in zunehmendem Maß die Darstellung nach *Haigh* eingeführt. Dabei werden auf der Abszisse die Mittelspannung σ_m und auf der Ordinate der Spannungsausschlag σ_A aufgetragen (Bild 4.28).

Analog zu den Bruchspannungen für Zug, Biegung und Torsion bei ruhender Belastung gibt es für die wesentlichen Stähle des Maschinenbaus Dauerfestigkeitsdiagramme für die drei genannten Beanspruchungsarten.

Bild 4.29 zeigt diese Dauerfestigkeitsdiagramme für den Stahl St 50.

Die Unterschiedlichkeit der Dauerfestigkeitswerte für die Beanspruchungsarten Zug/Druck, Biegung und Torsion (sichtbar an der unterschiedlichen Größe der Smith-Diagramme) wird später noch Gegenstand einiger Betrachtungen sein. Für die Konstruktion des Dauerfestigkeitsdiagramms gibt es verschiedene Vorschläge. Wir folgen dem Vorschlag von TGL 19340, nach dem das Diagramm aus der Wechselfestigkeit, der Fließ- bzw. Streckgrenze und der Bruchspannung konstruiert werden kann. Sind insbesondere bei Biegung und Torsion die Bruchwerte nicht bekannt, so kann auch der Winkel α (Bild 4.30) benutzt werden.

Es gilt

$\alpha \cong 36°$ bei Biegung
$\alpha \cong 40°$ bei Zug/Druck
$\alpha \cong 42°$ bei Torsion.

Interessant und für die Festigkeitsrechnung von großer Bedeutung ist der Einfluß von Kerben auf die Dauerfestigkeit. Bild 4.31 mag zwei Erscheinungen verdeutlichen: Eine Kerbe vermindert die Ausschlagfestigkeit (bei gleicher Mittelspannung) entscheidend; die Streckgrenze σ_S und ebenso σ_{bF} (nicht aber τ_F) verschieben sich zu größeren Werten. Die Berücksichtigung des Kerbeinflusses wird also über das Dauerfestigkeitsdiagramm prinzipiell möglich; auf Einzelheiten wird noch ausführlich eingegangen.

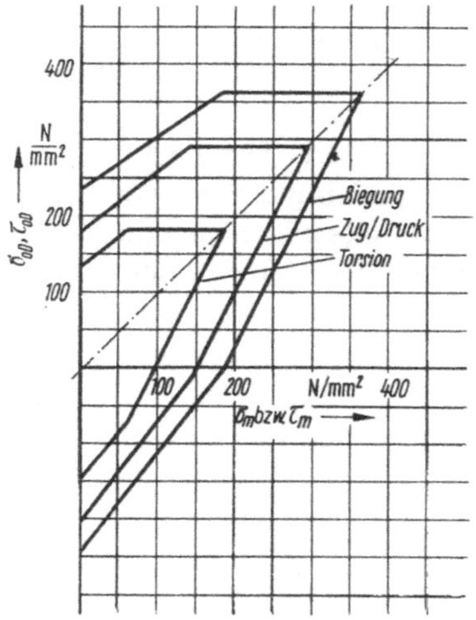

Bild 4.29
Dauerfestigkeitsschaubilder für St 50 bei Biegung, Zug–Druck und Torsion nach TGL 19340

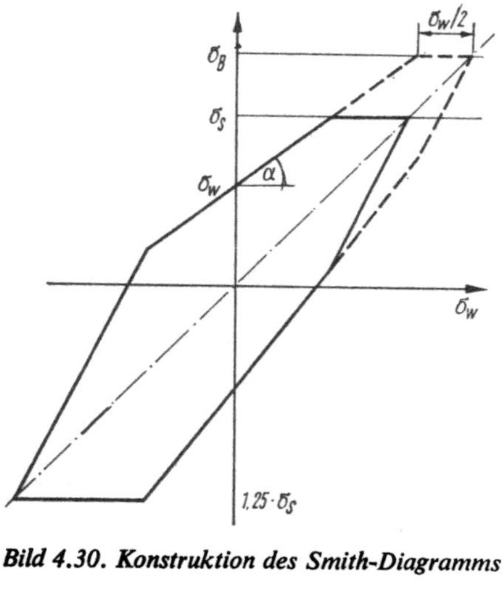

Bild 4.30. *Konstruktion des Smith-Diagramms*

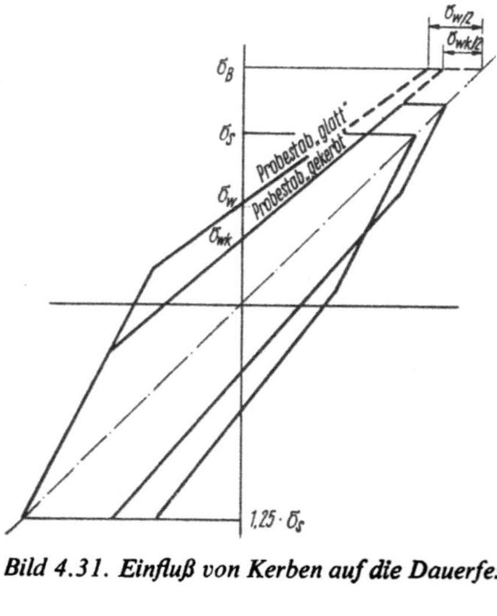

Bild 4.31. *Einfluß von Kerben auf die Dauerfestigkeit*

4.5.4. Festigkeitsnachweis; Berechnung der vorhandenen Sicherheit

4.5.4.1. Sicherheit unter wahrscheinlichkeitstheoretischem Aspekt; Sicherheitsnachweis

Im Zusammenhang mit der elementaren Entwurfsrechnung (s. Abschn. 4.2.) war die Sicherheitszahl definiert worden als das Verhältnis der zum Versagen führenden Spannung zur zulässigen Spannung. Mit Hilfe einer *vorgegebenen Sicherheitszahl* wurde die Bruch- oder Fließspannung reduziert auf die zulässige Spannung. Das Ergebnis der Entwurfsrechnung waren überschlägliche geometrische Querschnittsparameter. Nachdem das Bauteil vollständig gestaltet ist (s. Abschnitte 1.3. und 4.3.), wird im Ergebnis des Festigkeitsnachweises die *vorhandene Sicherheit* berechnet.
Trotz aller Mängel und Probleme, die diesem Verfahren anhaften, hat der Sicherheitsnachweis im Maschinenbau eine außerordentliche Verbreitung gefunden.
Im Abschn. 4.5.4. soll versucht werden, die Zusammenhänge, ausgehend von den Bedürfnissen des Lernenden, darzustellen, wobei das Verfahren der Berechnung trotz Bemühens um die Vermeidung einer rezeptiven Abhandlung mit TGL 19340 [4.8] identisch sein wird. Im Interesse der Darstellung von Zusammenhängen wird die Vermittlung von Kennwerten und Daten auf ein Minimum reduziert.
Gehen wir davon aus, daß die durch äußere Belastungen hervorgerufenen Spannungen σ_{vorh} immer kleiner als die zum Versagen führenden Spannungen σ_{vers} bleiben müssen, so gilt

$$\sigma_{vorh} < \sigma_{vers}. \tag{4.32}$$

Die *vorhandene Sicherheit* wird damit durch Gl. (4.33)

$$\sigma_{vorh} S_{vorh} = \sigma_{vers} \tag{4.33}$$

oder über die entsprechenden Belastungen durch die Gleichung

$$B_{vorh} S_{vorh} = B_{vers} \tag{4.34}$$

definiert. Diese Gleichung ist der Ausgangspunkt, um die Sicherheitszahl auch unter wahrscheinlichkeitstheoretischem Aspekt zu sehen.
Erinnern wir uns, daß sowohl die vorhandene als auch die zum Versagen führende Belastung einer statistischen Verteilung unterliegt, so wird deutlich, daß Schäden nicht ausgeschlossen werden können, solange sich beide Verteilungen überdecken (Bild 4.32).
Selbst unter Berücksichtigung der 90%- bzw. 10%-Grenze der beiden Belastungen für die Berechnung der Sicherheitszahl hängt es von der Form der Verteilungen ab, wie groß der Überdeckungsbereich ist. Die Sicherheitszahl gibt also keine Auskunft über die

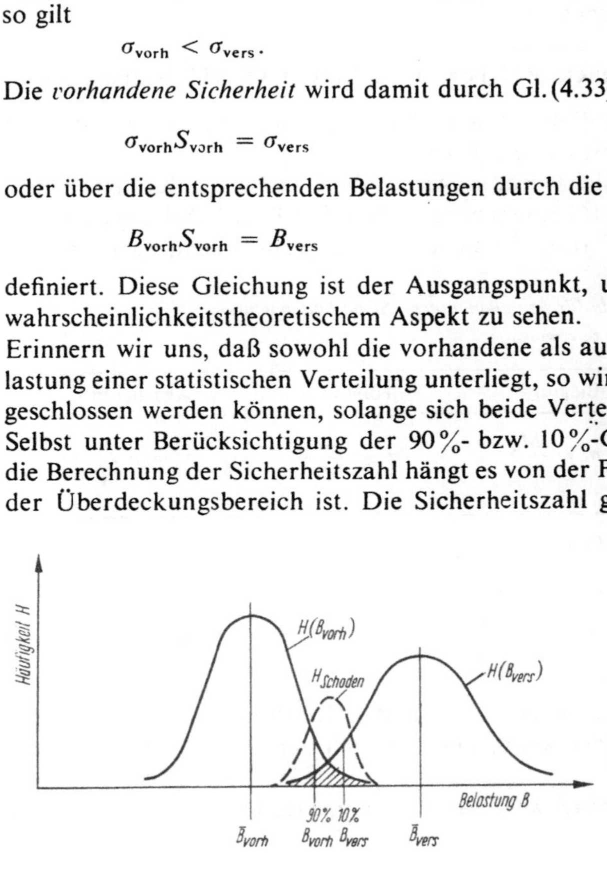

Bild 4.32
Schadenshäufigkeit

Schadenswahrscheinlichkeit. Wahrscheinlichkeitstheoretisch liegt der Fall *Menge A geschnitten mit Menge B* vor, d.h., ein Schaden tritt in einer statistischen Verteilung auf, die aus dem Produkt beider Einzelverteilungen bestimmt wird:

$$H_{\text{Schaden}} = H(B_{\text{vorh}})\, H(B_{\text{vers}}). \tag{4.35}$$

Die Summe der Schadenshäufigkeit, bezogen auf die Gesamtanzahl der eingesetzten Konstruktionen gleicher Art, gibt die Schadenswahrscheinlichkeit P_{Schaden} an, wobei gilt $0 \leqq P_{\text{Schaden}} \leqq 1$.
Gegenwärtig ist die Konstruktionspraxis von der Berechnung von Schadenswahrscheinlichkeiten noch weit entfernt, da die statistischen Ausgangsdaten meistens nicht vorliegen, d.h., die Sicherheit wird trotz der angesprochenen Mängel weiterhin zum Vergleich und zur Bewertung von Konstruktionen herangezogen werden müssen.
Es ist üblich, bei der Berechnung der vorhandenen Sicherheit mit der in Spannungen geschriebenen Gleichung [s. Gl. (4.33)] zu arbeiten. Im Maschinenbau werden Sicherheiten in der Größenordnung von $1{,}2 \leqq S_{\text{vorh}} \leqq 3{,}0$ angestrebt.
Soweit nicht durch Standards oder andere Vorschriften konkrete Sicherheiten vorgeschrieben sind, fällt dem Konstrukteur die verantwortungsvolle Aufgabe zu, die erforderliche Sicherheitszahl festzulegen.
Die Wahl der Sicherheit hängt ab von

- der Unsicherheit der Lastannahme
- der Unsicherheit der Spannungsanalyse
- der Toleranz der Werkstoffeigenschaften
- von technologischen Unsicherheiten bezüglich Maßhaltigkeit, Oberflächengüte usw.

Es wird sicher schwierig sein, diese Einflüsse in der Konstruktionsphase zu quantifizieren und die Schadenswahrscheinlichkeit zu berechnen.
Nach diesen Überlegungen ist es nicht mehr schwierig, die Gleichungen für den elementaren Sicherheitsnachweis (Tafel 4.16) zusammenzustellen. Die Einschränkung *elementar* soll bedeuten, daß es sich um stabförmige Bauteile mit *einer* Beanspruchungsart handelt,

Tafel 4.16. Zusammenstellung der Formeln für den elementaren Sicherheitsnachweis
(Der Index vers ist jeweils durch B, S, F, W, Sch zu ersetzen.)

	Zug/Druck	Biegung	Torsion	Abscheren
Vorhandene Spannung (s. Tafel 4.3)	$\sigma_z = \dfrac{F}{A}$	$\sigma_b = \dfrac{M_b}{W_z}$	$\tau_t = \dfrac{M_t}{W_p}$	$\tau_s = \varkappa\, \dfrac{F}{A}$
Versagens-spannung	$\sigma_{z\,\text{vers}}$	$\sigma_{b\,\text{vers}}$	$\tau_{t\,\text{vers}}$	$\tau_{s\,\text{vers}}$
Vorhandene Sicherheit	$S_{z\,\text{vorh}} = \dfrac{\sigma_{z\,\text{vers}}}{\sigma_z}$	$S_{b\,\text{vorh}} = \dfrac{\sigma_{b\,\text{vers}}}{\sigma_b}$	$S_{t\,\text{vorh}} = \dfrac{\tau_{t\,\text{vers}}}{\tau_t}$	$S_{s\,\text{vorh}} = \dfrac{\tau_{s\,\text{vers}}}{\tau_s}$

wobei neben den Versagensmöglichkeiten bei ruhender Belastung auch das Versagen durch Dauerbruch zugelassen werden kann, soweit es sich um Wechsel- oder Schwellbelastung handelt.
Komplizierter wird der Sicherheitsnachweis, wenn zusammengesetzte oder kombinierte Beanspruchung vorliegt.

4.5.4.2. Zusammengesetzte oder kombinierte Beanspruchung; Vergleichsspannung; Gesamtsicherheit

Die bisher untersuchten Grundaufgaben der Dimensionierung (Zug/Druck, Biegung, Torsion, Abscheren für den stabförmigen Körper) treten in der Praxis selten auf; meistens sind mehrere dieser Beanspruchungen überlagert, bzw. bei räumlichen Gebilden, die nicht durch das stabförmige Modell idealisiert werden können, liegt ohnehin ein räumlicher Spannungszustand vor.
Aus der Festigkeitslehre ist bekannt, daß der allgemeine räumliche Spannungszustand durch drei Normal- und sechs Schubspannungen beschrieben werden kann. Dieser Spannungstensor ist durch Drehung des Volumenelements auf die Hauptspannungen transformierbar:

$$\begin{pmatrix} \sigma_x & \tau_{xy} & \tau_{xz} \\ \tau_{xy} & \sigma_y & \tau_{yz} \\ \tau_{xz} & \tau_{yz} & \sigma_z \end{pmatrix} \Rightarrow \begin{pmatrix} \sigma_1 & 0 & 0 \\ 0 & \sigma_2 & 0 \\ 0 & 0 & \sigma_3 \end{pmatrix}. \tag{4.36}$$

Das Problem besteht nun darin, diese sehr komplexen Beanspruchungen des Werkstoffelements zu vergleichen mit den an Probestäben für eine Beanspruchungsart ermittelten Versagensspannungen. Diese Spannngszustände sind im Bild 4.33 dargestellt. Am realen Bauteil mit lastfreier Oberfläche kommt bei der Überlagerung z. B. von Biegung und Torsion häufig die Überlagerung von σ_x und τ_{xy} vor (Bild 4.33b). Dieser Spannungszustand wird sich in den weiteren Untersuchungen als interessanter Sonderfall erweisen.

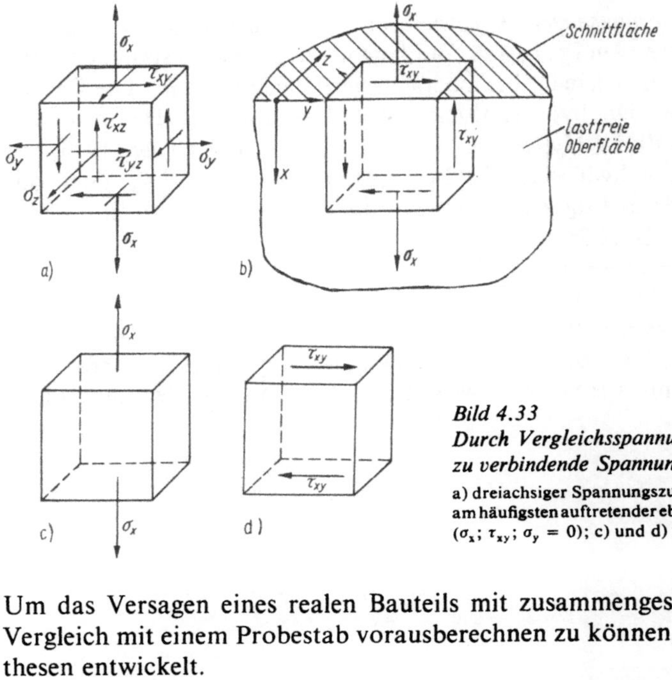

Bild 4.33
Durch Vergleichsspannungshypothesen zu verbindende Spannungszustände
a) dreiachsiger Spannungszustand; b) bei Dimensionierungsaufgaben am häufigsten auftretender ebener oder zweiachsiger Spannungszustand (σ_x; τ_{xy}; $\sigma_y = 0$); c) und d) Spannungszustände an Probestäben

Um das Versagen eines realen Bauteils mit zusammengesetzter Beanspruchung durch Vergleich mit einem Probestab vorausberechnen zu können, wurden verschiedene Hypothesen entwickelt.
Die älteste geht auf *Galilei* zurück. Sie macht die größte Hauptspannung σ_1 des dreiachsigen Spannungszustands ($\sigma_1 > \sigma_2 > \sigma_3$) für das Versagen verantwortlich und vergleicht diese mit der Spannung σ_1 des Probestabs.
Bild 4.34 veranschaulicht diese Aussage am Mohrschen Spannungskreis.

Die Vergleichsspannung ist

$$\sigma_v = \sigma_1 ; \quad \sigma_1 > \sigma_2 > \sigma_3 . \tag{4.37}$$

Diese *Normalspannungshypothese* hat sich nur für spröde Werkstoffe bestätigt. Für Werkstoffe mit Gleitbruch trifft die von *Tresca* (1865) aufgestellte Schubspannungshypothese zu.

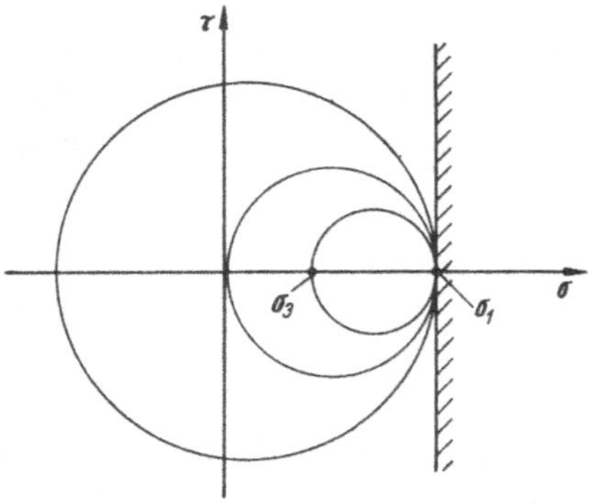

Bild 4.34
Mohrsche Spannungskreise zur Normalspannungshypothese (Begrenzung durch $\sigma_1 = \sigma_v$)

Da die maximale Schubspannung zum Gleitbruch führt, sind alle Mohrschen Kreise mit dem Radius τ_{max} bzw. $\frac{1}{2}(\sigma_1 - \sigma_3)$ zugelassen (Bild 4.35), d.h., es gilt

$$\sigma_v = \sigma_1 - \sigma_3 \quad \text{oder} \quad \sigma_v = 2\tau_{max} . \tag{4.38}$$

Für Stahl ist die *Gestaltänderungsenergiehypothese* am besten bestätigt. Sie sagt aus, daß der Werkstoff versagt, wenn am Probestab ein Element die gleiche Gestaltänderungsenergie aufnimmt wie das Bauteilelement bei mehrachsiger Beanspruchung. Die Gestaltänderungsenergie ist die um den hydrostatischen Anteil verminderte Deformationsenergie. Für die Aufstellung dieser Hypothese gingen *von Mises* und *Huber* (1913) von der Überlegung aus, daß eine hydrostatische Beanspruchung $\sigma_1 = \sigma_2 = \sigma_3$ nicht zum Versagen beiträgt. Für den dreiachsigen Spannungszustand gilt (auf die Ableitung muß hier verzichtet werden, vgl. z.B. [4.2] oder [4.3])

$$\sigma_v = \sqrt{\sigma_1^2 + \sigma_2^2 + \sigma_3^2 - \sigma_1\sigma_2 - \sigma_1\sigma_3 - \sigma_2\sigma_3} . \tag{4.39}$$

Trotz quantitativ für die meisten Fälle relativ geringer Abweichungen wird die Gestaltänderungsenergiehypothese gegenüber der Schubspannungshypothese bevorzugt, da diese durch das Fehlen des Einflusses von σ_2 gewisse Diskontinuitäten bei der Anwendung aufweist.

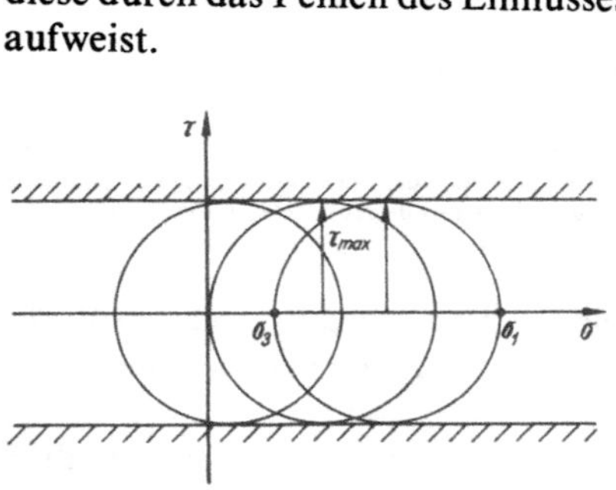

Bild 4.35. Zulässige Mohrsche Spannungskreise zur Schubspannungshypothese (Begrenzung durch $\tau_{max} = \frac{1}{2}(\sigma_1 - \sigma_3)$)

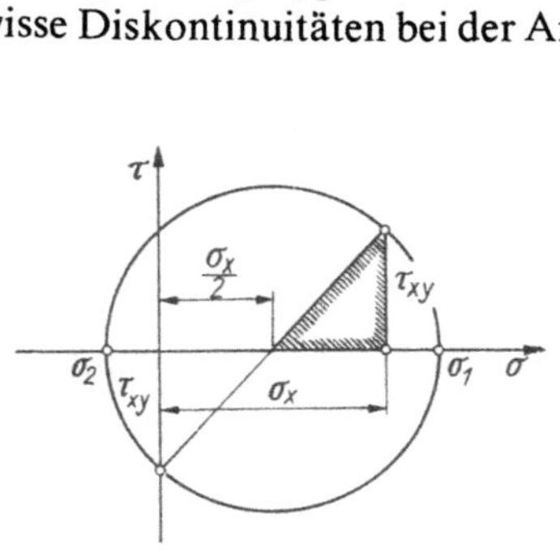

Bild 4.36. Mohrscher Spannungskreis für σ_x, τ_{xy} ($\sigma_y = 0$)

Wie bereits angekündigt, soll der in der Praxis häufig auftretende, durch σ_x und τ_{xy} gegebene Spannungszustand näher untersucht werden (Bild 4.36).
Da für diesen häufig auftretenden Sonderfall, wie man sich mit Hilfe des Mohrschen Kreises leicht überlegen kann, wegen $\sigma_1 \geqq 0$, $\sigma_2 = 0$, $\sigma_3 \leqq 0$ immer σ_1 und σ_3 in der Schubspannungshypothese Verwendung finden, entfällt der Nachteil der Diskontinuität, so daß die Gestaltänderungs- und Schubspannungshypothese in ihrer Handhabung gleichermaßen günstig werden.
Die Transformation ist über den Mohrschen Kreis leicht vorzunehmen. Es ergibt sich

$$\sigma_{1,2} = \frac{\sigma_x}{2} \pm \sqrt{\left(\frac{\sigma_x}{2}\right)^2 + \tau_{xy}^2} \tag{4.40}$$

und damit für die *Schubspannungshypothese*

$$\sigma_v = \sqrt{\sigma_x^2 + 4\tau_{xy}^2} \tag{4.41}$$

und ebenso für die *Gestaltänderungsenergiehypothese*

$$\sigma_v = \sqrt{\sigma_x^2 + 3\tau_{xy}^2}. \tag{4.42}$$

Die Verwandschaft beider Hypothesen wird durch den ähnlichen Aufbau offenbar.
Wir können also auch schreiben

$$\sigma_v = \sqrt{\sigma_x^2 + \alpha^2\tau_{xy}^2} \tag{4.43}$$

mit $\alpha = 1{,}73$ für die Gestaltänderungsenergiehypothese und $\alpha = 2{,}0$ für die Schubspannungshypothese.
Für den *Sicherheitsnachweis* haben sich zwei Wege herausgebildet:

1. Es wird mit Hilfe der Gln. (4.37), (4.38) oder (4.39) die vorhandene Vergleichsspannung $\sigma_{v\,vorh}$ berechnet, wobei die für das Bruchverhalten zutreffende Hypothese zur Anwendung kommt. Die Sicherheit folgt dann durch Vergleich mit der am Probestab ermittelten Versagensspannung, z. B. für *Zug*

$$S_{B\,vorh} = \frac{\sigma_B}{\sigma_{v\,vorh}} \quad \text{bzw.} \quad S_{F\,vorh} = \frac{\sigma_S}{\sigma_{v\,vorh}} \tag{4.44}$$

usw. für die anderen Beanspruchungsarten.

2. Die Beanspruchungen Zug/Druck, Biegung, Torsion und Abscheren werden, sofern sie sich an einem Element eines stabförmigen Körpers (und nur für stabförmige Bauteile ist dieser Weg beschreitbar) überlagern, zunächst völlig getrennt voneinander betrachtet, und es werden die sog. Teilsicherheiten $S_z(S_d)$, S_b, S_t und S_s eingesetzt. Die Gesamtsicherheit folgt dann aus einer Gleichung

$$S_{vorh} = f(S_z, S_b, S_t, S_s), \tag{4.45}$$

die im folgenden noch abzuleiten sein wird.

Der erste Weg hat den Vorteil, für beliebige räumliche Spannungszustände anwendbar zu sein, berücksichtigt aber nur das Schadensverhalten der einen für den Vergleich herangezogenen Beanspruchungsart der Werkstoffprüfung.
Der zweite Weg hat in der Praxis durch TGL 19340 (alte Fassung) zu Recht starke Verbreitung gefunden, da er einer übersichtlichen Methodik folgt und, wie noch gezeigt wird, die Hypothesen an das wirkliche Versagensverhalten anpaßt. Die entscheidende Einschränkung ist die Anwendbarkeit nur auf stabförmige Bauteile.

Ziel der weiteren Untersuchungen ist die Verbesserung der ersten Methode durch Übernahme des wesentlichen Vorteils der anderen Methode, nämlich der Anpassung der Vergleichshypothese.
Geht man von den Gln. (4.41), (4.42) oder (4.43) aus und formt diese um auf

$$1 = \frac{\sigma_x^2}{\sigma_v^2} + \frac{\tau_{xy}^2}{\sigma_v^2/\alpha^2}, \tag{4.46}$$

so wird erkennbar, daß es sich um Ellipsen mit den Halbachsen

$$a = \sigma_v \quad \text{und} \quad b = \sigma_v/\alpha$$

handelt. Für die Schubspannungshypothese ist das Verhältnis der Halbachsen 1 : 2 und für die Gestaltänderungsenergiehypothese 1 : 1,73, wie auch im Bild 4.37 erkennbar ist.
Werden die Halbachsen mit den zum Versagen durch Bruch oder Fließen führenden Spannungen σ_B oder σ_S bzw. τ_B oder τ_S identifiziert, so kann auch die zusammengesetzte Beanspruchung nicht über das durch die Ellipse eingegrenzte Feld hinausgehen. Diese Bruch- oder allgemein als Versagensellipse bezeichnete Gesetzmäßigkeit wurde gut bestätigt. Besonders seien die Arbeiten von *Gough* [4.10] hervorgehoben, die die Gültigkeit über die ruhende Belastung hinausgehend auch für Wechselbeanspruchung nachwiesen.
Hier drängt sich der Gedanke auf, den Wert $\alpha = a/b$ in jedem Fall aus experimentellen Werten in die Vergleichsspannungshypothese einzuführen.

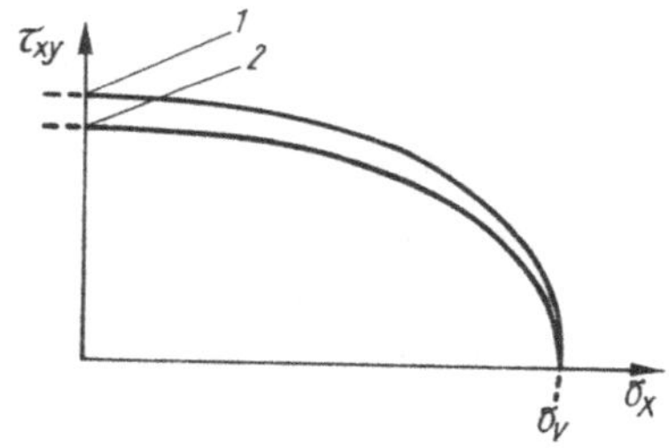

Bild 4.37. Versagensellipse

1 1/1,73 σ_v (Gestaltänderungsenergiehypothese);
2 1/2 σ_v (Schubspannungshypothese)

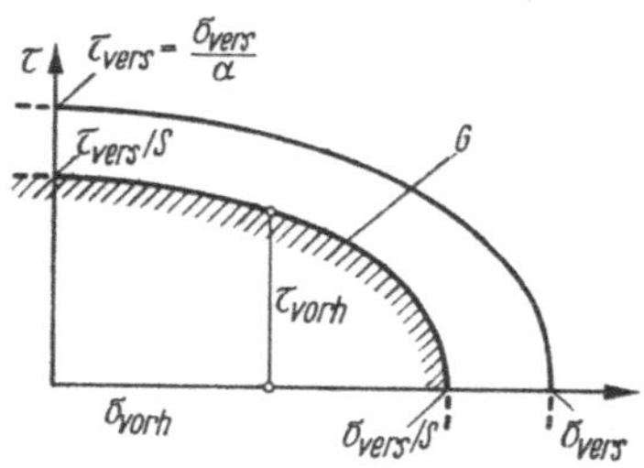

Bild 4.38. Grenzkurve für die zusammengesetzte Beanspruchung

G Grenzkurve

Ausgehend von der Bruch- bzw. Versagensellipse (Bild 4.37) ist zu folgern, daß bei Einhalten einer Sicherheit *S* auch die Grenzkurve für die vorhandenen Spannungen eine Ellipse sein wird (Bild 4.38).
Aus der Grenzellipse kann sofort eine Sicherheitsellipse entwickelt werden, indem wir die Schub- und Normalspannungen auf die zugehörigen, zum Versagen führenden Spannungen beziehen (Bild 4.39).

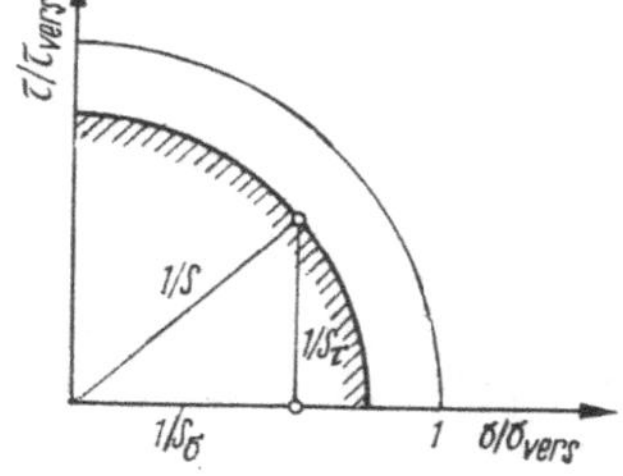

Bild 4.39
Sicherheitsellipse bzw. Sicherheitskreis

Von den Hypothesen ist also nur noch die Ellipsenform übernommen worden, die jedoch für die Sicherheiten in einen Kreis übergeht.
Bild 4.39 läßt nun auch erkennen, wie die Teilsicherheiten S_τ und S_σ zur Gesamtsicherheit S zusammenzusetzen sind. Es gilt

$$1/S^2 = 1/S_\sigma^2 + 1/S_\tau^2. \tag{4.47}$$

Es bleibt zu diskutieren, wie verfahren wird, wenn die Normalspannungen aus Zug/Druck und Biegung und die Schubspannungen aus Torsion und Abscheren entstehen.

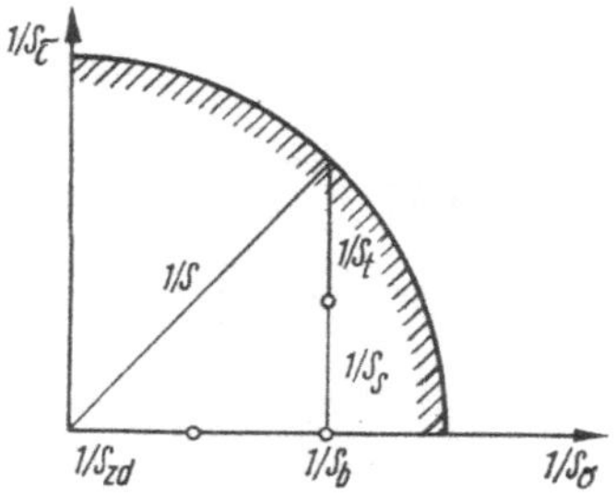

Bild 4.40
Überlagerung der Teilsicherheiten

Elastizitätstheoretisch gibt es keine Bedenken, die Normalspannungsanteile aus Zug/Druck und Biegung additiv zu überlagern und ebenso die Schubspannungsanteile aus Torsion und Abscheren; mit Rücksicht auf das unterschiedliche Schädigungsverhalten ist jedoch eine solche Überlagerung nicht zulässig. Richtig werden auch hier die auf die Versagensspannung bezogenen verhältnismäßigen Schadensanteile addiert (Bild 4.40).
Damit folgt für die Gesamtsicherheit

$$1/S = \sqrt{(1/S_{zd} + 1/S_b)^2 + (1/S_s + 1/S_t)^2}. \tag{4.48}$$

Gl. (4.48) ist die mit Gl. (4.45) angekündigte Formel zur Bestimmung der vorhandenen Gesamtsicherheit aus den Teilsicherheiten. Sie ist identisch mit den in TGL 19340 (alte Fassung) angegebenen Formeln zur Berechnung der Gesamtsicherheit aus den Teilsicherheiten.
Die Neufassung von TGL 19340 schlägt die Anwendung der Gl. (4.43) vor und berechnet die Gesamtsicherheit auf die in Gl. (4.44) angedeutete Weise.
Wegen der notwendigen Aufteilung der Spannungen in Mittel- und Ausschlagsspannung erfährt der Sicherheitsnachweis bei schwingender Belastung weitere Kompliziertheit.
Bevor wir auf diese Problematik eingehen, soll ein Zahlenbeispiel die im vorliegenden Abschnitt aufgezeigten Zusammenhänge untermauern.

Beispiel

Eine Schraube wird beim Anziehen durch Zug und Torsion beansprucht. Die vorhandenen Spannungen wurden zu

$$\sigma_z = 120\ \text{N/mm}^2 \quad \text{und} \quad \tau_t = 50\ \text{N/mm}^2$$

bestimmt. Die Sicherheit gegen Fließen ist zu berechnen. Die Schraube ist aus St 60 gefertigt ($\sigma_S = 340\ \text{N/mm}^2$, $\tau_F = 220\ \text{N/mm}^2$ nach Tafel 4.2).

Weg 1

$$\sigma_x = \sigma_z = 120\ \mathrm{N/mm^2}, \quad \tau_{xy} = \tau_t = 50\ \mathrm{N/mm^2}$$

$$\sigma_{\mathrm{v\,vorh}} = \sqrt{\sigma_x^2 + 3\tau_{xy}^2} \quad \text{(Gestaltänderungsenergiehypothese, } \alpha^2 = 3\text{)}$$

$$\sigma_{\mathrm{v\,vorh}} = \sqrt{120^2 + 3 \cdot 50^2}$$

$$\underline{\sigma_{\mathrm{v\,vorh}} = 164\ \mathrm{N/mm^2}}$$

$$\underline{\underline{S_{\mathrm{F\,vorh}}}} = \frac{\sigma_S}{\sigma_{\mathrm{v\,vorh}}} = \frac{340}{164} = \underline{\underline{2{,}07}}.$$

Weg 2

$$S_{\mathrm{zF}} = \frac{\sigma_S}{\sigma_z} = \frac{340}{120} = 2{,}84, \quad S_{\mathrm{tF}} = \frac{\tau_F}{\tau_t} = \frac{220}{50} = 4{,}40$$

$$1/S_{\mathrm{F\,vorh}} = \sqrt{1/S_{\mathrm{zF}}^2 + 1/S_{\mathrm{tF}}^2}$$

$$\underline{\underline{S_{\mathrm{F\,vorh}} = 2{,}37}}.$$

Das unterschiedliche Ergebnis ist im Verhältnis der Ellipsenhalbachsen begründet. Während für die Gestaltänderungsenergiehypothese $\alpha = 1{,}73$ gilt, wurde beim Weg 2 die Hypothese praktisch durch $\alpha = \sigma_S/\tau_F = 340/220 = 1{,}55$ korrigiert.
Der Leser kann sich davon überzeugen, indem er die Rechnung nach Weg 1 mit $\alpha = 1{,}55$ wiederholt.

4.5.4.3. Zur Bestimmung der Sicherheit gegen Dauerbruch (schwingende Belastung)

Im Abschn. 4.5.3. wurde dargestellt, daß das Versagen durch Dauerbruch im Dauerfestigkeitsdiagramm beschrieben werden kann. Das Versagen wird in Abhängigkeit von der Mittelspannung σ_M (sie soll hier vorübergehend mit großem Buchstaben als Index versehen werden, wie es für die Versagensspannungen generell üblich ist) durch die Ausschlagsspannung σ_A gekennzeichnet, analog bei Torsion durch τ_M und τ_A.
Diese sind mit den vorhandenen Mittelspannungen σ_m bzw. τ_m und den vorhandenen Spannungsamplituden σ_a bzw. τ_a durch die Sicherheitszahl zu verbinden.
Es liegt nahe, die Sicherheiten für die Mittelspannung und die Spannungsamplitude anzugeben:

$$S_a = \frac{\sigma_A}{\sigma_a} \text{ bzw. } \frac{\tau_A}{\tau_a}, \quad S_m = \frac{\sigma_M}{\sigma_m} \text{ bzw. } \frac{\tau_M}{\tau_m}. \tag{4.49}$$

Die Forderung nach Unterschiedlichkeit beider Sicherheiten wird aus der unterschiedlichen Unsicherheit der Lastannahmen abgeleitet. Wir wollen verschiedene Fälle diskutieren:

Fall 1

Die mittlere Belastung und damit die Mittelspannung σ_m kann sicher bestimmt werden; ungleich unsicherer ist etwa durch mögliche Resonanzschwingungen die Amplitude σ_a. In diesem Fall wird nur S_a entsprechend groß vorgegeben; für die Mittelspannung genügt die Sicherheit $S_m = 1$. Bild 4.41a veranschaulicht diesen Fall im Smith-Diagramm.

Fall 2

Beide Sicherheiten sollen gleich groß sein, da Mittelspannung σ_m und Amplituden σ_a oder Ober- und Unterspannung (σ_o, σ_u) verhältnismäßig gleich unsicher sind. Die Sicherheit $S = S_a = S_m$ kann mit Hilfe eines Ähnlichkeitsstrahls aus dem Smith-Diagramm bestimmt werden (s. Bild 4.41 b).

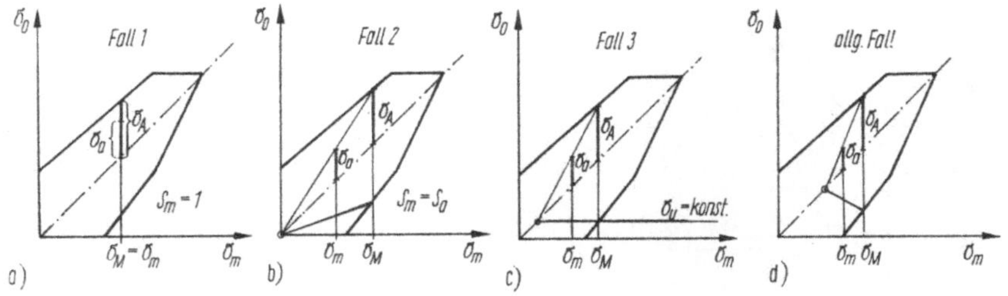

Bild 4.41. Sicherheit im Dauerfestigkeitsdiagramm

Fall 3

σ_m und σ_a können sich so ändern, daß σ_u konstant bleibt. Dieser Fall ist im Bild 4.41 c dargestellt.

Für den praktischen Sicherheitsnachweis werden diese drei Fälle, die übrigens voll mit TGL 19340 übereinstimmen, ausreichen. Natürlich kann der Schnittpunkt der Ähnlichkeitsstrahlen mit der 45°-Geraden auch beliebig verändert werden, um andere Verhältnisse S_a/S_m zu realisieren.
Soll die Gesamtsicherheit nach Gl. (4.48) bestimmt werden, so sind die Teilsicherheiten nach den eben beschriebenen Methoden aus den für die Beanspruchungsart zutreffenden Dauerfestigkeitsdiagrammen zu ermitteln, allerdings nach Reduktion der Amplitude σ_A durch Kerbwirkung, Oberflächeneinfluß, Größeneinfluß und andere noch zu untersuchende Erscheinungen.
Auf die Bestimmung der Gesamtsicherheit nach der Neufassung von TGL 19340 wird später noch eingegangen.

4.5.4.4. **Zum Einfluß von Kerben**

Nachdem im Abschn. 4.5.3. der Einfluß von Kerben auf die Dauerfestigkeit bereits angedeutet worden ist, soll die Problematik hier grundsätzlich abgehandelt werden. Kerben sind örtliche Formabweichungen vom prismatischen Körper und haben eine örtliche Abweichung der Spannungen vom elementaren Spannungszustand nach den Grundbeanspruchungsarten zur Folge.
Bild 4.42 zeigt Formabweichungen des prismatischen Zugstabs (Rechteckquerschnitt) und deren Auswirkungen.
Die durch die Kerbe hervorgerufene Maximalspannung kann über die Formzahl α_k aus der elementaren Nennspannung errechnet werden:

$$\sigma_{max} = \sigma_{nenn}\alpha_k \,. \tag{4.50}$$

Für die Berechnung der elementaren Nennspannung wird meist der kleinste Querschnitt im Kerbbereich herangezogen.
Diese Definition gilt sinngemäß für die anderen Beanspruchungsarten.

Die Dimensionierungsrechnung folgt bei Kerben im Prinzip dem in Tafel 4.5 vorgegebenen Weg, solange ruhende Belastungen anliegen. Auch bei kombinierter Beanspruchung bleiben die für den glatten prismatischen Körper gemachten Aussagen gültig; in die Vergleichsspannungshypothesen sind lediglich die über die Formzahlen ermittelten Maximalspannungen einzusetzen.

Für die Dimensionierungsrechnung besteht das Problem nur darin, die Formzahl α_k zu kennen.

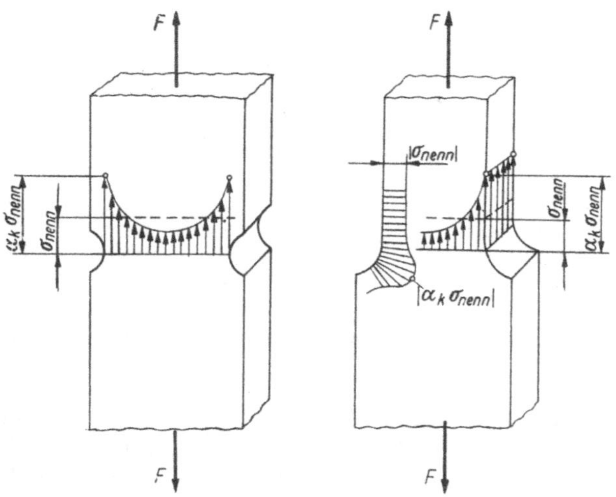

Bild 4.42
Formabweichungen des prismatischen Stabes und dadurch hervorgerufene Spannungen σ_{max}

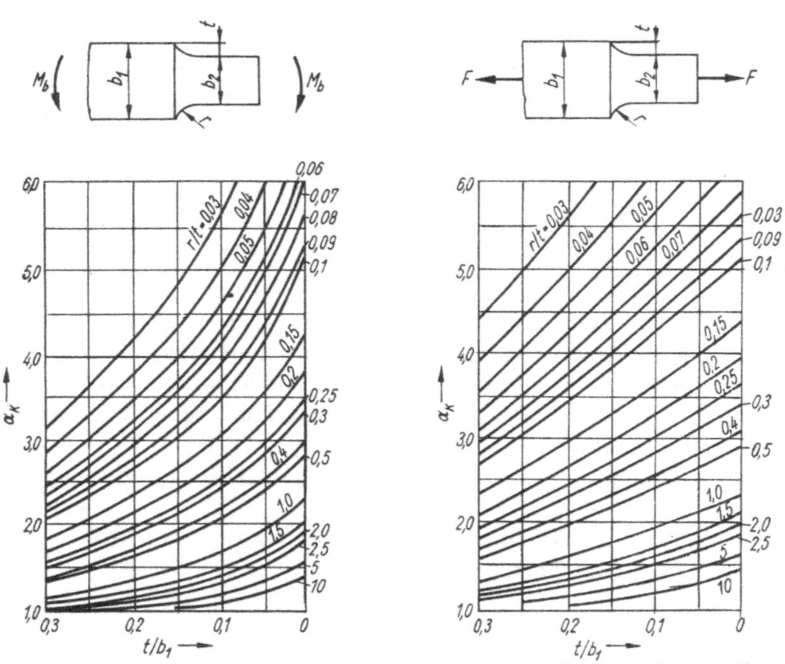

Bild 4.43. Formzahlen für den Schulterstab, Beanspruchung auf Zug und Biegung (nach TGL 19340)

Auf der Grundlage mathematischer und experimenteller spannungsanalytischer Untersuchungen liegt in der Literatur eine Fülle von Angaben vor. Es sei hierzu auf die umfangreiche Zusammenstellung in TGL 19 340 verwiesen. Ein Auszug sei mit den Bildern 4.43 und 4.44 für den Schulterstab und die abgesetzte Welle gegeben.
Die anschauliche Begründung für die Spannungserhöhung im Bereich von Kerben ist nicht einfach. Ein Versuch in dieser Richtung wurde bereits im Abschn. 4.3.3. mit dem *Kraftlinienbild* im Zusammenhang mit der kraft- bzw. spannungsflußgerechten Gestaltung unternommen.

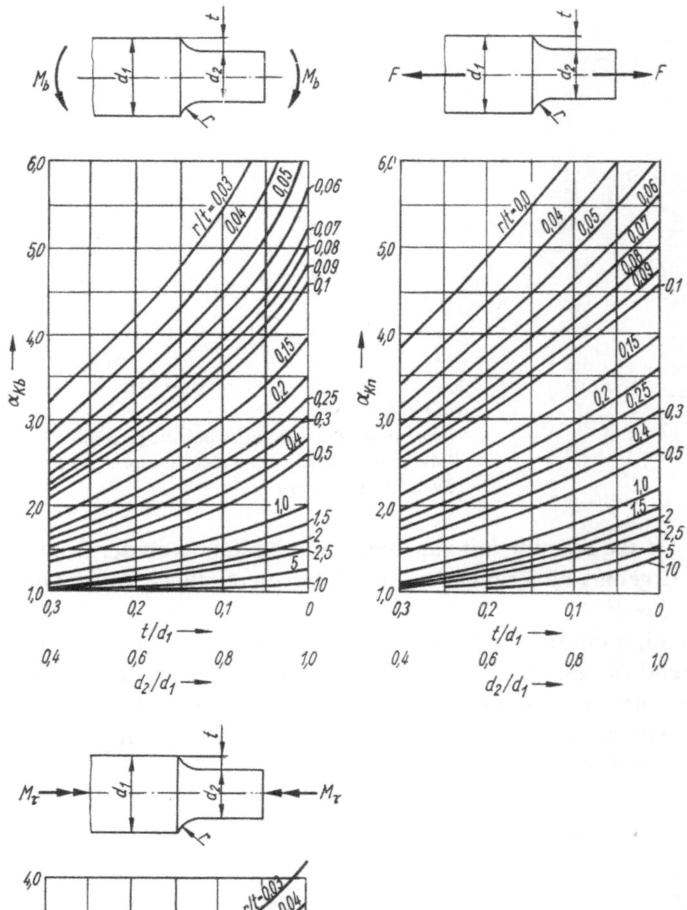

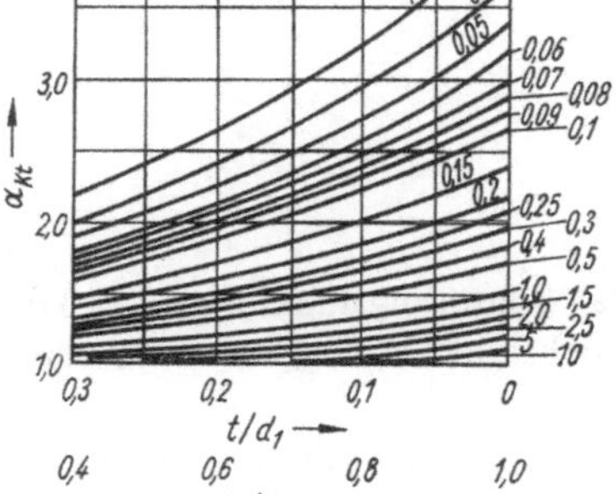

Bild 4.44
Formzahlen für die abgesetzte Welle, Beanspruchung auf Biegung, Zug und Torsion (nach TGL 19 340)

Kerben werden nicht nur in stabförmigen Bauteilen angewendet, sondern ebenso in Scheiben, Platten, Schalen und kompakten Körpern.
Sehr interessant ist in diesem Zusammenhang die durch eine Bohrung in einer auf Zug beanspruchten Scheibe hervorgerufene Störung. Bereits im Jahre 1898 wurde von *Kirsch* auf mathematischem Weg für die unendlich ausgedehnte und im Unendlichen mit einer einachsigen Spannung $\sigma_x = \sigma_0$ beanspruchte Scheibe (Bild 4.45) die Spannungsänderung in Umgebung einer Bohrung berechnet.

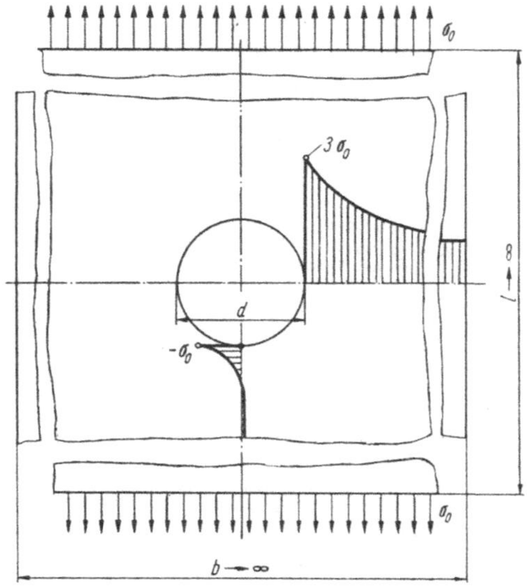

Bild 4.45
Spannungen in einer unendlich ausgedehnten Scheibe mit Bohrung und Zugbeanspruchung (Kirschsche Lösung)

Die Formzahl ist $\alpha_k = 3{,}0$. Da die Störung mit zunehmendem Abstand von der Bohrung rasch abklingt, gilt dieses Ergebnis näherungsweise auch für die endliche Ausdehnung der Scheibe für $b > 5d$ und $l > 2b$.
Diesen Überlegungen folgend, kann die Auswirkung einer Querbohrung in einer Welle abgeschätzt werden. Während für Zug und Biegung bei kleinem Bohrungsdurchmesser gegenüber dem Wellendurchmesser ebenfalls mit $\alpha_k = 3$ gerechnet werden kann, steigt die Formzahl bei Torsion, wie aus der Überlagerung der Kirschschen Lösung leicht zu erkennen ist, auf $\alpha_k = 4{,}0$ (Bild 4.46).

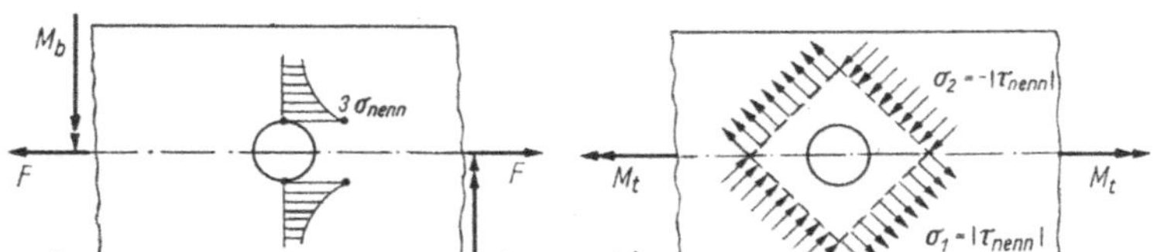

Bild 4.46. Spannungen in einer Welle mit Querbohrung
a) Zug bzw. Biegung; b) Torsion

In diesem Zusammenhang sei darauf verwiesen, daß das Spannungsmaximum bei Torsion gegenüber Zug und Biegung um 45° versetzt am Lochrand auftritt, und zwar ebenfalls als Normalspannung.
Welchen Einfluß haben Kerben auf das Versagen der Bauteile und damit auf die Dimensionierung?

Zunächst müßte angenommen werden, daß eine Kerbe die Belastbarkeit gegenüber dem Bauteil ohne Kerbe in dem Verhältnis herabsetzt, wie die Spannung, durch den Formfaktor ausgedrückt, erhöht wird. Diese Vermutung bestätigt sich aber nur für spröde Werkstoffe.

Bei *ruhender Beanspruchung* kann es im Kerbbereich sogar zu einer Erhöhung der Fließgrenze kommen, da eine örtliche Verfestigung wirksam wird. Offensichtlich hat der Spannungsgradient hierauf einen Einfluß, da die gleiche Erscheinung auch bei der Erhöhung der Biegefließgrenze gegenüber der Streckgrenze zu beobachten war (s. Tafel 4.2).

Für den *Dauerfestigkeitsbereich* kann der Kerbeinfluß durch den Vergleich der Dauerfestigkeit des glatten Probestabs mit der einer gleichartigen gekerbten Probe quantifiziert werden. Ähnlich der Formzahl α_k wird eine Kerbwirkungszahl

$$\beta_k = \frac{\text{Dauerfestigkeit des glatten Stabes}}{\text{Dauerfestigkeit des gekerbten Stabes}} \tag{4.51}$$

definiert.

Versuche zeigen, daß nur bei spröden Werkstoffen die Kerbwirkungszahl gleich der Formzahl ist, während bei elastisch-plastischen Werkstoffen $\beta_k < \alpha_k$ gilt. Im Gegensatz zur Formzahl ist bei der Kerbwirkungszahl also offensichtlich eine Werkstoffabhängigkeit festzustellen.

Obwohl beim Dauerbruch die Spannungen weit unter der Streck- oder Fließgrenze liegen, muß es zu einem *intermolekularen Spannungsausgleich* kommen, der *sowohl vom Werkstoff als auch vom Spannungsgradienten abhängig* ist.

Diese Vermutung wird erhärtet durch die Beobachtung, daß auch bei Biegung höhere Dauerfestigkeiten als bei Zug/Druck festgestellt werden (Bilder 4.29 und 4.47).

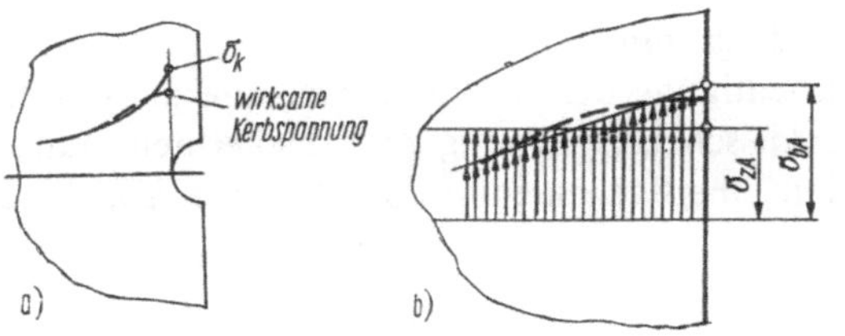

Bild 4.47
Intermolekularer Spannungsausgleich
a) Kerbe; b) glatter Biegestab

Aus ökonomischen Gründen wird die Kerbwirkungszahl nicht für jede Kerbform und jeden Werkstoff zu bestimmen sein, sondern zweckmäßig aus der Formzahl α_k abgeleitet. Durch Versuche ist die empirische Formel für die *Kerbempfindlichkeit*

$$\eta_k = \frac{\beta_k - 1}{\alpha_k - 1} \tag{4.52}$$

gut bestätigt, d.h., β_k kann bei Kenntnis von α_k und η_k aus

$$\beta_k = 1 + \eta_k (\alpha_k - 1) \tag{4.53}$$

errechnet werden.

Aus dem Vergleich zwischen in der Literatur angegebenen α_k und β_k lassen sich die in Tafel 4.17 zusammengestellten Kerbempfindlichkeiten η_k ableiten.

Wegen der Streuung der Werte für η_k sind direkt bestimmte Kerbwirkungszahlen sicherer. Es sei auf TGL 19340 verwiesen.

Bemerkenswert ist, daß z.B. auch durch Preßsitze hervorgerufene Unstetigkeiten des Spannungsverlaufs erhebliche Kerbwirkungen zeigen können. Die Kerbwirkungszahlen liegen wie bei Paßfedernuten in der Größenordnung von $\beta_k = 2{,}0$.

Tafel 4.17. Kerbempfindlichkeiten

Baustähle		Vergütungsstähle		Hochfeste und sprödbrüchige Werkstoffe	
	$\eta_k =$		$\eta_k =$		$\eta_k =$
St 34	0,4 ... 0,5				
St 38	0,5 ... 0,6				
St 42	0,5 ... 0,7	C 25	0,6 ... 0,7	34CrMo4	0,94
St 50	0,5 ... 0,7	C 45	0,7 ... 0,8	30CrMoV9	0,95
St 60	0,6 ... 0,7				
St 70	0,7 ... 0,8	C 60	0,8 ... 0,9	gehärtete Stähle und Federstähle	0,95 ... 1,0

In diesem Zusammenhang sei auch auf die Verminderung der Dauerfestigkeit durch unzureichende Oberflächengüte hingewiesen. Es gilt für

$$\nabla\nabla\nabla \ldots \beta_k^0 = 1{,}0$$

$$\nabla\nabla \ldots \beta_k^0 = 1{,}2$$

$$\nabla \ldots \beta_k^0 = 1{,}3.$$

Nach TGL 19340 ist der Oberflächeneinfluß mit

$$o_F = 1 / \beta_k^0 \qquad (4.54)$$

definiert.

Wie verändern Kerben das Dauerfestigkeitsdiagramm?

Wird die Mittelspannung σ_m ohne Berücksichtigung der Kerbe als Orientierungsgröße beibehalten, so reduziert sich lediglich die Ausschlagsspannung des ungekerbten Stabes σ_A durch die Kerbwirkungszahl β_k und den Oberflächeneinfluß o_F. Für die *reduzierte Ausschlagspannung* gilt damit (Bild 4.48)

$$\sigma'_A = \sigma_A \frac{o_F}{\beta_k}. \qquad (4.55)$$

Wird auch noch die Erhöhung der Streck- oder Fließgrenze durch Kerbeneinfluß berücksichtigt, so verändert sich das Dauerfestigkeitsschaubild in der im Bild 4.48 b dargestellten Weise.

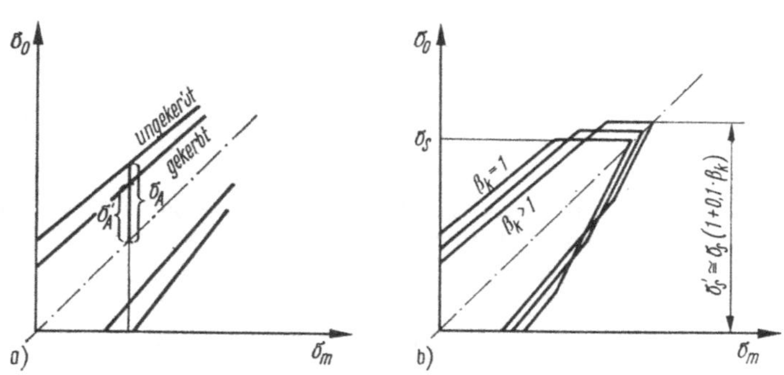

Bild 4.48. Einfluß von Kerben auf die Dauerfestigkeit

Als Richtwert für die Erhöhung kann gelten

$$\sigma'_S \cong \sigma_S (1 + 0{,}1\beta_k)$$

$$\sigma'_{bF} \cong \sigma_{bF} (1 + 0{,}1\beta_k). \quad (4.56)$$

Für Torsion wird eine Erhöhung der Fließgrenze im Kerbbereich nicht festgestellt.

4.5.4.5. Einfluß der Bauteilgröße auf die Dauerfestigkeit (Größeneinfluß)

Bei Biegung und Torsion haben die Spannungen des Randelements einen vom Bauteildurchmesser abhängigen Spannungsgradienten.
Zwei Erscheinungen wurden in den bisherigen Ausführungen erkannt, die darauf hinweisen, daß der Spannungsgradient wesentlichen Einfluß auf die Dauerfestigkeit hat.

- der Unterschied zwischen der Formzahl α_k und der Kerbwirkungszahl β_k und
- die unterschiedliche Dauerfestigkeit für Zug/Druck und Biegung.

Beide Erscheinungen wurden mit einem intermolekularen Spannungsausgleich – auch als *Stützwirkung* bezeichnet – erklärt, der werkstoffabhängig ist.
Tatsächlich wird bei einer Vergrößerung des Probendurchmessers im Biegeversuch eine Abnahme der Dauerfestigkeit festgestellt, die bei großen Probendurchmessern dem Wert für Zug/Druck nahekommt. Eine gleiche Tendenz ist für Torsion zu verzeichnen, während bei Zug/Druck der Probendurchmesser keinen Einfluß hat.
Wird ein *bezogenes Spannungsgefälle* χ

$$\chi = \frac{1}{\sigma_{max}} \frac{d\sigma}{dy} \quad (4.57)$$

definiert, so ergibt sich für einen Biegestab

$$\chi = 2/d.$$

Wird angenommen, daß der *Größeneinfluß* diesem Spannungsgefälle proportional ist, so geht die Dauerfestigkeit des Biegestabs mit zunehmendem Durchmesser d hyperbolisch in die Dauerfestigkeit für Zug/Druck über.
Der Größeneinfluß k_∞ für unendlichen Probendurchmesser kann berechnet werden z. B. aus

$$k_\infty = \frac{\sigma_{zdW}}{\sigma_{bW}}.$$

Für St 38 ergibt sich z. B. nach Tafel 4.2

$$k_\infty = \frac{140}{180} = 0{,}78.$$

Legen wir für k die Hyperbel

$$k = a\frac{1}{d} + b$$

zugrunde, in der a und b aus

$$k\,(d = d_{Probe}) = 1$$

$$k\,(d \to \infty) = k_\infty$$

festgelegt werden, so ergibt sich

$$k = (1 - k_\infty)\,\frac{d_{\text{Probe}}}{d} + k_\infty. \tag{4.58}$$

Dieser für die Übertragung der Dauerfestigkeitswerte auf reale Bauteilgrößen zu beachtende Größeneinfluß k ist im Bild 4.49 dargestellt. Außerdem ist der technologische Größeneinfluß, insbesondere durch Wärmebehandlung hervorgerufen, zu berücksichtigen (TGL 19340).

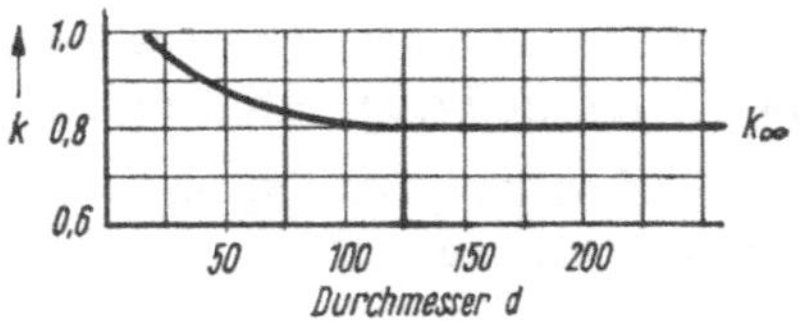

Bild 4.49
Größeneinfluß durch Spannungsgefälle

Die Amplituden σ_A bzw. τ_A sind also nicht nur durch die Kerbwirkung und den Oberflächeneinfluß, sondern auch mit dem Größeneinfluß k zu reduzieren.
Gl. (4.55) lautet damit vollständig

$$\sigma'_A = \sigma_A\,\frac{o_F}{\beta_k}\,k, \tag{4.59}$$

ebenso für Torsion, nicht aber für den Fall Zug/Druck.

4.5.4.6. Sicherheitsnachweis nach TGL 19340 (Neufassung 1975)

Der Vorschlag des Sicherheitsnachweises geht aus von den Vergleichsspannungshypothesen für die Überlagerung von σ_x und τ_{xy} nach Gl. (4.43) und berechnet mit dieser gewissermaßen als Hauptprozeß die Vergleichsspannung der Spannungsamplituden σ_{av}.
Die Hypothese wird dazu mit

$$\alpha = \frac{\sigma_A}{\tau_A} \quad \text{bzw.} \quad \frac{\sigma'_A}{\tau'_A}$$

(letzteres bei unterschiedlichen Reduktionsfaktoren für das Smith-Diagramm) korrigiert.
Die Größen σ'_A und τ'_A werden in den zutreffenden Smith-Diagrammen bei den ebenfalls nach Gl. (4.43) berechneten Vergleichsspannungen σ_{mv} und τ_{mv} abgelesen, wobei für diese Rechnung die Hypothese mit $\alpha = \sigma_F/\tau_F$ korrigiert wird.
Die auf diese Weise berechnete Mittelspannung σ_{mv} wird nun benutzt, um unter Berücksichtigung des vorliegenden Überlastungsfalls mit der Vergleichsspannungsamplitude σ_{av} im zutreffenden, reduzierten Smith-Diagramm die vorhandene Sicherheit zu bestimmen.
Insgesamt stellt das Verfahren einen gangbaren, wenn auch komplizierten und schwer durchschaubaren Weg dar, der methodisch sicher keinen Fortschritt gegenüber der alten Fassung nach TGL 19340 erkennen läßt.
Nicht ohne Grund wurden deshalb die Ausführungen zur Dauerfestigkeit relativ breit angelegt. Sie sollen sowohl dem Lernenden als auch dem Anwender in der Praxis die physikalischen Hintergründe weitgehend zugänglich machen.
Für die einzelnen Kombinationsfälle ergeben sich folgende Gleichungen:

Zug und Torsion

$$\sigma_{av} = \sqrt{\sigma_a^2 + \left(\frac{\sigma'_A}{\tau'_A}\right)^2 \tau_a^2} \tag{4.60}$$

$$\sigma_{mv} = \sqrt{\sigma_m^2 + \left(\frac{\sigma_S}{\tau_F}\right)^2 \tau_m^2} \tag{4.61}$$

$$\tau_{mv} = \sqrt{\left(\frac{\tau_F}{\sigma_S}\right)^2 \sigma_m^2 + \tau_m^2} = \frac{\tau_F}{\sigma_S}\,\sigma_{mv} \tag{4.62}$$

Unabhängig vom Überlastungsfall wird σ'_A bei σ_{mv} im Dauerfestigkeitsdiagramm für Zug/Druck und τ'_A bei τ_{mv} im Dauerfestigkeitsdiagramm für Torsion abgelesen. Der Sicherheitsnachweis wird unter Berücksichtigung des Überlastungsfalls mit dem reduzierten Dauerfestigkeitsdiagramm für Zug/Druck durchgeführt.

Biegung und Torsion

$$\sigma_{av} = \sqrt{\sigma_{ba}^2 + \left(\frac{\sigma'_{bA}}{\tau'_A}\right)^2 \tau_a^2} \tag{4.63}$$

$$\sigma_{mv} = \sqrt{\sigma_{bm}^2 + \left(\frac{\sigma_{bF}}{\tau_F}\right)^2 \tau_m^2} \tag{4.64}$$

$$\tau_{mv} = \sqrt{\left(\frac{\tau_F}{\sigma_{bF}}\right)^2 \sigma_{bm}^2 + \tau_m^2} = \frac{\tau_F}{\sigma_{bF}}\,\sigma_{mv} \tag{4.65}$$

Die weitere Verfahrensweise ist wie bei Zug/Torsion; der Sicherheitsnachweis wird natürlich im Dauerfestigkeitsdiagramm für Biegung durchgeführt.

Zug, Biegung und Torsion

Hier kommt als zusätzliches Problem die Überlagerung von Zug und Biegung hinzu. Abweichend von den üblichen Regeln der Spannungsanalyse dürfen Zug- und Biegespannungen hier nicht addiert werden, da sie unterschiedlichen Schädigungseinfluß haben. Es wird deshalb über die Versagensspannungen eine Wichtung vorgenommen; dabei sei auf die Analogie zur Gl. (4.48) hingewiesen. Die Korrektur über α und die Wichtung erfolgen so, daß die Gesamtsicherheit im Dauerfestigkeitsdiagramm für Zug/Druck vorzunehmen ist.

$$\sigma_{av} = \sqrt{\left(\sigma_{za} + \frac{\sigma'_{zA}}{\sigma'_{bA}}\,\sigma_{ba}\right)^2 + \left(\frac{\sigma'_{zA}}{\tau'_A}\,\tau_a\right)^2} \tag{4.66}$$

$$\sigma_{mv} = \sqrt{\left(\sigma_{zm} + \frac{\sigma_S}{\sigma_{bF}}\,\sigma_{bm}\right)^2 + \left(\frac{\sigma_S}{\tau_F}\right)^2 \tau_m^2} \tag{4.67}$$

$$\sigma_{bmv} = \frac{\sigma_{bF}}{\sigma_S}\,\sigma_{mv} \tag{4.68}$$

$$\tau_{mv} = \frac{\tau_F}{\sigma_S}\,\sigma_{mv} \tag{4.69}$$

Bei *mehrachsiger Beanspruchung* ist die Vergleichsspannung sowohl für den Mittelwert als auch für die Amplitude nach der Gestaltänderungsenergiehypothese entsprechend Gl. (4.39) zu berechnen. Der Sicherheitsnachweis wird mit dem Dauerfestigkeitsdiagramm für Zug/Druck geführt; ein möglicher intermolekularer Spannungsausgleich wird als zusätzliche Sicherheit gewertet.

4.5.4.7. Beispiel zum Sicherheitsnachweis

Es soll das Beispiel der zweifach gelagerten Welle, für die im Abschn. 4.2.4. bereits die Entwurfsrechnung durchgeführt worden ist, fortgesetzt werden.
Die ungünstigsten Schnittgrößen betrugen

$$M_t = 1200 \pm 1000 \text{ Nm}$$

und

$$M_b = \pm 500 \text{ Nm}.$$

Die Entwurfsrechnung hatte $d = 56$ mm ergeben bei einer vorgegebenen Sicherheit von $S = 1{,}6$, Werkstoff St 50 und einer in der Entwurfsrechnung noch nicht exakt bekannten Kerbe durch einen Wellenabsatz.
Für die Sicherheit besteht die Mindestforderung $S \geqq 1{,}4$.
Der Wellenabsatz hat nach der Gestaltung die geometrischen Daten

$$d = 56 \text{ mm}, \quad D = 66 \text{ mm}, \quad r = 1 \text{ mm},$$

d.h., es gilt $d/D = 0{,}85$ und $r/t = 0{,}2$.
Damit folgt nach Bild 4.44 für die Formzahlen

$$\alpha_{kb} = 2{,}8 \quad \text{und} \quad \alpha_{kt} = 1{,}9$$

und mit $\eta_k = 0{,}7$ (s. Tafel 4.6) nach Gl. (4.53)

$$\beta_{kb} = 2{,}3 \quad \text{und} \quad \beta_{kt} = 1{,}6.$$

Für die Reduktion der Dauerfestigkeitsdiagramme kommen weiter zum Ansatz

der Größeneinflußfaktor $k = 0{,}85$ (nach Bild 4.49)

und

der Oberflächeneinfluß $o_F = 1/1{,}2$ (für geschlichtete Oberfläche).

Die vorhandenen Spannungen ergeben sich mit

$$W_z = \frac{\pi \cdot 5{,}6^2}{32} = 17{,}2 \text{ cm}^3$$

und

$$W_t = 2W_z = 34{,}4 \text{ cm}^3$$

zu

$$\sigma_{bm} = 0, \quad \sigma_{ba} = \frac{500}{17{,}2} = 29{,}0 \text{ N/mm}^2$$

$$\tau_{tm} = \frac{1200}{34{,}4} = 34{,}9 \text{ N/mm}^2, \quad \tau_{ta} = 29{,}0 \text{ N/mm}^2.$$

Gehen wir zunächst den *Weg über die Teilsicherheiten*, so folgt aus dem Dauerfestigkeitsdiagramm (Bild 4.29) für

$$\sigma_{bm} = 0 \quad \text{die Amplitude} \quad \sigma_{bA} = \sigma_{bW} = 240 \text{ N/mm}^2$$

und für

$$\tau_{tm} = 34{,}9 \text{ N/mm}^2 \quad \text{analog} \quad \tau_{tA} = 125 \text{ N/mm}^2.$$

Die Reduktion nach Gl. (4.59) ergibt

$$\sigma'_{bA} = 240 \frac{0{,}85}{2{,}3 \cdot 1{,}2} = 74{,}0 \text{ N/mm}^2$$

$$\tau'_A = 125 \frac{0{,}85}{1{,}6 \cdot 1{,}2} = 55{,}3 \text{ N/mm}^2.$$

Damit folgen die Teilsicherheiten zu [s. Gl. (4.44)]

$$S_b = \frac{74{,}0}{29{,}0} = 2{,}55 \quad \text{und} \quad S_t = \frac{55{,}3}{29{,}0} = 1{,}91,$$

wenn der Überlastungsfall 1 (s. Bild 4.41) berücksichtigt wird.
Die Gesamtsicherheit errechnet sich nach Gl. (4.48) zu

$$1/S_{ges} = \sqrt{1/2{,}55^2 + 1/1{,}91^2}$$

$$\underline{\underline{S_{ges} = 1{,}53.}}$$

Für die *Methode nach TGL 19340* entnehmen wir zunächst die Fließspannungen aus Tafel 4.2:

$$\sigma_{bF} = 370 \text{ N/mm}^2, \quad \tau_F = 190 \text{ N/mm}^2.$$

Aus Gl. (4.64) folgt

$$\sigma_{mv} = \sqrt{0 + \left(\frac{370}{190}\right)^2 \cdot 34{,}9^2} = 68{,}0 \text{ N/mm}^2$$

und aus Gl. (4.65)

$$\tau_{mv} = \frac{190}{370} \cdot 68{,}0 = 34{,}9 \text{ N/mm}^2 \quad (\tau_{mv} = \tau_{tm} \text{ wegen } \sigma_{bm} = 0).$$

Aus dem Dauerfestigkeitsdiagramm (s. Bild 4.29) folgt für

$$\sigma_{mv} = 68{,}0 \text{ N/mm}^2 \quad \text{die Amplitude} \quad \sigma_{bA} = 220 \text{ N/mm}^2$$

und für

$$\tau_{mv} = 34{,}9 \text{ N/mm}^2 \quad \text{die Amplitude} \quad \tau_{tA} = 125 \text{ N/mm}^2.$$

Die Reduktion ergibt wie oben

$$\sigma'_{bA} = 220 \cdot \frac{0{,}85}{2{,}3 \cdot 1{,}2} = 67{,}7 \text{ N/mm}^2$$

$$\tau'_A = 125 \cdot \frac{0{,}85}{1{,}6 \cdot 1{,}2} = 55{,}3 \text{ N/mm}^2.$$

Die Vergleichsspannungsamplitude kann nun aus Gl. (4.63) errechnet werden:

$$\sigma_{av} = \sqrt{29{,}0^2 + \left(\frac{67{,}7}{55{,}3}\right)^2 \cdot 29{,}0^2} = 45{,}9 \text{ N/mm}^2.$$

Da der Überlastungsfall 1 vorliegt, wird die Sicherheit aus der bereits bekannten Amplitude σ'_{bA} ermittelt:

$$S_{ges} = \frac{67{,}7}{45{,}9}$$

$$\underline{\underline{S_{ges} = 1{,}47}} \quad \text{(gegen Dauerbruch).}$$

Die vorhandene Sicherheit ist also größer als die geforderte Mindestsicherheit von $S = 1{,}4$. Wird die Mindestsicherheit nicht erreicht oder sind die Sicherheitsreserven < 10%, so ist die Rechnung mit einem veränderten Wellendurchmesser zu wiederholen.
Die Übereinstimmung des Sicherheitsnachweises über die Teilsicherheiten mit dem Ergebnis der nach Standard vorgeschlagenen Methode kann als gut bezeichnet werden, zumal Ableseungenauigkeiten in den Diagrammen und Rundungsfehler unvermeidbar sind.
Auf weitere Probleme und Aufgaben der Dimensionierung wird im Zusammenhang mit der Berechnung von

- Schweißnähten
- Kleb- und Lötverbindungen
- Schrauben bzw. Schraubenverbindungen

eingegangen.

4.5.4.8. Deutung von Dauerbrüchen; Ursachen für den Dauerbruch

Trotz sorgfältiger Dimensionierung lassen sich Dauerbrüche nicht immer mit Sicherheit vermeiden. Das hat verschiedene Ursachen:

1. Die Belastungsannahmen für Ausschlagsgröße sind oft mit erheblichen Unsicherheiten verbunden. So ist es nicht immer möglich, das Schwingungsverhalten eines technischen Gebildes bereits in der Konstruktionsphase sicher zu übersehen und die Vergrößerungsfunktionen z. B. für Resonanzschwingungsbereiche der Dimensionierungsrechnung zugrunde zu legen.
   Schon wenige Überlastungen können bei sonst ausreichender Dimensionierung gegen Dauerbruch zum Versagen führen. Im Zusammenhang mit der Schadensakkumulation wird auf diese Problematik eingegangen.
2. Häufig wird bei untergeordneten Konstruktionselementen das Dauerfestigkeitsproblem überhaupt nicht beachtet, und es werden unbekümmert zu kleine Kerbradien vorgesehen; denn große Kerbradien stellen den Konstrukteur meist vor konstruktive Folgeschwierigkeiten.
3. Ein breites Feld von Dauerbruchursachen liegt im Fertigungsprozeß: Drehriefen, Oberflächenkratzer, Härterisse, Walz- und Schmiedefehler, Zündstellen vom E-Schweißen usw. werden häufig als Ausgangspunkt für einen Dauerbruch analysiert. Diese Dauerbrüche gehen dann von der Oberfläche des Bauteils aus.
4. Nimmt der Dauerbruch im Innern des Bauteils seinen Ausgang, so liegen meist Werkstoffehler vor; Schlackeneinschlüsse, Seigerungen, Lunker, Blasen rufen erhebliche Kerbwirkungen hervor. Diese Aufzählung könnte durch sehr viele Gefügefehler fortgesetzt werden, die jedoch den Konstrukteur weniger interessieren werden.

Wesentlich ist die Deutung von Dauerbrüchen, um auf konstruktivem Weg sichere Maßnahmen festlegen zu können.
Grundsätzlich zeigt jeder Dauerbruch an der Bruchfläche zwei deutlich unterscheidbare Bereiche:

a) die eigentliche Dauerbruchfläche, erkennbar durch mattes, feinkörniges Aussehen, meist mit muschelartigen *Rastlinien*, die in Belastungspausen durch *Erholvorgänge* entstehen
b) die Restbruchfläche, die grobkörnig und z.T. zerklüftet aussieht.

Aus dem Verhältnis von Dauerbruchfläche zu Restbruchfläche kann abgeschätzt werden, ob große Belastungen oder große Kerbwirkungen zum Dauerbruch führten.
Im Bild 4.50 sind einige typische Bruchbilder zusammengestellt.

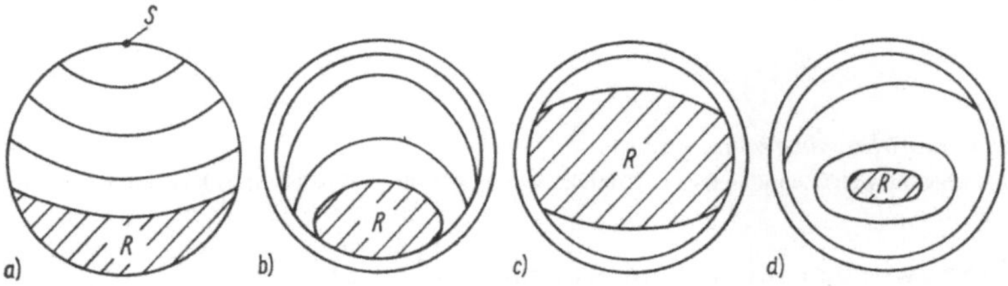

Bild 4.50. Dauerbrüche durch Zug und Biegung

a) von einer Oberflächenstörstelle S ausgegangener Dauerbruch; Zugbelastung, große Kerbwirkung, geringe Belastung;
b) von einer Umlaufkerbe ausgegangener Dauerbruch; schwellende Biegespannung, große Kerbwirkung;
c) Dauerbruch durch wechselnde Biegebeanspruchung; hohe Belastung, da große Restbruchfläche;
d) Dauerbruch durch Umlaufbiegung; geringe Belastung

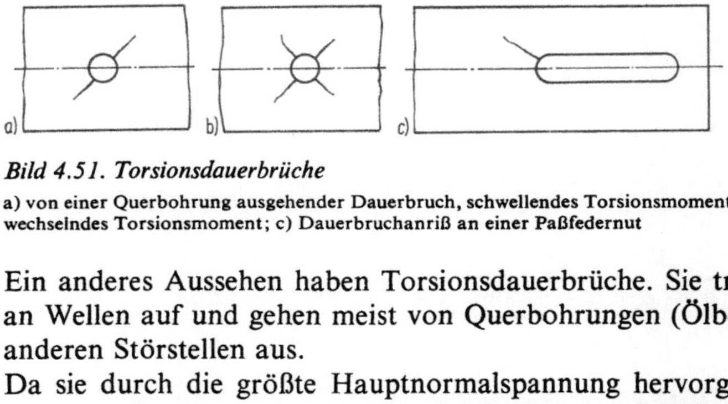

Bild 4.51. Torsionsdauerbrüche

a) von einer Querbohrung ausgehender Dauerbruch, schwellendes Torsionsmoment; b) Querbohrung, wechselndes Torsionsmoment; c) Dauerbruchanriß an einer Paßfedernut

Ein anderes Aussehen haben Torsionsdauerbrüche. Sie treten naturgemäß vorwiegend an Wellen auf und gehen meist von Querbohrungen (Ölbohrungen), Nutausläufen und anderen Störstellen aus.
Da sie durch die größte Hauptnormalspannung hervorgerufen werden, verlaufen die Anrisse unter etwa 45° zur Wellenachse. Die Dauerbruchfläche bildet etwa eine Schraubenfläche, bis eine Geometrie entsteht, die zum Gewaltbruch führt.
Bild 4.51 zeigt einige typische Dauerbruchanrisse, die auf Torsion zurückzuführen sind (s. Bild 4.46).

4.5.5. Probleme der Gestaltung und Dimensionierung nichtstabförmiger Bauteile

4.5.5.1. Kontaktaufgaben

Häufig werden im Maschinenbau Kräfte über Druckspannungen zwischen gewölbten Flächen übertragen. Die „Kontaktprobleme" gehören zu den schwierigsten Aufgaben der Elastizitätstheorie. Es soll deshalb hier nur die Problematik umrissen werden.

Im Bild 4.52 sind die wesentlichen Kontaktprobleme des Maschinenbaus zusammengestellt. Allen ist gemeinsam, daß die Größe der kraftübertragenden Flächen von der Kraft selbst abhängt.
Bei Niet- und Bolzenverbindungen sowie Gelenken tritt das Problem der Lochleibung auf.

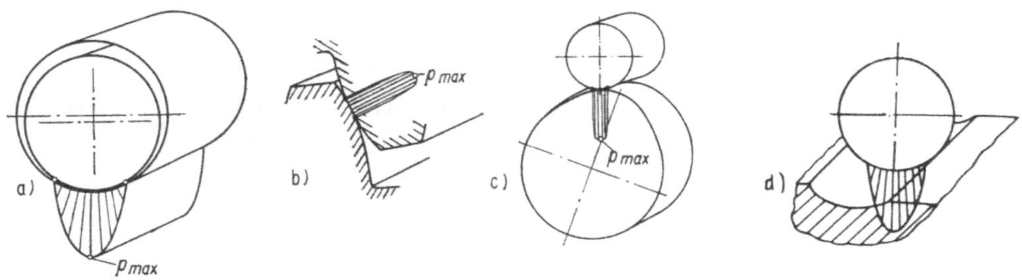

Bild 4.52. Kontaktprobleme des Maschinenbaus
a) Kraftübertragung an einer Lochleibung; b) Zahnflanken; c) Kontakt zwischen Rolle und Nocken; d) Kugel in einer Rinne

Die Pressungsverteilung zwischen Innen- und Außenteil hängt ab von

- der Elastizität beider Körper, d.h. von der Geometrie und vom Werkstoff, und
- in entscheidendem Maß vom Spiel zwischen beiden Teilen.

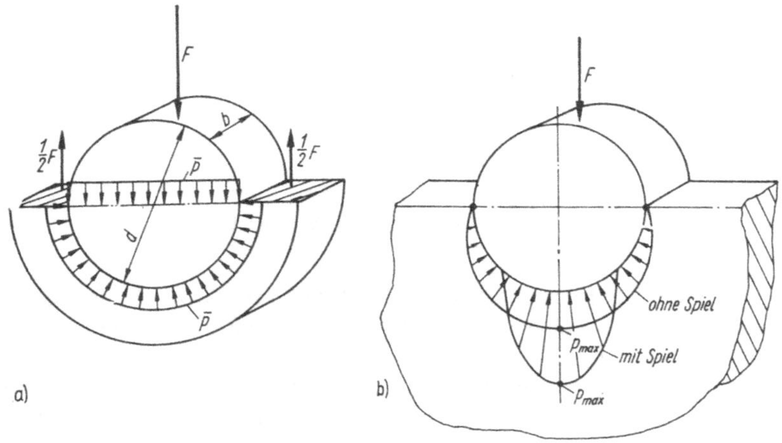

Bild 4.53. Lochleibungspressung
a) biegeschlaffes Auge; b) elastischer Kontakt

Die günstigste Pressungsverteilung wird erzielt, wenn das umschließende Auge biegeschlaff ist. Die Pressung ist dann im Kontaktbereich konstant und für einen Kontakt über den Bogen, wie sich durch Integration der Komponente in Richtung der äußeren Kraft zeigen läßt, gleich der Kraft, bezogen auf die projizierte Fläche der Bohrung (Bild 4.53a). Die mittlere Pressung

$$\bar{p} = \frac{F}{db}$$

ist für die meisten in der Praxis auftretenden Konstruktionen zu günstig. Wird eine Kosinusverteilung angenommen, so ergibt die Integration über den Lochrand

$$p_{max} = \frac{4}{\pi} \bar{p}.$$

Ungünstige Formen und Spiele werden jedoch sicher noch größere Pressungen mit sich bringen (Bild 4.53b). Das Experiment ist für die Pressungsermittlung der Rechnung vorzuziehen.

Zu beachten ist für die Dimensionierung auch die Spannung am Rande der Bohrung (Bild 4.54). Sie hat den Charakter einer Kerbspannung und kann bei schwingender Belastung zum Dauerbruch führen. Der absolute Wert der Randspannung hängt wie die Pressung von den Elastizitätsverhältnissen und vom Spiel ab und kann meist nur experimentell bestimmt werden.

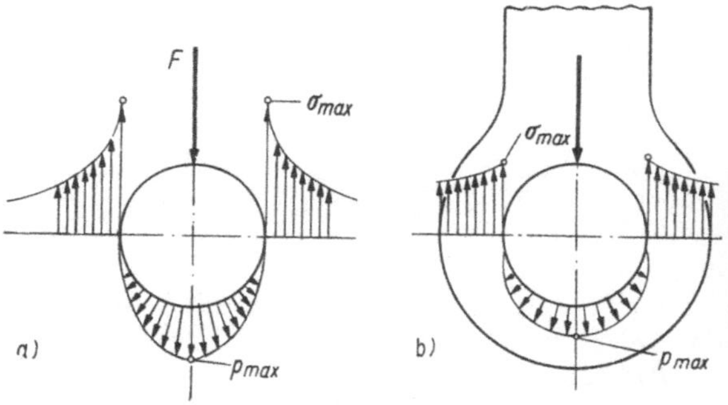

Bild 4.54
Durch den Lochleibungsdruck hervorgerufene Randspannungen
a) Scheibe großer Ausdehnung;
b) Augenstab

Wesentlich ist bei Kontaktproblemen im Zusammenhang mit schwellender Belastung eine spezielle Art des Bauteilversagens, die an Zahnflanken und Rollbahnen von Wälzlagern als *Schälen* des Werkstoffs beobachtet wird. Diese Erscheinung ist als *Pittingsbildung* in die Literatur eingegangen. Sie kann durch einen Dauerbruch im Innern des Bauteils erklärt werden, hervorgerufen durch die schwellende Belastung des Werkstoffelements beim *Überrollen*.

Der Spannungszustand beim Kontakt einer Kugel mit einem anderen kugelförmig gekrümmten Körper bzw. eines Zylinders mit einer zylindrisch gekrümmten Auflage (Bild 4.55) wurde von *Hertz* (s. z.B. [4.2]) untersucht.

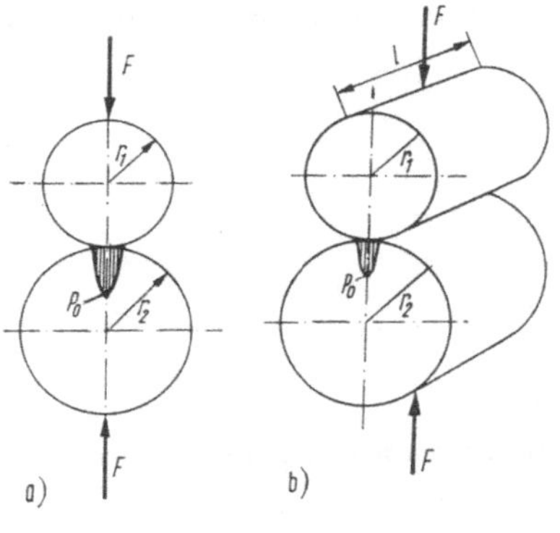

Bild 4.55
Klassische Kontaktaufgaben nach Hertz

Die größte Pressung in der Kontaktfläche kann nach

$$p_0 = 0{,}388\sqrt[3]{FE^2(\Sigma k)^2} \quad \text{(Kugel)} \tag{4.70}$$

$$p_0 = 0{,}418\sqrt{\frac{FE}{l}\Sigma k} \quad \text{(Zylinder)} \tag{4.71}$$

mit $\Sigma k = 1/r_1 + 1/r_2$ und E als Elastizitätsmodul berechnet werden.
Untersuchungen des Spannungszustands zeigen, daß das Maximum der Vergleichsspannung z.B. nach der Schubspannungshypothese unterhalb der Kontaktoberfläche auftritt, und zwar in einer Tiefe, die etwa $\frac{1}{3}$ der Kontaktbreite einer Rolle entspricht (Bild 4.56).

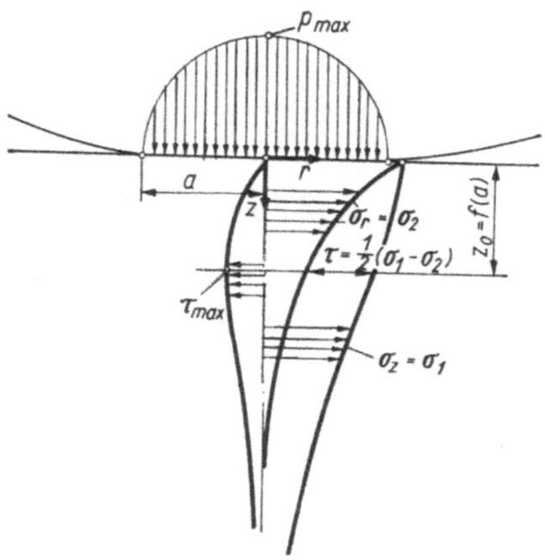

Bild 4.56
Spannungen im Halbraum infolge Walzdruck (schematisch)

Zu einem ähnlichen Ergebnis kommt man über die Gestaltänderungsenergiehypothese. Bei Körperkontakt können deshalb nur hochfeste Werkstoffe zum Einsatz kommen, die außerdem zur Vermeidung plastischer Verformungen gehärtet werden müssen.

4.5.5.2. **Flächentragwerke**

Ähnlich schwierig wie Kontaktaufgaben sind bezüglich der Dimensionierung Flächentragwerke.
Während Flächentragwerke bisher vorwiegend im Stahlbau Anwendung fanden, nimmt ihre Bedeutung gegenwärtig wegen der günstigen materialökonomischen Eigenschaften auch für den Maschinenbau ständig zu.

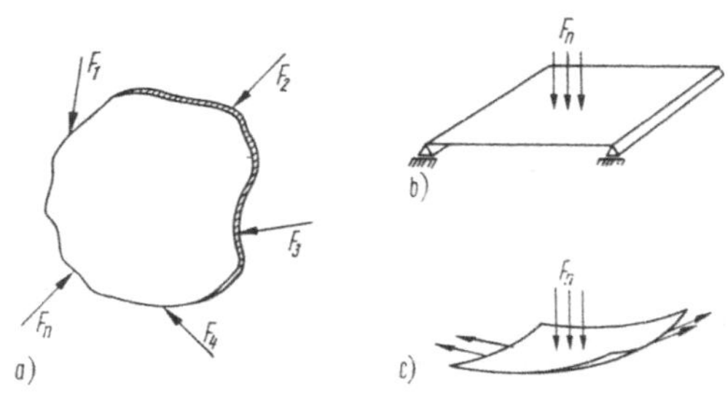

Bild 4.57
Elemente der Flächentragwerke
a) Scheibe; b) Platte; c) Schale

Grundelemente der Flächentragwerke sind (Bild 4.57)

- Scheiben
- Platten und
- Schalen.

Sie unterscheiden sich durch folgende Merkmale:

- Scheibe und Platte haben ebene Flächen; die Dicke ist wie auch bei der Schale gering gegenüber der sonstigen Ausdehnung.
- Die Scheibe ist in der Ebene, die Platte normal zur Ausdehnungsebene belastet. Die Scheibe hat demzufolge über die Dicke konstant verteilte Spannungen; bei der Platte sind sie linear wie beim Biegestab verteilt.
- Schalen haben gekrümmte Flächen; die Kräfte können tangential und normal eingeleitet werden.

Aus den Grundelementen lassen sich mannigfaltige *Flächentragwerke* aufbauen, wie

- wandartige Träger mit Gurten (Bild 4.58a)
- verrippte Platten (Bild 4.58b)
- Kastenträger (Bild 4.58c)
- Gehäuse (Bild 4.59a)
- Behälter (Bild 4.59b), insbesondere Stütz- und Krafteinleitungsstellen u.a.

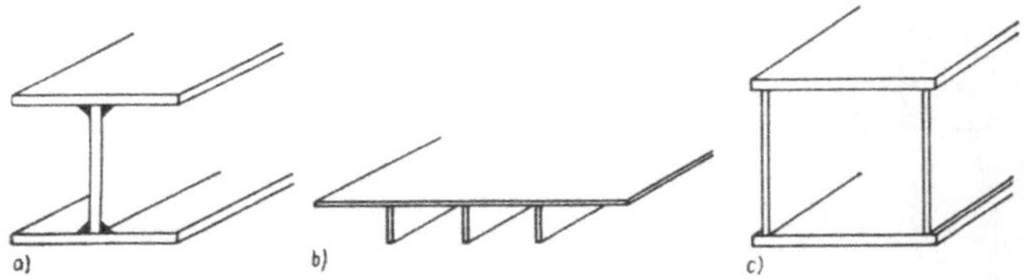

Bild 4.58
Tragwerke, aus Scheiben aufgebaut
a) Träger mit breiten Gurten; b) verrippte Platte; c) Kastenträger

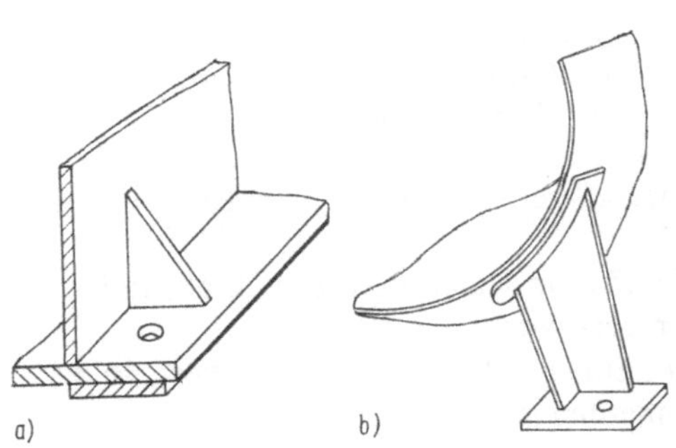

Bild 4.59
Gehäuse und Behälter als Tragwerke
a) Teil eines Getriebegehäuses; b) Behälter mit Dopplung an der Krafteinleitungsstelle

Das Problem der Dimensionierung besteht in der Berechnung der vorhandenen Spannungen und Verformungen. Hierzu muß auf das umfangreiche Schrifttum der Mechanik verwiesen werden. Mit Hilfe der *Methode* der *finiten Elemente* sind diese Aufgaben heute ohne große Schwierigkeiten auf Rechenautomaten lösbar.
Sind die vorhandenen Spannungen berechnet, so sind auch hier die Sicherheiten gegen Bruch oder Fließen zu berechnen, bzw. die Verformungen dürfen zulässige Werte nicht überschreiten.
Auch Instabilität (Beulen) bestimmt bei Flächentragwerken oft die Versagensgrenze.

4.5.6. Dimensionierung stabförmiger Bauteile nach der Verformung

4.5.6.1. Grundlagen der Berechnung der Bauteilverformung

Für eine Reihe von Bauteilen und Konstruktionselementen fordert die Funktion ein bestimmtes Verformungsvermögen, andere verlieren ihre Funktionsfähigkeit durch zu große, unzulässige Verformungen.
Die Grundelemente der Verformung sind die Dehnung ε und die Winkeländerung γ eines Werkstoffteilchens. Die Dehnung ist die auf die Ausgangslänge l bezogene Längenänderung Δl und für Hookesche Werkstoffe der Spannung σ proportional:

$$E\varepsilon = \sigma, \quad \varepsilon = \frac{\Delta l}{l}; \tag{4.72}$$

E Elastizitätsmodul, Werkstoffkonstante.

Völlig analog gilt für Schub mit dem Schubmodul G (Bild 4.60)

$$G\gamma = \tau. \tag{4.73}$$

Diese Gleichungen gelten nur für den einachsigen Spannungszustand. Für räumliche Dehnungs- und Spannungszustände wird auf die Literatur zur Elastizitätstheorie verwiesen [4.2] [4.3].

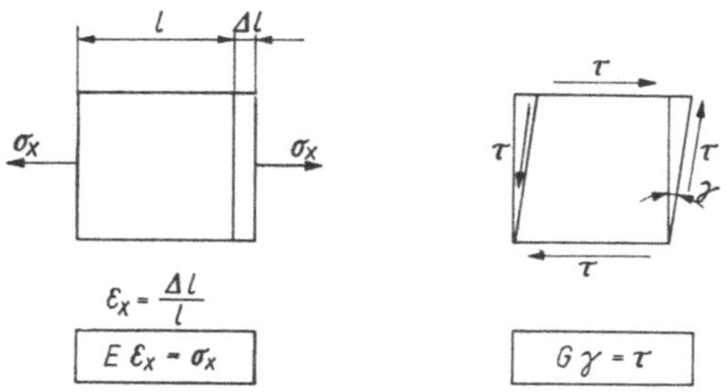

Bild 4.60
Hookesches Gesetz für Dehnung und Winkeländerung

Verformungen von gekrümmten und im Sonderfall geraden Stäben werden zweckmäßig nach dem Satz von *Castigliano* berechnet [4.2].
Danach erhält man die Verschiebung einer Kraft F_i in Richtung dieser Kraft, indem die Formänderungsarbeit partiell nach F_i differenziert wird.
Wird die Formänderungsarbeit W nach einem äußeren Moment differenziert, so ergibt sich analog die Winkeländerung des Drehmomentenvektors:

$$y_i = \frac{\partial W}{\partial F_i}, \quad \varphi_j = \frac{\partial W}{\partial M_j}. \tag{4.74}$$

Die Deformationsenergie ist

$$W = \frac{1}{2}\left\{\int_{s_1}^{s_2} \frac{F_n^2(s)}{EA}\, ds + \int_{s_1}^{s_2} \frac{M_b^2(s)}{EI_z}\, ds + \int_{s_1}^{s_2} \frac{M_t^2(s)}{GI_t}\, ds + \int_{s_1}^{s_2} \frac{F_q^2(s)}{G\varkappa A}\, ds\right\}. \tag{4.75}$$

Hierin sind I_z und I_t Flächenträgheitsmomente (vgl. [4.1]). Die vier Anteile entsprechen den bereits bekannten Beanspruchungsarten. Die Deformationsenergien aus Längskräften und Schub sind meist zu vernachlässigen.

4.5.6.2. **Dimensionierung nach der Verformung**

Verschiedene Bauteile sind so zu dimensionieren, daß bestimmte Verformungen aufgenommen werden. Das setzt jedoch in der Regel auch eine Dimensionierung gegen Bruch, Fließen oder Dauerbruch voraus, aus der die zulässige Verformung folgt. Zwei Beispiele sollen diese Aufgabenstellung veranschaulichen.

Beispiel 1

Eine Torsionsstabfeder ist gegen Dauerbruch so dimensioniert, daß ein Kreisquerschnitt mit der Fläche A und dem zugehörigen J_t ausreicht, um ein Moment M_{max} aufzunehmen. Gesucht ist die erforderliche Stablänge, um eine Drehfederkonstante $c_\varphi = M/\varphi$ zu realisieren!

Lösung:

Da der Stab gerade ist, kann die Bogenkoordinate s durch die übliche Koordinate x ersetzt werden.
Das Moment an der Stelle x ist aus der Torsion

$$M_t(x) = M_t,$$

die anderen Anteile der Deformationsenergie sind gleich Null.
Die Winkeländerung φ ist nach Gln. (1.46) und (1.47)

$$\varphi = \frac{1}{GJ_t} \int_0^l M_t(x) \frac{dM_t(x)}{dM_t} dx$$

$$\varphi = \frac{M_t}{GJ_t} l. \tag{4.76}$$

Daraus folgt

$$l_{erf} = \varphi / M_t GJ_t$$

$$l_{erf} = \frac{GJ_t}{c_\varphi}.$$

Die Verdrehung eines Stabes kann natürlich auch elementar berechnet werden. Nach der geometrischen Beziehung (Bild 4.61) für kleine Winkel gilt

$$\gamma l = r\varphi,$$

und mit dem Hookeschen Gesetz

$$\gamma G = \tau$$

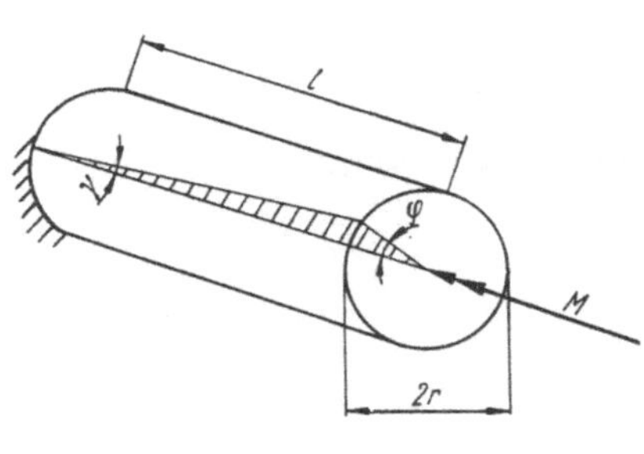

Bild 4.61
Geometrie der Verformung am Torsionsstab

sowie der bereits bekannten Beziehung

$$\tau = \frac{M_t}{W_t} = \frac{M_t}{J_t} r$$

gilt

$$\varphi = \frac{M_t}{GJ_t} l \quad \text{usw.}$$

Eine nicht so elementar zu lösende Aufgabe soll im Beispiel 2 demonstriert werden.

Beispiel 2

Ein sog. Lyrabogen soll die Temperaturdehnung Δl_ϑ einer Dampfleitung aufnehmen. Das Trägheitsmoment J_z und die Geometrie des Lyrabogens (Bild 4.62a) sind bekannt. Es wird angenommen, daß die Rohrleitung in den Punkten A keine Winkeländerung durchführen kann.

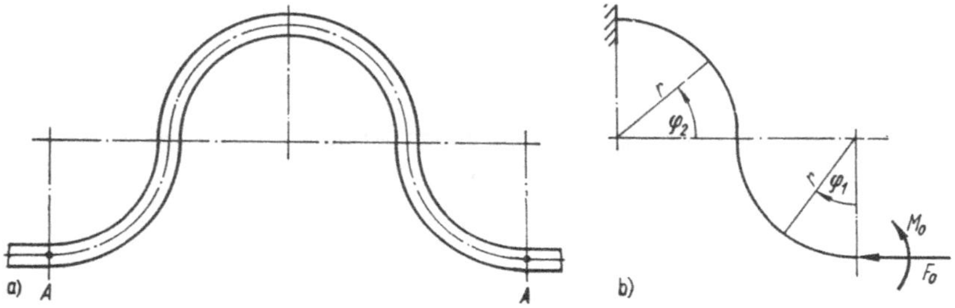

Bild 4.62. Lyrabogen und zugehöriges Ersatzsystem

Das Ersatzsystem ist im Bild 4.62b skizziert, wobei aus Symmetriegründen nur das halbe System betrachtet wird.

Da Längskraft und Schub für die Verformung schlanker Träger gegenüber der Biegung zu vernachlässigen sind und Torsionsmomente nicht auftreten, ist nur der Biegeanteil zu berücksichtigen.

Das Schnittmoment ist

$$M(\varphi_1) = M_0 - r(1 - \cos\varphi_1) F \quad 0 \leqq \varphi_1 \leqq \pi/2$$

$$M(\varphi_2) = M_0 - r(1 + \sin\varphi_2) F \quad 0 \leqq \varphi_2 \leqq \pi/2.$$

Damit liefert die Deformationsenergie nach Integration über den Bogen und nach partieller Differentiation nach F_0 bzw. M_0 über die Bedingungen

$$\frac{\partial W}{\partial M_0} = 0, \quad \frac{\partial W}{\partial F_0} = \frac{1}{2} \Delta l_\vartheta$$

(Faktor $\frac{1}{2}$, da nur das halbe System betrachtet wurde) die Belastungen

$$M_0 = F_0 r$$

$$F_0 = \frac{EJ_z}{\pi r^3} \Delta l_\vartheta.$$

Mit diesen Größen kann der Festigkeitsnachweis geführt werden. Bei Überschreiten der zulässigen Spannungen ist der Radius r zu vergrößern, oder es ist ein zweiter Lyrabogen vorzusehen.

4.5.6.3. Versagen durch Instabilität

Eine besondere Form des Versagens von Bauteilen ist die Verformung durch Instabilität, die bei Druckstäben als *Knicken*, bei wandartigen Biegeträgern als *Kippen* und bei Flächentragwerken als *Beulen* bekannt ist.
Auch Stabilitätsprobleme lassen sich mit Hilfe der Deformationsenergie behandeln.

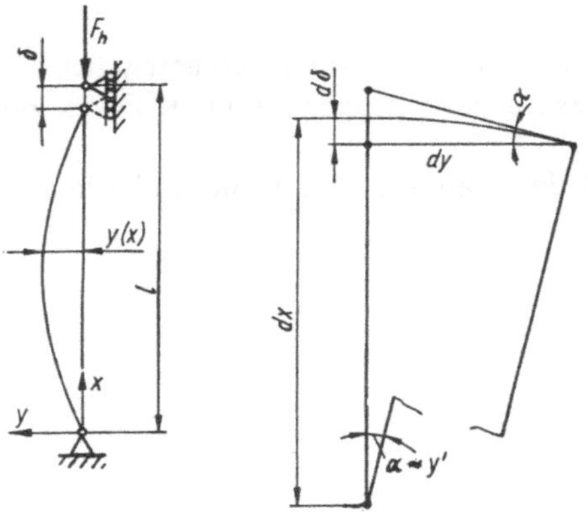

Bild 4.63
Beiderseitig gelenkig gelagerter Knickstab

Im Fall des Ausknickens eines beiderseitig gelenkig gelagerten Stabes senkt sich die Kraft F um den Weg δ ab (Bild 4.63) und leistet dabei die Arbeit

$$W = F\delta, \tag{4.77}$$

die gleich der Deformationsenergie der Biegung nach Gl. (4.75)

$$W = \frac{1}{2}\int_0^l \frac{M_b^2(x)}{EJ_z}\,dx$$

oder

$$W = \frac{1}{2}F^2\int_0^l \frac{y^2(x)}{EJ_z}\,dx \tag{4.78}$$

ist. Auch die Absenkung δ läßt sich durch die Verformung ausdrücken. Mit

$$d\delta \cong \tfrac{1}{2}y'\,dy = \tfrac{1}{2}(y')^2\,dx$$

ergibt sich

$$\delta = \frac{1}{2}\int_0^l (y')^2\,dx$$

und damit

$$F_k = \frac{\displaystyle\int_0^l \frac{y^2(x)}{EJ_z}\,dx}{\displaystyle\int_0^l (y'(x))^2\,dx}. \tag{4.79}$$

Hierin kann auch EJ eine Funktion von x sein.

Wird für die Knickaufgabe nach Bild 4.63 eine Sinuslinie (und diese liegt, wie sich zeigen läßt, vor)

$$y(x) = y_{\max} \sin \pi \frac{x}{l} \tag{4.80}$$

angenommen, so ergibt die Integration der Gl. (4.79) das exakte Ergebnis

$$F_k = \frac{\pi^2}{l^2} EJ_z, \quad J_z = J_{\min}. \tag{4.81}$$

Auch Potenzansätze, die die Randbedingungen des Stabes erfüllen, liefern für die Praxis hinreichend genaue Ergebnisse.
Konstruktionselemente des Maschinenbaus liegen auf Grund ihrer geometrischen und elastischen Eigenschaften oft an der Grenze zwischen Versagen durch Knicken und Versagen durch Fließen.
Wird Gl. (4.81) durch die Querschnittsfläche A des Stabes dividiert und außerdem der Schlankheitsgrad

$$\lambda = \sqrt{\frac{Al^2}{J_{\min}}} \tag{4.82}$$

eingeführt, so ergibt sich

$$\sigma_k = \pi^2 \frac{E}{\lambda^2} \tag{4.83}$$

für den beiderseitig gelenkig gelagerten Druckstab.

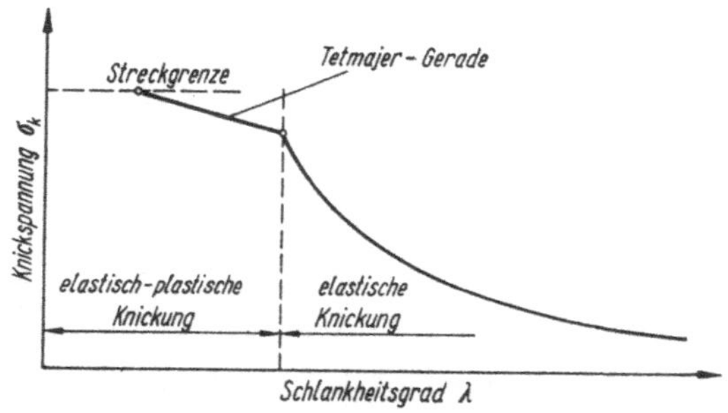

Bild 4.64
Knickspannung als Funktion des Schlankheitsgrads

Die Knickspannung nimmt danach für weniger *schlanke* Stäbe stark zu (Bild 4.64). Wird die Elastizitätsgrenze des Werkstoffs überschritten, so folgt die Knickspannung nach Untersuchungen von *Tetmajer* bis zum Erreichen der Streckgrenze einer Geraden

$$\sigma_k = C_0 - C_1\lambda. \tag{4.84}$$

Die Werkstoffkonstanten sind der Literatur zu entnehmen (z. B. [4.1]).
Da das Ausknicken von Stäben durch weitere Störgrößen, z. B. Exzentrizitäten und Kräfte, senkrecht zur Stabachse stark gefördert wird, sollte die Sicherheit gegen Knicken

$$S_k = 3{,}5 \ldots 8$$

gewählt werden.

4.5.7. Versagen durch Verschleiß

4.5.7.1. Zum Verschleißvorgang

Eine weitere Form des Versagens von Bauelementen und Baugruppen, die genauso wie ein Bruch oder eine plastische Verformung zur Funktionsuntüchtigkeit führt, ist der Verschleiß.
Wir wollen unter Verschleiß hier nur die Bauteilveränderungen verstehen, die durch die Kraftübertragung zwischen zwei Festkörperoberflächen, die relativ gegeneinander bewegt sind, mit oder ohne Beteiligung eines Schmiermittels (Bild 4.65) auftreten.

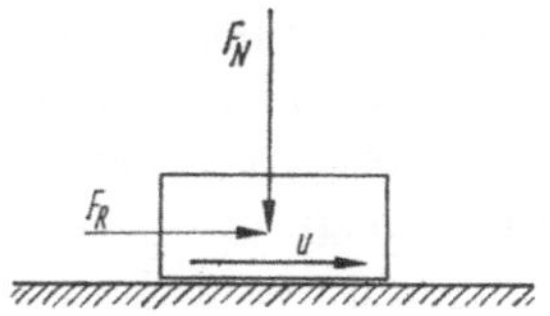

Bild 4.65
Modell zur Coulombschen Reibung

Vorgänge des Verschleißes durch Bodeneinwirkung auf landtechnische Geräte, Verschleißerscheinungen in Röhren, z. B. durch Gemische zwischen Flüssigkeiten und Festkörperteilchen usw., werden natürlich ähnlich verlaufen. Ausklammern wollen wir Verschleiß durch Korrosion, Materialalterung usw.
Das im Bild 4.65 dargestellte Reibungsmodell tritt im Maschinenbau an sehr unterschiedlichen Maschinenelementen auf. Einige charakteristische Beispiele sind im Bild 4.66 zusammengestellt.

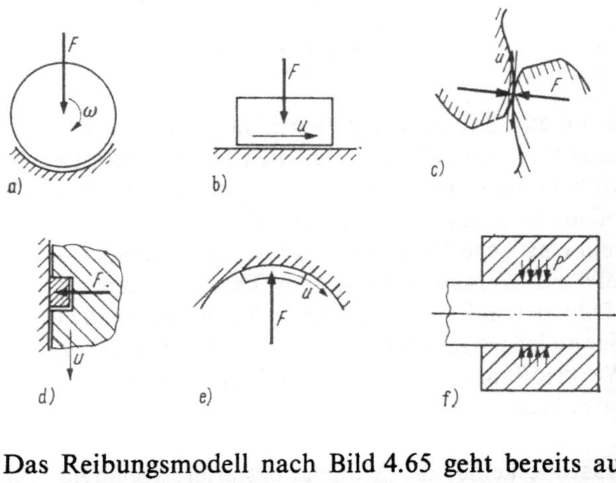

Bild 4.66
Für den Maschinenbau typische Reibpaarungen
a) Radialgleitlager; b) Gleitführung; c) Zahnradflanken; d) Kolbenring; e) Kupplungs- bzw. Bremsbelag; f) Preßsitz

Das Reibungsmodell nach Bild 4.65 geht bereits auf *Coulomb* zurück. Für diese sog. Coulombsche Reibung gilt der elementare Zusammenhang

$$F_R = \mu F_N; \qquad (4.85)$$

μ Reibungskoeffizient
F_R Reibkraft
F_N Normalkraft,

die sicher am Verschleißvorgang beteiligte Geschwindigkeit geht nicht ein.
Dieser aus den äußeren Erscheinungen des Vorgangs abgeleitete Zusammenhang kann das Wesen der Reibung und insbesondere den Verschleißmechanismus nicht erklären.

Es ist ohnehin festzustellen, daß für die Vorausberechnung des Verschleißes bisher keine ausgereifte Methode, wie etwa für die Berechnung der Dauerfestigkeit, vorliegt. Das ist aus der Komplexität des wirklichen Reibungsvorgangs heraus zu verstehen und insbesondere aus der Tatsache, daß sich erst in den letzten Jahren eine Wissenschaftsdisziplin, die Tribologie, herausgebildet hat, die die Vorgänge mit der entsprechenden Komplexität betrachtet.
Es hat sich herausgestellt, daß der Verschleiß kein rein mechanischer Vorgang ist, sondern daß thermische und chemische Prozesse entscheidend beteiligt sind. Der vorliegende Abschnitt des Buches verfolgt nicht das Ziel, diese Zusammenhänge darzustellen. Dazu sei auf die spezielle Literatur verwiesen [4.11] [4.12]. Dieser Abschnitt soll den Verschleiß als eine der Versagensformen einordnen.
Natürlich haben auch mechanische Verschleißmodelle ihre Berechtigung, zumal sie eine gewisse Anschaulichkeit ermöglichen und hier Bezüge zum Bruch- und Fließversagen gestatten. Bei mikroskopischer Betrachtung stellen sich die Festkörperflächen, die mit oder ohne Schmiermittel aufeinander einwirken, wie im Bild 4.67a gezeigt, dar.

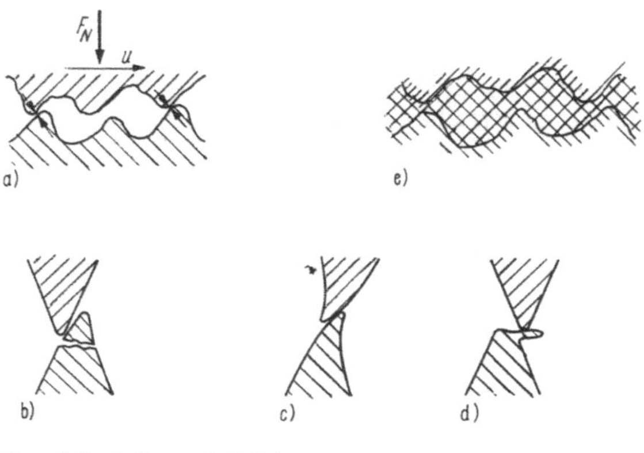

Bild 4.67
Mikroskopische Reibflächendarstellung
a) Zusammenwirken der realen Festkörperoberflächen
b) Abtrennen von Werkstoffteilchen
c) elastische Berührung
d) vollplastische Reibung
(b–d: schematische Modelle)
e) Trennung der Festkörperoberflächen bei einer Flüssigkeitsreibung

Das Modell nach Bild 4.67b geht davon aus, daß zunächst die technologisch unvermeidbare Oberflächenrauhigkeit zum Abtrennen von Werkstoffteilchen führt, wobei in Abhängigkeit vom Bruch- oder Gleitwinkel immer wieder neue Rauhigkeiten entstehen, die sich jedoch auf eine in der Werkstoffstruktur begründete Rauhtiefe einstellen.
Das Modell nach Bild 4.67c setzt rein elastische Deformationen voraus, die aber offensichtlich infolge Dauerbruch ebenfalls zur Werkstoffabtrennung führen müssen.
Das Modell nach Bild 4.67d beschränkt sich auf vollplastische Deformationen, die theoretisch beim Zusammenwirken zweier gleichartiger Oberflächen einen Glättungsvorgang bewirken können. Sind jedoch die Werkstoffvorsprünge der einen Fläche härter bzw. von größerer Festigkeit als die der Gegenfläche, so wird die eine Fläche ständig von sog. Mikroschneiden durchfurcht.
In der Praxis wird durch reale Werkstoffe keines der Modelle bestätigt; abhängig von den jeweils vorliegenden Bedingungen wird immer eine Kombination der Modelle bzw. Vorgänge zutreffend sein.
Bild 4.67e schließlich zeigt ein Modell, das jeder Konstrukteur anstreben sollte, wenn es darum geht, Reibung und Verschleiß zu mindern: Durch besondere konstruktive Maßnahmen wird soviel Schmiermittel in den Spaltraum gebracht, daß die Oberflächen der Festkörper durch entsprechende hydrostatische oder hydrodynamische Drücke getrennt bleiben. Der Reibungsvorgang verläuft dann im Idealfall völlig verschleißfrei. Allerdings entscheidet auch hier die Ökonomie, ob ein solcher Aufwand betrieben werden sollte. Dieses Modell ist unter anderem Gegenstand der Lagertechnik (vgl. [4.4]).

Ein besonders gefürchteter Verschleißvorgang ist das sog. *Fressen*. Hierbei kommt es zum Verschweißen von Oberflächenrauhigkeiten und zum anschließenden Abtrennen nach Bild 4.67b. Durch thermische Verfestigung nimmt die Oberflächenrauhigkeit zu, bis die äußeren Kräfte nicht mehr ausreichen, um den Abtrennvorgang auszulösen. Die Flächen bleiben verschweißt. Havarien größeren Ausmaßes sind meistens die Folge.

4.5.7.2. Gesetzmäßigkeiten des Verschleißes

Der in Maschinen auftretende Verschleiß (s. z. B. Bilder 4.66a bis d) zeigt vom Funktionsbeginn bis zum Versagen typische Gesetzmäßigkeiten.
Nach einer *Einlaufphase*, in der es durch Werkstoffabtrennung und durch plastische Vorgänge zu einer Glättung der Rauhigkeiten kommt, geht der Verschleißvorgang in der Regel in eine stationäre Phase über (Bild 4.68).

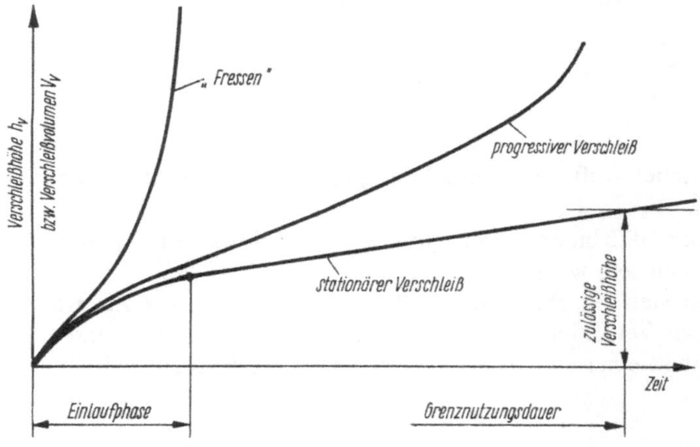

Bild 4.68
Zeitlicher Verschleißverlauf

Die Nutzungsdauer wird begrenzt durch ein unzulässiges Verschleißvolumen, das sich meistens in unzulässigen *Spielen* äußert. Diese Grenze kann in der stationären Verschleißphase liegen. Es ist aber auch z. B. infolge zu großer Spiele, verbunden mit Stoßbelastungen, der Übergang in eine progressive Verschleißphase möglich, die dann zwangsläufig die Funktionsfähigkeit beendet.
Die Verschleißhochlage durch *Fressen* tritt meistens in der Einlaufphase auf, kann aber auch infolge Überlastung oder Fremdkörpereinwirkung während der stationären Phase einsetzen.
Unproblematisch ist die Berechnung des stationären Verschleißvolumens V_v:

$$V_v = V_{vo} t; \tag{4.86}$$

V_{vo} Verschleißvolumen/Zeiteinheit
t Zeit.

Das Problem liegt in der Bestimmung des Verschleißvolumens V_{vo}. Das kann praktisch nur experimentell erfolgen. Zur Verallgemeinerung solcher Werte erweist sich die in [4.11] eingeführte Reibungsarbeit

$$W_R = F_R s_R \tag{4.87}$$

bzw.

$$W_R = \mu F_N s_R; \tag{4.88}$$

s_R Reibweg

als zweckmäßig. In Anlehnung an die Berechnungsverfahren für Wälzlager können auch Gleichungen der Form

$$W_R = CF_N^p s_R; \tag{4.89}$$

p Exponent, z.B. $p = 10/3$ für Wälzlager

definiert werden, die eine gewisse Analogie zur Wöhler-Linie aufweisen, wenn für das Versagen $W_R = $ konst. gilt. Hierauf wird im nächsten Teilabschnitt noch eingegangen.
In Weiterführung dieser Überlegungen definierte *Fleischer* [4.13] eine Reibungsenergiedichte, die wir in der Form

$$e_R = \frac{W_R}{V_{vo}} = \frac{\mu F_N s_R}{V_{vo}} \tag{4.90}$$

schreiben können. Die ebenfalls von *Fleischer* eingeführte Verschleißintensität

$$I_h = \frac{h_v}{s_R} \quad \text{bzw.} \quad \frac{V_v}{s_R}; \tag{4.91}$$

h_v Verschleißhöhe

ergibt dann bei logarithmischer Auftragung in Abhängigkeit von der Reibungsenergiedichte Geraden (Bild 4.69).
Es kann eingeschätzt werden, daß nach dieser Methodik in Zukunft eine quantitative Verschleißberechnung möglich sein wird.
Im Hinblick auf die im nächsten Abschnitt angestellten Überlegungen zur Zuverlässigkeit sei erwähnt, daß auch das Verschleißvolumen völlig gleichartiger Bauteile und damit das Versagen durch Verschleiß einer statistischen Verteilung unterliegt (Bild 4.70).

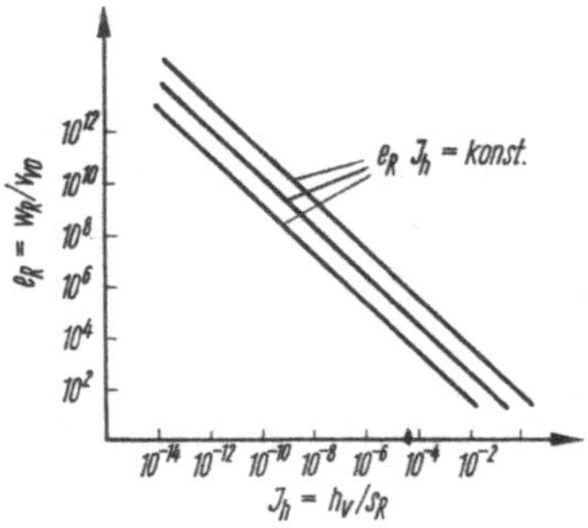

Bild 4.69. Zusammenhang zwischen Verschleißintensität und Reibungsenergiedichte

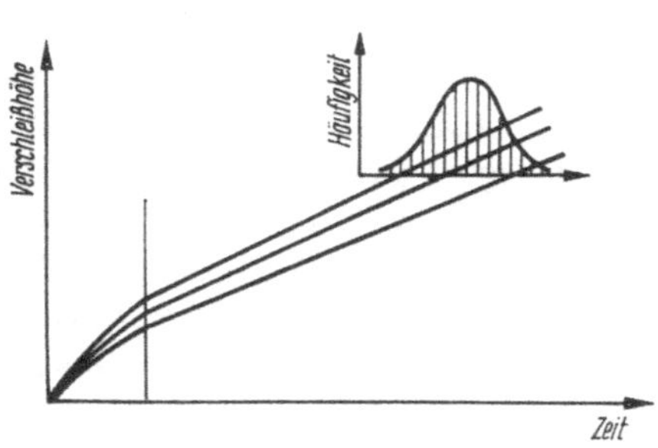

Bild 4.70. Statistische Verteilung des Verschleißes

Auch für das Eintreten des *Fressens* gibt es Berechnungsansätze. Am bekanntesten dürfte die sog. *Blitztemperaturtheorie* [4.12] sein.
Die sicherste Maßnahme, um das *Fressen* zu verhindern, ist der sog. *Härtesprung*.
Bei hochbelasteten Zahnrädern z.B. sind unbedingt die Zahnflanken des einen Rades zu härten.
Eine Welle aus hochfestem Stahl sollte unbedingt mit einer weichen Lagerschale zusammenwirken. Zinn- und Bleilegierungen haben sich hier bewährt, wenn außerdem ein stabiler Schmierfilm vorhanden ist. Auch Bronzen und selbst Grauguß, gepaart mit Stahl, erweisen sich als sehr verschleißfest.

Ein weites Feld erschließen heute die Kunststoffe als verschleißfeste Paarung mit Stahl sowohl in Lagern und Gleitführungen als auch in Reibkupplungen und Bremsen.
Bei der Auslegung von Reib- und Verschleißflächen beschränkt sich die Berechnung in der Konstruktionsphase meistens noch auf die Überprüfung der zulässigen Flächenpressung. Die zulässige Gleitgeschwindigkeit wird teilweise mit Rücksicht auf die Wärmeentwicklung angegeben.
In Tafel 4.18 ist eine kleine Auswahl verschleißfester Werkstoffe, die sich vorzugsweise zur Paarung mit Stahl eignen, zusammengestellt.

Tafel 4.18. Auswahl verschleißgünstiger Werkstoffe (Paarung mit Stahl)

Werkstoff	Zusammensetzung	$p_{zul\ (max)}$ N/mm²	Stahl gehärtet/ungehärtet	Schmierung
Weißmetalle				
WM80	Sn (80%), Sb, Cu	30	ungehärtet	
WM10	Sn (10%), Pb (73) Sb, Cu	25	ungehärtet	Öle
Bronzen				
Bleibronze	z. B. CuPb25	35	ungehärtet/gehärtet	
Zinnbronze	z. B. CuSn10Zn4	45	gehärtet	Öle bzw. Fette
Al-Bronze	z. B. AlSi12CuNi	60	gehärtet	
Grauguß	z. B. GG-26	20	gehärtet	Fette
Kunststoffe				
Polyamid H		15	ungehärtet/gehärtet	
Epilox E 61		30	ungehärtet/gehärtet	
Weich-Gummi		5	ungehärtet	Wasser

Es sei auch darauf hingewiesen, daß bei der Übertragung einer schwingenden Belastung außerdem die Dauerfestigkeit der Werkstoffe ausreichend sein muß.
Die Verschleißfestigkeit kann auch durch chemische Einwirkung auf die Oberflächen verbessert werden, wie gezielte Beimischungen in Ölen (Additivs) beweisen.

4.5.8. Zur Berechnung von Lebensdauer und Zuverlässigkeit

4.5.8.1. Übersicht; Grundbegriffe der Zuverlässigkeitstheorie

Im Abschn. 4.5. wurden in den bisherigen Ausführungen Formen des Versagens von Konstruktionselementen wie

- Versagen durch Bruch oder Fließen
- Versagen durch Verformung bzw. Instabilität
- Versagen durch Verschleiß

dargestellt und – soweit möglich – einer Berechnung zugänglich gemacht.
Es konnte jedoch keine Aussage über eine endliche Lebensdauer getroffen werden; das Ergebnis waren lediglich *Sicherheiten*, die Zeit ging in die bisherigen Rechnungen nicht ein.
Gegenwärtig wird immer häufiger die Frage nach der Lebensdauer und der Zuverlässigkeit einer Konstruktion gestellt. Die Zuverlässigkeitstheorie hat sich insbesondere aus den Bedürfnissen der Elektronik, der Luft- und der Raumfahrt entwickelt.

Im vorliegenden Buch soll der Versuch unternommen werden, eine kurze Darstellung der Zuverlässigkeitstheorie zu geben und diese insbesondere – und das dürfte neu sein – auf die Vorausberechnung der Zuverlässigkeit und Lebensdauer von Konstruktionselementen des Maschinenbaus zuzuschneiden. Einige Ideen gehen dabei auf Prof. *Gnilke*, Freiberg, zurück, der ebenfalls an dieser Problematik arbeitet. Ihm sei für die Überlassung unveröffentlichter Manuskripte gedankt.

Dabei kann keine umfassende und abgeschlossene Methode vorgelegt werden, da z.Z. noch einige Teilfragen ungeklärt sind und auch statistisches Material zum *Versagen* weitgehend fehlt. Dem Leser sollen neben einigen Grundzusammenhängen mögliche Entwicklungsrichtungen gezeigt werden. Die Grundlagen der Zuverlässigkeitstheorie sind in meist mathematisch angelegten Publikationen (z.B. [4.14]) und insbesondere in Anwendung auf elektronische Systeme wiederholt dargestellt worden.

Grundbegriffe der Zuverlässigkeit und Qualitätskontrolle sind auch nach Standard festgelegt.

So wird z.B. die *Zuverlässigkeit* als „*...die Eigenschaft, vorgeschriebene Funktionen oder vorgegebene Werte festgelegter Parameter für eine bestimmte Zeit zu erfüllen...*" definiert. Außerdem ist „*... ‚Ausfall' die nach dem Beanspruchungsbeginn durch Änderung entstandene unzulässige Abweichung mindestens eines Merkmals*".

Die Zuverlässigkeitstheorie befaßt sich mit den Gesetzmäßigkeiten dieser Ausfälle.

Wird als *unzulässige Abweichung* eines Merkmals z.B. die Verschleißhöhe (s. Bild 4.68) angesehen, so wird durch statistische Verteilung der Betriebsbedingungen die Zeit bis zum *Ausfall* ebenfalls statistisch verteilt sein (Bild 4.70).

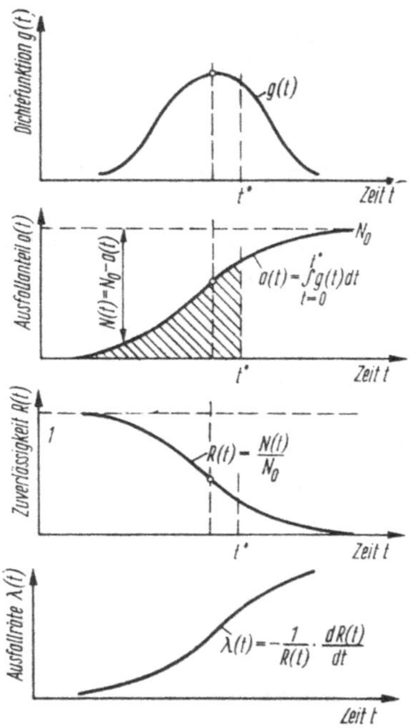

Bild 4.71
Zusammenhang zwischen den Kenngrößen der Zuverlässigkeitstheorie

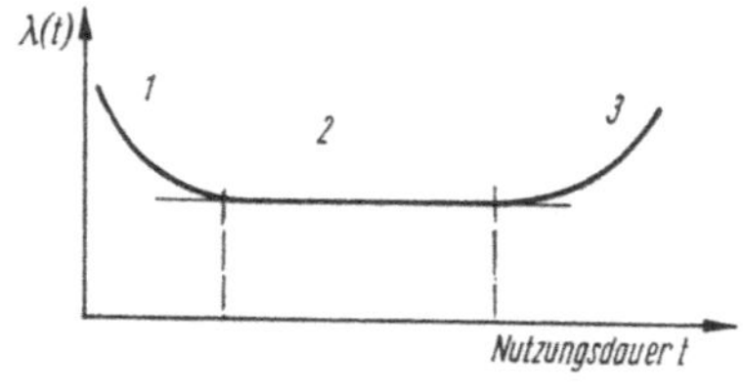

Bild 4.72. Typischer Verlauf der Ausfallrate während der Nutzungsdauer („Badewannenkurve")

1 Frühausfälle; *2* Normalausfälle; *3* Spätausfälle

Die *Ausfallhäufigkeit* oder *Dichtefunktion* $g(t)$ beschreibt die Zahl der Ausfälle in der Zeiteinheit z.B. mit Hilfe der Gaußschen Normalverteilung oder anderer noch zu untersuchender Verteilungsfunktionen.

Ausgehend von der Dichtefunktion lassen sich weitere Kenngrößen der Zuverlässigkeitstheorie ableiten (Bild 4.71).

Das Integral der Dichtefunktion $g(t)$ über der Zeit ergibt den *Ausfallanteil* $a(t)$

$$a(t) = \int_{t=0}^{t^*} g(t)\,\mathrm{d}t \tag{4.92}$$

bzw.

$$g(t) = \frac{\mathrm{d}a(t)}{\mathrm{d}t}, \tag{4.93}$$

und der Anfangsbestand N_0, vermindert um den Ausfallanteil, ergibt den *Bestandanteil* $N(t)$

$$N(t) = N_0 - a(t), \tag{4.94}$$

der in bezug auf den Anfangsbestand N_0 als *Zuverlässigkeitsfunktion* $R(t)$ bezeichnet wird:

$$R(t) = \frac{N(t)}{N_0} = 1 - \frac{1}{N_0}\int_{t=0}^{t^*} g(t)\,\mathrm{d}t. \tag{4.95}$$

Eine wesentliche und häufig benutzte Kenngröße ist die *Ausfallrate* $\lambda(t)$, die die Dichtefunktion $g(t)$ auf den Bestandanteil $N(t)$ bezieht. Es gilt

$$\lambda(t) = \frac{g(t)}{N(t)} = -\frac{1}{R(t)}\frac{\mathrm{d}R(t)}{\mathrm{d}t}. \tag{4.96}$$

Sie ist insofern interessant, als sie in vielen Fällen für ein relativ großes Zeitintervall eine praktisch konstante Kenngröße ist.
Analysen des Ausfalls von Funktionselementen (insbesondere elektronischer Elemente wie Transistoren, Widerstände u.a.) haben ergeben, daß die Ausfallrate eine günstige Möglichkeit bietet, das Zuverlässigkeitsverhalten zu klassifizieren (Bild 4.72).
Im Bild 4.72 ist erkennbar, daß sich dem für viele Konstruktionselemente konstanten Bereich der Ausfallrate $\lambda(t)$ in der Einlaufzeit sog. *Frühausfälle* und nach dem Überschreiten z.B. unzulässiger Verschleißgrenzen *Spätausfälle* überlagern.
Der Bereich der *Normalausfälle* ($\lambda(t) = \text{konst.}$) kann zum Ausgangspunkt der mathematischen Beschreibung des Ausfallverhaltens gemacht werden.
Wegen

$$\lambda(t) = \lambda = \text{konst.}$$

gilt nach Gl. (4.96)

$$\frac{1}{R(t)}\frac{\mathrm{d}R(t)}{\mathrm{d}t} = -\lambda$$

bzw.

$$\frac{\mathrm{d}R(t)}{\mathrm{d}t} + \lambda R(t) = 0. \tag{4.97}$$

Als Lösung dieser Differentialgleichung ergibt sich die *Exponentialverteilung*

$$R(t) = \mathrm{e}^{-\lambda t}. \tag{4.98}$$

In der Anpassungsfähigkeit variabler ist die *Weibull-Verteilung*, die durch Einführung des zusätzlichen Parameters β gewonnen wird:

$$R(t) = \mathrm{e}^{-(\alpha t)^{\beta}}, \tag{4.99}$$

wobei außerdem λ durch α ersetzt wird.

Durch geeignete Wahl der Parameter α und β ist es möglich, z. B. den Bereich der Früh- und Spätausfälle der *Badewannenkurve* nach Bild 4.72 anzunähern.
Der Vollständigkeit halber sei auch die Gaußsche Verteilung angegeben, die in der bereits bekannten Normalform für die Beschreibung der Dichtefunktion $g(t)$ geeignet ist:

$$g(t) = \frac{a}{\sqrt{\pi}} \, e^{-a^2(t-t_m)^2}. \tag{4.100}$$

Sind diese Grundgrößen der Zuverlässigkeit, insbesondere die Zuverlässigkeitsfunktion $R(t)$, bekannt, so ist es nicht schwierig, die Lebensdauer zu berechnen bzw. festzulegen. Kennzeichnend sind

- die mittlere Lebensdauer und
- die nominelle Lebensdauer.

Als mittlere Lebensdauer ist die Zeit definiert, in der 50% der Elemente ausgefallen sind, d. h., es gilt

$$R(t_m) = 0{,}5. \tag{4.101}$$

Die nominelle und der Rechnung meistens zugrunde zu legende Lebensdauer wird nach technischen, sicherheitsmäßigen und ökonomischen Erwägungen festgelegt. Für Wälzlager z. B. ist die nominelle Lebensdauer die Zeit, in der 10% der Lager ausfallen werden, d.h., es gilt

$$R(t_n) = 0{,}9. \tag{4.102}$$

Am Beispiel des Wälzlagers – es ist z. Z. das einzige konventionelle Konstruktionselement des Maschinenbaus, das nach der Lebensdauer ausgelegt wird – seien einige konkrete Überlegungen angestellt:

Experimentell ermittelte Zuverlässigkeitsfunktionen für Wälzlager entsprechen sehr gut der Weibull-Verteilung

$$R(t) = e^{-(0{,}73t)^{1{,}18}}$$

mit $t = N/N_m$.
Mit $R = 0{,}9$ ergibt sich für die nominelle Lebensdauer

$$t_n \approx 0{,}2,$$

d. h., die der Rechnung zugrunde zu legende Lebensdauer beträgt – wie bekannt sein mag – ein Fünftel der mittleren Lebensdauer (Bild 4.73).
Vergleichsweise ergibt die hier weniger gut zutreffende, aber rechnerisch einfacher zu handhabende Exponentialverteilung mit $R = 0{,}5$ für $t = N/N_m = 1$ die Größe $\lambda = 0{,}69$.
Für $R = 0{,}9$ ergäbe sich auf dieser Basis die nominelle Lebensdauer zu $t_n = 0{,}15$.

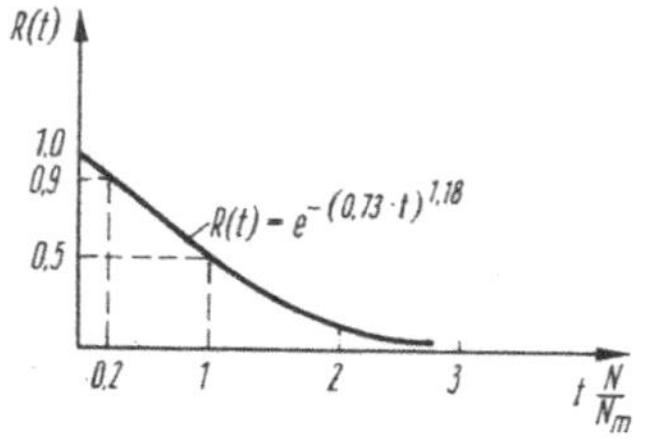

Bild 4.73
Weibull-Verteilung für Wälzlager

Im folgenden soll untersucht werden, inwieweit sich diese Grundgesetzmäßigkeiten der Zuverlässigkeitstheorie auf die Problematik des Versagens durch Dauerbruch und Verschleiß anwenden lassen.

4.5.8.2. Lebensdauer und Zuverlässigkeit bei periodisch schwingender und stochastischer Belastung

Nachdem die Dimensionierung gegen Dauerbruch bereits ausführlich behandelt wurde, soll das Versagen durch Dauerbruch unter dem Aspekt von Lebensdauer und Zuverlässigkeit untersucht werden.
Ausgangspunkt der Überlegungen soll wiederum das Wöhler-Diagramm sein, das im Abschn. 4.5.3. bereits dargestellt wurde.
Es sollen zunächst zwei Fragen beantwortet werden:

- Wie ist die Wöhler-Kurve mathematisch zu beschreiben?
- Welchen Häufigkeitsverteilungen unterliegt die Wöhler-Kurve?

Die Wöhler-Kurven lassen sich im Zeitfestigkeitsbereich durch die Gleichung

$$\sigma^p N = \text{konst.} \tag{4.103}$$

darstellen, wobei für den Exponenten p Werte im Bereich von $3 \leqq p \leqq 16$ festgestellt wurden [4.9]. (Es sei auf die analoge Beziehung zwischen Belastung und Lebensdauer für den komplexen Verschleiß in Wälzlagern verwiesen, für die $p = 10/3$ gilt.)
Gl. (4.103) läßt auch erkennen, daß die Wöhler-Kurve im Zeitfestigkeitsbereich bei logarithmischer Auftragung eine Gerade wird.
Bild 4.74 zeigt das Wöhler-Diagramm für verschiedene Ruhegrade r.
Schwieriger ist die Frage nach der statistischen Verteilung im Wöhler-Diagramm zu beantworten.

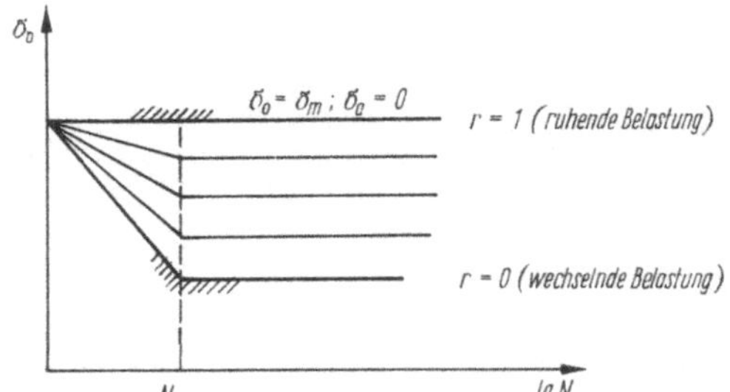

Bild 4.74. Wöhler-Diagramm für verschiedene Ruhegrade r

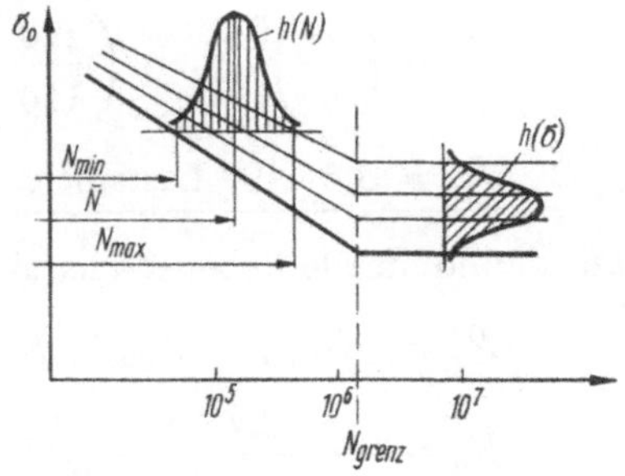

Bild 4.75. Wöhler-Diagramm mit Streufeld

Wöhler-Kurven und die daraus abgeleiteten Smith-Diagramme entsprechen einer Zuverlässigkeit von $R = 0{,}9$, d. h. ,10% der Proben bzw. Bauteile werden im Zeitfestigkeitsbereich vorzeitig bzw. auch unterhalb der Spannung σ_D ausfallen. Nach [4.9] unterliegen die Wöhler-Kurven im Zeitfestigkeitsbereich erheblichen Streuungen, die durch N_{min}/N_{max} (N_{min} entspricht $R = 0{,}9$) zu kennzeichnen sind (s. Tafel 4.19).

Tafel 4.19. Streufeldbreiten N_{min}/N_{max}

	Stahl	Leichtmetalle
$\frac{N_{min}}{N_{max}}$	1:3 bis 1:6	1:4 bis 1:7

Es erscheint logisch, daß sich auch im Dauerfestigkeitsbereich ein Streufeld in der im Bild 4.75 skizzierten Weise anschließt.
Für periodisch schwingende Belastung kann damit im Zeitfestigkeitsbereich die Lebensdauer berechnet werden. Ein einfaches Beispiel möge das veranschaulichen.

Beispiel

Für ein Konstruktionselement wurden im Schwellbereich für die Beanspruchungshöhen $\sigma_1 = 200$ N/mm² und $\sigma_2 = 120$ N/mm² die mittleren Bruchlastspielzahlen $\bar{N}_1 = 0{,}66 \cdot 10^4$ und $\bar{N}_2 = 1{,}40 \cdot 10^5$ ermittelt.
Die Streufeldbreite wurde mit $N_{\min}/N_{\max} = 1/5$ abgeschätzt, wobei gilt $N_{\min} = N_n$ mit einer Zuverlässigkeit $R = 0{,}9$.
Gesucht ist die nominelle Lebensdauer N_n für das Beanspruchungsniveau von $\sigma = 150$ N/mm².

Lösung:

Der Wöhler-Kurven-Exponent p kann entsprechend Gl. (4.103) aus

$$\left(\frac{\sigma_1}{\sigma_2}\right)^p = \bar{N}_2/\bar{N}_1 \tag{4.104}$$

bzw.

$$p = \lg \bar{N}_2/\bar{N}_1 \lg \sigma_2/\sigma_1$$

ermittelt werden. Aus den gegebenen Daten folgt

$$\underline{p = 6{,}0}.$$

Ebenso gilt für die mittlere Lebensdauer der Beanspruchungshöhe z. B. mit σ_2 und $\bar{N}_2$

$$\bar{N}_\sigma = \left(\frac{\sigma_2}{\sigma}\right)^p \bar{N}_2 = \left(\frac{120}{150}\right)^6 \cdot 1{,}4 \cdot 10^5$$

$$\underline{\bar{N}_\sigma = 3{,}6 \cdot 10^4 \text{ Lastspiele,}}$$

woraus die nominelle Lebensdauer sich nach

$$\bar{N}_\sigma = \tfrac{1}{2}(N_{\min} + N_{\max});\; N_{\min} = N_n$$

zu

$$N_n = \frac{2\bar{N}_\sigma}{1 + N_{\max}/N_{\min}} = \frac{2 \cdot 3{,}6 \cdot 10^4}{1 + 5}$$

$$\underline{\underline{N_n = 1{,}2 \cdot 10^5 \text{ Lastspiele}}}$$

errechnet.
Im Dauerfestigkeitsbereich ist nur die Berechnung einer Schadenswahrscheinlichkeit (s. Abschn. 4.5.4.1.) möglich, wobei der Schaden dann etwa für die Grenzlastspielzahl N_0 auftreten würde. Nur für die Schadenswahrscheinlichkeit $P_{\text{Schaden}} \to 0$ wird der Dauerfestigkeitsbereich durchlaufen.
Anders stellt sich die Problematik bei schwingender Belastung mit Überlastungen oder stochastischer Belastung dar. Hier ergeben sich Lebensdauerwerte, die durchaus oberhalb der Grenzlastspielzahl ein Versagen zulassen. Das Problem besteht in der *Schadensakkumulation* der auf verschiedenem Belastungsniveau sich überlagernden Anteile (s. Abschnitt 4.5.2.).

Die am häufigsten angewendete und ingenieurmäßig interessanteste Schädigungstheorie ist die auf *Miner* (z. B. [4.9]) zurückgehende Theorie der linearen Schadensakkumulation. Die Theorie geht davon aus, daß eine Probe bzw. ein Konstruktionselement während des Ermüdungsvorgangs Arbeit aufnimmt, die als Maß für die im Werkstoffgefüge eingetretene Schädigung gelten soll.

Ist W die nach N Lastspielen (Einstufenversuch) im Wöhler-Diagramm zum Bruch führende Energie, so soll die gleiche Energiemenge für ein Belastungskollektiv zum Bruch führen.

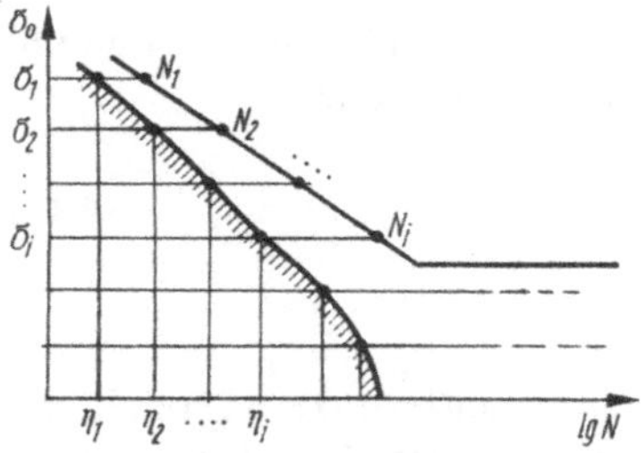

Bild 4.76
Belastungskollektiv im Wöhler-Diagramm

Sind $w_1, w_2, \ldots, w_i, \ldots, w_j$ die Teilenergien für die Beanspruchungshöhen $\sigma_1, \sigma_2, \ldots, \sigma_i, \ldots, \sigma_j$, so gilt (Bild 4.76)

$$w_1 + w_2 + w_3 + \ldots + w_j = W, \tag{4.105}$$

wobei die Energien einer Beanspruchungshöhe proportional mit den Lastspielzahlen zunehmen (Bild 4.76)

$$\frac{w_i}{W} = \frac{n_i}{N_i}. \tag{4.106}$$

Aus den Gln. (4.105) und (4.106) folgt

$$\frac{n_1}{N_1} W + \frac{n_2}{N_2} W + \ldots + \frac{n_j}{N_j} W = W, \tag{4.107}$$

d. h., es gilt

$$\sum_{i=1}^{i=j} \frac{n_i}{N_i} = 1. \tag{4.108}$$

Miner schränkt den Geltungsbereich insofern ein, als alle $\sigma_i > \sigma_D$ sein sollen. Offensichtlich bringen alle $\sigma_i < \sigma_D$ wegen $N_i \to \infty$ für diese Beanspruchungshöhen bei endlichen n_i keinen Summenanteil. Da diese Beanspruchungsanteile jedoch zur Schädigung beitragen, wird zweckmäßig mit der in den Dauerfestigkeitsbereich hinein verlängerten Geraden für den Zeitfestigkeitsbereich gerechnet.

Für die praktische Lebensdauerberechnung ist Gl. (4.108) noch aufzubereiten.

Wurden aus der Klassierung einer stochastischen Belastung die Lastspiele n_i^* für die Beanspruchungshöhen entsprechend der zugrunde gelegten Klassen ermittelt, so sind diese sicher kleiner als die zum Bruch führenden Lastspielzahlen n_i eines Belastungskollektivs, d. h., es gilt für die zum Bruch führende Lebensdauerlastspielzahl N_L

$$N_L = \sum_{i=1}^{i=j} n_i = 1/\alpha \sum_{i=1}^{i=j} n_i^* \tag{4.109}$$

und ebenso analog zu Gl. (4.108)

$$\alpha = \sum_{i=1}^{i=j} \frac{n_i^*}{N_i}. \tag{4.110}$$

Wird α eliminiert, so ergibt sich

$$N_L = \frac{\Sigma n_i^*}{\Sigma n_i^*/N_i}. \tag{4.111}$$

Mit Hilfe der Gl. (4.104) können die N_i durch die Beanspruchungshöhen σ_i und den vom Ruhegrad r abhängigen Exponenten p ausgedrückt werden. Es gilt dann

$$N_L = \frac{\Sigma n_i^*}{\Sigma n_i^* \left(\frac{\sigma_i}{\sigma_0}\right)^p} N_0, \tag{4.112}$$

wobei σ_0 und N_0 durch einen Punkt der Wöhler-Kurve im Zeitfestigkeitsbereich, z. B. den Übergangspunkt vom Zeitfestigkeits- zum Dauerfestigkeitsbereich, festgelegt wird. Eine Gl. (4.112) analoge Lebensdauerbeziehung, allerdings p durch $a = (0,8 \ldots 0,9)\,p$ ersetzt, wurde auf anderem Weg von *Corten* und *Dolan* [4.9] abgeleitet, wobei a aus Versuchen ermittelt wurde. Im folgenden soll ein weiteres Beispiel die Lebensdauerberechnung nach der Theorie der linearen Schadensakkumulation entsprechend Gl. (4.111) demonstrieren.

Beispiel (nach [4.9])

Die Klassierung der Beanspruchung eines Bauteils ergab die in Tafel 4.20 dargestellte Kollektivverteilung. Die Belastung der Stufe 1 entspricht einer Spannung von 200 N/mm². Gesucht ist die Lebensdauer N_L.

Tafel 4.20. Berechnungsbeispiel zur Lebensdauer

Belastungskollektiv nach Messung	Stufe	1	2	3	4	5	6	7
	σ_i/σ_1	1,000	0,883	0,765	0,648	0,530	0,412	0,294
	n_i^*	1	4	15	50	130	260	490
	σ_i	200	177	153	130	106	82	...
Vorhandene Wöhler-Kurve	N_i	$5{,}9 \cdot 10^4$	$11{,}0 \cdot 10^4$	$23{,}0 \cdot 10^4$	$55{,}0 \cdot 10^4$	$230 \cdot 10^4$	∞	∞
	n_i^*/N_i	$0{,}170 \cdot 10^{-4}$	$0{,}364 \cdot 10^{-4}$	$0{,}652 \cdot 10^{-4}$	$0{,}908 \cdot 10^{-4}$	$0{,}565 \cdot 10^{-4}$	0	0

Belastungskollektiv nach Messung	Stufe	8	9	
	σ_i/σ_1	0,177	0,059	
	n_i^*	750	800	$\Sigma n_i^* = 2500$
	σ_i	...	...	
Vorhandene Wöhler-Kurve	N_i	∞	∞	
	n_i^*/N_i	0	0	$\Sigma n_i^*/N_i = 2{,}659 \cdot 10^{-4}$

Lösung

Einer dem Bauteil entsprechenden Wöhler-Kurve werden die den Stufen entsprechenden N_i-Werte entnommen. Die σ_i werden dazu mit dem Wert $\sigma_1 = 200$ N/mm² aus den relativen Stufenbeanspruchungen errechnet (s. ebenfalls Tafel 4.20). Nach Berechnung der Summen Σn_i^* und $\Sigma n_i^*/N_i$ folgt die Lebensdauer nach Gl. (4.111) zu

$$N_L = \frac{2500}{2,659 \cdot 10^{-4}} = \underline{\underline{9,40 \cdot 10^6 \text{ Lastspiele.}}}$$

Damit ist die Lebensdauerberechnung bei stochastischer Belastung zumindest für konstanten Ruhegrad als methodisch gelöst anzusehen.
Es bleibt die Beantwortung der Frage nach der Zuverlässigkeit von Konstruktionen bei stochastischer Belastung; verbal ist die Antwort relativ einfach zu geben: Voraussetzung ist die Kenntnis der Wöhler-Kurve einschließlich ihrer statistischen Streubreite und Ausfalldichte $h(N)$ bzw. $g(t)$. Nach Gl. (4.95) sind daraus durch Integration Linien gleicher Zuverlässigkeit $R(t)$ zu gewinnen.
Bei stochastischer Belastung liegt nun die Zuverlässigkeit vor, die der Zuverlässigkeit der der Lebensdauerberechnung zugrunde gelegten Wöhler-Kurve entspricht.
Die Benutzung der Akkumulationsgleichungen kann umgangen werden, indem im sog. *Random-Versuch* die Wöhler-Kurve für die speziell vorliegende stochastische Belastung ermittelt wird [4.9].

4.5.8.3. Zuverlässigkeit von Konstruktionen mit mehrfachen Schädigungsbereichen

Von der konventionellen Festigkeitslehre her ist bekannt, daß Bauteile mehrere *gefährdete Querschnitte* oder im Hinblick auf die Zuverlässigkeit verschiedene *Schädigungsbereiche* haben können.

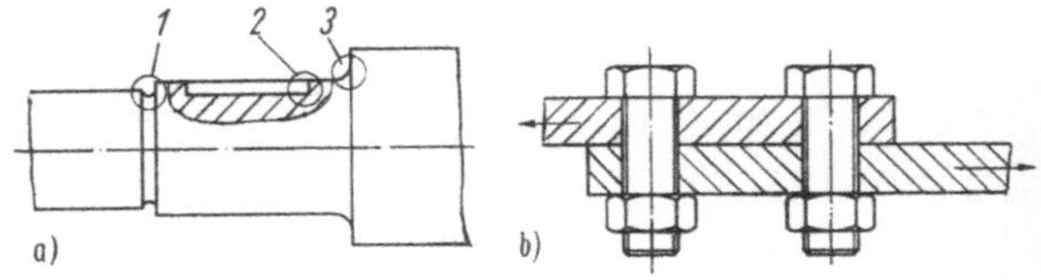

Bild 4.77
Welle und Schraubenverbindung als Beispiele für die Systemzuverlässigkeit

Bild 4.77 zeigt eine Welle, für die die Schädigungsbereiche 1, 2 und 3 festgestellt wurden. Liegt stochastische Belastung vor, so lassen sich nach den im Abschn. 4.5.8.2. angestellten Überlegungen unter der Bedingung gleicher Lebensdauer die Zuverlässigkeiten R_1, R_2 und R_3 berechnen. Es steht die Frage nach der *Gesamtzuverlässigkeit* der Welle.
Im Bild 4.77 ist außerdem eine Schraubenverbindung, bestehend aus zwei Schrauben mit der Zuverlässigkeit $R_1 = R_2$, dargestellt. Auch hier ist die Gesamtzuverlässigkeit zu berechnen.

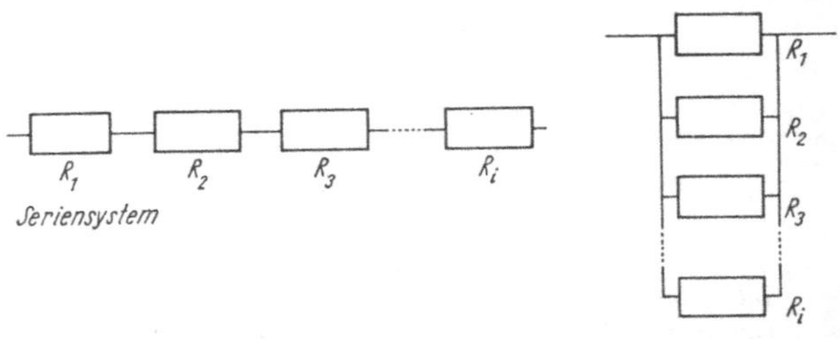

Bild 4.78
Serien- und Parallelsysteme

In der Theorie der Zuverlässigkeit von Systemen wird unterschieden zwischen Serien- und Parallelsystemen mit den Zuverlässigkeiten R_i der Teilsysteme (Bild 4.78).
Serien- und Parallelsysteme unterscheiden sich durch das Ausfallverhalten:
Beim Seriensystem (oder *nichtredundanten* System) führt der Ausfall eines Teilsystems zum Ausfall des Gesamtsystems, während beim Parallelsystem (*redundanten* System) die Funktion eines ausgefallenen Teilsystems von den verbleibenden Teilsystemen mit übernommen wird.
Es ist nun unschwer zu erkennen, daß für das Beispiel *Welle* ein Schaden im Bereich 1, 2 *oder* 3 jeweils zum Ausfall der Welle führt, während beim Beispiel *Schraubenverbindung* der Ausfall einer Schraube zumindest für eine bestimmte Zeit durch Funktionsübernahme der anderen Schraube die Funktionsfähigkeit der Verbindung sichert.
Wie ist nun in beiden Fällen die Gesamtzuverlässigkeit aus den Einzelzuverlässigkeiten zu berechnen?
Für die *Serienschaltung* von zwei Elementen mit den Zuverlässigkeiten R_1 und R_2 überlebt zur Zeit t^* der Anteil $R_1(t^*)$ des Elements 1. In Funktion ist jedoch nur noch der Anteil, der mit überlebenden Elementen $R_2(t^*)$ gekoppelt ist.
Es gilt also

$$R_{ges} = R_1 R_2 \tag{4.113}$$

oder, für n Elemente oder Schadensbereiche,

$$R_{ges} = \prod_{i=1}^{i=n} R_i. \tag{4.114}$$

Diese Gesetzmäßigkeit ist das bekannte *Produktgesetz* bei Serienschaltung, die ebenso auf entsprechende Konstruktionen mit mehrfachen Schädigungsbereichen anzuwenden ist. Bild 4.79 veranschaulicht diesen Sachverhalt.

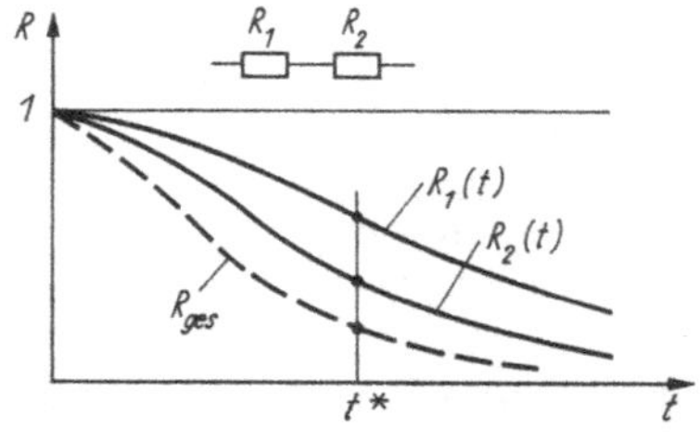

Bild 4.79
Gesamtzuverlässigkeit beim Seriensystem

Man merke den Grundsatz: *Die Gesamtzuverlässigkeit eines Seriensystems ist immer kleiner als die des Teilsystems mit der kleinsten Teilzuverlässigkeit.* Es wird also zweckmäßig am schwächsten Element mit der Entwicklungsarbeit begonnen; auch sollte die Zahl der anfälligen Teilsysteme bzw. der Schädigungsbereiche möglichst klein gehalten werden.
Für den Fall der Funktionsübernahme durch Nachbarelemente, d.h. für *Parallelsysteme*, wird zweckmäßig vom Ausfallanteil $a(t)$ ausgegangen (Bild 4.80).

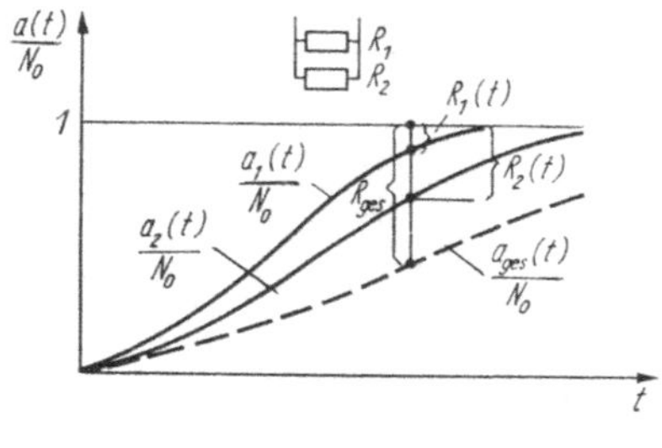

Bild 4.80
Gesamtzuverlässigkeit beim Parallelsystem

Hier folgt das Produktgesetz für die Ausfallanteile, und nach Umrechnung auf die Zuverlässigkeitsfunktion ergibt sich

$$R_{\text{ges}} = 1 - \prod_{i=1}^{i=n} (1 - R_i). \tag{4.115}$$

Für redundante Systeme erhöht sich also die Gesamtzuverlässigkeit.
Komplizierte technische Gebilde lassen sich immer auf Serien- und Parallelsysteme zurückführen, wie im Bild 4.81 erkennbar ist (s. Abschn. 1.5.).
Sind die Zuverlässigkeiten der Teilsysteme bzw. Elemente bekannt, so ist die formale Berechnung der Gesamtzuverlässigkeit relativ einfach. Das Problem liegt in der Festlegung der Gesamtstruktur. Die im Abschn. 1.5. angestellten Überlegungen sind hier nur

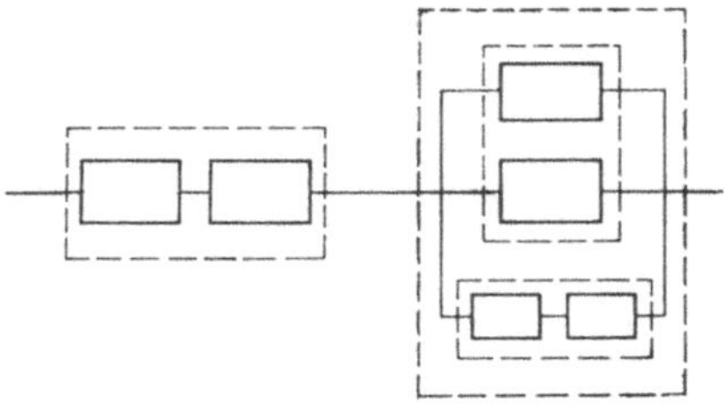

Bild 4.81
Reduktion komplizierter Systeme

bedingt anwendbar, da z.B. der Energiefluß nicht entscheidend für die Ausfall- bzw. Zuverlässigkeitsstruktur ist (ein Pkw, der eines der Räder verloren hat, ist offensichtlich insgesamt funktionsuntüchtig).

4.5.8.4. **Zusammenfassung und Ausblick**

Im Abschn. 4.5.8. wurde der Versuch unternommen, ausgehend von den Grundlagen der Zuverlässigkeitstheorie, das Ausfallverhalten schwingend und stochastisch belasteter Konstruktionselemente darzustellen und zumindest einen methodisch gängigen Weg für die Zuverlässigkeitsberechnung derartiger Konstruktionselemente abzustecken.
Die Ermittlung von Wöhler-Kurven einschließlich ihrer Streubereiche in Abhängigkeit von Stoff und Geometrie sowie eine exaktere Belastungsanalyse zeichnen sich als Schwerpunkte der zu lösenden Aufgaben ab.
Die *Sicherheitszahl* wird zunehmend wahrscheinlichkeitstheoretisch zu untermauern bzw. durch Berechnung der Zuverlässigkeit und Lebensdauer zu ersetzen sein.
Es bieten sich reale Möglichkeiten, Verschleiß, Korrosion und andere Versagensarten dieser Berechnungsmethodik zugänglich zu machen.

4.6. **Literaturverzeichnis**

[4.1] Taschenbuch Maschinenbau. Bd. 1 – Grundlagen, Teil I. 3. Aufl. Berlin: VEB Verlag Technik 1974. Grundlagen, Teil II. 3. Aufl. Berlin: VEB Verlag Technik 1975.
[4.2] *Filonenko/Boroditsch:* Festigkeitslehre, Bd. I und II. Berlin: VEB Verlag Technik 1954.
[4.3] *Szabo, I.:* Einführung in die Technische Mechanik. Berlin/Göttingen/Heidelberg: Springer-Verlag 1961.
[4.4] *Fronius, St.:* Maschinenelemente – Antriebselemente. Berlin: VEB Verlag Technik 1971.
[4.5] *Schatt, W.:* Werkstoffe des Maschinen-, Anlagen- und Apparatebaues. Leipzig: VEB Deutscher Verlag für Grundstoffindustrie 1975.

[4.6] *Schwabe, K.:* Die volkswirtschaftliche Bedeutung des Korrosionsschutzes von Stahl. Neue Hütte *14* (1969), S. 321–328.
[4.7] *Oeteren, K. A. von:* Konstruktion und Korrosionsschutz. Hannover: R. Vincentz-Verlag 1967.
[4.8] TGL 19340 – Dauerschwingfestigkeit
[4.9] Leichtbaukatalog des IfL Dresden
[4.10] *Gough/Pollard/Cleushaw:* Some Experiments on the Resistance of Metals to Fatigue under combined Stresses. London: Aeronautical Research Couns., Reports and Memoranda 1951.
[4.11] *Fleischer, G.:* Probleme der Schmierungstechnik aus analytisch-prognostischer Sicht. Wiss. Zeitschr. der TH Magdeburg *12* (1968) 4.4.
[4.12] *Kragelski, I. W.:* Reibung und Verschleiß. Berlin: VEB Verlag Technik 1971.
[4.13] *Fleischer, G.:* Arbeitsblätter Tribotechnik. TH Magdeburg.
[4.14] *Gnedenko, B. W.:* Math. Theorie der Zuverlässigkeit. Berlin: Akademie-Verlag 1968.

5. Federn

5.1. Definition, Verwendungszweck, Einteilung

Federn sind Konstruktionselemente, die durch ihre Form und ihren Werkstoff in der Lage sind, große Formänderungen auszuführen und damit mechanische Arbeit als potentielle Energie reversibel zu speichern. Diese Eigenschaft bestimmt den Verwendungszweck der Federn.
Sie ermöglicht den Energie-, Kraft- und Weg-(Abstands-)Ausgleich. Federn werden als Energiespeicher, zur Stoßminderung, als Schwingungselement, zur Kraftmessung, für kraftschlüssige Verbindungen, als Regelorgan u.a. eingesetzt. Neben dieser Federungseigenschaft haben Federn eine Dämpfung.
Dämpfung ist das Vermögen eines Konstruktionselements zur Speicherung eines Arbeitsanteils als irreversible Energie (Wärmeenergie). Man unterscheidet innere Dämpfung (Werkstoffdämpfung) und äußere Dämpfung durch Reibung der Federwindungen aneinander bzw. an den begrenzenden Bauteilen (Reibungsdämpfung).
Fedem mit hoher Dämpfung sind geeignet zur Schwingungs- und Stoßdämpfung dynamisch beanspruchter Konstruktionen.
Tafel 5.1 bringt eine Einteilung der Federn.

Tafel 5.1. Federneinteilung

- Federn
  - Metallfedern
    - Zug/Druck-Federn
    - Biegefedern
    - Torsionsfedern
  - Nichtmetallfedern
    - Zug/Druck-Federn
    - Schubfedern
    - Torsionsfedern
  - Luftfedern

Metallfedern sind fast ausnahmslos Formfedern. Sie erhalten ihre Federungsfähigkeit durch entsprechende Formgebung. Die erforderliche hohe Festigkeit und Elastizitätsgrenze der Federwerkstoffe erzielt man mittels Legierungen von Si, Cr, Mn, V sowie durch Kaltverfestigung und Vergütung. Nähere Angaben über metallische Federwerkstoffe enthält Abschn. 5.5.1. [5.2].
Nichtmetallfedern sind vornehmlich Stoffedern. Ihr Federungsvermögen beruht auf einer hohen elastischen Verformungsfähigkeit des Werkstoffs, und zwar infolge des niedrigen *E*- bzw. *G*-Moduls. Die wichtigsten Nichtmetallfedern im Maschinenbau sind Gummifedern, die im Abschn. 5.5.2. untersucht werden.
Luftfedern nutzen die Federungseigenschaft einer in einem Behälter eingeschlossenen Luftmenge aus.

Hydrostatische Federn (Hydraulikfedern) werden wegen ihrer seltenen Anwendung hier nicht behandelt.
Die elastischen Eigenschaften eines hydrodynamisch arbeitenden Gleitlagers oder die Drehelastizität der Strömungskupplung gestatten die Definition einer hydrodynamischen Feder. Analog lassen sich aerodynamische und elektromagnetische Federn klassifizieren. Auf diese im erweiterten Sinn als Federn anzusprechenden Bauelemente wird nicht eingegangen.

5.2. Federcharakteristik, Federungsarbeit

5.2.1. Federkennlinie, Federsteife

Bei Belastung einer Feder mit der Kraft F verlagert sich der Angriffspunkt der Last soweit um den Federweg f, bis Gleichgewicht zwischen der äußeren Aktionskraft und der inneren Reaktionskraft besteht. Der funktionelle Zusammenhang zwischen Belastung und Federweg wird durch die *Federkennlinie* oder *Federcharakteristik* dargestellt (Bild 5.1). Analog zur Längsfeder charakterisiert die Federkennlinie einer Drehfeder den Zusammenhang zwischen dem äußeren Moment M_t und dem Verdrehungswinkel φ.

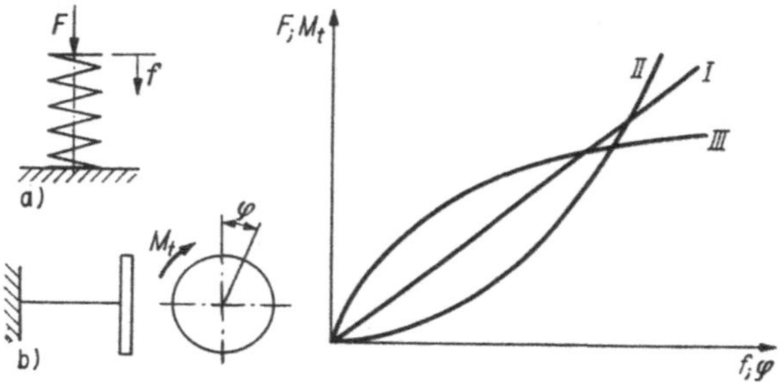

Bild 5.1
Federsymbole und Federkennlinien
a) Längsfeder; b) Drehfeder
I linear; *II* progressiv; *III* degressiv

Man unterscheidet lineare, progressive und degressive Kennlinien sowie Kombinationen dieser Charakteristiken (geschweifte Kennlinien). Die Steigung der Federkennlinie wird *Federsteife* oder *Einheitskraft* bzw. *Einheitsmoment* genannt.
Für Längsfedern ergibt sich die (Längs-)Federsteife

$$c = \frac{\mathrm{d}F}{\mathrm{d}f} = \tan\alpha \approx \frac{\Delta F}{\Delta f}, \tag{5.1}$$

für Drehfedern analog die Drehfedersteife

$$c_\varphi = \frac{\mathrm{d}M}{\mathrm{d}\varphi} = \tan\alpha \approx \frac{\Delta M}{\Delta\varphi}. \tag{5.2}$$

Der reziproke Wert der Federsteife c heißt Einheitsfederung oder spezifische Federung

$$C = \frac{1}{c} = \frac{f}{F}. \tag{5.3}$$

Bei nichtlinearer Kennlinie ist die Federsteife c abhängig von der Vorspannkraft F_0 bzw. der Vorverformung f_0 (Bild 5.2.).

Lineare Federkennlinien weisen für jede Vorspannung das gleiche Verhältnis

$$c = \frac{\mathrm{d}F}{\mathrm{d}f} = \frac{F}{f} = \text{konst.} \tag{5.4}$$

auf, das als *Federkonstante* bezeichnet wird.

Entsprechend den jeweils vorhandenen Freiheitsgraden einer Feder lassen sich Federsteifen für verschiedene Koordinatenrichtungen definieren, z. B. Längsfedersteife und Querfedersteife.

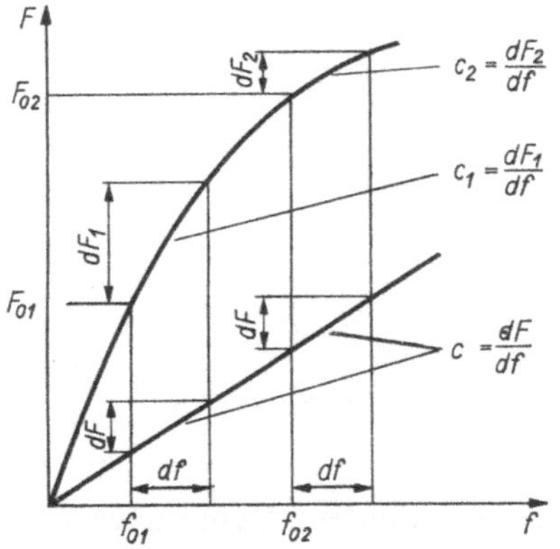

Bild 5.2
Abhängigkeit der Federsteife von der Vorspannkraft

Häufig wird mit linearer Kennlinie gerechnet, weil unter dieser Annahme jede Zusatzbelastung unabhängig von einer eventuell bereits einwirkenden Vorbelastung betrachtet werden darf, d. h., weil das Superpositionsgesetz gilt. Dieses erlaubt, kombinierte Belastungen als algebraische Summe von Einzelbelastungen zu behandeln. Angenähert lineare Kennlinien haben z. B. zylindrische Schraubenfedern.

Progressive Kennlinien gewährleisten eine Begrenzung der Deformation bei plötzlichen Belastungsspitzen (-sprüngen). Degressive Kennlinien begrenzen die Kräfte gegenüber ungewollt hohen Verformungswegen. Nichtlineare Federkennlinien sind häufig in der Antriebstechnik erwünscht, z. B. bei elastischen Kupplungen, in Kraftfahrzeugen sowie in der Regelungstechnik. Progressive Kennlinien haben unter anderem Gummifedern, degressive und geschweifte Kennlinien treten bei einigen Bauarten von Tellerfedern auf.

5.2.2. **Federungsarbeit**

Die während des Belastungsvorgangs von der Feder geleistete Verformungsarbeit erscheint im Bild 5.3 als Fläche unter der Federkennlinie.

Für Längsfedern ist

$$W = \int_0^f F(f)\,\mathrm{d}f \tag{5.5}$$

und analog für Drehfedern

$$W = \int_0^\varphi M(\varphi)\,\mathrm{d}\varphi . \tag{5.6}$$

Bei linearer Kennlinie wird

$$W = \frac{Ff}{2} = \frac{cf^2}{2} \tag{5.7}$$

$$W = \frac{M\varphi}{2} = \frac{c_\varphi \varphi^2}{2}. \tag{5.8}$$

Infolge des Dämpfungsvermögens der Feder deckt sich die Entlastungslinie nicht mit der Belastungslinie. Die von beiden Kurvenzügen umschlossene Fläche (Hystereseschleife)

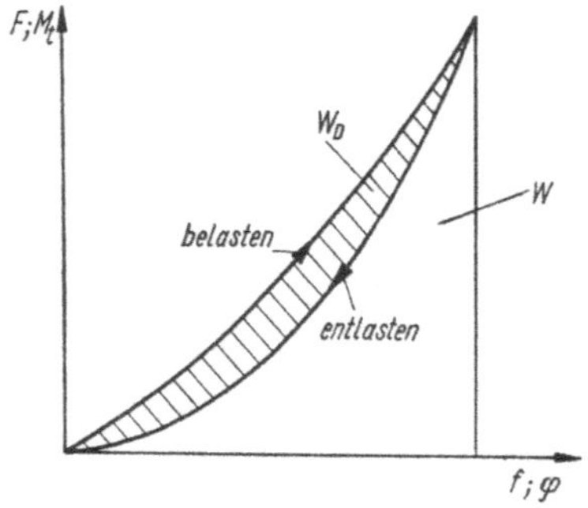

Bild 5.3
Formänderungsarbeit W und Dämpfungsarbeit W_D

charakterisiert die während eines Lastspiels in Wärme umgewandelte Dämpfungsarbeit W_D. Man bezeichnet das dimensionslose Verhältnis $\psi = W_D/W$ als *relative Dämpfung* der Feder.

5.2.3. Federn unter beliebiger Belastungsrichtung; Krafteinflußzahlen

In vielen praktischen Anwendungsfällen wird eine Feder nicht in Richtung einer ihrer Symmetrieachsen beansprucht, sondern beispielsweise unter einem Winkel δ zur Längsachse. Hierfür sind nicht nur räumliche Zwangsbedingungen maßgebend. Bei einer Feder haben die Längsfedersteife c_L und die Querfedersteife c_Q meist unterschiedliche Werte. Durch Neigung der Feder zur Kraftrichtung besteht damit die Möglichkeit, die Federsteife in Belastungsrichtung zu variieren und gegebenen Betriebsbedingungen anzupassen. Allerdings können durch Neigen der Federn unerwünschte Zusatzbewegungen auftreten, die zu beachten sind.
Nachfolgend sollen für eine allgemeine Lage des x-y-Bezugssystems die Federverschiebungen infolge einer beliebig gerichteten Kraft bestimmt werden (Bild 5.4).
Die Kraft F läßt sich in die Komponenten F_L und F_Q zerlegen, die die Verschiebungskomponenten f_L und f_Q erzeugen.
Aus Bild 5.4 folgt:

$$\frac{F_Q}{F_L} = \frac{c_Q f_Q}{c_L f_L} \tag{5.9}$$

und damit

$$\tan \delta = \frac{c_Q}{c_L} \tan \beta. \tag{5.10}$$

Für $c_L > c_Q$ ist $\beta > \delta$. Gl. (5.10) besagt, daß im allgemeinen Belastungsfall die resultierende Verschiebung f nicht mit der Wirkrichtung der Kraft F zusammenfällt, sondern um den

Winkel $\gamma = \beta - \delta$ ausweicht. Für $d\gamma/d\delta = 0$ erhält man den maximal möglichen Ausweichwinkel γ_{max}, der sich einstellt, wenn $\tan \delta = \sqrt{c_Q/c_L}$ und damit $\tan \beta = \sqrt{c_L/c_Q}$ ist.
Es existieren jedoch durch die Federform gegebene ausgezeichnete Belastungsrichtungen, für die der Verschiebungsvektor mit dem erzeugenden Kraftvektor zusammenfällt. So ist unabhängig vom Federsteifeverhältnis c_Q/c_L nach Gl. (5.10) für $\delta = 0$ auch $\beta = 0$ und für $\delta = 90°$ ebenfalls $\beta = 90°$. Diese Richtungen werden *Federungshauptachsen*, Federungsschwerachsen oder elastische Hauptachsen genannt. Im Bild 5.4 ist z. B. die Federlängsachse eine Federungshauptachse.

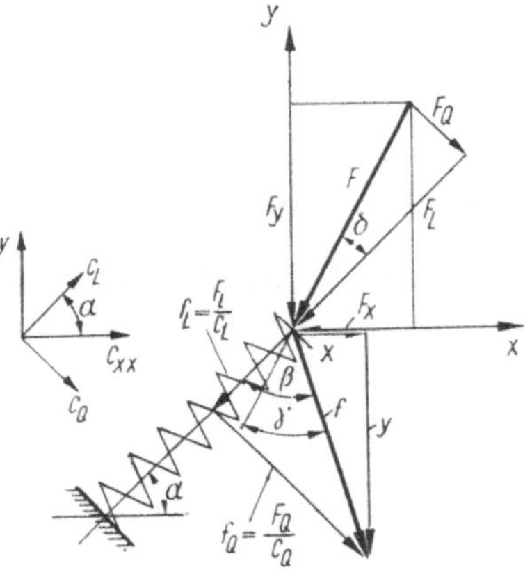

Bild 5.4
Feder unter allgemeiner Belastung

Für eine Feder mit dreidimensionaler Federungsfähigkeit gibt es auch stets drei Federungshauptachsen, die orthogonal zueinander stehen und sich, analog den Trägheitshauptachsen eines Körpers, in einem Punkt, dem *Federungsmittelpunkt* (Federungsschwerpunkt), schneiden (s. [5.3]).
Zur Ermittlung der Federkonstanten und der Federwege in Richtung der Koordinatenachsen bedient man sich häufig der Krafteinflußzahlen. Sie sind besonders bei der Berechnung von Federsystemen mit kombinierter Belastung durch verschieden gerichtete Kräfte von Vorteil.
Krafteinflußzahlen c_{ik} sind in der Mechanik definiert als Kräfte, die Verschiebungen von der Größe 1 erzeugen (wobei nebensächlich ist, ob diese Wege reversibel sind oder nicht). Der erste Index gibt die Richtung der Wirkung, der zweite Index die Richtung der Ursache an, z. B. c_{xy} Kraftkomponente in y-Richtung, die eine Verschiebung in x-Richtung bewirkt.
Wird eine in einer Ebene unter dem Winkel α geneigte Feder mit der Kraft F belastet (Bild 5.4), so lassen sich die Kraftkomponenten von F mittels der Einflußzahlen in folgender Weise darstellen:

$$F_x = c_{xx}x + c_{xy}y$$

$$F_y = c_{yx}x + c_{yy}y \tag{5.11}$$

oder, in Matrizenschreibweise,

$$\mathbf{F} = \begin{bmatrix} F_x \\ F_y \end{bmatrix} = \begin{bmatrix} c_{xx} & c_{xy} \\ c_{yx} & c_{yy} \end{bmatrix} \begin{bmatrix} x \\ y \end{bmatrix} \quad \text{oder} \quad \mathbf{F} = \mathbf{Cf} \tag{5.12}$$

mit dem Kraftvektor $\mathbf{F} = \begin{bmatrix} F_x \\ F_y \end{bmatrix}$, der Federungsmatrix $\mathbf{C} = \begin{bmatrix} c_{xx} & c_{xy} \\ c_{yx} & c_{yy} \end{bmatrix}$ und dem Verschiebungsvektor $\mathbf{f} = \begin{bmatrix} x \\ y \end{bmatrix}$.

Aus Bild 5.4 folgt für die Komponenten

$$F_x = F_L \cos\alpha + F_Q \sin\alpha = c_L f_L \cos\alpha + c_Q f_Q \sin\alpha \tag{5.13}$$

und

$$f_L = x\cos\alpha + y\sin\alpha \tag{5.14}$$

$$f_Q = x\sin\alpha - y\cos\alpha\,.$$

Gl. (5.14), in Gl. (5.13) eingesetzt, ergibt

$$F_x = (c_L\cos^2\alpha + c_Q\sin^2\alpha)\,x + (c_L - c_Q)\,y\sin\alpha\cos\alpha\,. \tag{5.15}$$

Durch Vergleich dieser Gleichung mit Gl. (5.11) folgt für die Krafteinflußzahlen einer Feder

$$c_{xx} = c_L\cos^2\alpha + c_Q\sin^2\alpha$$

$$c_{xy} = (c_L - c_Q)\sin\alpha\cos\alpha\,. \tag{5.16}$$

Analog ergibt sich

$$c_{yy} = c_L\sin^2\alpha + c_Q\cos^2\alpha$$

$$c_{yx} = (c_L - c_Q)\cos\alpha\sin\alpha\,. \tag{5.17}$$

Die Kopplungsglieder sind gleich, $c_{xy} = c_{yx}$, da bei Federn der aus der Mechanik bekannte Maxwellsche Verschiebungssatz gilt.
Eine Vernachlässigung der Glieder mit gemischten Indizes c_{ik} führt zu falschen Federkräften und damit zur falschen Federdimensionierung. Die Glieder c_{ik} werden zu Null, wenn das x-y-Bezugssystem mit dem Federhauptachsensystem zusammenfällt. In entsprechender Weise lassen sich die Krafteinflußzahlen einer allseitig (räumlich) geneigten Feder gewinnen. Infolge der dann zusätzlich gegebenen Verlagerungsmöglichkeiten (Freiheitsgrade) erweitern sich Kraftvektor **F**, Verschiebungsvektor **f** und die Federungsmatrix **C** um weitere Elemente [5.3].

5.3. Federsysteme

5.3.1. Parallel- und Reihenschaltung

Zur Aufnahme von Kräften und Bewegungen einer Konstruktion ist eine Einzelfeder selten geeignet. Häufig werden dazu Federsysteme benötigt, z. B. bei Kraft- und Schienenfahrzeugen oder zur schwingungsisolierten Aufstellung von Motoren und Geräten.
Eine kurze Einführung in Federsysteme erscheint notwendig, da die konstruktive Anordnung der Federn in einem Federsystem sowohl erheblichen Einfluß auf die Belastungshöhe der einzelnen Federn als auch auf die Bewegungen der anliegenden Massen hat.
Einfache Federsysteme ergeben sich durch Parallel- und Reihenschaltung von Einzel-

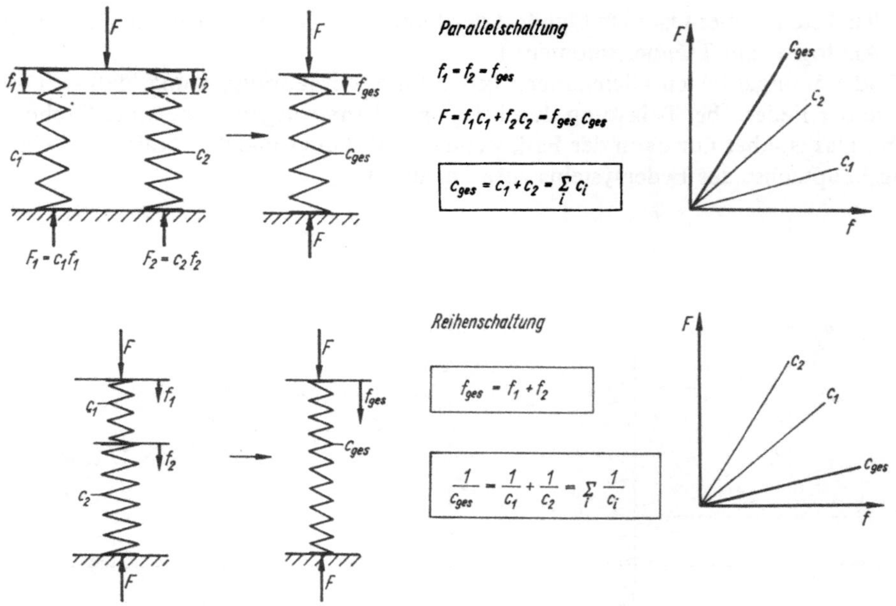

Bild 5.5. Parallel- und Reihenschaltung von Federn

federn. Bild 5.5 gibt dafür die grundsätzlichen Zusammenhänge an. Die Federschaltungen sind durch folgende Merkmale gekennzeichnet:

- Parallelschaltung
  Jede Feder trägt einen Lastanteil.
  Gleiche Federwege.
  Addition der Federsteifen.
- Reihenschaltung
  Jede Feder trägt die Gesamtlast.
  Addition der Federwege.

Es sei auf die Analogie zur Parallel- und Reihenschaltung von Kondensatoren in Stromkreisen hingewiesen.

5.3.2. Federsysteme unter Kraft- und Momentenbelastung

Ein System parallelgeschalteter Federn (Bild 5.6) hat gegenüber der im Bild 5.4 dargestellten Einzelfeder einen zusätzlichen Freiheitsgrad. Es kann neben Translationsbewegungen in Richtung der Achsen x, y auch Rotationsbewegungen um eine Achse z senkrecht zur x-y-Ebene ausführen. Demzufolge ist dieses Federsystem in der Lage, neben Kräften F_x und F_y auch Drehmomente M_t aufzunehmen. Die Drehfederkonstante für ein parallelgeschaltetes Längsfedersystem ($c_Q = 0$) läßt sich anhand Bild 5.6 leicht herleiten:

$$M_t = F_1 x_1 + F_2 x_2 = c_1 f_1 x_1 + c_2 f_2 x_2 = c_1 x_1^2 \varphi + c_2 x_2^2 \varphi. \tag{5.18}$$

Nun war nach Gl. (5.2) $M_t/\varphi = c_\varphi$. Damit wird

$$c_\varphi = c_1 x_1^2 + c_2 x_2^2 = \sum_i c_i x_i^2, \tag{5.19}$$

d. h., das Rückstellmoment ist dem Quadrat der Federabstände proportional. (Hier zeigt sich eine Analogie zum Trägheitsmoment.)
Die im Bild 5.5 aufgeführten Gleichungen gelten unter der Voraussetzung, daß sich die Deckplatte der Federn bei Belastung durch F parallel zur Ausgangslage ohne Drehung verschiebt. Das ist aber nur dann der Fall, wenn die Wirkungslinie der Kraft F mit einer Federungshauptachse des Federsystems zusammenfällt.

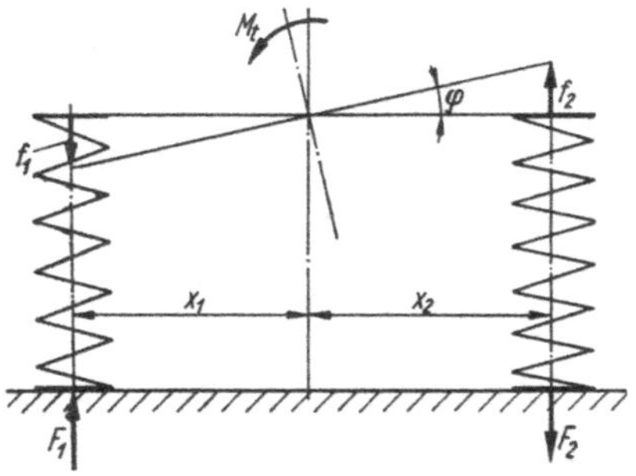

***Bild 5.6.** Drehfedersteife parallelgeschalteter Federn*

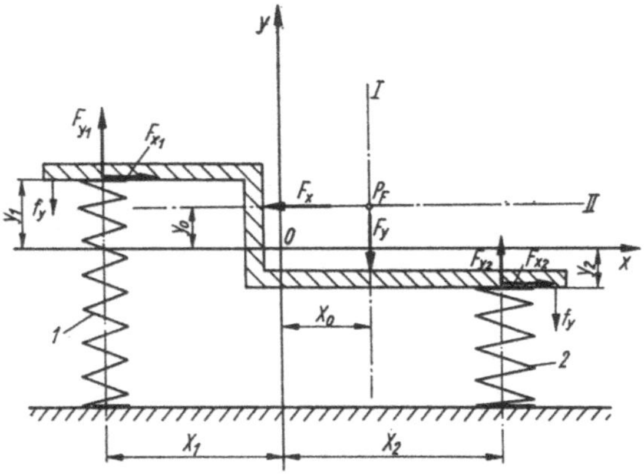

***Bild 5.7.** Federhauptachsen eines Federsystems*
O Koordinatenmittelpunkt des x-y-Bezugssystems; P_F Federungsmittelpunkt; I, II Federhauptachsen

Eine Drehung der Auflagefläche ist unterbunden, wenn sich die wirkenden statischen Momente aufheben. Aus dieser Bedingung läßt sich für ein Federsystem nach Bild 5.7 die Lage der Federhauptachsen ableiten:

$$x_0 = \frac{c_{y1}x_1 + c_{y2}x_2}{c_{y\,\text{ges}}} = \frac{\sum_i c_{yi}x_i}{\sum_i c_{yi}} \tag{5.20}$$

$$y_0 = \frac{c_{x1}y_1 + c_{x2}y_2}{c_{x\,\text{ges}}} = \frac{\sum_i c_{xi}y_i}{\sum_i c_{xi}}. \tag{5.21}$$

Für n gleiche Federn ist $\Sigma c_{yi}x_i = c_{yi}\Sigma x_i$ und $\Sigma c_{yi} = nc_{yi}$, damit

$$x_0 = \frac{\sum x_i}{n}, \quad y_0 = \frac{\sum y_i}{n}. \tag{5.22}$$

Hierbei ist zu beachten, daß die Federkoordinaten x_i, y_i vorzeichenbehaftet sind.
Gehen die Wirkungsrichtungen der belastenden Kräfte nicht durch den Federungsmittelpunkt, so wird sich der Körper sowohl translatorisch als auch rotatorisch verlagern. Demzufolge wandern auch die Angriffspunkte der Einzelfedern aus. Die Belastung der Einzelfedern erhält man aus dem resultierenden Verlagerungsvektor und den Federsteifen der Einzelfedern [5.3].
Räumliche Federsysteme können vielfältig gestaltet sein. Sie sind im wesentlichen Kombinationen aus zwei Grundfällen (Bild 5.8).

Aus ökonomischen Gründen werden Federsysteme möglichst aus gleichen Einzelfedern gestaltet. Das Federvermögen räumlicher Federsysteme wird allgemein wegen der häufig vielfältigen Bewegungskopplung mittels Krafteinflußzahlen erfaßt, die in analoger Weise zu Einzelfedern nach Abschn. 5.2.3. gewonnen werden.

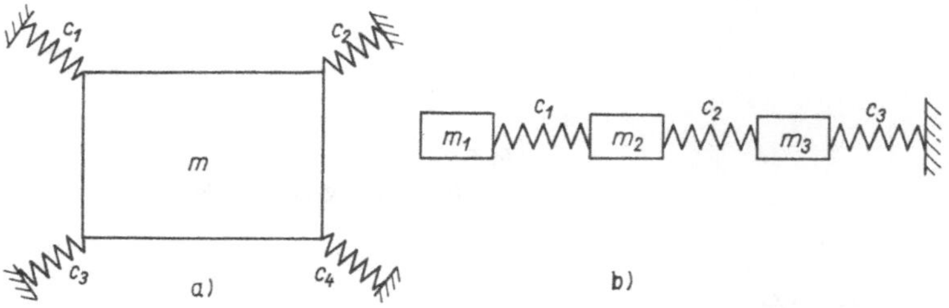

Bild 5.8. Feder-Masse-Systeme

a) Einzelmassesystem mit mehreren Federn (elastisch gebundener Körper); b) Mehrmassesystem (Kette)

Ein allseitig elastisches räumliches Federsystem hat sechs Freiheitsgrade entsprechend den vorhandenen Verlagerungsmöglichkeiten in Richtung der drei Bezugsachsen x, y, z und um diese Achsen. In diesem Fall bietet die Anwendung der Matrizenschreibweise für die Berechnung der Einzelfederkräfte, der Formänderungsenergie und für die Ermittlung der Federungshauptachsen eine erhebliche Zeitersparnis und begünstigt die Nutzung von EDV-Anlagen.
Für die Berechnung derartiger Federsysteme sei auf die Fachliteratur verwiesen [5.3].

5.3.3. **Beispiele**

Beispiel 1

Es sind die Federkonstante und die Federkraft einer geführten Feder mit drehbarem Aufhängungspunkt unter Vernachlässigung der Reibung nach Bild 5.9a zu bestimmen.

Lösung

Unter der äußeren Kraft F_x wird die Feder mit F längsbelastet, wobei sie sich um f dehnt. Infolge der Führung müssen die Kraft- und Wegkomponenten die im Bild 5.9b angegebene Lage haben.
Mit $F_x = F \cos\alpha$ und $f_x = f/\cos\alpha$ folgt für die Federkonstante in Richtung der Führung

$$c_{xx} = \frac{F_x}{f_x} = c \cos^2 \alpha . \tag{5.23}$$

Dieses Ergebnis ist auch sofort aus Gl. (5.16) ableitbar, da bei gelenkiger Federbefestigung die Querfedersteife ausgeschaltet ist ($c_Q = 0$).

Beispiel 2

Für ein Reglergestänge mit Rückzugfedern seien vier konstruktive Lösungsvarianten gegeben (Bild 5.10a). Die Federkräfte sind darzustellen und die Gleichungen zur Ermittlung der erforderlichen Federkonstanten anzugeben.
Die Lösung ist im Bild 5.10b dargestellt. Sie erfolgt unter Zuhilfenahme der Gln. (5.10), (5.16) und (5.17). Bei den beiden letzten Varianten teilen sich die Kräfte F_L und F_Q so auf, daß die Verformungszwangsbedingung $\tan\beta = f_Q/f_L = \tan\alpha$ eingehalten wird.

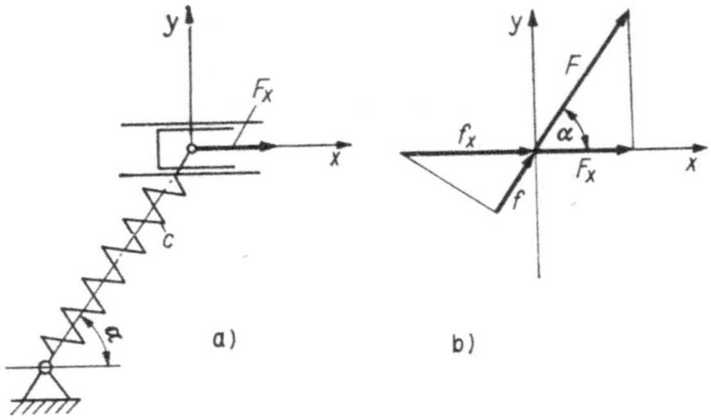

Bild 5.9
Federsteife einer geführten Feder

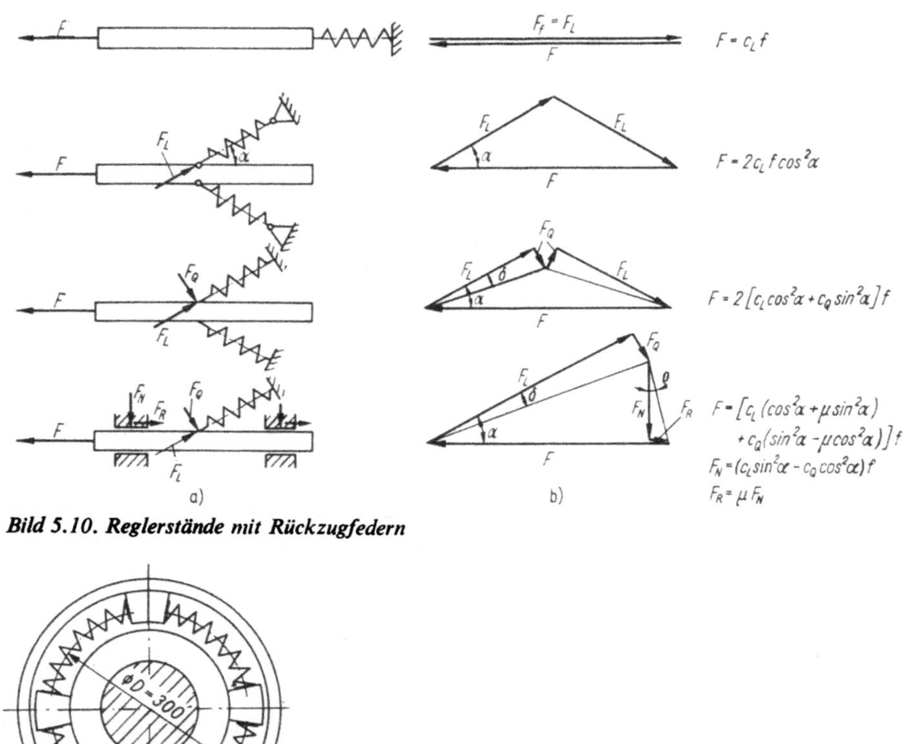

Bild 5.10. ***Reglerstände mit Rückzugfedern***

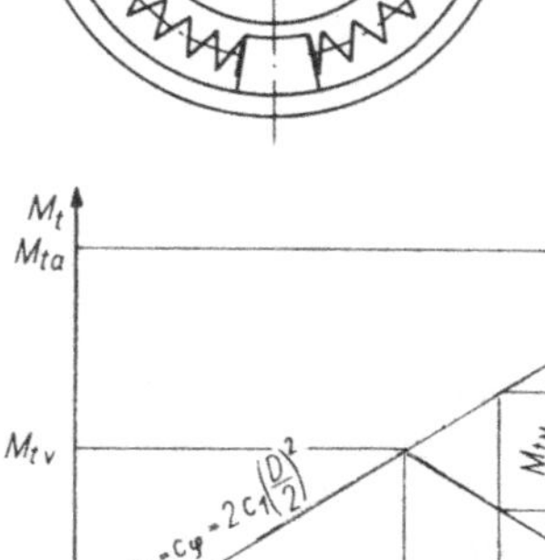

Bild 5.11
Schraubenfederkupplung

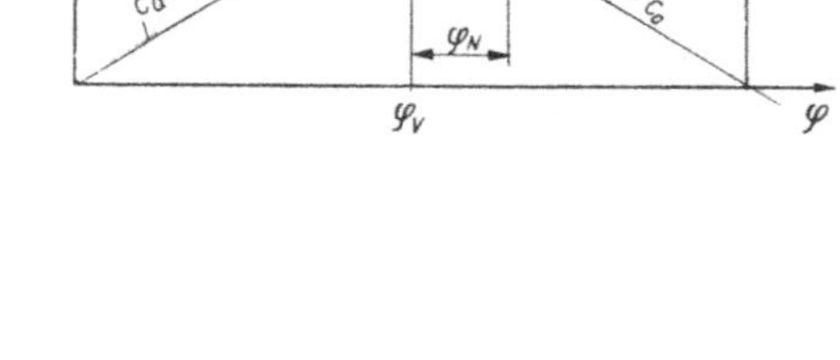

Bild 5.12
Verspannungsdiagramm für Kupplung nach Bild 5.11

Beispiel 3

Die im Bild 5.11 dargestellte Schraubenfederkupplung hat vier Druckfedern mit einer Einzelfedersteife von je $c_1 = 20$ N/mm. Der maximal zulässige Verdrehwinkel des Primärteils gegenüber dem Sekundärteil der Kupplung unter Betriebsbelastung beträgt $\varphi_N = 10°$. Wie groß ist das übertragbare Moment M_{tN}, wenn
a) die Federn nicht vorgespannt
b) die Federn mit einer Kraft $F_V = 300$ N vorgespannt sind?

Lösung

a) In jeder Drehrichtung wirken zwei Federn.
Somit ist nach Gl. (5.19)

$$c_\varphi = 2c_1 \left(\frac{D}{2}\right)^2 = 9 \cdot 10^5 \text{ N} \cdot \text{mm/rad}$$

$$M_{tN} = c_\varphi \varphi_N; \quad \varphi_N = 10° \mathrel{\hat{=}} 0{,}175 \text{ rad}$$

$$M_{tN} = 157{,}5 \text{ N} \cdot \text{m}.$$

b) Sind die Federn vorgespannt, so werden infolge M_t zwei Federn zusätzlich belastet, die anderen beiden entlastet. Das Moment wird also bis zur Aufhebung der Vorspannung auf vier Federn übertragen, wie das Verspannungsdiagramm (Bild 5.12) veranschaulicht.

Die Vorspannkraft F_V bewirkt in jeder Feder eine Verformung f_V. Der daraus resultierende Vorspannwinkel beträgt

$$\varphi_v = \frac{f_v}{D/2} = \frac{F_v}{c_1}\frac{2}{D} = 0{,}1 \text{ rad}.$$

(Dieser Winkel ist fiktiv. Er entsteht nicht durch Verdrehung der beiden Kupplungsteile gegeneinander, sondern durch Verschiebung der Federanlageflächen oder durch Federzusammendrücken vor Inbetriebnahme der Kupplung.)
Das Vorspannmoment ist

$$M_{tV} = c_\varphi \varphi_V = 2F_v \frac{D}{2} = 90 \text{ N} \cdot \text{m}.$$

Aus Bild 5.12 folgt für das übertragbare Moment

$$M_{tN} = 2c_\varphi \varphi_N = 4c_1 \frac{D}{2} \varphi_N = 315 \text{ N} \cdot \text{m}.$$

Das Abhebemoment, bei dem ein Federnpaar vollständig entlastet ist, beträgt

$$M_{ta} = 2M_{tV}.$$

5.4. Federberechnung

Die Verwendung elastischer Federn in einer Konstruktion dient der Gewährleistung bestimmter Funktionen der Konstruktion. Die hierzu von den Federn zu übernehmenden Aufgaben sind vielfältig, oftmals schwer miteinander vereinbar und daher nicht in gleichem Maß optimal erfüllbar. So kann von einer Feder ein vorgegebener Federungsweg, ein bestimmtes Kraft-Weg-Verhalten – ausgedrückt durch die Federcharakteristik – oder eine definierte Kraft- bzw. Energieaufnahmefähigkeit gefordert werden. Bei dynamischen Betriebsverhältnissen müssen Zusatzbedingungen eingehalten werden: eine bestimmte Dauerfestigkeit und Dämpfungsfähigkeit, ein festgelegtes Eigenschwingungsverhalten und, für die Gewährleistung kinematischer oder dynamischer Forderungen, ein vorgegebenes Weg-Zeit-, Geschwindigkeits-Zeit- oder Kraft-Zeit-Verhalten des Systems. In dynamisch beanspruchten Konstruktionen hat die Feder häufig zwei Aufgaben zu erfüllen, die entgegengesetzte Dimensionierungsforderungen stellen. So ist z. B. die Feder bei der elastischen Lagerung von Motoren oder bei elastischen Wellenkupplungen gleichzeitig sowohl Konstruktionselement in einer Baugruppe als auch potentieller Energiespeicher eines Schwingungssystems. Die erste Aufgabe verlangt eine robuste Dimensionierung dieses Konstruktionsteils zur betriebssicheren Aufnahme der Kraftwirkungen, die zweite Aufgabe eine möglichst geringe Federsteife zur Senkung der Eigenfrequenzen des Schwingungssystems und damit zur Verminderung der Stoß- und Schwingungsübertragung auf andere Bauteile. Die Federberechnung enthält deshalb zwei wesentliche Anteile:

1. Funktionsnachweis
   Dazu gehören Ermittlung des Federwegs, der Federkraft, der Energiespeicherungsfähigkeit, Untersuchung des Schwingungsverhaltens mit den dafür charakteristischen Größen ω, $s(t)$, $v(t)$, $F(t)$ u. a.
2. Haltbarkeitsnachweis
   Dazu gehören statische Festigkeitsrechnung, Dauer- bzw. Gestaltfestigkeitsberechnung, Ermittlung der Wärmeentwicklung u. a.,

wobei meist als Randbedingung die Einhaltung vorgegebener Einbauverhältnisse zu erfüllen ist (Nachweis der geometrischen Verträglichkeit).
Zur Ermittlung und gegenseitigen Abstimmung der Federparameter dienen mehrere miteinander verknüpfte Gleichungsgruppen:

1. Verformungsgleichungen $f = \Phi(F)$
2. Spannungsgleichungen σ oder $\tau = \Phi(F)$ oder $\Phi(f)$
3. Arbeitsgleichungen $W = \Phi\,(F, f$ oder $\sigma)$.

Im Abschn. 5.5. sind diese Größen für die wichtigsten Federausführungen angegeben. Diese Gleichungen sind meist Näherungslösungen, denen vereinfachende Annahmen zugrunde liegen. Sie genügen praktischen Anforderungen mit ausreichender Genauigkeit, solange die Federwege nicht zu groß und bei dynamischer Belastung die Lastfrequenzen nicht zu hoch sind. Die Federberechnung ist ein ausgeprägter iterativer Dimensionierungsprozeß mit sich wechselseitig ablösenden Berechnungs- und Vergleichsschritten. Federn sind in vielen Ausführungsformen standardisiert. Deshalb ist bei jeder Federberechnung zunächst zu prüfen, ob standardisierte Federn einsetzbar sind.

5.4.1. Belastungsverläufe

Voraussetzung für die Dimensionierung einer Feder ist die Kenntnis der Belastungsgröße und Belastungsrichtung. Sind beide Faktoren zeitlich konstant, liegt statische Belastung vor. Diese erfordert naturgemäß den geringsten Dimensionierungsaufwand. Erfährt eine Größe eine zeitliche Veränderung, so wird die Feder dynamisch belastet.

Erfolgt die Lastschwankung periodisch, z. B. bei sinusförmiger (harmonischer) Laständerung oder durch wiederholte Stöße, steigt der Rechenaufwand gegenüber statischer Belastung bereits erheblich an. Unterliegt eine Feder einer unregelmäßigen, nichtperiodischen Belastung, so kann u. U. der Rechenaufwand unwirtschaftlich hoch liegen und wegen vieler genäherter Annahmen zu ungenauen Ergebnissen führen, so daß experimentelle Werte herangezogen werden müssen.
Annähernd statische Belastung liegt vor bei

- ruhender (konstanter) Belastung
- gelegentlichen Laständerungen in großen Zeitabständen mit weniger als 10000 Lastwechseln während der vorgesehenen Lebensdauer.

Bei statischer Beanspruchung ist die von der Feder aufzunehmende Belastung F bzw. M_t gleich der äußeren Belastung F_{err} oder $M_{t\,err}$ abzüglich eines eventuell wirkenden Reibungseinflusses F_R bzw. M_R. Mittels der im Abschn. 5.5. angegebenen Gleichungen lassen sich die Verformungen f bzw. φ, die Spannungen σ und τ, die elastische Verformungsarbeit berechnen und der Funktionsnachweis sowie der Sicherheitsnachweis für die Beanspruchungen führen.
Der zulässige Federweg f_{zul} kann durch die zulässige Beanspruchung der Feder bestimmt sein. Häufig wird f_{zul} jedoch durch Einbauverhältnisse und speziell bei druckbelasteten Federn durch die maximal mögliche Zusammendrückung auf Blocklänge der Feder, f_{Bl}, oder durch die erforderliche Knicksicherheit begrenzt.
Das Flußbild in Tafel 5.2 legt die wesentlichen Berechnungsschritte dar. Rückkopplungen aus notwendigen Kontroll- und Prüfungsschritten sind fortgelassen.

Tafel 5.2. Algorithmus zur Berechnung statisch belasteter Federn

Ermittlung der belastenden Federkraft F

↓

Zusammenstellen der konstruktiv einzuhaltenden Randbedingungen (z. B. d_{max}, l_{max})

↓

Vordimensionierung der Feder

↓

Ermittlung der Beanspruchung bzw. der Verformungsarbeit σ, τ, W

↓

Funktionsnachweis	Spannungsnachweis
Bedingung: $f_{vorh} \leqq f_{zul}$	Bedingung: $\sigma_{vorh} \leqq \sigma_{zul} = \dfrac{\sigma_s}{S}$
a) $f_{zul} = \Phi\,(\sigma_{zul}; \tau_{tzul})$	$\tau_{vorh} \leqq \tau_{zul} = \dfrac{\tau_F}{S}$
b) $f_{zul} \leqq f_{Bl}$	
c) $f_{zul} \leqq f_k = -\dfrac{F_k}{c}\dfrac{1}{S_k}$	Sicherheitsfaktor $S = 1{,}2 \dots 2{,}0$
Knicksicherheit $S_k = 3{,}5 \dots 8$	(falls nicht Sondervorschriften gelten)

Oft wird zusätzlich zum rechnerischen Sicherheitsnachweis eine konstruktive Sicherung der Feder gegenüber Überbelastung gefordert, z. B. durch Anschlagbegrenzer, siehe Bilder 5.13a und d.
Dynamische Belastung führt gegenüber einer statischen zu wesentlichen Änderungen:

1. Die dynamische Federsteife ist die Federsteife unter dynamischer Belastung; sie weicht bei nichtmetallischen Federn von der statischen Federsteife z. T. erheblich ab.

2. Dynamisch belastete Federn werden auf Sicherheit gegenüber Dauerfestigkeit und Gestaltfestigkeit berechnet. Dazu ist zunächst die Kenntniss der Dauerfestigkeitsschaubilder erforderlich. Diese liegen für metallische Federwerkstoffe vor. Für nichtmetallische Werkstoffe sind sie wegen der Kriechneigung häufig nicht aufstellbar.
3. Dynamisch beanspruchte Federn bilden mit den angrenzenden Massen stets ein schwingungsfähiges Feder-Masse-System. Infolge des Schwingungseinflusses können die dynamische Federkraft und die dynamische Federamplitude sowohl kleiner, aber auch erheblich größer als bei gleich starker statischer Belastung sein.

Die dynamische Federkraft F und die dynamische Federamplitude f oder x sind abhängig

- vom Verhältnis η der Erregerfrequenz Ω zur Eigenfrequenz ω, $\eta = \Omega/\omega$
- von der Zeitfunktion der äußeren Belastung
- von den Massekräften (Trägheits-, Coriolis-Kräften)
- von den Dämpfungskräften

und können exakt nur durch eine Schwingungsrechnung ermittelt werden.
Jede Feder ist massebehaftet. Sie hat neben ihrer Federungseigenschaft und Dämpfungsfähigkeit auch eine gewisse Trägheit. Eine Masse verfügt ebenfalls über diese Eigenschaften. Die Idealisierung von Bauteilen in Federn, Massen und Dämpfern erfolgt nach der jeweils überwiegenden Eigenschaft. Falls diese Trennung nicht möglich ist, muß mit

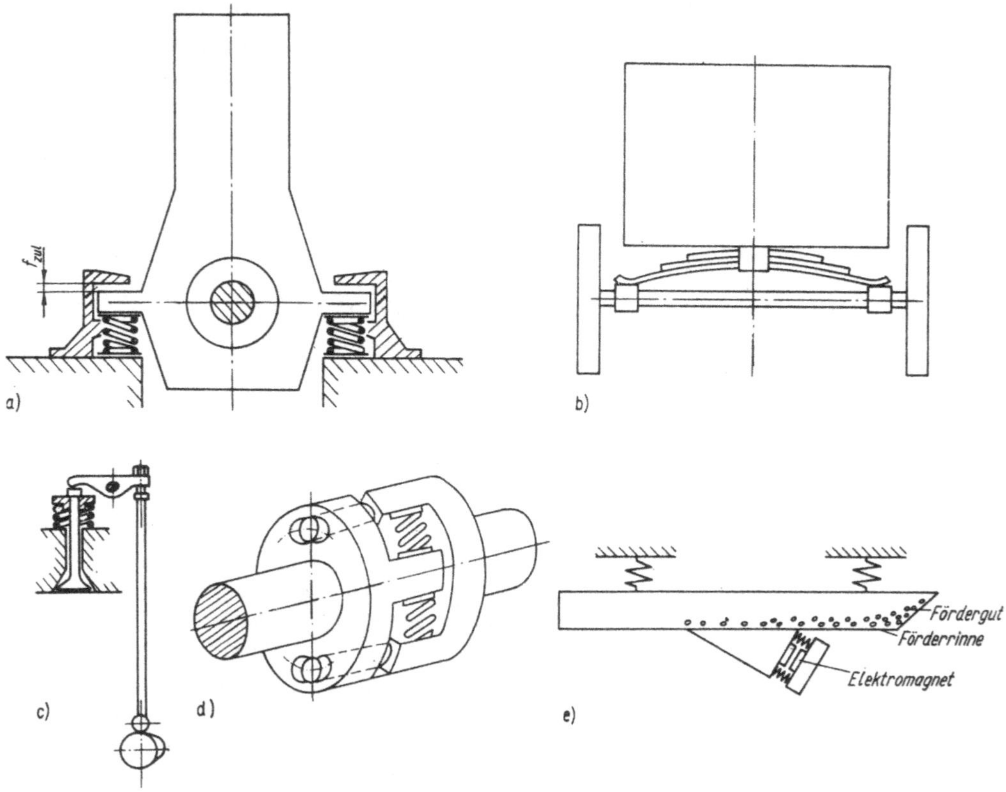

Bild 5.13. Beispiele dynamisch beanspruchter Federn

a) elastisch gelagerter Motor; b) Wagenfederung; c) Ventilfeder; d) elastische Kupplung; e) elektromagnetischer Freischwingförderer

massebehafteter Feder gerechnet werden, bzw. das System ist als schwingendes Kontinuum zu behandeln.

Einige typische Einsatzfälle dynamisch beanspruchter Federn zeigt Bild 5.13. Für sehr viele dynamisch beanspruchte Federn in der Antriebstechnik ist es zulässig, die Feder masselos und mit linearer Federcharakteristik sowie die anliegenden mitschwingenden Bauteilmassen als federungslos (starr) zu betrachten. Durch diese Annahme vereinfachen sich die Bewegungsgleichungen des Schwingungssystems und damit der Rechenaufwand zur Ermittlung der Federkraft und der Federamplitude entscheidend.

Am einfachen Modell des Feder-Masse-Systems läßt sich der grundsätzliche Rechnungsgang zur Ermittlung der dynamischen Federbeanspruchung zeigen, der hier für zwei typische Betriebsfälle, die schwingende und die Stoßbelastung, vorgeführt werden soll.

5.4.2. Feder mit schwingender Belastung und Reibungsdämpfung

Federn mit schwingender Belastung sind solche, bei denen die Belastung durch einen Hub zwischen zwei Federkräften F_1 und F_2 schwingend wechselt.

Für das im Bild 5.14 skizzierte System lautet die Bewegungsgleichung:

$$m\ddot{x} + cx \pm F_R = F_{max} \cos \Omega t. \tag{5.24}$$

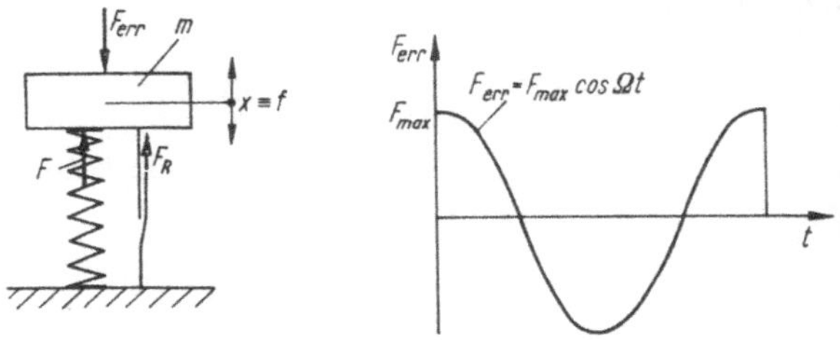

Bild 5.14
Feder-Masse-System unter schwingender Belastung
Ω Erregerfrequenz

Diese Gleichung ist in geschlossener Form nicht lösbar. Eine brauchbare Näherungslösung gewinnt man durch die Anwendung des Verfahrens der energetischen Balance. Hierbei wird die Coulombsche Reibungskraft F_R durch eine geschwindigkeitsproportionale Dämpfung $d\dot{x}$ mit gleichem Energieverbrauch je Schwingungsperiode ersetzt, also

$$W_D = \int_0^{x_{max}} F_R \, dx = F_R x_{max} = \int_0^{x_{max}} d\dot{x} \, dx. \tag{5.25}$$

Verwendet man nun den harmonischen Lösungsansatz $x = x_{max} \cos \Omega t$, so läßt sich aus Gl. (5.25) der Ersatzdämpfungsfaktor

$$d = \frac{4F_R}{\pi x_{max} \Omega} \tag{5.26}$$

bestimmen. Gl. (5.26) in Gl. (5.25) eingesetzt, ergibt die Ersatzdifferentialgleichung

$$m\ddot{x} + d\dot{x} + cx = F_{max} \cos \Omega t. \tag{5.27}$$

Ihre Lösung ist aus der Schwingungslehre bekannt. Man erhält für den maximalen Federweg (die Amplitude x_{max}) in dimensionsloser Schreibweise

$$V = \frac{1}{\sqrt{(1-\eta)^2 + 4\delta^2\eta^2}} = \frac{\sqrt{1-\varrho^2}}{1-\eta^2} \tag{5.28}$$

und für den zeitlichen Verlauf des Federwegs

$$x(t) = x_{\mathrm{Stat}} V \cos(\Omega t - \alpha) \tag{5.29}$$

$$x_{\mathrm{Stat}} = \frac{F_{\max}}{c};$$

$V = x_{\max}/x_{stat}$	Vergrößerungsfaktor
$\eta = \Omega/\omega$	Frequenzverhältnis
$\delta = (2F_R/\pi\Omega m\omega)(1/x_{\max})$	dimensionslose Dämpfung
$\omega = c/m$	Eigenkreisfrequenz
$\varrho = 4F_R/(\pi c x_{\max})$	Dämpfung
α	Nacheilwinkel des Ausschlags gegenüber der Erregung
$\sin\alpha = \varrho$.	

Für die Federkraft F folgt in bekannter Weise

$$F = cx.$$

Gl. (5.28) ist im Bild 5.15 grafisch dargestellt und gestattet die grundsätzliche Beurteilung dynamisch belasteter Federn:

1. Bei fehlender Dämpfung ist der dynamische Federausschlag nur für Frequenzverhältnisse $\eta > \sqrt{2}$ kleiner als bei statischer Belastung durch $F_{\max}$.

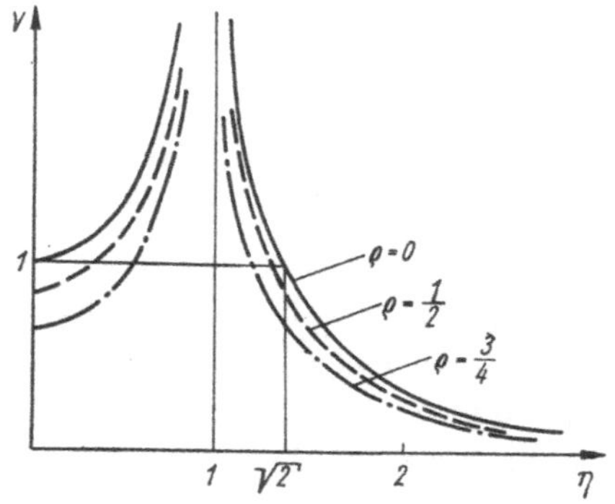

Bild 5.15
Vergrößerungsverhältnis eines Feder-Masse-Systems mit Reibungsdämpfung

2. Im Resonanzfall gehen die dynamischen Federausschläge x bei Reibungsdämpfung gegen unendlich ($x \to \infty$). (In der Praxis wird ein endlicher Wert erreicht, da stets noch andere Dämpfungsformen, wenn auch vielleicht nur in sehr geringer Stärke, wirksam sind.)

Aus Bild 5.15 ließe sich zwar sofort ein optimales Frequenzverhältnis $\eta \gg 1$ für minimale dynamische Federbeanspruchungen festlegen. Das steht jedoch in vielen technischen Anwendungsfällen im Widerspruch zu anderen Auslegungsforderungen. So wird z. B. für Ventilfedern und andere kraftschlüssige Kurvenmechanismen die Bedingung $\eta \to 0$ gefordert. Elastisch aufgestellte Maschinen müssen hingegen zur Verminderung der ins Fundament geleiteten dynamischen Kraftwirkungen überkritisch ($\eta > \sqrt{2}$) gelagert werden.

In der Resonanz arbeiten z. B. elektromagnetische Schwingförderer. Das zweckmäßigste Frequenzverhältnis kann daher nur unter Beachtung sämtlicher Einflußfaktoren gefunden werden.

5.4.3. Feder unter Stoßbelastung

Die Bewegungsgleichung des im Bild 5.16 dargestellten Systems lautet

$$m\ddot{x} + cx = F_{st}. \tag{5.30}$$

Während der Stoßzeit folgt die Bewegung der Masse bei vernachlässigter Dämpfung der Gleichung

$$x = x_{stat}(1 - \cos \omega t) \tag{5.31}$$

mit

$$x_{stat} = \frac{F_{st}}{c}, \quad \omega = \frac{c}{m}.$$

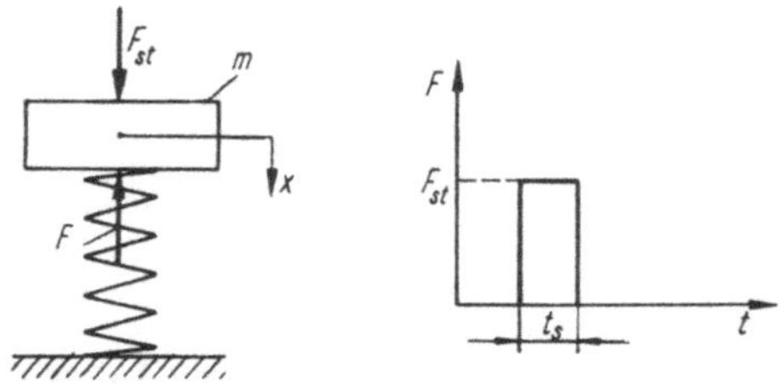

Bild 5.16
Feder-Masse-System unter Stoßbelastung
F_{st} Stoßkraft; t_s Stoßdauer

Zum Zeitpunkt des Stoßendes ($t = t_s$) schließt sich an die erzwungene Schwingung eine freie Schwingung mit dem Anfangswert x aus Gl. (5.31) für $t = t_s$ an nach der Beziehung

$$x = x_{stat}[\cos \omega (t - t_s) - \cos \omega t]$$

oder

$$F = F_{st}[\cos \omega (t - t_s) - \cos \omega t]. \tag{5.32}$$

Durch Bilden des Extremwerts folgt für die maximale Stoßkraft

$$F_{max} = F_{st} \cdot 2 \sin \frac{\omega t_s}{2}. \tag{5.33}$$

Bild 5.17 zeigt die grafische Darstellung der Gln. (5.32) und (5.33) für verschiedene Stoßzeiten t_s.
Infolge der Massekraft $m\ddot{x}$ steigt die Federkraft F zunächst langsamer als die Erregerkraft F_{st} an. Bei kurzer Stoßzeit $t_s = t_{s1}$ fällt die Erregerkraft bereits vor dem Hochschwingen der Masse auf Null zurück, so daß $F_{max1} < F_{st}$ wird. Bei langer Stoßzeit $t_s = t_{s3}$

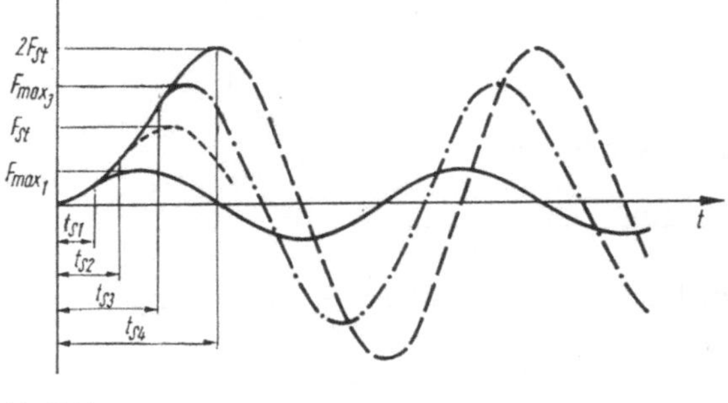

Bild 5.17
Abhängigkeit der Federkraft
F von Stoßkraft F_{st}
und Stoßdauer t_s

schwingt die Masse jedoch auf Grund der in ihr gespeicherten kinetischen Energie über die neue Gleichgewichtslage hinaus und bewirkt einen Federkraftanstieg auf $F_{max3} > F_{st}$. Die maximale dynamische Federkraft F_{max} ist nur dann kleiner als die Stoßkraft F_{st}, wenn nach Gl. (5.33)

$$2 \sin \frac{\omega t_s}{2} \leqq 1 \quad \text{oder} \quad \omega t_s < \frac{\pi}{3}$$

und damit

$$t_s \leqq \frac{\pi}{3\omega} \tag{5.34}$$

*Tafel 5.3. **Algorithmus** zur Berechnung dynamisch belasteter Federn*

Vordimensionierung der Feder

↓

Berechnung der Eigenfrequenz des Feder-Masse-Systems

↓

Aufstellen der Differentialgleichung für die Bewegung

↓

zeitlicher Verlauf des Federwegs $f \equiv x = x(t)$

↓

Vergrößerungsfaktor $V = x_{max}/x_{stat}$

↓

Ermittlung des zeitlichen Verlaufs der Federkraft ←

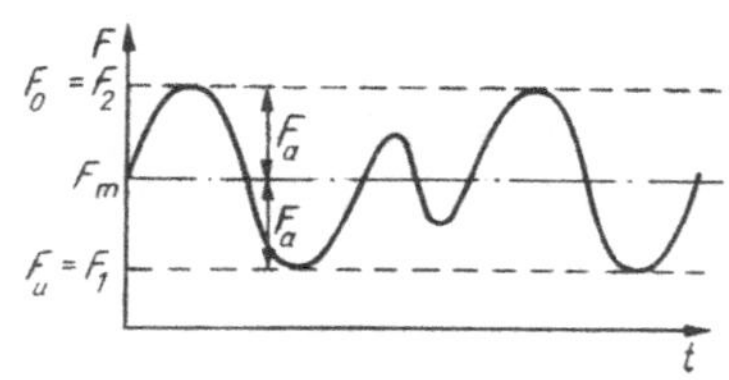

↓

Funktionsnachweis	Spannungsnachweis

s. Flußbild für statisch belastete Feder, Tafel 5.2

Berechnung auf Dauerschwingfestigkeit nach Abschn. 4.2.

↓

vorhandene Oberspannung σ_o, τ_o

vorhandene Unterspannung σ_u, τ_u

(mittels der Gleichungen aus Abschn. 5.5.)

für lineare Federcharakteristik gilt:

$$\leftarrow \frac{f_o}{f_u} = \frac{F_o}{F_u} = \frac{\sigma_o}{\sigma_u}$$

↓

vorhandene Mittelspannung

$\sigma_m = \frac{1}{2}(\sigma_o + \sigma_u)$

vorhandener Spannungsausschlag

$\sigma_a = \frac{1}{2}(\sigma_o - \sigma_u)$

bzw. Hubspannung

$\sigma_h = \sigma_o - \sigma_u$

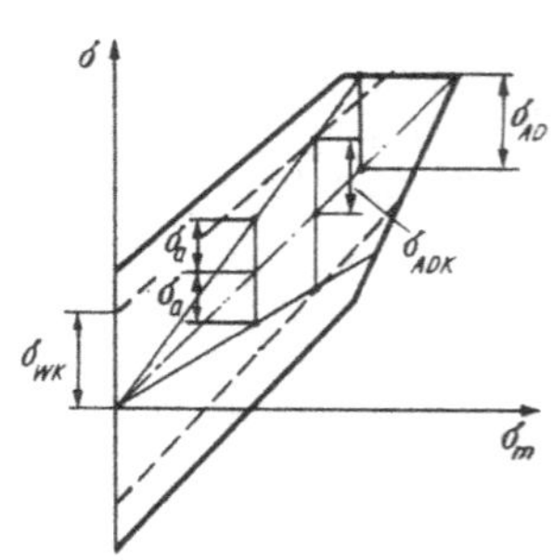

↓

Sicherheit auf Dauerschwingfestigkeit

$$S = \frac{\sigma_{ADK}}{\sigma_a}, \quad \sigma_{ADK} = \frac{\sigma_{AD}}{\gamma}, \quad \gamma = \frac{\beta_k}{K O_F q a_i}$$

(σ_{ADK} nach vorliegendem Überlastfall ermitteln; $S_{erf} = 1{,}1 \ldots 1{,}2$)

↓

endgültige Festlegung der konstruktiven Parameter

ist. Je weicher die Feder (kleines ω), desto länger darf die Stoßdauer sein. Aus Gl. (5.33) folgt, daß bei fehlender Dämpfung im ungünstigsten Fall – nämlich für $\omega t_s = \pi$

$$F_{\max} = 2F_{\mathrm{st}} \tag{5.35}$$

wird, eine aus der Stoßtheorie bekannte Erscheinung.

Bei wiederholtem Stoß besteht Resonanz, wenn die Stoßfrequenz gleich einem Vielfachen der Eigenschwingungszahl ist.

Ist durch die Schwingungsrechnung der zeitliche Federkraftverlauf bekannt, so läßt sich die Feder auf Dauerfestigkeit berechnen. Tafel 5.3 gibt als Flußbild die wesentlichen Berechnungschritte dynamisch belasteter Federn an.

Für die wichtigsten Stahlfederarten sind in den Standards die Berechnungsgleichungen für schwingende Belastung dargelegt. Bei einigen Federarten ist die Ermittlung der Dauerfestigkeit nach Tafel 5.3 mittels des Gesamteinflußfaktors γ wegen zusätzlicher Einflußgrößen und Abhängigkeiten nicht möglich. Für diese Federn wurden teilweise spezielle Dauerfestigkeitsschaubilder entwickelt, die in den Standards enthalten sind (s. Abschn. 5.5.).

In der Antriebstechnik sind nichtharmonische periodische Erregungen häufig. Sie entstehen durch Überlagerung mehrerer harmonischer Erregungen und lassen sich durch harmonische Analyse in eine Summe einzelner rein harmonischer Erregungen gliedern. Unter der Voraussetzung linearer Federcharakteristik gilt das im Abschn. 5.2. erwähnte Superpositionsgesetz. Bei Federn mit stark progressiver Kennlinie ist für große dynamische Verformungen diese Vereinfachung nicht mehr tragbar, da die Federsteife belastungsabhängig ist. In diesem Fall muß die Berechnung nach Verfahren der nichtlinearen Mechanik erfolgen.

Für Fahrzeugfedern sind stochastische und statistische Belastungen typisch. Zur Berechnung müssen die Belastungskollektive bekannt sein. Für die mathematische Behandlung ist die Fachliteratur heranzuziehen.

Die genäherte Festigkeitsberechnung dynamisch belasteter Federn erfolgt mittels der in der Antriebstechnik gebräuchlichen Stoß- oder Betriebsfaktoren k. Dazu wird die mittlere (Nenn-)Belastung F_N bzw. M_{tN} durch einen meist empirisch gefundenen Zuschlag in der Form $F_{\max} = kF_N$ bzw. $M_{t\max} = kM_{tN}$ erhöht. k-Werte sind [5.1] zu entnehmen. Unter Verwendung dieser Faktoren werden dynamisch beanspruchte Federn wie statisch beanspruchte berechnet, wobei die Sicherheiten entsprechend dem Lastfall (II oder III) hoch vorgegeben werden müssen. Diese Näherungsrechnung erfordert nur einen relativ geringen Zeitaufwand, gestattet jedoch keine maximale Werkstoffausnutzung.

5.4.4. Einfluß der Federeigenmasse

Bei dynamisch beanspruchten Feder-Masse-Systemen mit geringen Zusatzmassen darf die Federeigenmasse nicht vernachlässigt werden. Hierfür liegen Ergebnisse der Schwingungslehre vor. Die Eigenfrequenz eines Feder-Masse-Systems ohne Dämpfung ist näherungsweise:

$$\omega = \sqrt{\frac{c}{m + \alpha m_F}}; \tag{5.36}$$

m Zusatzmasse
m_F Federmasse.

α gibt den mitschwingenden Anteil der Federmasse an und läßt sich nach folgender Beziehung bestimmen [5.4]:

$$\alpha \approx \frac{1}{3} + 0{,}07195 \frac{m_F/3}{m + m_F/3}. \tag{5.37}$$

5.5. Bauformen, Gestaltung, Fertigung

5.5.1. Metallfedern

5.5.1.1. Zug- und druckbeanspruchte Federn

Zugstabfedern

Die einfachste Feder ist der längsbelastete Stab mit konstantem Querschnitt (Bild 5.18). Ihre Federkonstante folgt unmittelbar aus dem Hookeschen Gesetz

$$\sigma = E\varepsilon$$

oder

$$\frac{F}{A} = E\frac{\Delta l}{l}, \quad c = \frac{F}{\Delta l},$$

damit

$$c = \frac{EA}{l}. \tag{5.38}$$

Wegen ihrer relativ großen Federsteife gegenüber anderen Federarten wird die Zugstabfeder in Metallausführung praktisch nicht angewandt. Sie dient als Vergleichsmaßstab für Kennwerte anderer Federn (s. Abschn. 5.6.). Nichtmetallische Zugstabfedern sind im Abschn. 5.5.2.1. behandelt.

Ringfedern

Eine Ringfeder entsteht durch wechselseitige Hintereinanderschaltung von Innen- und Außenringen, die doppelkeglige Gleitflächen tragen (Bild 5.19).
Unter axialer Belastung der Ringfeder werden die Ringe radial geweitet und verschieben sich ineinander.
Ringfedern sind gekennzeichnet durch

- eine relativ hohe Federsteife
- eine hohe Reibungsarbeit (bis 80% der gesamten Federarbeit)
- eine robuste konstruktive Ausführung.

Die steile Kennlinie der Ringfeder nach Bild 5.20 läßt sich durch Verwendung einiger geschlitzter Innenringe verändern, so daß sie zunächst leicht und später steil ansteigt. Bei Bruch eines Ringes ist die Feder zwar in ihrer Funktion beeinträchtigt, jedoch nicht unbedingt funktionsuntüchtig.
Ringfedern bewirken eine selbsttätige Überlastsicherung. Bei maximal aufnehmbarer Betriebskraft liegen die Stirnflächen der Innenringe aufeinander. Dieser Blockzustand bestimmt die maximalen Ringdehnungen und Ringspannungen.
Ringfedern können nur mit Druckkräften belastet werden. Sollen sie doppelseitig wirken, sind entsprechende konstruktive Hilfselemente zur Kraftumlenkung erforderlich.

Anwendungsgebiete der Ringfeder:

Pufferfeder für Eisenbahnwagen, Überlastsicherung für Pressen u.a.
Die an einem Ring wirkenden Kräfte gibt Bild 5.21 an.

Für den Belastungsvorgang ist $F = F_r \tan(\alpha + \varrho)$.
Für den Entlastungsvorgang ist $F' = F_r \tan(\alpha - \varrho)$. (5.39)

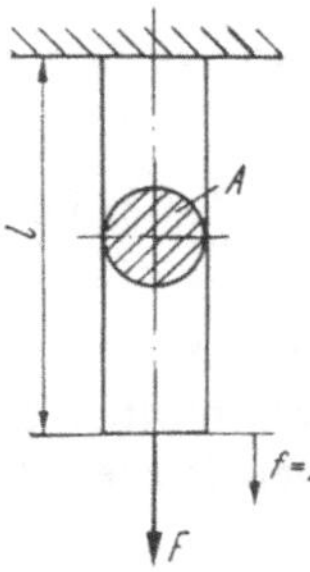

Bild 5.18. Zugstabfeder

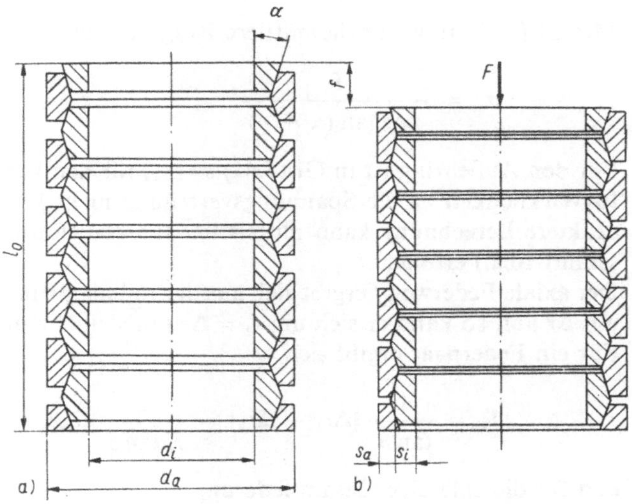

Bild 5.19
Ringfeder
a) unbelastet; b) belastet

Voraussetzung für selbsttätiges Entspannen der Feder bei Rückgang der Axialkraft F ist das Fehlen der Selbsthemmung ($\alpha > \varrho$). Übliche Werte: $\alpha \approx 14°$, $\varrho = 7 \ldots 9°$. Die Tangentialspannungen in den Ringen werden näherungsweise nach der sog. Kesselformel berechnet. Man ersetzt dabei den Kegelring durch einen zylindrischen Ring gleicher Fläche (Bild 5.22).

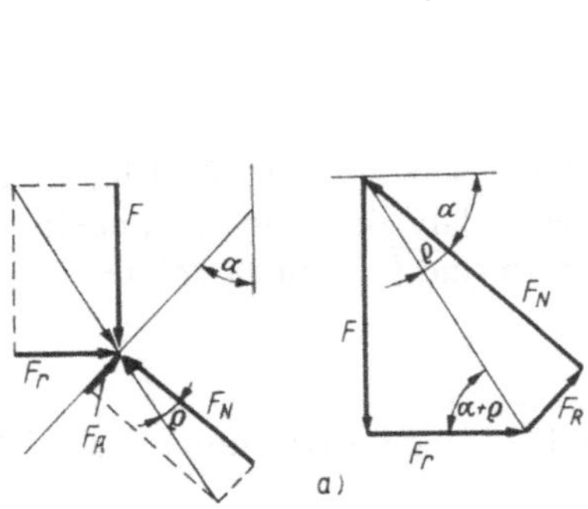

Bild 5.20
Kennlinie der Ringfeder
W Einfederungsarbeit; W' Rückfederungsarbeit; W_D Dämpfungsarbeit

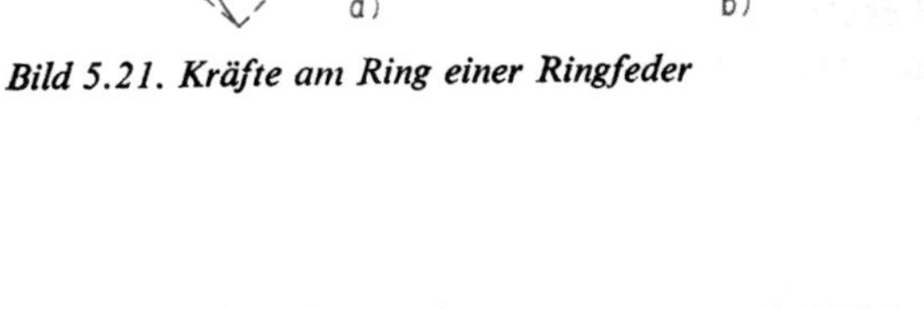

Bild 5.21. Kräfte am Ring einer Ringfeder

Bild 5.22. Ring einer Ringfeder

Unter der vereinfachenden Annahme gleichmäßiger Tangentialspannungsverteilung über den Querschnitt ist

$$pd_m h = 2\sigma_m sh.$$

Daraus

$$\sigma_m = \frac{pd_m}{2s} = \frac{F_r}{\pi sh}. \tag{5.40}$$

Mit Gl. (5.39) folgt für die mittlere Ringspannung

$$\sigma_m = \frac{F}{\pi sh \tan(\alpha + \varrho)}. \tag{5.41}$$

Für den Außenring ist in Gl. (5.41) $s = s_a$, für den Innenring $s = s_i$ einzusetzen.
In Wirklichkeit ist die Spannungsverteilung nicht konstant über den Querschnitt. Eine exaktere Berechnung kann mittels der für Naben abgeleiteten Gleichungen (siehe Abschnitt 10.4.) erfolgen.
Der axiale Federweg f ergibt sich aus der radialen Ringverformung. Weitet sich der Ring um Δr auf, so kann er sich um $f_1 = \Delta r/\tan\alpha$ über den anliegenden Ring schieben.
Für ein Federpaar ergibt sich

$$f_1 = \frac{1}{\tan\alpha}[\Delta r_i + \Delta r_a] = \frac{1}{E\tan\alpha}[\sigma_a r_a + \sigma_i r_i] \tag{5.42}$$

und für die zulässige Gesamtfederung

$$f_{zul} = f_1 z = \frac{z\sigma_{zul}}{E\tan\alpha}\,\frac{d_a + d_i}{2}; \tag{5.43}$$

z Anzahl der Ringpaare.

Somit wird die Federkonstante $c = F/f$ aus den Gln. (5.41) und (5.42) berechnet zu

$$c = \frac{2\pi hE\tan\alpha\tan(\alpha \pm \varrho)}{z\left[\dfrac{d_{ma}}{s_a} + \dfrac{d_{mi}}{s_i}\right]}. \tag{5.44}$$

Das Minuszeichen in Gl. (5.44) gilt für den Entlastungsvorgang.
Mit den Angaben aus Bild 5.20 und Gl. (5.39) läßt sich für die relative Dämpfung schreiben

$$\psi = \frac{W_D}{W} = 1 - \frac{\tan(\alpha - \varrho)}{\tan(\alpha + \varrho)}. \tag{5.45}$$

Setzt man beispielsweise $\alpha \approx 14°$, $\varrho \approx 7°$, so folgt $F'/F \approx 1/3$ und $\psi = 0{,}68$, d. h., etwa 68 % der Einfederungsarbeit werden in diesem Fall irreversibel in Wärme umgewandelt.
Konstruktionsdaten und Werkstoffangaben für Ringfedern sind [5.1] zu entnehmen.

5.5.1.2. **Biegefedern**

Als Biegefedern finden sowohl Stäbe als auch Platten und Scheiben Anwendung. Tafel 5.4 zeigt eine Systematik der metallischen Biegefedern.
Die häufigsten Biegefedern werden nachfolgend untersucht.

Tafel 5.4. Einteilung der Biegefedern

- Biegefedern
  - Biegestabfeder
  - Plattenfeder
  - Scheibenbiegefeder
  - gewundene Biegefeder
    - Spiralfeder
    - Rollfeder
    - Drehfeder
  - Bimetallfeder
  - sonstige Formfedern

Biegestabfedern mit konstantem Querschnitt

Am Beispiel des einseitig eingespannten Trägers nach Bild 5.23 lassen sich grundsätzliche Zusammenhänge zeigen.
Die Durchbiegung f eines Biegeträgers läßt sich, wie aus der Festigkeitslehre bekannt, nach drei Verfahren ermitteln: mittels der Differentialgleichung der elastischen Linie, dem Verfahren nach *Mohr* oder über die Formänderungsarbeit nach *Castigliano*.

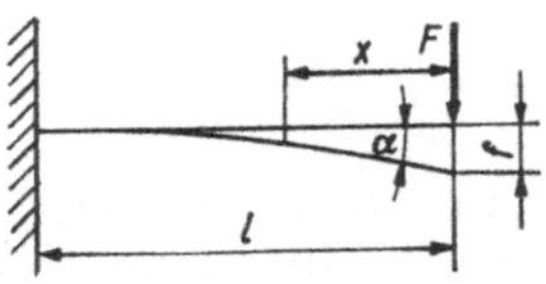

Bild 5.23
Biegeträger

Nach Gl. (4.75) die ist Formänderungsarbeit für Biegung nach *Castigliano*

$$W = \frac{1}{2} \int_{s_1}^{s_2} \frac{M_b^2(x)}{EJ}\, ds$$

und die Verschiebung f des Kraftangriffspunktes

$$f = \frac{\partial W}{\partial F} = \int_{s_1}^{s_2} \frac{M_b}{EJ} \frac{\partial M_b}{\partial F}\, ds.$$

Nach Bild 5.23 ist $M_b = Fx$ und $ds = dx$, somit

$$\frac{\partial M_b}{\partial F} = x$$

und

$$f = \int_0^l \frac{Fx^2}{EJ}\, dx = \frac{Fl^3}{3EJ} \tag{5.46}$$

die Biegefederkonstante

$$c = \frac{3EJ}{l^3}. \tag{5.47}$$

Die maximale Biegespannung erhält man aus

$$\sigma_b = \frac{M_{b\,max}}{W_b} = \frac{Fl}{W_b}$$

und die durch f gespeicherte Formänderungsenergie

$$W = \frac{Ff}{2} = \frac{F^2 l^3}{6EJ}.$$

Bild 5.24 zeigt das Prinzip der in der Antriebstechnik öfter vorkommenden beiderseitig eingespannten Blattfeder mit Belastung der Federenden und paralleler Führung.
Diese Feder läßt sich aus zwei hintereinandergeschalteten Teilfedern mit der Länge von je $l/2$ entstanden denken. Damit wird $f = 2f_1$.
Tafel 5.5 enthält die Bemessungsgleichungen für die gebräuchlichsten Blattfederarten.

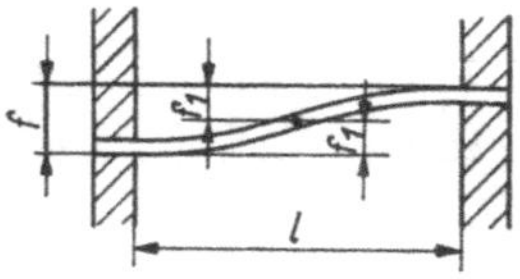

Bild 5.24
Beiderseitig eingespannte Blattfeder

Berechnungs- und Konstruktionshinweise sowie technische Lieferbedingungen für Flachformfedern geben TGL 18404 und TGL 18405.
Gekrümmte Biegefedern werden in der Feingerätetechnik häufig als Klammer- oder Kontaktfedern eingesetzt, da sie durch ihre besondere Formgebung große Federwege trotz kleiner Bauausführung erlauben. Zur Berechnung wird auf [5.5] verwiesen.

Biegestabfedern mit veränderlichem Querschnitt

Nachteilig an der Biegefeder mit konstantem Querschnitt ist die ungleiche Werkstoffausnutzung. Optimale Querschnittsformen weisen die sog. Träger gleicher Biegebeanspruchung auf. Für sie gilt σ_b = konst. über die gesamte Länge.

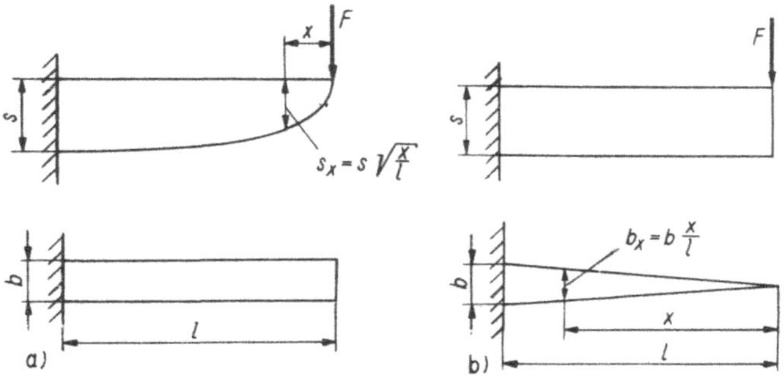

Bild 5.25
Biegefedern
gleicher Festigkeit
a) b = konst.; b) s = konst.

Bei dem Biegeträger nach Bild 5.25 ist

$$\sigma_x = \frac{6F_x}{b_x s_x^2}, \quad \sigma_{b\,max} = \frac{6Fl}{bs^2}.$$

Daraus folgt für σ_b = konst.

$$\frac{s_x^2}{s^2} = \frac{b}{b_x}\,\frac{x}{l}.$$

Für

$$b = \text{konst.} \quad \text{ist} \quad s_x = s\sqrt{x/l}$$

$$h = \text{konst.} \quad \text{ist} \quad b_x = bx/l,$$

d. h., eine Biegefeder gleicher Festigkeit mit konstanter Breite hat eine parabolische Begrenzungskurve für s, bei konstanter Höhe eine lineare Begrenzungslinie für b. Biegefedern nach Bild 5.25a sind kostenaufwendig in der Fertigung; daher werden Federn nach Bild 5.25b bevorzugt, in der Ausführung jedoch als *geschichtete Blattfedern*. Bild 5.26 zeigt, wie aus einer Dreieckfeder durch Zerschneiden der Feder in Längsstreifen und Übereinanderschichtung dieser Streifen die geschichtete Blattfeder entsteht. Vernachlässigt man die bei einer geschichteten Blattfeder vorhandene Reibung bei der Berechnung, so gelten für sie die für Dreieckfedern in Tafel 5.5 aufgeführten Beziehungen. Die geschichtete Blattfeder hat in vielen Ausführungsformen im Fahrzeugbau Verwendung gefunden (Bild 5.27).

Tafel 5.5. Bemessungsgleichungen für Blattfedern

Federbauart	Bemessungsgleichungen
Rechteckfeder einseitig eingespannt 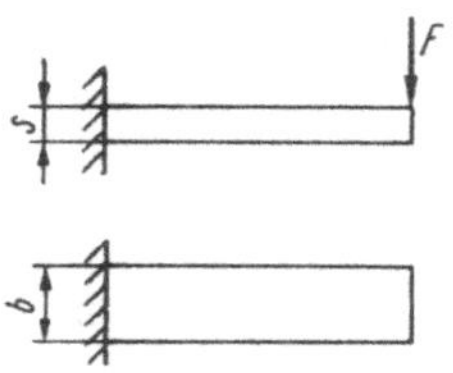	$c = \frac{3EJ}{l^3}$ $\sigma_b = \frac{M_{bmax}}{W_b} = \frac{6\,Fl}{bs^2}$ $W = \frac{F^2 l^3}{6EJ}$
Dreieckfeder 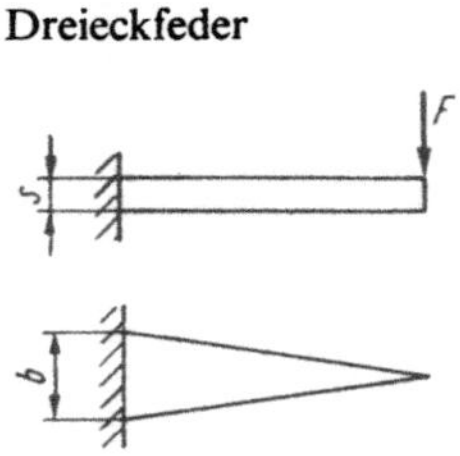	$c = \frac{2EJ_{max}}{l^3}$ $\sigma_b = \frac{6Fl}{bs^2}$ $W = \frac{F^2 l^3}{4EJ_{max}}$
Trapezfeder 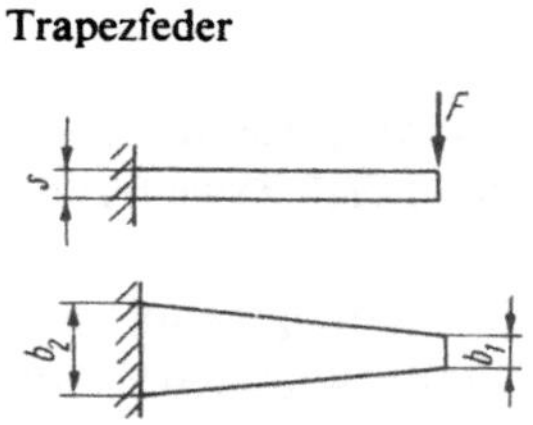	$c \approx \frac{(2 + b_1/b_2)\,EJ_{max}}{l^3}$ $\sigma_b = \frac{6Fl}{b_2 s^2}$ $W \approx \frac{F^2 l^3}{2\,(2 + b_1/b_2)\,EJ_{max}}$
Rechteckfeder, zweiseitig eingespannt, Belastung der Federenden 	$c = \frac{12EJ}{l^3}$ $\sigma_b = \frac{3Fl}{bs^2}$ $W = \frac{F^2 l^3}{24EJ}$

Tafel 5.5. (Fortsetzung)

Federbauart	Bemessungsgleichungen
Rechteckfeder, frei aufliegend 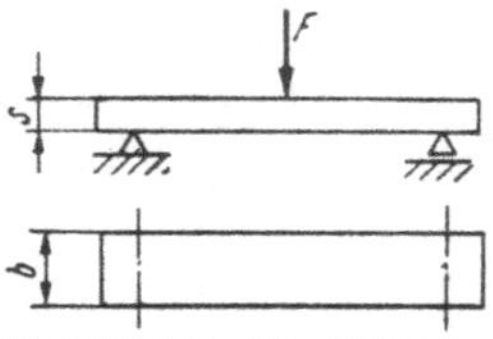	$c = \frac{48EJ}{l^3}$ $\sigma_b = \frac{3Fl}{2bs^2}$ $W = \frac{F^2 l^3}{96EJ}$
Geschichtete Blattfeder, einarmig, ohne Berücksichtigung der Reibung 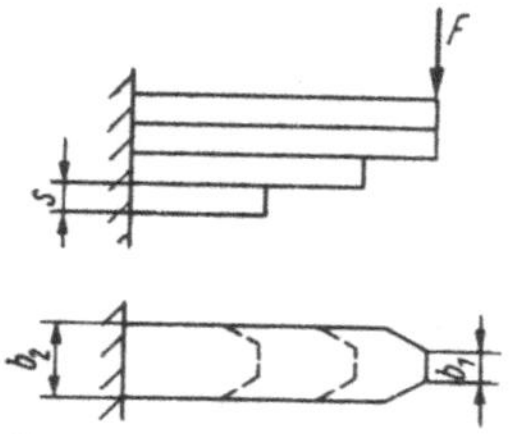	$c \approx \frac{(2 + z'/z)\, zEJ_{max}}{l^3}$ $\sigma_b = \frac{6\,Fl}{zb_2 s^2}$ $W \approx \frac{F^2 l^3}{2\,(2 + z'/z)\, zEJ_{max}}$ z Gesamtzahl der Blätter z' Anzahl der bis zum Federende reichenden Blätter
Geschichtete Blattfeder, zweiarmig, ohne Berücksichtigung der Reibung 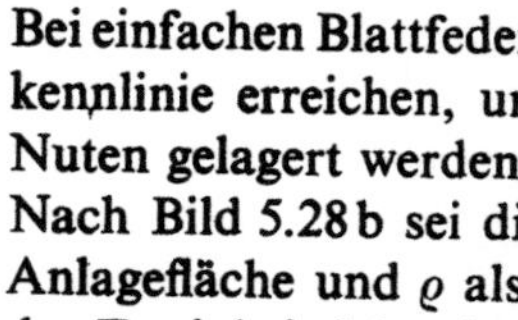	Gleichungen wie für einarmige Feder mit $l = \frac{L}{2};\quad F = \frac{F'}{2}$

Biegefedern mit progressiver Kennlinie

Bei einfachen Blattfedern läßt sich mit konstruktiven Maßnahmen eine progressive Federkennlinie erreichen, und zwar dann, wenn die Federn in sich allmählich erweiternde Nuten gelagert werden (Bild 5.28).

Nach Bild 5.28b sei die Anlagefläche ein Kreisbogen mit r als Krümmungsradius der Anlagefläche und ϱ als Krümmungsradius der Biegelinie an der Berührungsstelle. Aus der Festigkeitslehre ist bekannt:

$$\frac{1}{\varrho} = \frac{M}{EJ}.$$

Bei kleiner Belastung ist an der Einspannstelle $\varrho > r$. Die Einspannlänge l bleibt auch unter Belastung unverändert, und die Federkennlinie ist linear.

Unter steigender Belastung wird ϱ kleiner, bis die Bedingung $\varrho = r$ erfüllt ist. Nun legt sich unter zunehmender Belastung F die Feder, beginnend bei E, gegen die kreisbogenförmige Anlagefläche. Je größer die Belastung, desto weiter wandert der Berührungs-

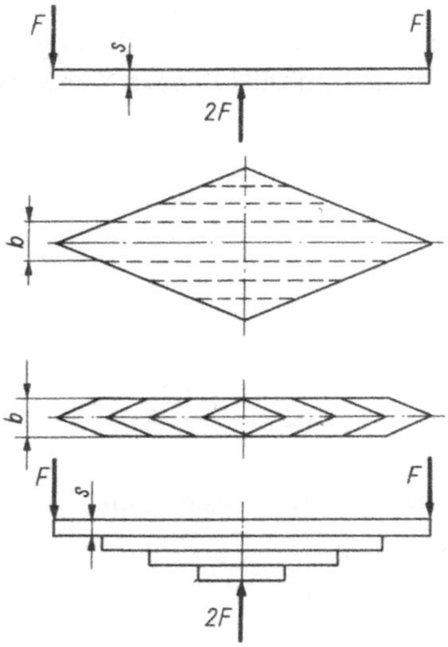

Bild 5.26
Geschichtete Blattfeder

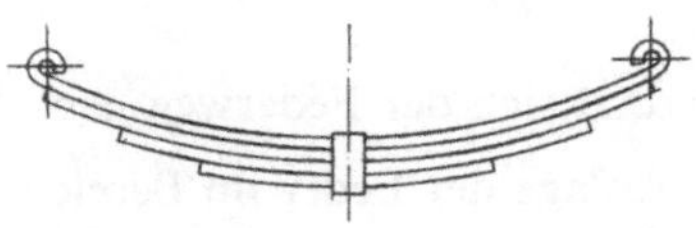

Bild 5.27. Gebundene Wagenfeder

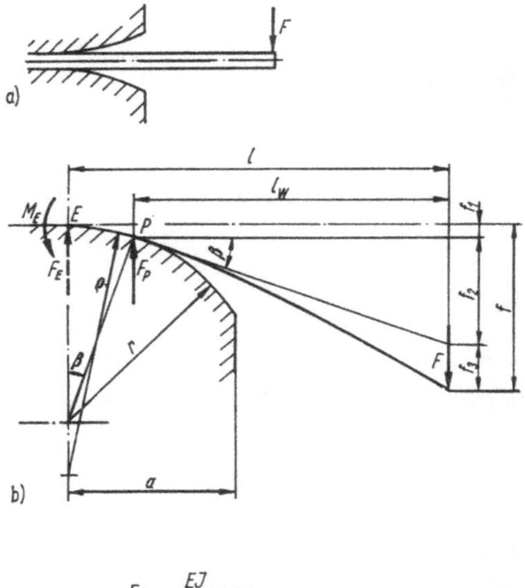

Bild 5.28
Biegefeder mit progressiver Kennlinie
a) Konstruktionsschema; b) Biegelinie

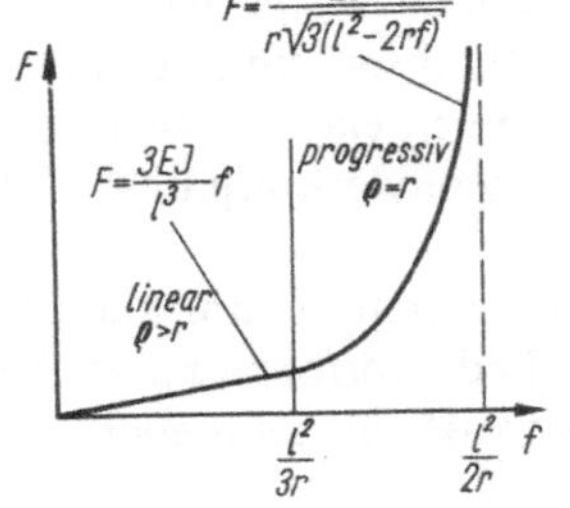

Bild 5.29. Kennlinie der Feder nach Bild 5.28

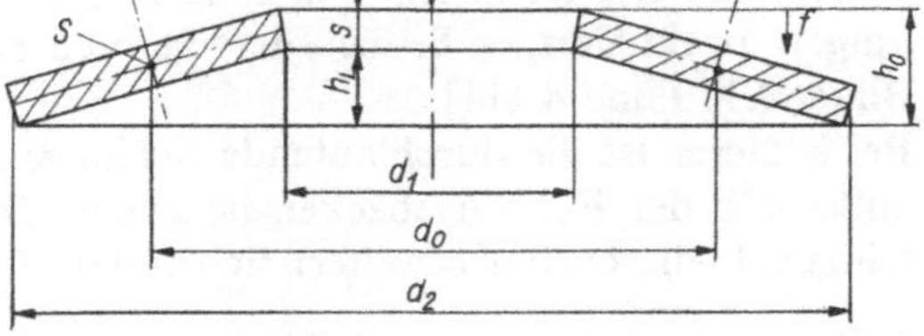

Bild 5.30. Tellerfeder
s Stülpmittelpunkt

punkt P unter Beibehaltung der Zwangsbedingung $\varrho = r$ nach rechts, und desto härter wird die Feder, da sich die wirksame Federlänge l_w verkürzt und die Stützwirkung der Backen die Krümmungszunahme verhindert. Damit geht die anfangs lineare Kennlinie in eine zunehmend progressive über (Bild 5.29).
Für $\varrho > r$ ist nach Gl. (5.46) der Federweg

$$f = \frac{Fl^3}{3EJ}$$

und der Krümmungsradius

$$\varrho = \frac{EJ}{Fl}.$$

Für $\varrho = r$ setzt sich der Federweg nach Bild 5.28b aus drei Anteilen zusammen:

f_1 infolge Anlage der Feder im Bereich EP an den Kreisbogen
f_2 infolge der durch f_1 gegebenen Neigung der Restlänge l_w um β
f_3 infolge Durchbiegung der Restfeder.

$$f = r(1 - \cos\beta) + l_w\beta + \frac{Fl_w^3}{3EJ} \tag{5.48}$$

Mit

$$\beta \approx \frac{l - l_w}{r} \quad \text{und} \quad \cos\beta = 1 - \frac{(l - l_w)^2}{2r^2} + \dots$$

wird

$$f = \frac{l^2 - l_w^2}{2r} + \frac{Fl_w^3}{3EJ}. \tag{5.49}$$

Nun gilt im Berührungspunkt P

$$r = \varrho = \frac{EJ}{Fl_w}.$$

Daraus ergibt sich die Gleichung der Federcharakteristik für die Zwangsbedingung $\varrho = r$

$$F = \frac{EJ}{r\sqrt{3(l^2 - 2rf)}}. \tag{5.50}$$

Die grafische Darstellung von Gl. (5.50) wird im Bild 5.29 gezeigt.
Bei der Ableitung dieser Gleichungen ist der Querkraftschub vernachlässigt, der jedoch bei stärkeren Verformungen zu berücksichtigen ist, da er die Durchsenkung der Feder unterstützt. Die technische Nutzung dieses Prinzips wird bei einigen elastischen Kupplungen praktiziert, z. B. bei der Stabfeder- und der Schlangenfederkupplung [5.1, Bilder 4.110 und 4.111].
Bei letzterer ist die durchlaufende Schlangenfeder nicht fest eingespannt, um auch die außerhalb der Führungsbacken liegenden Federlagen an der Federverformung zu beteiligen. In diesem Fall erweitern sich die Gln. (5.48) und (5.50) um zusätzliche Glieder [5.6].

Tellerfedern (Scheibenbiegefedern)

Tellerfedern sind Ringscheiben mit meist rechteckigem, seltener trapezförmigem Querschnitt (Bild 5.30). Sie werden wegen des erforderlichen relativ hohen Berechnungsaufwands noch recht selten angewandt, obwohl sie Eigenschaften haben, die von anderen

Federarten kaum erreichbar sind. Mittels Tellerfedern lassen sich in einfacher Weise geradlinige, progressive, degressive, geschweifte und z. T. negativ verlaufende Kennlinien verwirklichen. Ursache dieses Verhaltens ist der verwickelte Spannungszustand einer Tellerfeder. Dieser resultiert aus zwei sich überlagernden Biegespannungsfeldern. Das eine Biegespannungsfeld entsteht durch die Krümmungsänderung des Kegelmantels, das andere durch die Drehung der Querschnitte um den Stülpmittelpunkt *S*. Mit zunehmender Verformung überwiegt zeitweilig der eine, sodann der andere Spannungsteil, wodurch sich der charakteristische Kennlinienverlauf ergibt [5.7]. Die Berechnung der Tellerfeder ist in TGL 18398 standardisiert. Sie wird nach der im Jahre 1936 von *Almen* und *Lászlo* aufgestellten Näherungsgleichung durchgeführt.
Die Federkraft des Einzeltellers ist

$$F = \frac{4E}{1-\mu^2}\,\frac{s^4}{\alpha d_2^2}\,\frac{f}{s}\left[\left(\frac{h_L}{s}-\frac{f}{s}\right)\left(\frac{h_L}{s}-0{,}5\frac{f}{s}\right)+1\right] \tag{5.51}$$

mit $E = 2{,}06 \cdot 10^5\ \mathrm{N/m^2}$, $\mu = 0{,}3$ und den Federmaßen s, h_L nach Bild 5.30. Die maximale Werkstoffbeanspruchung tritt als tangentiale Druckspannung am oberen Tellerinnenrand auf und beträgt

$$\sigma_d = \frac{2E}{1-\mu^2}\,\frac{f}{\alpha_i d_2^2}\left[\beta_i\left(h_L-\frac{f}{2}\right)+s\right]. \tag{5.52}$$

Zur Berechnung der Feder auf Dauerfestigkeit ist auch die maximale Zugbeanspruchung zu ermitteln, die an der äußeren Unterkante auftritt:

$$\sigma_z = \frac{2E}{1-\mu^2}\,\frac{f}{\alpha_a d_2^2}\left[-\beta_a\left(h_L-\frac{f}{2}\right)+s\right]. \tag{5.53}$$

Die Kennwerte α, α_i, α_a, β_i, β_a sind Tafel 5.6 zu entnehmen ($\beta_a = \beta_i - 2$).

Tafel 5.6. Kennwerte zur Berechnung von Tellerfedern

d_2/d_1	1.2	1.4	1.6	1.8	2.0	2.2	2.4	2.6	2.8	3.0	4.0	5.0
α	0,29	0,45	0,56	0,64	0,70	0,74	0,76	0,77	0,78	0,79	0,80	0,78
α_i	0,15	0,2	0,23	0,24	0,25	0,24	0,24	0,23	0,23	0,22	0,18	0,16
β_i	0,96	0,94	0,92	0,90	0,88	0,86	0,85	0,84	0,83	0,82	0,78	0,75
α_a	0,17	0,30	0,37	0,45	0,50	0,55	0,58	0,62	0,65	0,67	0,75	0,80

Diese Näherungsgleichungen vernachlässigen die relativ geringen Radial- und Schubspannungen sowie mögliche, jedoch kaum erfaßbare Eigenspannungen. Letztere entstehen durch örtliche Überschreitung der Fließgrenze des Federwerkstoffs bei erstmaliger Federbelastung mit hohen, aber noch nach Gl. (5.51) zulässigen Kräften.
Die Gestaltfestigkeitsberechnung dynamisch belasteter Tellerfedern ist erschwert, da sich wegen des komplizierten Spannungszustands kaum übertragbare Einflußfaktoren α_k, β_k angeben lassen.
Für den Federstahl 50CrV4 enthält TGL 18398 ein Dauerfestigkeitsschaubild (Bild 5.31), das bereits den Größeneinfluß erfaßt. Es gibt die Dauerhubfestigkeit in Abhängigkeit von der Unterspannung an.
Die Federsteife ist

$$c = \frac{\mathrm{d}F}{\mathrm{d}f} = \frac{4E}{1-\mu^2}\,\frac{s^3}{\alpha d_2^2}\left[\left(\frac{h_L}{s^2}\right)^2 - 3\,\frac{h_L}{s}\,\frac{f}{s} + 1{,}5\left(\frac{f}{s}\right)^2 + 1\right]. \tag{5.54}$$

Die Federkennlinie wird bestimmt durch das Verhältnis h/s, (Bild 5.32). Die Kennlinie für $h/s > \sqrt{2}$ weist eine zeitweilig negative Charakteristik auf. Der Bereich von P_1 bis P_2 ist jedoch instabil. Bei Erreichung des Punktes P_1 springt die Feder zu Punkt P_3.
Tellerfedern mit $h/s > \sqrt{2}$ werden in Form von steifen Federpaketen hoher Dämpfung als Pufferfedern verwendet. Tellerfedern mit nahezu waagerechter Kennlinie finden Anwendung zum Spielausgleich, zum Verschleißausgleich oder zur Überbrückung von Fertigungstoleranzen, z. B. bei Wälzlagern.

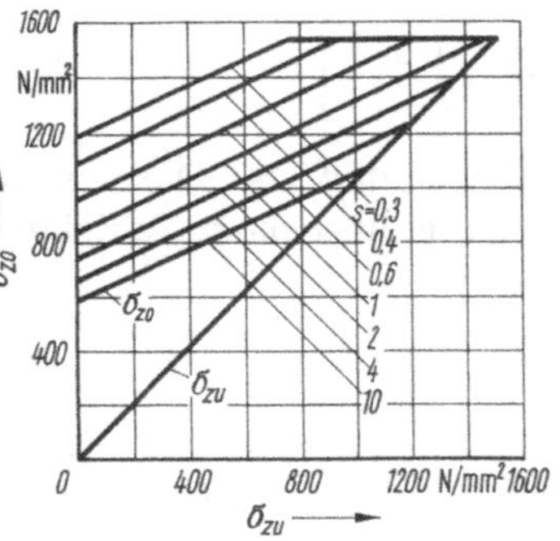

Bild 5.31. Dauerfestigkeitsschaubild für Tellerfedern aus Federstahl 50 Cr V 4

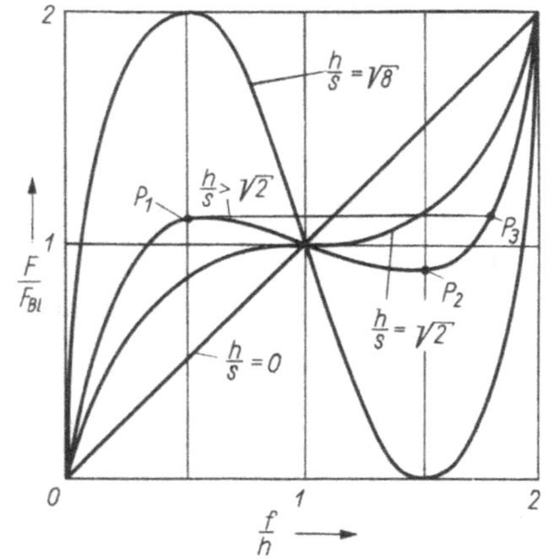

Bild 5.32. Kennlinienfeld der Tellerfeder

Standardisiert sind in TGL 18399 gegenwärtig nur zwei Gruppen von Federn, und zwar Form A mit $h_L/s \approx 0{,}4$ für große Federsteifen und Form B mit $h_L/s \approx 0{,}75$ für niedrige Federsteifen. Der maximal zulässige Federweg dieser Federn ist

$$f_{max} = 0{,}75\ h_L \text{ bei statischer Belastung}$$
$$f_{max} = 0{,}5\ h_L \text{ bei schwingender Belastung.}$$

Die diesen Federwegen zugeordnete Kraft F_{max} ist im Standard bereits enthalten, so daß sich ihre Berechnung bei Anwendung standardisierter Federn erübrigt.
Tellerfedern lassen sich vielfältig zusammenfügen. Gleichsinnige Schichtung bewirkt eine Parallelschaltung von Einzelfedern zu einem *Federpaket*. Wechselsinnige Schichtung ergibt Hintereinanderschaltung zur *Federsäule*. Durch kombinierte Parallel- und Hintereinanderschaltung verschieden stark geschichteter Federpakete lassen sich progressiv geknickte Kennlinien erzeugen (Bild 5.33). Hierbei muß jedoch die zulässige Spannung der Federn kontrolliert werden.
Tellerfedern für hohe Federwege erhalten Radialschlitze am Innenrand.

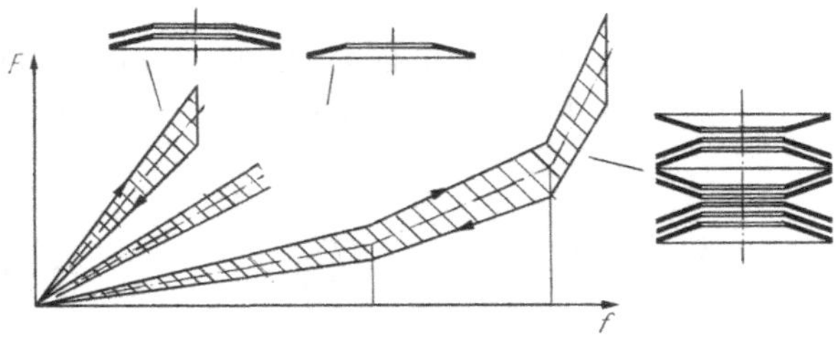

Bild 5.33 Kombinationen von Tellerfedern und ihre Kennlinien

Ein wesentliches Merkmal geschichteter Federn ist die Reibungsdämpfung, die sowohl zwischen den Federtellern als auch zwischen Endtellern und den Auflageflächen auftritt. Die Reibungsdämpfung wächst mit der Anzahl der übereinandergeschichteten Teller. Diese Möglichkeit gestattet, die Dämpfung eines Federpakets gegebenen Betriebsverhältnissen anzupassen, je nachdem, ob man wenige starke oder mehrere schwächere Teller zu Federpaketen vereinigt. Der relative Verlust beträgt je Schicht eines Einzelpakets etwa 2 bis 3% der Federkraft.

Infolge der Reibung verteilen sich Gesamtfederweg und Gesamtfederkraft ungleichmäßig über die Federsäule. Die Federn am bewegten Ende sind einer größeren Kraft als die am festen Ende ausgesetzt und erfahren deshalb einen größeren Federweg als f_{ges}/i. Daher ist die Zahl der Einzelteller mit $i \leqq 10$ begrenzt.

Mit steigender Anzahl gleichsinnig geschichteter Einzelteller nimmt die Lebensdauer ab; daher soll ihre Zahl $n = 3$ nicht übersteigen. Die unbelastete Länge l_0 einer Federsäule ist begrenzt mit $l_0 \leqq 3d_2$.

Gewundene Biegefedern

Gewundene Biegefedern sind in der Lage, Momente aufzunehmen. Bild 5.34 zeigt einige typische Ausführungsformen.

Die *Spiralfeder* wird in zwei Varianten gebaut:

Die Spiralfeder mit Zwischenraum ist eine archimedische Spirale mit wenigen Windungen. Sie arbeitet bei zulässigen Verdrehwinkeln bis $\varphi_{max} = 20°$ reibungsfrei und findet daher Anwendung im Meßgerätebau.

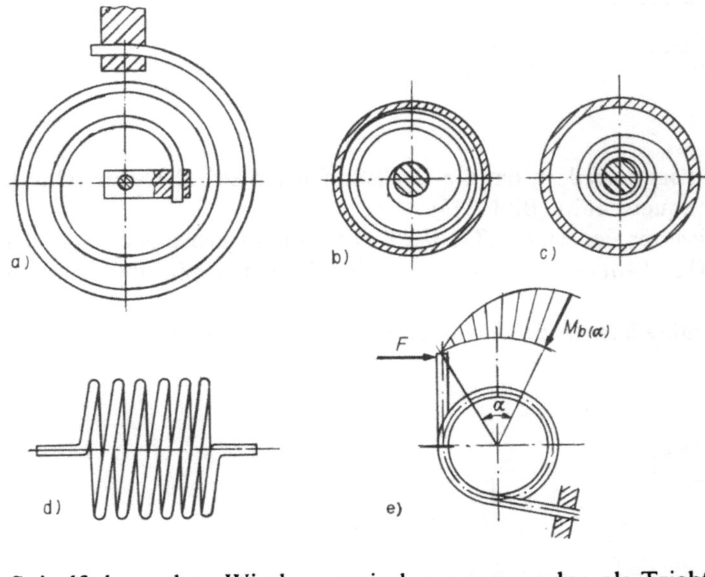

Bild 5.34
Gewundene Biegefedern
a) Spiralfeder mit Windungszwischenraum; b) Spiralfeder ohne Windungszwischenraum, entspannt; c) Spiralfeder ohne Windungszwischenraum, gespannt; d) Schraubenbiegefeder; e) Schenkelfeder

Spiralfedern ohne Windungszwischenraum werden als Triebfedern zur Energiespeicherung in mechanischen Laufwerken (Uhren, Meßgeräten, Apparaten) verwendet. Sie sind meist von einem Federgehäuse umgeben. Die nach dem Spannen der Feder eng auf den Federkern gewickelten Windungen (Bild 5.34c) legen sich während des Entspannens dicht außen ans Gehäuse (Bild 5.34b). Triebfedern erlauben sehr große Drehwinkel, damit viele Umdrehungen. Die Berechnung ihrer gekrümmten Kennlinie ist jedoch wegen der verwickelten geometrischen Verhältnisse und der belastungsabhängigen Reibungsdämpfung nur näherungsweise möglich.

Berechnungs- und Konstruktionshinweise sowie technische Lieferbedingungen geben TGL 20604 und TGL 20605.
Drehfedern eignen sich als Rückstellfedern für Hebel und Sperrklinken. Die Bilder 5.34d und e zeigen Ausführungsformen als zylindrische Schraubenbiegefeder und als Schenkelfeder. Berechnungs- und Konstruktionshinweise enthalten TGL 18401 und 18402.

Bimetallfedern

Bimetallfedern (Thermobimetalle) bestehen aus zwei fest miteinander verbundenen Metallschichten unterschiedlicher Wärmeausdehnungsfähigkeit. Temperaturänderungen bewirken Krümmungsänderungen der Bimetallfedern durch Verspannung. Damit lassen sich Temperaturänderungen direkt in Weg- oder Kraftänderungen umwandeln und bequem messen und regeln.
Die Berechnung der Bimetallfedern ist in [5.8] ausführlich dargelegt.

5.5.1.3. **Torsionsfedern**

Torsions- oder Drehfedern sind elastische Federn, die bei Belastung überwiegend auf Torsion beansprucht werden. Je nach der Ausführungsform sind Drehfedern in der Lage, Kräfte, Momente oder kombinierte Belastungen aufzunehmen.
Tafel 5.7 zeigt eine Gliederung der bekanntesten Torsionsfedern.

Tafel 5.7. Einteilung der Torsionsfedern

Torsionsfedern
- Drehstabfeder
- Schraubendrehfeder
- sonstige Torsionsfedern

Drehstabfedern

Als einfachste Form der Torsionsfedern hat die Drehstabfeder meist Kreisquerschnitt, gelegentlich auch Rechteckquerschnitt (Bild 5.35).
Die Federköpfe standardisierter Federn (s. TGL 0-2091) erhalten Kerbverzahnung oder angeflächte Zylinder für Querkeilbefestigung. Sechs- oder Vierkantköpfe sind ebenfalls gebräuchlich.
Einsatzgebiete der Drehstabfedern sind Schwingungsdämpfer, Kraftmeßgeräte, Drehmomentenschlüssel u.a.

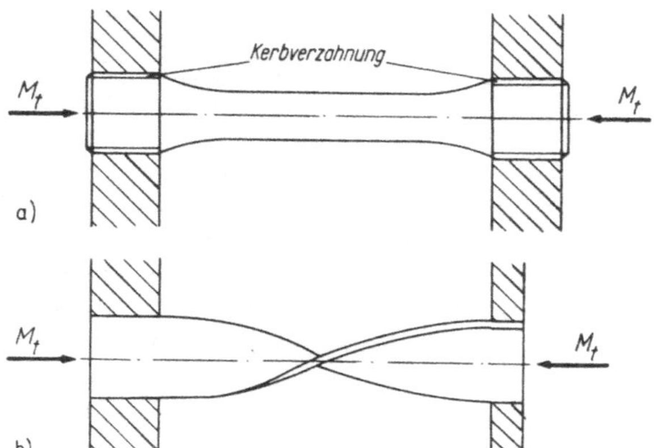

Bild 5.35
Drehstabfedern
a) Kreisquerschnitt;
b) Rechteckquerschnitt

Die für die Auslegung der Drehstabfeder notwendigen Gleichungen wurden bereits in anderem Zusammenhang im Abschn. 4.5. behandelt. Es wurde gefunden:
Verdrehwinkel

$$\varphi = \frac{\tau}{G} \frac{r}{l} = \frac{M_t l}{J_p G}$$

Drehfederkonstante

$$c_\varphi = \frac{G J_p}{l}.$$

Für Kreisquerschnitt mit $J_p = \pi d^4/32$ ist

$$\varphi = \frac{32}{\pi} \frac{M_t l}{G d^4}. \quad (5.55)$$

Für Rechteckquerschnitt ist

$$W_t = \eta_1 b h^2$$

$$J_p = \eta_2 b h^3$$

und

$$\varphi = \frac{1}{\eta_2} \frac{M_t l}{G b^3 h}. \quad (5.56)$$

η_1 und η_2 sind als Näherungswerte Bild 5.36 zu entnehmen.
Die Federn werden auf Dauerfestigkeit gegenüber Torsion nach bekannter Methode berechnet (s. Abschn. 4.2.).

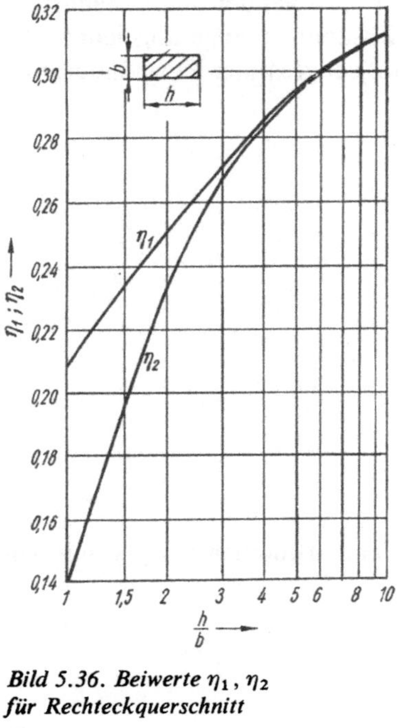

Bild 5.36. Beiwerte η_1, η_2 für Rechteckquerschnitt

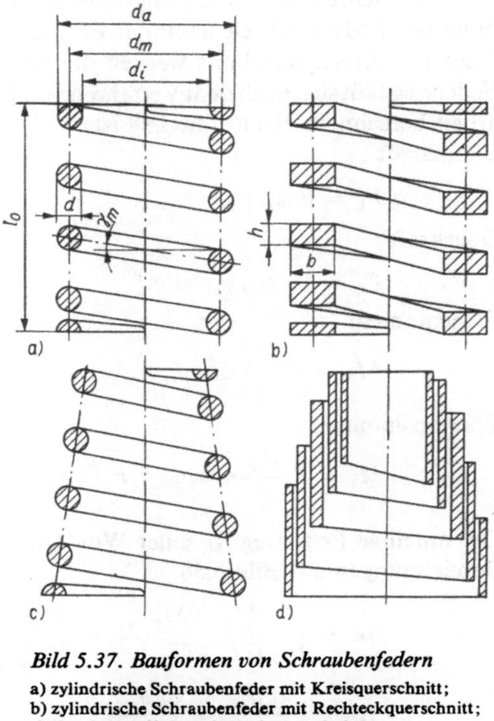

Bild 5.37. Bauformen von Schraubenfedern

a) zylindrische Schraubenfeder mit Kreisquerschnitt;
b) zylindrische Schraubenfeder mit Rechteckquerschnitt;
c) Kegelstumpffeder mit Kreisquerschnitt;
d) Kegelstumpffeder mit Rechteckquerschnitt

Drehstabfedern mit Rechteckquerschnitt werden zur Verringerung des benötigten Einbauraums auch geschichtet ausgeführt (kleines Widerstandsmoment). Ihre exakte Berechnung ist jedoch wegen der ungleichmäßig verteilten Reibungskräfte sehr schwierig. Ist die erforderliche Baulänge einer Drehfeder zu hoch, so bietet sich eine Hintereinanderschaltung von Stab- und Hohlfeder an, die räumlich ineinandergebaut werden.

Schraubendrehfedern

Schraubendrehfedern sind mit Steigung gewickelte Drahtfedern. Sie werden als *Druckfedern* und *Zugfedern* ausgeführt. Häufigste Verwendung findet die zylindrische Schraubenfeder mit Kreisquerschnitt. Gebräuchlich sind aber auch nichtzylindrische Schraubenfedern mit Kreis- und Rechteckquerschnitt. Bild 5.37 zeigt Beispiele von Druckfedern. Unter äußerer Belastung unterliegen Schraubendrehfedern einer kombinierten Beanspruchung. Die entscheidende Beanspruchungsart ist Torsion. Daneben tritt Schub und infolge der Federsteigung Zug bzw. Druck und Biegung auf. Die Drahtkrümmung führt zur Spannungserhöhung am Innenradius gegenüber dem Außenradius.

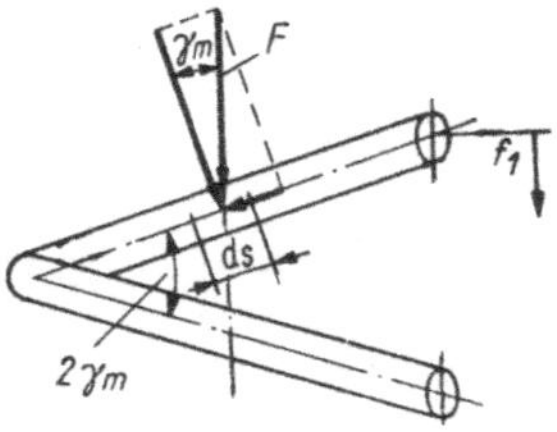

Bild 5.38
Kräfte an einer Windung

Trotz der schraubenlinienförmigen Achsform des Drahtes ist eine ausreichende Berechnung der Federn mit elementaren Formeln möglich. Am Beispiel der Schraubendruckfeder mit Kreisquerschnitt werden die wesentlichsten Zusammenhänge abgeleitet. Der Federweg läßt sich nach dem Verfahren von *Castigliano* aus der gesamten Formänderungsarbeit berechnen. Nach Bild 5.38 ist

Längskraft

$$F_{\mathrm{L}} = F \sin \gamma_{\mathrm{m}}$$

Querkraft

$$F_{\mathrm{Q}} = F_{\mathrm{Q}} \cos \gamma_{\mathrm{m}} \approx F$$

Biegemoment

$$M_{\mathrm{b}} = F \frac{d_{\mathrm{m}}}{2} \sin \gamma_{\mathrm{m}}$$

Torsionsmoment

$$M_{\mathrm{t}} = F \frac{d_{\mathrm{m}}}{2} \cos \gamma_{\mathrm{m}} \approx F \frac{d_{\mathrm{m}}}{2}.$$

Der anteilige Federweg f_{Mt} einer Windung infolge des Torsionsmoments M_{t} ist mit den Bezeichnungen aus Bild 5.38

$$f_{\mathrm{Mt}} = \int_{s_1}^{s_2} \frac{M_{\mathrm{t}}}{GJ_{\mathrm{p}}} \frac{\partial M_{\mathrm{t}}}{\partial F} \, \mathrm{d}s = \frac{F d_{\mathrm{m}}^2}{4GJ_{\mathrm{p}}} \int_0^{2\pi} \frac{d_{\mathrm{m}}}{2} \, \mathrm{d}\varphi \quad \text{mit} \quad \mathrm{d}s = \frac{d_{\mathrm{m}}}{2} \, \mathrm{d}\varphi$$

$$f_{\mathrm{Mt}} = \frac{\pi F d_{\mathrm{m}}^3}{4GJ_{\mathrm{p}}} = \frac{8 F d_{\mathrm{m}}^3}{G d^4}. \qquad (5.57)$$

Analog dazu errechnet sich der
Federweg infolge F_L

$$f_L = \frac{\partial}{\partial F_L}\left(\frac{1}{2}\int_{s_1}^{s_2} \frac{F_L^2}{AE}\,ds\right) = \frac{\pi F \sin\gamma_m d_m}{AE} = \frac{4Fd_m \sin\gamma_m}{Ed^2} \tag{5.58}$$

Federweg infolge F_Q

$$f_Q = \frac{\pi F d_m}{\varkappa AG} = \frac{4Fd_m}{\varkappa G d^2} \tag{5.59}$$

Federweg infolge M_b

$$f_{Mb} = \frac{\pi F d_m^3 \sin\gamma_m}{4EJ_p} = \frac{16 F d_m^3 \sin\gamma_m}{E d_s^4}\,. \tag{5.60}$$

Setzt man für Stahl $E \approx 3G$, so ergibt sich als resultierender Federweg einer Windung

$$\begin{aligned} f_{res\,1} &= f_{Mt}\left[1 + \frac{f_L}{f_{Mt}} + \frac{f_Q}{f_{Mt}} + \frac{f_{Mb}}{f_{Mt}}\right] \\ &= f_{Mt}\left[1 + \frac{2}{3}\left(\frac{d}{d_m}\right)^2 \sin\gamma_m + \frac{2}{\varkappa}\left(\frac{d}{d_m}\right)^2 + \frac{2}{3}\sin\gamma_m\right]. \end{aligned} \tag{5.61}$$

Gl. (5.61) zeigt, daß wegen des kleinen Steigungswinkels die Federweganteile infolge Längskraft, Querkraft und Biegemoment vernachlässigbar klein gegenüber der Durchsenkung infolge Torsion sind. Ist i_F die Anzahl der federnden Windungen, so errechnet sich der Gesamtfederweg angenähert zu

$$f = \frac{8Fd_m^3 i_F}{Gd^4} \tag{5.62}$$

und die Federsteife

$$c = \frac{Gd^4}{8d_m^3 i_F}\,. \tag{5.63}$$

Die Federkennlinie ist nahezu eine Gerade.
Die Torsionsspannung ohne Berücksichtigung der Drahtkrümmung erhält man zu

$$\tau_i = \frac{8d_m F}{\pi d^3}\,. \tag{5.64}$$

Die maximale Torsionsspannung am inneren Windungsdurchmesser wird dann

$$\tau_k = k\tau_i\,.$$

Zur Bestimmung des Beiwerts k existieren mehrere Beziehungen. Standardisiert in TGL 18391 ist die Gleichung nach *Göhner*, die im Bild 5.39 erläutert ist.
Bei ruhender Belastung darf die Spannungserhöhung am Innenradius vernachlässigt werden, da bei Überbeanspruchung die Stützwirkung negative Auswirkungen verhindert.
Zur schnellen Berechnung der Federdaten zylindrischer Schraubenfedern enthalten Taschenbücher verschiedene Nomogramme. Sehr schlanke Schraubendruckfedern kön-

nen ausknicken. Die Knicksicherheit hängt vom Schlankheitsgrad $\lambda = l_0/d_m$, dem relativen Federweg $\eta = f/l_0$ und den Einspannbedingungen der Federenden ab (Bild 5.40). Gebräuchliche konstruktive Sicherungsmaßnahmen gegen eine Knickgefahr sind Führungsbolzen und Führungshülsen.

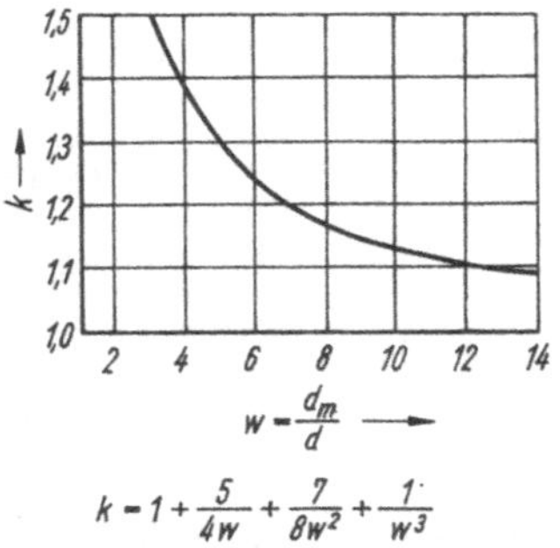

Bild 5.39
Beiwert k als Funktion des Wickelverhältnisses w

Bei Maximalbelastung dürfen sich die Federwindungen nicht berühren. Der Mindestabstand wird durch das Fertigungsverfahren (Kalt- oder Warmformung) bestimmt. Die Blocklänge beträgt bei kaltgeformten Federn
mit angeschliffenen Federenden

$$l_{Bl} = i_g d \tag{5.65}$$

$$i_g = i_f + 2 \quad \text{für Form A und B}$$

mit nicht angeschliffenen Federenden

$$l_{Bl} = (i_g + 1{,}5)\, d. \tag{5.66}$$

Für warmgeformte Federn ist

$$l_{Bl} = (i_g - 0{,}3)\, d. \tag{5.67}$$

Als zulässige Beanspruchung bei statischer Belastung setzt man

$$\begin{aligned} \tau_{i\,zul} &= 0{,}5\,\sigma_B && \text{für kaltgeformte Druckfedern} \\ &= 650\ \text{N/m}^2 && \text{für warmgeformte Druckfedern.} \end{aligned} \tag{5.68}$$

Bei dynamischer Belastung ist der zulässige Wert unter Berücksichtigung dauerfestigkeitsmindernder Faktoren den Dauerfestigkeitsschaubildern (TGL 18391) zu entnehmen. Zur Federauslegung für schwingende Belastung ist die Kenntnis der Eigenfrequenzen erforderlich. Sie errechnet sich für beiderseitig fest eingespannte Schraubendrehfedern ohne

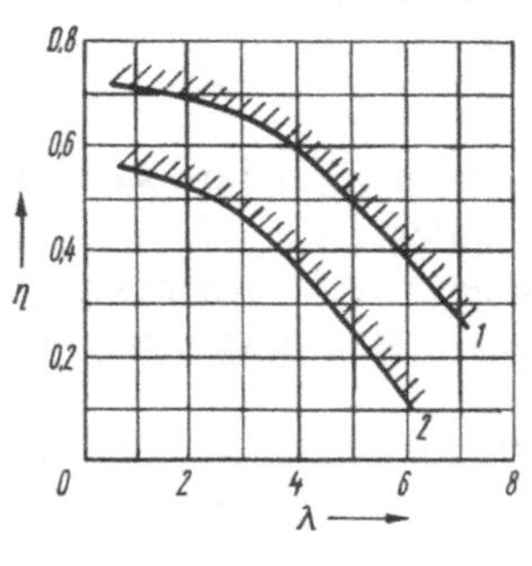

Bild 5.40
Knicksicherheit von Schraubendruckfedern
1 nur für Druckfedern mit geführten Einspannungen und parallelen Auflageflächen;
2 für alle Druckfedern mit veränderlichen Auflageflächen

Zusatzmasse zu

$$\omega = \frac{d}{d_m^2 i_F} \sqrt{\frac{G}{2\varrho_F}}; \tag{5.69}$$

G Gleitmodul
ϱ_F Dichte des Federwerkstoffs.
(Die Eigenfrequenz einer Feder mit Zusatzmasse ist im Abschn. 5.4.4. angegeben.)

Weitere Berechnungs- und Konstruktionshinweise sowie technische Lieferbedingungen enthalten TGL 18391 und TGL 18393.

Querfederung von Druckfedern

Bei elastischen Verbindungen von Konstruktionselementen mittels Schraubenfedern werden diese entsprechend den Freiheitsgraden der anliegenden Elemente häufig durch Längs- und Querkräfte belastet.
Bild 5.41 zeigt die Verformung einer querbelasteten Schraubendruckfeder.
Die Querfedersteife hängt vom Einspannungszustand der Federenden und von der Größe der gleichzeitig wirkenden Längsbelastung ab. Da die Einspannverhältnisse kaum genau bestimmt werden können, ist die rechnerische Ermittlung der Querfedersteife nur mit beschränkter Genauigkeit möglich. Für feste Einspannung ist nach *Groß* [5.9] für die zylindrische Schraubenfeder mit Kreisquerschnitt

$$f_Q = \left\{\frac{1}{F}\left[\frac{2}{\varkappa}\tan\frac{\varkappa l}{2} - l\right] + \frac{l}{S}\right\} F_Q \tag{5.70}$$

mit

$$\varkappa = \sqrt{\frac{F}{B(1 - F/S)}};$$

$$B = 14600\,\frac{ld^4}{ir}, \quad S = 33600\,\frac{ld^4}{ir^3}.$$

Federsätze sind ineinandergeschachtelte Federn nach Bild 5.42. Diese Bauweise ermöglicht durch Parallelschaltung von zwei oder drei Federn eine steile resultierende Federkennlinie bei guter Raumausnutzung. Die Einzelfedern in Federsätzen weisen, um ein

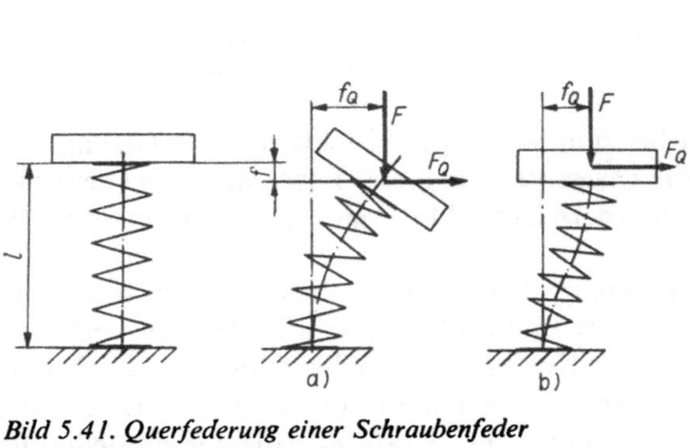

Bild 5.41. Querfederung einer Schraubenfeder
a) Federweg bei einseitig fester Einspannung;
b) Federweg bei beiderseitig fester Einspannung

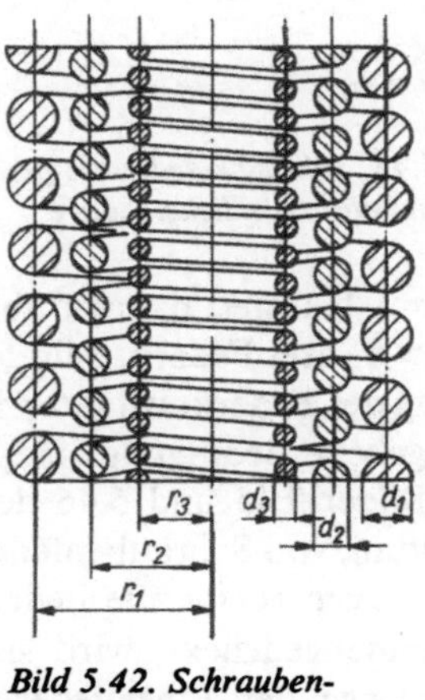

Bild 5.42. Schraubenfedersatz (dreifach)

Verklemmen zu verhindern, abwechselnde Windungsrichtungen auf. Die Berechnung parallelgeschalteter Federn ist im Abschn. 5.3. dargelegt.

In Federsätzen mit gleich langen Federn haben die Federn den gleichen Weg. Damit die maximalen Randspannungen der einzelnen Federn gleich groß werden, muß nach Bild 5.42 und Gln. (5.62) und (5.64)

$$\frac{i_1 r_1^2}{d_1} = \frac{i_2 r_2^2}{d_2} = \frac{i_3 r_3^2}{d_3}$$

sein. Wählt man

$$i_1 d_1 = i_2 d_2 = i_3 d_3, \tag{5.71}$$

so wird

$$\left(\frac{r_1}{d_1}\right)^2 = \left(\frac{r_2}{d_2}\right)^2 = \left(\frac{r_3}{d_3}\right)^2 = \text{konst.} \tag{5.72}$$

Die Einzelfederkräfte stehen dann im Verhältnis

$$F_1 : F_2 : F_3 = c_1 : c_2 : c_3 = d_1^2 : d_2^2 : d_3^2. \tag{5.73}$$

Geknickte Kennlinie durch Federsätze

Bild 5.43 zeigt einen Schraubenfedersatz mit parallelgeschalteten Einzelfedern unterschiedlicher Länge als konstruktive Lösungsvariante zur Erzielung angenähert nichtlinearer Kennlinien durch geknickte Kennlinien. Bis zur Durchsenkung h_1 wird nur die

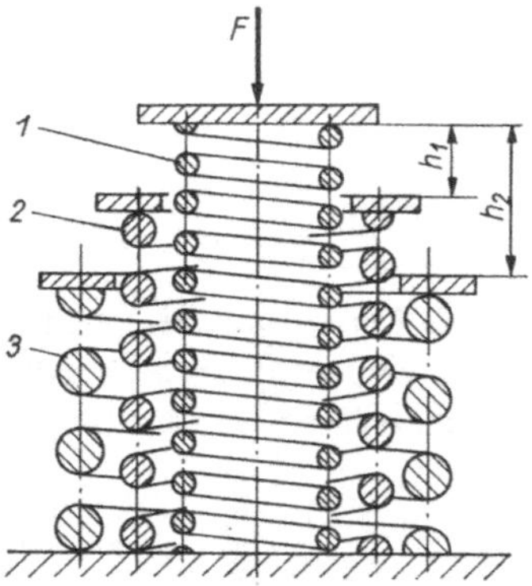

Bild 5.43. ***Schraubenfedersatz parallelgeschalteter Federn unterschiedlicher Länge***

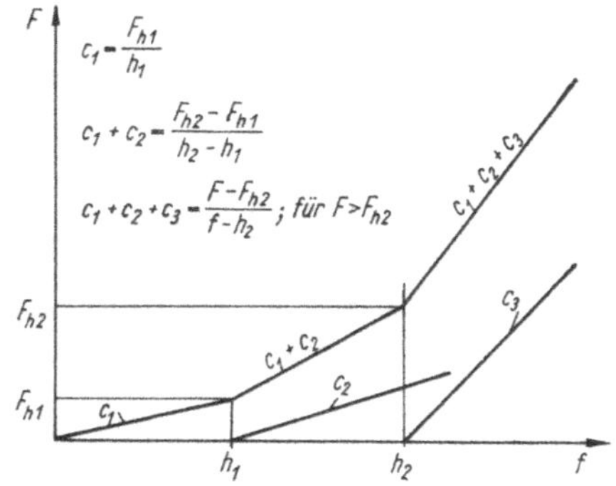

Bild 5.44. Geknickte Kennlinie durch Parallelschaltung nach Bild 5.44

Feder 1 belastet, danach übernehmen bis zum Weg h_2 zwei Federn die Belastung und für $f > h_2$ drei Federn. Bild 5.44 zeigt die Charakteristik dieses Federsatzes. Bei der Festlegung der Federkonstanten für die Einzelfedern ist für Maximalbelastung die in Gl. (5.73) angegebene Bedingung einzuhalten.

Die Bilder 5.45 und 5.46 demonstrieren eine geknickte Federkennlinie durch Reihenschaltung von Schraubenfedern, die gegenüber Bild 5.43 einen sehr flachen Anstieg zeigt. Hier tragen zuerst alle Federn. Ist unter der Kraft F_{h1} die Feder 1 um die Bauhöhe h_1 zusammengedrückt, wird sie durch Anlage der Deckplatte abgeschaltet. Da sich die Federwege der Einzelfedern addieren, ist unter der Kraft F_{h1} die Gesamtfederung $f_1 = h_1 + f_{12} + f_{13}$. Analog ergibt sich $f_2 = h_1 + h_2 + f_{23}$. Geknickte Kennlinien sind wenig geeignet für hochfrequente dynamische Beanspruchung, da durch die Unstetigkeitsstellen der Kennlinie nichtharmonische Zusatzbewegungen der Feder ausgelöst werden.

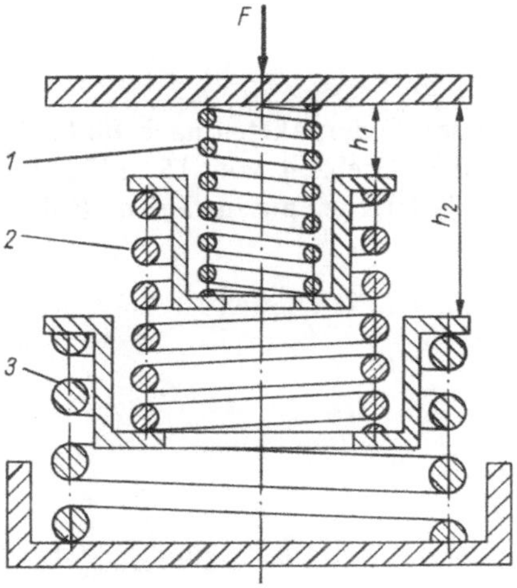

Bild 5.45. Schraubenfedersatz reihengeschalteter Federn

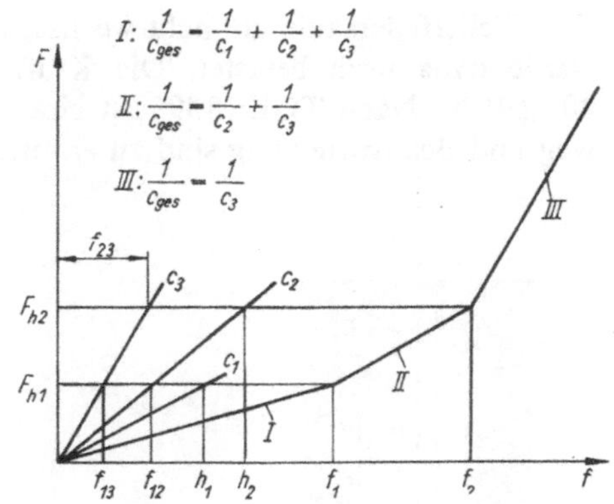

Bild 5.46. Geknickte Kennlinie durch Reihenschaltung nach Bild 5.45

Schraubendruckfedern mit stetig progressiver Kennlinie

Sie werden so gestaltet, daß mit zunehmender Belastung die federnde Drahtlänge durch Anlage einzelner Windungen aneinander abnimmt.
Konstruktive Ausführungen sind

- Zylindrische Federn mit abnehmender Steigung
- Federn mit linear abnehmendem Außendurchmesser (Kegelfeder), mit konstanter oder veränderlicher Steigung
- Tonnen- oder Taillenfedern mit entweder konstantem Steigungswinkel oder konstantem Windungsabstand

Die Berechnung der Federsteife dieser Federn erfordert einen relativ hohen Aufwand [5.10].
Schraubenfedern als *Zugfedern* können mit Windungsspiel ausgeführt werden; sie sind jedoch meist ohne Windungsspiel gewickelt. Kaltgeformte Zugfedern lassen sich mit Vorspannung wickeln, so daß sie erst nach Überwindung der Vorspannkraft F_V Federwege ermöglichen (Bild 5.47). Wegen der schwer erfaßbaren Spannungsspitzen an den

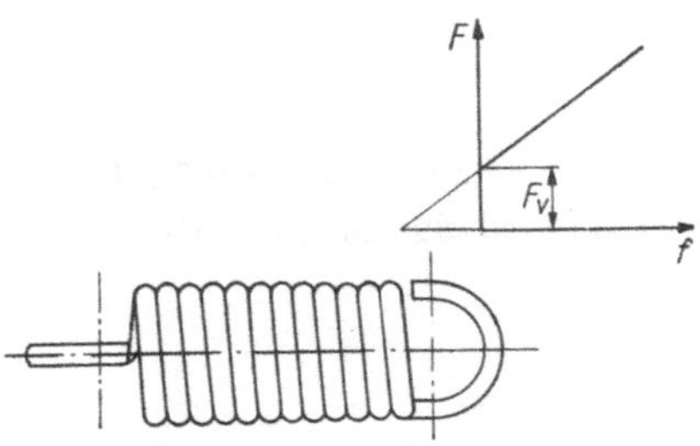

Bild 5.47. Zugfeder mit Vorspannung

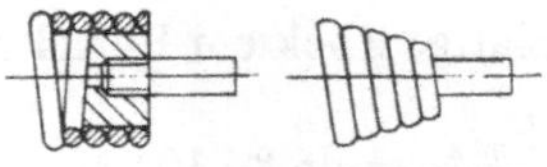

Bild 5.48. Standardisierte Endstücke für Zugfedern

Ösenansätzen werden Zugfedern nur für statische Belastung empfohlen. Bild 5.48 zeigt standardisierte Federendstücke. Weitere Berechnungs- und Konstruktionshinweise sowie technische Lieferbedingungen enthalten TGL 18392 und TGL 18393.

5.5.1.4. **Beispiele**

Beispiel 1

Eine Tellerfedersäule mit acht wechselsinnig geschichteten Federpaketen nach Bild 5.49 werde dynamisch belastet. Die Kraft schwanke in den Grenzen von $15 \cdot 10^3$ N bis $40 \cdot 10^3$ N. Nach TGL 18399 ist eine standardisierte Tellerfeder auszuwählen. Federweg und Beanspruchung sind zu ermitteln.

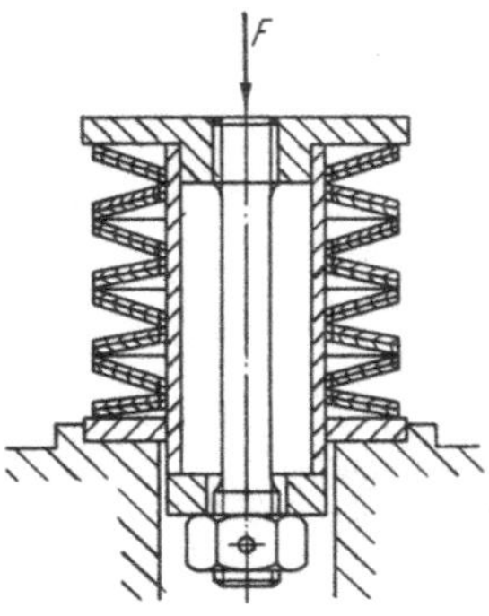

Bild 5.49
Tellerfedersäule

Lösung

Anzahl der gleichsinnig zu einem Paket geschichteten Einzelteller: $n = 2$.
Anzahl der Einzelpakete: $i = 8$.

1. Federkräfte des Einzeltellers
   Obere Federbelastung

$$F_2 = \frac{40 \cdot 10^3}{n} = 20 \cdot 10^3 \text{ N}$$

   untere Federbelastung

$$F_1 = \frac{15 \cdot 10^3}{n} = 7{,}5 \cdot 10^3 \text{ N}.$$

2. Gewählte Tellerfeder
   B 60s – TGL 18399 mit folgenden Daten (s. Bild 5.30):

$d_2 = 125$ mm	$h_0 = 8{,}5$ mm	$F_{max} = 28 \cdot 10^3$ N
$d_1 = 61$ mm	$h_L = 3{,}5$ mm	
$s = 5{,}0$ mm	$h_L/s = 0{,}7$.	

3. Federwege
   Für schwingende Belastung gilt $f_{max}/h_L = 0{,}5$. Mit diesem Wert und $h_L/s = 0{,}7$ läßt sich aus Bild 5.32 entnehmen: $F/F_{B1} = 0{,}6$. (Statt Bild 5.32 wird das in TGL 18388 enthaltene ausführlichere Diagramm empfohlen.)
   Federkraft bei plattgedrücktem Einzelteller:

$$F_{B1} = \frac{F_{max}}{F/F_{B1}} = 46{,}8 \cdot 10^3 \text{ N},$$

damit

$$F_1/F_{Bl} = 0{,}18, \quad F_2/F_{Bl} = 0{,}426.$$

Für diese Werte folgen aus Bild 5.32

$$f_1/h_L = 0{,}13, \quad f_2/h_L = 0{,}33,$$

daraus die Federwege

$$f_1 = h_L \frac{f_1}{h_L} = 0{,}454 \text{ mm}$$

$$f_2 = h_L \frac{f_2}{h_L} = 1{,}16 \text{ mm} < f_{max} = 1{,}75 \text{ mm}.$$

4. Federsteife der Tellerfedersäule

$$c = \frac{n}{i} \frac{F_2 - F_1}{f_2 - f_1} = 4{,}41 \cdot 10^3 \text{ N/mm}.$$

5. Länge der Tellerfedersäule

$$l_0 = i\,[h_0 + (n - 1)\,s] = 108 \text{ mm}.$$

Die Bedingung $l_0 < l_{0\,max} = 3d_2$ ist erfüllt.

6. Spannungen
Für die maximale Druckspannung (an der oberen Innenkante) folgt aus Gl. (5.52) und Tafel 5.6

$$\sigma_{d2} = \sigma_{d\,max} = 1010 \text{ N/mm}^2 < \sigma_s \quad \text{für 50 CrV4 (s. Bild 5.31).}$$

Dieser Wert darf nach [5.1] bei dynamischer Dauerbeanspruchung bis 1750 N/mm² betragen, also erheblich oberhalb σ_s liegen.
Zur Kontrolle auf Dauerfestigkeit sind die Zugspannungen (am Außenrand) heranzuziehen.
Aus Gl. (5.53) und Tafel 5.6 ergeben sich

$$\sigma_{z1} = 225 \text{ N/mm}^2, \quad \sigma_{z2} = 555 \text{ N/mm}^2.$$

Hubspannung

$$\sigma_{zh} = \sigma_{z2} - \sigma_{z1} = 330 \text{ N/mm}^2.$$

Nach Bild 5.31 betragen für den Werkstoff 50CrV4 unter dieser Beanspruchung die Dauerhubfestigkeit

$$\sigma_{zH} = 570 \text{ N/mm}^2$$

und die zulässige Oberspannung

$$\sigma_{zO} = 795 \text{ N/mm}^2.$$

Die Bedingungen $\sigma_{zH} \geqq \sigma_{zh}$ und $\sigma_{zO} \geqq \sigma_{z2}$ sind mit den Sicherheiten $S = \sigma_{zH}/\sigma_{zh} = 1{,}73$ und $S_g = \sigma_{zO}/\sigma_{z2} = 1{,}43$ erfüllt.

Beispiel 2

Für einen 4-T-Motor sind die Ventilfedern so auszulegen, daß bei einem maximalen Ventilhub von $f_h = 10$ mm eine maximale Federkraft $F_{max} = 300$ N erzeugt wird. Bei geschlossenem Ventil sei die Federvorspannung etwa 30% von F_{max}. Es sind standardisierte Federn zu verwenden.

Lösung

1. Gewählte Federform
   Druckfeder C 4 x 28 x 11,5 TGL 18395 mit folgenden Daten:

$d = 4$ mm	$F_N = 727$ N	$c = 19{,}8$ N/mm
$d_i = 20$ mm	$l_0 = 86{,}4$ mm	$i_g = 11{,}5$
$d_m = 24$ mm	$l_n = 49{,}8$ mm	kaltgeformt
$d_a = 28$ mm	$f_n = 36{,}6$ mm.	

2. Vorhandene Federvorspannung

$$\Delta F = c\Delta f$$

$$F_V = F_{max} - cf_h = 102 \text{ N} \approx 30\% \text{ von } F_{max}.$$

3. Federwege

$$f_V = F_V/c = 5{,}15 \text{ mm}$$

$$f_{max} = f_v + f_h = 15{,}15 \text{ mm}.$$

4. Kontrolle der Zusammendrückung auf Blocklänge
   Einzuhaltende Bedingung: $f_{max} < l_0 - l_{Bl}$.
   Mit Gl. (5.65) wird

$$l_0 - l_{Bl} = 86{,}4 - 11{,}5 \cdot 4 = 40{,}4 \text{ mm}.$$

   Die Feder wird unter F_{max} nicht auf Blocklänge zusammengedrückt; damit erübrigt sich die Nachrechnung der Blockspannung.
5. Kontrolle auf Knicksicherheit
   Schlankheitsgrad

$$\lambda = \frac{l_0}{d_m} = 3{,}6$$

   relativer Federweg

$$\eta = \frac{f_{max}}{l_0} = 0{,}176.$$

   Diese Werte, im Bild 5.40 eingetragen, ergeben eine ausreichende Knicksicherheit.
6. Nachrechnung der Spannungen

$$\tau_{max} = \tau_2 = \frac{8}{\pi}\frac{d_m}{d^3} F_{max} = 286 \text{ N/mm}^2$$

$$\tau_v = \tau_1 = \frac{8}{\pi}\frac{d_m}{d^3} F_v = 97{,}5 \text{ N/mm}^2.$$

   Beiwert für schwingende Belastung nach Bild 5.39:
   Für $w = d_m/d = 6$ folgt $k = 1{,}24$.

Damit betragen die vorhandenen Spannungen

$$\tau_{k\,max} = k\tau_{max} = 355 \text{ N/mm}^2$$

$$\tau_{kv} = k\tau_v = 121 \text{ N/mm}^2$$

$$\tau_{kh} = 234 \text{ N/mm}^2.$$

Die zulässige Dauerhubfestigkeit ergibt sich aus TGL 18391 für den Überlastungsfall 3 (Unterspannung τ_{kv} = konst.) zu

$$\tau_{kH} = 360 \text{ N/mm}^2.$$

Für die vorliegende Belastung ist die zulässige Oberspannung

$$\tau_{kO} = 480 \text{ N/mm}^2.$$

Die Bedingungen $\tau_{kH} \geqq \tau_{kh}$ und $\tau_{kO} \geqq \tau_{k\,max}$ sind erfüllt.

Anmerkung. Die Berechnung erfolgte ohne Berücksichtigung der Einbauverhältnisse. In der Praxis ist im ersten Dimensionierungsschritt zunächst die konstruktive Brauchbarkeit der gewählten Federabmessungen zu prüfen.

5.5.2. **Gummifedern**

Gummifedern sind Konstruktionsteile aus natürlichen oder synthetischen makromolekularen Werkstoffen (Hochpolymeren). Gegenüber Stahlfedern haben sie eine außerordentlich hohe Elastizität, die vorwiegend eine Stoffeigenschaft ist, aber auch durch entsprechende Formgebung unterstützt werden kann. Sie erreichen relative Dehnungen von mehreren hundert Prozent. Während Metall nur im linearen Verformungsbereich elastische Eigenschaften aufweist, behält Gummi noch weit im nichtlinearen Verformungsbereich die Fähigkeit der nahezu vollkommenen Reversibilität. Neben der guten Federungseigenschaft haben Gummifedern eine hohe Dämpfungs- und elektrische Isolierfähigkeit.

Hinsichtlich ihrer konstruktiv-technologischen Ausführung unterscheidet man [5.11]

- die ungebundene Feder
- die gebundene Feder, bei der der Gummikörper durch chemische Bindung fest an parallelen Metallflächen haftet (Gummimetall)
- die gefügte Gummifeder, bei der der Gummikörper in ein Metallgehäuse (ohne chemische Bindung) hineingepreßt ist (Silentbuchsen).

Die wichtigsten Formen von Gummifedern sind

- die Scheibenfeder mit zylindrischem oder rechteckigem Querschnitt als Zugstab, Puffer, Schiene oder Platte
- die Hülsenfeder.

Standardisiert sind bisher lediglich zylindrische Gummifedern in gebundener Ausführung (TGL 20141).

Bei der Dimensionierung sind die typischen Eigenschaften der Plaste zu beachten. Schubmodul und *E*-Modul sind keine reinen Werkstoffkenngrößen. Sie sind bei statischer Belastung von der Gummiqualität, der Federform und der Verformung abhängig. Gummi neigt zum Kriechen. Bei konstanter Belastung ist die Verformung daher auch zeitabhängig. Der Kriechvorgang ist jedoch nach einer statischen Belastungszeit von einigen Tagen im wesentlichen abgeschlossen.

Für praktische Berechnungen wird bei kleinen Verformungen näherungsweise ein linearer Kraft-Verformungs-Verlauf angenommen, z. B. bei Druckbelastung

$$F_d = AE\varepsilon \quad \text{mit} \quad \varepsilon = f/h,$$

wobei $E = E(Q, k)$ ein rechnerischer *definitiver* Modul in Abhängigkeit von der Gummiqualität Q und der Federgeometrie k (Formfaktor) ist.
Für große Verformungen ($\varepsilon > 10\%$) werden die Verformungsgesetze nichtlinear und die definitiven E- und G-Moduln zusätzlich von ε bzw. γ abhängig:

$$E = E(Q, k, \varepsilon).$$

Bild 5.50 demonstriert nach älteren Untersuchungen eine empirisch gefundene Abhängigkeit des E-Moduls vom Formfaktor k = belastete Oberfläche/freie Oberfläche und der Shore-Härte. Diagramme zur exakteren Bestimmung der Moduln E und G unter Berücksichtigung der Nichtlinearität enthält für gebundene Gummimetallfedern [5.12].

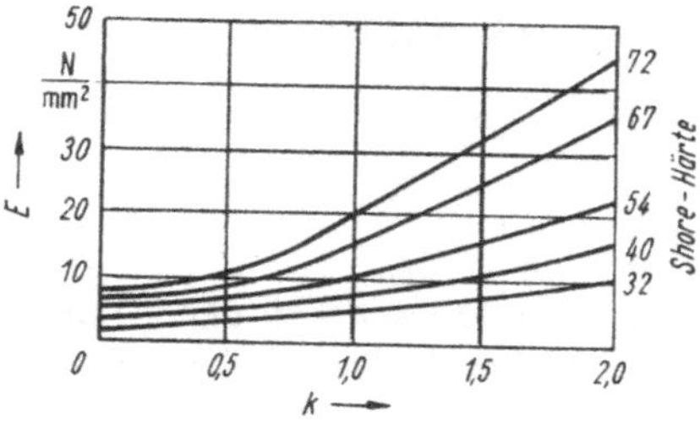

Bild 5.50
E-Modul in Abhängigkeit von der Shore-Härte und dem Formfaktor k nach [5.1]

Unter dynamischer Belastung hat der E-Modul außerdem eine Frequenz- und Dämpfungsabhängigkeit. Infolge dieses Einflusses zeigt eine Gummifeder bei dynamischer Belastung eine andere, größere Federsteife als bei statischer Belastung. Dazu einige Überlegungen. Bei einem Körper unter dynamischer Beanspruchung tritt infolge der inneren Dämpfung des Werkstoffs eine Phasenverschiebung zwischen der Spannung und der Dehnung auf. Ist der zeitliche Spannungsverlauf durch die Funktion $\sigma = \sigma_{max} e^{i\Omega t}$ gegeben, dann folgt

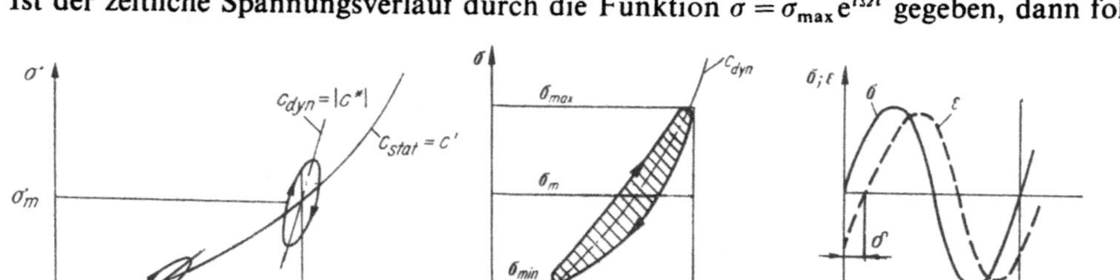

Bild 5.51. Federdämpfungsverhalten einer Gummifeder
a) Dämpfungsschleife bei kleiner Verformung für zwei Mittellasten; b) Dämpfungsschleife bei großer Verformung; c) σ-t- und ε-t-Verlauf

unter der Annahme linearer Viskosität für die um δ phasenverschobene Dehnung $\varepsilon = \varepsilon_{max} e^{i(\Omega t - \delta)}$ (Bild 5.51). Somit läßt sich ein komplexer E-Modul E^* definieren

$$E^* = \frac{\sigma}{\varepsilon} = \frac{\sigma_{max}}{\varepsilon_{max}} e^{i\delta} = \frac{\sigma_{max}}{\varepsilon_{max}} (\cos\delta + i \sin\delta) \tag{5.74}$$

oder

$$E^* = E' + iE'' = E'(1 + i \tan \delta). \tag{5.75}$$

Der Speichermodul E' ist ein Maß für die speicherbare, also wiedergewinnbare Energie; der Verlustmodul E'' ist ein Maß für den irreversiblen Energieanteil der Schwingung. Analog wird die *dynamische* oder *kinetische Federsteife* definiert:

$$c^* = c' + ic''. \tag{5.76}$$

Der Realteil c' ist identisch mit der statischen Federsteife. Er charakterisiert den Anteil, der mit der Verformung in Phase liegt. Der Imaginärteil c'' ist die mit der Verformungsgeschwindigkeit in Phase liegende frequenzabhängige Dämpfung. Je größer c'' wird, desto mehr weicht die dynamische Kennlinie von der statischen ab, und desto voller wird die Dämpfungsschleife (Bild 5.51 a).

Auch die Dämpfung einer Gummifeder ist wie die Federsteife form-, geschwindigkeits-, frequenz- und vorspannungsabhängig. Zu ihrer Ermittlung wird auf die Literatur verwiesen [5.12].

Gummifedern in Schwingungssystemen übernehmen daher stets die Doppelfunktion eines Feder-Dämpfer-Gliedes.

Bei den üblichen Naturkautschukgemischen ist

$$c_{\text{dyn}} \approx (1{,}15 \ldots 2)\, c_{\text{stat}}. \tag{5.77}$$

Die Entwicklung einer gesicherten ingenieurmäßigen Berechnungsmethode für dynamisch belastete Gummifedern ist auf Grund des noch nicht allgemeingültig erfaßten Deformationsverhaltens gegenwärtig nicht abgeschlossen. Zur schnellen überschläglichen Ermittlung der Federabmessungen gibt Tafel 5.8 Richtwerte für zulässige Beanspruchungen und Verformungen an. Sie werden durch die Festigkeit und Wärmeempfindlichkeit bestimmt.

Bei Temperaturen über 60 °C sinken die Festigkeit und der E-Modul. Die Wärmeberechnung ist nur näherungsweise möglich, da die Wärmeübertragung nicht allgemeingültig angegeben werden kann. Die Temperaturermittlung erfolgt daher meist experimentell. Einige Gummisorten zeigen Alterungserscheinungen (Rissigkeit) durch Lichtbestrahlung und Formänderungen (Aufquellungen) unter Einwirkung von Öl, Benzin und Benzol.

Zur Berechnung von Gummifedern enthält Tafel 5.9 eine Formelzusammenstellung. Sie gilt nur für Belastungen innerhalb der Linearitätsgrenze. Nachfolgend seien einige Hinweise zur Ableitung der Formeln sowie konstruktive Schlußfolgerungen gegeben.

Tafel 5.8. Zulässige Beanspruchungen und Verformungen von Gummifedern (Richtwerte)

1. Zulässige Beanspruchungen

	σ_m N/cm²	σ_A N/cm²
Zug	20 ... 40	10
Druck	40 ... 100	10 ... 30
Schub	30 ... 40	10 ... 20
Drehschub	40 ... 90	20 ... 40

2. Zulässige Verformungen

Druckverformung	$\varepsilon \leqq 20\%$
Schubverformung	$\gamma \leqq 75\%$

lineare Kennlinien etwa bis zur Hälfte der angegebenen ε- bzw. γ-Werte

Tafel 5.9. Bemessungsgleichungen für Gummifedern innerhalb der Linearitätsgrenze

Beanspruchung		Federweg	Federsteife
Scheibenfeder	Druck 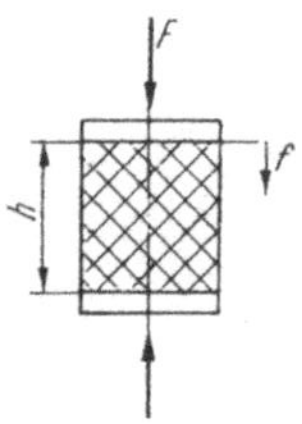 $\sigma_d = E\varepsilon = \frac{F}{A}$ $\varepsilon = f/h$	$f = \frac{Fh}{EA}$	$c = \frac{F}{f} = \frac{EA}{h}$
	Parallelschub 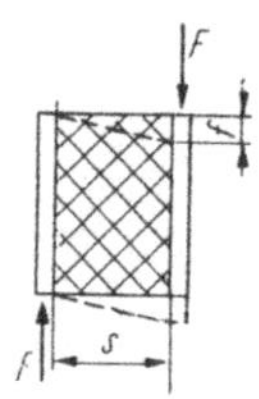 $\tau_s = G\gamma = \frac{F}{A}\varkappa$ $\gamma = f/s$	$f = \frac{Fs}{GA}\varkappa$; $\varkappa = 1$ für zylindrische Federn	$c = \frac{F}{f} = \frac{GA}{s\varkappa}$
	Druck/Schub Einzelelement 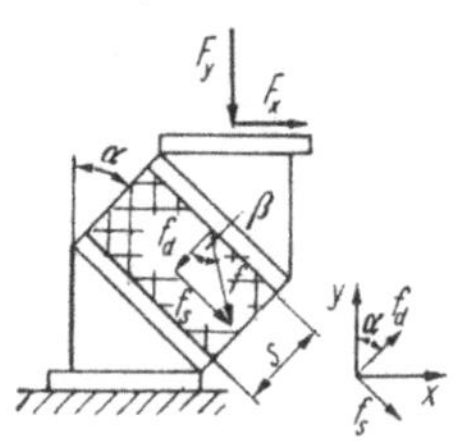 $F_d = F_y \cos\alpha + F_x \sin\alpha$ $F_s = F_y \sin\alpha + F_x \cos\alpha$ $\frac{F_d}{F_s} = \tan\delta = \frac{c_s}{c_d}\tan\beta$ $\sigma_d = \frac{F_d}{A}$ $\tau_s = \frac{F_s}{A}\varkappa$	$f_d = \frac{F_d}{c_d}, \quad f_s = \frac{F_s}{c_s}$ $f = \sqrt{f_d^2 + f_s^2} = \sqrt{x^2 + y^2}$ $x = f\sin(\beta - \alpha) = \frac{F_x c_{yy} - F_y c_{xy}}{c_{xx}c_{yy} - c_{xy}^2}$ $y = f\cos(\beta - \alpha) = \frac{F_y c_{xx} - F_x c_{xy}}{c_{xx}c_{yy} - c_{xy}^2}$ $\alpha = \delta; \quad \beta \neq \alpha$ (s. Bild 5.4)	$c_d = \frac{EA}{s}$ $c_s = \frac{GA}{s\varkappa}$ $c_{xx} = c_d \sin^2\alpha + c_s \cos^2\alpha$ $c_{yy} = c_d \cos^2\alpha + c_s \sin^2\alpha$ $c_{xy} = (c_d - c_s)\sin\alpha\cos\alpha$

Druck/Schub Einzelelement mit Führung und Einzellast F_y 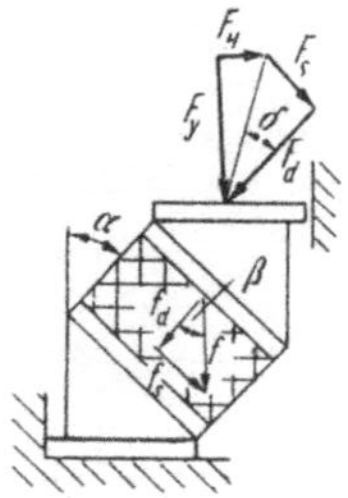 $F_y = F_d \cos\alpha + F_s \sin\alpha$ $F_H = F_d \sin\alpha - F_s \cos\alpha$ $\sigma_d = \frac{F_d}{A}$ $\tau_s = \frac{F_s}{A}\varkappa$	$f_d, f_s, f, y, c_d, c_s, c_{xx}, c_{yy}$ wie beim Einzelelement ohne Führung unter den Zwangsbedingungen $\alpha = \beta, \alpha \neq \delta, c_{xy} = 0$ (s. Bilder 5.4 und 5.10)	
Druck/Schub Doppelelement 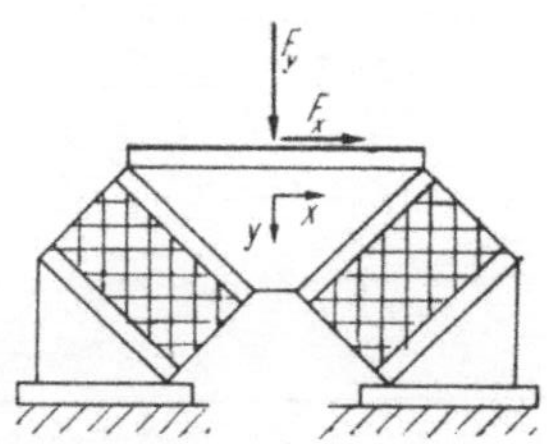 $\sigma_d = \frac{F_d}{A}$ $\tau_s = \frac{F_s}{A}\varkappa$	$x = \frac{F_x}{C_{xx}}, \quad y = \frac{F_y}{C_{yy}}$	$C_{xx} = \sum c_{xx}$ $C_{yy} = \sum c_{yy}$ $c_{xy} = 0$ c_{xx}, c_{xy} s. Einzelelement
Torsion 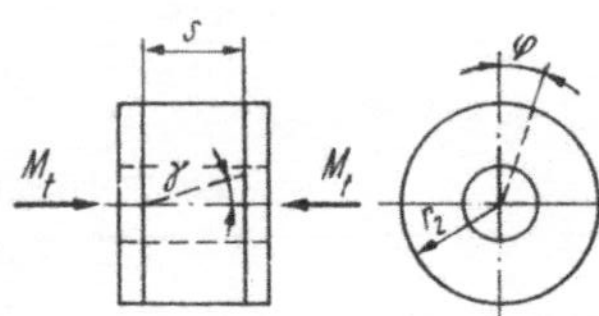 $\tau_t = \frac{G r_2}{s}\varphi$ $\gamma = \frac{r}{s}\varphi$	$\varphi = \frac{2 M_t s}{\pi G (r_2^4 - r_1^4)}$	$c_\varphi = \frac{M_t}{\varphi}$

Tafel 5.9. (Fortsetzung)

Beanspruchung		Federweg	Federsteife
Hülsenfeder	Parallelschub 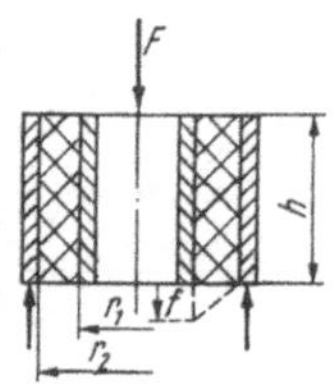 $\tau_s = \frac{F}{A} = \frac{F}{2\pi r_1 h}$ $\gamma = \frac{df}{dr}$	$f = \frac{F}{2\pi h G} \ln \frac{r_2}{r_1}$	$c = \frac{F}{f}$
	Drehschub 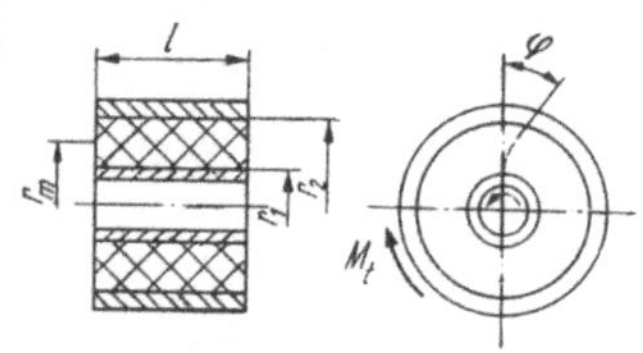 $\tau_s = \frac{F}{A} = \frac{M_t}{2\pi r_1^2 l}$	$\varphi = \frac{M_t}{4\pi l G} \left(\frac{1}{r_1^2} - \frac{1}{r_2^2} \right)$	$c_\varphi = \frac{M_t}{\varphi}$
	Druck/Schub Näherung für mit F_v vorgespannte Federn 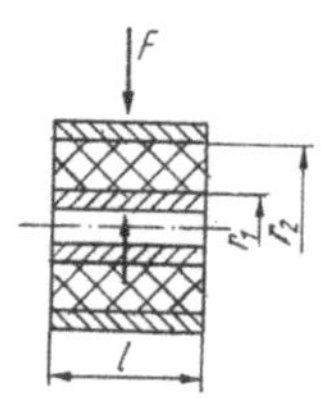 $\sigma_{d\,max} \approx \frac{4}{\pi} \frac{F_{max}}{l d_1}$ $F_{max} = F_v + \frac{1}{2} F$	$f = \frac{F}{\pi l (E + G)} \ln \frac{r_2}{r_1}$	$c = \frac{F}{f}$

5.5.2.1. Federn unter Zug und Druck

Zugbelastungen sind bei Gummifedern nur in geringer Höhe möglich, da wegen der hohen Einschnürung an den Rändern der Haftflächen leicht Ablösungserscheinungen und Rißbildungen an den Oberflächen eintreten.
Druckbelastete Gummifedern müssen wegen der Inkompressibilität des Gummis Ausweichmöglichkeiten haben. Solange das Hookesche Gesetz erfüllt ist, gilt

$$c = \frac{F}{f} = \frac{EA}{l}. \tag{5.78}$$

E ist ein formabhängiger rechnerischer E-Modul, der auch näherungsweise die behinderte Querdehnung an den Auflageflächen erfaßt. Für ungebundene Druckfedern nach Bild 5.52a ist $E \approx 3G$. Für gebundene Gummifedern ist er der Fachliteratur zu entnehmen [5.12]

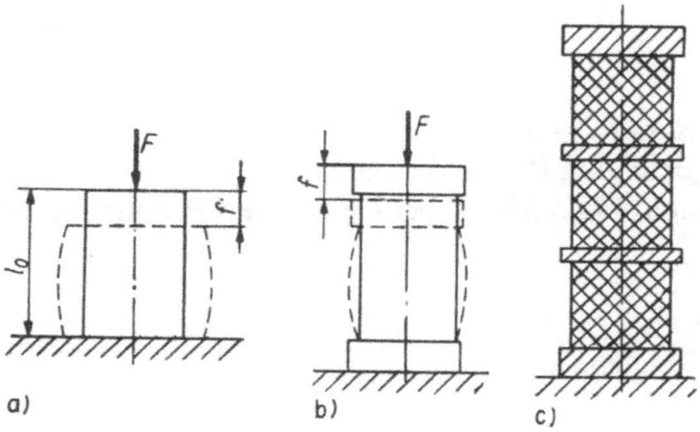

Bild 5.52
Gummidruckfedern
a) ungebunden; b) gebunden; c) mit Zwischenlagen

[5.13] oder durch Versuche zu ermitteln. Infolge der Volumenkonstanz bauchen sich ungebundene Federn unter Druckbelastung durch Querverformung aus. Zwischenlagen nach Bild 5.52c wandeln eine Feder in eine Säule hintereinandergeschalteter Einzelfedern mit geringerer Querverformung. Die Feder mit Zwischenlagen ist wegen der mehrfachen Querdehnungsbehinderung in Längs- und Querrichtung erheblich steifer und dämpfungsstärker als eine gleich hohe ohne Zwischenlagen.

5.5.2.2. Federn unter Parallelschub

Schubbeanspruchte Federn ermöglichen gegenüber druckbelasteten Federn erheblich kleinere Federsteifen. Sie werden allgemein metallgebunden ausgeführt.
Für durch Parallelschub beanspruchte Scheibenfedern ist nach Bild 5.53 bei kleiner Verformung mit $\tau = G\gamma$ und $\gamma = f/s$

$$c = \frac{F}{f} = \frac{AG}{s\varkappa}, \tag{5.79}$$

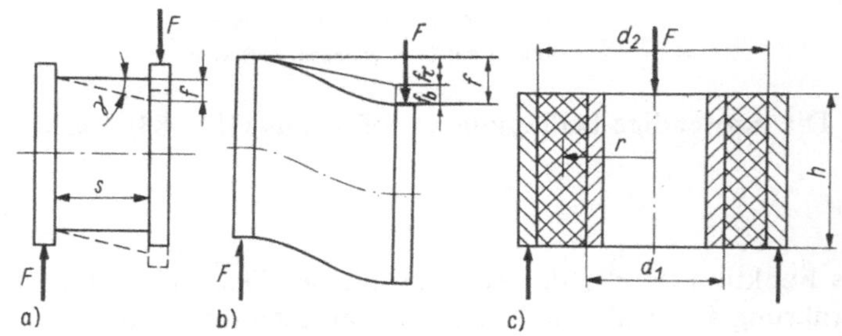

Bild 5.53
Federn unter Parallelschub
a) Scheibenfeder unter kleiner Verformung; b) Scheibenfeder unter großer Verformung; c) Hülsenfeder

wobei die Schubverteilungszahl $\varkappa$ bei quaderförmigen Federn die Ungleichförmigkeit der Schubverteilung über den Gummiquerschnitt erfaßt. Werte für $\varkappa$ s. [5.12].
Bei größeren Verformungen ist der Biegungseinfluß nicht mehr vernachlässigbar (Bild 5.53b). Der resultierende Schubweg ergibt sich aus einem Schub- (f_τ) und Biegeanteil (f_b):

$$f_\tau = \frac{Fs}{AG}\varkappa \tag{5.80}$$

$$f_b = \frac{Fs^3}{12EJ}. \tag{5.81}$$

Daraus folgt für die Schubkraft

$$F = AG\gamma\left[\frac{36/\lambda^2}{1 + 36\varkappa/\lambda^2}\right] \tag{5.82}$$

mit $\gamma = f/s$, $E = 3\,G$ und dem Schlankheitsgrad $\lambda = s\sqrt{A/J}$.
Da $G = G(\gamma)$, ist die Kraftverformungsgleichung (5.82) nichtlinear.
Für Hülsenfedern unter Parallelschub nach Bild 5.53c ist bei kleiner Verformung für den Radius r

$$\tau = \gamma G = \frac{F}{A} = \frac{F}{2\pi rh} \tag{5.83}$$

und

$$f = \int_{r_1}^{r_2} \gamma\,\mathrm{d}r = \frac{F}{2\pi hG}\ln\frac{r_2}{r_1} \tag{5.84}$$

oder

$$c = \frac{2\pi hG}{\ln\left(\frac{r_2}{r_1}\right)}. \tag{5.85}$$

Gl. (5.83) zeigt, daß bei der Hülsenfeder nach Bild 5.53c der Gummiwerkstoff sehr ungleich ausgenutzt wird mit τ_{max} am Innenrand. Es ist daher zweckmäßig, die Hülsenfeder als Feder gleicher Festigkeit, d.h. als Feder mit konstanter Verteilung der Schubnenn-

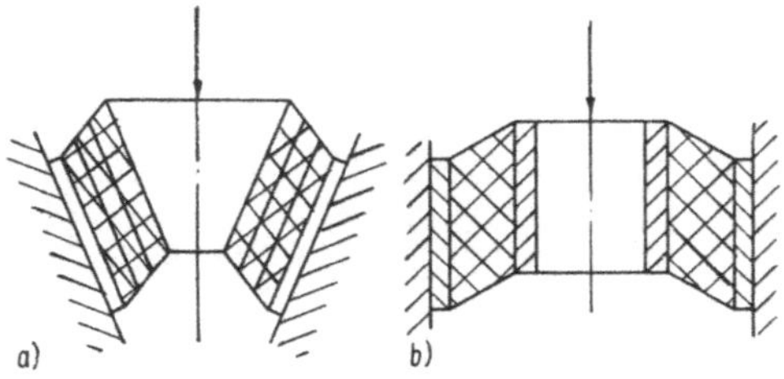

Bild 5.54. Druck-Schub-Elemente
a) Puffer mit Zwischenlagen; b) Buchse

spannung, zu entwickeln. Die notwendige Bedingung ist sofort aus Gl. (5.83) ableitbar. Für $\tau = \text{konst.}$ muß

$$rh = \text{konst.} \tag{5.86}$$

werden. Gl. (5.86) gibt als Funktion für die Begrenzungslinie der Feder eine Hyperbel an. Die konstruktive Ausführung ähnelt der im Bild 5.57b dargestellten Form.

Hochbeanspruchte Schubfedern werden zur Spannungsentlastung druckvorgespannt. Bei Beanspruchung auf Parallelschub ist es durch zweckmäßige konstruktive Gestaltung möglich, die eingeleitete Schubkraft gleichzeitig druckvorspannend wirken zu lassen (Bild 5.54).

5.5.2.3. Federn unter Torsion und Drehschub

Bei torsionsbelasteter Scheibenfeder ist nach Bild 5.55 für den Radius r

$$dM_t = \tau\, 2\pi r\, dr\, r = \tau\, 2\pi r^2\, dr.$$

Mit

$$\tau = \frac{M_t}{J_p} r = G\gamma = G\frac{r}{s}\varphi \tag{5.87}$$

wird

$$M_t = \frac{2\pi G\varphi}{s}\int_{r_1}^{r_2} r^3\, dr = \frac{\pi G\varphi}{2s}(r_2^4 - r_1^4). \tag{5.88}$$

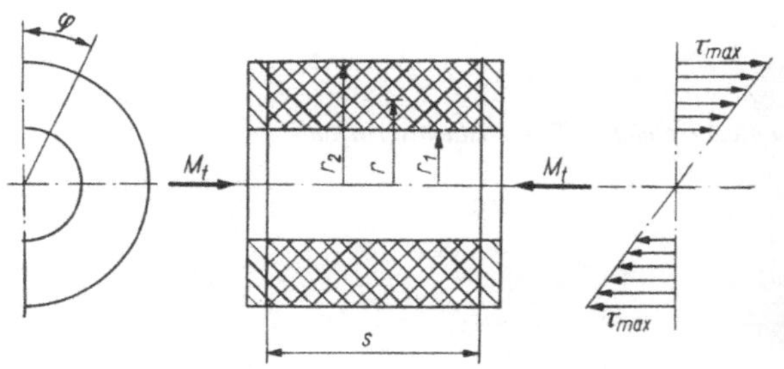

Bild 5.55
Torsionsscheibenfeder

Die maximale Schubspannung tritt am Außenrand mit

$$\tau_{max} = \frac{G r_2}{s}\varphi \tag{5.89}$$

auf. Soll die Scheibenfeder als Torsionsfeder gleicher Festigkeit ausgelegt werden, so folgt aus Gl. (5.87) für

$$\tau = \frac{G r}{s}\varphi = \text{konst.} \tag{5.90}$$

die Bedingung

$$\frac{r}{s} = \text{konst.} \tag{5.91}$$

Bild 5.56 gibt eine konstruktive Ausführung für eine Scheibenfeder gleicher Torsionsbeanspruchung mit der Drehfedersteife

$$c_\varphi = \frac{2\pi G r_2}{3 s_2}(r_2^3 - r_1^3). \tag{5.92}$$

Für die torsionsbeanspruchte (Drehschub-)Hülsenfeder ist nach Bild 5.57

$$M_t = \tau 2\pi r l r = \tau\, 2\pi r^2 l \tag{5.93}$$

und

$$\tau = G\gamma, \quad \gamma = r\,\frac{\mathrm{d}\varphi}{\mathrm{d}r}.$$

Damit wird

$$\mathrm{d}\varphi = \frac{\tau}{Gr}\,\mathrm{d}r = \frac{M_t}{2\pi r^3 l G}\,\mathrm{d}r$$

und

$$\varphi = \frac{M_t}{2\pi l G}\int_{r_1}^{r_2}\frac{\mathrm{d}r}{r^3} = \frac{M_t}{4\pi l G}\left(\frac{1}{r_1^2} - \frac{1}{r_2^2}\right). \tag{5.94}$$

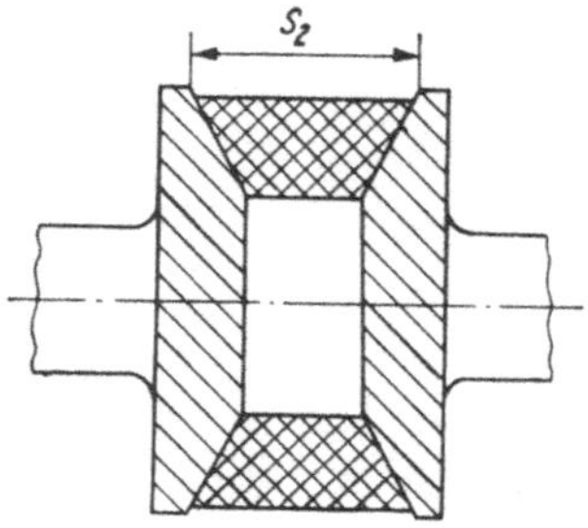

Bild 5.56
Scheibenfeder gleicher Torsionsbeanspruchung

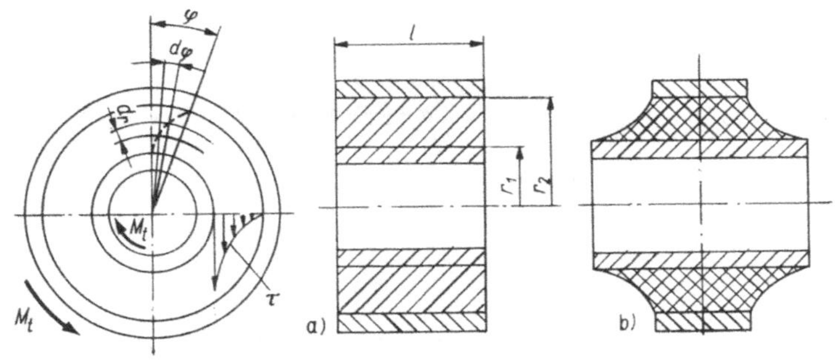

Bild 5.57. Drehschubhülsenfeder
a) Grundform; b) Feder gleicher Beanspruchung

Soll auch bei torsionsbeanspruchten Hülsenfedern konstante Schubnennspannungsverteilung erreicht werden, so muß nach Gl. (5.93)

$$\tau = \frac{M_t}{2\pi r^2 l} = \text{konst.}$$

sein; damit

$$r^2 l = \text{konst.} \tag{5.95}$$

Das ist die Gleichung einer Hyperbel 3. Grades. Bild 5.57b zeigt die typische konstruktive Lösung für Torsionshülsenfedern konstanter Beanspruchung.

5.5.2.4. Hülsenfedern für radiale Beanspruchung

In Gelenkverbindungen oder in elastischen Kupplungen findet man häufig radial beanspruchte Gummi-Hülsenfedern (z. B. Silentbuchsen). Nach Bild 5.58 soll dafür die Federsteife abgeleitet werden.

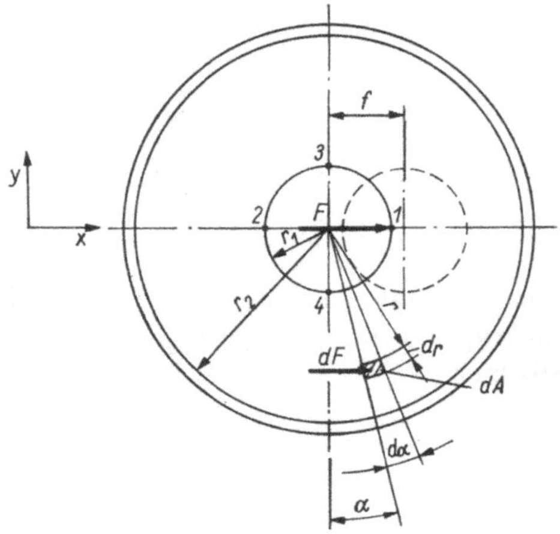

Bild 5.58
Radial beanspruchte Hülsenfeder

Die Kraft F wirkt an den Stellen 1 und 2 als Normalkraft, bei 3 und 4 als Schubkraft. Ein beliebiges Volumenelement dV, bestehend aus der Fläche dA = r dαl und der „Höhe" dr, wird durch den Kraftanteil dF belastet. Es erfährt, da dF nicht in Richtung der Federungshauptachse des Elements dV wirkt, Verformungen in x- und y-Richtung. Nach Gl. (5.11) war

$$F_x = c_{xx}x + x_{xy}y.$$

Für das Volumenelement dV ist nach Gl. (5.17)

$$\mathrm{d}c_{xx} = \mathrm{d}c_{\mathrm{L}} \cos^2 \alpha + \mathrm{d}c_{\mathrm{Q}} \sin^2 \alpha$$

$$\mathrm{d}c_{xy} = (\mathrm{d}c_{\mathrm{L}} - \mathrm{d}c_{\mathrm{Q}}) \sin \alpha \cos \alpha = \tfrac{1}{2} (\mathrm{d}c_{\mathrm{L}} - \mathrm{d}c_{\mathrm{Q}}) \sin 2\alpha. \tag{5.96}$$

Darin bedeuten

$$\mathrm{d}c_{\mathrm{L}} = \frac{E\,\mathrm{d}A}{\mathrm{d}r} = \frac{Er\,\mathrm{d}\alpha l}{\mathrm{d}r} = l\,\frac{E\,\mathrm{d}\alpha}{1/r\,\mathrm{d}r} \tag{5.97}$$

$$\mathrm{d}c_{\mathrm{Q}} = \frac{G\,\mathrm{d}A}{\mathrm{d}r} = \frac{Gr\,\mathrm{d}\alpha l}{\mathrm{d}r} = l\,\frac{G\,\mathrm{d}\alpha}{1/r\,\mathrm{d}r}.$$

Gl. (5.97) in Gl. (5.96) eingesetzt und integriert, ergibt

$$c_{xx} = l\,\frac{\int_0^{2\pi} (E\cos^2\alpha + G\sin^2\alpha)\,\mathrm{d}\alpha}{\int_{r_1}^{r_2} \frac{\mathrm{d}r}{r}}$$

$$c_{xx} = \frac{\pi l}{ln\; r_2/r_1}\,(E + G) \tag{5.98}$$

und

$$c_{xy} = \int_0^{2\pi} dc_{xy} = 0, \tag{5.99}$$

d. h., die auf die gesamte Hülsenfeder bezogene resultierende Querverschiebung ist $y = 0$, da jede beliebige radiale Richtung eine Federungshauptachse ist.
Damit wird nach Gl. (5.1) die radiale Federkonstante der Hülsenfeder

$$c = \frac{F_x}{x} = \frac{F}{f} = \frac{\pi l}{\ln r_2/r_1}(E + G). \tag{5.100}$$

5.5.3. Luftfedern

Das Prinzip der Luftfeder beruht auf der Kompressibilität eines in einem Behälter eingeschlossenen Luftvolumens. Technische Anwendungen dieses Prinzips zeigen die in den Bildern 5.59 und 5.60 skizzierten Ausführungsformen.

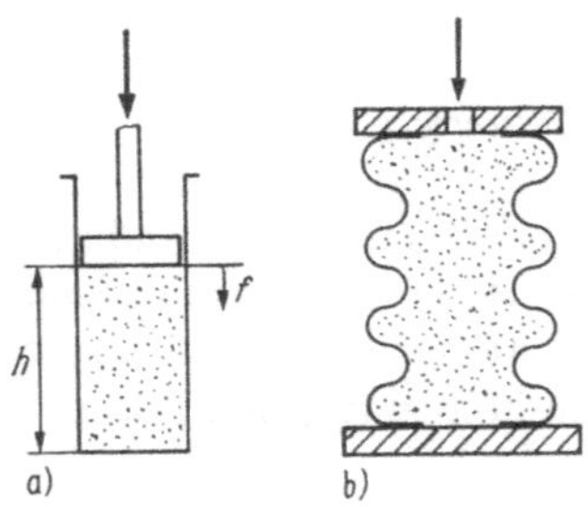

Bild 5.59. Pneumatische Federn
a) Kolben-Luftfeder; b) Balgfeder

Bild 5.60. Hydropneumatische Feder

Die Zustandsgleichung für Gase

$$pv^n = \text{konst.}; \tag{5.101}$$

p absoluter Druck
v spezifisches Volumen
n polytropischer Zustandsexponent

bestimmt die Federcharakteristik einer Luftfeder, die einen stark progressiven Verlauf zeigt.
Bei schneller dynamischer Belastung ist adiabatische Zustandsänderung zu erwarten, wofür $n = \varkappa = 1{,}4$ gilt.
Langsame Bewegungen bewirken eine isothermische Zustandsänderung mit $n = 1{,}0$.
Durch Differentiation der Gl. (5.101) erhält man den Anstieg der Kennlinie

$$\frac{dp}{dv} = -\frac{np}{v} \quad \text{oder} \quad \frac{dp}{dV} = -\frac{np}{V} \tag{5.102}$$

mit $V = vm$.
Bei Vernachlässigung der Balgsteifigkeit und unter der Voraussetzung unveränderlicher Wirkfläche A ist

$$dF = A\,dp, \quad dV = -A\,df, \quad dF = c\,df.$$

Setzt man diese Beziehungen in Gl. (5.102) ein, so folgt für die Federsteife bei polytroper Zustandsänderung

$$c = \frac{npA^2}{V}. \tag{5.103}$$

Durch Belastung mit der Kraft F wird der Ausgangszustand p_0, V_0 in den Zustand p, V übergeführt. Erfolgt diese Zustandsänderung polytropisch, dann ist

$$\frac{p}{p_0} = \left(\frac{V_0}{V}\right)^n, \quad \frac{c}{c_0} = \frac{p}{p_0}\frac{V_0}{V} = \left(\frac{V_0}{V}\right)^{n+1}. \tag{5.104}$$

Für eine Kolbenfeder nach Bild 5.59a läßt sich die Federkennlinie leicht darstellen. Mit $V_0 = Ah$ und $V = A\,(h - f)$ wird aus Gl. (5.104)

$$\frac{p}{p_0} = \left(\frac{1}{1 - f/h}\right)^n, \quad \frac{c}{c_0} = \left(\frac{1}{1 - f/h}\right)^{n+1}. \tag{5.105}$$

Mit $p = p_0 + F/A$ wird dann

$$F = \frac{A}{p_0}\left[\frac{1}{(1 - f/h)^n} - 1\right]. \tag{5.106}$$

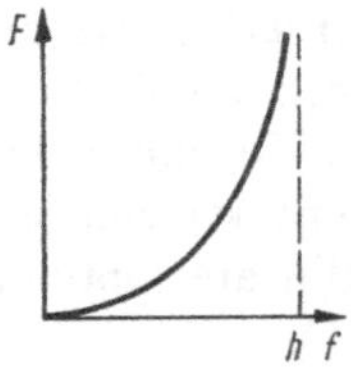

Bild 5.61
Federkennlinie einer Kolbenfeder

Bild 5.61 zeigt den Kennlinienverlauf nach Gl. (5.106). Die von der Luftfeder bei Belastung aufzunehmende Verdichtungsarbeit ist

$$W = \int_{V_0}^{V} p(V)\,\mathrm{d}V. \tag{5.107}$$

Daraus folgt mit Gl. (5.104) für polytrope Zustandsänderung

$$W = \frac{p_0 V_0^n}{(1 - n)\,(V - V_0)^{n-1}}$$

und für isothermische Zustandsänderung

$$W = p_0 V_0 \ln \frac{V}{V_0}. \tag{5.108}$$

Zu beachten ist die Temperaturabhängigkeit der Federsteife. Ändert sich die absolute Temperatur von T_1 auf T_2 bei konstant bleibender äußerer Belastung (isobare Zustandsänderung), so bewirkt sie eine umgekehrt proportionale Änderung der Federsteife

$$\frac{c_{T1}}{c_{T2}} = \frac{V_{T2}}{V_{T1}} = \frac{T_2}{T_1}. \tag{5.109}$$

Luftfedern bieten neben dem Vorteil relativ großer Federwege auch die Möglichkeit zur Anpassung der Eigenfrequenz und des Federwegs an die veränderliche Belastung. Das geschieht bei der pneumatischen Feder (s. Bild 5.59) durch *Luftmengenregelung*.
Nachteilig bei pneumatischen Federn ist der relativ große Platzbedarf für Feder und Zusatzaggregate (Verdichter, Druckluftbehälter) sowie die schwierige Ermittlung undichter Stellen. Diese Mängel umgeht teilweise die *hydropneumatische Federung* mit *Ölmengenregelung* (s. Bild 5.60), die mit einem konstanten federnden Luftvolumen arbeitet, deren Eigenfrequenz jedoch dadurch belastungsabhängig ist [5.14].

5.6. Einführung in die Optimierung von Federn

Die Vielzahl existierender Federarten ermöglicht verschiedene Lösungsvarianten eines Konstruktionsproblems. Aufgabe der Optimierung ist es, die beste, d. h. die optimale Konstruktion aus der Gesamtheit aller möglichen Lösungsvarianten zu ermitteln. Sie wird dann angewandt, wenn die zur Verfügung stehenden Dimensionierungsgleichungen nicht ausreichen und deshalb eine bestimmte Anzahl von Konstruktionsparametern frei wählbar ist, was für Federn in hohem Maß zutrifft. Das Optimum wird erreicht, wenn die vom Konstrukteur festgelegte Zielfunktion, das Optimierungskriterium, einen Extremwert annimmt. Diese Zielfunktion kann eine einzelne Kenngröße sein. Die übrigen Einflußfaktoren fungieren dabei als einschränkende Randbedingungen (Restriktionen). Wird eine Optimierung mehrerer Konstruktionsparameter gefordert, so werden sie entsprechend ihrer Bedeutung gewichtet und zu einer gemeinsamen Zielfunktion zusammengefaßt. Voraussetzung für die Anwendung mathematischer Optimierungsverfahren ist die Quantifizierbarkeit der Einflußgrößen. Da bei Federn verschiedene Parameter keine lineare Abhängigkeit voneinander zeigen, sind nichtlineare Optimierungsverfahren anzuwenden.
Entsprechend den jeweiligen Forderungen der Praxis können für die Auswahl oder die Konstruktion von Federn verschiedene Zielfunktionen aufgestellt werden, die sich in drei Gruppen zusammenfassen lassen:

- die maximale Ausnutzung des Werkstoffs und des Einbauraums
- das zweckmäßigste Betriebsverhalten
- das Kostenminimum.

Bei der Auslegung von Federn haben aus Gründen der Betriebssicherheit die Forderungen nach maximaler Funktionserfüllung, z. B. die Gewährleistung kinematischer Bedingungen, minimale Dämpfungsverluste, das Primat gegenüber der Forderung nach maximaler Werkstoffausnutzung.

Maximale Ausnutzung des Werkstoffs und des Einbauraums

Zum Vergleich der Federtypen miteinander sind folgende Kennzahlen geeignet:

1. Masse-Steifigkeits-Verhältnis m/c
2. Masse-Arbeits-Verhältnis m/W
   oder der
   Volumennutzwert $\eta_v = W/V$, der die auf das wirksame Federvolumen V bezogene elastische Formänderungsarbeit W angibt

$$\eta_v = \frac{W\varrho}{m} \tag{5.110}$$

3. Einbauvolumennutzwert

$$\eta_E = \frac{W}{V_E} = \eta_V \frac{V}{V_E};\tag{5.111}$$

V_E Einbauvolumen

4. Artnutzwert $\eta_A = W/W_0$ gibt das Verhältnis der maximalen Federarbeit W einer beliebigen Feder zur Arbeit W_0 eines Vergleichsstabs mit gleichem Querschnitt und gleicher Beanspruchung an, d. h., η_A charakterisiert die Spannungsverteilung

$$W_0 = \frac{\sigma_{max}^2}{2E} V \quad \text{bzw.} \quad \frac{\tau_{max}^2}{2G} V.\tag{5.112}$$

Damit ist

$$\eta_A = \frac{2W\varrho E}{m\sigma_{max}^2} \quad \text{bzw.} \quad \frac{2W\varrho G}{m\tau_{max}^2}.$$

Wie aus den Gleichungen ersichtlich, hängen diese Kennzahlen von den Federabmessungen, den Befestigungsbedingungen und dem Werkstoff ab. Sie sind für die gebräuchlichsten Federn ermittelt [5.15] [5.16]. Ein direkter Vergleich verschiedener Federn ist jedoch nur unter gleichen Voraussetzungen z. B. für gleiche Dauerfestigkeit möglich.

Zweckmäßiges Betriebsverhalten

Typische Kenngrößen eines zweckmäßigen Betriebsverhaltens sind z. B. optimale Federkennlinien, optimale Dämpfung, optimale Eigenfrequenz der Feder, zweckmäßige Federanordnung, ausreichende Lebensdauer, minimale Störanfälligkeit u. a.
Die Optimierung dieser Kriterien ist nur im Zusammenhang mit dem Konstruktionssystem, dem die Feder angehört, zu betrachten und bedingt daher meist eine Optimierung des dynamischen Verhaltens des Gesamtsystems. Für spezielle Fälle der Getriebe- und Antriebstechnik existieren Optimierungsprogramme, mittels derer Federkennlinien, Federanordnungen, Eigenfrequenzen u. ä. bestimmbar sind. Der hohe Aufwand für das Aufstellen und die Anwendung solcher Rechenprogramme ist jedoch nur ökonomisch bei hohem Komplexitätsgrad der Aufgabe und bei häufigem Benutzen dieser Programme. Liegen diese Voraussetzungen nicht vor, kann es sinnvoller sein, mit Hilfe herkömmlicher Berechnungsnomogramme und Federrechenschieber iterativ die Optimalbedingungen zu ermitteln [5.17].
Die mathematische Optimierung nichtmetallischer Federn befindet sich gegenwärtig noch in den Anfängen, da die analytische Beschreibung wesentlicher Restriktionen, wie Wärmeempfindlichkeit, Alterungsbeständigkeit, Kriechneigung, noch aussteht.

5.7. Literaturverzeichnis

[5.1] Taschenbuch Maschinenbau. Bd. 1 – Grundlagen, Teil II: 3. Aufl. Berlin: VEB Verlag Technik 1975.
[5.2] Technische Federn. Karl-Marx-Stadt: VEB Draht- und Federwerke.
[5.3] *Koželnik, J.*: Maschinendynamik. Leipzig: VEB Fachbuchverlag 1965.
[5.4] *Lutz, O.*: Zur Dynamik der Schraubenfeder. Z. Konstruktion *14* (1962) H. 9, S. 344–346.
[5.5] *Palm, J.; Thomas, K.*: Berechnung gekrümmter Biegefedern. VDI-Z. *101* (1958) S. 301–308.
[5.6] *Pfefferkorn, W.*: Ein neues Berechnungsverfahren für die Bibby-Kupplung. Z. Maschinenbautechnik *9* (1960) H. 4, S. 189–195.

[5.7] *Denecke, K.:* Eigenschaften und Berechnungsmöglichkeiten für Tellerfedern. Z. Maschinenbautechnik *16* (1967) H.4, S.177–180.

[5.8] *Hildebrandt, S.:* Feinmechanische Bauelemente. 3. Aufl. Berlin: VEB Verlag Technik 1975.

[5.9] *Groß, S.:* Berechnung und Gestaltung von Metallfedern. Berlin/Göttingen/Heidelberg: Springer-Verlag 1951.

[5.10] *Mehner, G.:* Berechnungsunterlagen für Kegelstumpf-, Tonnen- und Taillenfedern. Z. Maschinenbautechnik *16* (1967) H.8, S.401–407.

[5.11] *Göbel, F.F.:* Gummifedern. Berlin/Göttingen/Heidelberg: Springer-Verlag 1969.

[5.12] *Malter, G.; Jentzsch, J.:* Gummifedern als Konstruktionselement. Z. Maschinenbautechnik *25* (1976) H.3, S.109–112; H.5, S.225–228.

[5.13] *Topaloff, B.:* Gummilager für Brücken. Der Bauingenieur *39* (1964) H.2, S.50–64.

[5.14] *Jante, A.:* Grundsätzliche Möglichkeiten der Luftfederung. Z. Kraftfahrzeugtechnik *6* (1956) S.44 bis 47 und 165.

[5.15] *Herber, R.:* Optimale Metallfedern. Z. Maschinenbautechnik *17* (1968) H.6, S.282–285.

[5.16] *Niepage, P.; Muhr, K.H.:* Nutzwerte der Tellerfedern im Vergleich mit anderen Federarten. Z. Konstruktion *19* (1967) H.4, S.126–133.

[5.17] *Hager, K.F.:* Berechnung und Optimierung von Federn. XIX-Internat. Wiss. Koll. der TH Ilmenau 1974, H.3.

6. Grundlagen der Verbindungselemente und -techniken

6.1. Systematische Ordnung der Verbindungselemente und -techniken nach Stoff-, Form- und Kraftschluß

Die nachfolgenden Abschnitte

- Schweißverbindungen (s. Abschn. 7.)
- Kleb- und Lötverbindungen (s. Abschn. 8.)
- Schraubenverbindungen (s. Abschn. 9.) und
- Wellen-Naben-Verbindungen (s. Abschn. 10.)

haben Verbindungselemente und -techniken unterschiedlichster Art zum Gegenstand. Trotzdem gibt es eine Menge von Gemeinsamkeiten.
Den speziellen Darlegungen sollen deshalb zunächst eine systematische Ordnung nach dem Wirkprinzip und eine Betrachtung zum Problem der Kraftübertragung und -einleitung vorangestellt werden.
Bei der Verbindung von zwei oder mehreren Bauteilen bzw. Elementen eines Bauteils bieten sich prinzipiell drei Möglichkeiten:

Stoffschluß, Formschluß, Kraftschluß.

Unter *Stoffschluß* wird die Herstellung einer unlösbaren Einheit mit Hilfe von Zusatzwerkstoffen, die arteigen oder artfremd in bezug auf die zu verbindenden Werkstoffe sein können (Schweißen, Löten, Kleben), verstanden (Bild 6.1).

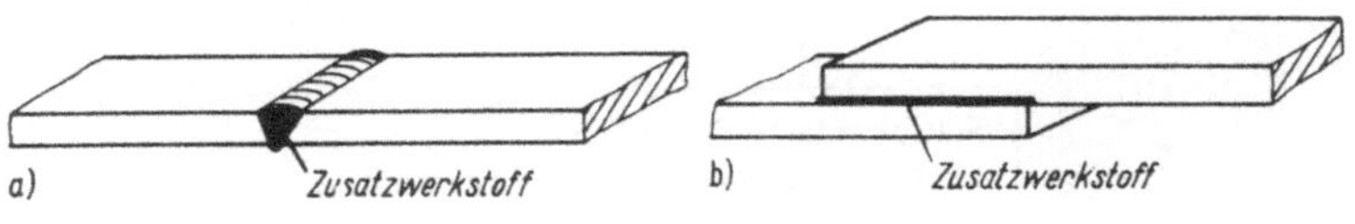

Bild 6.1. Stoffschlüssige Verbindungen
a) arteigener Zusatzwerkstoff, gleiche Festigkeit wie der Grundwerkstoff; b) artfremder Zusatzwerkstoff, geringere Festigkeit als der Grundwerkstoff

Beim *Formschluß* werden Kräfte zwischen den zu verbindenden Teilen ausschließlich durch Normalspannungen oder Normalkräfte (Druck) zwischen sich berührenden Körperflächen übertragen. Beispiele sind die Drehmomentübertragung an Keil- und Polygonwellen, Bolzen-Gelenk-Verbindung usw. (Bild 6.2).
Der *Kraftschluß* stellt die Verbindung durch Verspannen der Teile her. Die Kräfte werden durch Reibkräfte R übertragen, die durch die Verspannungsnormalkräfte nach dem Gesetz der coulombschen Reibung erzeugt werden. Das prädestinierte Beispiel ist die Schraubenverbindung, auch Wellen-Naben-Verbindungen übertragen bei Vorspannung das Drehmoment durch Kraftschluß (Bild 6.3).
Bild 6.4 zeigt eine systematische Ordnung der Verbindungselemente und -techniken nach diesen Prinzipien.

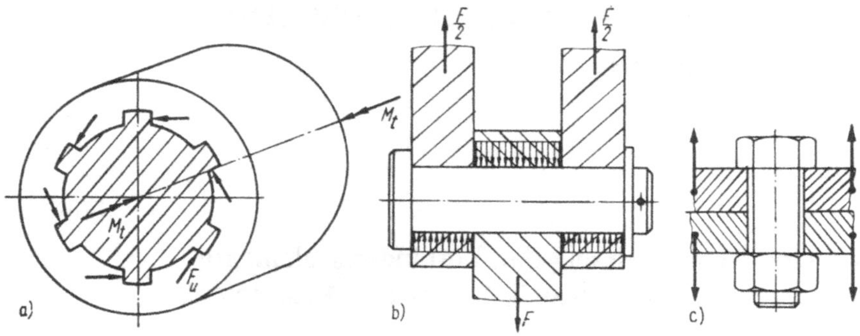

Bild 6.2. Formschlüssige Verbindungen

a) Keilwelle mit geraden Flanken; b) Bolzen-Gelenk-Verbindung; c) Schraubenverbindung

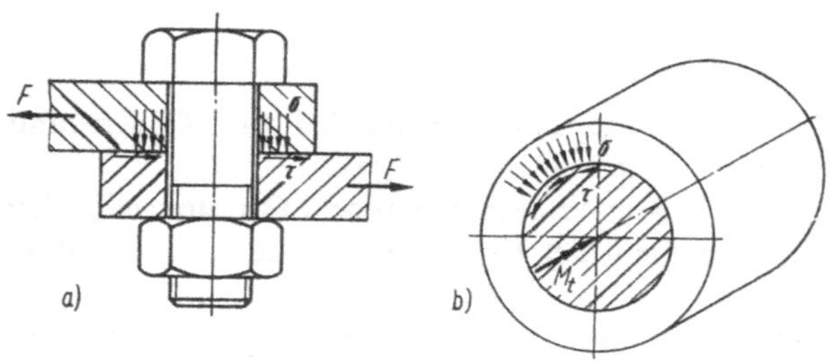

Bild 6.3

Kraftschlüssige Verbindungen

a) Schraubenverbindung (schubbelastet);
b) Wellen-Naben-Verbindung
durch Preßsitz

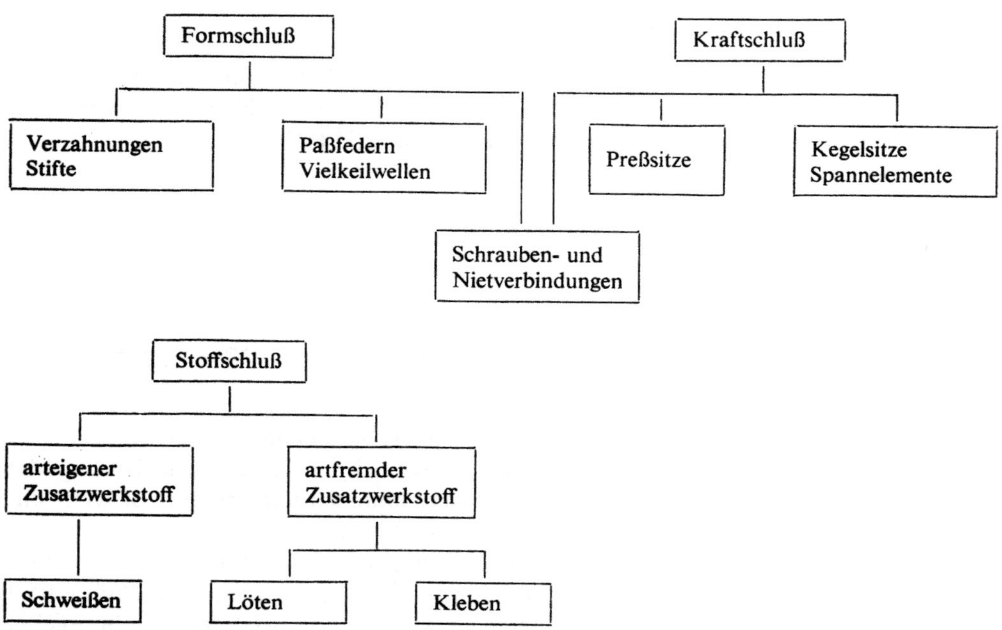

Bild 6.4. Systematische Ordnung der Verbindungselemente

Dabei fällt auf, daß Kraft- und Formschluß auch kombiniert Anwendung finden. Die Nietverbindung z.B. überträgt Spannungen und Kräfte sowohl durch Lochleibungsspannungen als auch durch Reibung zwischen den verbundenen Teilen.

6.2. Probleme der Kraft- und Momentübertragung an Verbindungselementen

Die schöpferische Konstruktion und Gestaltung von Verbindungen der Konstruktionselemente machen eine vertiefte Einsicht in den Mechanismus der Kraft- und Momentübertragung erforderlich. Die Problemstellung sei an Beispielen dargestellt (Bild 6.5).

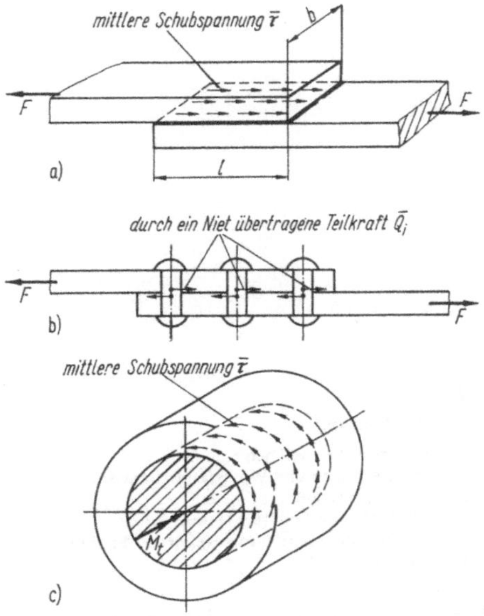

Bild 6.5
Kraftübertragungsprobleme
a) Kleb- oder Lötverbindung;
b) Niet- oder Schraubenfeld;
c) Schrumpf- oder Klebverbindung

Für die Klebverbindung (Bild 6.5a) kann elementar die mittlere Schubspannung berechnet werden:

$$\bar{\tau} = \frac{F}{lb}. \tag{6.1}$$

Analog ergibt sich für die mittlere Querkraft in der Nietverbindung

$$\bar{Q}_i = \frac{F}{i}; \tag{6.2}$$

i Anzahl der Niete
oder für die geschrumpfte Wellen-Naben-Verbindung

$$\bar{\tau} = \frac{2M_t}{\pi d^2 l}. \tag{6.3}$$

Die elementar ermittelten Größen stellen nur Mittelwerte dar, sie geben die wirkliche Kraftdurchleitung nicht wieder.

Exaktere Lösungen sind nur durch Berücksichtigung der Verformungen abzuleiten. Es sei jedoch bemerkt, daß die erzielbaren Lösungen auch nur qualitativ verwertbar sind, da die notwendigen Voraussetzungen bereits stark idealisieren. Das Prinzip der Lösung soll an folgendem Beispiel gezeigt werden (Bild 6.6).

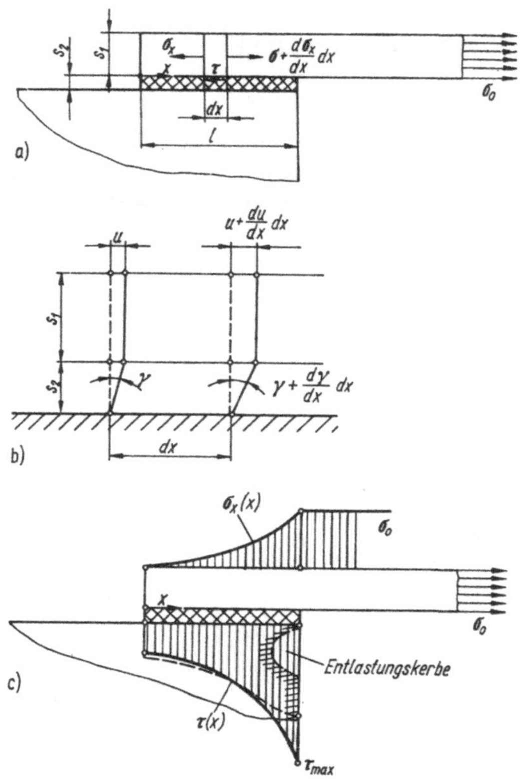

Bild 6.6
Klebverbindung

a) Gleichgewicht zwischen σ_x und τ;
b) Verschiebungen und Winkeländerungen;
c) Spannungsverlauf
—— Verlauf nach Gln. (6.11) und (6.12);
---- Entlastungskerbe und zugehöriger Spannungsverlauf (qualitativ)

Ein elastischer Streifen (belastet auf Zug) soll durch eine elastische Klebschicht (Schubbeanspruchung) mit einem relativ starren kompakten Bauteil verbunden werden.
Gegegebene Größen sind
für den elastischen Streifen

Elastizitätsmodul E_1
Dicke s_1

für die elastische Klebschicht

Gleitmodul G_2
Dicke s_2
Länge l

für den relativ starren Körper

Elastizitätsmodul $E_3 \gg E_1$.

Betrachtet wird die Einheitsbreite $b = 1$.
Die Gleichgewichtsbedingung liefert (Bild 6.6a)

$$\frac{\mathrm{d}\sigma(x)}{\mathrm{d}x} - \frac{\tau(x)}{s_1} = 0. \tag{6.4}$$

Im Bild 6.6 wurden die Größen $\sigma(x)$, u und γ als Taylorsche Reihe

$$f(x + h) = f(x) + \frac{h}{1!} f'(x) + \dots$$

entwickelt.
Aus der Geometrie folgt nach Bild 6.6b der Zusammenhang zwischen den Verschiebungen u und der Winkeländerung γ

$$\frac{du}{dx} = \frac{d\gamma}{dx} s_2 \tag{6.5}$$

und mit den Stoffgesetzen

$$\varepsilon E = \sigma \tag{6.6}$$

$$\gamma G = \tau$$

unter Berücksichtigung von $du/dx = \varepsilon$

$$\frac{\sigma(x)}{E} = \frac{s_2}{G} \frac{d\tau(x)}{dx}. \tag{6.7}$$

Die Gleichgewichtsbedingung Gl. (6.4) gestattet nach Differentiation nach x die Eleminierung von τ.
Es folgt

$$\frac{d^2\sigma(x)}{dx^2} - \frac{G/E}{s_1 s_2} \sigma(x) = 0, \tag{6.8}$$

eine Differentialgleichung 2. Ordnung für die Spannung $\sigma(x)$. Die allgemeine Lösung ist

$$\sigma(x) = C_1 e^{ax} + C_2 e^{-ax}. \tag{6.9}$$

Die Konstanten C_1 und C_2 folgen aus den Randbedingungen

$$\sigma(0) = 0$$

$$\sigma(l) = \sigma_0 = \frac{F}{bs_1}. \tag{6.10}$$

Damit ergibt sich

$$\sigma(x) = \sigma_0 \frac{\sinh(ax)}{\sinh(al)} \tag{6.11}$$

mit

$$a = \sqrt{\frac{G/E}{s_1 s_2}}$$

und wiederum aus der Gleichgewichtsbedingung nach Gl. (6.4) mit Gl.(6.11)

$$\tau(x) = \sigma_0 s_0 \frac{\cosh(ax)}{\sinh(al)}. \tag{6.12}$$

Bild 6.6c zeigt den Verlauf der Spannungen $\sigma(x)$ und $\tau(x)$.
Dabei ist die Spannung τ_{max} die Ursache für ein Versagen der Klebverbindung.

Die abgeleiteten Gleichungen haben, wie bereits vorangestellt wurde, nur qualitativen Wert

- wegen der gemachten Voraussetzungen
- wegen der Schwierigkeit, die Klebschichtdicke s_2 exakt zu bestimmen.

Der Wert liegt in den möglichen konstruktiven Schlußfolgerungen. So kann z. B. durch eine Entlastungskerbe die Spannung τ_{max} wirksam abgebaut werden (Bild 6.6c).
Ähnliche Lösungen lassen sich auch für kompliziertere Aufgaben herleiten, z. B. für die Verbindung von zwei elastischen Streifen (Bild 6.7) mit in der Breite begrenzten elastischen Verbindungsschichten (etwa Schweißnähten).

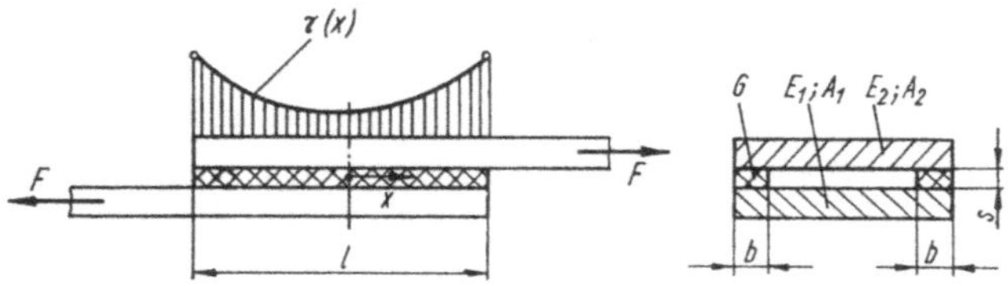

Bild 6.7
Verbindung zwischen „elastischen Streifen" (Elastizitätsmodul E; Querschnittsfläche A) über schubelastische Zwischenschichten (Gleitmodul G)

Die Lösung ist für diesen allgemeineren Fall nach [6.1]

$$\tau(x) = Fk \frac{\cosh(kx)}{4b \sinh(kl/2)} \tag{6.13}$$

mit

$$k = \sqrt{\frac{2b}{s}\left(\frac{G}{E_1 A_1} + \frac{G}{E_3 A_3}\right)}.$$

Sie gestattet die Schlußfolgerungen, daß eine solche Schweißnahtanordnung konstruktiv zugunsten einer Stumpfnaht abzulehnen ist.
Ähnliche Überlegungen lassen sich für diskontinuierliche Probleme, wie sie die Nietverbindung nach Bild 6.5b darstellt, anstellen. Ausgangspunkt wäre hier ein Federmodell (Bild 6.8). Da die Schubfederkonstante analytisch kaum bestimmbar ist, soll auf weitere Rechnungen verzichtet werden.

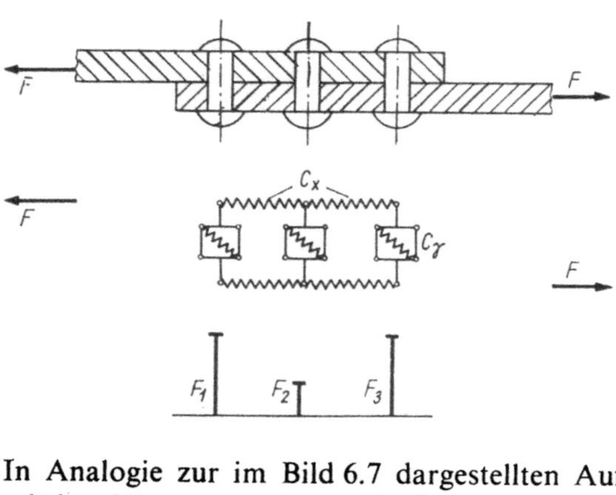

Bild 6.8
Nietverbindung und analoges Federmodell

In Analogie zur im Bild 6.7 dargestellten Aufgabe läßt sich jedoch folgern, daß der mittlere Niet nur wenig zur Kraftübertragung beiträgt. Eine Verbindung mit zwei Nieten stellt die konstruktiv bessere Lösung dar.
Auch Wellen-Naben-Verbindungen offenbaren ähnliche Probleme. Bild 6.9 zeigt die Pressungsverteilung an einer Paßfeder und die Schubspannungsverteilung an einer

Preßverbindung in qualitativer Darstellung. In der Praxis wird an Paßfedern ein Pressungsausgleich durch *plastische Verformung* und bei der Preßverbindung durch Überschreitung der Haftreibungsgrenze ein Abbau der Schubspannungsspitze durch *Rutschen* beobachtet. Besonders bei wechselnder Belastungsrichtung ist die Breite des Rutschbereichs an der *Reibrostbildung* festzustellen.

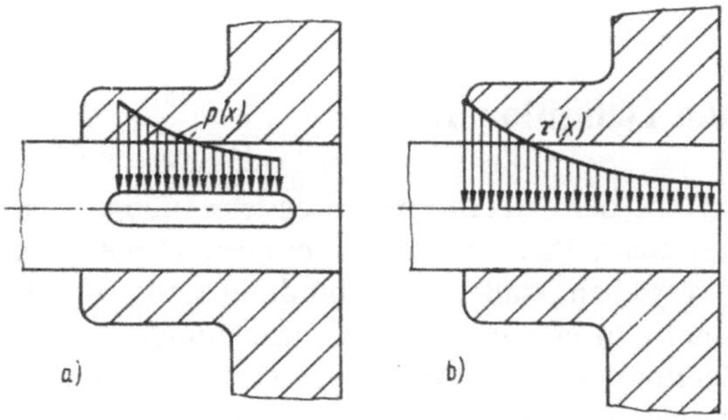

Bild 6.9
Drehmomentübertragung an Wellen-Naben-Verbindungen
a) Pressungsverteilung an einer Paßfeder (qualitativ); b) Schubspannungsverteilung in einer Preßverbindung (qualitativ)

Konstruktiv kann durch einen *verdrehungsweichen* Nabenansatz die Drehmomentübertragung von der Welle auf die Nabe gleichmäßiger gestaltet werden.
Weitere Betrachtungen zu diesem Problemkreis werden im Zusammenhang mit der Kraftübertragung zwischen Schraubenschaft und Mutter angestellt.
Konstruktive Schlußfolgerungen fließen in die Gestaltung von Schweißnähten sowie Kleb- und Lötverbindungen ein.

6.3. Literaturverzeichnis

[6.1] Taschenbuch Maschinenbau. Bd. 1 – Grundlagen, Teil I. 3. Aufl. Berlin: VEB Verlag Technik 1974. Grundlagen, Teil II. 3. Aufl. Berlin: VEB Verlag Technik 1975.

7. Schweißverbindungen

7.1. Grundlegende Begriffe und Definitionen

Von den Stoffschlußverbindungen hat in der metallverarbeitenden Industrie das Schweißen die größte Bedeutung. Unter Schweißen ist das Vereinigen gleicher oder ähnlicher Werkstoffe in der Weise zu verstehen, daß die Verbindungsstelle mit dem Grundwerkstoff ein möglichst gleichartiges und gleichwertiges Ganzes bildet.
Beim Metallschweißen erfolgt eine Vereinigung metallischer Werkstoffe unter Anwendung von Wärme oder Druck oder beiden zugleich mit oder ohne Zusatz von artgleichem Werkstoff (Zusatzwerkstoff) mit gleichem oder nahezu gleichem Schmelzbereich.
Spielen bei Klebverbindung die Adhäsionskräfte die primäre Rolle bei der Kräfteübertragung, so sind bei der Schweißverbindung die Kohäsionskräfte des Grund- und Zusatzwerkstoffs entscheidend. Die Schweißverbindung gehört wie die Niet-, Schrumpf-, Kleb- und Lötverbindung zu den unlösbaren Verbindungen. Während sich die genannten Verbindungen unter bestimmten Bedingungen ohne Schädigung der Fügestelle noch lösen lassen, so ist das bei Schweißverbindungen nicht mehr möglich. Die Ausbildung und die Eigenschaften der Schweißverbindungen sind abhängig vom Schweißverfahren,

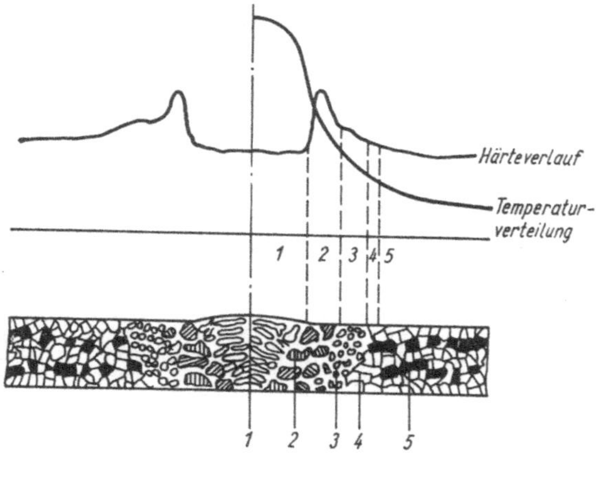

Bild 7.1
Gefügeaufbau und Eigenschaften einer Einlagenschweißung
1 Schweißnaht – grobes stengliges Gußgefüge; *2* Überhitzungszone – grobkörniges Überhitzungsgefüge; *3* normal geglühte Zone – feinkörniges Normalisierungsgefüge; *4* Zone unvollständiger Umkristallisation; *5* unbeeinflußter Grundwerkstoff

den Schweißparametern, dem Grundwerkstoff, dem Zusatzwerkstoff und anderen Einflußfaktoren. Wenn die Schweißverbindung nachträglich keiner speziellen Wärmebehandlung unterworfen wird, ist der Aufbau der Verbindung außerordentlich heterogen. Schmelzschweißverbindungen als wohl häufigste Verbindungsform aller Schweißungen weisen grundsätzlich drei Bereiche auf (Bild 7.1).

1. Die eigentliche Schweißnaht hat je nach Schweißverfahren und Schweißbedingungen ein unterschiedlich stark ausgeprägtes grobes Gußgefüge, das aus dem geschmolzenen

Grund- und Zusatzwerkstoff kristallisiert. Dieses Gußgefüge ist zumeist spröde und die eigentliche Schweißnaht wenig verformbar.

2. Zu beiden Seiten der Naht schließt sich die Wärmeeinflußzone an, die beim Gasschmelzschweißen bis zu 30 mm betragen kann, sonst aber wesentlich geringer ist (2 bis 6 mm). In dieser Zone ergibt sich ein mit zunehmender Entfernung von der Nahtkante abnehmender Temperaturverlauf, und infolgedessen ergeben sich unterschiedliche Gefügeausbildungen und Eigenschaften. Neben der Nahtkante bildet sich infolge der sehr hohen Temperatur ein grobkörniges Überhitzungsgefüge, dem sich eine feinkörnige normalgeglühte Zone anschließt. Zum Grundwerkstoff hin geht dieser Bereich in eine Zone unvollständiger Umkristallisation über.
3. Die Zone des unbeeinflußten Grundwerkstoffs ist keiner bzw. nur einer unbedeutenden, keinen Einfluß ausübenden Temperaturerhöhung ausgesetzt.

Die unterschiedliche Temperaturverteilung bedingt ungleichmäßige Volumenänderungen und damit teilweise beträchtliche Schweißschrumpfungen und komplizierte Eigenspannungszustände. Diese Eigenspannungen sind bei schweißtechnischen Konstruktionen möglichst gering zu halten, da sie die zulässige äußere Belastung herabsetzen und die Sicherheit der Konstruktionen infolge steigender Gefahr spröder Brüche beeinträchtigen. Neben den in Tafel 8.3 genannten Vorteilen zeichnen sich **Schweißverbindungen** durch einige weitere Besonderheiten aus:

- Da ein artgleicher Schweißzusatzwerkstoff verwendet wird, erhält man thermisch und mechanisch hochbeanspruchbare Festigkeitsverbindungen.
- Gegenüber anderen Verbindungsformen (Nieten, Schrauben, Kleben, Löten) ermöglicht die Schweißung zumeist beträchtliche Senkungen der Bauteilmassen durch den Wegfall der Niet- und Schraubenköpfe. Infolge der hohen spezifischen Festigkeit der Schweißnähte verlangt das Schweißen als Verbindungsverfahren auch andere Gestaltungsprinzipien als z.B. das Kleben und Löten. Da Stumpfstoßverbindungen einen gleichmäßigeren Kraftfluß gewährleisten als Überlappverbindungen und auch bei kleinen Verbindungsquerschnitten hohe Festigkeiten aufweisen, versucht man Überlappverbindungen durch Schweißen möglichst zu vermeiden (Ausnahme z.B. Dünnblechschweißung). Durch den Wegfall der Überlappungen sind beachtliche Massereduzierungen möglich (z.B. Behälterkonstruktionen, Brücken usw.).
- Gegenüber anderen Fertigungsverfahren, z.B. Gießen und Schmieden, erlaubt die Schweißung eine Verminderung der Wanddicken und damit entsprechende Werkstoff- und Kosteneinsparungen.

Das Schweißen von Metallen und Plasten für die Fertigung und Reparatur besitzt heute und auch in der Perspektive deswegen eine überragende Bedeutung, weil eine Vielzahl von Schweißverfahren und Zusatzwerkstoffen es ermöglichen, die jeweiligen Anforderungen an die Verbindungstechnologie und die Qualität der Verbindung optimal zu erfüllen.
Die einzelnen Schweißverfahren werden nach verschiedenen Gesichtspunkten eingeteilt.
Nach der Werkstoffart unterscheidet man zwischen Metallschweißen und Plastschweißen.
Nach dem Zweck unterscheidet man zwischen

Verbindungsschweißen und
Auftragsschweißen.

Nach der Fertigungsart differenziert man zwischen

Handschweißen,
mechanisiertem Schweißen,
teilautomatischem Schweißen und
automatischem Schweißen.

Die wichtigsten Schweißverfahren der Metallschweißtechnik werden mit Kurzzeichen gekennzeichnet:

G	Gasschweißen
UP	Unterpulverschweißen
ES	Elektroschlackeschweißen
WIG	Wolfram-Inertgas-Schweißen
MIG	Metall-Inertgas-Schweißen
E	Lichtbogenschweißen
US	Unterschienenschweißen
SG (CO_2)	Schutzgas-Lichtbogenschweißen mit CO_2
SG (H_2)	Schutzgas-Lichtbogenschweißen mit H_2.

Auftragsschweißen

Es hat gewisse Bedeutung für die Reparatur und Fertigung, wobei

- entweder eine Auftragung von artgleichem Schweißgut auf der Oberfläche von verschlissenen Werkstücken ohne wesentliche Veränderung der vorhandenen Eigenschaften erfolgt und das Werkstück nur einer Wiederverwendung zugeführt werden soll
- oder eine Auftragung eines artfremden Schweißguts auf der Oberfläche eines zu fertigenden Werkstücks zur Erzielung besonderer Eigenschaften erfolgt, die der Grundwerkstoff nicht aufweist (Verschleißfestigkeit, Korrosionsbeständigkeit usw.).

Das Auftragsschweißen soll an dieser Stelle nicht näher behandelt werden, jedoch ist grundsätzlich zu bemerken, daß alle Legierungen, die für Schmelzschweißverbindungen in Frage kommen, auch auf Werkstücke aufgetragen werden können. Darüber hinaus werden spezielle Auftragsschweißwerkstoffe großer Härte verarbeitet, die für das Verbinden von Fügeteilen ungeeignet sind.

Verbindungsschweißen

Das Verbinden der Metalle kann durch Schmelzschweißen erfolgen, wobei unter Anwendung von Wärme durch örtlich begrenzten Schmelzfluß mit bzw. ohne Einschmelzen von Zusatzwerkstoff die Fügeteile miteinander verbunden werden.
Beim Preßschweißen der Metalle hingegen werden die Fügeteile unter Druck ohne oder mit örtlich begrenzter Erwärmung ohne Zusatzwerkstoff miteinander verbunden. Spezielle Preßschweißverfahren sind Gaswulst-, Gasabbrenn-, Lichtbogenpreß-, Widerstandsstumpf-, Widerstandspunkt-, Widerstandsnaht-, Kaltpreß-, Reibungs- und Hochfrequenzschweißen.
Thermoplaste werden mit Hilfe von Heißgas-, Heizelement-, Reibungs- und Hochfrequenzschweißverfahren miteinander verbunden.

7.2. Schweißbarkeit der Werkstoffe

7.2.1. Begriffsbestimmungen

Die Möglichkeit zur Verarbeitung eines Werkstoffs durch Schweißen wird durch den Begriff der *Schweißbarkeit* gekennzeichnet. Dieser Begriff beinhaltet nicht nur rein spezifische Werkstoffeigenschaften, sondern ergibt sich aus dem komplexen Zusammenhang von

- Werkstoffeigenschaften
- konstruktiver Gestaltung
- anzuwendender Schweißtechnologie
- Beanspruchungsbedingungen.

Die einzelnen Werkstoffe werden danach unterteilt in gut schweißbar, bedingt schweißbar, schwer schweißbar und nicht schweißbar. Bestandteil der Schweißbarkeit ist die eigentliche *Schweißeignung* eines Werkstoffs. Man versteht darunter die komplexe Fähigkeit, sich durch ein Schweißverfahren im schmelzflüssigen, teigigen oder festen Zustand mit einem gleichen oder artgleichen Werkstoff mit einem metallisch dichten Übergang verbinden zu lassen. Die Schweißeignung ist abhängig vom

- Fügeteilwerkstoff (Erschmelzung, Desoxydation, Vergießungsart, chemischer Zusammensetzung, Werkstoffehler, Wärmebehandlungszustand usw.)
- Zusatzwerkstoff sowie der Zusammensetzung der Hilfsstoffe.

Die Schweißeignung der Werkstoffe wird verfahrensbezogen unterteilt, wobei die Einflußfaktoren der

- Gestaltung
- Schweißtechnologie
- Beanspruchungsbedingungen

reproduzierbar festgelegt werden. Die Schweißeignung wird dann charakterisiert durch

- die Einhaltung bestimmter Mindestgütewerte der Werkstoffeigenschaften im Schweißnahtbereich
- die Freiheit von Verbindungsfehlern, wie unzulässige Gefügeveränderungen, Aufhärtung, Versprödung, Risse, Poren, Mikrolunker usw.

Bedingte Schweißeignung liegt vor, wenn vor, während oder nach dem Schweißen zusätzliche, für das angewandte Verfahren nicht spezifische Maßnahmen ergriffen werden müssen, um die Forderungen nach metallisch dichtem Übergang und fehlerfreien Verbindungen zu erfüllen.
Als zweiten Bestandteil der Schweißbarkeit umfaßt die *Schweißsicherheit* die komplexe Eigenschaft einer Schweißverbindung alle Beanspruchungen, mit denen das betreffende Bauteil oder die Schweißkonstruktion beaufschlagt ist.
Die Schweißsicherheit hängt von folgenden Faktoren ab:

- schweißgerechte und fertigungsgerechte Konstruktion
- schweißgerechte Bauausführung
- Beanspruchung des Bauteils im Betrieb,

die wiederum von

- Fugenform und Nahtaufbau
- Zusatzwerkstoff

- Schweißverfahren
- Schweißfolge
- Vorwärmtemperatur beim Schweißen
- Wärmenachbehandlung nach dem Schweißen

beeinflußt werden.
Mit wachsender Werkstoffdicke, sinkender Beanspruchungstemperatur und schlagartiger Belastung steigen die Anforderungen an die Schweißbarkeit. In allen Einzelheiten kann auf den Einfluß der verschiedenen Faktoren und Bedingungen hier nicht eingegangen werden, da das diesen Rahmen übersteigen würde. Im Bedarfsfall muß auf die entsprechende Spezialliteratur zurückgegriffen werden ([7.1] bis [7.5]).
Die Schweißeignung der wichtigsten Werkstoffe des Maschinenbaus soll zur Übersicht kurz skizziert werden.

7.2.2. Schweißeignung der Stähle

Unlegierte Stähle

Die Schweißeignung steigt im allgemeinen vom Thomasstahl über den windgefrischten Austauschstahl, den Sauerstoffaufblas- und Siemens-Martin-Stahl zum Elektrostahl, da sich in dieser Reihenfolge die auf die Schweißbarkeit ungünstig auswirkenden Gehalte an Schlacken, Gasen, Phosphor und Schwefel vermindern. Unberuhigte Stähle sind infolge der Seigerungszonen weniger geeignet und sollten bei festigkeitsbeanspruchten Konstruktionen nur für Werkstoffdicken bis etwa 12 mm angewendet werden. Beruhigte Stähle sind allgemein besser zum Schweißen geeignet und unterliegen gewöhnlich keiner Dickenbegrenzung.
Bei den allgemeinen Baustählen nach TGL 7960, den unlegierten Kesselblechen nach TGL 14507, den unlegierten Röhrenstählen nach TGL 9413 und anderen unlegierten Stählen ist die Schweißeignung als gesichert anzusehen, wenn der Kohlenstoffgehalt unterhalb 0,25% liegt. Die Auswahl des geeignetsten Schweißverfahrens erfolgt hier zumeist unter ökonomischen Gesichtspunkten (technische Ausrüstung, Schweißleistung, Kosten), da die einzelnen Schweißverfahren in ihrer Anwendung von der Werkstoffqualität her im allgemeinen keiner Einschränkung unterliegen (Tafel 7.1). Lediglich die Bauteilgestaltung und Werkstoffdicke haben noch Einfluß auf die Wahl des zweckmäßigen Schweißverfahrens.
Bei unlegierten Stählen mit mehr als 0,25% Kohlenstoff ist die Schweißeignung in hohem Maß von der Werkstückdicke abhängig. Mit zunehmender Blechdicke steigt die Wärmeabfuhr aus dem Schweißbereich infolge der großen Querschnitte stark an, und wegen der damit verbundenen erhöhten Abkühlungsgeschwindigkeit steigt die mechanische Härte in der Übergangszone der Schweißnaht (Aufhärtung durch Martensitbildung). Für solche Stähle wie St 50, St 60 und St 70 ist zumeist ein Vorwärmen des Werkstücks erforderlich. Mit zunehmender Werkstoffdicke werden eine sorgfältige konstruktive Gestaltung sowie zweckmäßige Wahl des Schweißverfahrens und Zusatzwerkstoffs notwendig.

Niedriglegierte Stähle

Die Schweißeignung niedriglegierter Stähle hängt nicht allein vom Kohlenstoffgehalt, sondern auch von den Legierungselementen ab. Ihr Einfluß wird in Form des Kohlenstoffäquivalents EC zum Ausdruck gebracht.

Es ist

$$EC\% = C + \frac{Mn}{6} + \frac{Cr}{5} + \frac{Ni}{15} + \frac{Mo}{4} + \frac{Cu}{13} + \frac{P}{2}.$$

Die genannten Legierungselemente im Zähler beeinträchtigen die Schweißeignung dieser niedriglegierten Stähle, und zwar um so stärker, je kleiner die Zahl im Nenner ist. Als allgemeine Regel gilt, daß Stähle mit einem EC

$\leqq 0{,}40\%$ gut schweißbar,
$> 0{,}40 \leqq 0{,}60\%$ bedingt schweißbar

und

$> 0{,}60\%$ schwierig schweißbar sind.

Tafel 7.1. Zweckmäßige Verfahren für das Schweißen von Kohlenstoffstahl

	Offenes Lichtbogen-schweißen			Verdecktes Lichtbogen-schweißen			Schutzgas-schweißen				Widerstands-schweißen					
Schweiß-verfahren / Blechdicke in mm	Nackte Elektroden	Umhüllte Elektroden	Umhüllte Kb-Elektroden	Unter-Schienen-Schweißen	Unter-Pulver-Schweißen	Elektro-Schlacke-Schweißen	WIG-Schweißen	MIG-Schweißen	CO_2-Schweißen	Gasschmelzschweißen	Punktschweißen	Rollennahtschweißen	Buckelschweißen	Abbrennstumpfschweißen	Elektronenstrahlschweißen	Ultraschallschweißen	Aluminothermisches Schweißen
≦1				×			×			×	×	×				×	
1 … 3	×	×		×	×		×	×		×	×	×	×	×		×	
3 … 6	×	×	×	×	×		×	×	×	×	×		×	×			
6 … 15	×	×	×	×	×			×	×	×				×			
15 … 40		×	×		×	×		×	×					×			×
> 40		×	×		×	×								×			×

Danach sind legierte Kesselbleche nach TGL 14507, legierte Röhrenstähle nach TGL 14183, legierte Baustähle nach TGL 14509 generell bedingt schweißbar. Bei Einsatz- und Vergütungsstählen ist die Schweißeignung je nach chemischer Zusammensetzung verschieden. Die Schweißeignung ist außer vom Kohlenstoffäquivalent von der Werkstoffdicke abhängig. Obige Aussage bezüglich der Grenzgehalte für den EC-Wert gilt für Dicken bis 20 mm. Mit zunehmender Werkstoffdicke fällt, obwohl der EC-Wert der Stahlgüte praktisch gleichbleibt, die Schweißeignung ab (Bild 7.2). Um Aufhärtung im Schweißnahtbereich zu vermeiden, ist ein Vorwärmen des Werkstücks erforderlich. Der Konstrukteur muß dies auf der Zeichnung vermerken, wobei für unlegierte und legierte Stähle gilt

$EC = 0{,}40 \ldots 0{,}50\%$ und Dicke > 25 mm $T_v = 200 \ldots 250\,°C$
$EC = 0{,}50 \ldots 0{,}60\%$ und Dicke > 15 mm $T_v = 250 \ldots 300\,°C$
$EC > 0{,}60\%$ und jede Dicke $T_v = 300 \ldots 400\,°C$.

Eine bessere Beurteilung der Schweißeignung der Stähle ist anhand der Schweiß-ZTU-Diagramme möglich, die für jede Stahlsorte jedoch vorher aufgestellt werden müssen. Hinsichtlich der anzuwendenden Schweißverfahren gelten ähnliche Gesetzmäßigkeiten wie bei unlegierten Stählen (Tafel 7.2).

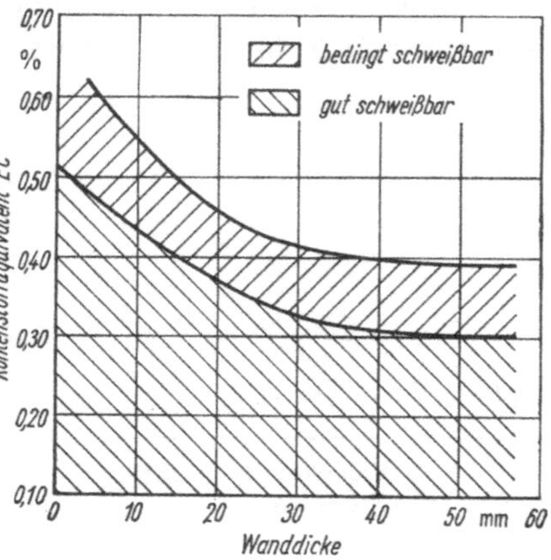

Bild 7.2
Einfluß der Blechdicke auf die Schweißeignung von Kohlenstoffstahl

Neben der Einlagenschweißung erhält die Mehrlagenschweißung bei diesen Stählen erhöhte Bedeutung. Besondere Sorgfalt ist auf die Auswahl optimaler Zusatzwerkstoffe (TGL 7253) für jede Schweißverbindung in Abhängigkeit vom Fügeteilwerkstoff und Schweißverfahren zu verwenden (ZIS-Richtlinie R 15-62). Martensitische Stähle sind

Tafel 7.2. Zweckmäßige Verfahren für das Schweißen legierter Stähle

		Offenes Lichtbogen-schweißen		Verdecktes Lichtbogen-schweißen			Schutzgas-schweißen					Widerstands-schweißen				
Schweißverfahren / Blechdicke in mm		Umhüllte Elektrode (nicht Kb)	Umhüllte Kb-Elektrode	Unter-Schienen-Schweißen	Unter-Pulver-Schweißen	Elektro-Schlacke-Schweißen	Arcatom-Schweißen (H_2)	WIG-Schweißen	MIG-Schweißen	CO_2-Schweißen	Gasschmelzschweißen	Punktschweißen	Rollennahtschweißen	Abbrennstumpfschweißen	Elektronenstrahlschweißen	Ultraschallschweißen
Legierte ferritische Stähle	< 1			×			×	×			×	×	×		×	×
	1 ... 3	×		×	×		×	×			×	×	×	×	×	×
	3 ... 6	×	×	×	×			×	×	×	×	×		×	×	
	6 ... 15		×		×				×	×	×			×		
	15 ... 40		×		×				×	×				×		
	> 40		×		×	×								×		
Austenitische Stähle	< 1						×	×				×	×		×	×
	1 ... 3		×		×		×	×	×			×	×	×	×	×
	3 ... 6		×		×		×	×	×			×		×	×	
	6 ... 15		×		×				×					×	×	
	15 ... 40		×		×				×					×		
	> 40				×	×								×		

besonders schwierig schweißbar, da sie in der Übergangszone zur Rißbildung neigen. Besonders sorgfältiges Schweißen mit austenitischen Elektroden bei Vorwärmung des Werkstücks gibt die Gewähr für einwandfreie Verbindungen.

Hochlegierte Stähle

Die Schweißeignung dieser Stähle hängt primär von der chemischen Zusammensetzung ab. Das Kohlenstoffäquivalent wird auf diese Stahlgruppe zur Kennzeichnung nicht angewandt, da es bei hohen Legierungsgehalten die Schweißeignung nicht real ausdrückt. Hochlegierte ferritische Chromstähle (rost- und säurebeständige sowie hitze- und zunderbeständige Stähle) werden mit gleichartigen Elektroden bzw. austenitischen CrNi-Elektroden verschweißt. Gasschmelzschweißen sowie andere Schweißverfahren mit hoher Wärmeeinbringung werden für das Schweißen hochlegierter Stähle nicht angewandt. Hochlegierte austenitische CrNi- und Mn-Stähle sind allgemein gut schweißbar (Tafel 7.2). Kohlenstoffarmer CrNi-Stahl bzw. ein gleichartiger Zusatzdraht mit Gehalten an Karbidbildnern (Nb, Ta, Ti) gewährleisten hochfeste korrosionsbeständige Schweißverbindungen.

7.2.3. **Schweißeignung der Eisengußstoffe** (Tafel 7.3)

Für das Schweißen von legiertem und unlegiertem Stahlguß gelten die gleichen Richtlinien wie für dickwandige Konstruktionen aus Stahl entsprechender chemischer Zusammensetzung. In Frage kommen bei gleichen Zusatzwerkstoffen Verfahren mit hoher

Tafel 7.3. Zweckmäßige Verfahren für das Schweißen der Eisengußwerkstoffe

		Offenes Lichtbogenschweißen			Verdecktes Lichtbogenschweißen		Schutzgasschweißen				
Schweißverfahren / Werkstoffgruppe und Wanddicke in mm		Nackte Elektroden	Umhüllte Elektroden (nicht Kb)	Umhüllte Kb-Elektroden	Unter-Pulver-Schweißen	Elektro-Schlacke-Schweißen	MIG-Schweißen	CO_2-Schweißen	Gasschmelzschweißen	Abbrennstumpfschweißen	Aluminothermisches Schweißen
Stahlguß	3 ... 6										
	6 ... 15	×	×	×	×		×	×	×	×	
	15 ... 40	×	×	×	×					×	×
	> 40	×		×	×	×				×	×
Temperguß, Kugelgraphitguß	1 ... 3										
	3 ... 6	×		×			×			×	
	6 ... 15										
Grauguß	3 ... 6										
	6 ... 15	×	×	×					×		
	15 ... 40	×		×					×		
	> 40	×		×					×		

Abschmelzleistung und Wärmeintensität (offenes und verdecktes Lichtbogenschweißen). Grauguß ist infolge des im Gefüge vorhandenen Graphits schwierig schweißbar, da er zur Rißbildung neigt. Spezielle Gußeisenschweißstäbe, umhüllte erzsaure Stahlelektroden sowie Reinnickel und Monelmetall (NiCu-Legierung) werden für das Gas- und Lichtbogenschmelzschweißen von lamellarem Grauguß bzw. Kugelgraphitguß verwendet. Beim Kaltschweißen wird bis höchstens 400 °C vorgewärmt, beim Warmschweißen bis 850 °C. Die Zugfestigkeit der Schweißverbindungen von Grauguß ist mit etwa 10 kp/mm^2 gering. Das Schweißen von Temperguß wird sehr selten angewandt und ist nur bedingt möglich.

7.2.4. Schweißeignung sonstiger Metalle und Plaste

Schweißeignung von Aluminium und seinen Legierungen (Tafel 7.4)

Aluminium und seine Legierungen sind grundsätzlich schweißbar, erfordern jedoch die Berücksichtigung einiger Besonderheiten:

- Aluminium und seine Legierungen bilden an der Luft eine dichte und festhaftende Oxidschicht aus Al_2O_3, die einen hohen Schmelzpunkt und höhere Dichte aufweist und damit die Schweißbarkeit beeinträchtigt.
- Infolge der hohen Wärmeleitfähigkeit der Aluminiumwerkstoffe ist häufig ein Vorwärmen erforderlich.

Tafel 7.4. Zweckmäßige Verfahren für das Schweißen der Nichteisenmetalle

Schweißverfahren / Werkstoffgruppe und Wanddicke in mm		Offenes Lichtbogenschweißen			Schutzgasschweißen				Widerstandsschweißen				
		Nackte Elektroden	Umhüllte Elektroden (nicht Kb)	Umhüllte Kb-Elektroden	Arcatom-Schweißen (H_2)	WIG-Schweißen	MIG-Schweißen	Gasschmelzschweißen	Punktschweißen	Rollennahtschweißen	Abbrennstumpfschweißen	Elektronenstrahlschweißen	Ultraschallschweißen
Aluminium und Aluminiumlegierungen	≦1				×	×		×	×	×		×	×
	1 ... 3				×	×	×	×	×	×	×	×	×
	3 ... 6		×		×	×	×	×	×		×	×	
	6 ... 15		×		×	×	×	×			×	×	
	15 ... 40		×				×	×			×		
	>40						×	×			×		
Kupferlegierungen	≦1					×		×	×	×			
	1 ... 3		×			×		×	×	×	×	×	×
	3 ... 6		×			×	×	×			×	×	×
	6 ... 15		×			×	×	×			×	×	
	15 ... 40		×				×				×		
	>40						×				×		

- Mit steigender Temperatur verschlechtern sich die Festigkeitseigenschaften sehr stark.
- Der Wärmeausdehnungskoeffizient wie auch das Schwindmaß sind wesentlich größer als bei Stahl, und die Gefahr hoher Schweißeigenspannungen sehr groß.

Reinaluminium ist am besten schweißbar. Allgemein nimmt die Schweißeignung mit zunehmendem Gehalt an Legierungselementen ab, da diese intermetallische Verbindungen bilden und zur Versprödung führen. Besonders höhere Gehalte an Eisen beeinträchtigen die Schweißeignung infolge Neigung zur Warmrissigkeit.
Die AlMg-Legierungen sind bis zu Mg-Gehalten von 3% ähnlich gut schweißbar wie Reinaluminium. Größere Gehalte an Magnesium (AlMg 5, AlMg 9) machen die Legierungen schwierig schweißbar. Von den aushärtbaren Legierungen AlCuMg, AlCuNi, AlMgSi sind alle Sorten schweißbar. Zu berücksichtigen ist von seiten der Konstruktion, daß die durch Aushärten erhaltene hohe Festigkeit im Schweißnahtbereich verlorengeht. Nur bei Kleinteilen ist durch nachträgliches Aushärten die Festigkeit über die des ausgeglühten Werkstoffs wieder zu steigern. Auch beim Schweißen der halbharten und harten nicht aushärtbaren Al-Legierungen sinkt die Festigkeit auf die des weichgeglühten Zustands, wie die Gütezahlen in Tafel 7.5 zum Ausdruck bringen.

Tafel 7.5. Gütezahlen für Aluminiumlegierungen

	Gas-geschweißt	Lichtbogen-geschweißt
AlMg3F18 (weich, $\sigma_{BGrundwerkstoff} = 180\ N/mm^2$)	1,0	0,9
AlMg3F23 (halbhart, $\sigma_{BGrundwerkstoff} = 230\ N/mm^2$)	0,8	0,7
AlMg3F26 (hart, $\sigma_{BGrundwerkstoff} = 255\ N/mm^2$)	0,6	0,5

Die Gütezahlen kennzeichnen das Verhältnis der Festigkeit von geschweißter zu ungeschweißter Legierung.
Die Al-Gußlegierungen sind meist besser schweißbar. Schweißzusatzwerkstoffe sind nach TGL 14908 auszuwählen.

Schweißeignung der Kupferwerkstoffe

Die Schweißeignung des Kupfers hängt stark vom Grad der Beimengungen ab. Es muß frei von Sauerstoff sein und möglichst geringe Gehalte an Schwefel, Blei und Eisen enthalten.
Messinge lassen sich besser schweißen als Kupfer, da Messinge eine niedrigere Wärmeleitfähigkeit und Spannungsrißempfindlichkeit aufweisen und dünnflüssiger sind als Kupfer. Für das Verbinden von Messingteilen wird das Gasschmelzschweißen, Schutzgasschweißen und Abbrennstumpfschweißen bevorzugt. Lichtbogenschweißung kommt nur in Frage, wenn Kupferwerkstoffe auf Stahl aufgetragen werden.
Bronzen lassen sich zumeist schwieriger schweißen als Messinge, wobei die Zinnbronzen besser schweißbar sind als die Aluminiumbronzen. Die möglichen Schweißverfahren sind identisch mit denen der Messinge.

Schweißeignung weiterer Metalle und Plaste

Nickel und Nickellegierungen sind ähnlich Kupfer nur bedingt schweißbar. Lichtbogenschmelzschweißen ist wegen der großen Versprödungsgefahr möglichst zu vermeiden. Die Festigkeit der Naht kann durch Abhämmern verbessert werden.
Blei ist zwar gut schweißbar, jedoch ist ein großer Aufwand zur Beseitigung der giftigen Bleidämpfe erforderlich. Daher wird Blei zumeist gelötet. Reaktive Metalle, wie Titan, Molybdän und Wolfram, sind bedingt bis schwierig schweißbar. Elektronenstrahl-, MIG- und WIG-Schweißen sind möglich.
Von den Plasten sind nur einige Thermoplaste gut schweißbar. Sehr verbreitet ist das Schweißen der Polyvinylchloride (PVC). Aber auch Polyäthylene und Polymethacrylate (z. B. Piacryl) sind gut schweißbar. Polyamide sind schwierig zu schweißen, während Polystyrol zwar schweißbar ist, zumeist jedoch nicht geschweißt wird, weil das Kleben vorteilhafter ist. Die gesamten Duroplaste (aushärtende, nicht mehr weich werdende Plaste) sind nicht zum Schweißen geeignet. Sie werden überwiegend geklebt, teilweise verschraubt. Für das Verschweißen der Plaste, insbesondere Folien und dünnwandige Teile, sind spezielle Plastschweißverfahren entwickelt worden.

7.3. Schweißspannungen und -schrumpfung und deren Auswirkungen auf die Gestaltung [7.2] [7.7]

7.3.1. Grundbegriffe

Durch die Wärmezufuhr während des Schweißvorgangs und das nachfolgende Abkühlen werden in den Schweißteilen Schrumpfungen und Spannungen hervorgerufen. Um technisch einwandfreie Schweißkonstruktionen zu erhalten, sind diese Erscheinungen vom Konstrukteur unbedingt zu berücksichtigen. Bereits bei der Berechnung und Gestaltung von Schweißkonstruktionen sind Größe, Richtung und Verteilung der Schweißschrumpfung und -spannungen zu optimieren. Schrumpfung und Spannung haben dabei eine gegenläufige Tendenz. Freie Schrumpfung führt häufig zu größeren Verwerfungen, aber infolge des damit verbundenen Spannungsabbaus zu niedrigen Schweißeigenspannungen. Bei starr eingespannten Schweißteilen sind die Schrumpfungen gering, die Schweißspannungen aber entsprechend höher.
Infolge Erwärmung dehnen sich metallische Bauteile, und für einen stabförmigen Körper errechnet sich die Wärmedehnung zu

$$\Delta l = \alpha l \, \Delta t; \tag{7.1}$$

α Wärmeausdehnungskoeffizient μm/m.K
l Länge des Körpers bei Ausgangstemperatur in mm
Δt Unterschied zwischen End- und Ausgangstemperatur $\Delta t = t_E - t_A$ in grd
Δl Längenänderung des Körpers bei Erwärmung bzw. Abkühlung in mm.

Bei behinderter Ausdehnung bzw. Kontraktion entsteht im Werkstück ein Zwangszustand, die inneren Spannungen nehmen zu, überschreiten schließlich die Streckgrenze und führen zu plastischen Deformationen. Da beim Schweißen die Wärme örtlich und zeitlich begrenzt eingebracht wird, behindert die kalte Umgebung des Schweißteils die Ausdehnung des erwärmten Nahtabschnitts. Damit treten in jeder Schweißkonstruktion plastische Deformation und Schrumpfkräfte auf. Die sich aus der behinderten Verformung ergebenden Wärmespannungen errechnen sich durch Einsetzen der umgeformten Gl. (7.1) $\Delta l/l = \varepsilon = \alpha \Delta t$ in die Hookesche Formel zu

$$\sigma = \alpha E \Delta t \quad \text{in N/mm}^2. \tag{7.2}$$

Die Schrumpfkraft bei voller Einspannung ist dann

$$F_s = \alpha E \Delta t A \quad \text{in N};$$

A Querschnittsfläche in mm².

In einer Schweißverbindung sind die Spannungs- und Schrumpfverhältnisse über der Nahtlänge ungleichmäßig und tragen zumeist einen räumlichen Charakter (Bild 7.6). Schweißeigenspannungen in ausgeführten Schweißkonstruktionen entziehen sich bis heute der einfachen rechnerischen oder experimentellen Bestimmung. Ein Schweißeigenspannungsnachweis ist deshalb gegenwärtig nicht möglich. Bei einfachen Verbindungs- und Konstruktionselementen, z. B. Längsnähten oder Schweißpunkten, lassen

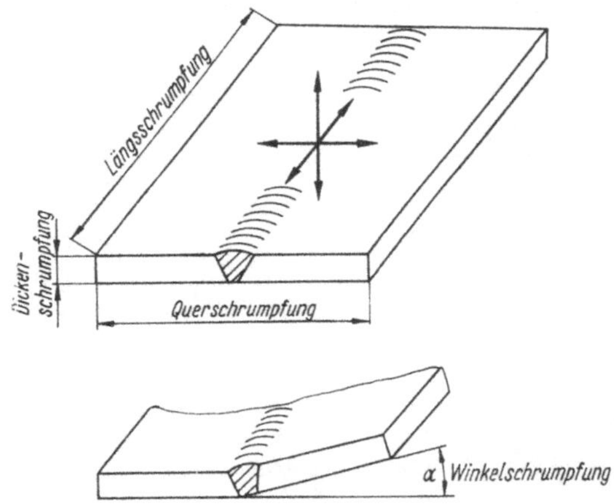

Bild 7.3
Arten der Schrumpfung von Schweißnähten

sich hingegen nach dem Finite-Elemente-Verfahren durch vereinfachte Modelle (Stabbündelmodell, Gitterrostmodell) die Eigenspannungen näherungsweise berechnen. Nach Bild 7.3 unterscheidet man zwischen:

- *Querschrumpfung* senkrecht zur Nahtrichtung in der Blechebene. Bei Stumpfstößen wird der Luftspalt dadurch etwa 1 bis 1,5 mm kleiner, was vom Konstrukteur bei der Festlegung der Endmaße berücksichtigt werden muß. Blechdicke, Nahtform, Schweißverfahren und Einspannungsgrad haben wesentlichen Einfluß auf die Größe der

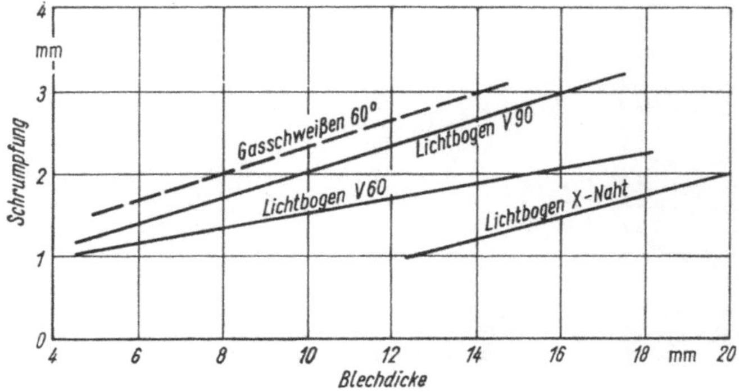

Bild 7.4
Querschrumpfung von Stumpfnähten in Abhängigkeit von Blechdicke und Nahtform

Querschrumpfung (Bild 7.4). Bei Kehlnähten ist die Querschrumpfung abhängig vom Verhältnis Schweißnahthöhe a zur Blechdicke s.
Anhaltswerte sind

$a/s \approx 0{,}3$ geringe Schrumpfung
$a/s \approx 0{,}5$ normale Schrumpfung
$a/s \approx 0{,}8$ große Schrumpfung.

- *Längsschrumpfung* tritt in Schweißnahtrichtung auf. Bei außermittigen Stumpf- und Kehlnähten verursacht sie infolge des Schrumpfmoments das Krümmen von Trägern und das Beulen versteifter Bleche. Mit zunehmender Blechdicke und Steifigkeit der Konstruktion nimmt das Schrumpfmaß ab (Regelfall ist etwa 0,1 bis 0,3 mm/m Nahtlänge). Die Längsschrumpfung der Kehlnähte liegt in ähnlicher Größe.
- *Winkelschrumpfung* als besondere Form der Querschrumpfung wirkt sich als Drehung eines Schweißteils um den Winkel α aus der ursprünglichen Blechebene aus. Je gleichmäßiger das Schweißgut über den Nahtquerschnitt verteilt ist, um so kleiner ist die Winkelschrumpfung (Bild 7.5).

Schweißung	Nahtaufbau	Winkelschrumpfung
UP-Schweißung 1 Lage		0°
Lichtbogenhandschweißung Dreieckschweißung		<0,5°
Lichtbogenhandschweißung Lagenschweißung		<5°
Lichtbogenhandschweißung Raupenschweißung		<11°
Gasschweißung 1 Lage		<1°

Bild 7.5
Winkelschrumpfung von Stumpfnähten in Abhängigkeit vom Nahtaufbau

- *Dickenschrumpfung* in Richtung der Blechdicke spielt meist keine Rolle.
Immer dort, wo eine Behinderung der Schrumpfung auftritt (bei sehr steifen Bauteilen, bei fester Einspannung sowie infolge verminderter Verformbarkeit bei Temperaturen unterhalb 600 °C bei Stahl), entstehen zwangsläufig große Eigenspannungen in den

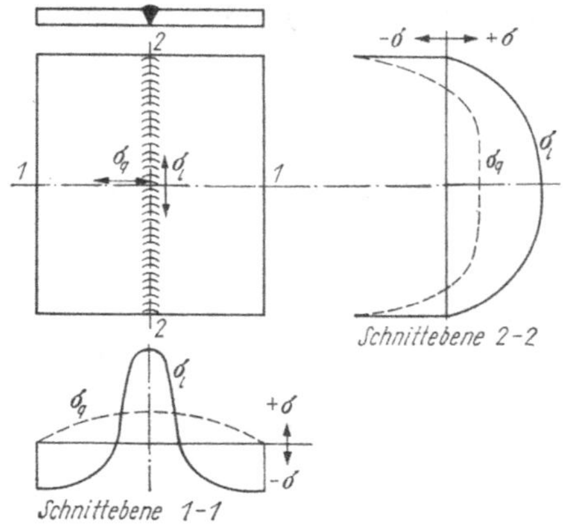

Bild 7.6
Schweißeigenspannungen
σ_l Längsspannungen; σ_q Querspannungen

geschweißten Teilen. Diese können teilweise die Höhe der Fließgrenze erreichen, setzen die Tragfähigkeit von Schweißkonstruktionen herab und führen bei räumlicher Verspannung zur erhöhten Rißgefahr. Bei verformungsfähigen Werkstoffen wird nach Überschreiten der Fließgrenze durch plastische Deformation die Eigenspannung abgebaut, während bei spröden Werkstoffen Bruch ohne vorhergehende Verformung erfolgen kann, ohne daß eine äußere Belastung einwirkt.

- *Längsspannungen* wirken in Richtung der Schweißnaht und sind infolge der großen Schrumpfkräfte und geringen Schrumpfung sehr groß. In der Nahtzone selbst entstehen Längszugspannungen, während in den Nachbarzonen als Reaktion Längsdruckspannungen erzeugt werden (Bild 7.6). Die Längsspannungen sind am größten bei schmalen Wärmeeinflußzonen, hochfestem Schweißgut und zur Aufhärtung neigendem Grundwerkstoff.

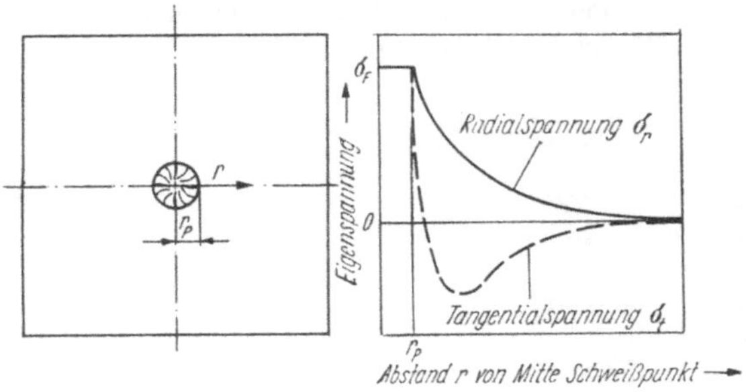

Bild 7.7
Schweißeigenspannungen um einen Schweißpunkt
σ_F Fließspannung

- *Querspannungen* wirken in der Plattenebene senkrecht zur Naht und resultieren aus der behinderten Schrumpfung infolge bereits geschweißter Nahtabschnitte oder aus der äußeren Einspannung sowie aus den Querspannungen infolge Längsschrumpfkräften (Bild 7.8 und Bild 7.9).
  An Schweißpunkten bilden sich örtlich begrenzte, hohe Eigenspannungszustände (Bild 7.7).

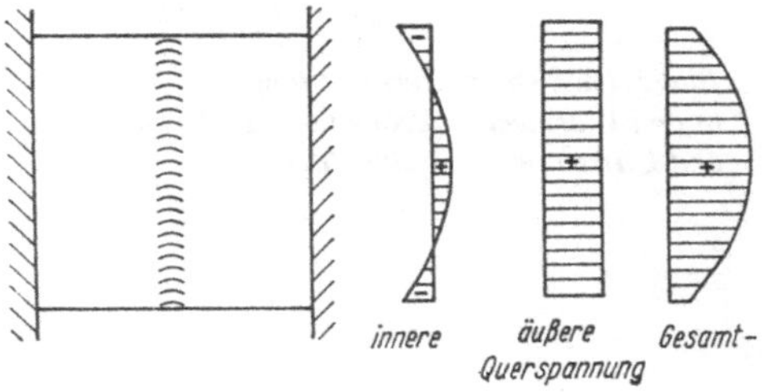

Bild 7.8 Querspannungen eingespannter Proben, bestehend aus inneren Querspannungen infolge der Längsschrumpfkräfte, äußeren Querspannungen infolge behinderter Querschrumpfung

- *Schrumpfspannungen* in Kehlnähten sind besonders kompliziert und durch den räumlichen Charakter allseitigen Zuges gefährlich.
- *Schrumpfkräfte* bei Schweißungen außerhalb der Schwerachse erzeugen ein Moment, das zum Verziehen des Bauteils führen kann (Bild 7.10).

$$M_s = F_s e; \tag{7.3}$$

M_s Schrumpfmoment
F_s Schrumpfkraft
e Abstand Schweißnaht–neutrale Faser.

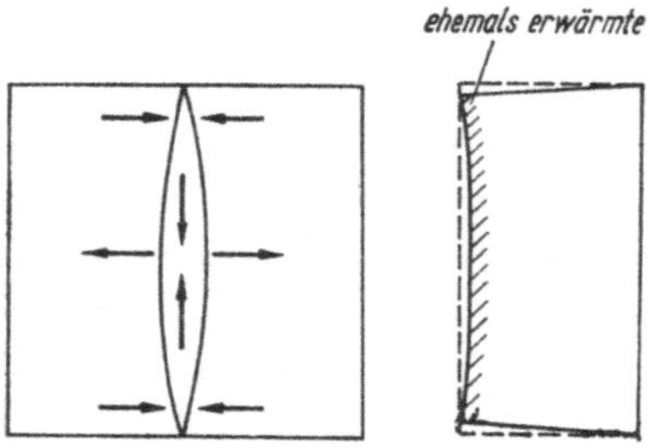

Bild 7.9.
Querspannung infolge von Längsschrumpfkräften bei Schweißung frei gelagerter Bleche

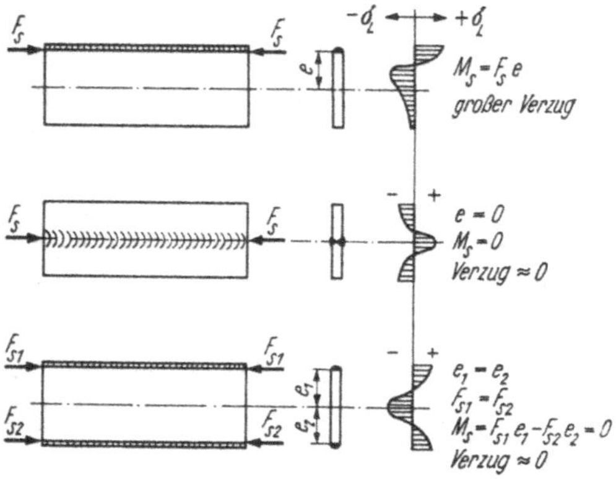

Bild 7.10. Bestimmung des Schrumpfmoments von Schweißnähten

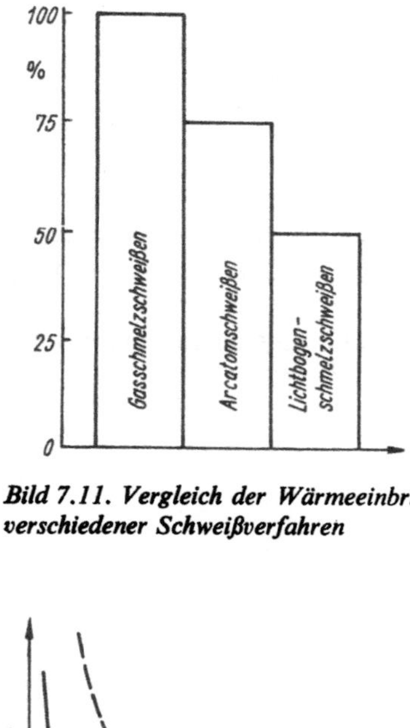

Bild 7.11. Vergleich der Wärmeeinbringung verschiedener Schweißverfahren

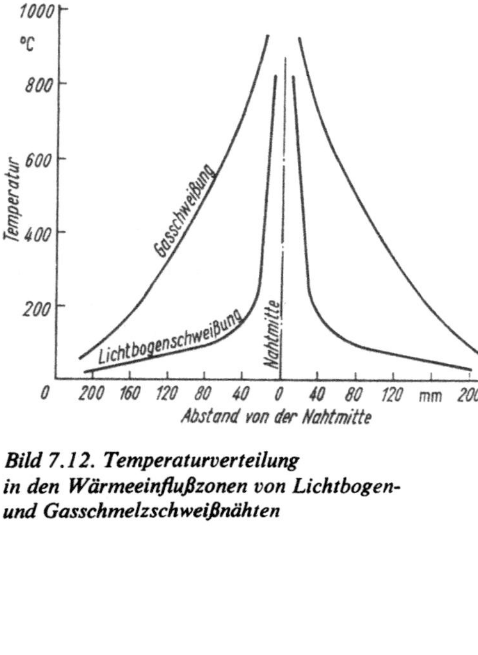

Bild 7.12. Temperaturverteilung in den Wärmeeinflußzonen von Lichtbogen- und Gasschmelzschweißnähten

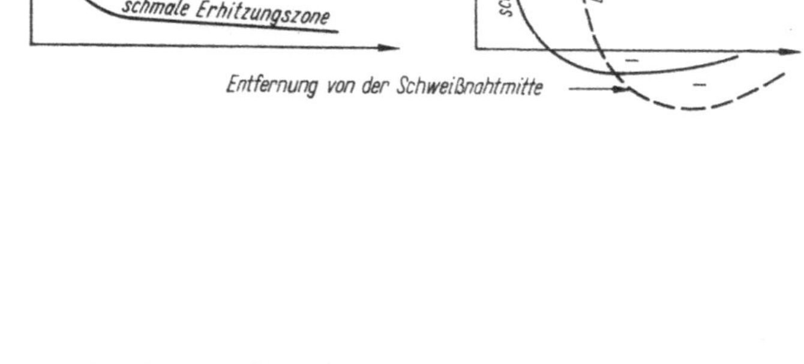

Bild 7.13
Temperatur- und Spannungsverteilung in schmalen und breiten Wärmezonen

7.3.2. Einflußfaktoren auf die Größe der Schweißspannungen und konstruktive Möglichkeiten zur Verminderung der Schrumpfkräfte

Hauptfaktoren sind:

1. Art und Höhe der Erwärmung beim Schweißen

Zweckmäßig ist es, die während des Schweißvorgangs übertragene Wärmemenge möglichst gering zu halten. Aus diesem Grund ist die Wahl eines Schweißverfahrens günstig, bei dem die geringste Wärme für das Abschmelzen einer bestimmten Menge Zusatzwerkstoff erforderlich ist. Aus dieser Sicht ist der Einsatz des Lichtbogenschweißens vorteilhaft gegenüber dem Gasschmelzschweißen (Bild 7.11). Die schmalere Wärmeeinflußzone des Lichtbogenschweißens (Bild 7.12) garantiert geringe Schrumpfungen, jedoch sind dann die Schweißeigenspannungen in der Nahtzone höher als bei der Gasschweißung. Die Ausbeulgefahr neben der Schweißnaht ist bei der Gasschweißung infolge der höheren Drucklängsspannungen wiederum größer (Bild 7.13).

2. Nahtform und Nahtaufbau

Zur Reduzierung der Querschrumpfung von Schweißverbindungen ist die Wahl einer zweckmäßigen Nahtform Voraussetzung. Ein möglichst geringer Öffnungswinkel der Schweißfuge bei Stumpfnähten (Bild 7.14) sowie eine geringe Nahthöhe bei Kehlnähten sollten angestrebt werden. Winkelschrumpfungen bei Stumpfnähten lassen sich durch die Wahl von *I*- und *X*-Nähten vermeiden.
Mehrlagenschweißung bei Stumpf- und Kehlnähten ist meist mit großen Winkelschrumpfungen verbunden. Große Nahthöhen, z.B. einseitige Kehlnahtschweißung, sind aus dieser Sicht ungünstig. Doppelseitenkehlnahtschweißung ist vorteilhafter.

3. Steifigkeit der Bauteile und Einspannungsgrad

Niedrige Steifigkeiten neben der Schweißnaht (z.B. bei Dünnblechkonstruktionen) bedingen wegen der dort vorhandenen Druckkräfte eine erhöhte Ausbeulgefahr ebenso wie freie Schrumpfmöglichkeiten (freie Lagerung). Durch entsprechende konstruktive Gestaltung kann dieser Gefahr begegnet werden (Bild 7.15). Hohe Steifigkeiten wiederum kommen einer festen Einspannung nahe und haben entsprechend hohe Eigenspannungen zur Folge.

4. Werkstoffeigenschaften

Die Wahl eines zweckmäßigeren Werkstoffs hat wesentlichen Einfluß auf die Minimierung der Schrumpfung bzw. Spannungen. Je kleiner die Wärmeleitfähigkeit des Fügeteilwerkstoffs ist, auf eine um so schmalere Zone bleibt die Erwärmung beschränkt, und die Schrumpfung wird entsprechend gering. Die Wärmeleitfähigkeit der Stähle nimmt mit steigendem Legierungsgehalt ab, und die örtlichen Temperaturen an der Naht und die Schrumpfkräfte (Schweißeigenspannungen) nehmen zu. Kupfer und Aluminium haben eine große Wärmeleitfähigkeit und weisen nach dem Schweißen große Schrumpfungen auf. Ein Werkstoff mit niedrigen Wärmeausdehnungskoeffizienten (z.B. hochlegierter Chromstahl) wird niedrigere Schweißschrumpfungen zeigen als solche mit einem hohen Koeffizienten (Blei, Cu- und Al-Legierungen u.a.). Andererseits spielen auch mechanische Eigenschaften der Werkstoffe bei der Schrumpfung eine Rolle. Ein hoher Elastizitätsmodul und eine hohe Elastizitätsgrenze bedingen geringe Schrumpfungen und hohe Schweißeigenspannungen.

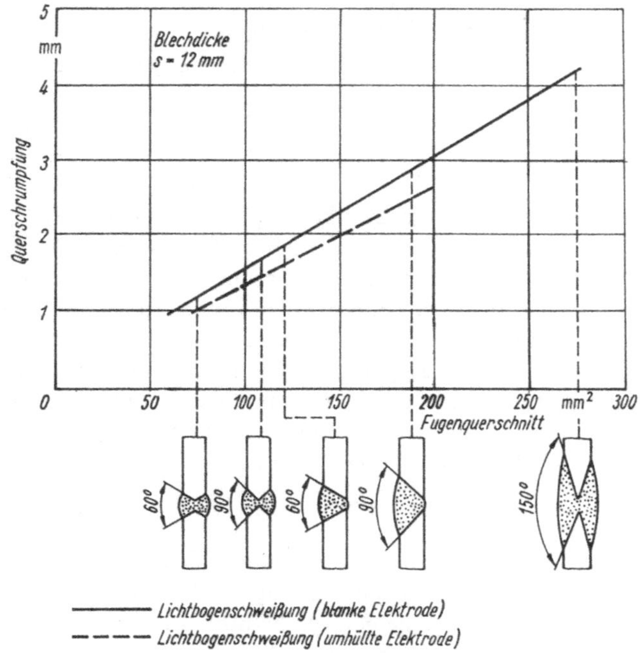

Bild 7.14
Querschrumpfung von Stumpfnähten bei verschiedenen Fugenausbildungen

	Knickspannung σ_K in N/mm²	
Gestaltungsform	3mm-Blech	4mm-Blech
	0,67	12
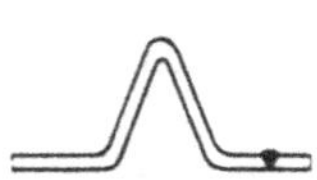	5,4	98
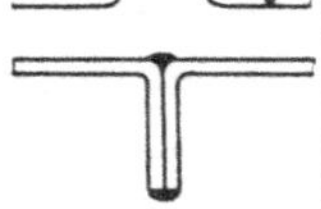	184	320

Bild 7.15
Verminderung der Ausbeulgefahr dünner Bleche beim Schweißen durch konstruktive Gestaltung

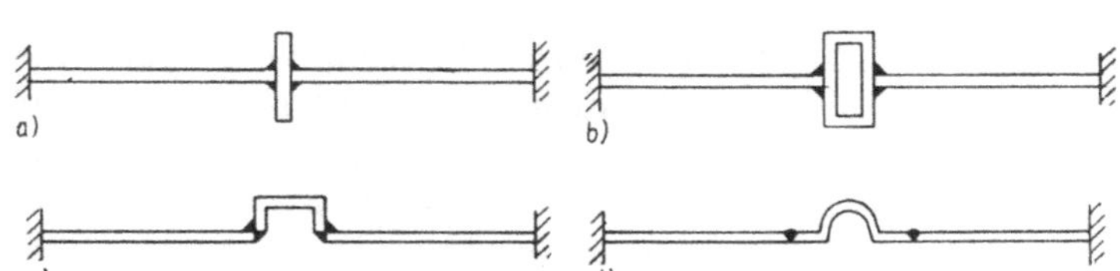

Bild 7.16. ***Verminderung von Schweißspannungen durch Reduzierung der Bauteilsteifigkeit***

a) ungünstig, da zu steif und damit zu hohe Schrumpfkräfte; b) günstiger, da weiche Kastenprofilwände Schrumpfung ermöglichen; höherer Materialaufwand; c) günstiger, da weiche U-Profil-Seitenwände Schrumpfung ermöglichen; weniger materialaufwendig als b), aber dafür biegeweicher und fertigungsmäßig aufwendiger; d) günstig, da Formprofil freie Schrumpfung ermöglicht und Kehlnähte vermieden werden

7.3.3. Regeln für die Gestaltung eigenspannungsarmer Schweißkonstruktionen

Aus diesen Einflußfaktoren lassen sich eine Vielzahl Maßnahmen ableiten mit dem Ziel der Verminderung der Schrumpfungen und Eigenspannungen infolge des Schweißprozesses. Neben technologischen und betrieblichen Möglichkeiten ergeben sich auch eine ganze Reihe konstruktiver Maßnahmen, um eine eigenspannungsarme und verzugsfreie Schweißkonstruktion zu ermöglichen.

1. Die Bauteile sind so zu gestalten, daß sie beim Schweißen möglichst lange ohne äußere Einspannung frei schrumpfen können (Bild 7.16).
2. Das in der Praxis häufig zu beobachtende Bohren von Entlastungslöchern in steife Schweißteile ist konstruktiv einzuplanen (Bild 7.17).

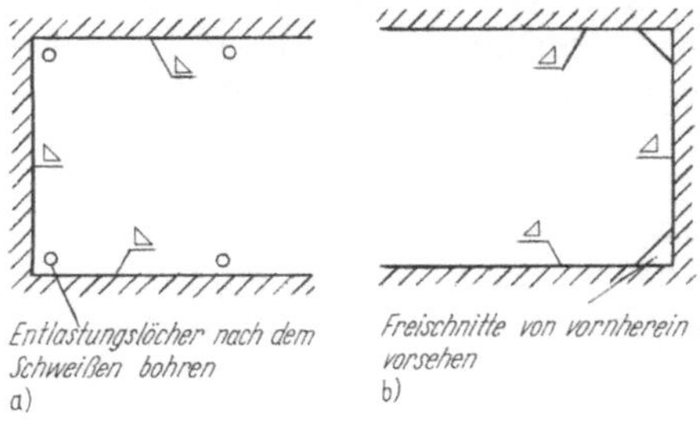

Bild 7.17
Verminderung von Schweißspannungen durch Entlastungsbohrungen (a) und Verminderung des Einspannungsgrads (b)
a) möglich, jedoch nicht optimal; b) technisch und technologisch zweckmäßiger

3. Bei Schweißkonstruktionen aus dünnen Blechen ist die Knicksteifigkeit durch konstruktive Gestaltung zu erhöhen.
4. Kehlnähte bei Dünnblechschweißkonstruktionen sind möglichst unterbrochen auszuführen, um die Längsschrumpfung herabzusetzen.
5. Bei dynamisch beanspruchten Konstruktionen sind unterbrochene Kehlnähte wegen der Kerbwirkung an den Schweißnahtenden unbedingt zu vermeiden.
6. Stumpfnähte (Kraftfluß ohne Umlenkung) sind zu bevorzugen, da sie günstiger sind als Kehlnähte (Bild 7.16d).
7. Schweißnähte sind nicht überzudimensionieren, da mit größer werdender Schweißgutmenge die Schrumpfwirkungen ansteigen.
8. Die Schweißnähte sind zweckmäßig in die neutrale Faser zu verlegen bzw. symmetrisch zu dieser anzuordnen. So ist es möglich, das Schrumpfmoment zu beseitigen (Bild 7.10).
9. Mehrachsige Spannungszustände sind zu vermeiden, ebenso Stoßstellen mehrerer Schweißnähte. Ansonsten sind an diesen Stellen Ausschnitte vorzusehen (Bild 7.17).
10. Scharfe Kraftumlenkungen sind zu vermeiden.
11. Zur Kompensation des Schrumpfmoments sind die Bauteile in entgegengesetzter Richtung vorzubiegen (Beispiel Bild 7.18).

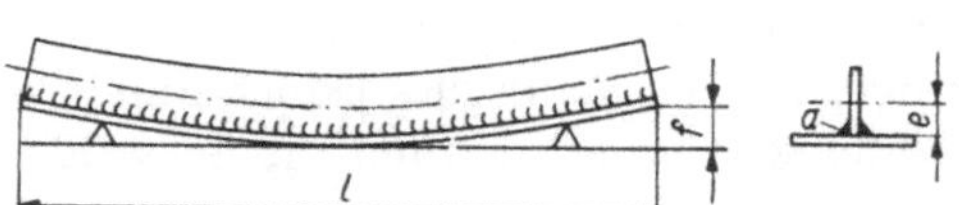

$$f = \frac{\Sigma a^2 l^2 e}{K J}$$

Bild 7.18. Ermittlung der Vorbiegung geschweißter Träger
f Vorbiegung in cm; a Schweißnahthöhe in cm; l Schweißnahtlänge in cm; e Abstand Schwerachse – Schweißnaht in cm; J Trägheitsmoment des Gesamtquerschnitts in cm^4; K Faktor (160 für nackte Elektrode; 95 für umhüllte Elektrode; 56 für Gasschweißung)

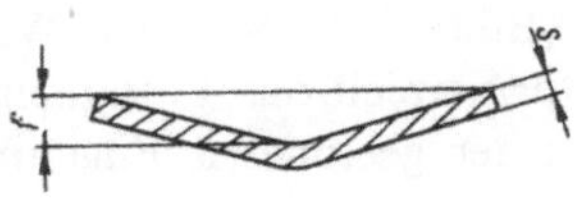

$$f = \frac{a \cdot b}{30 \cdot s}$$

Bild 7.19. Richtwerte für das Vorknicken von Trägergurten
f Vorknickung in mm; a Nahthöhe; b Gurtbreite; s Blechdicke

12. Zum Ausgleich der Winkelschrumpfungen bei Kehlnähten sind die Gurtteile entgegen der zu erwartenden Schrumpfung vorzubiegen (Beispiel Bild 7.19). Bei Stumpfnähten ist eine geeignete Nahtform zu wählen (*I*-Naht, *X*-Naht).
13. Werkstoffe mit gutem Verformungsvermögen sind auszuwählen, wodurch innere Spannungen bei Beanspruchung abgebaut werden können.

7.4. **Richtlinien für die Schweißnahtvorbereitung** [7.1] [7.2] [7.8] [7.9]

Eine der ersten Aufgaben bei der Gestaltung von Schweißverbindungen ist die Festlegung der Form des Aneinanderfügens der zu verbindenden Teile zum sog. Schweißstoß. Die Art des Schweißstoßes wird bestimmt von den Formen und Größen der Verbindungsteile und von den Aufgaben und Beanspruchungsverhältnissen der Schweißverbindung. Verschiedene Formen der Schweißstöße zeigt Bild 7.20. Da die Schweiß-

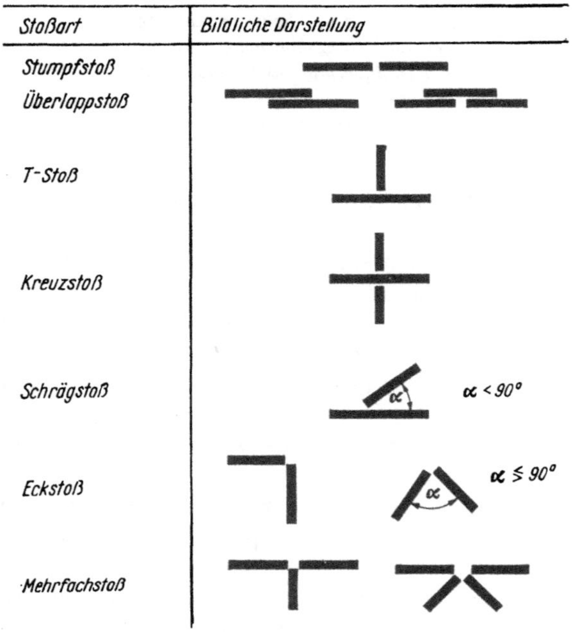

Bild 7.20
Schweißstoßarten

naht annähernd gleiche Festigkeiten aufweist wie der Grundwerkstoff, sind z. B. Stumpfstoßverbindungen wegen der fehlenden Kraftumlenkung und des geringeren Werkstoffaufwands sowohl technisch als auch ökonomisch vorteilhafter als Überlappverbindungen (Bild 7.21). Mit der Wahl des zweckmäßigen Schweißstoßes legt der Konstrukteur prinzipiell das Festigkeitsverhalten der Verbindung fest, kann dies jedoch durch Wahl einer geeigneten Fugenform zusätzlich beeinflussen. Damit gewinnt die Schweißnaht-

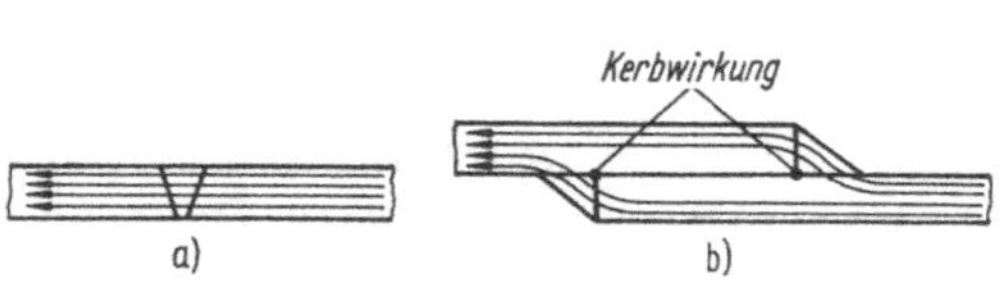

a) gleichmäßiger Kraftfluß, geringe Masse, hohe Festigkeit; b) Kraftflußumlenkung, hohe Masse durch Überlappung, geringeFestigkeit infolge Kerbwirkung

Bild 7.21. Stumpfnähte sind technisch und ökonomisch vorteilhafter als Überlappverbindungen

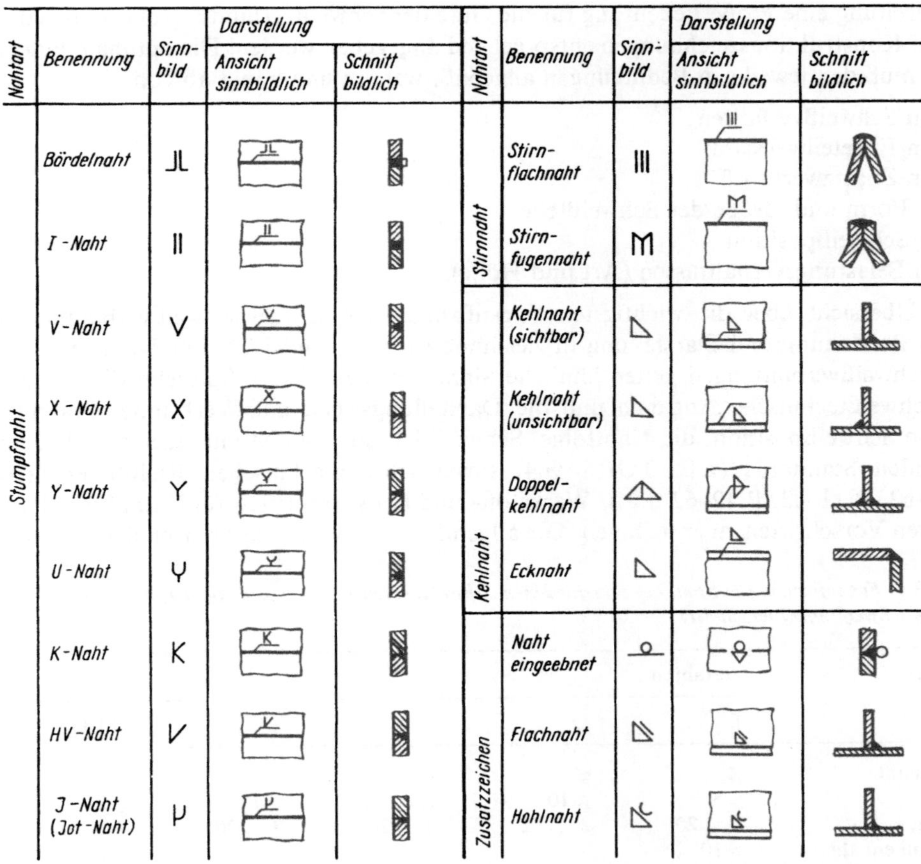

Bild 7.22. Schweißnahtformen, Sinnbilder und zeichnerische Darstellung von Schmelzschweißverbindungen

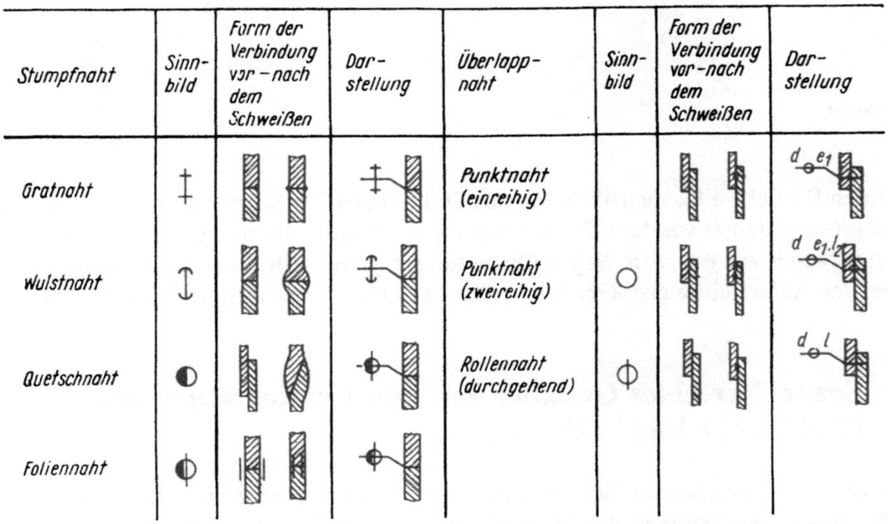

Bild 7.23. Schweißnahtformen, Sinnbilder und Darstellungsweise von Preßschweißverbindungen

vorbereitung eine große Bedeutung für die Güte der Schweißverbindung und muß daher in den Konstruktionszeichnungen entsprechend angegeben werden. Die optimale Fugenform muß den jeweiligen Bedingungen angepaßt werden und hängt ab von

- dem Schweißverfahren
- dem Fügeteilwerkstoff
- dem Zusatzwerkstoff
- der Form und Größe der Schweißteile
- der Schweißposition
- den Belastungsverhältnissen (Art und Höhe).

Eine Übersicht über die wichtigsten Fugenformen der Schmelzschweißverbindungen, deren Benennung und Darstellung in Zeichnungen zeigt Bild 7.22. Für Nahtarten von Preßschweißverbindungen gelten ähnliche Sinnbilder (Bild 7.23). Spezielle Einzelheiten für schweißtechnische Angaben und die Darstellungsweise auf Werkstattzeichnungen für die Schweißposition, die Nahtfolge, Schweißrichtung und Montagezeichen sind den geltenden Standards (z. B. TGL 14904) sowie schweißtechnischen Richtlinien (z. B. R 10–62, R 11–62, R 12–62 u. a.), Werkstoff- und Bauvorschriften für Dampfkessel und anderen Vorschriften zu entnehmen. Die allgemeinen Anwendungsgrenzen der einzelnen

Tafel 7.6. Fugenformen für Stahl bei verschiedenen Schweißverfahren (Werkstückdicke in mm bei durchgeschweißtem Querschnitt)

Nahtart	Verfahren				
	E	G	UP	CO_2	MIG
Bördelnaht	≦3	≦2	–	–	–
I-Naht	≦5	≦10	1,5 ... 40	≦12	≦8
V-Naht	3 ... 20	3 ... 12	4 ... 20	3 ... 30	4 ... 20
Steilflankennaht	> 10	–	> 20	> 20	> 20
X-Naht	12 ... 40	> 12	16 ... 50	20 ... 40	–
Y-Naht	3 ... 20	–	12 ... 50	6 ... 20	6 ... 20
U-Naht	> 15	–	> 30	> 30	> 20
K-Naht	12 ... 40	–	–	–	–
K-Stegnaht	12 ... 40	–	> 16	> 15	> 15
J-Naht	> 15	–	> 30	> 30	> 30
Kehlnaht	> 1,5	> 1	> 4	> 2	> 1
Doppelkehlnaht	> 3	> 2	> 4	–	> 2
Ecknaht	–	–	–	–	> 3

Fugenformen für Schweißkonstruktionen aus Stahl (Tafel 7.6) sollten vom Konstrukteur als Richtwerte betrachtet werden. Die unter den jeweiligen Bedingungen optimale Fugenform ist mit Sicherheit nur vom Schweißingenieur zu ermitteln, und daher ist sein Mitwirken bei der Anfertigung größerer schweißtechnischer Konstruktionen anzustreben.

7.5. Schweißgerechtes Gestalten von Konstruktionselementen [7.2] [7.8] [7.10] [7.11]

Die wesentlichen Vorteile des Schweißens als Verbindungsverfahren für metallische Werkstoffe, wie hohe Festigkeit der Schweißnaht, niedrige Masse von Schweißkonstruktionen, hohe Wirtschaftlichkeit der Fertigung usw., werden nur wirksam, wenn der

Konstrukteur die Besonderheiten dieser Verbindungstechnologie kennt und während des Konstruktionsprozesses berücksichtigt. Verallgemeinerungswürdige Erfahrungen und Erkenntnisse sind zu Richtlinien ausgearbeitet worden, deren Einhaltung Voraussetzung für die Entwicklung einer qualitativ hochwertigen Schweißkonstruktion ist.

1. Bisher vom Nieten, Löten und Gießen her bekannte Gestaltungsprinzipien dürfen nicht auf geschweißte Bauelemente übertragen werden. Überlappverbindungen sind möglichst zu vermeiden (Bild 7.24). Stumpfnähte garantieren bei hoher Festigkeit einen gleichmäßigen Kraftlinienfluß und sind daher gegenüber anderen Nahtformen zu bevorzugen. Laschenstöße mit Kehlnähten sind wegen der scharfen Kerbwirkung möglichst zu vermeiden (s. Bilder 7.46 und 7.47). Lochschweißungen sind nur bei statischen Belastungen anzuwenden.

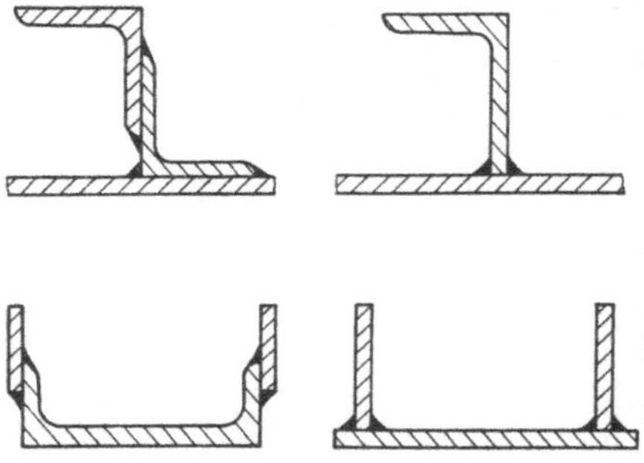

Bild 7.24
Gestaltungsprinzipien
a) vom Nieten übernommene ungünstige Gestaltung; b) schweißgerechte Gestaltung, Eckverbindungen (s. Bild 7.33)

2. Die Wahl eines zweckmäßigen Fügeteilwerkstoffs ist wegen der Beeinflussung des Metallgefüges durch die Schweißwärme und der damit zusammenhängenden Güte der Verbindung sehr wichtig. Zur Frage der Schweißbarkeit der einzelnen Werkstoffgruppen ist im Abschn. 7.2. einiges bereits ausgeführt. Die Wahl eines geeigneten Schweißzusatzwerkstoffs gehört unbedingt mit dazu. Insbesondere beim Verschweißen unterschiedlicher Werkstoffe (z. B. Kohlenstoffstahl – hochlegierter, austenitischer CrNi-Stahl) ist der Rat eines Schweißfachingenieurs einzuholen. Für allgemein übliche Schweißvarianten genügt die Anlehnung an entsprechende Richtlinien (z. B. R 15–62 des ZIS Halle, TGL 12910).
3. Es ist das für die Fertigung zweckmäßigste Schweißverfahren auszuwählen. Die Anwendungsmöglichkeiten der wichtigsten Schweißverfahren sind in Tafel 7.7 zusammengestellt. Grundsätzlich ist durch die Wahl des geeigneten Verfahrens und durch eine einwandfreie Nahtvorbereitung die durch das Schweißen einzubringende Wärmemenge auf ein Minimum zu begrenzen. Die Fugenformen werden grundsätzlich den Richtlinien nach Bild 7.20 und nach der Tafel 7.6 angepaßt bzw. nach TGL 14905 ausgebildet.
4. Zwecks Verminderung des Aufwands für Schweißarbeiten sind möglichst vorgefertigte Halbzeuge zu verwenden. Außerdem ist dafür Sorge zu tragen, daß durch bequeme Zugänglichkeit eine einwandfreie Herstellbarkeit der Nähte gesichert ist. Das Schweißen in Wannenlage ist anzustreben. Beispiele für die Verwendung von Walzprofilen für die Herstellung geschweißter Stützen zeigt Bild 7.25.

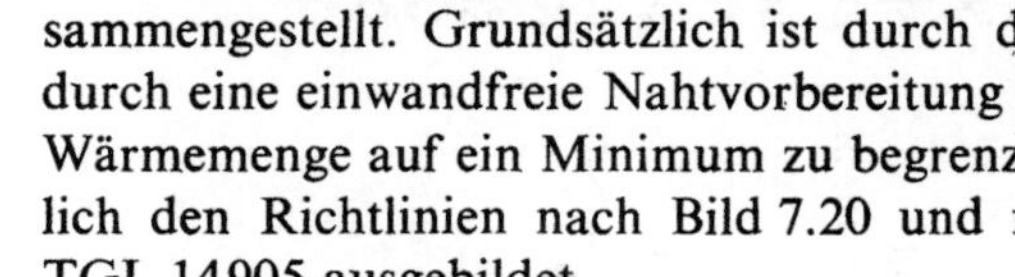

Bild 7.25
Geschweißte Stützen bei Verwendung von Profilen

Tafel 7.7. Anwendungsgrenzen und -gebiete der wichtigsten Schweißverfahren

Verfahren	Mechanisierungsgrad	Werkstoff	Nahtform	Schweißposition	Besondere Anwendungsgebiete
Lichtbogenhandschweißung	Hand	Stähle Eisengußwerkstoffe bedingt NE-Metalle	sämtliche	sämtliche	als verbreitetstes Schweißverfahren in allen Fertigungsbereichen
Unter-Pulver-Schweißen	halb- und vollautomatisch	Stähle	Stumpf- und Kehlnähte	waagerecht	Schiffbau, Kessel- und Behälterbau, Rohrkonstruktionen
Elektro-Schlacke-Schweißen	automatisch	Stähle	Stumpf- und Kehlnähte	waagerecht senkrecht	für lange und dicke Nähte in allen Fertigungsbereichen (hochproduktiv)
Arcatom-Schweißen	Hand	Leichtmetalle und legierte Stähle	Stumpf- und Kehlnähte	sämtliche	Metalleichtbau, Fahrzeugbau
WIG- und MIG-Schweißen	Hand	Stähle Leichtmetalle NE-Schwermetalle	Stumpf-, Kehl- und Ecknähte	waagerecht senkrecht	Leichtmetallschweißung im Fahrzeugbau, Schiffbau und Flugzeugbau, Schweißen von Buntmetallrohren und -profilen
CO_2-Schweißen	halb- und vollautomatisch	Stähle Leichtmetalle	sämtliche	sämtliche	halbautomatische Positionsschweißung in allen Fertigungszweigen
Gasschweißen	Hand	Stähle Nichteisenmetalle	sämtliche	sämtliche	Rohr- und Dünnblechschweißung
Abbrennstumpfschweißen	halb- und vollautomatisch	Stähle Leichtmetalle Kupfer	$A \leqq 50000\ mm^2$	sämtliche	Schweißen von Stangen, Profilen, Rohren mit großem Querschnitt
Punktschweißen	halb- und vollautomatisch	Stahlblech Leichtmetalle Buntmetalle	$< 2\ mm \times 5\ mm$ $< 2\ mm \times 3\ mm$	sämtliche	Schweißen dünner Bleche im Fahrzeug- und Apparatebau

5. Der Vorteil geschweißter Konstruktionen einer niedrigen Masse durch dünnwandige Bleche und Profile ist nur dann optimal nutzbar, wenn durch eine ausgewogene Kombination von Aussteifungen, Leisten, Verstärkungen und Aussparungen eine entsprechend der Funktion erforderliche Steifigkeit gewährleistet ist. Um dies zu erreichen, sind folgende Hinweise zu beachten:
   - Für den Anschluß von Steifen genügen in der Regel einseitige oder unterbrochene Kehlnähte.
   - Rippen und Schotte sind bei Torsion nur von Vorteil, wenn ein geschlossener Schubfluß erzielt wird (z. B. Verteilung der Kräfte bei einseitiger Krafteinleitung).
   - Breite aufgesetzte Leisten und Verstärkungen werden an den Ecken abgerundet, damit die Kehlnaht in einem Zuge durchgeschweißt werden kann (Bild 7.26).

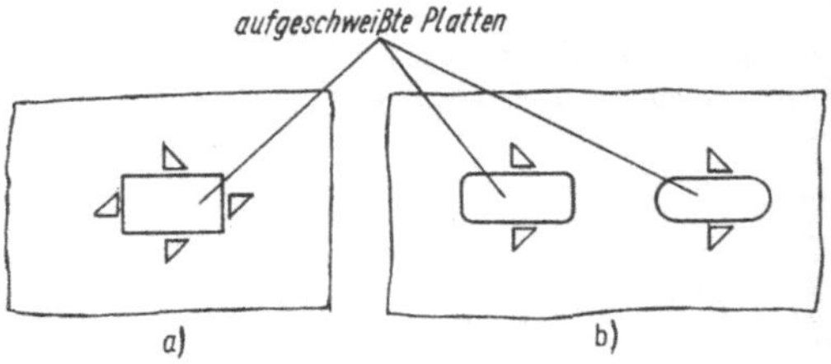

Bild 7.26
Abgerundete Ecken zum Durchschweißen von Kehlnähten in einem Zug
a) ungünstig, b) günstig

   - Die Verminderung der Steifigkeit durch Aussparungen ist bei der Konstruktion zu berücksichtigen.
   - Bei hochbeanspruchten Bauteilen sind die Spannungsspitzen am Lochrand durch Verstärkungen abzubauen. Der Steifigkeitsverlust durch die Aussparung wird durch die Randverstärkungen an den Lochrändern jedoch nicht ausgeglichen.
6. Einflüsse vom Schweißen, die zum Sprödbruch führen können, sind möglichst auszuschalten. Durch die üblichen Festigkeitsrechnungen kann eine Sicherheit gegen spröden, d. h. verformungslosen Bruch nicht nachgewiesen werden. Möglichkeiten zur Verminderung des Sprödbruchrisikos sind neben der Wahl eines unter den gegebenen Arbeitsbedingungen ausreichend zähen Werkstoffs (erfahrungsgemäß nimmt die Trennbruchneigung der Werkstoffe mit sinkender Temperatur und zunehmender Belastungsgeschwindigkeit zu), z. B. nach TGL 12910,
   - Vermeidung bzw. Verminderung mehrachsiger Zugeigenspannungen; daher Nahtkreuzungen möglichst vermeiden (z. B. Freischnitte bei eingeschweißten Eckblechen und Aussteifungen – Bild 7.27)

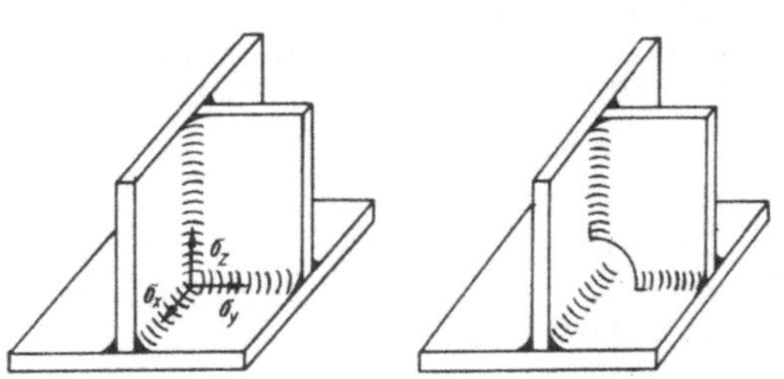

Bild 7.27
Konstruktive Gestaltung zur Vermeidung von Nahtkreuzungen

   - Vermeidung von Schweißnähten in kaltverformten Querschnittsbereichen von Stahlblech (Reckalterungs- und damit Sprödbruchgefahr ist nur bei Kohlenstoffstahl vorhanden – Bild 7.28)
   - Vermeidung konstruktiver Kerben bei hochbeanspruchten Verbänden, insbesondere biege- und zugbeanspruchten Teilen, z. B. Abschrägen beim Ver-

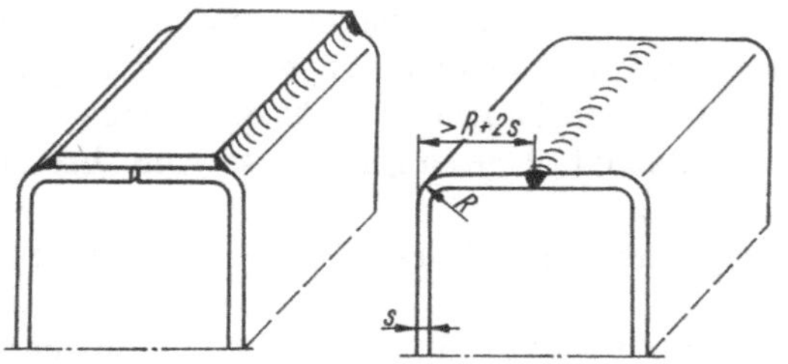

Bild 7.28
Vermeidung von Schweißnähten in kaltverformten Blechabschnitten

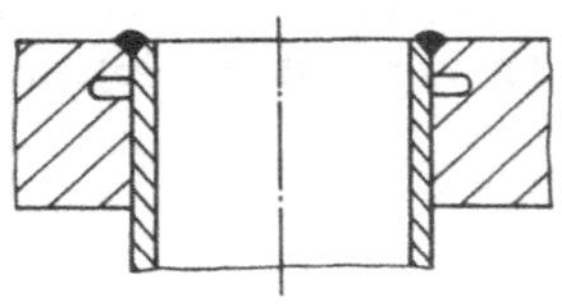

Bild 7.29
Verminderung der Schweißspannungen durch Rohrverbindung mit Dehnungsfuge

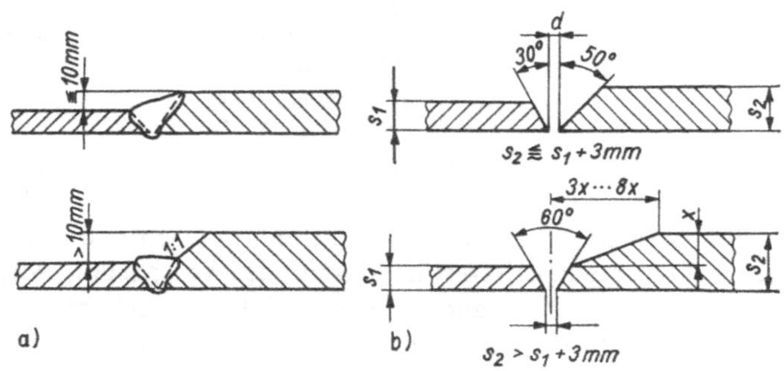

Bild 7.30
Richtlinien für das Verschweißen ungleicher Blechdicken

a) für statisch beanspruchte Verbindungen; b) für dynamisch beanspruchte Verbindungen

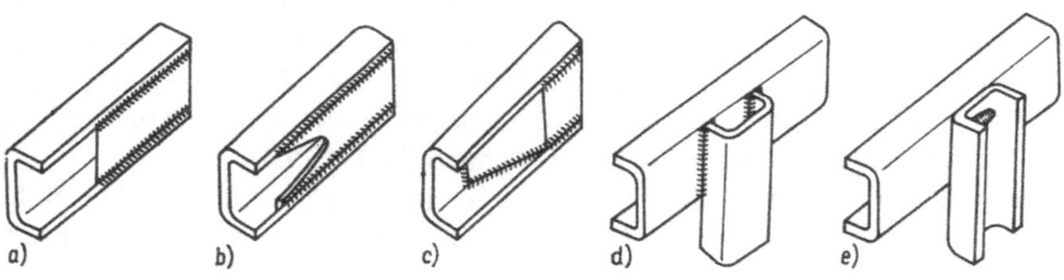

Bild 7.31. Möglichkeiten zur Vermeidung großer Steifigkeitssprünge

a), b) ungünstig, da großer Steifigkeitssprung; c) gut, da kleines Steifigkeitsgefälle; d) ungünstig, da durch kastenförmigen Anschluß der Vertikalsteife (Steifigkeitssprung) Kerbwirkung entsteht; e) gut, da weicher Anschluß ohne gefährlichen Steifigkeitssprung, Schweißnaht liegt in neutraler Zone

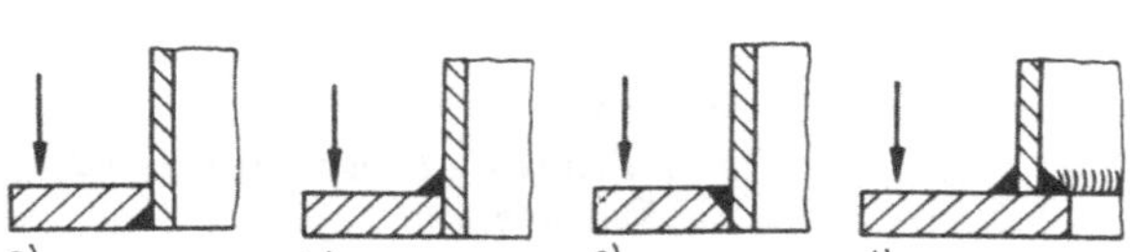

Bild 7.32. Ausführungsbeispiele für Rohrflanschschweißverbindungen

a), b), c) nur für niedrige statische Belastungen geeignet; d) bei höheren statischen Belastungen schweißen unterschiedlich dicker Bleche (Bild 7.30); Vermeidung großer Steifigkeitssprünge bei torsionsbeanspruchten Elementen.

7. Verminderung der Schweißeigenspannungen und -schrumpfungen durch konstruktive Maßnahmen (Bild 7.29) entsprechend Abschn. 7.3. sowie durch Aufgliederung der Gesamtkonstruktion in einfach zu schweißende Baugruppen.
8. Bei dynamisch beanspruchten Konstruktionen sind einige besondere Gesichtspunkte zu berücksichtigen:
   - Glatt durchgehende Stumpfnähte sind wegen des gleichmäßigeren Eigenspannungszustands und der kontinuierlichen Kraftweiterleitung und damit wegen der geringeren Kerbwirkung den Kehlnähten, unterbrochenen Nähten und den Punktnähten vorzuziehen.
   - Schweißnähte sollten nicht in die höchstbeanspruchten Zonen verlegt werden, insbesondere nicht die Nahtwurzel in die Zugzone.
   - Konstruktive Kerben sind mehr als bei statisch beanspruchten Bauteilen zu vermeiden (Bild 7.30). Große Steifigkeitssprünge sind zu reduzieren (Bild 7.31), insbesondere beim Übergang von offenen zu geschlossenen Profilen.
9. Die Schweißnähte sind im Querschnitt und in der Dicke möglichst gering zu halten und sollten den rechnerisch geforderten Mindestwert nicht nennenswert überschreiten.
10. Bei festigkeitsmäßig nicht oder nur wenig beanspruchten T-stoßartigen Verbindungen genügen zumeist einfache oder doppelte Kehlnähte wie bei Scheibenflanschen an Rohren (Bild 7.32), Böden druckloser Behälter und Rohrendverschlüsse (Bild 7.33),

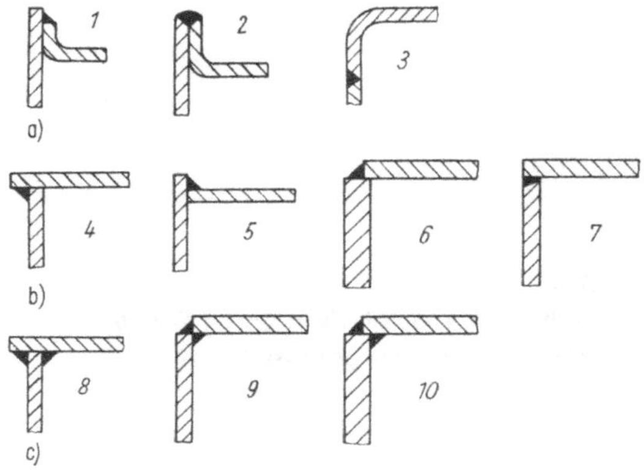

Bild 7.33
Gestaltungsbeispiele von Winkelstößen bei Böden druckloser Behälter und bei Rohrendverschlüssen

a) dünnwandige Konstruktionen – *1*, *2* für statische Belastungen; *3* für dynamische Belastung;
b) dickwandige Konstruktionen für statische Belastungen – *4* bis *6* möglich; *7* zweckmäßiger;
c) dickwandige Konstruktionen für dynamische Belastungen – *8* und *9* möglich; *10* zweckmäßiger

Stehbolzen- und Zapfenaufschweißungen (Bild 7.34). Dabei ist aus Gründen der einfacheren Durchführung der Schweißung und der gleichmäßigeren Güte der Verbindung das einzuschweißende Teil durch Zentrierungen, Führungen oder Leisten an der Schweißstelle zu fixieren (Bild 7.35). Statisch hoch belastete und dynamisch

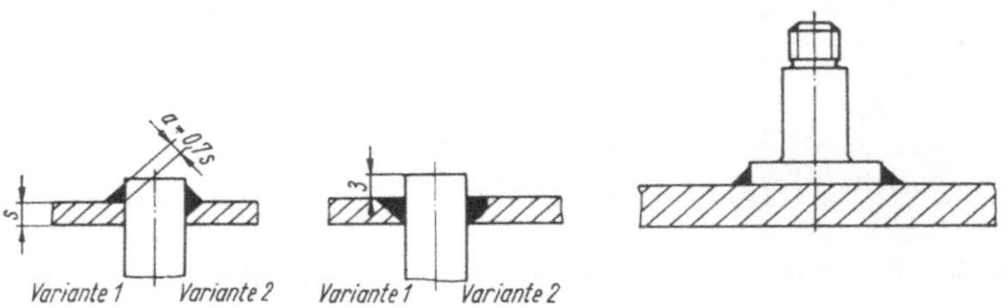

Variante 1: technologisch vorteilhaft
Variante 2: nur bei hohen technischen Anforderungen zweckmäßig

Bild 7.34. Ausführungsbeispiele für Stehbolzen- und Zapfenschweißung

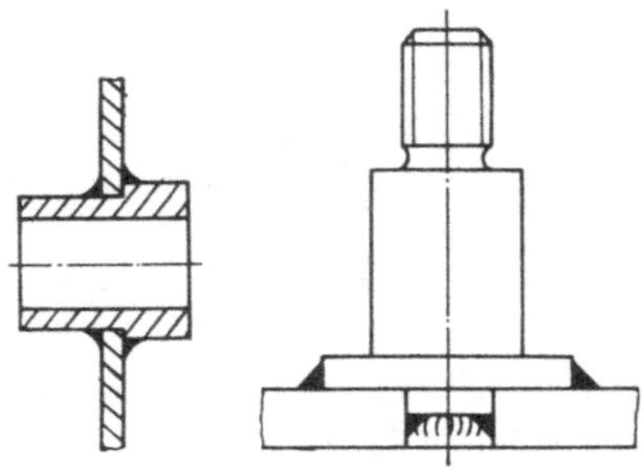

Bild 7.35
Einschweißen von Teilen mittels Zentrierungen und Führungen

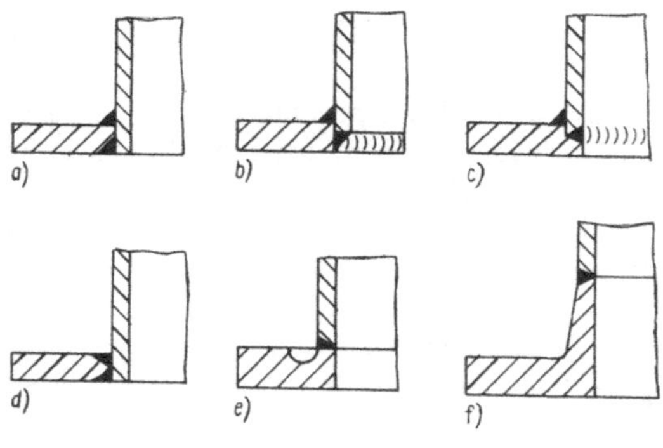

Bild 7.36
Nahtausführung von hochbeanspruchten Schweißverbindungen

a) bis c) für statische Beanspruchung;
d) bis f) für dynamische Beanspruchung vorteilhafter

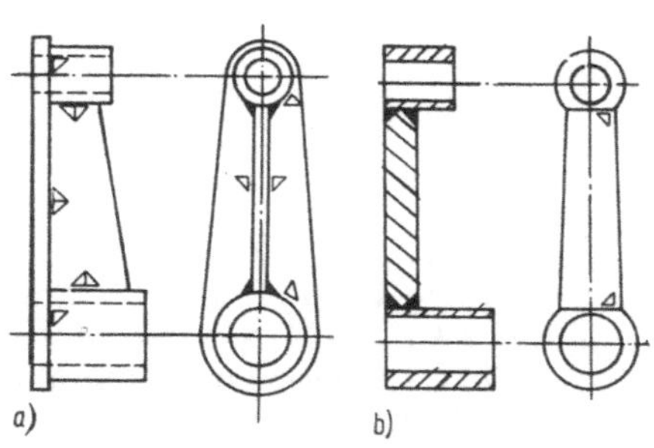

Bild 7.37
Schweißtechnische Ausführung von Kurbeln

a) unzweckmäßig; b) schweißgerecht

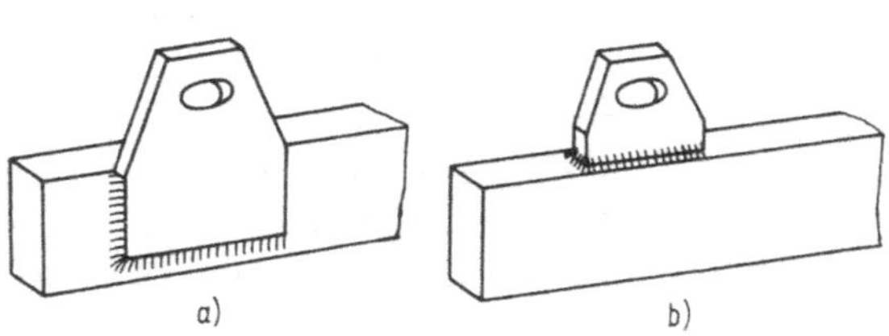

Bild 7.38
Schweißgerechter Anschluß von Halteblechen

a) Überlappverbindung unzweckmäßig;
b) schweißgerechter Anschluß

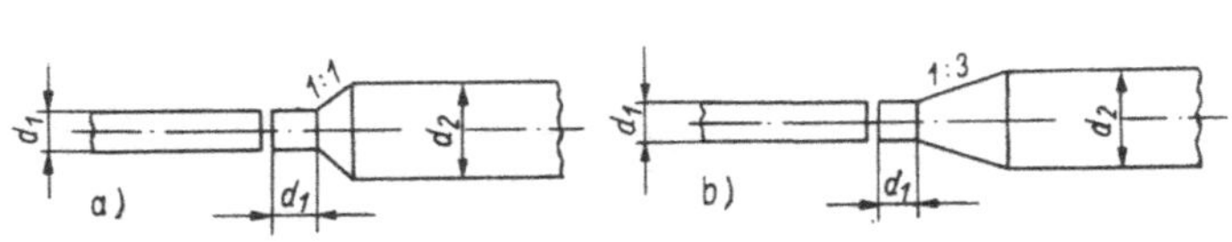

Bild 7.39. Stumpfschweißen (Preßstumpf- oder Abbrennstumpfschweißen) von Teilen unterschiedlicher Dicke

a) statisch belastete Verbindung; b) dynamisch belastete Verbindung

belastete Verbindungen sind möglichst mit Stumpfnähten, K-Nähten, Doppel-Jot-Nähten und gleichartigen Nähten zu verschweißen (Bild 7.36). Ein Beispiel der Anwendung dieser Grundregeln zeigt die schweißtechnische Ausführung einer Kurbel (Bild 7.37).

11. Haltelaschen, Befestigungsaugen und andere Teile werden an Schweißkonstruktionen zweckmäßigerweise stumpf aufgesetzt und verschweißt (Bild 7.38).
12. Für Preßstumpf- und Abbrennstumpfschweißverbindungen an Rohren, Profilen, Stangen, Achsen, Kurbelwellen, Kettengliedern usw. müssen die Schweißquerschnitte in Form und Größe übereinstimmen. Erforderlichenfalls sind entsprechende Übergänge zu schaffen (Bild 7.39).
Bolzen können nach diesen Verfahren (Bolzenschweißung) stumpf auf Blechflächen aufgeschweißt werden.
13. Bei der schweißgerechten Gestaltung von Punktnaht- und Rollennahtverbindungen sind auf Grund der Beanspruchbarkeit dieser Nähte auf Schub besondere Gestaltungsprinzipien anzuwenden (s. Abschn. 7.7.), die von den hier genannten Regeln für Schmelzschweißverbindungen teilweise abweichen.

7.6. Festigkeit und Berechnung von Schmelzschweißverbindungen [7.1] [7.8] [7.13] [7.18]

7.6.1. Grundlagen und Festigkeitsverhalten

Die Festigkeit von Schweißverbindungen ist abhängig von der Form der Naht (Bild 7.40), der Güte der Ausführung, den Zusatzwerkstoffen, der Art der Beanspruchung und den zu verschweißenden Bauteilen. Die Einflußfaktoren sind bis auf die genauen Belastungsverhältnisse gut zu erfassen bzw. zu optimieren.

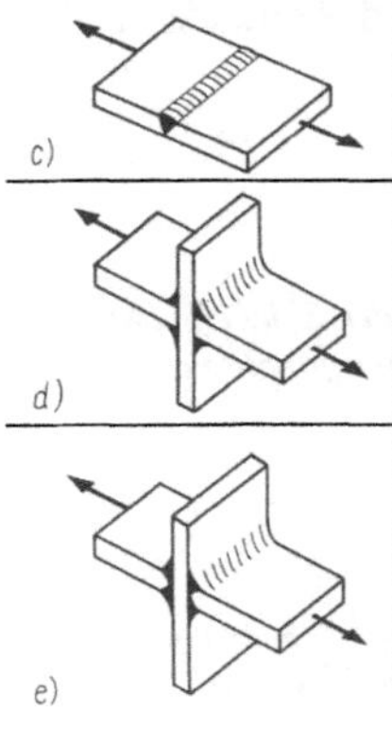

	Gestaltfestigkeit in N/mm²		
	σ_S	σ_{Sch}	σ_W
a)	240	240	140
b)	240	220	130
c)	240	160	95
d) bezogen auf Stabquerschnitt	240	90	55
d) bezogen auf Schweißnahtquerschnitt	140	60	35
e)	240	150	90

Bild 7.40
***Einfluß der Nahtform auf die Gestaltfestigkeit von Schweißverbindungen aus St** 38*

a) Grundwerkstoff mit Walzhaut; b) Stumpfnaht, blecheben bearbeitet (Ausführungsklasse IA); c) Stumpfnaht unbearbeitet (Ausführungsklasse IB); d) Stirnkehlnaht-Kreuzstoß (Ausführungsklasse IIB); e) K-Naht (Ausführungsklasse IB)

Standardisierte Belastungsannahmen für Maschinenbaukonstruktionen fehlen, auch wenn in einzelnen Fällen Lastannahmen, Sicherheitszuschläge und Stoßfaktoren für wechselnde Kräfte vorgeschrieben werden [7.1]. Die Dimensionierung von Bauteilquerschnitten von Schweißkonstruktionen und Schweißnähten erfolgt nach den vorgegebenen Teilfunktionen. In der Regel ist nur der Festigkeitsnachweis einschließlich erforderlicher Ermüdungs- und Sprödbruchsicherheitsnachweise zu führen. Nur in Ausnahmefällen wird im Maschinenbau ein Nachweis elastischer und plastischer Verformungen oder ein Stabilitätsnachweis erforderlich werden.

Ausgangspunkt des Festigkeitsnachweises sind die angreifenden äußeren Kräfte und Momente und die daraus resultierenden Schnittkräfte an den maßgeblichen Querschnitten. Sie werden zur Berechnung der Nennspannungen in den Schweißverbindungen benötigt (Bild 7.41). Im allgemeinen wird bei der Berechnung von einer gleichmäßigen

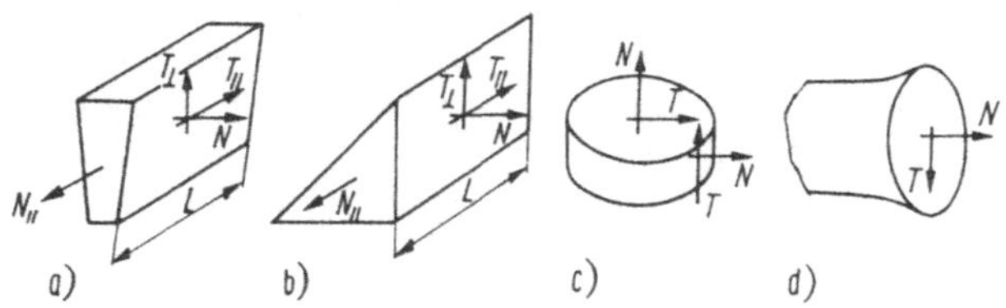

Bild 7.41
Schnittkräfte in Schweißverbindungen
a) Stumpfnaht; N, $N_{\parallel}$, N· Normalkräfte;
b) Kehlnaht; T, $T_{\perp}$, $T_{\parallel}$, T· Scherkräfte;
c) Schweißpunkt; d) Stumpfschweißung

Verteilung der Nahtkräfte über der Nahtlänge (Normal- und Schubkraftfluß) ausgegangen, obwohl bei elastischem Werkstoffverhalten der Kraftfluß ungleichmäßig ist. Insbesondere an den Enden von Stirn- und Flankenkehlnähten treten ausgeprägte Höchstwerte auf (Bild 7.46). Die rechnerische Berücksichtigung dieser Spannungsüberhöhungen an den Nahtenden erfolgt grundsätzlich in gleicher Weise wie die anderer kerbbedingter Spannungsspitzen (s. Abschn. 4.5.4.4.).

Die Anschlußquerschnitte, d. h. gefährdete Konstruktionsquerschnitte, an denen ein Festigkeitsnachweis erfolgen soll, sind gestaltungsbedingt sehr verschieden und wie folgt gekennzeichnet:

- Bauteilbereich aus unbeeinflußtem Grundwerkstoff
- durch Schweißen wärmebeeinflußter Übergangsquerschnitt
- Schweißnahtquerschnitt.

Der Festigkeitsnachweis hat je nach Erfordernis an einem oder an mehreren Querschnitten zu erfolgen. Die Querschnittswerte der Schweißnähte sind wie folgt zu ermitteln:

- *Schweißnahtdicke a*
  Bei Stumpfnähten ist die Nahtdicke a gleich der minimalen Dicke der zu verbindenden Teile (Bild 7.42). Bei Kehlnähten entspricht die Nahtdicke der Höhe des eingeschrieben gleichschenkligen Dreiecks (Bild 7.43).

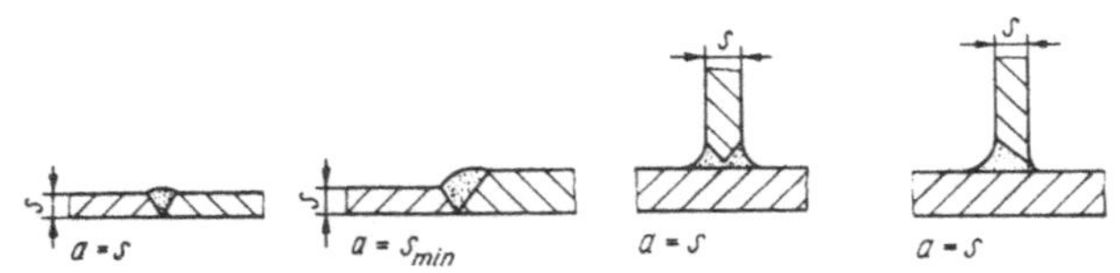

Bild 7.42
Festlegung der Schweißnahtdicke bei Stumpfnähten

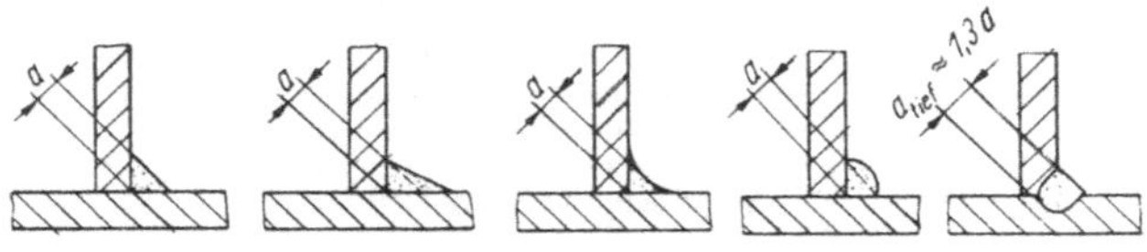

Bild 7.43
Festlegung der Schweißnahtdicke bei Kehlnähten

- *Schweißnahtlänge l*
  Sind Anfangs- und Endkrater bei einer Schweißnaht vorhanden, so ergibt sich die rechnerische Nahtlänge l zu

$$l = L - 2a;$$

L ausgeführte Schweißnahtlänge
a Länge des Kraters $\triangleq$ Nahtdicke,

d. h., die Krater werden als nichttragend betrachtet. In einigen neuen Berechnungsvorschriften wird der Endkraterabzug grundsätzlich nicht mehr für notwendig gehalten. Allgemein soll sein:

$$40 \text{ mm} \leqq l \leqq 60a.$$

- *Schweißnahtfläche A_{Schw}*
  Es ist:

$$A_{\text{Schw}} = \sum_{i=1}^{i=n} l_i a_i .$$

Bei Kombination von Stumpf- und Kehlnähten sind die auf Schub beanspruchten Flankenkehlnähte nur mit einem anteiligen Querschnittswert einzusetzen.
Es ist

$$A_{\text{Schw}} = A_{\text{Stumpfn}} + c_1 A_{\text{Kehln}},$$

wobei

$$c_1 = 0{,}5 \quad \text{für} \quad A_{\text{Kehln}}/A_{\text{Stumpfn}} \leqq 1$$

und

$$c_1 = 0{,}3 \quad \text{für} \quad A_{\text{Kehln}}/A_{\text{Stumpfn}} \leqq 2.$$

Trägheits- und Widerstandsmomente

von Schweißnahtflächen werden nach üblichen Formeln der Festigkeitslehre berechnet. Bei Kehlnähten ist die Nahtdicke a in die Anschlußebene umzuklappen (Bild 7.44).

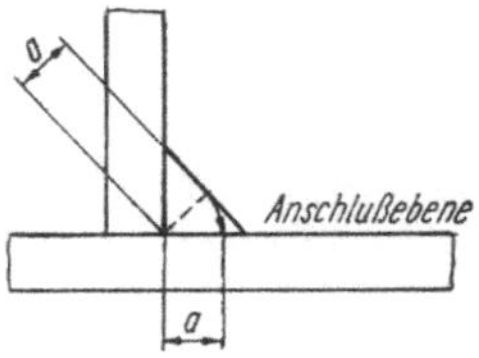

Bild 7.44
Bestimmung des Widerstandsmoments von Kehlnähten durch Umklappen der Nahtdicke in die Anschlußebene

Zulässige Spannungen und Sicherheitsfaktoren

Die Berechnung und Dimensionierung von Schweißverbindungen erfolgen zweckmäßig durch einen Festigkeitsnachweis mit vorgegebenen zulässigen Spannungen. Ähnlich wie in den Konstruktionsquerschnitten werden für die Schweißnähte die Nennspannungen berechnet. Diese dürfen nicht größer sein als vorgeschriebene zulässige Spannungen:

$$\sigma \leqq \sigma_{\text{zul Schw}} \quad \text{bzw.} \quad \tau \leqq \tau_{\text{zul Schw}}.$$

Die zulässigen Spannungen für Schweißnähte $\sigma_{\text{zul Schw}}$ errechnen sich aus den zulässigen Spannungen für den Grundwerkstoff σ_{zul}, wobei die Nahtform, die Beanspruchungsart und Ausführungsklasse als Einflußgrößen wirken und im Abminderungsfaktor α zusammengefaßt werden.

Es ist

$$\sigma_{\text{zul Schw}} = \alpha \sigma_{\text{zul}} \quad \text{bzw.} \quad \tau_{\text{zul Schw}} = \alpha \tau_{\text{zul}}.$$

Zulässige Spannungen $\sigma_{\text{zul Schw}}$ und Abminderungsfaktoren sind von verschiedenen Vorschriften zusammengefaßt und zur Anwendung empfohlen (Tafel 7.8.) Die zulässigen Spannungen $\sigma_{\text{zul Schw}}$ können auch direkt über erforderliche Sicherheiten S_{erf} aus ertragbaren Spannungen σ_{ertr} (σ_S, σ_D, σ_B) bestimmt werden ($\sigma_{\text{zul}} = \sigma_{\text{ertr}}/S_{\text{erf}}$). Der Sicherheitsfaktor S berücksichtigt die Unsicherheiten, die dem Nennspannungsnachweis anhaften. Tatsächliche Lastspannungen können durch Formeinflüsse von den Nennspannungen erheblich abweichen und sind zumeist größer, da Eigen-, Temperatur- und Montagespannungen beim Nennspannungsnachweis unberücksichtigt bleiben.

Tafel 7.8. Zulässige Spannungen und Abminderungsfaktoren für Schweißverbindungen

Nr.	Nahtart	Spannungsart	Ausführungsklasse	Abminderungsfaktor α[1]) St 38		Zulässige Spannung $\sigma_{\text{zul Schw}}$ N/mm² für St 38 – $\sigma_s = 240$ N/mm²	
				max	min	$S_{\text{erf}} = 1{,}5$	$S_{\text{erf}} = 1{,}3$
1	Stumpfnaht	Zug und	I B	1,00	0,80	160	180
2		Biegezug	II B	0,90	0,80	112	126
3		Druck und Biegedruck	II B	1,00	0,90	160	180
4		Schub	II B	0,55	0,45	92	103
5	Kehlnaht	Zug, Druck, Schub	II B	0,70	0,60	92	103
6	Kehlnaht am biegefesten	Vergleichsspannung	II B	0,75	0,65	112	126
7	Trägeranschluß	Schub	II B	0,70	0,60	92	103
8	Längsnaht bei Biegeträgern	Vergleichsspannung	II B	1,00	0,75	160	180
9	(Kehl- und Stumpfnähte)	Schub	II B	0,70	0,65	92	103
10	Biegeträgerstumpfstoß	Vergleichsspannung	I B	1,00	0,90	160	180
			II B	1,00	0,75	112	126
11	Stegblechstoß	Schub	II B	0,70	0,65	92	103

[1]) Auszüge aus mehreren Vorschriften.

Anhaltswerte:

- statische Belastung $S_{\text{erf}} \approx 1{,}5$ gegenüber Verformung bzw. Bruch
- dynamische Belastung $S_{\text{erf}} \approx 2{,}0$ gegenüber Bruch.

Bei genauer Kenntnis der Belastungen, Spannungsspitzen usw., d.h. übersichtlichen Verhältnissen, sind kleinere Sicherheiten bis 1,3 möglich.

7.6.2. Berechnung von Schweißverbindungen mit statischer Beanspruchung

Einfach beanspruchte Schweißverbindungen

Wird die Schweißverbindung einer linearen Zug-, Druck- oder Schubbeanspruchung ausgesetzt und können Eigen- und Montagespannungen vernachlässigt werden, so genügt ein einfacher Spannungsnachweis. Danach dürfen die Nennspannungen in der

Naht vorgegebene zulässige Spannungen nicht überschreiten. Allgemein errechnen sich die Schweißnahtspannungen nach den aus der Festigkeitslehre bekannten Gleichungen. Sie sind für verschiedene Nahtformen und Beanspruchungsarten im Bild 7.45 zusammengefaßt. Bei Voraussetzung gleichmäßiger Spannungsverteilung über den gesamten Querschnitt werden Stumpf- und Kehlnähte gleich behandelt, wobei bei Kehlnähten primär die Nähte in Kraftrichtung (Flankenkehlnähte) in die Rechnung einbezogen werden. Es ist

$$\sigma_{\text{Schw}} = F/A_{\text{Schw}} \leqq \alpha\sigma_{\text{zul}} = \sigma_{\text{zul Schw}} \tag{7.4a}$$

bzw.

$$\tau_{\text{Schw}} = F/A_{\text{Schw}} \leqq \alpha\tau_{\text{zul}} = \tau_{\text{zul Schw}}. \tag{7.4b}$$

Dabei ist der Kraftfluß bei Anschlüssen mit Flankenkehlnähten besonders ungünstig. Die Kraftlinien verlaufen von einem Blech über die dünne Schweißnaht in ein Blech anderer Ebene und verlaufen damit räumlich (Bild 7.46). Auch bei einseitigen Stirnkehlnähten ist eine starke Umlenkung der Kraftlinien vorhanden (Bild 7.47). Bei doppelseitigen Stirnnähten von T-Stößen ist der Verlauf der Kraftlinien gleichmäßiger, insbesondere, wenn Hohlnähte vorliegen.

Bei auf reine Biegung beanspruchten Schweißnähten (zumeist wirkt jedoch zusätzlich ein Moment und eine Querkraft) genügt ein einfacher Spannungsnachweis, wobei die errechnete Nennspannung

$$\sigma_{\text{b Schw}} = \frac{M_b}{W_{\text{Schw}}} \leqq \alpha\sigma_{\text{zul}} = \sigma_{\text{b zul Schw}}; \tag{7.5}$$

M_b vorhandenes Biegemoment in N · m
W_{Schw} Widerstandsmoment der Schweißnaht, bezogen auf deren neutrale Achse (Schwerachse)
$\sigma_{\text{b zul Schw}}$ zulässige Schweißnahtbiegespannung

sein muß.

Bei reiner Torsionsbeanspruchung muß der Schweißnahtanschluß folgendem Nachweis genügen:

$$\tau_{\text{tSchw}} = M_t/W_{\text{tSchw}} \leqq \alpha\tau_{\text{t zul}} = \tau_{\text{t zul Schw}}. \tag{7.6}$$

Die Berechnung bei derartigen Beanspruchungen bringt infolge der einfachen Formeln und der übersichtlichen Verhältnisse keine Schwierigkeit mit sich und ist schon in der Einführung zur Festigkeitslehre behandelt worden.

Bei der Dimensionierung von Schweißverbindungen konnen zwei unterschiedliche Aufgabenstellungen vorliegen:

1. Das anzuschließende Teil ist spannungsmäßig voll ausgelastet, und damit ist die Schweißnaht nach dem Querschnitt der zu verbindenden Teile zu bemessen. Bei Stumpfnähten ist das durch die Nahtform von vornherein gewährleistet. Bei Kehlnähten muß das konstruktiv berücksichtigt werden.
   Da $\sigma_{\text{zul Schw}} < \sigma_{\text{zul}}$ (mal den Abminderungsfaktor α), muß sein

$$A_{\text{Schw erf}} = A_{\text{Anschlußquerschnitt}} \frac{1}{\alpha} \text{ in cm}^2.$$

Bild der Beanspruchung	Nennspannung
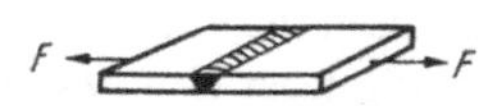	$\sigma = \pm \frac{F}{A_{Schw}}$
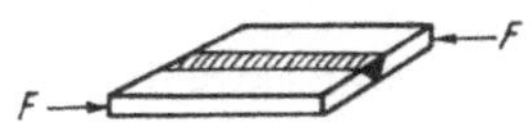	$\tau = \frac{F}{A_{Schw}}$
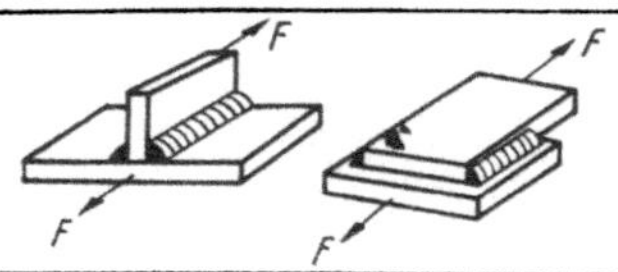	$\tau = \frac{F}{A_{Schw}}$
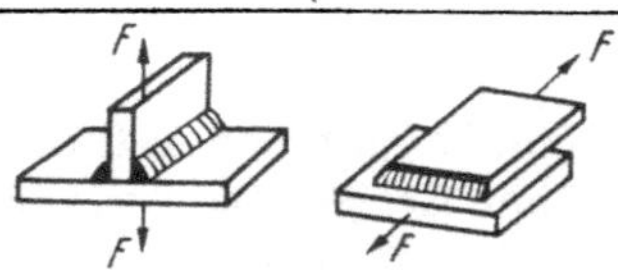	$\tau = \frac{F}{A_{Schw}}$
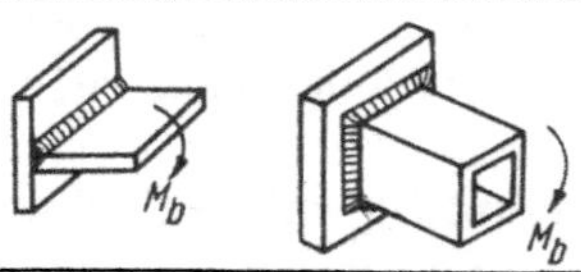	$\sigma_b = \frac{M_b}{W_{bSchw}}$
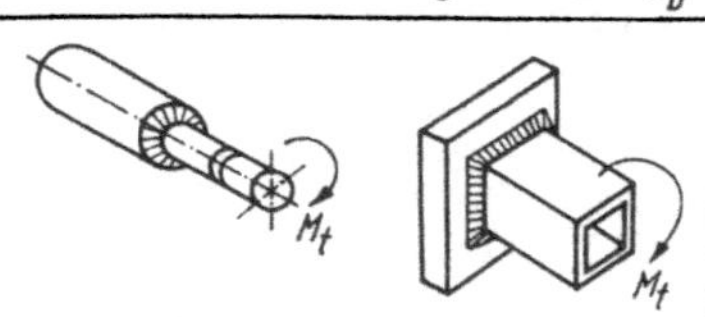	$\tau_t = \frac{M_t}{W_{tSchw}}$

Bild 7.45
Nennspannungen für Schweißnähte bei einfacher Beanspruchung

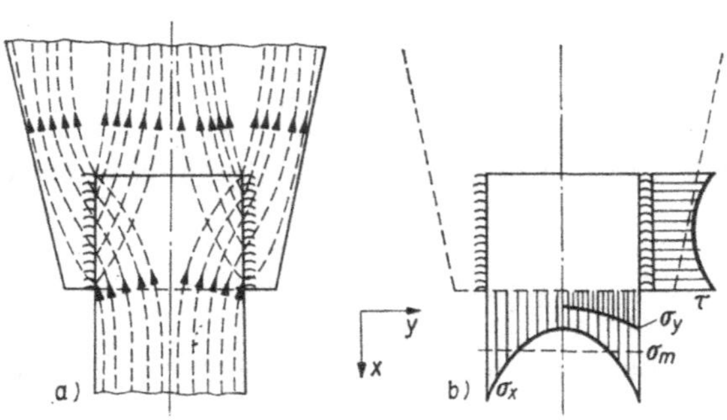

Bild 7.46
Kraftlinien und Spannungszustände bei Flankenkehlnähten
a) Verlauf der Kraftlinien; b) Spannungsverteilung

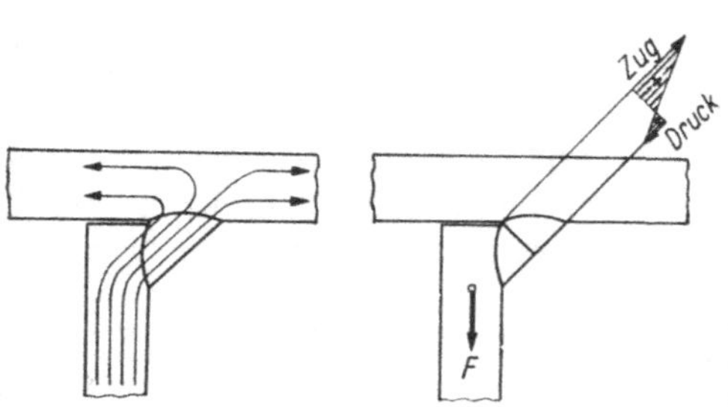

Bild 7.47
Kraftlinien und Spannungszustände bei Stirnkehlnähten

2. Erfolgt die Bemessung des Schweißnahtanschlusses nach der zu übertragenden Kraft bei nicht voll ausgelasteten Stabquerschnitten, so ist

$$A_{\text{Schw erf}} = F/\sigma_{\text{zul Schw}} \text{ in cm}^2.$$

Beispiel 1: Flachstahlanschluß an ein Blech (Bild 7.48)
Es ist ein Flachstahl ▭ 100 × 12 aus St 38 an ein Knotenblech anzuschließen.

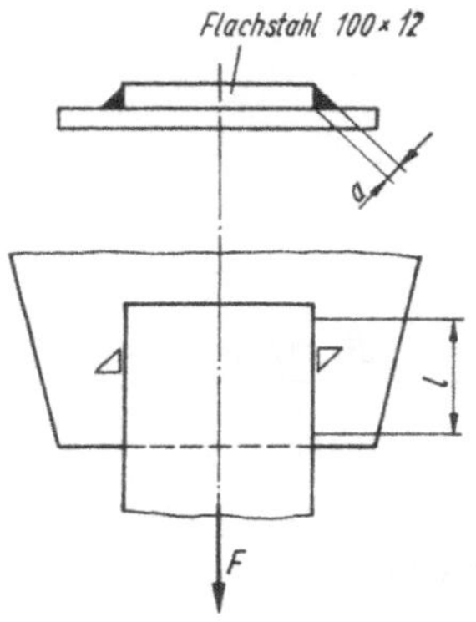

Bild 7.48
Flachstahlanschluß

1.1. Dimensionierung der Schweißnaht nach dem Stabquerschnitt

Gegeben: Stab 100 × 12, St 38, $S_{\text{erf}} = 1{,}5$, AK IIB
Gesucht: Nahtabmessungen (erforderliche Nahtlänge L, Schweißnahthöhe a)
Erforderlicher Schweißnahtquerschnitt:

$$A_{\text{erf Schw}} = A_{\text{Stab}} \frac{1}{\alpha}.$$

Nach Tafel 7.8 ist α im Mittel 0,65 für schubbeanspruchte Kehlnähte (lfd. Nr. 5).

$$A_{\text{erf Schw}} = 1200 \cdot \frac{1}{0{,}65} = \underline{1846 \text{ mm}^2}.$$

Es soll sein $a < 0{,}7\ s = 0{,}7 \cdot 12 = 8{,}4$ mm; $\underline{\text{gewählt: } a = 6 \text{ mm}}$.
Erforderliche Schweißnahtlänge:

$$l = \frac{A_{\text{Schw}}}{na} = \frac{1846}{2 \cdot 6} = 154 \text{ mm}$$

$$L = l + 2a = 154 + 2 \cdot 6 = 166 \text{ mm}; \quad \underline{\text{gewählt: } L = 170 \text{ mm}}.$$

L ist damit kleiner als $60a = 360$ mm, dem zulässigen Höchstwert der Schweißvorschriften, und damit in Ordnung.

1.2. Dimensionierung nach einer zu übertragenden Kraft

Gegeben:		Gesucht:	
	Stab 100 × 12		1. $\tau_{\text{zul Schw}}$
	Stahl St 38		2. Nahthöhe a
	$F = 110$ kN		3. Nahtlänge L
	$S_{\text{erf}} = 1{,}5$		4. Sicherheitsnachweis
	AK IIB		

1. Zulässige Schubspannung

Nach Tafel 7.8 bei schubbeanspruchter Kehlnaht und $S_{\text{erf}} = 1{,}5$ ist

$$\tau_{\text{zul Schw}} = 92 \text{ N/mm}^2.$$

2. Nahthöhe a

$$A_{\text{erf Schw}} = \frac{F}{\tau_{\text{zul Schw}}} = \frac{110000}{92} = 1195 \text{ mm}^2.$$

Es soll sein $a < 0{,}7\ s = 8{,}4$ mm; gewählt: $a = 6$ mm.

3. Nahtlänge L

$$l = \frac{A_{\text{Schw}}}{na} = \frac{1195}{2 \cdot 6} = 99{,}6 = 100 \text{ mm}$$

$$L = l + 2a = 100 + 2 \cdot 6 = 112 \text{ mm}; \quad \text{gewählt: } L = 120 \text{ mm}.$$

L ist damit kleiner als $60a = 360$ mm und somit in Ordnung.

4. Sicherheitsnachweis

$$\tau_{\text{Schw}} = \frac{F}{na(L - 2a)} = \frac{110000}{2 \cdot 6 \cdot (120 - 2 \cdot 6)} = 85 \text{ N/mm}^2$$

$$\tau_{\text{ertr Schw}} = \tau_{\text{zul Schw}} S_{\text{erf}} = 92 \cdot 1{,}5 = 138 \text{ N/mm}^2$$

$$S_{\text{vorh}} = \tau_{\text{ertr Schw}}/\tau_{\text{Schw}} = 138/85 = 1{,}62 > 1{,}5.$$

Beispiel 2: zugbeanspruchte kombinierte Stumpf-Kehlnaht-Verbir ng (Bild 7.49)

Gegeben: $s_1 = a_1 = 8$ mm
$s_2 = 10$ mm
$a_2 = 5$ mm
$l_1 = 250$ mm
$l_2 = 100$ mm
$S_{\text{erf}} = 1{,}5$
Stahl St 38
AK IIB Kehlnähte, AK IIA für Stumpfnaht

Gesucht: 1. Zulässige Spannung
2. übertragbare Kraft
3. Sicherheitsnachweis

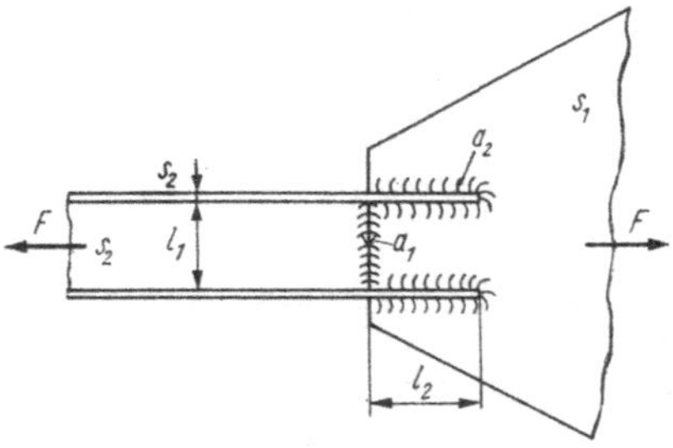

Bild 7.49
Kombinierter Stumpf-Kehlnaht-Anschluß

1. Zulässige Spannung

Nach Bild 7.54 ist für statische Belastung ($\sigma_m/\sigma_0 = 1$) und die zugehörige Linie VIa (zugbeanspruchte Stumpfnaht)

$$\sigma_{\text{ertr}} = 215 \text{ N/mm}^2$$

$$\sigma_{\text{zul Schw}} = \sigma_{\text{ertr}}/S_{\text{erf}} = 215/1{,}5 = 141 \text{ N/mm}^2.$$

2. Zulässige Kraft

$$F = (A_{\text{Stumpf}} + c_1 A_{\text{Kehl}})\,\sigma_{\text{zul Schw}} \qquad \text{nach Abschn. 7.6.1.}$$

$$= [(l_1 - 2a_1)\cdot s_1 + c_1 n l_2 a_2]\,\sigma_{\text{zul Schw}} \qquad n \text{ Zahl der Kehlnähte} = 8$$

$$= [(250 - 2\cdot 8)\cdot 8 + 0{,}3\cdot 8\cdot 100\cdot 5]\cdot 141 \qquad c_1 = 0{,}3, \quad \text{da } \frac{A_{\text{Kehl}}}{A_{\text{Stumpf}}} > 1$$

$$= 433\,000 \text{ N}$$

$$\underline{F = 433 \text{ kN; gewählt: } 430 \text{ kN.}}$$

3. Sicherheitsnachweis

$$\sigma_{\text{Schw}} = F/(A_{\text{Stumpf}} + 0{,}3\,A_{\text{Kehl}}) = \frac{430\,000}{3072} = 140 \text{ N/mm}^2$$

$$S_{\text{vorh}} = \frac{\sigma_{\text{ertr}}}{\sigma_{\text{Schw}}} = \frac{215}{140} = \underline{1{,}53 > 1{,}5 = S_{\text{erf}}}.$$

Zusammengesetzte Beanspruchung (s. Abschn. 4.5.4.2.)

In der Praxis treten einfache oder reine Beanspruchungen jedoch selten auf. Der Schweißquerschnitt eines biegebeanspruchten Kragträgers ist in der Regel durch Querkräfte auch auf Abscheren beansprucht (Bild 7.50). In den Schweißnähten liegen damit zumeist

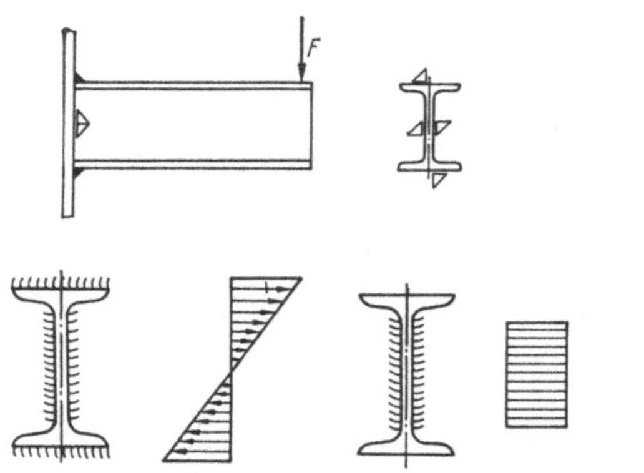

Bild 7.50
Spannungsverteilung beim biegefesten Trägeranschluß

mehrachsige Spannungen, d.h. zusammengesetzte Beanspruchung vor. Der Spannungsnachweis wird in diesen Fällen an der Stelle der Schweißnaht geführt, an der die größten Einzelspannungen auftreten. Bei Lastkombinationen sind mehrere Stellen zu berechnen. Der Sicherheitsnachweis dieser Verbindung kann in der Weise erbracht werden, daß die Teilsicherheiten für Normalspannungen durch Zug, Druck und Biegung

$$S_\sigma = S_{\sigma\,\text{vorh}} = \frac{\sigma_{\text{ertr Schw}}}{\sigma_{\text{Schw}}} \geq S_{\sigma\,\text{erf}}$$

und Schubspannungen durch Querkräfte und Torsion

$$S_\tau = S_{\tau\,\text{vorh}} = \frac{\tau_{\text{ertr Schw}}}{\tau_{\text{Schw}}} \geq S_{\tau\,\text{erf}}$$

wie bei der reinen bzw. einfachen Beanspruchung erbracht werden. Hierbei sind σ_{Schw} und τ_{Schw} die errechneten Schweißnahtnennspannungen und $\sigma_{ertr\,Schw}$ und $\tau_{ertr\,Schw}$ die von der Schweißnaht ohne Einleitung eines Bruches bzw. eines Fließvorgangs gerade noch ertragbaren Spannungen. Aus beiden Teilsicherheiten wird dann eine resultierende Sicherheit, d.h: Sicherheit für zusammengesetzte Beanspruchung, errechnet.
Es ist

$$S_{res} = \frac{S_\sigma S_\tau}{\sqrt{S_\sigma^2 + S_\tau^2}} \geqq S_{erf}$$

erforderlich. Der Spannungs- und Sicherheitsnachweis für zusammengesetzte Beanspruchung kann jedoch auch über eine Vergleichsspannung erfolgen, die sich durch geometrische Addition der Normal- und Schubspannungen nach der Hypothese der konstanten Gestaltänderungsarbeit ergibt. Vergleichsspannungen σ_v für verschiedene Lastkombinationen zeigt Bild 7.51.

Bauteil und Bild der Beanspruchung	*Anschlußquerschnitt*	*Nennspannung*	*Vergleichsspannung*	*Nach ISO-Empfehlung (einfache Form)*
Stegblechstoß 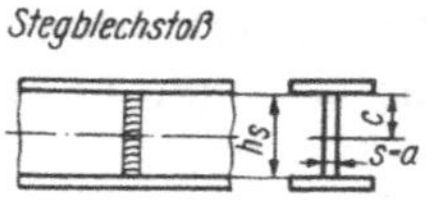	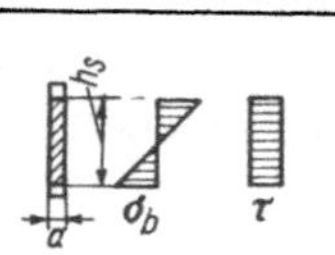	$\sigma_b = \pm \frac{M_b c}{J}$ $\tau = \frac{Q_{max}}{a\, h_s}$		
Halsnähte 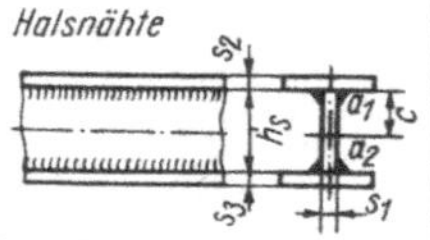	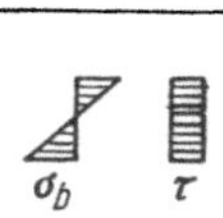	$\sigma_b = \pm \frac{M_b c}{J}$ $\tau = \frac{Q_{max} S}{J\, 2a}$	$\sigma_v = \sqrt{\sigma^2 + 3 \cdot \tau^2}$	$\sigma_v = \sqrt{\sigma^2 + 1{,}8\,\tau^2}$
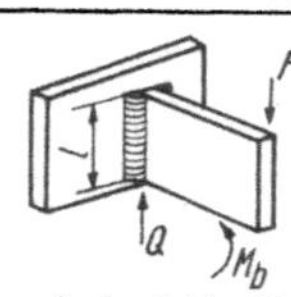 *Biegefester Kehlnahtstoß*	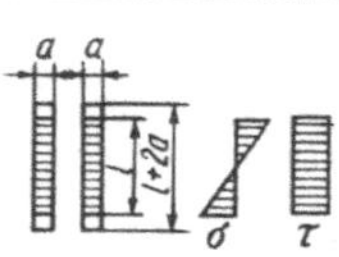	$\sigma_b = \pm \frac{M_b}{W_{b\,Schw}}$ $\tau = \frac{Q}{2\, l\, a}$		
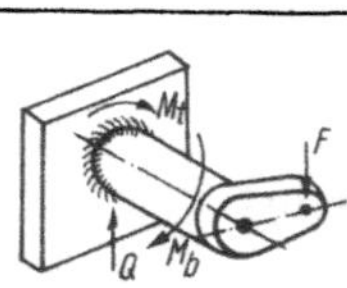 *Drehsteifer Kehlnahtanschluß*	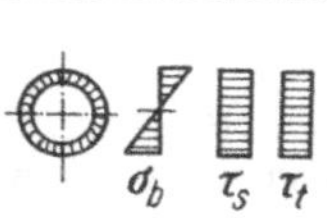	$\sigma_b = \pm \frac{M_b}{W_{b\,Schw}}$ $\tau_s = \frac{Q}{a\, l}$ $\tau_t = \frac{M_t}{W_{t\,Schw}}$	$\sigma_v = \sqrt{\sigma^2 + 3 \cdot (\tau_s^2 + \tau_t^2)}$	$\sigma_v = \sqrt{\sigma^2 + 1{,}8\,(\tau_s + \tau_t)^2}$

Bild 7.51. ***Nenn- und Vergleichsspannungen für Schweißnähte bei zusammengesetzter Beanspruchung***

Es muß sein

$$S_{vorh} = \frac{\sigma_{ertr}}{\sigma_v} \geqq S_{erf} \quad \text{bzw.} \quad \sigma_v \leqq \frac{1}{S_{erf}}\, \sigma_{ertr}.$$

Analog kann verfahren werden, wenn bestimmte zulässige Spannungen vorgeschrieben sind und keine ertragbaren Spannungen vorliegen, da die zulässigen Spannungen ($\sigma_{zul\,Schw}$ bzw. $\tau_{zul\,Schw}$) als Quotient aus ertragbarer Spannung und erforderlicher Sicherheit definiert sind.

Es muß dann sein

$$\sigma_v \leqq \sigma_{zul\,Schw} = \alpha\sigma_{zul} = \frac{1}{S_{erf}}\,\sigma_{ertr\,Schw},$$

d.h., die errechnete Nenn- bzw. Vergleichsspannung muß kleiner sein als ein von der Belastungsart, vom Grundwerkstoff, der Nahtform und der erforderlichen Sicherheit abhängiger Grenzwert.

Beispiel 3: biegefester Anschluß mit Kehlnähten (Bilder 7.52 und 7.53)

Gegeben: $l = l_1 = l_2 = 150$ mm
$a = 8$ mm
$L = 500$ mm
Stahl St 38
$S_{erf} = 1{,}5$
AK IIB

Gesucht: 1. zulässige Biege-, Schub- und ertragbare Spannung
2. zulässige Belastung
3. Sicherheitsnachweis

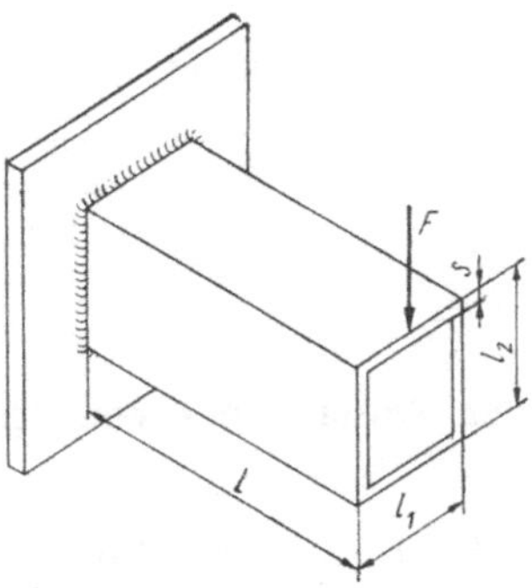

Bild 7.52. Biegefester Trägeranschluß mit Kehlnähten

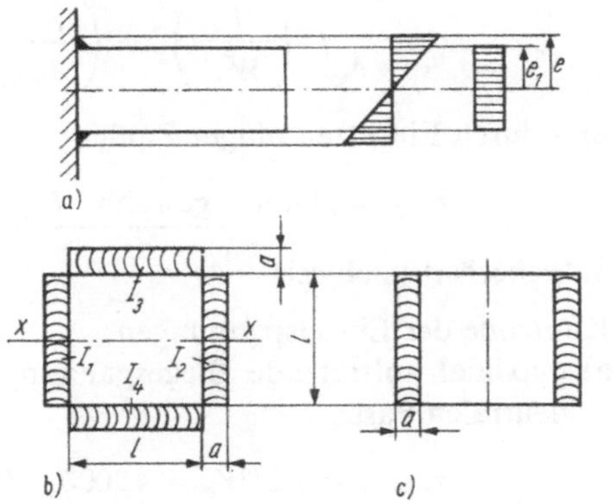

Bild 7.53. Spannungsverteilung (a), Trägheitsmomentenflächen (b) und schubbeanspruchte Schweißnahtflächen (c) des Kehlnahtanschlusses

1. Zulässige Spannungen

Nach Tafel 7.8, lfd. Nr. 6, ist $\sigma_{zul\,Schw} = \tau_{zul\,Schw} = \underline{92\ \text{N/mm}^2}$ und damit $\sigma_{ertr\,Schw} = \sigma_{zul\,Schw} S_{erf} = 92 \cdot 1{,}5 = \underline{138\ \text{N/mm}^2.}$

2. Zulässige Belastung

Nach Bild 7.53 ist das Trägheitsmoment I_x der Schweißnähte

$$I_x = I_1 + I_2 + I_3 + I_4 \quad I_1 = I_2 = \frac{al^3}{12}$$

$$I_3 = I_4 \doteq \frac{al^3}{12} + al\left(\frac{l}{2} + \frac{a}{2}\right)^2.$$

Mit $e = l/2 + a$ und $e_1 = l/2$ ist

$$W_e = \frac{I_x}{e} = \frac{4a^3l + 6a^2l^2 + 4al^3}{3\,(l + 2a)} = 235 \cdot 10^3\ \text{mm}^3$$

$$W_{e1} = \frac{I_x}{e_1} = \frac{4a^3l + 6a^2l^2 + 4al^3}{3l} = 260 \cdot 10^3\ \text{mm}^3.$$

Auf Schub beanspruchter Schweißnahtquerschnitt:

$$A_{\text{Schub}} = 2al = 2400\ \text{mm}^2.$$

Für den Trägeranschluß wird damit in vereinfachter Form

$$\sigma_{\text{v max}} = \sigma_{\text{zul Schw}} = \sqrt{\sigma_{\text{Schw}}^2 + \tau_{\text{Schw}}^2}$$

mit $\sigma_{\text{Schw}} = FL/W_{e1}$ und $\tau_{\text{Schw}} = F/A_{\text{Schub}}$

$$\sigma_{\text{zul Schw}} = \sqrt{\left(\frac{FL}{W_{e1}}\right)^2 + \left(\frac{F}{A_{\text{Schub}}}\right)^2},$$

woraus folgt:

$$F = \sqrt{\frac{\sigma_{\text{zul Schw}}^2}{\left(\frac{L}{W_{e1}}\right)^2 + \left(\frac{1}{A_{\text{Schub}}}\right)^2}}$$

und durch Einsetzen obiger Zahlen

$$F = 46{,}7\ \text{kN}; \quad \underline{\text{gewählt: } F_{\text{zul}} = 45\ \text{kN}.}$$

3. Sicherheitsnachweis

Kontrolle der Einzelspannungen:

a) maximal auftretende Biegespannung an den Stellen in den Abständen e von der neutralen Faser

$$\sigma_{\text{b Schw}} = FL/W_e = 45000 \cdot 500/235000 = 96\ \text{N/mm}^2 > \sigma_{\text{zul Schw}} = 92\ \text{N/mm}^2$$

b) Schubspannung

$$\tau_{\text{Schw}} = F/A_{\text{Schw}} = 45000/2400 = 19\ \text{N/mm}^2 < \tau_{\text{zul Schw}} = 92\ \text{N/mm}^2$$

c) vorhandene Einzelsicherheiten

$$S_{\text{vorh}\,\sigma} = \frac{\sigma_{\text{ertr}}}{\sigma_{\text{b Schw}}} = \frac{138}{96} = 1{,}44$$

$$S_{\text{vorh}\,\tau} = \frac{\tau_{\text{ertr}}}{\tau_{\text{Schw}}} = \frac{138}{19} = 7.27$$

$$S_{\text{res}} = \frac{S_\sigma \cdot S_\tau}{S_\sigma^2 + S_\tau^2} = \frac{1{,}44 \cdot 7{,}27}{1{,}44^2 + 7{,}27^2} = \underline{1{,}41 < S_{\text{erf}}}.$$

Da die erforderliche Sicherheit $S_{\text{erf}} = 1{,}5$ sowohl von der vorhandenen Sicherheit gegen Biegung S_{vorh} als auch von der resultierenden Sicherheit nicht ganz erfüllt wird, muß der Konstrukteur entscheiden, ob diese geringeren Sicherheiten auf Grund bestimmter günstiger Randbedingungen (Vermeidung von Spannungsspitzen und Überlastungen u.a.) vertretbar sind oder eine niedrigere zulässige Belastung von z.B. 40 kN gewählt werden muß.

Fachwerkkonstruktionen und geschweißte vollwandige Biegeträger können auf der Basis der beschriebenen Methodik berechnet werden. Neben dem allgemeinen Spannungsnachweis des Trägers auf Biegung werden auch die Nennspannungen in Halsnähten, Stegblechstößen und Gurtstößen nachgewiesen. Der Spanungsnachweis erfolgt dabei primär durch einen Vergleich der Hauptspannungen

$$\sigma_{h\,Schw} = \frac{\sigma_{Schw}}{2} \pm \frac{1}{2}\sqrt{\sigma_{Schw}^2 + 4\tau_{Schw}^2}$$

mit den zulässigen Spannungen $\sigma_{zul\,Schw}$. Zusätzlich ist meistens noch ein gesonderter Schubspannungsnachweis erforderlich.

7.6.3. Berechnung dynamisch beanspruchter Schweißverbindungen

Maschinenbauliche Konstruktionen sind meist einer kombinierten Beanspruchung unterworfen, die sich aus ruhender Last, Schwingbelastung und schlagartiger Belastung zusammensetzt. Die dynamische Belastungsgröße wird erfaßt durch die Stoßzahl k. Es ist

$$F' = F_r + kF_d;$$

F' Gesamtbelastung in N
F_r ruhende Belastung in N
F_d Schwinglast in N.

Die Stoßzahl k ist verschieden und liegt bei

1 für Maschinen mit rein umlaufender Bewegung (E-Motoren, Turbinen, Schleifmaschinen u.a.)
1,3 für gleichförmig wechselnde Bewegung (Kolben- und Arbeitsmaschinen o.ä.)
1,5 bei stoßüberlagerten Bewegungen (Sägen, Scheren u.a)
2 für Maschinen mit Schlagbeanspruchung (Schmiedepressen, Hämmer, Walzwerksmaschinen u.a.).

Grundlage für die Bemessung von Bauelementen mit dynamischen Beanspruchungen sind die ertragbaren Spannungen des Grundwerkstoffs (σ_{DF}, σ_{OD}) bzw. der Schweißverbindung ($\sigma_{DF\,Schw}$, $\sigma_{OD\,Schw}$). Das sind die Spannungen, die vom Bauteil ohne schädigende Verformung bzw. Bruch gerade noch ertragen werden. Da im statischen Bereich ertragbare Spannungen direkt von der Fließgrenze abhängen, war ein einfacher Nennspannungsnachweis über zulässige Spannungen möglich. Bei dynamischer Beanspruchung werden die ertragbaren Spannungen hingegen von verschiedenen Dauerfestigkeitswerten begrenzt. Für gebräuchliche Verbindungen aus Stahl St 38 sind diese im Bild 7.54 dargestellt. Ansatzgrößen zur Berechnung der Sicherheiten gegen Dauerbruch sind die zu errechnenden Nennspannungen:

σ_u kleinster Spannungswert, resultierend aus allen Belastungen für einen Querschnittspunkt (Unterspannung)
σ_o größter Nennspannungswert, resultierend aus allen Belastungen für einen Querschnittspunkt (Oberspannung)
$\sigma_m = (\sigma_u + \sigma_o)/2$ Mittelspannung.

Für ein rechnerisch vergleichbares Spannungsbild ist das Spannungsverhältnis σ_m/σ_o der errechneten Nennspannungen zu bilden. Um die größten Spannungswerte eines Querschnitts zu erhalten, werden mehrere Punkte des Querschnitts untersucht und die für die Bemessung maßgebenden Werte ausgewählt.
Die Sicherheit für die *durch die Schweißung beeinflußten Querschnitte* (Schweißnahtübergänge) wird in Anlehnung an den üblichen Nachweis der Sicherheit gegen Dauerbruch

bei einfacher Beanspruchung bestimmt durch

$$S_{\text{vorh}} = \frac{\sigma_{\text{ertr Schw}}}{\sigma_{\text{Schw}}} = \frac{\sigma_{\text{OD Schw}}}{\sigma_{\text{O Schw}}} \geqq S_{\text{erf}}.$$

Für zusammengesetzte Beanspruchungen wird als Ansatzgröße zum Sicherheitsnachweis aus den Einzelbeanspruchungen σ_x, σ_y und τ_{xy} eine Vergleichsspannung (Bild 7.51) errechnet. Allgemein ist

$$\sigma_{\text{v}} = \sqrt{\sigma_x^2 + \sigma_y^2 - \sigma_x \cdot \sigma_y + 3\,(\beta\tau_{xy})^2},$$

wobei

$$\beta = \frac{\sigma_{\text{ertr}}}{\sqrt{3}\,\tau_{\text{ertr}}}.$$

Sicherheitsnachweis:

$$S_{\text{vorh}} = \frac{\sigma_{\text{ertr Schw}}}{\sigma_{\text{v}}} = \frac{\sigma_{\text{OD Schw}}}{\sigma_{\text{v}}} \geqq S_{\text{erf}}.$$

In den Werten der ertragbaren Spannungen nach Bild 7.54 ist der Größeneinfluß der Schweißkonstruktion nicht berücksichtigt. Bei großen Bauteildicken ist die ertragbare Spannung um den Größenbeiwert ψ abzumindern.

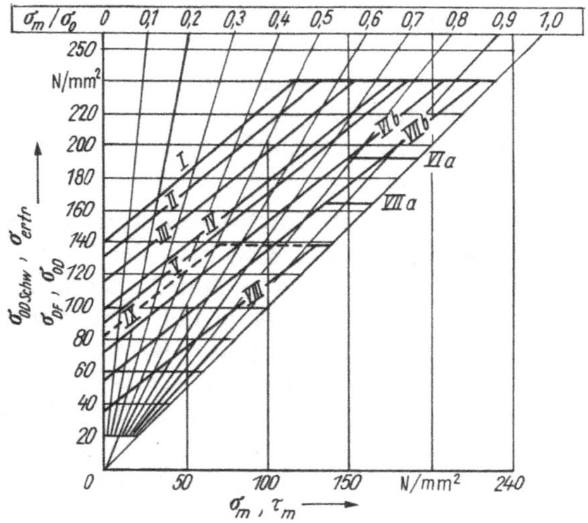

Bild 7.54. Ertragbare Spannungen für verschiedene Schweißverbindungsvarianten von Stahl St 38

I zug-, druck- und biegebeanspruchter Grundwerkstoff
II zug- und druckbeanspruchte Stumpfnähte Klasse IA
III zug- und druckbeanspruchte Stumpfnähte Klasse IB; K-Nähte quer zur Kraft Klasse IA und Flachkehlnähte Klasse II
IV zug- und druckbeanspruchte Stumpfnähte Klasse IB
V zug- und druckbeanspruchte K-Nähte quer zur Kraft Klasse IB
VI zug- (VIa) und druckbeanspruchte (VIb) K-Nähte quer zur Kraft Klasse IIA
*VI*b zug- und druckbeanspruchte Stirnkehlnähte quer zur Kraft Klasse IIA
VII zug- (VIIa) und druckbeanspruchte (VIIb) Stumpfnähte quer zur Kraft Klasse IIB,
VIIb zug- und druckbeanspruchte Stirnkehlnähte quer zur Kraft Klasse IIB,
VIIb zug- und druckbeanspruchte Flankenkehlnähte Klasse IIB;
VIII schubbeanspruchte Stirnkehlnähte quer zur Kraft Klasse IIB,
schubbeanspruchte Flankenkehlnähte Klasse IIB,
schubbeanspruchte Kehlnähte Klasse IIB torsionsbeansprucht
IX schubbeanspruchte Hals- und Kehlnähte Klasse IIA und B bzw.
schubbeanspruchte Stumpfnähte und K-Nähte Klasse IA und B, IIA und B
Für Schweißnähte der Klasse III gilt: $\sigma_{\text{erf schw III}} = {}^2/_3\ \sigma_{\text{ertr schw II}}$

Es ist dann

$$S_{\text{vorh}} = \frac{\sigma_{\text{OD Schw}}\psi}{\sigma_v} \geqq S_{\text{erf}}.$$

Desgleichen kann, wie bereits bei der Berechnung statisch beanspruchter Konstruktionen erläutert, ein Sicherheitsnachweis bei zusammengesetzter Beanspruchung dadurch erbracht werden, daß die Sicherheiten gegen die einzelnen Teilbelastungen errechnet und anschließend überlagert werden zur resultierenden Sicherheit.

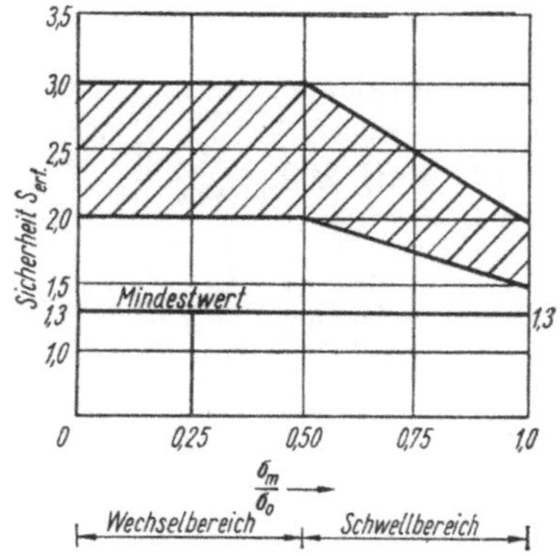

Bild 7.55
Diagramm der erforderlichen Sicherheiten

Die erforderlichen Sicherheiten bei dynamischer Beanspruchung sind vom Spannungsverhältnis σ_m/σ_o abhängig (Bild 7.55).

Beispiel 4: biegefester Trägeranschluß mit Kehlnähten (Bilder 7.52 und 7.53)

Gegeben: $a = 8$ mm
$l = 150$ mm
$L = 500$ mm
$\sigma_m/\sigma_o = +0{,}5$
Stahl St 38
$S_{\text{erf}} = 2$
$k = 1{,}5$
AK IIB

Gesucht: 1. ertragbare und zulässige Biege- und Schubspannungen
2. zulässige Belastung
3. Sicherheitsnachweis

1. Spannungsermittlung

Aus Bild 7.54 Linie VIII erhält man

$$\sigma_{\text{OD Schw}} = \tau_{\text{OD Schw}} = 60\ \text{N/mm}^2$$

$$\tau_{\text{O zul Schw}} = \sigma_{\text{O zul Schw}} = \sigma_{\text{OD Schw}}/S_{\text{erf}} = 60/2 = 30\ \text{N/mm}^2.$$

Widerstandsmomente und schubbeanspruchter Querschnitt der Schweißnaht entsprechend Beispiel 3 (Abschn. 7.6.2.):

$$W_{e1} = 260 \cdot 10^3\ \text{mm}^3$$

$$W_e = 235 \cdot 10^3\ \text{mm}^3$$

$$A_{\text{Schub}} = 2400\ \text{mm}^2.$$

2. Zulässige Belastung (Berechnungsgleichung aus Beispiel 3)

$$F = \sqrt{\frac{\sigma^2_{\text{zul Schw}}}{\left(\frac{L}{W_{e1}}\right)^2 + \left(\frac{1}{A_{\text{Schub}}}\right)^2}} = \sqrt{\frac{30^2}{\left(\frac{500}{260000}\right)^2 + \left(\frac{1}{2400}\right)^2}}$$

$$= 15{,}2 \text{ kN};$$

gewählt: $F_{\max} = 13{,}5$ kN.

$F_{\text{dyn zul}} = F_{\max}/k = 13{,}5/1{,}5 = \underline{9 \text{ kN}}$

Kontrolle der Einzelspannungen:

Biegung: maximale Biegespannung im Abstand e von der neutralen Faser

$$\sigma_{\text{b Schw}} = \frac{FLk}{W_e} = \frac{9000 \cdot 500 \cdot 1{,}5}{235000} = 28{,}7 \approx 29 \text{ N/mm}^2 < \sigma_{\text{zul Schw}}$$

Schub:

$$\tau_{\text{Schw}} = \frac{Fk}{A_{\text{Schub}}} = \frac{9000 \cdot 1{,}5}{2400} = 5{,}6 \approx 6 \text{ N/mm}^2 < \tau_{\text{zul Schw}}.$$

3. Sicherheitsnachweis

$$S_{\text{vor}\,\sigma} = \frac{\sigma_{\text{OD Schw}}}{\sigma_{\text{b Schw}}} = \frac{60}{29} = 2{,}07$$

$$S_{\text{vor}\,\tau} = \frac{\tau_{\text{OD Schw}}}{\tau_{\text{Schw}}} = \frac{60}{6} = 10$$

$$S_{\text{res}} = \frac{S_\sigma S_\tau}{\sqrt{S_\sigma^2 + S_\tau^2}} = \frac{2{,}07 \cdot 10}{\sqrt{2{,}07^2 + 10^2}} = \underline{2{,}03 > S_{\text{erf}} = 2{,}0}.$$

7.7. Festigkeit, Berechnung und Gestaltung von widerstandsgeschweißten Verbindungen [7.1] [7.2] [7.8] [7.17]

Für widerstandsgeschweißte Stumpfnähte gelten grundsätzlich ähnliche Verhältnisse wie bei schmelzgeschweißten Stumpfnähten. Die Festigkeiten der widerstandsgeschweißten Nähte liegen mit 90 bis 100% der Werkstoffestigkeit jedoch sehr hoch und damit auch der Abminderungsfaktor α. Die Berechnung widerstandsgeschweißter Stumpfnähte kann nach der im Abschn. 7.6. beschriebenen Weise erfolgen und braucht hier nicht wiederholt zu werden. Punkt-, Buckel- und Rollennahtverbindungen zeichnen sich aber durch besondere Kraftübertragungsverhältnisse aus und sollen daher kurz behandelt werden. Die Kopfzugfestigkeit von Punktschweißverbindungen ist insbesondere bei Dauerbeanspruchung sehr gering und sollte daher möglichst vermieden werden. Schweißpunkte sind jedoch in der Lage, hohe Schubkräfte zu übertragen. Daher werden Punktschweißnähte entsprechend angeordnet und auf Abscheren berechnet. Allgemein entspricht die Schubfestigkeit der Schweißpunkte etwa der Zugfestigkeit des Grundwerkstoffs.

Berechnung statisch beanspruchter Punktschweißverbindungen

In Anlehnung an TGL 13501 werden wie bei der Nietung die Scher- und Lochleibungsspannungen nachgewiesen.

Als zulässige Beanspruchungen, d.h. höchste Nennspannungen, gelten:

Abscheren $\tau_{zul} = 0{,}65\sigma_{d\,zul}$
Kopfzug $\sigma_k = 0{,}2\sigma_{d\,zul}$;

σ_d Druckfestigkeit als Basis.

Lochleibungsspannungen:

$\sigma_{L1} = 1{,}8\sigma_{d\,zul}$ (einschnittige Verbindung)
$\sigma_{L2} = 2{,}5\sigma_{d\,zul}$ (zweischnittige Verbindung).

Als gedrückte Fläche wird hier im Gegensatz zur Nietung der halbe Umfang × Blechdicke in die Rechnung gesetzt.

Zweireihige ein- und zweischnittige Verbindungen werden wie folgt berechnet (Bild 7.56)

Gegeben: F zu übertragende Kraft
$A = bs$ Querschnittsfläche des Bleches zur Übertragung von F
Gesucht: Punktanzahl, Punktteilung

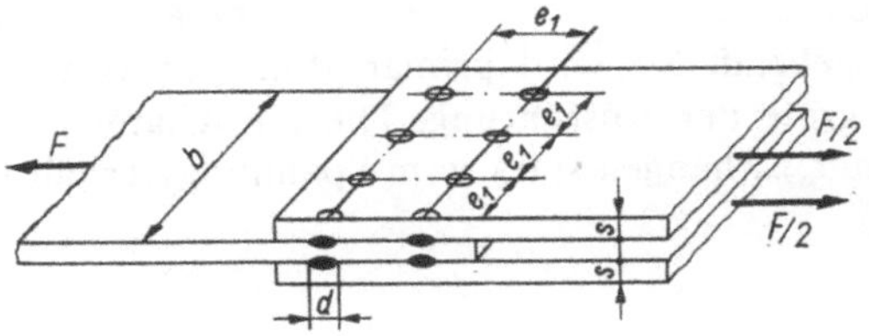

Bild 7.56
Zweireihige zweischnittige Verbindung (Punktschweißung)

Rechnung

1. Nachweis der Spannung im Blech

$$\sigma_{vorh} = \frac{F}{A} \leqq \sigma_{zul} \quad \text{in N/mm}^2$$

2. Punktdurchmesser und Punktquerschnitt

$$d = 5\sqrt{s} \quad \text{in mm}$$

$$A_p = \frac{\pi}{4} d^2 = 6{,}25\pi s \quad \text{in mm}^2$$

Gesamtpunktquerschnitt

$$nzA_p = 1{,}54\,A \quad \text{in mm}^2;$$

n Zahl der Punkte einer Ebene
z Zahl der Verbindungsebenen
$z = 1$ bei einschnittiger Verbindung
$z = 2$ bei zweischnittiger Verbindung.

Nachweis der Scherspannung

$$\tau_{vorh} = \frac{F}{nzA_p} \leqq 0{,}65\sigma_{d\,zul} \quad \text{in N/mm}^2$$

erforderliche Punktanzahl

$$n = \frac{1{,}54A}{zA_p}$$

zweckmäßige Punktteilung

$$e_1 = \frac{b}{n/2 + 1} \quad \text{in mm}$$

Standardwert

$$e_1 = 3d \text{ bis } 6d.$$

Lochleibungsspannung

$$\sigma_L = \frac{F}{n\,(d/2)\,\pi s} \quad \text{in N/mm}^2.$$

Rollennahtverbindungen werden ähnlich berechnet, wobei der Punktdurchmesser der Rollennahtbreite entspricht und der Gesamtpunktquerschnitt der Rollennahtquerschnittsfläche $d \times b$.

Berechnung dynamisch beanspruchter Punktschweißverbindungen

Für die Dauerfestigkeit von Punktnähten ist die Kerbwirkung des Übergangs vom Grundwerkstoff zum Schweißpunkt maßgebend. Sie wird primär abhängen von den Abmessungen der Schweißlinse und der Güte der Ausführung. Die ertragbaren bzw. zulässigen dynamischen Beanspruchungen $\sigma_{o\,zul}$ hängen stark vom Spannungsverhältnis der Schwingbeanspruchung ab (Bild 7.57).

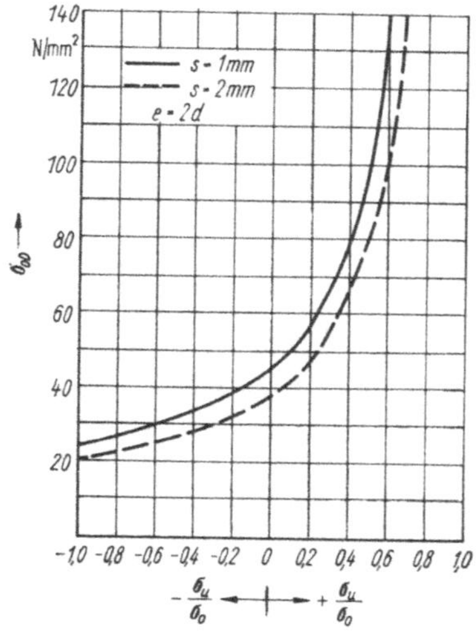

Bild 7.57
Ertragbare und zulässige Dauerfestigkeitswerte für einreihige einschnittige Punktschweißungen

Bei Schwellbeanspruchung ist die Dauerfestigkeit der Punktnähte mit $\sigma_o \geqq 50$ N/mm² bei ein- und zweireihigen Überlappverbindungen (1-mm-Blech), $\sigma_o \geqq 100$ N/mm² bei einreihigen Laschenverbindungen und Schubbeanspruchung gut. Die Wechselfestigkeiten und Kopfabreißdauerfestigkeiten sind beträchtlich niedriger.
Die Berechnung dynamisch beanspruchter Punktnähte erfolgt durch einen einfachen Spannungsnachweis.

1. Nachweis der Spannung im Blech:

$$\sigma_{o\,vorh} = \frac{F_0}{A} \leqq \alpha \sigma_{OD\,zul}.$$

2. Punktdurchmesser:

$$d = 5\sqrt{s}.$$

3. Punkteteilung für alle Verbindungsarten, die dynamisch beansprucht werden:

$$e = 2d.$$

Für $e = 2d$ gilt der Abminderungsfaktor $\alpha = 1$. Für abweichende Punkteteilungen gelten Abminderungsfaktoren nach Bild 7.58.

Teilung	Abminderungsfaktor α für		
e			
3d	0,60	0,65	0,70
4d	0,50	0,55	0,55
5d	0,40	0,45	0,45

Bild 7.58
Abminderungsfaktoren bei Punktschweißnähten für von e = 2d abweichenden Punktabstand

4. Nachweis der Scherspannung (statisch):

$$\tau_{\text{vorh}} = \frac{F_0}{nA_p} \leqq 0{,}65\sigma_{\text{OD zul}}.$$

Konstruktive Hinweise für die Gestaltung von Punktschweißverbindungen:

1. Für Verbindungen zur Übertragung von Kräften dürfen nicht mehr als drei Teile durch Punktschweißung verbunden werden.
2. Die Gesamtdicke der zu verbindenden Teile soll nicht größer als 15 mm sein. Einzelteildicken sollen maximal 5 mm betragen.
3. Der Schweißpunktdurchmesser wird für alle Verbindungen mit $d = 5\sqrt{s}$ in die Rechnung gesetzt, wobei s die kleinste Blechdicke der zu verbindenden Teile ist.
4. Einreihige einschnittige Verbindungen auf Abscheren weisen einen hohen Anteil an Kopfzugbeanspruchung auf (Bild 7.59) und sind bei Blechdicken > 2 mm möglichst zu vermeiden. Günstiger sind zweireihige einschnittige Verbindungen und noch besser Laschenverbindungen.

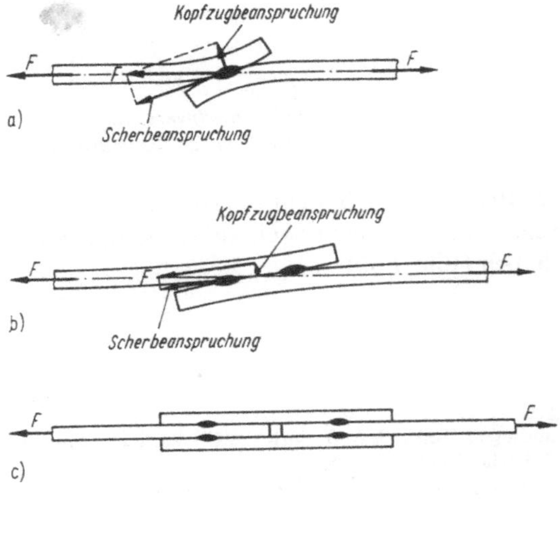

Bild 7.59
Kopfzugbeanspruchung verschiedener Punktschweißverbindungsformen
a) Belastungsverhältnisse einreihiger einschnittiger Punktschweißung – hoher Kopfzug;
b) Belastungsverhältnisse zweireihiger einschnittiger Punktschweißung – niedriger Kopfzug;
c) Kopfzug ist Null

5. Punktschweißnähte sind möglichst so anzuordnen, daß sie bei Biegung im Zugbereich liegen. Im Druckbereich von Biegeträgern erfahren Punktnähte eine hohe Kopfzugbelastung (Bild 7.60).
6. Winkel, Laschen, Profile sind an Bauteile so anzupunkten, daß die Schweißpunkte auf Schub beansprucht werden (Bild 7.61).

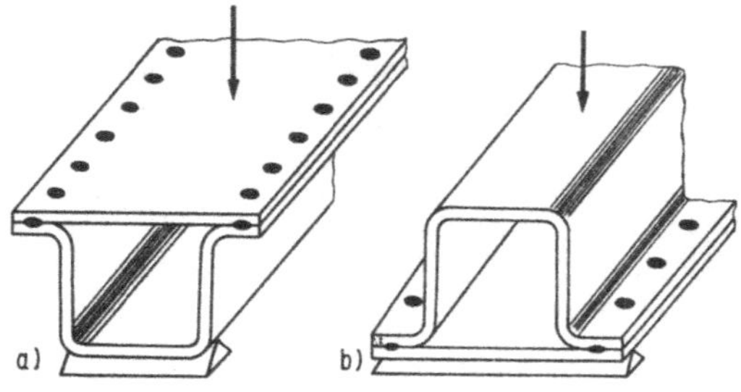

Bild 7.60
Zweckmäßige Anordnung von Punktschweißnähten im Zugbereich von Bauteilen (Verminderung des Kopfzuges)
a) ungünstig; b) günstig

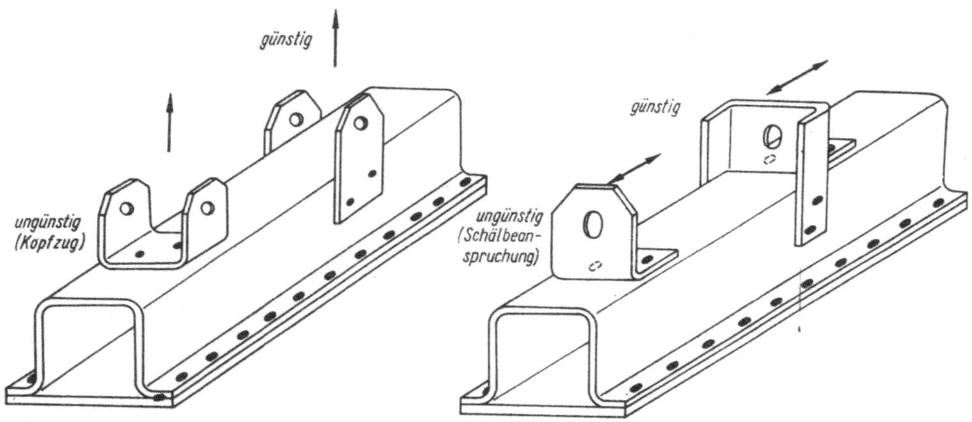

Bild 7.61. Zweckmäßige Anordnung von Winkeln und Laschen als Punktschweißungen

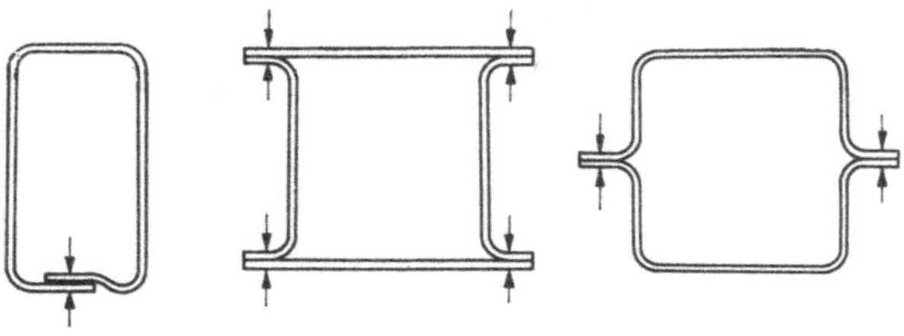

Bild 7.62
Punktschweißgerechte Gestaltung von Kastenträgern

7. Das Dickenverhältnis zu verbindender Bleche soll 1:3 nicht überschreiten.
8. Kastenträger sollten aus fertigungstechnischen Gründen nach außen gezogene Nähte bzw. die Nähte auf der Schmalseite haben (Bild 7.62).

7.8. Literaturverzeichnis

[7.1] Taschenbuch Maschinenbau. Bd. 1 – Grundlagen, Teil I. 3. Aufl. Berlin: VEB Verlag Technik 1974. Grundlagen, Teil II. 3. Aufl. Berlin: VEB Verlag Technik 1975.
[7.2] *Herden, G.:* Schweiß- und Schneidtechnologie. 2. Aufl. Berlin: VEB Verlag Technik 1969.

[7.3] Schweißtechnische Richtlinie R 14–62 und R 15–62 des Zentralinstituts für Schweißtechnik, Halle (Saale).
[7.4] *Lüthy, A.:* Das Schweißen hochfester Stähle im Maschinenbau. Z. Schweißtechnik *24* (1970) H. 2, S. 17–20.
[7.5] *Neumann, A.:* Stahlgütewahl für Schweißkonstruktionen in Japan. Z. Schweißtechnik *16* (1966) H. 10, S. 443–445.
[7.6] *Neumann, A.:* Wahl der Werkstoffe für geschweißte Konstruktionen. Z. Schweißtechnik *17* (1967) H. 4, S. 179–181.
[7.7] Schweißtechnische Richtlinie R 13–62 des Zentralinstituts für Schweißtechnik, Halle (Saale).
[7.8] *Neumann, A.:* Schweißtechnisches Handbuch für Konstrukteure, Bd. 1–4. Berlin: VEB Verlag Technik 1976.
[7.9] Schweißtechnische Richtlinien R 10–62, R 11–62 und R 12–62 des Zentralinstituts für Schweißtechnik, Halle (Saale).
[7.10] *Beckert, M.; Neumann, A.:* Grundlagen der Schweißtechnik. Band: Gestaltung. Berlin: VEB Verlag Technik 1976. Band: Anwendungsbeispiele der Verfahren und Gestaltung. Berlin: VEB Verlag Technik 1975.
[7.11] *Veit, H. J.; Scheermann, H.:* Schweißgerechtes Konstruieren. Düsseldorf: Deutscher Verlag für Schweißtechnik (DVS) 1962.
[7.12] Schweißtechnische Richtlinien R 05–62 und R 09–62 des Zentralinstituts für Schweißtechnik, Halle (Saale).
[7.13] *Neumann, A.:* Festigkeitswerte von Schweiß- und Lötverbindungen. Berlin: VEB Verlag Technik 1970.
[7.14] TGL 14 915, Blatt 1.
[7.15] Tragfähigkeitsermittlungen von Schweißverbindungen I und II. Vorträge des gleichnamigen Kolloquiums in Braunschweig 1968. Düsseldorf: Deutscher Verlag für Schweißtechnik (DVS) 1968.
[7.16] *Neumann, A.; Richter, E.:* Tabellenbuch Schweiß- und Löttechnik. Berlin: VEB Verlag Technik 1976.
[7.17] Schweißtechnische Richtlinie R 01–75 Blatt 2 des Zentralinstituts für Schweißtechnik, Halle (Saale).
[7.18] *Günther, W.:* Schwingfestigkeit. Leipzig: Deutscher Verlag für Grundstoffindustrie 1973.

8. Kleb- und Lötverbindungen

8.1. Allgemeines

Für eine Vielzahl von Konstruktionen scheidet das Schweißen als Verbindungsverfahren aus, da entweder

- unterschiedliche Werkstoffe miteinander zu verbinden sind, z. B. Eisenwerkstoff–NE-Metall oder Metall–Nichtmetall
- die Einbringung großer Wärmemengen zu einem Verlust der hohen Festigkeit ausgehärteter oder kaltverfestigter Teile führen würde bzw. zum Verzug von Präzisionsteilen (insbesondere in der Feinwerktechnik)
- oder grundsätzlich nicht schweißbare Werkstoffe miteinander zu verbinden sind (z. B. Sintermetalle u. a.).

Neben anderen Verbindungsmöglichkeiten bieten sich in diesen Fällen das Löten und Kleben als leistungsfähige und ökonomische Verbindungstechnologien an.
Das Löten wird infolge seiner verfahrensbedingten Eigenheiten auf folgende Anwendungsfälle beschränkt:

- Verbindung unterschiedlicher metallischer Werkstoffe
- Verbindung nicht oder nur unter bestimmten Bedingungen schwierig schweißbarer metallischer Werkstoffe.

Das Löten kann gegenüber dem Schweißen auch bei gut schweißbaren Metallen technisch und ökonomisch von Vorteil sein (z. B. bei Anwendung standardisierter Lötmuffen für die Fertigung von Rohrleitungen aus Cu-Legierungen).
Als Lötung ist eine unlösbare Verbindung oder Ergänzung fester metallischer Werkstoffe durch ein geschmolzenes metallisches Bindemittel (Lot) zu bezeichnen. Die Werkstücke werden beim Löten an den Verbindungsstellen im Gegensatz zum Schweißen nicht aufgeschmolzen, da der Schmelzpunkt des Lotes immer niedriger liegt als der Schmelzpunkt der Grundwerkstoffe. Die Schrumpfung und der Verzug von Lötverbindungen sind infolge niedriger Arbeitstemperatur zumeist sehr gering und werden überdies vom mehr oder weniger weichen Lot aufgefangen.
Für Verbindungen zwischen Nichtmetallen untereinander (mit Ausnahme der schweißbaren Plaste), zwischen Metall und Nichtmetall scheiden Schweißen und Löten als Verbindungsverfahren aus. In anderen Fällen soll bei der Verbindung metallischer Werkstoffe jede Wärmeeinbringung vermieden werden. Die Klebverbindungen gewinnen zunehmend an Bedeutung, da die Entwicklung hochfester synthetischer Kleber und neuer Klebtechnologien in den letzten Jahren sich außerordentlich beschleunigt hat. Die Bindung beruht im wesentlichen auf der Adhäsion mit den verschiedenen Mechanismen.
Zum einen kann die Klebetechnik als Konkurrent der anderen Verbindungsarten auftreten und dabei neue konstruktive Möglichkeiten eröffnen. Klebverbindungen können Sicherungs-, Befestigungs- und Dichtungsfunktionen gleichzeitig übernehmen und ersetzen Schrauben und Muttern, Preß- und Schrumpfsitze, Abdichtungen und Lötungen oder verstärken deren Funktion. Sicherheit, Güte, Wirtschaftlichkeit und Beanspru-

chungsgrad eines Konstruktionselements geben den Ausschlag für die Auswahl des zweckmäßigsten Fügeverfahrens.
Zum anderen ist vom Konstrukteur zu berücksichtigen, daß die Klebtechnik grundsätzlich neue Bauweisen ermöglicht, z. B. die Stützkern- und die Schichtbauweise. Daraus ergeben sich wiederum völlig neue Konstruktionsprinzipien, womit das Kleben mehr als eine einfache Verbindungstechnologie darstellt.

8.2. Klebverbindungen

8.2.1. Physikalische Grundlagen und Besonderheiten des Metallklebens ([8.1] bis [8.8])

Unter Kleben versteht man das Fügen gleichartiger oder ungleichartiger Werkstoffe mit Hilfe von Klebstoffen auf organischer oder anorganischer Basis. Das Fügen erfolgt bei Raumtemperatur oder unter mäßiger Erwärmung, wobei der Klebstoff als Flüssigkeit aufgebracht wird oder während der Herstellung der Verbindung zumindest einen annähernd flüssigen Zustand durchläuft und durch den Abbindungsprozeß in den festen Zustand übergeht. Die Festigkeit der Klebverbindung hängt ab von der Haftfestigkeit des Klebfilms an den zu verbindenden Werkstoffen (mechanische und spezifische Adhäsion) und der inneren Festigkeit der Klebstoffschicht (Kohäsion).

1. Mechanische Adhäsion

Der Klebstoff dringt in Poren und Vertiefungen des zu klebenden Teils ein, härtet aus und verankert die Klebschicht mechanisch am Werkstück. Bei porösen Werkstoffen, wie Friktionswerkstoffen (Brems- und Kupplungsbeläge), spielt dieser Mechanismus eine bedeutende Rolle, da die Zahl der Verankerungspunkte hoch ist (Bild 8.1). Eine größtmögliche Wirkung dieses Haftmechanismus wird nur dann erreicht, wenn der Kleber die

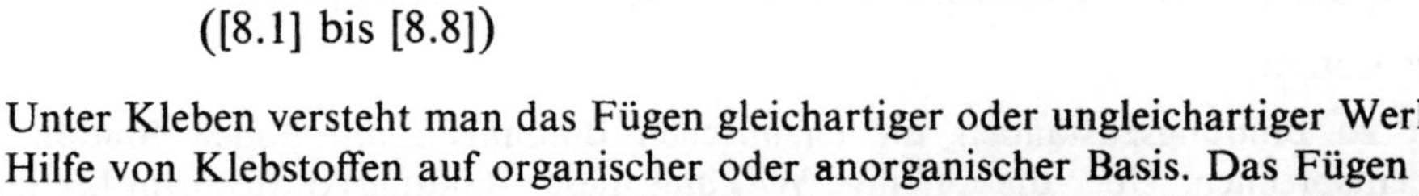

Bild 8.1. Benetzung von Fügeteiloberflächen

a) glatte Oberfläche – gutes Benetzen; b) aufgerauhte, poröse Oberfläche – schlechtes Benetzen; c) aufgerauhte, poröse Oberfläche – gutes Benetzen
1 Fügeteil; *2* Klebstoff; *3* Lufteinschluß

Oberfläche gut benetzt und in die kleinsten Poren eindringt. Voraussetzung dafür ist, daß die Oberflächenspannung des Klebers niedriger ist als die des zu klebenden Werkstoffs. Für Metallklebverbindungen ist dieser Mechanismus von geringer Bedeutung.

2. Spezifische Adhäsion

Atomare und zwischenmolekulare Kräfte an den Grenzflächen zwischen Klebstoff und Fügeteil bestimmen primär den Haftmechanismus. Im Stoffinneren sind die Haupt- und Nebenvalenzen der Moleküle abgesättigt. An der Oberfläche bleibt jedoch ein Teil der Valenzen frei, die auf das Grenzflächenmedium eine Kraftwirkung ausüben. Die Reichweite dieser Kraftwirkungen ist mit $5 \cdot 10^{-8}$ cm sehr gering und nimmt mit steigender Entfernung rasch ab. Auch hieraus ergibt sich die Forderung nach Klebern mit geringer Viskosität und Oberflächenspannung, d. h. guter Benetzungswirkung.

Die physikalischen Komponenten der Kraftwirkungen und damit der Haftung sind:

- *Dipolkräfte* – bedingt durch polare Klebermoleküle und polare bzw. polarisierbare Fügeteiloberflächen; sie erreichen Haftfestigkeiten bis 50000 N/mm² [8.2]
- *Induktionskräfte* – infolge der durch Polarisation bedingten temporären Bildung von Dipolen
- *Dispersionskräfte* – infolge der durch Bewegung der Elektronen bei sonst unpolaren Stoffen fluktuierenden Dipolkräfte
- *elektrostatische Kräfte* – in der durch Adsorption in der Grenzfläche gebildeten elektrischen Doppelschicht
- *Diffusions- und Reaktionsbindungen* – insbesondere beim Fügen von Plastwerkstoffen.

3. Chemisorption

Sie führt zu Bindungszuständen, die chemischen Bindungen mit hohen Bindungsenergien entsprechen. Über die anteilige Wirkung dieser Bindungskräfte beim Metallkleben bestehen gegenwärtig unterschiedliche Meinungen.
In der Klebschicht selbst spielen Hauptvalenzkräfte auf jeden Fall eine große Rolle, auch wenn die Bindung des Klebers an das Fügeteil durch Nebenvalenzkräfte erfolgt. Die Kräfte aus der adsorbierten Randschicht werden durch Hauptvalenzen in die Masse des Klebfilms übertragen. Bei der Adsorption legen sich die Makromoleküle nicht flach an

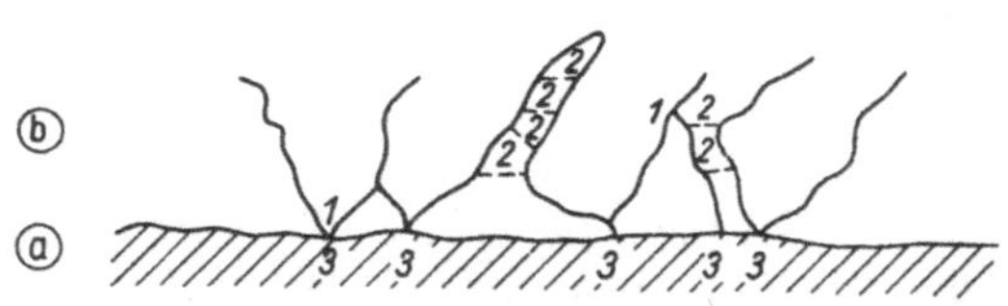

a) Fügeteil; b) Klebstoffschicht
1 Hauptvalenzbindung; *2* Nebenvalenzbindung;
3 Haftpunkte der Fadenmoleküle an der festen Oberfläche

Bild 8.2. Haftung von Fadenmolekülen in Schlaufenform

die Fügeteiloberfläche, da die Wirkungsweite der Oberflächenkräfte sehr gering ist. Die Molekülketten haften nur an einzelnen Punkten der festen Phase und ragen schlaufenförmig in die Klebschicht hinein (Bild 8.2).

Besonderheiten des Metallklebens

Da sich Metalloberflächen leicht polarisieren lassen, spielt die Haftung infolge der Induktionskräfte bei der Metallklebung eine große Rolle. Daneben müssen primäre Hauptvalenzbindungen infolge Chemisorption für die Haftung bei Metallklebungen verantwortlich gemacht werden. Für das Wirken physikalischer und chemischer Bindungskräfte ist der Zustand der Metalloberflächen von großem Einfluß. Insbesondere findet eine gute Oberflächenbenetzung und Klebung statt, wenn die Oberflächenspannung bzw. Oberflächenenergie des Fügeteils höher ist als die Oberflächenenergie des Klebers. Organische Stoffe, z.B. Plaste, haben Oberflächen niedriger Energie, die teilweise unter der des Wassers (45 erg/cm²) liegen und damit gar nicht oder nur schwierig zu kleben sind (z.B. Polytetrafluoräthylen PTFE-Teflon, Polyamid-Perlon, Polyäthylen, Polystyrol). Metallische Werkstoffe haben hohe Oberflächenenergien. Energiereiche Zonen befinden sich in der Umgebung von Gitterfehlstellen sowie an Oberflächen außerhalb geschlossener Kristallgitterebenen. Die damit verbundenen hohen Adhäsionskräfte sind Voraussetzung für hochfeste Metallklebverbindungen. Die Haftfähigkeit an der Oberfläche vermindert sich bei alten und unsauberen Metalloberflächen infolge der bereits adsorbierten Fremdstoffe und damit nimmt die Klebbarkeit ab. Die Oberflächen sind daher vor dem Kleben entsprechend vorzubereiten. Durch Aufrauhen wird die aktive Oberfläche vergrößert und damit die Fläche, auf der Haftkräfte wirken. Festhaftende Oberflächenschichten (Oxide, Salze usw.) werden durch Schleifen, Bürsten oder Sandstrahlen entfernt, die Metalloberfläche verformt und dadurch aktiviert. (Bei der mechanischen Bearbeitung von Metallen tritt eine auf geringe Tiefe beschränkte Oberflächenverfestigung auf, durch die die Gitterfehlstellen stark vermehrt und die Adhäsionskräfte und damit die Klebbarkeit günstig beeinflußt werden.) Die Vorbereitung der Metalloberfläche für Klebungen erfolgt zweckmäßigerweise wie folgt:

- Stahl – Walzhaut, Oxidschichten und sonstige Passivschichten sind durch mechanische Bearbeitungsverfahren (Sägen, Fräsen, Drehen, Schleifen usw.) zu entfernen und anschließend zu entfetten (Tetrachlorkohlenstoff u.a.); phosphatierte und brünierte Metalloberflächen sind klebtechnisch nicht vorteilhaft.
- Eisengußwerkstoffe – analog Stahl.
- Kupfer und Kupferlegierungen, Zink und verzinkter Stahl – falls Fügeteile im blanken Zustand vorliegen, genügt Entfetten, sonst ist eine Aufrauhung (mechanisch) vorher erforderlich.
- Leichtmetallegierungen – Beizen mit entsprechenden Lösungen zur Erzeugung reaktiver Schichten, die fest mit dem Grundmetall verankert sind.

Den Einfluß verschiedener Oberflächenvorbehandlungsverfahren auf die Zugscherfestigkeit von Stahlverklebungen zeigt Bild 8.3. Die Kraftübertragung zwischen geklebtem Werkstoff und Klebfilm ist anhand folgender Modellbetrachtung erklärbar: Die Haftfestigkeit der Bindung zwischen Adhäsionsschicht und fester Oberfläche beträgt

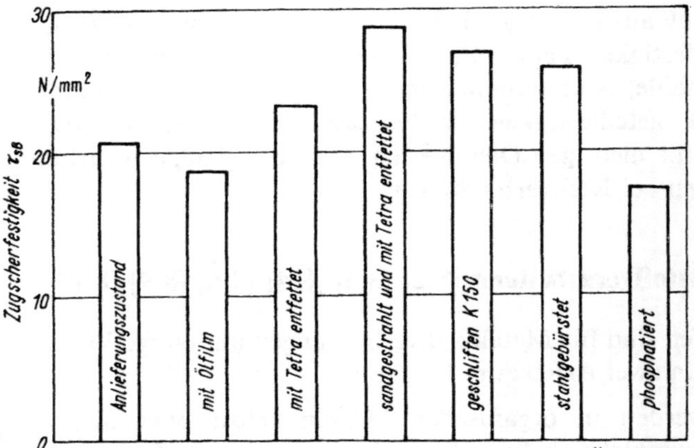

Bild 8.3
Zugscherfestigkeit τ_{sB} von Stahlklebungen bei verschiedener Oberflächenvorbehandlung [8.8]

Klebstoff: Araldit I
Probe: R St 13
einschnittige Überlappung;
Probenbreite 25 mm;
Überlappung 10 mm;
Blechdicke 0,88 mm

im Idealfall 1000 bis 10000 N/mm². Lineare makromolekulare Klebstoffe werden so adsorbiert, daß nur Teile der Kettenmoleküle an der Grenzfläche fest haften, während nichtadsorbierte Teile von der Grenzfläche abstehen. Man kann dann die Übertragung von Kräften aus dem Werkstoff über die Adsorptions- oder Adhäsionsschicht an der Grenzfläche in die Masse des Klebfilms durch die chemischen Hauptvalenzbindungen der langen Kettenmoleküle erklären (Bild 8.4). Dieses Modell gilt jedoch nur für Metallklebungen. Die teilweise doch vorhandene hohe Klebfestigkeit von Plastverbindungen ist nur durch Diffusionsvorgänge zu erklären.

Diese unterschiedlichen Voraussetzungen für das Kleben der Metalle und das der Plaste haben Einfluß auf die Aufgaben der Klebverbindungen. Metallische Konstruktionswerkstoffe sind bei geeigneter Vorbehandlung und nach Auswahl eines entsprechenden Klebers generell gut verklebbar. Andererseits verlangen die Leistungsgrenzen des Metallklebens eine genaue Festlegung der Einsatzmöglichkeiten. So kann die niedrige Bruchfestigkeit der Kleber gegenüber metallischen Werkstoffen nur teilweise durch die konstruktive Gestaltung ausgeglichen werden. Wegen des geringen Verformungsvermögens der Klebstoffschicht wird an der Grenzfläche Metall–Klebstoff infolge der hohen Schubspannung die kritische plastische Deformation und damit der Bruch rasch eintreten.

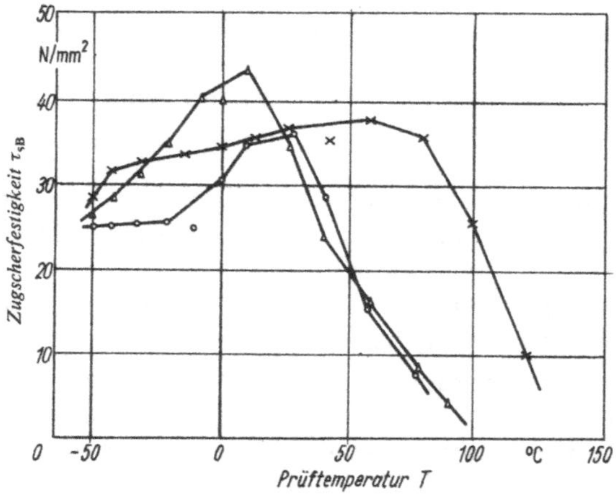

Bild 8.4
Zugscherfestigkeit τ_{sB} von Metallklebverbindungen, abhängig von der Temperatur [8.16]
Werkstoff: AlZnMgCu 1,5
σ_B = 540 N/mm²; $l_ü$ = 10 mm
Klebstoff: × Epoxidharz, Warmhärter
○ Polyamid-Epoxidharz, Warmhärter
△ Phenolharz, Warmhärter

Zum Einfluß des Werkstoffs muß aus bisherigen Erkenntnissen geschlossen werden, daß zwischen *E*-Modul und Bindefestigkeit kein einfacher Zusammenhang besteht. Innerhalb einer Werkstoffgruppe (Stähle, Aluminiumlegierungen, Messinge usw.) nimmt die Bindefestigkeit mit steigender Fügeteilfestigkeit zu; Werkstoffe mit hoher Streckgrenze und hohem *E*-Modul und damit niedrigen Dehnwerten auch bei großen Belastungen bieten daher höhere Festigkeiten bei Klebverbindungen.

8.2.2. **Klebstoffe und Klebstoffverarbeitung** [8.2] [8.3] [8.4] [8.6] [8.9] [8.10]

Aus der Vielzahl von Klebstoffen sind für Metallklebverbindungen nur einige Varianten geeignet. Die Kleber kommen in zwei Arten zum Einsatz:

1. *Einkomponentenklebstoffe* werden in organischen Mitteln gelöst oder liegen als Schmelze vor. Einkomponentenkleber haben allgemein gute adhäsive Eigenschaften auf Metalloberflächen. Die mechanischen und physikalischen Eigenschaften derartiger Klebverbindungen sind jedoch für tragende Konstruktionen zumeist nicht ausreichend. Einkomponentenklebstoffe werden bevorzugt zum Verkleben von Metallen mit anderen Werkstoffen verwendet. Bei Einkomponentenklebstoffen überwiegen warmaushärtende Typen (100 bis 250 °C).
2. *Mehrkomponenten–Reaktionsklebstoffe* bestehen aus zwei oder mehr getrennt aufzubewahrenden Komponenten und werden unmittelbar vor dem Gebrauch gemischt. Durch chemische Reaktion (Polymerisation, -addition oder -kondensation) entsteht erst das eigentliche Bindemittel. Das Reaktionsprodukt solcher Systeme ist fest, und die Aushärtung geht zumeist praktisch schwundfrei vor sich. Diese Kleber haben meistens hohe Festigkeitswerte und sind für tragende Konstruktionen geeignet. Kaltaushärtende Klebertypen (bis 80 °C) überwiegen hier.

Die Einteilung der Kleber erfolgt zweckmäßig nach der chemischen Basis. Vernetzte hochmolekulare Substanzen sind in reinem Zustand spröde. Als Kleber werden sie daher durch niedermolekulare Weichmacher oder leicht verformbare Bestandteile modifiziert. Die wichtigsten Metallklebstofftypen sind in Tafel 8.1 zusammengestellt.

Verarbeitung der Klebstoffe

Die Verarbeitung der Klebstoffe ist abhängig von dem Klebstofftyp und der Lieferform. Einheitlich für alle Verfahren ist, daß ein gleichmäßiger, zusammenhängender, dünner Klebfilm zu garantieren ist. Das ist Voraussetzung für eine gute Kohäsion. Die nach der Benetzung der Fügeteiloberfläche entstehende Haftarbeit muß wiederum größer sein als die Kohäsion. Das ist nur möglich, wenn eine vollständige Benetzung der Fügeteiloberfläche erfolgt ist. Daher müssen Klebstoffe flüssig sein bzw. während des Verklebens in den flüssigen Zustand übergehen. Die Scherfestigkeit hängt ab vom chemischen Aufbau des Klebstoffs und der Fügeteile sowie von der Struktur der Fügeteiloberfläche.

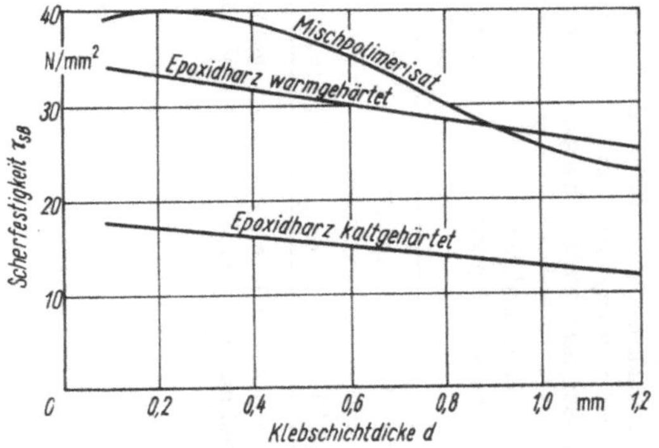

Bild 8.5
Scherfestigkeit τ_B von geklebtem Stahlblech in Abhängigkeit von der Klebschichtdicke

Der technologische Ablauf einer Verklebung sieht folgendermaßen aus:

1. Aktivierung der Fügeteiloberflächen durch mechanisches Aufrauhen und anschließendes Entfetten (für alle Metalle außer Leichtmetallen) bzw. Beizen (bei Leichtmetallen)
2. Vorbereitung des Klebers durch Mischen bei Mehrkomponentenklebstoffen
3. Auftragen des Klebstoffs (abhängig von der Lieferform)
4. Härtung der Klebverbindung: Während dieser Stufe geht der niedermolekulare oder schwach vorpolymerisierte Kleber in den hochmolekularen, festen Zustand über.

Metallklebverbindungen werden immer unter Preßdruck ausgehärtet, um eine hohe Scherfestigkeit zu erhalten. Mit steigender Klebstoffschichtdicke nimmt die Scherfestigkeit ab (Bild 8.5).

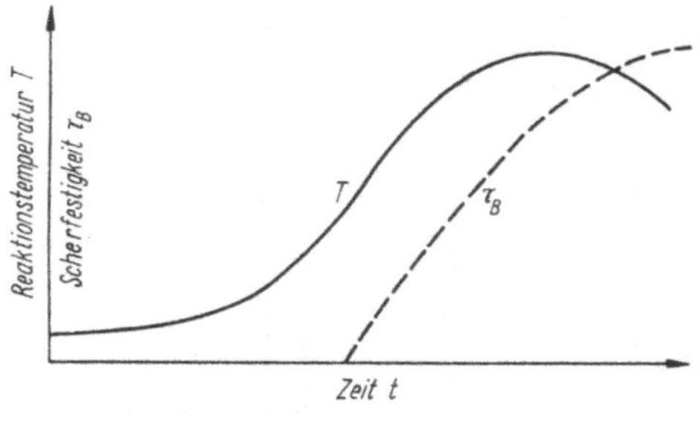

Bild 8.6
Reaktionstemperatur T und Scherfestigkeit τ_B eines Epoxidharzes in Abhängigkeit von der Zeit t

Tafel 8.1. Klebstofftypen – Eigenschaften und Verwendung

Klebstofftyp	Klebstoffe	Eigenschaften	Anwendung
Epoxidharz-kleber	EKG 19, EK 10 (DDR) Araldite (Schweiz) ME-1 (Polen) ChS-Epoxy (ČSSR) u. a.	hohe Zugscherfestigkeit $\tau_B \geqq 23$ N/mm² (s. Bild 8.4), Temperaturbeständigkeit bis 150 °C (reine Harze) bzw. 250 °C (Harze mit Füllstoffen), unter −50 °C Versprödung, Beständigkeit gegen Öl, Benzin, Lösungsmittel, Säuren und Alkalien ist gut	für starre Verbindungen hoher Festigkeit (speziell Metallklebungen aller Art), nicht für Plaste, Verwendung als Gießharze und Spachtelmassen
Phenolharzkleber	Plastasol (DDR) Metlbond (GB) Umacol (ČSSR) BKK, BF-2 (UdSSR)	hohe Zugscherfestigkeit $\tau_B \geqq 23$ N/mm² (s. Bild 8.4), wegen hoher Sprödigkeit Temperaturbeständigkeit nur bis 100 °C, reine Phenolharze, Kombinationsklebstoffe (mit Melanin-, Epoxidharz u. a.) mit höherer Flexibilität und Temperaturbeständigkeit (≈ 300 °C)	heiß- und unter Druck härtende Kleber für warmfeste Metallklebungen und Plastklebungen, kalthärtende Kleber für alle Nichtmetalle mit poröser Struktur (Holz, Papier, Gummi u. a.)
Polyesterharze ungesättigt	Mökodur (DDR)	geringe Festigkeit als Epoxidharzkleber, bis 100 °C jedoch ausreichend, große Schrumpfungen bei Aushärtung, gegen Wasser nicht quellbeständig	für Metallklebungen mit niedrigen Festigkeits- und Temperaturforderungen, für Metall-Nichtmetall-Klebungen und glasfaserverstärkte Plaste
Polyurethanharz-kleber	Mökoflex (DDR) BK-5 (UdSSR)	geringe Festigkeit und Quellbeständigkeit, gute Elastizität und Chemikalienbeständigkeit	für Metalle nur als Dichtungs- und Spachtelmasse geeignet, guter Kleber für Duroplaste und poröse Stoffe
Silikonkleber	KT 15, VK 2 (UdSSR)	Temperaturbeständigkeit bis 500 °C und hohe Elastizität, geringe Festigkeit und Beständigkeit gegen Säuren und Laugen	für Metalle wegen niedriger Festigkeit nur als Dichtungs- und Spachtelmasse geeignet
Zyano- und Glycolacrylatkleber	Fimofix (DDR) Tiox K 1 (Österreich)	mittlere Festigkeit, sehr rasche Härtung, ausgezeichnete Haftung auf glatten Flächen	geeignet für kleine Metallteile (Feingerätetechnik), Verklebungen (Metall–Nichtmetall)

Steigende Härtungstemperatur führt neben der Beschleunigung der Aushärtung auch zu einer Erhöhung der Scherfestigkeit. Beim Kaltaushärten wird frei werdende Reaktionswärme den Aushärtungsvorgang beschleunigen (Bild 8.6). Die relativ lange Härtezeit kalthärtender Zweikomponentenklebstoffe erschwert eine Großserienfertigung. Warmhärtende Einkomponentenklebstoffe härten in 20 bis 50 min aus.
Unter Berücksichtigung der beschriebenen Eigenschaften der Klebstoffe und der Verarbeitungsbedingungen sind die in Tafel 8.2 angegebenen Anwendungsrichtlinien für die Klebstoffauswahl bei verschiedenen Werkstoffkombinationen zu empfehlen.

8.2.3. **Vor- und Nachteile der Klebverbindungen** [8.2] [8.4] [8.5]

Die Beantwortung der Frage, ob Kleben für die jeweilige Aufgabenstellung das zweckmäßige Verbindungsverfahren ist, ist nur möglich, wenn die Anforderungen an die Verbindung exakt quantifiziert werden und mit den technischen, technologischen und ökonomischen Möglichkeiten der verschiedenen Fügeverfahren verglichen werden. In erster Linie wird das Kleben als selbständiges Verbindungsverfahren angewendet; es ist aber auch eine Kombination mit anderen Verfahren (Schrauben, Falzen usw.) möglich. Heute gestattet die Klebtechnik die Übertragung hoher Belastungen auch ohne zusätzliche Befestigung. Berücksichtigen muß der Konstrukteur in jedem Fall, daß die Haftfestigkeit zwischen Klebstoff und Fügeteil (Adhäsion) und die mechanische Festigkeit des Klebstoffs (Kohäsion) gegenüber der Festigkeit metallischer Konstruktionswerkstoffe gering ist, aber durchaus die Festigkeit anderer Werkstoffe wie Plaste erreichen kann. Eine entsprechende konstruktive Gestaltung muß dem Rechnung tragen (s. Abschnitt 8.2.4.).
Aus diesen Gründen ist es interessant, die Vor- und Nachteile des Klebens gegenüber anderen Verbindungsverfahren herauszustellen. Tafel 8.3 zeigt eine Gegenüberstellung zwischen Kleben, Schweißen und Schrauben. Eine genaue Kenntnis der Vor- und Nachteile der Fügeverfahren ist Voraussetzung für die zweckmäßige Auswahl.

8.2.4. **Berechnen und Gestalten von Klebverbindungen** ([8.9] bis [8.17])

Grundsätzlich tritt bei der Klebverbindung zwischen den Verbundpartnern keine makroskopisch beobachtete Vermischung auf, und daher sind Fügeteile und Klebschicht voneinander getrennt zu betrachten. Nur im Fall der Stumpfverklebung zweier metallischer Stäbe mit dicker Klebschicht ist die Zugfestigkeit der Verbindung nahezu ausschließlich von der Zugfestigkeit der Metalle oder des Klebers oder der Haftfestigkeit zwischen ihnen abhängig. Da die Eigenfestigkeit der Klebstoffe etwa um eine Größenordnung geringer ist als die der Metalle, werden Stumpfklebverbindungen in der Metallklebtechnik kaum angewandt. Legt man die Klebfuge in Richtung der zu übertragenden Last, kann die Größe der Klebflächen und damit die übertragbare Last bei gegebener Klebstoffestigkeit beliebig variiert werden (Überlappverbindungen).
Allgemein ist die Festigkeit einer einfach überlappten, auf Schub beanspruchten Metallklebverbindung definiert als Scherfestigkeit

$$\tau_B = F/A = F/bl_ü . \tag{8.1}$$

Dabei ist F die von außen wirkende Kraft und A die sich aus der Überlappungslänge $l_ü$ und der Breite b der Verbindung errechnende Klebfläche. Da Klebstoff und Fügeteil über die Grenzfläche fest miteinander verbunden sind, werden sie sich bei gleicher Last

Tafel 8.2. Bevorzugte Klebharze für hochwertige Klebverbindungen verschiedener Werkstoffkombinationen (Anwendung und Bedeutung der Kleber entsprechend der Reihenfolge)

Werkstoff	Stahl	Hartmetall	Aluminiumlegierung	Kupferlegierung	Zink	Chrom, Nickel	PVC
Stahl	EP, Pm	EP	EP, Pm	EP, Pm	EP, Pm	EP, Pm	PVC, EP, VC-M
Hartmetall	EP	EP	–	–	–	–	–
Aluminiumlegierung	EP, Pm	–	EP, Pm	EP, Pm	EP, Pm	EP, Pm	VC-M, PVAC
Kupferlegierung	EP, Pm	–	EP, Pm	EP, Pm	EP, Pm	EP, Pm	PVAC, KK
Zink	EP, Pm	–	EP, Pm	EP, Pm	EP, Pm	EP, Pm	PVAC, KK
Chrom, Nickel	EP, Pm	–	EP, Pm	EP, Pm	EP, Pm	EP, Pm	PVAC, KK
Blei	EP, Pm	–	EP, Pm	EP, Pm	EP, Pm	EP, Pm	PVAC, KK
PVC	PVC, EP, VC-M	–	VC-M, PVAC	PVAC, KK	PVAC, KK	PVAC, KK	PVC
GFP	EP, Pm, UP	–	EP, Pm, UP	EP, Pm, UP	EP, Pm, UP	EP, Pm, UP	EP, UP
Formpreßstoff	EP+F, Pm, KK	–	EP-F, Pm, KK	Pm, EPm	EP-F, Pm, KK	EP-F, Pm, KK	PVAC
Gummi	PU, Pm, EP, C	–	PU, Pm, EP, C	PU, Pm, EP, C	PU, Pm, EP, C	PU, Pm, EP, C	PVC, PU, EPm
Polyamid	PU, EP	–	PU, EP	PU, EP	PU, EP	PU, EP	PU
Glas	PVAC, C, KK	–	PVAC, C, KK	PVAC, C, KK	PVAC, C, KK	PVAC, C, KK	KK
Keramik	EP, UP	–	EP, UP	EP, UP	EP, UP	EP, UP	PVC
Asbest	PVAC, KK	–	PVAC, KK	PVAC, KK	PVAC, KK	PVAC, KK	PVC

EP Epoxidharz; EPm modifiziertes Epoxidharz; EP-F Epoxidharz + Füllstoff; Pm modifiziertes Phenolharz; UP ungesättigtes Polyesterharz; PU Polyurethanharz; PVC nachchloriertes Polyvinylchlorid; VC-M Vinylchlorid-Vinylacetat-Mischpolymerisat; PVAC Polyvinylacetat; C Zyanoacrylat; KK Kontaktklebstoff auf Kautschukbasis

Tafel 8.3. Einige wesentliche Vor- und Nachteile verschiedener Fügeverfahren

Kleben	Schweißen	Schrauben
unterschiedliche Stoffe verbindbar	nur jeweils ähnliche und nicht alle Metalle und Plaste verbindbar	unterschiedliche Stoffe verbindbar
Material wird thermisch und mechanisch nicht oder nur wenig beeinflußt	Material wird thermisch stark beeinflußt (Festigkeitsabfall bei kaltverfestigten Metallen)	Material wird örtlich beeinflußt (Bohrlöcher mit Querschnittsminderung)
gleichmäßig gute Eigenspannungsverteilung	hohe und stark veränderliche Eigenspannungen und eventuell Verwerfungen im Material	diskontinuierliche Spannungsverteilung
günstige Spannungsverteilung über der Klebfläche mit Spannungsspitzen	Spannungsspitzen bei Krafteinwirkung	Spannungsspitzen an Lochrändern bei Krafteinwirkung
Wärmefestigkeit der Verbindung ist gering; $\tau_{max} = 80\,°C$ Kalthärter, $\tau_{max} = 150\,°C$ Warmhärter	Verbund so wärmefest wie das Grundmaterial	Verbund annähernd so wärmefest wie das Grundmaterial
dichter Verbund	dichter Verbund	nicht dichter Verbund
unversehrte glatte Oberfläche (keine Nacharbeit)	nur bedingt glatte Oberfläche (Schweißraupen)	keine glatte Oberfläche (Schraubenköpfe)
Eigenschaftsänderung der Klebschicht im Laufe der Zeit (Alterung) möglich	keine Alterung der Schweißnaht	keine Alterung der Verbindung
Verbindung ist korrosionsbeständig	Verbindung ist korrosionsbeständig wie das Grundmaterial	Verbindung ist korrosionsschutztechnisch ungünstig
geringer Aufwand an Apparaturen, teilweise aufwendige Vorrichtungen für Druck und Temperatur	mäßiger bis großer Aufwand an Apparaturen	kein Aufwand an Apparaturen bis mäßiger Aufwand
geringe Anforderungen an Qualifikation des Verarbeiters	hohe Anforderungen an Qualifikation des Verarbeiters	geringe Anforderungen an Qualifikation des Verarbeiters

unterschiedlich verformen und einen heterogenen Spannungszustand verursachen. Die Beurteilung der Festigkeitseigenschaften und des Verhaltens von Klebverbindungen unter statischer und dynamischer Beanspruchung ist jedoch erst dann möglich, wenn die Spannungsverteilung in der Klebverbindung bekannt ist.

Die Spannungen quer zur Lastrichtung sind dabei als gleichmäßig verteilt anzusehen. Den Spannungsverlauf in einschnittigen Überlappungen untersuchte *O. Volkersen* unter den Voraussetzungen, daß die Fügeteilquerschnitte konstant bleiben, Fügeteile und Klebschicht sich rein elastisch verformen und das infolge außermittigen Kraftangriffs wirkende Moment M vernachlässigt werden kann. Aus diesen Berechnungen geht hervor, daß lange Überlappungen eine ungünstige Spannungsverteilung aufweisen, da die Spannungsspitzen τ_{max} im Verhältnis zur Mittelspannung τ_m wesentlich höher liegen als bei kurzen Überlappungen (Bild 8.7) und die Scherfestigkeit damit absolut erniedrigt wird (Bild 8.8). Festigkeitskriterium ist daher nicht die mittlere Schubspannung τ_m nach Gl. (8.1), sondern die maximale Schubspannung τ_{max} an den Überlappungsenden. Das um so mehr, als sich infolge des außermittigen Kraftangriffs die Schubspannungen vor allem an den Überlappungsenden gegenüber den rechnerischen Werten noch erhöhen und sich ihnen außerdem Schäl- bzw. Normalspannungen überlagern.

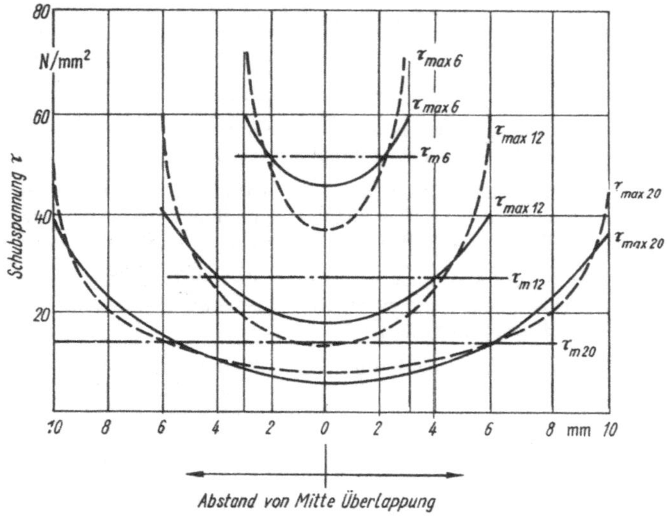

Bild 8.7
Spannungsverteilung bei einfach überlappter Klebverbindung [8.4]

Überlappungslängen:
$L_ü$ = 6, 12, 20 mm
—— ohne Berücksichtigung des Biegemoments
---- mit Berücksichtigung des Biegemoments
$C = \tau_{max}/\tau_m$ (Spannungsspitzenfaktor C steigt mit zunehmender Überlappungslänge $l_ü$ und wird damit ungünstig)

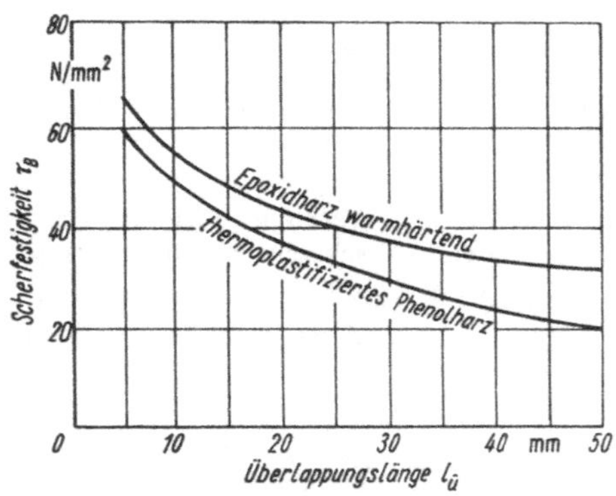

Bild 8.8. Abhängigkeit der Scherfestigkeit τ_B einer Stahlklebung von der Überlappungslänge $l_ü$ bei gegebenem Fügeteilwerkstoff, Oberflächenbehandlung und geometrischen Abmessungen

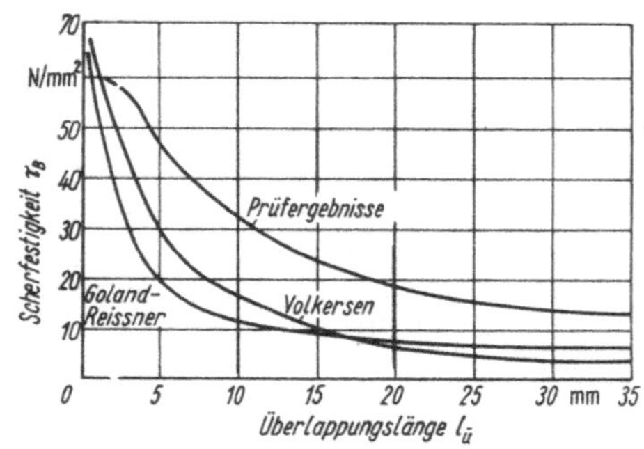

Bild 8.9. Vergleich rechnerischer und prüftechnisch ermittelter Scherfestigkeit in Abhängigkeit von der Überlappungslänge $l_ü$ [8.4]

einschnittige Klebverbindung; Blech AlCuMg2; 1 mm dick; Klebstoff Redux 775

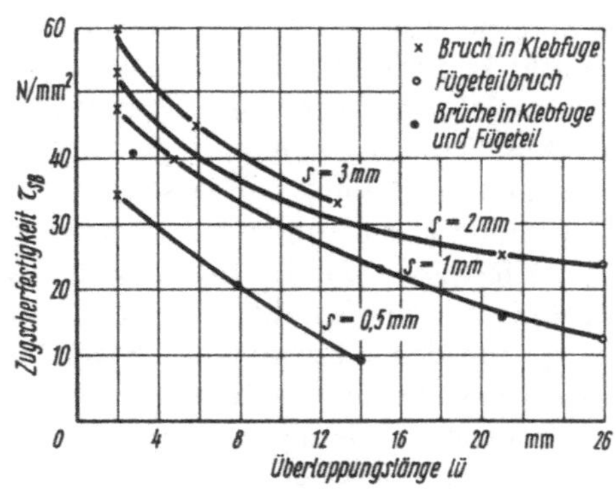

Bild 8.10
***Einfluß** der **Blechdicke** s **auf die** Zugscherfestigkeit einer Klebverbindung* [8.5]

Alle bisherigen Ansätze geben die tatsächlichen Verhältnisse in Klebverbindungen nicht exakt wieder und liefern kein Bruchkriterium.
Das ist auch die Ursache dafür, daß experimentelle Untersuchungen zu Abweichungen von den rechnerischen Werten führten (Bild 8.9) [8.7].
Insbesondere Klebstoffe mit hohen plastischen Verformbarkeiten führen zu einem beträchtlichen Abbau der Spannungsspitzen. Da die Scherfestigkeit in großem Maß von den geometrischen Abmessungen (Klebschichtdicke, Überlappungslänge) abhängt, ist es nicht möglich, für einen Klebstoff und bestimmte Fügeteilwerkstoffe allgemeingültige Scherfestigkeiten anzugeben. Eine Vorausberechnung der Bruchspannung τ_m ermöglichte erstmals der von *de Bruyne* eingeführte Gestaltfaktor

$$f = \frac{\sqrt{s}}{l_ü},$$

der nur den Einfluß der Fügeteildicke s und Überlappungslänge $l_ü$ erfaßt (Bild 8.10).
Danach sollen Klebungen gleichen Fügeteilwerkstoffs und Klebstoffs dann eine gleiche Festigkeit und Spannungsverteilung aufweisen, wenn ihr Gestaltfaktor gleich ist. Neuere Untersuchen weisen nur auf eine begrenzte Gültigkeit des Gestaltfaktors hin.
Die bisherigen Rechenverfahren gehen zwar von den theoretischen Formeln von *Volkersen* aus, versuchen jedoch, die Gültigkeit für die Praxis durch Einführen empirisch gewonnener Faktoren zu verbessern ([8.11] bis [8.13]).
Die Überlappungslänge $l_ü$ und die Scherfestigkeit τ_B lassen sich nach der Berechnungsmethode von *Winter* und *Meckelburg* [8.14] recht gut bestimmen. Die verschiedenen Einflußfaktoren auf die Festigkeit der Klebverbindung und die erforderliche Dimensionierung werden jedoch ebenfalls anhand umfangreicher Versuche empirisch bestimmt und in der Rechnung durch Korrekturfaktoren berücksichtigt. Durch statistische Auswertungen erhält man

$$\tau_B = g\sqrt{f} \tag{8.2}$$

mit dem Gestaltfaktor nach *de Bruyne* $f = \sqrt{s}/l_ü$. Der Faktor g ist abhängig von der Zugfestigkeit des Fügeteilwerkstoffs σ_B und einem Klebstoffkennwert K und für ein- und zweischnittige Verbindungen verschieden. Diese empirisch ermittelte Abhängigkeit des

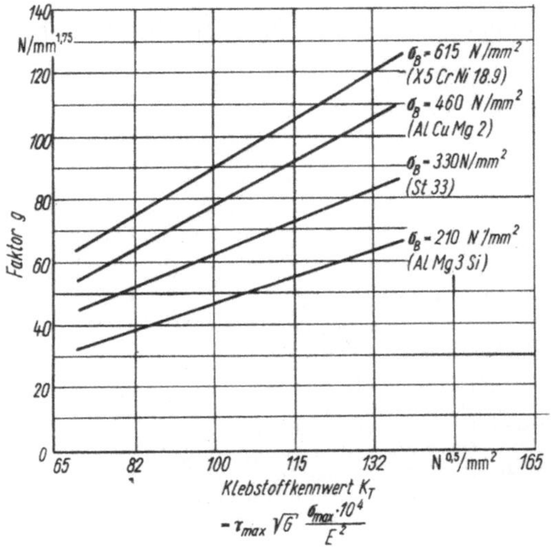

Bild 8.11
Abhängigkeit des Faktors g vom Klebstoffkennwert K_T und der Fügeteilfestigkeit σ_B

Faktors *g* wird in Diagrammen zusammengestellt und als Berechnungsgrundlage genutzt (Bild 8.11).
Für die Bemessung der Fügeteile, unter Vernachlässigung der maximalen Beanspruchbarkeit des Klebstoffs, entwickelten *F. Eichhorn* und *W. Braig* [8.13] ein Rechenverfahren. Man erhält danach Verbindungen, die hinsichtlich der Klebstoffestigkeit nicht voll ausgelastet sind, weil von der Annahme rein elastischer Verformung der Klebstoffschicht ausgegangen wird. *Eichhorn* und *Braig* berücksichtigen jedoch das maximale Biegemoment infolge außermittigen Kraftangriffs am Überlappungsende

$$M_{\mathrm{b\,max}} = \frac{Fs}{2 + l_{\ddot{u}} \sqrt{\dfrac{12F}{Ebs^3}}}$$

und überlagern die daraus ergebende Spannung

$$\sigma_{\mathrm{b}} = \frac{M_{\mathrm{b\,max}}}{W_{\mathrm{b}}} = \frac{6M_{\mathrm{b\,max}}}{bs^2}$$

mit der eingebrachten Zugspannung

$$\sigma_{\mathrm{z}} = \frac{F}{sb}$$

zu

$$\sigma_{\mathrm{max}} = \sigma_{\mathrm{z}} + \sigma_{\mathrm{b}}. \tag{8.3}$$

Aus der zu übertragenden Last F, der vorgesehenen Verbindungsbreite b und der zulässigen Spannung im Fügeteilwerkstoff σ_{max} sowie frei wählbaren Überlappungslängen $l_{\ddot{u}}$ werden die Parameter

$$\sigma_{\mathrm{max}} \frac{b}{F} \quad \text{und} \quad l_{\ddot{u}} \sqrt{F/Eb}$$

errechnet.
Der Schnittpunkt beider Parameter im Nomogramm (Bild 8.12) liefert die Blechdicke der Fügeteile bei gewähltem $l_{\ddot{u}}$.

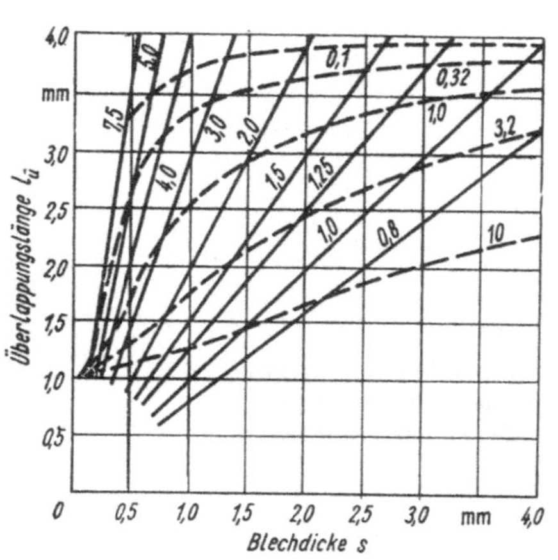

Bild 8.12
Ermittlung der Blechdicke s bzw. Überlappungslänge $l_{\ddot{u}}$ einfach überlappter Klebungen

---- $l_{\ddot{u}} \sqrt{F/Eb}$ = konst. 1
—— $\sigma_{\mathrm{max}}\, b/F$ = konst. 2
Gegeben: Last F; Verbindungsbreite b; Fügeteilwerkstoff E und $\sigma_{\mathrm{zul}} = \sigma_{\mathrm{max}}$
wählbar: Überlappungslänge $l_{\ddot{u}}$
Lösungsweg: 1 und 2 errechnen: Schnittpunkt ergibt gesuchte Blechdicke s

Für die praktische Berechnung wurden Nomogramme entwickelt, die ein schnelleres und einfacheres Arbeiten ermöglichen.

Alle diese Berechnungsverfahren haben drei wesentliche Nachteile:

1. Die Verfahren sind aus Versuchsergebnissen empirisch entwickelt und aus Gesetzmäßigkeiten für alle Klebverbindungen abgeleitet worden, deren Gültigkeit nicht bewiesen ist.
2. In den Rechnungen werden Fügeteile und Klebschicht gesondert betrachtet. In Wirklichkeit beeinflußt die metallische Oberfläche über die Grenzfläche hinaus die Festigkeit der Klebschicht.
3. Die Rechenverfahren basieren auf Versuchen mit statischen Kurzzeitbelastungen. Das Langzeit- und Dauerfestigkeitsverhalten wird nicht erfaßt.

Da mathematisch genaue Berechnungsverfahren für Metallklebverbindungen noch nicht existieren, empfehlen sich für den Konstrukteur zwei Verfahrensweisen:

1. Kurzzeitbeanspruchung

Für das Festigkeitsverhalten unter zügiger Beanspruchung ist bei Klebverbindungen die Scher- bzw. die Zugscherfestigkeit verantwortlich. Neben den von *Eichhorn* und *Braig* [8.13] und *Winter* und *Meckelburg* [8.14] gezeigten Möglichkeiten bieten die vom ZIS Halle erarbeiteten Nomogramme sehr gute Möglichkeiten zur Vereinfachung des Berechnungsaufwands für Metallklebverbindungen in Form von Blech-, Rohr- und Bolzen-Buchsen-Verbindungen [8.15] [8.10]. Ausgangsgleichung für die Aufstellung der Nomogramme ist die Funktion

$$\begin{aligned} l_{ü} &= m\sigma_{0,2} \quad \text{für Zug-, Druck- und Scherbeanspruchung} \\ l_{ü} &= m\tau_F \quad \text{für Torsionsbeanspruchung,} \end{aligned} \tag{8.4}$$

wobei im Faktor m die Einflüsse des Klebstoffs, des Fügeteilwerkstoffs und der geometrischen Abmessungen der Fügeteile enthalten sind. Die Bemessungsfaktoren sind experimentell leicht zu ermitteln. Für einschnittige Überlappverbindungen gilt

$$m = 0{,}2\,(s^2 + 1).$$

Hierbei ist

s = Fügeteildicke = Blechdicke bei Blechen
= $D/4$ bei runden Vollquerschnitten
= $w/D\,(d + w)$ bei Rohren;

w Wanddicke = $\frac{1}{2}(D - d)$.

Die Nomogramme gelten grundsätzlich nur für bestimmte Verbindungstypen (einschnittige Blech-, Rohrverbindung usw.) und für experimentell untersuchte Klebertypen und ermöglichen die Bestimmung

- der optimalen Überlappungslänge $l_{ü\,opt}$ bei bekannten Fügeteilabmessungen und Werkstoffqualitäten
- der ertragbaren Beanspruchung einer Verbindung bei vorhandener Überlappungslänge $l_ü$ und bekannten Fügeteilabmessungen und Werkstoffqualitäten.

So berechnete Klebverbindungen können kurzzeitig so hoch belastet werden, daß im Fügeteil die Streckgrenze erreicht wird (Werkstoffsicherheit = Verbindungssicherheit = $\nu \geqq 2$). Die Arbeitsweise mit Hilfe der Nomogramme wird anhand des Beispiels im Bild 8.13 deutlich.

Bei fehlenden Nomogrammen sind Probeklebungen durchzuführen, wobei die Fertigungsbedingungen und Beanspruchungen den praktischen Verhältnissen anzupassen sind. In Näherung kann $l_{\ddot{u}\,opt}$ = 10- bis 15fache Blechdicke als Dimensionierungsgrundlage gewählt werden. Die Scherfestigkeit τ_B für Epoxidharzklebungen liegt dann bei 20 bis 35 N/mm² (Stahlfügeteile) bzw. 12 bis 20 N/mm² (Aluminiumfügeteile).

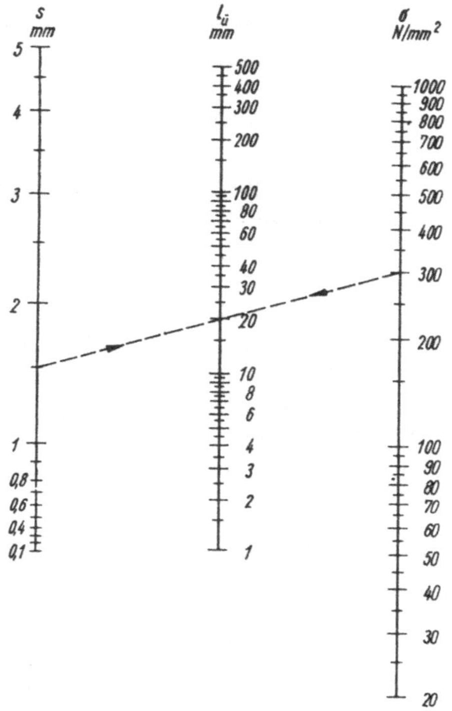

Bild 8.13
Nomogramm zur Bemessung einschnittiger Blechklebverbindungen für Zugbeanspruchung

s Blechdicke; $l_ü$ Überlappungslänge; σ zulässige Spannung im Fügeteilwerkstoff bzw. $\sigma_{0,2}$; Klebstoff: heißhärtendes Epoxidharz „Epilox EK 10"
Ausgangsgleichung: $l_ü = 0{,}2\sigma\,(s^2 + 1)$

Arbeitsbeispiel
Gegeben: Blech AlCuMgF44; $\sigma_{0,2}$ = 300 N/mm²; s = 1,5 mm
Gesucht: $l_ü$
Lösungsweg: Verbinden s mit $\sigma_{0,2}$; Schnittpunkt der Verbindung bei $l_ü$ = 20 mm

Einfache Zugbelastung

Im Fall einer einfachen Zugbelastung bei Stumpfklebverbindungen, die nur in Ausnahmefällen anzuwenden sind, kann der Konstrukteur mit Klebstoffzugfestigkeiten σ_B rechnen, die je nach Klebstoff zwischen 20 und 100 N/mm² betragen. Die Zugfestigkeit σ_B ist damit etwa doppelt so hoch wie die Scherfestigkeit τ_B.

Schälbeanspruchung

Die Schälbeanspruchung von Klebverbindungen ist auf jeden Fall zu vermeiden. Sie beginnt, wenn die Normalspannungen σ in der Klebstoffschicht die Zugfestigkeit σ_B des Klebstoffs örtlich überschreiten. Die Beanspruchung läuft linienförmig in die Klebverbindung hinein, ist damit immer sehr konzentriert wirksam. Der Schälwiderstand ist praktisch unabhängig von der Klebschichtdicke. Stumpfverbindungen von Stäben und Rohren werden häufig auf Torsion beansprucht. Die Verdrehscherfestigkeit τ_t der Klebstoffe kann in diesen Belastungsfällen je nach Klebstoff mit 20 bis 70 N/mm² in Rechnung gesetzt werden. Zur Erzielung einer hohen Torsionsfestigkeit ist die Klebschichtdicke möglichst gering zu halten.

Langzeitverhalten

Bei der Bemessung von Klebverbindungen spielt die Langzeitfestigkeit in vielen Fällen eine große Rolle. Das Langzeitverhalten der Klebverbindungen ist wegen der ausgeprägten Kriech- und Relaxationsvorgänge der hochpolymeren Klebstoffe stark zeitabhängig. Bei zeitlich anhaltender, konstanter Last verformt sich die Klebschicht in

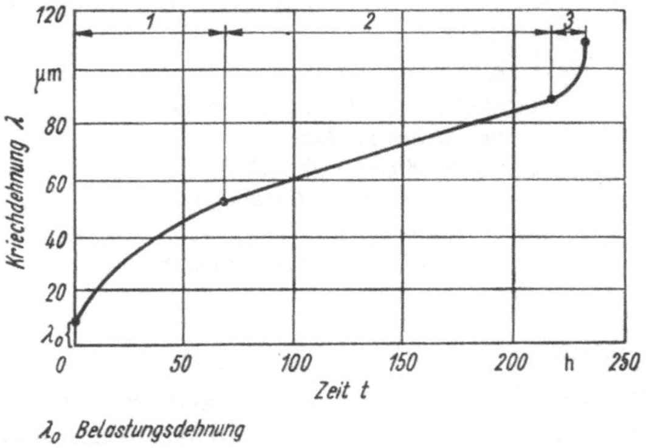

Bild 8.14
Kriechverformung von Klebverbindungen

bestimmter Weise (Bild 8.14). Unmittelbar nach Aufbringen der Last kriecht der Werkstoff sehr rasch (Bereich 1 – primäres Kriechen), um sich dann nach einer gewissen Zeit mit konstanter Geschwindigkeit weiter zu verformen (Bereich 2 – sekundäres Kriechen oder stationäres Kriechen). Der Bruchvorgang wird in der dritten Phase durch das beschleunigte oder tertiäre Kriechen (Bereich 3) eingeleitet. Mit zunehmender Belastung der Klebverbindung sinkt die Lebensdauer (Zeit bis zum Eintritt des Bruches), bzw. mit zunehmender geforderter Lebensdauer sinkt die zum Bruch führende Spannung (Zeitstandfestigkeit τ_{BSt}). Die Zeitstandfestigkeit aller Klebverbindungen ist in jedem Fall kleiner als die Kurzzeitbruchfestigkeit τ_B und erreicht bei 10^4 h Lebensdauer 60 bis 90% von τ_B. Besondere Umweltbedingungen, wie Temperatur (Bild 8.15), Feuchtigkeit u.a., haben großen Einfluß auf die Zugscherfestigkeit (Bild 8.16) und die Zeitstandfestigkeit und lassen verallgemeinernde Schlußfolgerungen nicht zu. Erforderlichenfalls sind praktische Versuche durchzuführen und statistisch auszuwerten.

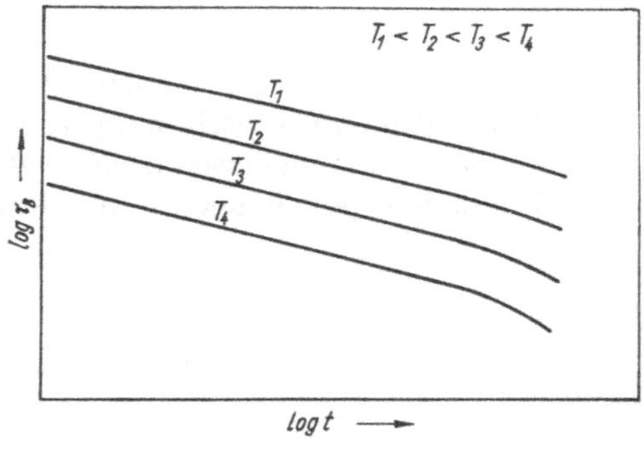

Bild 8.15
Abhängigkeit der Zeitstandfestigkeit von Klebverbindung von der Temperatur

Verhalten unter dynamischer Belastung

Schwingbelastung spielt für hochbeanspruchte Teile im Maschinen-, Fahrzeug- und Flugzeugbau eine außerordentlich große Rolle. Die Klebverbindung weist bei mechanischer Schwingbelastung eine ähnliche Spannungsverteilung auf wie bei statischer Belastung, und zwar für Schub- und Zugspannungen. Umfangreiche dynamische Untersuchungen

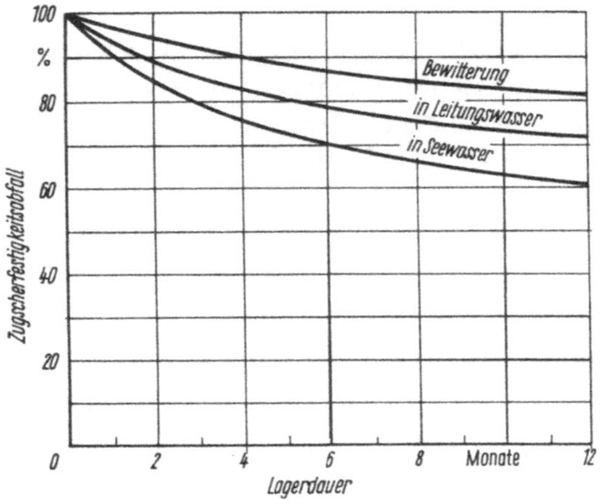

Bild 8.16
Einfluß des Alterungsverhaltens von Klebverbindungen auf die Zugscherfestigkeit bei verschiedenen Lagerungsbedingungen
AlMg-Fügeteile und Epoxidharzkleber

an Klebverbindungen haben ergeben, daß die Verbindungen eine ausgeprägte Dauerfestigkeit bei etwa $5 \cdot 10^6$ bis $1 \cdot 10^7$ Lastwechseln aufweisen, während die reinen ausgehärteten Klebharze das nicht haben. Die Dauerfestigkeit der Klebverbindungen liegt bei 20 bis 30% der statischen Festigkeit. Der Einfluß des Klebstoffs ist bei dynamischer Beanspruchung geringer als bei anderen Belastungsfällen.

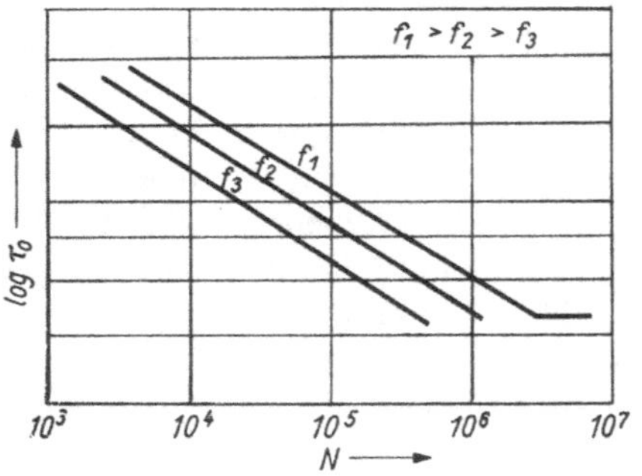

Bild 8.17
Schwingfestigkeit von Klebverbindungen in Abhängigkeit von der Frequenz

Das Festigkeitsverhalten gegen hochfrequente Schwingbelastung ist bei Klebverbindungen günstig, da sich infolge der kurzen Zeit zwischen den Lastwechseln nur geringe Verformungen ergeben. Man erhält einen quasistatischen Spannungszustand mit weitgehend ausgeglichenen Verformungen zwischen Überlappungsende und -mitte. Mit

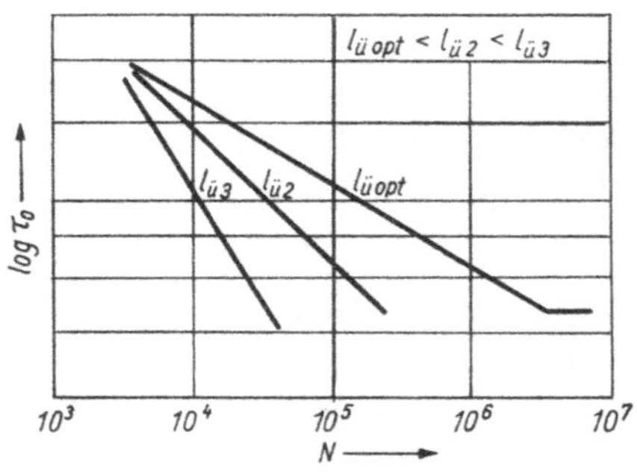

Bild 8.18
Einfluß der Überlappungslänge $l_ü$ auf die Schwingfestigkeit von Klebverbindungen

sinkender Belastungsfrequenz nehmen die Kriechwerte der Klebschicht zu, die Verformungsunterschiede und damit die Spannungsunterschiede zwischen Überlappungsende und -mitte steigen an, und die Lebensdauer sinkt (Bild 8.17). Vergrößern der Überlappungslänge hat bei gleichen Schubspannungswerten eine Verkürzung der Lebensdauer zur Folge (Bild 8.18). Die Prüfung der Klebverbindungen und Auswertung der Schwingversuche erfolgen wie bei den Grundwerkstoffen in Form von Wöhler-Kurven, Dauerfestigkeitsschaubildern usw.

Dimensionieren nach in Einstufenversuchen ermittelten dynamischen Festigkeiten hat Verbindungen zur Folge, deren Festigkeitseigenschaften im Betrieb nicht ausgenutzt werden.

Gestaltungsrichtlinien für Klebverbindungen

Metallklebverbindungen sind primär als Überlappverbindungen herzustellen, da die Klebstoffestigkeit wesentlich niedriger ist als die des metallischen Fügeteils. Liegt die Klebfuge in Richtung der Last, kann durch Wahl der Größe der Klebfläche die übertragbare Last in beliebiger Weise verändert werden.

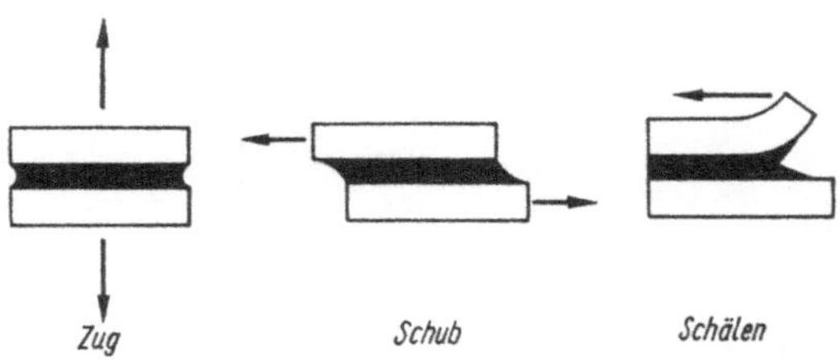

Bild 8.19
Typische Beanspruchungsarten von Klebverbindungen

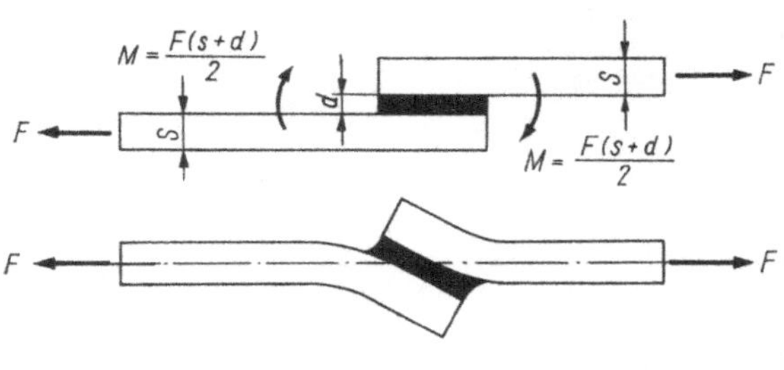

Bild 8.20
Verformung einfacher Überlappverbindung infolge außermittigen Kraftangriffs

Reine Schubbeanspruchung der Klebverbindungen gestattet die bestmögliche Ausnutzung der Haftfestigkeit. In der Praxis treten jedoch weitere Beanspruchungsarten auf (Zug, Schälen) (Bild 8.19). So werden an den Überlappungsenden der häufig verwendeten einschnittigen Überlappung durch das Biegemoment Normalspannungen hervorgerufen, die zu einem Abschälen führen können (Bild 8.20).

Welche Möglichkeiten bestehen, um die Festigkeit von Klebverbindungen positiv zu beeinflussen?

1. Anwendung von Klebern, die durch ein hohes plastisches Verformungsvermögen größere Spannungsunterschiede abbauen.
2. Konstruktive Gestaltung der Klebverbindung mit dem Ziel einer möglichst gleichmäßigen Spannungsverteilung. Anzustreben sind gleichmäßige Übergänge der Fügeteile, wobei eine Reduzierung der Fügeteildicke an den Überlappungsenden die Steifigkeit verringert und die Dehnung erhöht. Die Dehnungsunterschiede an den Überlappungsenden von beiden Fügeteilen nehmen ab, die Spannungsspitzen werden abgebaut und die Spannungsverteilung damit gleichmäßiger gestaltet. Besonders

vorteilhaft sind geschäftete Verbindungen, da die absolute Bruchlast mit der Überlappungslänge gleichmäßig ansteigt, während sie bei Einfachüberlappungen nach Erreichen eines Maximums infolge der Spannungsüberhöhung an den Enden wieder abfällt (Bild 8.21). Beispiele für günstig gestaltete Blechklebverbindungen zeigt Bild 8.22.

3. Konstruktive und technologische Maßnahmen zur Vermeidung bzw. Reduzierung der Schälbeanspruchung. Diese Beanspruchungsart ist für Klebverbindungen besonders gefährlich, da die Last linienförmig, d.h. sehr konzentriert, angreift. Konstruktive Möglichkeiten zur Verminderung der Gefahr des Abschälens zeigt Bild 8.23. Die Festigkeit gegen Schälbeanspruchung kann auch gesteigert werden durch Einlegen von Geweben und Glasfasern in die Klebfuge, wodurch Festigkeitssteigerungen um 100% gemessen wurden (Bild 8.24).
   Eckverbindungen gestaltet man zweckmäßig nach Bild 8.25, Steganschlüsse nach Bild 8.26 und Hohlprofile nach Bild 8.27. Kleben ermöglicht durch die Schicht- und Laminierbauweise eine der jeweiligen Belastung angepaßte Gestaltung von Profilquerschnitten (Bild 8.28).

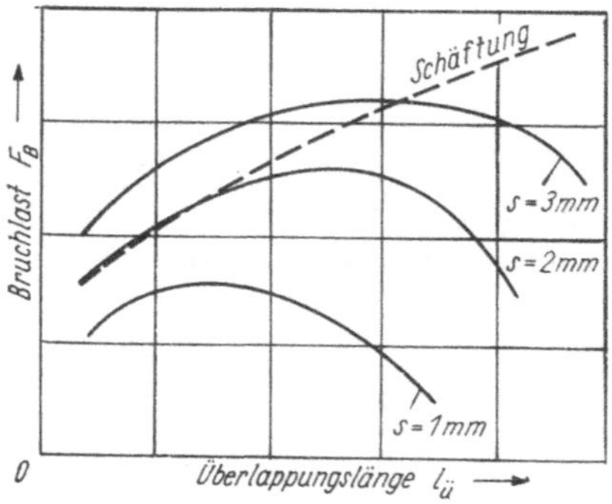

Bild 8.21
Bruchlast F_B von Klebverbindung in Abhängigkeit von der Länge und der Art der Überlappung
—— einschnittige Überlappung
---- Schäftung

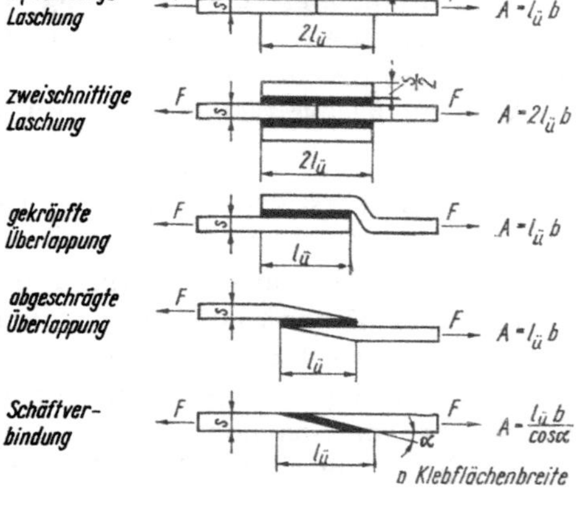

Bild 8.22
Verbindungsformen für schubbeanspruchte Blechklebverbindungen

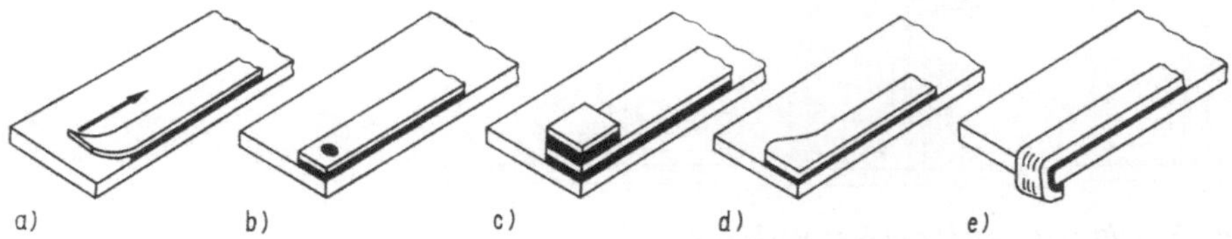

Bild 8.23. Möglichkeiten zur Verminderung der Abschälung

a) Abschälen; b) Niet; c) Steifigkeit vergrößern; d) Fläche vergrößern; e) Ende umfalten

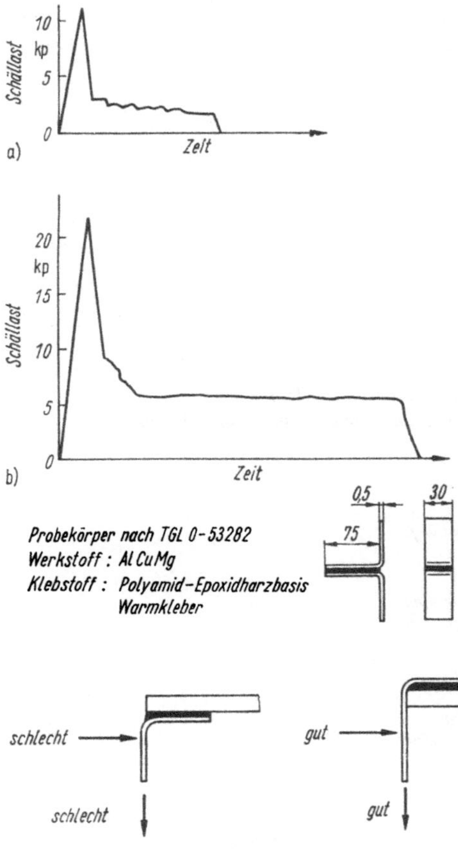

Bild 8.24
Schäldiagramm nach dem Winkelschälversuch von Proben mit und ohne Glasgewebeeinlage

a) ohne Glasgewebeeinlage; b) mit Glasgewebeeinlage

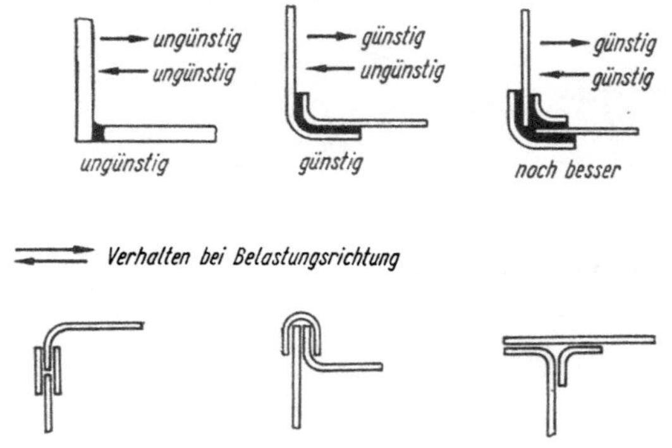

Bild 8.25
Beispiele für die Gestaltung geklebter Eckverbindungen

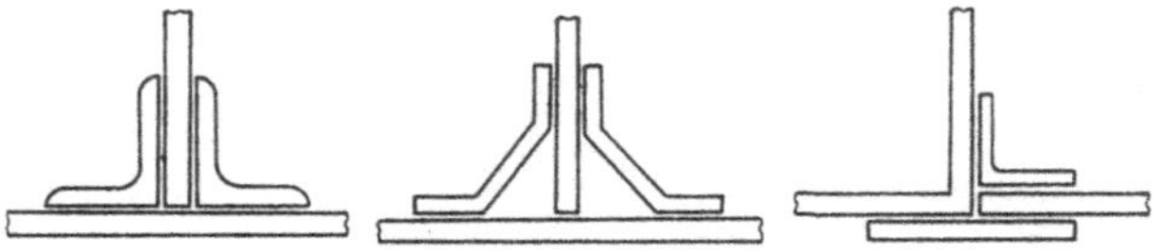

Bild 8.26. Gestaltungsbeispiele von Steganschlüssen

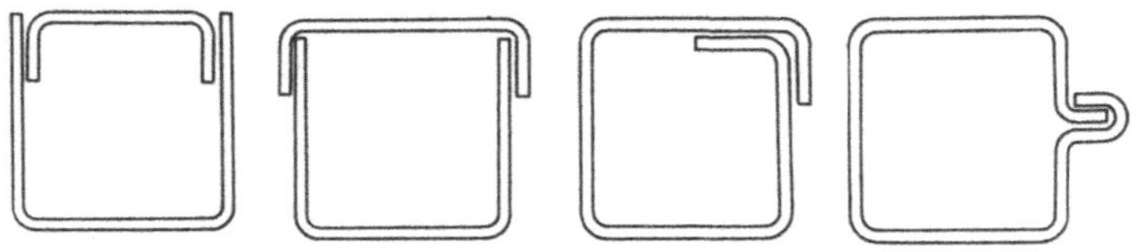

Bild 8.27. Herstellen geschlossener Profile aus Blech

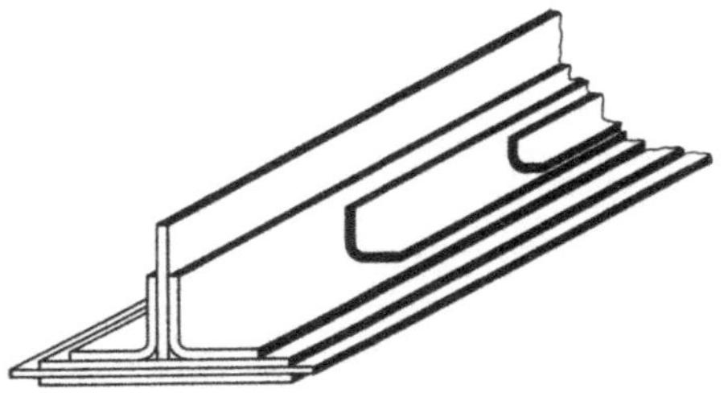

Bild 8.28
In Schichtbauweise geklebter, dem Spannungsverlauf angepaßter T-Träger

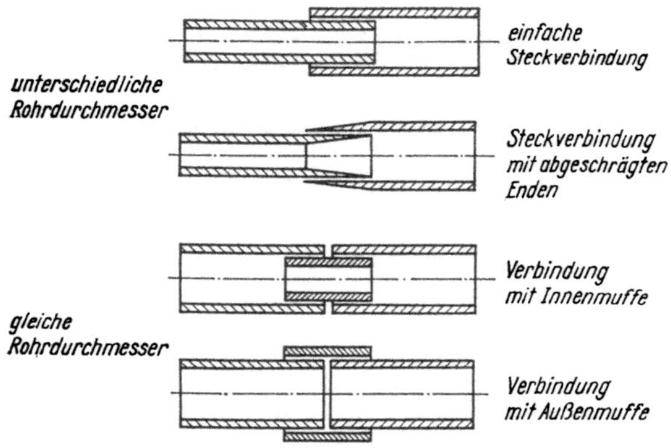

Bild 8.29
Rohrverbindungen mit Querschnittsänderungen

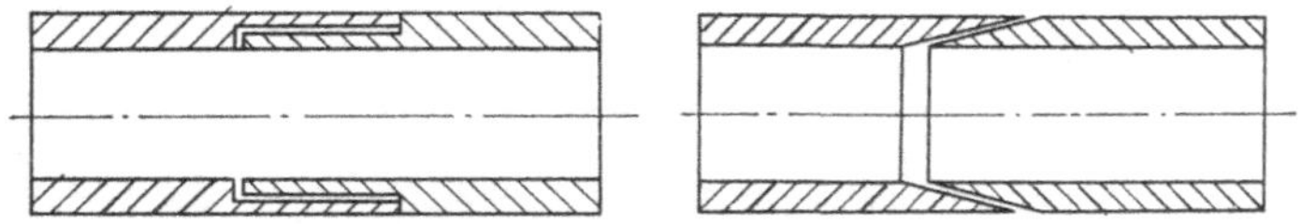

Bild 8.30. Verbindung dickwandiger Rohre ohne Querschnittsänderung

Die Verklebung dünnwandiger Rohre erfolgt bei unterschiedlichen Rohrdurchmessern nach Ineinanderschieben (Steckverbindung) ähnlich der einschnittigen Überlappung. Dünnwandige Rohre gleichen Durchmessers werden mittels Muffen geklebt (Bild 8.29). Dickwandige Rohre werden an den Enden abgeschrägt zum Zweck der gleichmäßigeren Spannungsverteilung (Bild 8.30). Das Einkleben von Zapfen erfolgt zweckmäßig so, daß ein Bund in der Bohrung vorgesehen wird, der die Zentrierung des Zapfens übernimmt und gleichzeitig den Klebstoff in der Bohrung bzw. im Klebspalt sichert.
Anwendung findet die Klebtechnik in sehr vielen Industriezweigen. Die Schichtbauweise sowie Schalenkern- und Stützkernbauweise haben große Bedeutung im Flugzeugbau (Querschotte, Ruderblätter, Flügelkanten usw.). Rotorblätter von Hubschraubern werden in Schichtbauweise gefertigt. Schalenkern- und Stützkernelemente aus Al- und Mg-Legierungen werden für Zwischenböden und Trägerplatten in Raumfahrzeugen verarbeitet. Im Fahrzeugbau und in der Feinwerktechnik/Gerätebau nimmt das Kleben als Fügetechnologie zu. Aus dem Maschinenbau sind geklebte Absperrschieber, aufgeklebte Gleitbahnen von schweren Werkzeugmaschinen, geklebte Achslagergehäuse u. ä. bekannt.

8.3. Lötverbindungen

8.3.1. Physikalische Grundlagen

Löten ist ein Verfahren zur Verbindung metallischer Werkstoffe mit Hilfe eines geschmolzenen Zusatzmetalls (Lot), dessen Schmelzpunkt niedriger als der der Fügeteile ist. Die eigentliche Bindung erfolgt dabei nicht durch tiefgehendes Verschmelzen von Lot und Grundwerkstoff. Die Bindungsvorgänge spielen sich lediglich an der Oberfläche des Grundwerkstoffs ab. Damit ist der Lötvorgang eine Grenzflächenreaktion zwischen dem flüssigen Lot und dem festen Grundwerkstoff.

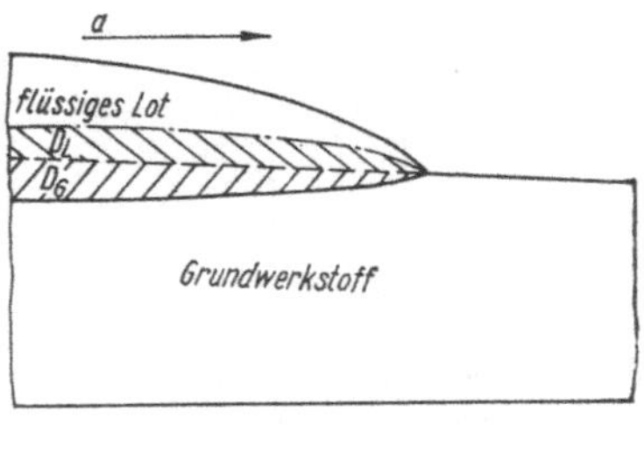

Bild 8.31
Diffusionszonen im Grundwerkstoff D_G und im Lot D_L
a Ausbreitungsrichtung des Lotes

Der Legierungsvorgang zwischen Lot und Grundwerkstoff beruht auf der Erscheinung der Diffusion. Im festen Werkstoff haben die Atome insbesondere an der Oberfläche eine erhöhte Beweglichkeit. Den Platzwechsel dieser Atome bezeichnet man als Selbstdiffusion. Mit zunehmender Temperatur steigt die Platzwechselwahrscheinlichkeit. Das flüssige Lot wird durch den Benetzungsvorgang so nahe an die Grenzfläche des Grundmetalls herangerückt (bis auf etwa einen Gitterabstand), daß die Platzwechselvorgänge über diese Grenzfläche hinübergreifen. Atome des flüssigen Lotes dringen in den festen Grundwerkstoff, und gelöste Teilchen des Grundwerkstoffs diffundieren in das Lot (Bild 8.31). An der Berührungsstelle Lot–Grundwerkstoff bildet sich als Lotbrücke eine Legierungsschicht mit anschließender Diffusionszone. Die Lötverbindung ist mehrschichtig aufgebaut (Bild 8.32). Infolge der sich ausbildenden Legierungsschicht wird die Tragfähigkeit der Lötverbindung nicht nur vom Lot und den geometrischen Abmessungen abhängen, sondern weitgehend auch von der Ausbildung der Diffusions- und Legierungszonen, die wiederum werden von der Kombination Fügeteil–Lot und den

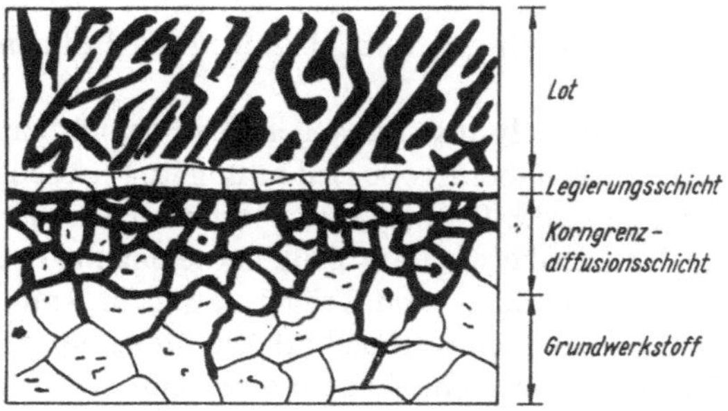

Bild 8.32
Schichtaufbau einer Lötverbindung

Verarbeitungsbedingungen (Löttemperatur, Lötzeit usw.) bestimmt. Der Einfluß der Lötspaltbreite auf die Festigkeit (Bild 8.33) ist im wesentlichen auf die Wirkung der Diffusions- und Legierungszonen zurückzuführen. Mit zunehmender Festigkeit der Fügeteilwerkstoffe steigt die Zugfestigkeit der Lötverbindungen infolge behinderter Querdehnung weit über die Zugfestigkeit des Lotes, wobei die Scherfestigkeit nur geringfügig steigt (Bild 8.34).

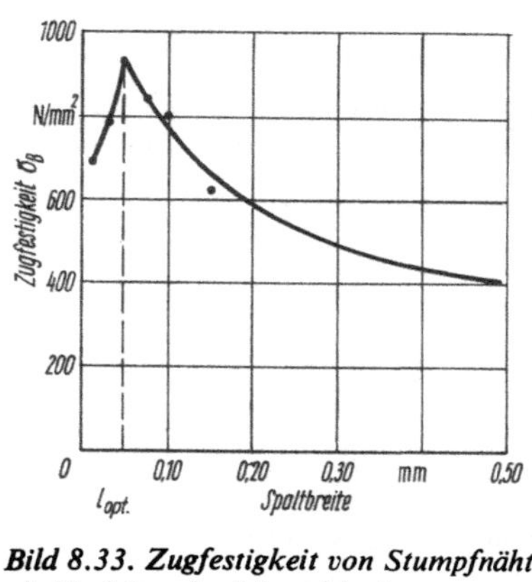

Bild 8.33. Zugfestigkeit von Stumpfnähten als Funktion der Lötspaltbreite bei Anwendung von Silberlot nach [8.19]

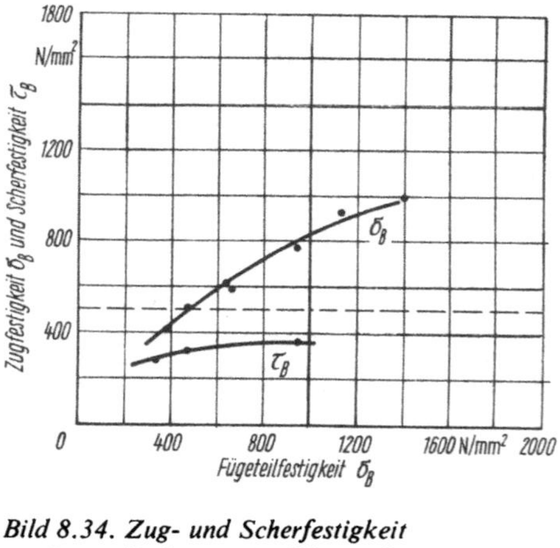

Bild 8.34. Zug- und Scherfestigkeit von Lötverbindungen in Abhängigkeit von der Zugfestigkeit der Güteteile nach [8.20]

Technologisch gesehen, sind beim Löten folgende Arbeitsstufen durchzuführen:

1. Anpassung der zu verbindenden Werkstücke unter Einhaltung einer optimalen Lötspaltbreite. Nach *H. Thomassen* [8.18] ist die günstigste Lötspaltbreite von der Lötart und der Form der Wärmezufuhr abhängig. Bei vom optimalen Wert abweichenden Lötspaltbreiten nimmt die Festigkeit der Lötverbindung ab, wie das Beispiel im Bild 8.33 nach *R.-H. Leach* [8.19] zeigt.
2. Reinigung der Lötstelle durch Flußmittel, um die für eine gute Benetzbarkeit der Metalloberfläche und optimale Bindung erforderlichen Voraussetzungen zu schaffen.

3. Erwärmen der Lötstelle auf Arbeitstemperatur, bei der das Lot zu fließen beginnt und an den Flächen bindet.
4. Das Lot dringt infolge der Kapillarwirkung in den Lötspalt ein.
5. Nach beendeter Lötung ist die Lötstelle von Flußmittelresten zu säubern, um Korrosionserscheinungen zu unterbinden. Eine besondere Nachbehandlung der Lötverbindung ist nicht erforderlich.

8.3.2. Lötbarkeit, Flußmittel, Lote und Lötverfahren

Lötbarkeit

Die im Maschinenbau zur Anwendung kommenden Metalle und Legierungen bilden an ihrer Oberfläche mit dem Luftsauerstoff Oxidhäute, und zwar sowohl bei Raumtemperatur als auch verstärkt bei höheren Temperaturen. Diese Deckschicht unterbindet den Diffusionsvorgang an der Grenzfläche mehr oder weniger stark. Damit haben die Geschwindigkeit des Wachstums der Deckschicht und das Maß ihrer Schutzwirkung für den Werkstoff entscheidenden Einfluß auf die Lötbarkeit der Werkstoffe. Je fester und dichter die Deckschicht ist, um so beständiger ist sie gegen chemische Einwirkungen, und desto größer ist ihre behindernde Wirkung beim Lötvorgang (z. B. bei Leichtmetallen). Grundsätzlich sind damit alle metallischen Konstruktionswerkstoffe lötbar, wenn es gelingt, die störenden Deckschichten beim Löten zu entfernen. So bereitet die Lötung gewöhnlicher Kohlenstoffstähle und niedriglegierter Stähle z. B. wenig Schwierigkeiten, da die Eisenoxide leicht zu entfernen sind. Rost- und säurebeständige, hitze- und zunderbeständige Cr-Stähle sowie Leichtmetalle sind schwieriger zu löten, da ihre Deckschichten sehr beständig und fest sind.

Flußmittel

Mechanische Säuberung der zu lötenden Stelle ist empfehlenswert, jedoch zumeist nicht ausreichend, da sich bei der Erwärmung während des Lötvorgangs sofort neue Deckschichten bilden. Entscheidende Voraussetzung für die Durchführbarkeit einwandfreier Lötungen ist daher die Verwendung geeigneter Flußmittel. Unter Flußmittel sind Gemenge chemischer Substanzen zu verstehen, deren Aufgabe es ist, Oxidhäute auf den zu lötenden Werkstoffen zu beseitigen und während des Lötvorgangs vor erneuter Oxydation zu schützen. Die Lötflächen sollen metallisch blank werden, um eine einwandfreie Benetzung der Lötflächen und gute Bindung zu ermöglichen. Aus diesem Grund enthalten gute Flußmittel Zusätze, die die Oberflächenspannung herabsetzen, die Benetzung der Lötflächen durch das Flußmittel fördern und die Ausbreitung des Lotes erleichtern. Die Flußmittel sollen nach Möglichkeit eine begrenzte Wirkungsdauer haben, eine geringe Viskosität im geschmolzenen Zustand aufweisen, eine niedrige Oberflächenspannung haben und sich während der Grenzflächenreaktion sauber vom Lot trennen.
Bei den einzelnen zu lötenden Werkstoffen und den entsprechenden Loten werden erwartungsgemäß auch die Anforderungen an das Flußmittel verschieden sein. Die Wahl des Flußmittels richtet sich nach

- der Lötart (Hart- oder Weichlötung)
- dem Lötverfahren (Flamm-, Kolben-, Tauchlötung usw.)
- dem zu lötenden Werkstoff (Stahl, Kupfer, Aluminium usw.).

In jedem Fall muß die Wirktemperatur des Flußmittels (Temperatur, bei der die störenden Oxidhäute auf der Metalloberfläche beseitigt werden) unterhalb der Arbeitstemperatur liegen, bei der sich der Bindungsvorgang zwischen Lot und Grundwerkstoff vollzieht. Der Lötvorgang läuft nur dann günstig ab, wenn die Reaktionsgeschwindigkeit, mit der die Oxidhäute abgelöst werden, bei der Arbeitstemperatur die Lötgeschwindigkeit erreicht bzw. überschreitet (Bild 8.35). Die Flußmittelarten und deren Auswahl sind in den Standards der Länder enthalten (z. B. TGL 14907 in der DDR).

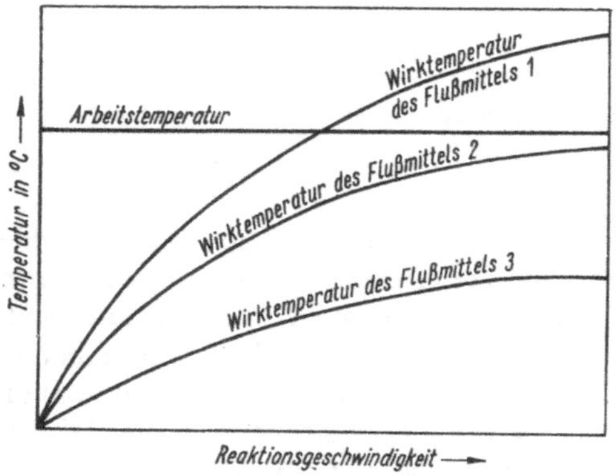

Bild 8.35
Zusammenhang zwischen Wirktemperatur und Reaktionsgeschwindigkeit der Flußmittel und der Arbeitstemperatur

Lote

Als Lot versteht man das Zusatzmetall (Reinmetall oder Legierung), das die Bindefunktion zwischen den zu lötenden Teilen übernimmt und in jedem Fall einen niedrigeren Schmelzpunkt aufweist als das Grundmetall. Der Lötvorgang als Grenzflächenreaktion wird begünstigt, wenn das Lot bei Arbeitstemperatur (oberhalb des Schmelzpunktes) möglichst leicht- und dünnflüssig ist und wenn die Benetzbarkeit der Metalloberfläche durch das Lot sehr gut ist (Frage der Oberflächenspannung). Eine niedrige Arbeitstemperatur ist zwar einerseits vorteilhaft, andererseits ermöglicht die Annäherung der Löttemperatur an den Schmelzpunkt des Grundwerkstoffs eine Beschleunigung des Lötvorgangs. Auf den letzten Vorteil wird jedoch meist verzichtet und eine möglichst niedrige Arbeitstemperatur angestrebt.
Die Auswahl des zweckmäßigen Lotes erfolgt nach folgenden Gesichtspunkten:

1. Art des Grundwerkstoffs
2. Höhe der Arbeitstemperatur
3. geforderte Festigkeit
4. erforderliche Farbgleichheit
5. Korrosionsbeständigkeit.

Die Lote werden generell in zwei Gruppen eingeteilt, und zwar in Hartlote mit einer Arbeitstemperatur oberhalb 450 °C und in Weichlote mit einer Arbeitstemperatur unterhalb 450 °C.
Die Vielzahl der Lote und Hinweise für ihre Auswahl sind in den Standards der Länder enthalten (DDR – TGL 14908).

Weichlote und Hartlote für Schwermetalle (Anwendungsrichtlinien Tafel 8.4)

Neben diesen für den Maschinenbau wichtigsten Loten für Schwermetalle spielen noch die Hartlote für Aluminiumlegierungen bei Leichtmetallkonstruktionen eine Rolle. Hochtemperatur- und Vakuumlote auf der Basis Silber–Palladium–Kupfer (Mangan) haben ausreichende Festigkeiten bis 600 °C (sonstige Lote nur bis 400 °C) und sind neben den Glasloten für Metall-Glas-Verbindungen in der Vakuumtechnik von Bedeutung.

Tafel 8.4. Anwendungsrichtlinien für Hart- und Weichlote für Schwermetalle (Auswahl)

Lotgruppe Lot	Arbeitstemperatur °C	Zu lötender Werkstoff	Vorzugsweise Anwendung
Kupferhartlot LCu	1070	Cu, Stahl, W, Mo	große Lötungen an Stanl, kleine Lötungen an Sondermetallen
Kupfer-Phosphor-Lot LCuP8	710	Cu, Messing	bei nicht auf Biegung beanspruchten Verbindungen (spröde)
Messinglot LMs60	900	Cu, Stahl, Temperguß, Ni und Ni-Legierungen, Gußeisen	für große und kleine Lötungen an dünnen und dicken Teilen der nebenstehenden Werkstoffe
Silberlote LAg12	830	Stahl, Cu und Cu-Legierungen	große Lötungen an mitteldicken und dicken Teilen
LAg12Cd7	800	Cu und Cu-Legierungen	kleine Lötungen an dicken Teilen, Löten von Kupfer und Kupferlegierungen mit Stahl bei breiten Lötspalten
LAg20Cd15	750	Stahl, Cu und Cu-Legierungen	kleine Lötungen an dünnen Teilen, Löten von Cu mit Stahl bei breiten Lötspalten
LAg25	780	Stahl, Cu und Cu-Legierungen	dünne Teile, dicke Teile nur bei geforderter Warmfestigkeit
LAg27	840	Cu, rost- und säurebeständiger Stahl, Hartmetalle	große und kleine Lötungen an dünnen und dicken Teilen
LAg40Cd20	610	Cu und Cu-Legierungen, rost- und säurebeständiger Stahl	kleine Lötungen, hitzeempfindliche Werkstücke (Massenfertigung), Lötung von Edelmetallen
LAg49Mn7	690	rost- und säurebeständige Stähle und andere Spezialstähle, Hartmetalle	kleine und große Lötungen verschiedenster Teile
LPbSn30Sb ... LPbSn60Sb	280 ... 180	Cu-Legierungen, Stahl, Blei	Kühlerbau, Zinkblechlötung, Feinblechpackungen, Feinlötung
LSnSb5		Cu-Legierungen, Stahl	Tieftemperaturgeräte, Kältetechnik
LPbAg3	310	Cu-Legierungen, Stahl	Elektromotorenbau, Kältetechnik

8.3.3. Löten der maschinenbaulichen Konstruktionswerkstoffe

Löten von Stahl

Das Weichlöten kohlenstoffarmer Stähle ist nach verschiedenen Lötverfahren ohne weiteres möglich, wird jedoch selten angewandt, da die Schweißung höhere Festigkeiten garantiert und heute auch unter komplizierten Bedingungen ohne Schwierigkeiten möglich ist. Weichlöten ist angebracht, wenn es sich um das Verbinden von Stahlteilen mit anderen Metallen und Legierungen handelt. Stahl legiert sich nur langsam mit Zinnlot, und die Zugfestigkeit der Zinnlotverbindung ist mit etwa 30 N/mm² gering. Die verschiedenen Zinnlote haben keinen nennenswerten Einfluß auf diese Festigkeit. Die Scherfestigkeit von Weichlötstellen liegt zumeist etwas höher, weshalb anstelle von Stumpfnähten überlappte Nähte gewählt werden, da überdies bei dieser Verbindung die tragende Lötfläche vergrößert werden kann. Höhere Festigkeiten werden durch Zink-

lote mit etwa 100 N/mm² erreicht. Kohlenstoffreiche Stähle (z.B. Werkzeugstähle), niedriglegierte und vergütete Stähle lassen sich ebenfalls gut weichlöten. Die mechanischen Eigenschaften der gehärteten oder vergüteten Stähle werden beim Löten mit Zinnloten nicht merklich beeinflußt. Mit Zink-Kadmium-Loten werden Scherfestigkeiten von 120 N/mm² erreicht und die Eigenschaften des vergüteten Stahles noch nicht beeinträchtigt. Damit kommen Weichlötverbindungen dort in Frage, wo Hartlöten und Schweißen zu einer nicht vertretbaren Verminderung der Härte und Festigkeit von Stählen führen würden (Befestigung von Schnellstahlplättchen auf Werkzeugträgern, Anlöten der Typen an Typenhebel von Schreibmaschinen u.a.).
Rost- und säurebeständige Stähle, hitze- und zunderbeständige Stähle, insbesondere die austenitischen hochlegierten CrNi-Stähle sind wegen der beständigen Deckschichten schwierig zu löten. Beim Löten zwischen Kohlenstoffstahl und rostfreiem Stahl ist die Nahtseite aus dem hochlegierten Stahl sorgfältig zu beizen und erst dann mit Zinnlot zu löten.
Das Hartlöten von Stahl ist sehr stark vom Schweißen verdrängt worden, trotzdem hat das Hartlöten unter bestimmten Bedingungen heute noch bestimmte Vorteile gegenüber dem Schweißen. Angewendet wird das Hartlöten,

- wo die Arbeitstemperaturen erheblich unter dem Schmelzpunkt des Stahles liegen müssen
- wo überlappte Verbindungen hoher Festigkeit und Temperaturbeständigkeit gefordert werden
- wo dünnwandige Rohre druckdicht verbunden werden
- wo Stahl mit anderen metallischen Werkstoffen verbunden werden soll.

Die kohlenstoffarmen weichen Baustähle lassen sich mit Kupfer- und Messingloten sehr gut löten. Die Festigkeit derartiger Verbindungen (Zug- und Scherfestigkeit) liegt in der Höhe der Eigenfestigkeit der Lote von 200 bis 400 N/mm². Für das Verbinden von Stahlteilen mit Kupfer und anderen Metallen greift man auf Silberlote zurück. Die Lötung mit Silberlot ist einfach durchzuführen und die Qualität der Verbindungen sehr hoch. Für thermisch und dynamisch hochbeanspruchte Lötverbindungen verwendet man zweckmäßigerweise ebenfalls Silberlote. Eine große Gefahr beim Löten mit Kupfer- und Messingloten stellt die Lötbrüchigkeit dar. Das flüssige Lot dringt in die Korngrenzen des Stahles ein und bedingt eine Verminderung der Festigkeit und Zähigkeit. Besonders anfällig sind nickellegierte Stähle.

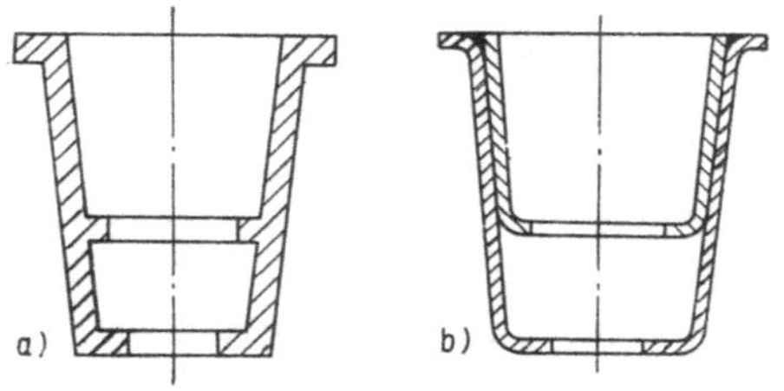

Bild 8.36
Beispiel für ökonomisch vorteilhafte Lötkonstruktion gegenüber bisheriger Konstruktion
a) Kegelhülse, aus dem Vollen gedreht;
b) Kegelhülse, aus zwei Ziehteilen gelötet

Hartlöten von Baustahl hat Bedeutung im Stahlleichtbau insofern, als es eine Reduzierung von Werkstoffkosten und Bearbeitungskosten ermöglicht. Durch Einschränkung der Bearbeitung aus dem Vollen und Ersatz der durch Zerspanung hergestellten Teile durch gelötete, tiefgezogene, dünnwandige Teile hat sich die Löttechnik sichere Einsatzgebiete erschlossen (Bilder 8.36 und 8.37). *Mezger* [8.21] hat anhand von Beispielen eine

Vielzahl von Hinweisen zur Vorbereitung und zum Zusammenbau von Teilen für das Löten gegeben.
Generell scheint ein Lötspalt von 0,04 bis 0,05 mm für die Güte der Verbindung und Einfachheit der Durchführung optimal zu sein.
Gehärtete oder vergütete Stähle werden kaum hartgelötet, da durch die relativ hohe Wärmeeinbringung die Härte und Festigkeit der Teile neben der Lötstelle abgebaut werden.

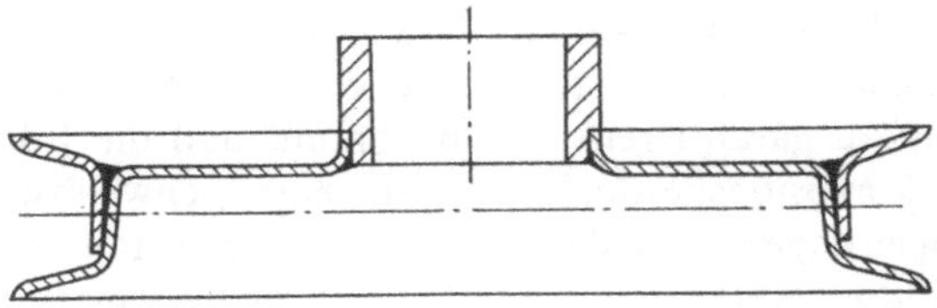

Bild 8.37
Keilriemenscheibe aus einem Rohrstück und zwei Ziehteilen

Bedeutung hat das Hartlöten bei der Anfertigung von Schneidwerkzeugen. Bandsägen werden mit Messinglot gelötet. An der Spitze von Schneidwerkzeugen (Drehmeißel, Bohrer u.a.) ist eine ausreichend haltbare Befestigung von Hartmetallplättchen und -spitzen nur mittels Hartlöten möglich. Die Härte des Schneidwerkstoffs wird dadurch nicht beeinträchtigt. Die Lötung der gesinterten Hartmetalle auf dem normalen Kohlenstoffstahl erfolgt zumeist mit Kupfer- und Messingloten im Ofen. Auch Diamanten und Saphire lassen sich auf Kohlenstoffstahl hart auflöten. Das Hartlöten von hochlegierten austenitischen CrNi-Stählen ist mit silberreichen Loten möglich (Silbergehalt $>25\%$), jedoch ist eine einwandfreie Beseitigung der schützenden Deckschicht auf dem Stahl erforderlich. Hinzu kommt, daß bei Arbeitstemperaturen zwischen 800 und 1000 °C im Stahl Karbidausscheidungen an den Korngrenzen erfolgen, wodurch die Korrosionsbeständigkeit des Stahles wesentlich vermindert wird. In der Maschinenbautechnik wird gerade aus Gründen der Korrosionsbeständigkeit das Schweißen dem Löten vorgezogen.
Üblich ist die Hartlötung von Stahl bei dünnwandigen Teilen (Rohren, Profilen u.a.). Bei dicken Werkstücken wird das Hartlöten angewandt, wenn das Schweißen auf Grund technischer Möglichkeiten ausscheidet oder wenn das Löten infolge hoher Zeitersparnis bei ausreichender Qualität der Verbindung ökonomische Vorteile bietet.

Löten von Gußeisen

Grauguß ist schwierig zu löten, da die Graphitteilchen an der Lötfläche die Benetzung und damit den Bindungsvorgang stören. Der Graphit ist an der Oberfläche mechanisch oder chemisch zu entfernen. Lötverbindungen von Gußeisenfügeteilen sind in der Fertigung möglichst zu vermeiden.

Löten von Kupfer und Kupferlegierungen

Die Scherfestigkeit von mit Zinnloten gelöteten Kupferverbindungen liegt mit 20 bis 30 N/mm² relativ niedrig. Für hochbeanspruchte Verbindungen scheidet das Weichlöten aus; es wird jedoch angewandt in der Elektrotechnik und für überlappte Rohrverbindungen (eventuell Lötfittings). Das Hartlöten von Kupfer ist durch das Schweißen stark zurückgedrängt worden und hat nur für Überlappverbindungen dünner Teile Bedeutung. Üblich ist das Hartlöten von Kupferrohren, Kupferdrähten, kupfernen Warmwasserheizern und anderen Bauteilen. Neusilber, Zinnbronzen und Aluminiumbronzen sind wie Messinge und Sondermessing lötbar. Bei höheren Festigkeits- und Warmfestigkeitsforderungen wird Messing hartgelötet, und zwar vorzugsweise mit Silberloten. Flußmittel werden entsprechend der Arbeitstemperatur des ausgewählten Lotes eingesetzt. Der Lötspalt ist bei der Messinglötung zumeist etwas größer als üblich und beträgt etwa 0,1 mm. Die Festigkeit der Hartlötverbindungen von Messing mit Silberloten liegt bei 300 bis 350 N/mm² = σ_{zB} und bleibt bis etwa 300 °C erhalten.

Löten der Leichtmetalle

Das Löten der Leichtmetalle bereitet mehr Schwierigkeiten als Schwermetallötungen. Ursache ist die feste und zähe Deckschicht auf der Metalloberfläche, die zu beseitigen ist, um eine hochwertige Lötverbindung zu garantieren. Hinzu kommt, daß die Lötverbindung von Aluminium weniger korrosionsbeständig ist als eine Schweißverbindung. Das Löten von Aluminiumlegierungen wird daher nur dort angewandt, wo die Fertigung gegenüber anderen Verbindungsverfahren wesentlich rationeller gestaltet werden kann (z. B. Plattierlöten von Plattenwärmetauschern, Kühlern, Rohrdurchführungen usw.).

8.3.4. **Gestaltung und Berechnung von Lötverbindungen** ([8.20] bis [8.22])

Unabhängig von der Art des zu lötenden Werkstoffs und des Lotes sind bestimmte Gestaltungsformen für eine Reihe von Halbzeugen bzw. deren Verbindung herausgearbeitet worden, die in jedem Fall auf eine Überlappverbindung hinauslaufen (Bild 8.38).

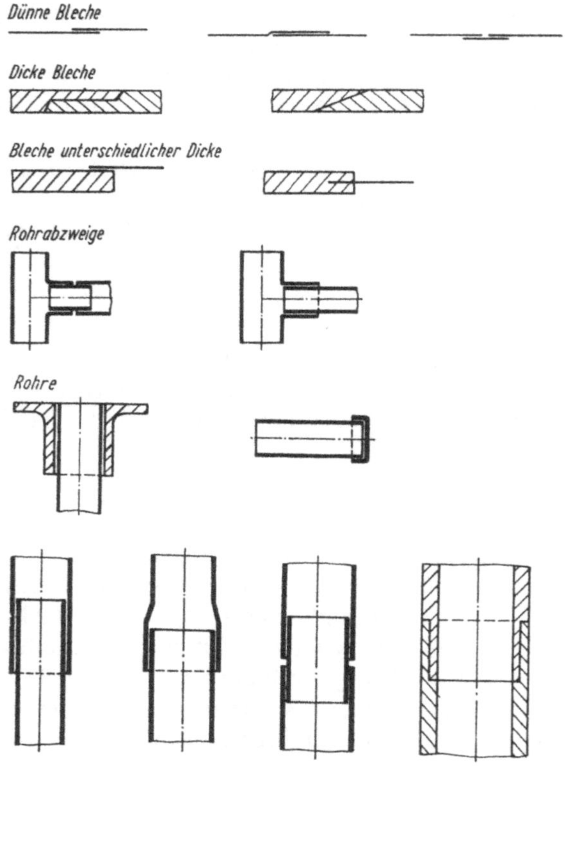

Bild 8.38
Konstruktive Ausführung typischer Lötverbindungen

Außerdem hat der Konstrukteur bei der Gestaltung von Lötverbindungen folgende Grundregeln zu beachten:

1. In Lotflußrichtung sind konstante Lötspaltdicken bzw. Spaltquerschnitte vorzusehen (Bild 8.39).

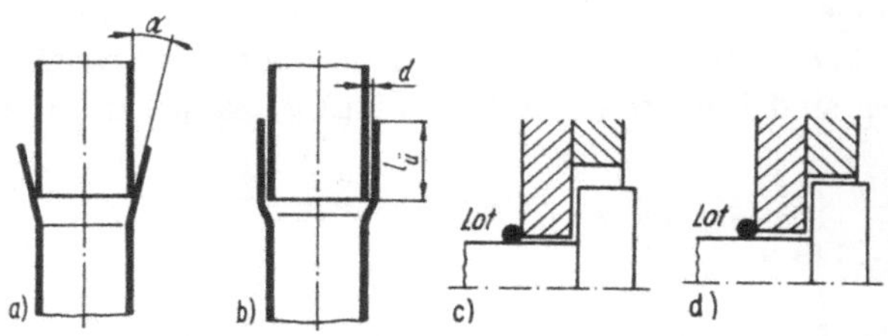

Bild 8.39. Grundsätzliche Gestaltung des Lötspalts

a) und c) ungünstig, da Lötspaltbreite veränderlich;
b) und d) lötgerecht, Lötspaltbreite d = konst.

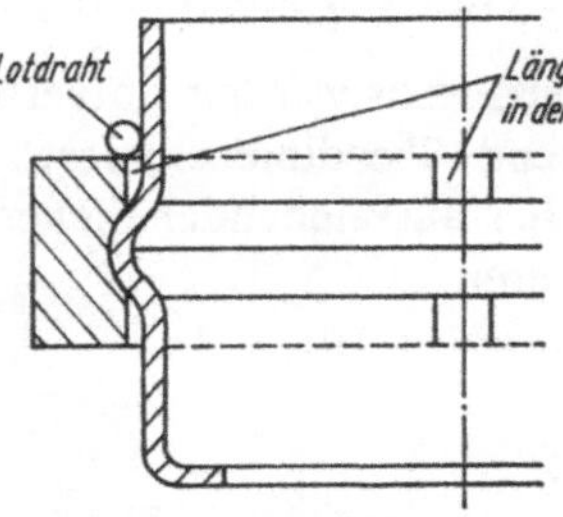

***Bild 8.40.** Erleichterung des Lotflusses durch Rillen*

2. Quer zur Lotflußrichtung verlaufende Bearbeitungsriefen (Drehen, Schleifen) sind zu vermeiden. Die Oberflächenrauhigkeit in Lotflußrichtung soll kleiner als 0,02 mm sein. In jedem Fall sollte durch konstruktive Maßnahmen der Lotfluß erleichtert werden (Bilder 8.40, 8.41 und 8.42).

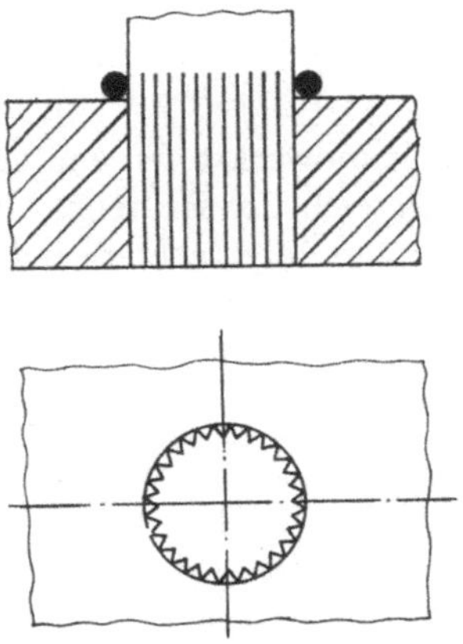

Bild 8.41. Erleichterung des Lotflusses durch Rändelung (Rändelkanten in Flußrichtung)

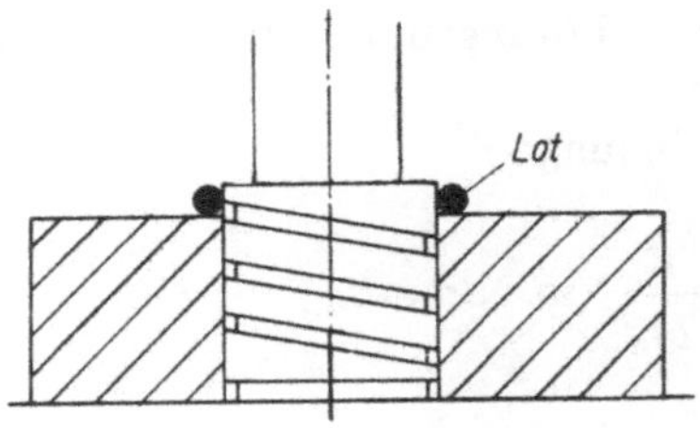

***Bild 8.42** Erleichterung des Lotflusses durch Gewinderillen*

3. Die Überlappungslänge $l_ü$ soll $3s$ bis $5s$ betragen (s Dicke des zu verbindenden dünneren Fügeteils).
4. In Lotflußrichtung sind zum freien Austritt von Flußmittelresten und Gasen Öffnungen vorzusehen (Bild 8.43).
5. Stumpfstöße sollten nur bei Wanddicken oberhalb 1 mm angewendet werden, und zwar nur bei Hartlötungen. Überlappverbindungen sind allgemein zu bevorzugen.

Die Anforderungen an Lötverbindungen sind bei den einzelnen Konstruktionen sehr verschieden und haben daher einen entsprechenden Einfluß auf die Auswahl des Lotes. Hat die Lötung nur eine Dichtungsfunktion zu übernehmen, und werden die Kräfte primär von anderen Konstruktionsabschnitten übertragen (z. B. Falznähte), braucht die Festigkeit des Lotes nur gering zu sein. Bei anderen Konstruktionen haben Lötverbindungen höchste Belastungen aufzunehmen. Einfluß auf die Festigkeit der Lötverbindungen haben

- die mechanischen Eigenschaften des Grundwerkstoffs und des Lotes
- die Spaltbreite und Gestalt der Lötstelle
- die Güte der Ausführung der Lötung.

In der Praxis werden Lötverbindungen zumeist nicht berechnet, und sie sind daher vorwiegend überdimensioniert. Aus ökonomischen Gründen, aber auch zur Erreichung gleicher ausreichender Sicherheiten sind Lötverbindungen zukünftig exakter zu dimensionieren.

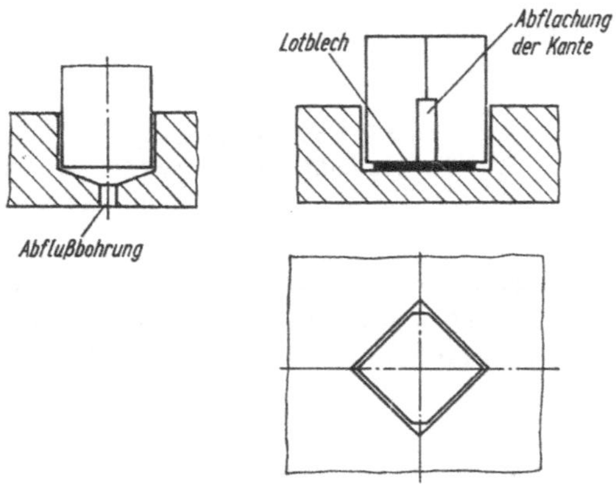

Bild 8.43
Schaffung eines freien Austritts für das Flußmittel

Die Zugfestigkeit der Lötnaht ist immer geringer als die des Grundwerkstoffs, und daher ist die Stumpfnahtlötverbindung der weitaus gefährdetste Bereich des Bauteils. Überlappte Verbindungen sind besser zu dimensionieren und daher lötgerechter. Bei auf Scherung beanspruchten Lötungen lassen sich die Schubspannungen im Spalt als Mittelwert τ_m berechnen.
Einfache Überlappverbindung:

$$\tau_m = \frac{F}{A} = \frac{F}{b l_{ü}} \quad \text{in N/mm}^2;$$

F Belastung in N
b Breite der Überlappverbindung
$l_{ü}$ Überlappungslänge.

Bei der Festlegung von $l_{ü}$ wird davon ausgegangen, daß nach Erreichen der Streckgrenze des Grundwerkstoffs die Gefahr des Bruches der Lotschicht sehr groß ist. Die erforderliche Überlappungslänge $l_{ü}$ und damit die Dimensionierung der Lötverbindung erfolgt daher auf der Grundlage der Streckgrenze σ_s des Grundwerkstoffs. Es ist

$$l_{ü} = n\sigma_s;$$

n Bemessung mit Sicherheit 2 gegen die Streckgrenze.
Der Faktor n wurde experimentell ermittelt und für einfach überlappte Verbindungen, Bolzen-Steckverbindungen und Rohr-Steckverbindungen in Tafeln zusammengestellt [8.20].

Als Grundgleichung für den Sicherheitsnachweis gilt:

$$S_{\text{vorh}} = \frac{\tau_B}{\tau_{\text{vorh}}} \geqq S_{\text{erf}} = 2{,}5.$$

Lötung zur Drehmomentenübertragung (Bild 8.44):

$$\tau_m = \frac{M_t/r}{2\pi r l_ü} = \frac{M_t}{2\pi r^2 l_ü} \quad \text{in N/mm}^2.$$

Die Schubfestigkeit der Lötverbindungen ist gleich oder größer als die Festigkeit des Lotes, was durch verschiedene metallkundliche Vorgänge erklärt werden kann. Entscheidenden Einfluß auf die Festigkeit hat die Lötspaltbreite, die außerdem Auswirkungen auf die Höhe des Lötverbrauchs hat. *Nightingale* fand für Weichlötungen an Kupfer,

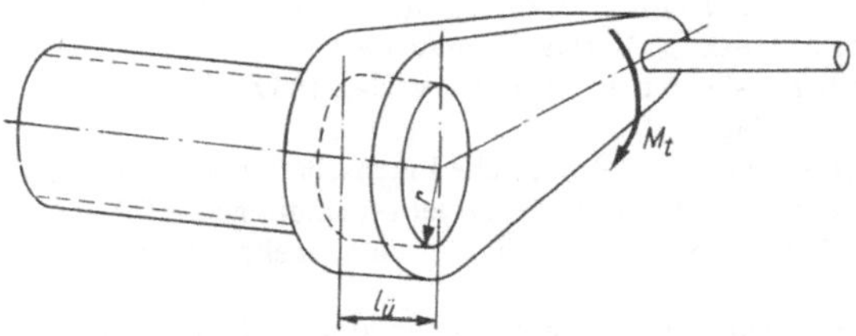

Bild 8.44
Lötverbindung zur Übertragung von Drehmomenten

Messing und weichem Stahl ein Festigkeitsmaximum bei einer Lötspaltbreite von 0,08 bis 0,10 mm. Innerhalb einer Lotgruppe, z. B. den Zinnloten, ist der Unterschied in der Festigkeit der Lötverbindungen in Abhängigkeit von der Zusammensetzung der Lote nur gering.

Richtwerte für Lötungen und Festigkeiten:

- Weichlotverbindungen
  Bei Stahl- und Kupferlötungen mit Zinnloten
  Spaltbreite: 0,08 bis 0,10 mm
  Schubfestigkeit: $\tau_B = 30$ N/mm²
- Silberlotverbindungen
  Bei Stahl- und Messinglötungen
  Spaltbreite: 0,04 bis 0,05 mm
  Schubfestigkeit: $\tau_B = 150$ bis 400 N/mm².
- Kupfer- und Messinglotverbindungen
  Bei Stahllötungen
  Spaltbreite: um 0,1 mm
  Schubfestigkeit: $\tau_B = 200$ bis 500 N/mm².

Bei optimalen Lötbedingungen (Spaltbreite, Flußmittel, Lötparameter usw.) können Lötverbindungen Festigkeiten erreichen, die über den obigen Werten liegen. Gegenüber dynamischer Beanspruchung weisen Lötverbindungen ein gutes Festigkeitsverhalten auf, was auf die gleichmäßige Spannungsverteilung über der Lötfläche zurückzuführen ist. Die Zugschwellfestigkeit τ_{Sch} erreicht bei Silberlotverbindungen bis zu 90% der Dauerfestigkeit des Grundwerkstoffs, die Verdrehwechselfestigkeit τ_{tw} mit bis 70 N/mm² etwa 80% der Gestalt-Verdrehwechselfestigkeit der aus dem Vollen gearbeiteten Probe. Die Biegewechselfestigkeit von Hartlötungen kann Werte bis $\sigma_{\text{bw}} \approx 50$ N/mm² erreichen. Die zulässigen Spannungen für statische und dynamische Be-

lastung liegen entsprechend darunter. Allgemein wird mit einer Sicherheit von 2 gerechnet.
Die guten elektrischen Leitfähigkeiten der Lötverbindungen haben in der Elektrotechnik Bedeutung, weshalb Silberlote dort eine große Rolle spielen. Im allgemeinen Maschinenbau spielt die Korrosionsbeständigkeit der Lötstellen eine große Rolle, und zwar weniger beim Löten von Kupfer- und unlegierten Eisenwerkstoffen als vielmehr bei rostbeständigen Stählen und Leichtmetallen.

8.4. Literaturverzeichnis

[8.1] Taschenbuch Maschinenbau. Bd. 1 – Grundlagen, Teil I. 3. Aufl. Berlin: VEB Verlag Technik 1974 Grundlagen, Teil II. 3. Aufl. Berlin: VEB Verlag Technik 1975.
[8.2] *Dimter, L.*: Klebstoffe für Plaste. Leipzig: VEB Deutscher Verlag für Grundstoffindustrie 1969.
[8.3] *Kardaschow, D. A.*: Synthetische Klebstoffe. Moskau: Verlag Chemie 1964.
[8.4] *Matting, A.*: Metallkleben. Berlin/Heidelberg/New York: Springer-Verlag 1969.
[8.5] *Krist, T.*: Metallkleben. Würzburg: Vogel-Verlag 1970.
[8.6] *Brockmann, W.; Draugelates, U.*: Physikalische und technologische Eigenschaften von Metallklebstoffen und ihre Bedeutung für das Festigkeitsverhalten von Metallklebverbindungen. Mitteilungen der Deutschen Forschungsgesellschaft für Blechverarbeitung und Oberflächenbehandlung *19* (1968) S. 229–241.
[8.7] *Matting, A.; Ulmer, K.*: Grenzflächenreaktionen und Spannungsverteilung in Metallklebverbindungen. Kautschuk und Gummi *16* (1963) S. 213–224, S. 280–290, S. 334–345, S. 387–403.
[8.8] *Matting, A.; Brockmann, W.*: Stand und Entwicklungstendenzen der Metallklebetechnik. Der Stahlbau *38* (1969) S. 161–169.
[8.9] *Brockmann, W.*: Grundlagen und Stand der Metallklebtechnik. Düsseldorf: VDI-Verlag 1971.
[8.10] *Schwarz, H.; Schlegel, H.*: Metallkleben und glasfaserverstärkte Plaste in der Technik. Berlin: VEB Verlag Technik 1974.
[8.11] *Frey, K.*: Beiträge zur Frage der Bruchfestigkeit kunstharzverklebter Metallverbindungen. Schweizer Archiv für angewandte Wissenschaft und Technik *19* (1953) S. 2ff.
[8.12] *Müller, H.*: Statische Untersuchungen von einfach überlappten Leichtmetall-Klebverbindungen. Fertigungstechnik und Betrieb *11* (1961) S. 40–44.
[8.13] *Eichhorn, F.; Braig, W.*: Materialprüfung *2* (1960) S. 79ff.
[8.14] *Winter, H.; Meckelburg, H.*: Bericht über Metallkleb-Forschungsarbeiten am Institut für Flugzeugbau der DFL Braunschweig. Industrie-Anzeiger (1961) H. 4, S. 364–371.
[8.15] *Schlegel, H.*: Vereinfachte Berechnungsmethoden für Metallklebverbindungen. ZIS-Mitteilungen *10* (1968) H. 2, S. 261–271.
[8.16] *Mittrop, F.*: Metallklebverbindungen und ihr Festigkeitsverhalten bei verschiedenen Beanspruchungen. Schweißen und Schneiden *14* (1962) H. 9, S. 394.
[8.17] *Degner, H.*: Berechnung von Klebverbindungen. Schweißtechnik *25* (1975) H. 3, S. 117–121.
[8.18] *Thomassen, H.*: Je dünner der Lötfilm, um so besser die Verbindung. Canad. Mach. Manuf. News *50* (1939).
[8.19] *Leach, R.-H.*: Löten mit Silberloten. J. Amer. Weld. Soc. *13* (1934) H. 12, S. 23–27; When an how silver solders are used. Metal. Ind. (London) *49* (1936) H. 21, S. 511–514.
[8.20] *Beckert, M.; Neumann, A.*: Grundlagen der Schweißtechnik – Löten. Berlin: VEB Verlag Technik 1973.
[8.21] *Mezger, W.*: Gestalten von Hartlötstellen. Masch.-Bau/Betrieb *18* (1939) S. 575–578.
[8.22] *Dittmann, B.*: Gestaltungsmerkmale gelöteter Bauteile. Schweißtechnik *22* (1972) H. 10, S. 462–467.

9. Schraubenverbindungen

9.1. Gewinde

9.1.1. Begriffsbestimmung

Der Begriff Gewinde bezeichnet die Gesamtheit aller Formen einer speziellen konstruktiven Paarungsflächengestaltung an getriebetechnischen Elementepaarungen, bestehend aus Elementen mit grundsätzlich zylindrischer Grundform. Es handelt sich dabei in der Regel um die Oberfläche eines Bolzens (Außengewinde) und die dazugehörige Oberfläche einer Bohrung (Innengewinde).

Die spezielle geometrische Gestaltung der Paarungsflächen schafft kinematische Bedingungen der Bewegungszuordnung beider Bauteile untereinander, die die Umsetzung von in der Regel Rotation in Translation bzw. bedingt auch von Translation in Rotation gestatten.

Das derart gestaltete Elementepaar gestattet darüber hinaus die Durchleitung von Kräften und demzufolge auch von Arbeit und Leistung auf dem Weg der formschlüssigen Übertragung.

9.1.2. Mechanik des Gewindegangs

Die bei oberflächlicher Betrachtung recht kompliziert erscheinenden geometrischen Verhältnisse am Gewinde werden nach Aufdeckung der Analogiebeziehungen zu den als bekannt vorausgesetzten Verhältnissen an der schiefen Ebene gut überschaubar.

Das Gewinde ist in seinen geometrischen Gesetzmäßigkeiten ohne weiteres als schiefe Ebene vorstellbar, die entsprechend der Bezeichnung auf eine Zylindermantelfläche gewunden wurde (Bild 9.1). Dementsprechend sind auch die Kräftebeziehungen

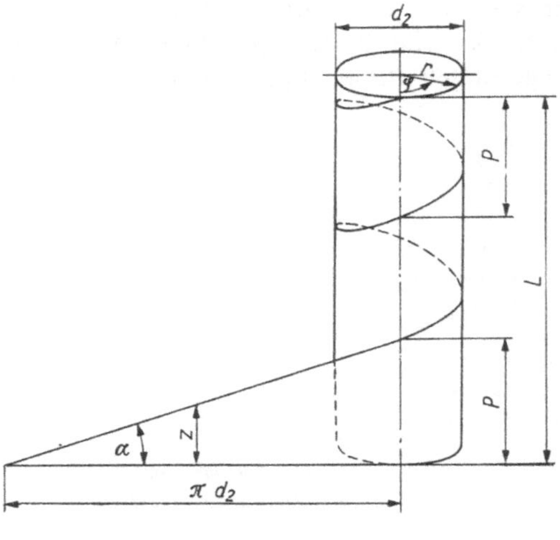

Bild 9.1
Elemente der Gewindelinie

zwischen Horizontalkraft F_h und Vertikalkraft F_v an der schiefen Ebene bei Beachtung einiger Besonderheiten als Beziehung zwischen eingeleitetem Drehmoment M und erzeugter Längskraft F sowohl für den reibungsfreien Zustand (Bild 9.2) als auch bei Berücksichtigung der Reibung (Bild 9.3) ohne weiteres auf das Gewinde übertragbar.

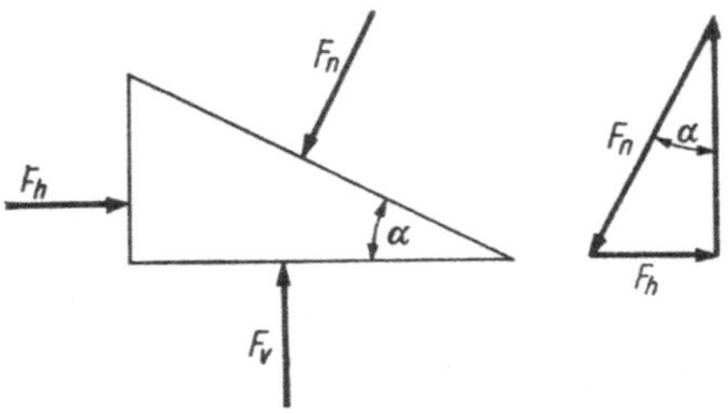

Bild 9.2. Kräfte an der reibungsfreien schiefen Ebene

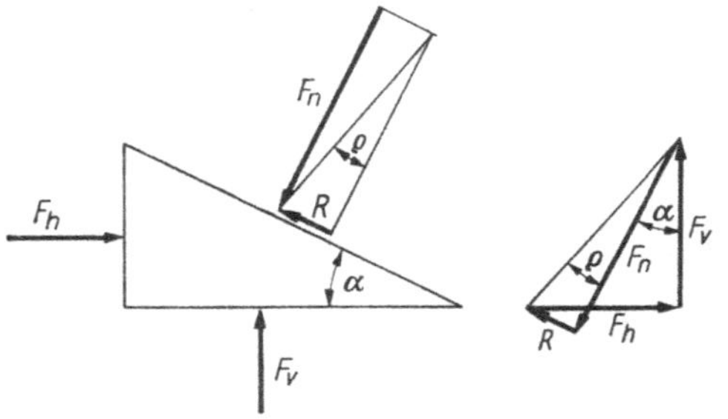

Bild 9.3. Kräfte an der reibungsbehafteten schiefen Ebene

Beachtung verlangt in diesem Zusammenhang insbesondere die Tatsache, daß der Neigungswinkel α der gewundenen schiefen Ebene eine Funktion der radialen Koordinate in der Form $\tan \alpha \sim 1/r$ ist, wie sich aus der Funktion der gewundenen schiefen Ebene

$$z = P \frac{\varphi}{2\pi} \qquad (9.1)$$

mit

$$\tan \alpha = \partial z / \partial u$$

und

$$\partial u = r \, \partial \varphi$$

in der Form

$$\tan \alpha = \frac{P}{2\pi r} \qquad (9.2)$$

ableiten läßt.

Dieser Tatsache wird dadurch Rechnung getragen, daß man alle Betrachtungen am Gewindegang auf den sog. Flankendurchmesser, d.h. den mittleren Durchmesser der Kontaktfläche der mittels Gewinde gepaarten Bauteile, bezieht (s. Bild 9.10). Die aus den Beziehungen an der schiefen Ebene abgeleiteten Beziehungen für die Umsetzung

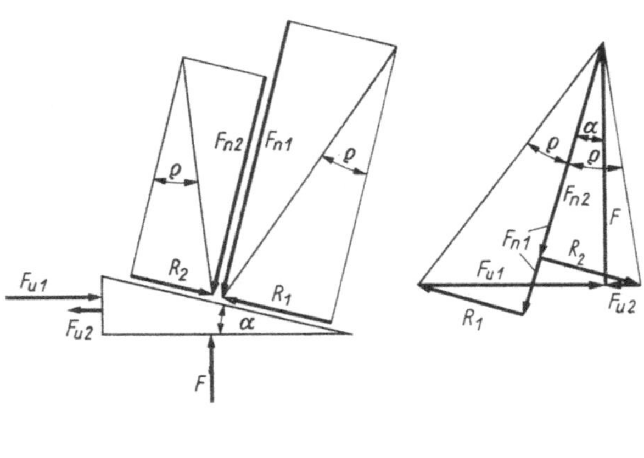

Bild 9.4
Kräfte an der Gewindeflanke beim Anziehen und beim Lösen

einer Umfangskraft F_u am Flankendurchmesser d_2 des Gewindes in eine Längskraft F lauten demnach bei Berücksichtigung der Reibung je nachdem, ob am translatorischen Ausgang des Systems demselben Arbeit entnommen bzw. zugeführt wird (Lastheben oder Lastsenken entsprechend Anziehen oder Lösen einer Schraubenverbindung)

$$F_{u1;2} = F \tan(\alpha \pm \varrho) \quad \text{(Bild 9.4)} \tag{9.3}$$

bzw. für die Umsetzung eines Drehmoments

$$M_{1;2} = F \frac{d_2}{2} \tan(\alpha \pm \varrho); \tag{9.4}$$

$\varrho = \arctan \mu$
μ Reibwert der Flächenpaarung.

Interessante Aufschlüsse ergibt die Betrachtung des Arbeitsgleichgewichts am Gewindegang unter den Bedingungen der Reibung.
Aus dem Vergleich der eingeleiteten Rotationsarbeit

$$M \, d\varphi = F \frac{d_2}{2} \tan(\alpha + \varrho) \, d\varphi \tag{9.5}$$

mit der entnommenen Translationsarbeit

$$F \, ds = F \frac{P}{\pi d_2} \frac{d_2}{2} \, d\varphi \tag{9.6}$$

mit

$$\frac{P}{\pi d_2} = \tan \alpha$$

ergibt sich ein mechanischer Wirkungsgrad

$$\eta_{\text{mech}} = \frac{F \, ds}{M \, d\varphi} = \frac{\tan \alpha}{\tan(\alpha + \varrho)}. \tag{9.7}$$

Die zahlenmäßige Untersuchung praktischer Reibwinkel ϱ und üblicher Gewindesteigungswinkel α führt zu der Feststellung, daß übliche Gewindepaarungen auf Grund ihres schlechten mechanischen Wirkungsgrads zur Energieübertragung nur in den Fällen geeignet sind, wo Wirkungsgradfragen eine zweitrangige Rolle spielen.
Die Untersuchung des Differentialquotienten $\partial \eta_{\text{mech}} / \partial \alpha$ führt zu einem Maximum für den mechanischen Wirkungsgrad in der Größe

$$\eta_{\text{mech max}} = \tan\left(\frac{90^\circ - \varrho}{2}\right) \Big/ \tan\left(\frac{90^\circ + \varrho}{2}\right) \tag{9.8}$$

unter der Bedingung

$$\alpha_{\text{opt}} = \frac{90^\circ - \varrho}{2}. \tag{9.9}$$

Für praktische Reibwinkel von $\varrho = 6^\circ$ ergeben sich Werte von

$$\alpha_{\text{opt}} = 42^\circ$$

und

$$\eta_{\text{mech max}} = 0{,}81 .$$

Derartige Paarungen sind nur als mehrgängige Gewinde realisierbar.

Die bereits genannten Wirkungsgraduntersuchungen beziehen sich, wie aus Gl. (9.5) und Gl. (9.6) ersichtlich, auf die Umwandlung von Rotationsenergie in Translationsenergie. Spezielle Probleme treten bei der Umkehr der Energieflußrichtung im System, d. h. bei Umsetzung von Translation in Rotation, auf. Der Vergleich zwischen zugeführter und entnommener Energie führt dann auf einen mechanischen Wirkungsgrad von

$$\eta_{\text{mech}} = \frac{\tan(\alpha - \varrho)}{\tan \alpha}, \tag{9.10}$$

der beim Winkel

$$\alpha_{\text{opt}} = \frac{90° + \varrho}{2} \tag{9.11}$$

ein Maximum von ebenfalls

$$\eta_{\text{mech max}} = \tan\left(\frac{90° - \varrho}{2}\right) \Big/ \tan\left(\frac{90° + \varrho}{2}\right) \tag{9.12}$$

erreicht, jedoch bei Winkeln $\alpha < \varrho$ negativ wird, d. h. einen Energietransport in der vorgesehenen Richtung nicht zuläßt. Diesen sich im Blockieren des Mechanismus äußernden Zustand bezeichnet man als Selbsthemmung.

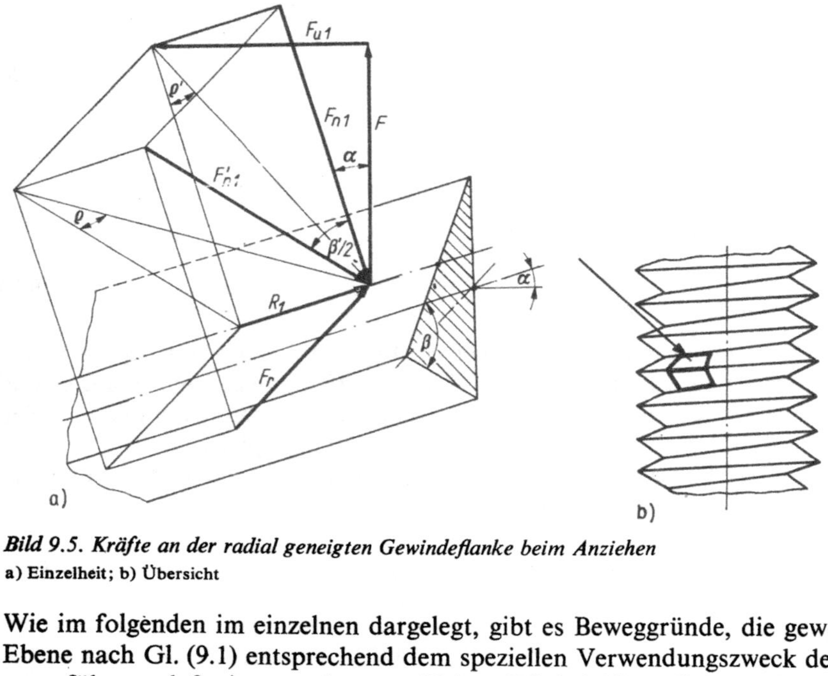

Bild 9.5. Kräfte an der radial geneigten Gewindeflanke beim Anziehen
a) Einzelheit; b) Übersicht

Wie im folgenden im einzelnen dargelegt, gibt es Beweggründe, die gewundene schiefe Ebene nach Gl. (9.1) entsprechend dem speziellen Verwendungszweck des Gewindes so auszuführen, daß sie um einen endlichen Winkel $\beta/2$ radial geneigt ist ($\partial z/\partial r \neq 0$). Gl. (9.1) nimmt damit die Form

$$z = P\frac{\varphi}{2\pi} - \left(r - \frac{d_2}{2}\right)\tan(\beta/2) \tag{9.13}$$

an. Die aus Bild 9.5 ersichtliche Flankennormalkraft

$$F_{n1} = F\frac{\cos \varrho}{\cos(\alpha + \varrho)} \tag{9.14}$$

geht damit in die Form

$$F'_{n1} = F \frac{\cos \varrho}{\cos(\alpha + \varrho)} \frac{1}{\cos(\beta'/2)} \tag{9.15}$$

bzw.

$$F'_{n1} = F \frac{\cos \varrho}{\cos(\alpha + \varrho)} \sqrt{1 + \tan^2 \frac{\beta}{2} \cos^2 \alpha} \tag{9.16}$$

über. Für üblich kleine α gilt $\beta \approx \beta'$ und demzufolge

$$F'_{n1}/F_{n1} = \frac{1}{\cos(\beta/2)}. \tag{9.17}$$

Damit hat sich das Kräftegleichgewicht an der Gewindeflanke dahingehend verändert, daß zu der ursprünglichen Flankenbelastung eine radiale Komponente in der Größe

$$F_r = F \frac{\cos \varrho}{\cos(\alpha + \varrho)} \tan \frac{\beta'}{2} \tag{9.18}$$

hinzugetreten ist, die jedoch auf die Kräfteumsetzung an der Flanke nur insofern Einfluß hat, als die vektorielle Summe beider Komponenten erhöhte Reibkräfte verursacht. Dieser Umstand wird durch eine Korrektur des Reibwerts im Verhältnis der Flankennormalkräfte in der Form

$$\mu' = \frac{\mu}{\cos(\beta/2)} \quad \text{bzw.} \quad \tan \varrho' = \frac{\tan \varrho}{\cos(\beta/2)} \tag{9.19}$$

berücksichtigt.
Unter Verwendung von ϱ' anstelle von ϱ können demnach alle vorgenannten Gleichungen auch für Gewinde mit geneigten Flanken verwendet werden, wobei μ' den Charakter eines scheinbaren Reibwerts hat.

9.1.3. Anwendungsmöglichkeiten und funktionsgerechte Gestaltung

9.1.3.1. Allgemeine Gestaltungsgesichtspunkte

Die getriebetechnischen Gesetzmäßigkeiten der Gewindepaarung sichern ihr als Konstruktionselement ein breites Anwendungsgebiet. Die im Laufe der technischen Entwicklung erlangte Bedeutung bei der Lösung konstruktiver Probleme bedingt trotz des zwischenzeitlich erreichten Entwicklungsstands auch gegenwärtig noch die Konzentration umfangreicher Bemühungen sowohl auf die Weiterentwicklung konstruktiver Details im Interesse der besseren Anpassung an spezielle Einsatzbedingungen als auch auf die Verbesserung der Berechnungsverfahren im Interesse einer Erhöhung der Belastungsgrenzen und einer guten Materialausnutzung.
Gewindepaarungen werden unter dem Aspekt der zielstrebigen Ausnutzung ihrer funktionellen Merkmale im wesentlichen für die Lösung kinematischer Aufgaben und für Aufgaben bei der Befestigung bzw. Verbindung von Bauteilen eingesetzt.
Beide Hauptaufgaben erfordern die Nutzung der grundsätzlichen Möglichkeit der Umsetzung von Rotation in Translation. Sie tun es jedoch unter so stark unterschiedlichen Aspekten und mit derart weitreichenden Konsequenzen für die detaillierte konstruktive

Gestaltung der gepaarten Gewindegänge, daß eine grundsätzliche Unterteilung der Gewinde in sog. *Bewegungsgewinde* und *Befestigungsgewinde* sinnvoll ist.
Diese Aspekte werden im wesentlichen durch die unterschiedliche Rolle bestimmt, die neben der Bewegungsumsetzung die Kraftumsetzung im jeweiligen Anwendungsfall spielt.
Die allgemeine Gewindepaarung ist geometrisch bestimmt durch folgende charakteristische Abmessungen:

P Gewindesteigung
d_2 Flankendurchmesser
H Gewindetiefe.

Die Bezeichnung aller Profilmaße erfolgt in Anlehnung an [9.1].
Durch die Abmessungen lassen sich zwei grundsätzliche Eigenschaften der Paarung im wesentlichen beschreiben.
Es handelt sich dabei um das *Gewindeprofil*, das sich in seinen festigkeitsmäßigen Eigenschaften durch das Verhältnis P/H kennzeichnen läßt, und die Zuordnung des Gewindeprofils zum Flankendurchmesser, die durch das Verhältnis P/d_2 erfolgt und damit die kinematischen Eigenschaften, d. h. das Übersetzungsverhältnis für Kraft und Weg, charakterisiert. Während letzteres Verhältnis entsprechend dem großen Spielraum kinematischer Aufgabenstellungen variabel gehalten werden muß, wird ersteres auf der Grundlage der Untersuchung der komplexen Beanspruchung von Gewindegängen zu optimieren sein. Die darauf hinzielenden Überlegungen sind Gegenstand eines entsprechenden Abschnitts dieses Buches. Die kinematischen und festigkeitsmäßigen Forderungen an eine Gewindepaarung unterliegen keiner allgemeingültigen Kopplung, sondern sind in ihren Wechselbeziehungen von der jeweiligen Aufgabenstellung abhängig. Es scheint demzufolge sinnvoll zu sein, festigkeitsmäßig optimierte, geometrisch ähnliche, in ihrer Absolutgröße in Grenzen frei wählbare Gewindeprofile mit ebenfalls frei wählbaren Flankendurchmessern zu paaren. Dabei kann entweder der getriebetechnische oder der festigkeitsmäßige Teil der Aufgabenstellung für die Paarungsauswahl bestimmend sein.
Das Ergebnis der festigkeitsorientierten Optimierung der relativen Profilabmessungen einerseits und die Zuordnung derartiger Profile zu den Flankendurchmessern andererseits ist Gegenstand sehr weitgehender Standardisierungsarbeiten gewesen und kann mit seinem heutigen Ergebnis als Musterbeispiel angesehen werden. Aus praktischen Gesichtspunkten erfolgt die Festlegung aller profilbestimmenden Größen bezogen auf die Gewindesteigung. Die Zuordnung der Gewindeprofile erfolgt jedoch nicht zum Flankendurchmesser, sondern zu einem Gewindenenndurchmesser d, der dem Außendurchmesser des Bolzengewindes entspricht. Dem Prinzip der Gestaltung geometrisch streng ähnlicher Gewindeprofile wird auch die Festlegung der Spiele innerhalb der Paarung und der Radien an den Übergängen untergeordnet. Diese Maßnahme geht in ihrer Bedeutung über reine Standardisierungsgesichtspunkte erheblich hinaus, da sie die Grundlage für eine ähnlichkeitsmechanische Behandlung der relativ komplizierten komplexen Beanspruchungsverhältnisse am Gewindegang darstellt.
Auf spezielle Fragen der Ähnlichkeitsmechanik wurde im Abschn. 4.2.5. eingegangen.
Wesentlichen Einfluß sowohl auf festigkeitsmäßige Gestaltung des eigentlichen Gewindeprofils als auch auf Energieumsetzungsverhältnisse an der Gewindepaarung schlechthin hat der Flankenwinkel β. Er wird damit zum gestaltungsmäßigen Kriterium für die eingangs genannten zwei grundsätzlichen Anwendungsbereiche von Gewindepaarungen als konstruktives Element.

9.1.3.2. Bewegungsgewinde

Im Vordergrund hinsichtlich der zu erfüllenden Aufgabe steht die Umsetzung einer Rotationsbewegung in eine Translationsbewegung. Die Realisierung erfolgt in der Regel so, daß eine drehbare, gegen Längsverschiebung gesicherte bzw. längsverschiebliche, gegen Verdrehung gesicherte Spindel mittels Gewinde mit einer sinngemäß entsprechenden längsverschieblichen, gegen Verdrehung gesicherten bzw. verdrehbaren, gegen Längsverschiebung gesicherten Mutter oder einem entsprechenden Bauteil gepaart wird.

Die obengenannte rein kinematische Aufgabe kann mit der Aufgabe der Energieübertragung gekoppelt sein, kann sich jedoch auch auf die Übertragung reiner Verlustarbeiten des Systems beschränken.

Generell im Vordergrund wird demzufolge die Forderung nach einem hohen mechanischen Wirkungsgrad stehen. Das Gewindeprofil nach Bild 9.6 erfüllt im Prinzip diese Forderungen. Der Flankenwinkel $\beta = 0$ führt nach Gl. (9.7) bzw. Gln. (9.10) und (9.19) bei durch die kinematische Aufgabe vorgegebenem Steigungswinkel α zu einem maximalen mechanischen Wirkungsgrad. In der detaillierten konstruktiven Gestaltung erfährt dieses Gewindeprofil jedoch eine Veränderung in Richtung auf eine sinnvolle Kompromißlösung zwischen kinematischen und festigkeitsmäßigen Forderungen. Auf die festigkeitsmäßigen Gesichtspunkte bei der konstruktiven Profilgestaltung wird an entsprechender Stelle noch ausführlich eingegangen. Es leuchtet jedoch ohne weiteres ein, daß radiale Biegespannungen an den Gewindegängen einen wesentlichen Anteil an der komplexen Beanspruchung darstellen. Der Raum für die Anordnung entsprechend hoher Flächenträgheitsmomente ist jedoch durch die Gewindesteigung begrenzt.

Die gegenläufige Tendenz des Beanspruchungsverlaufs des Außen- und Innengewindes einer Paarung ermöglicht die Gestaltung von Gewindegängen, die in ihrem radialen Dickenverlauf dem Beanspruchungsverlauf angenähert sind und dabei die Forderung nach optimaler Nutzung des zur Verfügung stehenden Raumes erfüllen.

Diese Überlegungen führen zu dem im Bild 9.7 dargestellten Profil des sog. Trapezgewindes mit Flankenwinkeln von β in der Größenordnung von 30°. Einen wesentlich

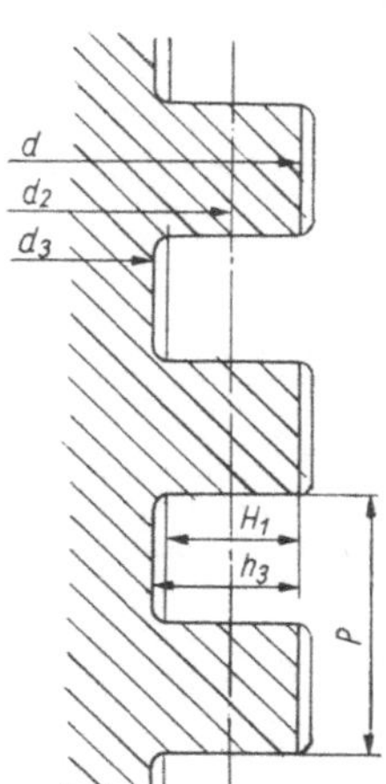

Bild 9.6
Rechteckgewinde

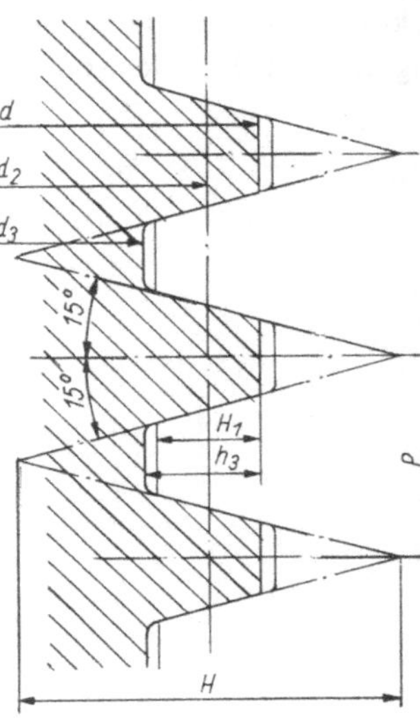

Bild 9.7
Trapezgewinde

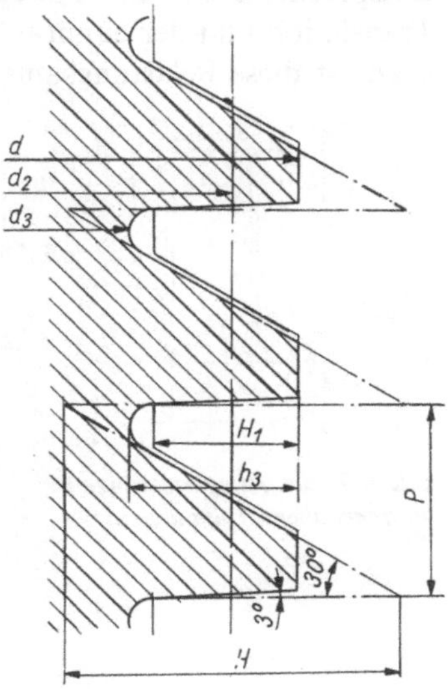

Bild 9.8
Sägegewinde

günstigeren Kompromiß zwischen wirkungsgradmäßigen und festigkeitsmäßigen Forderungen stellt das im Bild 9.8 dargestellte Sägengewinde dar. Diese Lösung setzt allerdings das Vorliegen einer eindeutigen Belastungsrichtung voraus, erfüllt jedoch unter diesen Bedingungen in nahezu idealer Weise die wirkungsgradmäßigen Forderungen durch sehr kleine Winkel an der tragenden Flanke und die festigkeitsmäßigen Forderungen durch große Winkel an der spielbehafteten Flanke.
Über die aus diesen Überlegungen hervorgegangene detaillierte Gestaltung und Bemessung von Gewindeprofilen, deren Zuordnung zu den Nenndurchmessern und über das Ergebnis entsprechender Standardfestlegungen geben maschinenbauliche Handbücher umfassende Auskunft (z. B. [9.1]).

9.1.3.3. **Befestigungsgewinde**

Befestigungs- und Verbindungsaufgaben lassen sich in der Regel auf die Erzeugung von Verspannungskräften zwischen Bauteilen mittels Verbindungselementen reduzieren. Das gilt sowohl für Verbindungen, die normal zur Kontaktfläche der zu verbindenden Bauteile auf Zug belastet werden, als auch für solche, in denen Schubbeanspruchungen in Richtung der Kontaktfläche zu übertragen sind. Während im ersten Fall eine unmittelbare Belastung der Verbindungselemente erfolgt, dienen die von ihnen erzeugten Längskräfte im zweiten Fall mittelbar der Übertragung von Kräften durch Reibschluß (Bild 9.9).
Ein großer Teil der im Maschinenbau auftretenden Verbindungsaufgaben ist im wesentlichen durch folgende Forderungen charakterisiert:

- manuelle Aufbringung großer Kräfte mit einfachsten Vorrichtungen
- sichere Arretierung der Vorrichtung in der Endlage
- einfaches und zerstörungsfreies Lösen der Verbindung unter dem Aspekt der Wiederverwendbarkeit der Verbindungselemente.

Die Gewindepaarung stellt ein Konstruktionselement dar, das die genannten Forderungen weitgehend zu erfüllen imstande ist.
Entsprechend der im Bewegungsgewinde erfolgenden Umsetzung von Rotation in Translation und der damit u. U. gekoppelten Umsetzung eines Moments in eine Längskraft ist diese Belastungsumsetzung auch im Fall der starren bzw. elastischen Behinde-

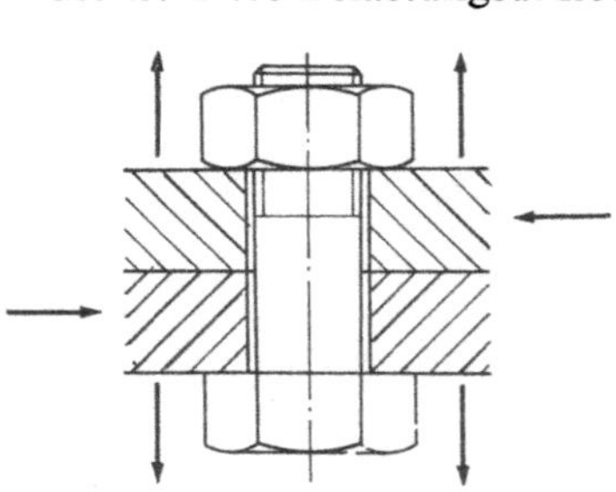

Bild 9.9. Belastungsrichtungen an Schraubenverbindungen

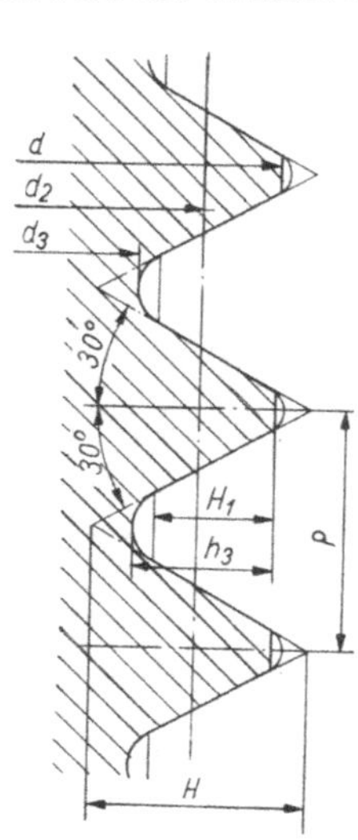

Bild 9.10 Befestigungsgewinde

rung der translatorischen Relativbewegung zwischen den mittels Gewinde gepaarten Bauteilen möglich. Erfolgt diese Behinderung durch zu verbindende Bauteile, so ist in diesen die Erzeugung hoher Kräfte im Sinne der Befestigungsaufgabe möglich. Das Verbindungselement besteht in üblicher Weise aus einem gegen Verdrehung gesicherten Bolzen, der über Gewinde mit einer drehbaren Mutter gepaart ist. Über entsprechend konstruktiv ausgebildete Auflageflächen erfolgt die Einleitung der erzeugten Kraft vom Verbindungselement im Normalfall formschlüssig in die zu verbindenden Bauteile. Das Übersetzungsverhältnis der auf diese Weise geschaffenen Kraftumsetzung wird durch die Zuordnung zwischen Hebelarm der Momenteneinleitung, Flankendurchmesser des Gewindes und Gewindesteigung bestimmt.

Die Anpassung des allgemeinen Gewindeprofils an die speziellen Einsatzbedingungen des Befestigungsgewindes erfolgt in erster Linie auf der Grundlage festigkeitsmäßiger Überlegungen. Im Vordergrund steht die Erzeugung und Übertragung hoher Kräfte. Demzufolge erfolgt die Entscheidung über die prinzipielle Lösung für das Gewindeprofil und seine detaillierte Gestaltung vorrangig unter dem Aspekt einer beanspruchungsgerechten Gestaltung.

Die konsequente Verfolgung dieses Prinzips wird beim Befestigungsgewinde möglich, da dem nicht mehr wie beim Bewegungsgewinde Wirkungsgradüberlegungen bezüglich der Wahl des Flankenwinkels β entgegenstehen. Dieser ist lediglich dadurch begrenzt, daß durch ihn eine Radialkomponente der Flankenbelastung nach Gl. (9.18) verursacht wird, die mit steigendem β sehr große Werte annimmt und über eine Aufweitung des Innengewindes der Mutter zur Zerstörung der Paarung führen kann. Der Winkel β kann ferner ohne weiteres so gewählt werden, daß nach Gl. (9.19) Reibwerte entstehen, die nach Gl. (9.4) zu negativen Drehmomenten beim Lösen der Verbindung, d.h nach Gl. (9.10) zum Zustand der Selbsthemmung führen. Dieser Effekt ist von elementarer Bedeutung für die Erfüllung der obengenannten Forderung nach selbsttätiger Arretierbarkeit von Gewindeverbindungselementen nach dem Anziehen und stellt einen der wesentlichen Vorzüge dieser Verbindungselemente überhaupt dar, da er in einem großen Teil der Anwendungsfälle ausreicht, um ein selbsttätiges Losdrehen der Paarung zu verhindern.

Die Festlegung eines einheitlichen Flankenwinkels β hat sich als zweckmäßig aus Standardisierungsgesichtspunkten erwiesen, geht in ihrer Bedeutung jedoch wesentlich darüber hinaus, da sie die Grundlage der Gestaltung streng geometrisch ähnlicher Gewindeprofile ist. Dadurch wird, wie bereits erwähnt, die Festlegung eindeutiger Relationen zwischen den einzelnen Beanspruchungsformen des Gewindegangs möglich. Diese Überlegungen führen zu dem im Bild 9.10 dargestellten Gewindeprofil mit einem Flankenwinkel $\beta = 60°$. Die Zuordnung zwischen Gewindeprofil, jetzt vertreten durch die Gewindesteigung P und den Flankendurchmesser d_2, sieht der Standard im Interesse der Berücksichtigung kinematischer Gesichtspunkte in Stufen variabel vor, so daß auch beim Befestigungsgewinde das Übersetzungsverhältnis der Kraftumsetzung sowie darüber hinaus der obengenannte Selbsthemmungseffekt nach Gl. (9.4) durch Wahl des Steigungswinkels α beeinflußt werden kann.

Bezüglich der detaillierten Gestaltung und Bemessung von Gewindeprofilen, deren Zuordnung zu den Flankendurchmessern und des Ergebnisses entsprechender Standardfestlegungen ist wie beim Bewegungsgewinde auf maschinenbauliche Handbücher zu verweisen (z.B. [9.1]).

9.1.4. Beanspruchungsverhältnisse in der Gewindepaarung

9.1.4.1. Beanspruchung des Gewindegangs

Die durch eine Gewindepaarung hindurchzuleitende axiale Belastung hängt für Bewegungsgewinde von den speziellen Bedingungen der Aufgabenstellung ab und ist in der Regel auf einfache Weise zu bestimmen. Die durch Befestigungsgewinde aufzubringende Axialbelastung hängt von den sehr komplizierten Wechselwirkungen innerhalb des Systems Befestigungsaufgabe–Verbindungselement ab. Dieses Problem wird ausführlich im Abschn. 9.2. behandelt. Die an dieser Stelle dargelegten Überlegungen gehen von einer vorgegebenen Belastung des einzelnen Gewindegangs aus. Die Betrachtung einzelner Gewindegänge mit einem Windungswinkel von jeweils $\varphi = 2\pi$ ist zulässig, obwohl exakt von einer Belastung je Längeneinheit der gewundenen schiefen Ebene bzw. von einer Belastung als Funktion von φ gesprochen werden müßte, für den Fall, daß mit einer ungleichmäßigen Lastverteilung gerechnet werden muß. Im Interesse einer vereinfachten Behandlung des Problems wird trotz der absolut stetigen Verhältnisse an der über die volle Gewindelänge durchlaufenden Windung angenommen, daß, wenn überhaupt, eine Beanspruchungsveränderung nur nach jeweils $\varphi = 2\pi$ sprunghaft erfolgt und dazwischen ein konstanter Verlauf vorliegt.

Die Durchleitung der resultierenden Belastung der Gewindepaarung erfolgt in der im Bild 9.11 dargestellten Weise. Sie wird bei der Übertragung zwischen den mittels Gewinde gepaarten Bauteilen in noch zu untersuchender Weise auf eine endliche Zahl von

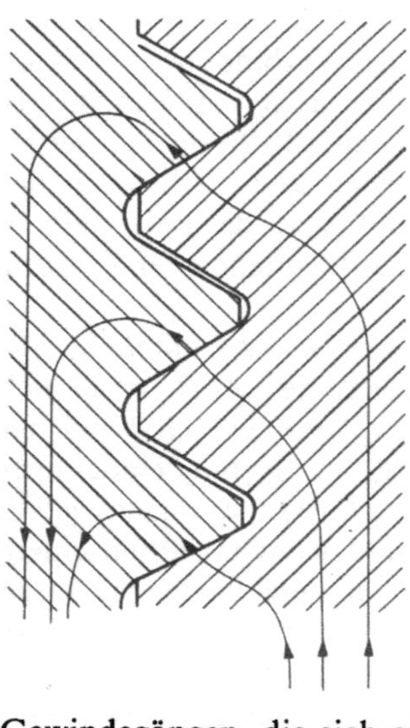

Bild 9.11
Kraftleitung in der Gewindepaarung

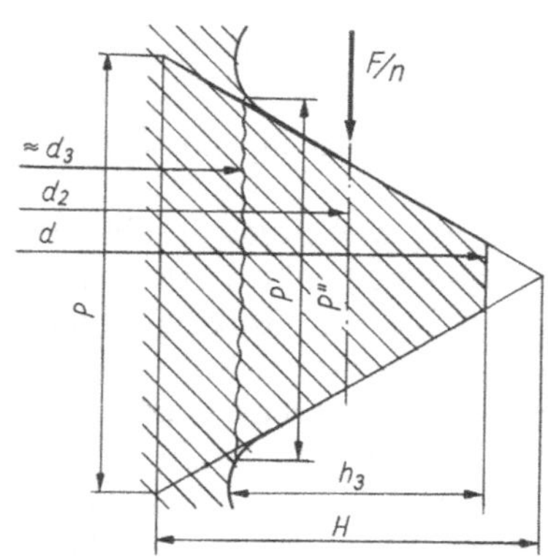

Bild 9.12. Beanspruchungsweise des Gewindegangs

Gewindegängen, die sich aus Gewindesteigung und Gewindelänge der Paarung ergibt, aufgeteilt und in Form einer spezifischen Pressung der Gewindeflanke in der unmittelbaren Kontaktfläche übertragen.

Diese Pressung stellt eines der bestimmenden werkstoffbedingten Tragfähigkeitskriterien einer Gewindepaarung dar.

$$p = \frac{F/\cos(\beta/2)}{n\pi d_2 H_1/\cos(\beta/2)} = \frac{F}{n\pi d_2 H_1}; \tag{9.20}$$

H_1 tragende Gewindetiefe der Paarung (radial gemessen unter Berücksichtigung des Spiels)
n Anzahl der tragenden Gewindegänge (s. Bild 9.10).

Die detaillierte Beurteilung des im Bild 9.12 gekennzeichneten Querschnitts ergibt als zweite charakteristische Gewindebeanspruchung eine kombinierte Biege- und Schubspannungsbeanspruchung, die durch die Größen

$$\sigma_b = \frac{Fh_3/2}{n\pi d_3 P'^2/6}; \tag{9.21}$$

P' tragender Anteil der Gewindesteigung P im Gewindegrund
d_3 Kerndurchmesser
h_3 Profiltiefe

und

$$\tau = \frac{F}{n\pi d_2 P''}; \tag{9.22}$$

P'' Dicke des Gewindegangs bei d_2 ($P'' \approx P/2$)

näherungsweise charakterisiert werden kann.
Sieht man von der Druckbeanspruchung des Querschnitts infolge der radialen Flankenkraft bei $\beta > 0$ auf Grund von Geringfügigkeit ab, so ist damit der Beanspruchungszustand des Gewindegangs ausreichend beschrieben. Die genannte Biegespannung nach Gl. (9.21) ist die qualitative Grundlage der bereits im Abschn. 9.1.3. angestellten Überlegungen zu einer biegebeanspruchungsgerechten Gestaltung des Gewindegangs. Eine quantitative Auswertung der Gl. (9.21) ebenso wie der Gl. (9.22) ist jedoch nur sehr bedingt möglich, da die dort stillschweigend gemachten Voraussetzungen bezüglich der relativen Abmessungen des beanspruchten Bauteils nur sehr bedingt durch die Formgebung des Gewindegangs erfüllt werden.
Darüber hinaus werden die Beanspruchungsverhältnisse noch durch die außerordentlich komplizierten Kraftüberleitungsbedingungen zwischen Gewindekern und Gewindegang gestört. Das unterstreicht in besonderem Maß die Bedeutung der im Abschnitt 9.1.3. behandelten Schaffung streng geometrisch ähnlicher Gewindeprofile, die zumindest eine vergleichende Behandlung bei der Auswertung experimenteller Untersuchungen ermöglicht. Das gilt gerade hier in besonderem Maß auch für die Feinformgestaltung im Hinblick auf Spiele und Radien.
Eine relativ hohe Aussagekraft hat Gl. (9.20). Sie reicht jedoch für eine komplexe Beurteilung der Verhältnisse nicht aus.
Aus den vorstehend aufgeführten Erwägungen heraus erscheint die Ermittlung etwa einer Vergleichsspannung in der Kerbe eines tragenden Gewindegangs als aussichtslos. Eine Untersuchung der Beziehungen zwischen den Gln. (9.20), (9.21) und (9.22) führt zu der Feststellung, daß erstere durch Ähnlichkeitsgesichtspunkte weitgehend bestimmt werden. Sie lassen sich unter der näherungsweisen Annahme $d_2 \sim d_3 \sim d$ in der Form

$$p \sim \sigma_b \sim \tau \sim \frac{F}{ndP} \tag{9.23}$$

darstellen, wobei eine optimale Relation zwischen p, σ_b und τ durch geeignete Festlegung der relativen Profilabmessungen H_1/P; h_3/P; P'/P und P''/P unter Berücksichtigung entsprechender Kerbwirkungen zu erreichen ist. Möglichkeiten, vorwiegend auf experimentellem Weg, bieten sich über die Variation der Gewindespiele an Kopf und Flanken, der Ausrundungsradien und der Flankenwinkel bzw. des Wertes h_3/P.
Das Ergebnis derartiger Untersuchungen ist bei Einhaltung der Ähnlichkeitsbedingungen stark verallgemeinerungs- und standardisierungsfähig.

Im Ergebnis solcher Festlegungen wird die Größe F/ndP in Gl. (9.23) zu einer allgemeinen charakteristischen Tragfähigkeitsgröße für eine bestimmte Gewindeprofilform. Es erscheint sinnvoll, besonders in Anbetracht der Schwierigkeiten bei ihrer Ermittlung, sie generell in Beziehung zu setzen zu einer Tragfähigkeitsgröße für den Gewindekernquerschnitt in der Form F/d_3^2. Somit lautet die Beziehung zwischen Beanspruchung im Kernquerschnitt auf Zug und komplexer Gewindebeanspruchung

$$\frac{F}{d_3^2} \sim \frac{F}{ndP}, \qquad (9.24)$$

woraus sich die Relation

$$nP \sim d \qquad (9.25)$$

ableitet.
Diese Feststellung findet ihren Niederschlag in der standardisierten Festlegung eindeutiger Zuordnungen zwischen Gewindedurchmesser und der dem Produkt nP entsprechenden Gewindelänge in Form der Mutternhöhe mit dem Ziel der Schaffung ausgewogener Beanspruchungen zwischen Gewindekern und Gewindegang.
Für Gewinde mit normaler Steigung sieht der Standard eine Gewindelänge L von 80% des Gewindenenndurchmessers d vor.

9.1.4.2. Axiale Lastverteilung im Gewinde

Physikalische Grundlagen

Rechnet man übliche Gewindepaarungen, die entsprechend den im Abschn. 9.1.4.1. dargelegten Gesichtspunkten ausgelegt sind, nach, so ergeben sich im allgemeinen unerwartet niedrige Beanspruchungen. In Übereinstimmung damit befinden sich die in Handbüchern allgemein sehr niedrig angegebenen zulässigen Werte beispielsweise für die Flächenpressung von 13 bis 15 N/mm² [9.1].
Das ist darauf zurückzuführen, daß bei der allgemeinen Festlegung der Gewindelänge (Mutternhöhe) bzw. bei der Anwendung üblicher Dimensionierungs- und Nachrechnungsverfahren stillschweigend vorausgesetzt wird, daß die axiale Verteilung der von der Paarung zu übertragenden Last F nicht gleichmäßig erfolgt. Daraus resultieren örtliche Lastspitzen, die oberhalb der mittleren Belastung der Gewindegänge $F_m = F/n$ liegen. Im folgenden sollen die Zusammenhänge dieser Erscheinung näher untersucht und entsprechende konstruktive Schlußfolgerungen daraus gezogen werden.
Der im Bild 9.13 angedeutete Kraftfluß macht die Art der Lastübertragung in der Gewindepaarung anschaulich und führt zu dem Schluß, daß es sich in beiden Fällen um eine Lastverzweigung in einem statisch unbestimmten System handelt, deren weitere

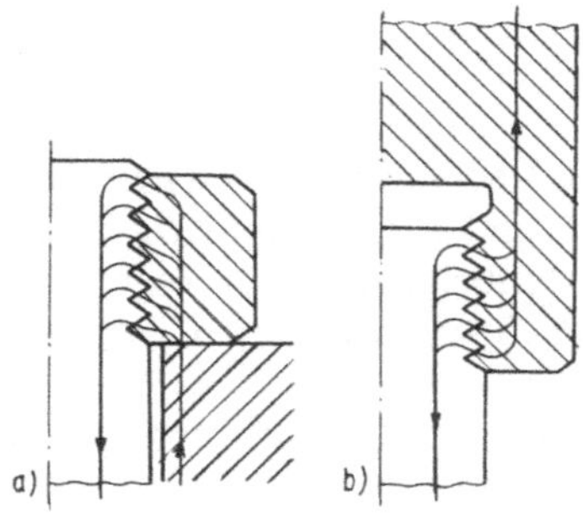

Bild 9.13
Grundnormen der Gewindebelastung
a) Druckmutter; b) Zugmutter

Untersuchung ohne Behandlung der elastischen Bauteileigenschaften nicht möglich ist.
Einfache Überlegungen an dem im Bild 9.14 dargestellten Federmodell erlauben jedoch bereits eine qualitative Beurteilung der Verhältnisse.
Es sei C_B eine Zugfederkonstante des Gewindekerns zwischen den theoretischen Krafteinleitungspunkten zweier benachbarter Gewindegänge und C_M die entsprechende Steifigkeit in der Mutter. C_G sei die komplexe Steifigkeit zweier miteinander in Eingriff stehender Gewindegänge zwischen den obengenannten theoretischen Krafteinleitungspunkten in Bolzen und Mutter. Läßt man C_G/C_M und C_G/C_B gegen 0 gehen, so kann man aus der gleichen Verformung aller Gewindegänge, die durch die große relative Steifigkeit von Mutter- und Bolzenkern erzwungen wird, leicht auf eine gleichmäßige Lastverteilung im Gewinde schließen. Läßt man dagegen C_G/C_M und C_G/C_B gegen ∞ gehen, so folgt aus der Untersuchung des der Krafteinleitung am nächsten liegenden Verzweigungspunktes, daß in der Verbindung nach Bild 9.13a ($F_d = F$; $F_z = 0$) die Last F voll vom ersten Gewindegang übertragen wird und alle weiteren Gewindegänge kraftfrei sind. Für die Verbindung nach Bild 9.13b ($F_d = 0$; $F_z = F$) folgt aus Symmetriegründen, daß der erste und letzte Gewindegang gleichmäßig, d.h. beide mit $F/2$ belastet sind, während alle dazwischenliegenden Gewindegänge theoretisch kraftfrei sind.

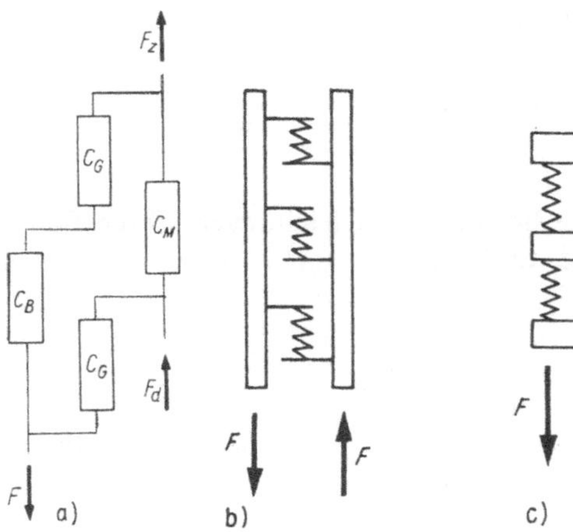

Bild 9.14. Vereinfachtes Federmodell einer Gewindepaarung
a) Federschema; b) C_G/C_B gegen 0; c) C_G/C_B gegen ∞

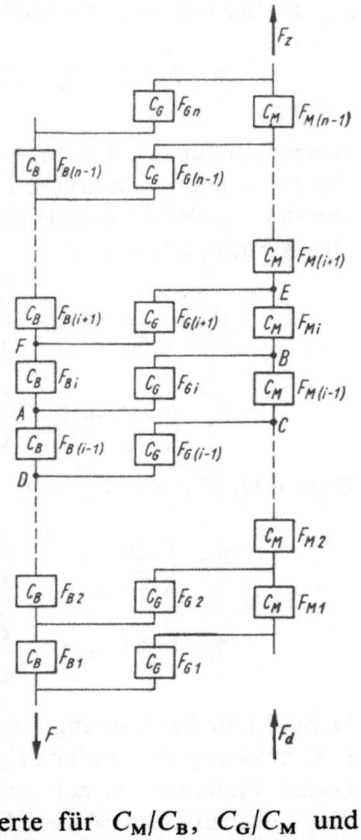

Bild 9.15
Allgemeines Federmodell einer Gewindepaarung

Praktische Gewindepaarungen sind durch endliche Werte für C_M/C_B, C_G/C_M und C_G/C_B charakterisiert. Daraus folgt, daß sich im Gewinde eine axiale Lastverteilung in Abhängigkeit von den elastischen Eigenschaften der Paarung einstellt. Die Lastverteilung hat Maxima, je nach Art des äußeren Kraftangriffs an einem oder an beiden Enden der Paarung.

Setzt man die Kenntnis der Werte C_M/C_B, C_G/C_M und C_G/C_B auf rechnerischer oder experimenteller Grundlage voraus, so ergeben sich mit den Beziehungen aus Bild 9.15 aus dem Kraftgleichgewicht in den Krafteinleitungspunkten des Gewindegangs i

$$\begin{aligned} &F_{B(i-1)} - F_{Bi} - F_{Gi} = 0 \quad \text{Kraftgleichgewicht am Knoten } A \\ &F_{Mi} - F_{M(i-1)} - F_{Gi} = 0 \quad \text{Kraftgleichgewicht am Knoten } B \end{aligned} \tag{9.26}$$

und dem Dehnungsgleichgewicht der benachbarten Gewindegänge und Kernabschnitte

$$\frac{F_{B(i-1)}}{C_B} + \frac{F_{Gi}}{C_G} - \frac{F_{G(i-1)}}{C_G} - \frac{F_{M(i-1)}}{C_M} = 0$$

Dehnungsgleichgewicht an der Masche $ABCD$ (9.27)

$$\frac{F_{Bi}}{C_B} + \frac{F_{G(i+1)}}{C_G} - \frac{F_{Gi}}{C_G} - \frac{F_{Mi}}{C_M} = 0$$

Dehnungsgleichgewicht an der Masche $ABEF$

für eine Paarung mit n Gewindegängen $n - 2$ allgemeine Bestimmungsgleichungen für F_{Gi} als Belastung des Gewindegangs i in der Form

$$F_{Gi}\left(\frac{C_G}{C_B} + 2 + \frac{C_G}{C_M}\right) = F_{G(i-1)} + F_{G(i+1)}, \tag{9.28}$$

anwendbar für $i = 2 \ldots (n - 1)$.
Für $i = 1$ und $i = n$ ergeben sich zwei weitere Bestimmungsgleichungen, deren Form von der Art der Krafteinleitung nach Bild 9.15 abhängt:
Druckmutter ($F_d = F, F_z = 0$)

$$\begin{aligned} &F_{G1}\left(\frac{C_G}{C_B} + 1 + \frac{C_G}{C_M}\right) = F\left(\frac{C_G}{C_B} + \frac{C_G}{C_M}\right) + F_{G2} \\ &F_{Gn}\left(\frac{C_G}{C_B} + 1 + \frac{C_G}{C_M}\right) = F_{G(n-1)} \end{aligned} \tag{9.29}$$

Zugmutter ($F_z = F, F_d = 0$)

$$\begin{aligned} &F_{G1}\left(\frac{C_G}{C_B} + 1 + \frac{C_G}{C_M}\right) = F\,\frac{C_G}{C_B} + F_{G2} \\ &F_{Gn}\left(\frac{C_G}{C_B} + 1 + \frac{C_G}{C_M}\right) = F\,\frac{C_G}{C_M} + F_{G(n-1)}. \end{aligned} \tag{9.30}$$

Damit ist die Bestimmung der absoluten Lastverteilung im Gewinde F_{Gi} und der relativen Lastverteilung im Gewinde F_{Gi}/F für $i = 1 \ldots n$ möglich.
Dieses Verfahren ist zur Beurteilung der Lastverteilung in Gewindepaarungen mit vorgegebenen konstruktiven Daten bei Kenntnis der relativen Steifigkeiten geeignet.
Für C_M/C_B kann bei beiderseitiger Verwendung von Stahl und üblichen Abmessungen für die Mutterauflagefläche näherungsweise ein Wert von 1 eingesetzt werden. Die oberflächliche Auswertung praktischer Lastverteilungen hinsichtlich ihrer Lastspitzen an den Enden von Zugmuttern läßt auf Werte >1 schließen [s. dazu Gl. (9.45)].

Dieser Umstand ist jedoch dadurch bedingt, daß die konstruktiven Voraussetzungen hinsichtlich der Krafteinleitung im allgemeinen eine Kompromißlösung zwischen Zug- und Druckmutter darstellen. Bei Verwendung abweichender Werkstoffe ist dieser Wert im Verhältnis der Elastizitätskonstanten der gepaarten Werkstoffe zu korrigieren. Exakte Werte für das Verhältnis C_G/C_M und C_G/C_B liegen nicht vor. Der experimentelle Aufwand für ihre unmittelbare Bestimmung dürfte relativ hoch sein. Der Versuch der überschläglichen rechnerischen Abschätzung führt über Ähnlichkeitsbetrachtungen, ausgehend von der kombinierten Beanspruchung des Gewindegangs durch Druck, Biegung und Schub bei Voraussetzung eines zweiachsigen Spannungszustands und von der einachsigen Beanspruchung des Bolzen- und Mutternkerns, zu folgendem Ergebnis für metrische Befestigungsgewinde:

$$C_G = 0{,}34Ed$$

$$C_M \approx C_B = 0{,}75Ed \frac{1}{P/d} \tag{9.31}$$

$$\frac{C_G}{C_M} \approx \frac{C_G}{C_B} = 0{,}45\, P/d;$$

P Gewindesteigung
d Nenndurchmesser.

Dieser Zahlenwert ist kritisch unter Berücksichtigung der seiner Ableitung zugrunde liegenden Annahmen zu beurteilen. Nicht erfaßbare Einflüsse liegen vor allem im sehr komplizierten lokalen Spannungsverlauf beim Übergang zwischen Gewindegang und Kern. Es zeigt sich jedoch, daß die in der Literatur veröffentlichten Lastverteilungen mit Hilfe des hier untersuchten Verformungsmodells und unter Verwendung eines Wertes $C_G/C_M = C_G/C_B = 0{,}5\ P/d$ für einen großen Durchmesserbereich und variables P/d sehr gut reproduzierbar sind.
Ein besonderer Vorteil des Verfahrens besteht in der Möglichkeit, axial veränderliche Steifigkeiten als Ergebnis spezieller konstruktiver Maßnahmen durch sprunghafte Veränderung der Steifigkeit von Gewindegang zu Gewindegang anzunähern und auf diese Weise zu berücksichtigen.
Einen Mangel stellt jedoch die Tatsache dar, daß die Aufbereitung einer allgemeinen Lösung für die durch einen Gewindegang zu übertragende Last F_{Gi} in Abhängigkeit von der Zahl der Gewindegänge sehr kompliziert und damit die Beurteilung der Wirkungsweise der konstruktiven Einflußgrößen hinsichtlich Tendenz und Intensität nur bedingt möglich ist.
Ein weiterer Mangel des Verfahrens besteht in der Tatsache, daß das Ergebnis lediglich etwas über die Summenbelastung des jeweiligen Gewindegangs, jedoch nichts über die Lastverteilung innerhalb des Gewindegangs, d.h. über die Verteilung der Last über eine Windung von $\varphi = 2\pi$ aussagt. An diesem Punkt der Überlegungen wird unwillkürlich bewußt, daß alle bisherigen Untersuchungen von der zu Beginn des Abschnitts 9.1.4.1. festgelegten diskontinuierlichen Betrachtungsweise ausgehen, deren Voraussetzungen exakt nicht erfüllt sind. Aus der stark unterschiedlichen Belastung der Gewindegänge nach dem vorstehend dargelegten Berechnungsverfahren kann bei Übergang auf eine kontinuierliche Betrachtungsweise auf einen großen Gradienten der spezifischen Belastung innerhalb eines Gewindegangs geschlossen werden, dessen Berücksichtigung vor allem für den Gewindeauslauf von Interesse ist.

Da es theoretisch und praktisch an dem bei Anwendung des vorgenannten Verfahrens als existent vorausgesetzten Übergang zwischen zwei Gewindegängen keinen qualitativen Sprung der Verhältnisse gibt, scheint es notwendig, im Interesse einer näheren Untersuchung eine kontinuierliche Betrachtungsweise zugrunde zu legen, deren Ziel die Ermittlung stetiger Beanspruchungsverläufe im Profil und im Kern ist. Zu diesem Zweck ist das Federmodell nach Bild 9.15 durch ein Kontinuum mit prinzipiell gleichen elastischen Eigenschaften zu ersetzen und das Gleichungssystem Gl. (9.26) und Gl. (9.27) entsprechend neu zu formulieren.
Dazu ist es erforderlich, Steifigkeitskennwerte zu definieren, die den Bedingungen der kontinuierlichen Betrachtungsweise genügen. Das neue Federmodell unterscheidet sich von dem nach Bild 9.15 dadurch, daß die elastische Kopplung zwischen Bolzenkern und Mutter nicht mehr punktweise durch die Steifigkeit C_G, sondern kontinuierlich über die ganze Länge erfolgt. Damit wird auch die abschnittweise durch die Gewindesteigung vorgegebene Beschreibung der Steifigkeit des Bolzens und der Mutter in der Form C_B und C_M gegenstandslos. Anstelle der diskontinuierlichen Steifigkeitsbeschreibung durch C_B, C_M und C_G werden eingeführt:
spezifische Kernsteifigkeit (Reihenschaltung)

$$\begin{aligned} C_B^* &= C_B \frac{L}{n} = C_B P \quad \text{in N} \\ C_M^* &= C_M \frac{L}{n} = C_M P \quad \text{in N} \end{aligned} \tag{9.32}$$

spezifische Profilsteifigkeit (Parallelschaltung)

$$C_G^* = C_G \frac{n}{L} = C_G \frac{1}{P} \quad \text{in N/m}^2; \tag{9.33}$$

L Gewindelänge.

C_B^* bzw. C_M^* entspricht der örtlichen Steifigkeit des Kerns in Form des Produkts aus Querschnittsfläche und Elastizitätsmodul. C_G^* stellt eine Steifigkeit je Längeneinheit des Gewindes dar.
Ferner sind

$F_B(x)$ Lastverlauf im Bolzen in N
$F_M(x)$ Lastverlauf in der Mutter in N
$F_G(x)$ Lastverlauf im Gewinde in N/m.

Gl. (9.26) geht über in

$$F_G(x) = \frac{dF_B(x)}{dx} = -\frac{dF_M(x)}{dx} \tag{9.34}$$

und Gl. (9.27) in

$$\frac{F_B(x)}{C_B^*} dx - \frac{F_M(x)}{C_M^*} dx + \frac{F_G(x)}{C_G^*} - \frac{1}{C_G^*}\left(F_G(x) + \frac{dF_G(x)}{dx} dx\right) = 0 \tag{9.35}$$

bzw.

$$\frac{F_B(x)}{C_B^*} - \frac{F_M(x)}{C_M^*} - \frac{1}{C_G^*} \frac{dF_G(x)}{dx} = 0.$$

Anstelle von Gl. (9.28) tritt damit (s. Bild 9.15)

$$\frac{1}{C_G^*}\frac{d^2F_B(x)}{dx^2}+\frac{F_M(x)}{C_M^*}-\frac{F_B(x)}{C_B^*}=0. \tag{9.36}$$

Anstelle der Gln. (9.29) und (9.30) erfolgt die Berücksichtigung der Art der Krafteinleitung in folgender Weise:
Druckmutter

$$F_B(x)+F_M(x)=0 \tag{9.37}$$

Zugmutter

$$F_B(x)+F_M(x)=F. \tag{9.38}$$

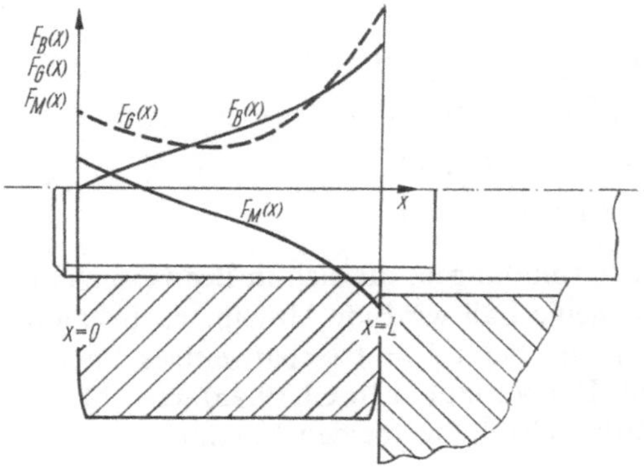

Bild 9.16
Qualitativer Lastverlauf in der Gewindepaarung; schaftseitiges Ende der Gewindepaarung x = L

Damit ergeben sich die Differentialgleichungen für den Lastverlauf im Bolzen entsprechend den im Bild 9.16 getroffenen Vorzeichenregelungen, je nach Art der Krafteinleitung in folgender Form:
Druckmutter

$$\frac{d^2F_B(x)}{dx^2}-F_B(x)\,C_G^*\left(\frac{1}{C_B^*}+\frac{1}{C_M^*}\right)=0 \tag{9.39}$$

Zugmutter

$$\frac{d^2F_B(x)}{dx^2}-F_B(x)\,C_G^*\left(\frac{1}{C_B^*}+\frac{1}{C_M^*}\right)+F\,\frac{C_G^*}{C_M^*}=0. \tag{9.40}$$

Unter Berücksichtigung der allgemeingültigen Randbedingungen

$$\begin{aligned}F_B(0)&=0\\F_B(L)&=F\end{aligned} \tag{9.41}$$

lauten mit Einführung der Größe $U = L\sqrt{C_G^*\,(1/C_B^*+1/C_M^*)}$ die Lösungen
Druckmutter

$$\frac{F_B(x)}{F}=\frac{\sinh\left((x/L)\,U\right)}{\sinh(U)} \tag{9.42}$$

Zugmutter

$$\frac{F_B(x)}{F} = \left(\frac{1}{1 + C_B^*/C_M^*}\right) \frac{\sinh((x/L)\,U)}{\sinh(U)} - \left(\frac{1}{1 + C_M^*/C_B^*}\right) \frac{\sinh((1 - x/L)\,U)}{\sinh(U)} + \frac{1}{1 + C_M^*/C_B^*}. \tag{9.43}$$

Daraus folgt der spezifische Lastverlauf im Gewindeprofil, bezogen auf eine mittlere Belastung F/L:
Druckmutter

$$f\left(\frac{x}{L}\right) = \frac{F_G(x)}{F/L} = U\,\frac{\cosh((x/L)\,U)}{\sinh(U)} \tag{9.44}$$

Zugmutter

$$f\left(\frac{x}{L}\right) = \frac{F_G(x)}{F/L} = U\left[\left(\frac{1}{1 + C_B^*/C_M^*}\right) \frac{\cosh((x/L)\,U)}{\sinh(U)} + \left(\frac{1}{1 + C_M^*/C_B^*}\right) \frac{\cosh((1 - x/L)\,U)}{\sinh(U)}\right] \tag{9.45}$$

Derartige Lastverläufe treten in elastischen Verbindungen, die sich in Beanspruchungsrichtung erstrecken, generell auf. Der allgemeine Fall wird im Abschn. 6. behandelt. Der Verlauf nach Gl. (9.44) weist ein Maximum bei $x/L = 1$ (schaftseitiges Ende der Paarung) und ein Minimum bei $x/L = 0$ auf. Der Verlauf nach Gl. (9.45) weist Maxima bei $x/L = 0$ und $x/L = 1$ auf. Für die relative Größe der beiden Maxima zueinander gilt die Bedingung

$$C_M \gtreqless C_B \rightarrow f(0) \lesseqgtr f(1), \tag{9.46}$$

d.h., wenn die Kernsteifigkeit der Mutter größer als die des Bolzens ist, liegt das absolute Maximum der Profilbeanspruchung am schaftseitigen Ende der Gewindepaarung.
Bei gleicher Steifigkeit sind beide Maxima gleich groß, und bei geringerer Kernsteifigkeit der Mutter verlagert sich das absolute Maximum an das entgegengesetzte Ende der Paarung. Die in den Gln. (9.42) bis (9.45) angegebenen Beziehungen stellen eine Präzisierung der in [9.2] gemachten Aussagen über den Beanspruchungsverlauf dar.

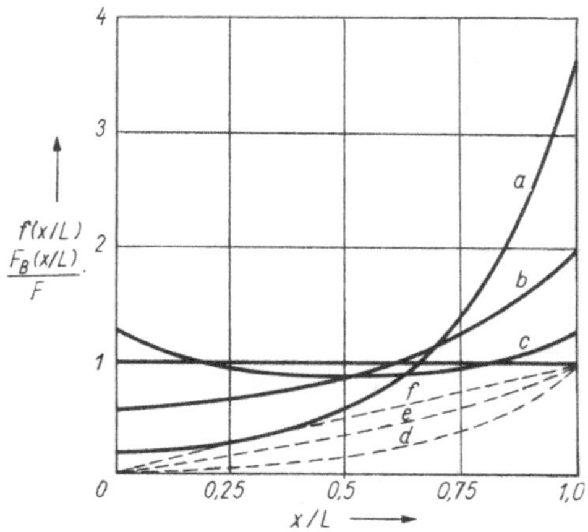

Bild 9.17
Lastverlauf an Gewindepaarungen
$C_M = C_B$; $C_G/C_B = 0{,}5\ P/d$; $P/d = 0{,}1$
—— spezifischer Lastverlauf im Gewindeprofil $f(x/L)$
a) Druckmutter $n = 12$; b) Druckmutter $n = 6$;
c) Zugmutter $n = 6$
--- relativer Belastungsverlauf des Bolzenkernquerschnitts $F_B(x/L)/F$
d) Druckmutter $n = 12$; e) Druckmutter $n = 6$;
f) Zugmutter $n = 6$
$x/L = 1$ schaftseitiges Ende der Paarung

Die Maxima sind erwartungsgemäß höher als die sich nach dem diskontinuierlichen Verfahren ergebenden Belastungen der Gewindegänge an den Enden der Paarung, da bei kontinuierlicher Betrachtungsweise mit $x/L = 0$ bzw. $x/L = 1$ nicht über die mittlere Belastung der Gewindegänge an den Enden, sondern innerhalb dieser über die Lastspitzen am Auslauf ausgesagt wird. Die Abweichung beträgt bei Zugrundelegung der eingangs abgeschätzten Steifigkeitsverhältnisse bei $n = 6$ für eine Druckmutter etwa 15% und für eine Zugmutter etwa 10%.

Mit $C_M = C_B$ und $C_G/C_B = 0{,}5P/d$ kann man unter Verwendung von Gl. (9.32) und Gl. (9.33) die Gln. (9.42) bis (9.45) vereinfacht schreiben:

Druckmutter

$$\frac{F_B(x/L)}{F} = \frac{\sinh\left((x/L)\, n \sqrt{P/d}\right)}{\sinh\left(n \sqrt{P/d}\right)} \tag{9.47}$$

$$f\left(\frac{x}{L}\right) = n \sqrt{\frac{P}{d}}\, \frac{\cosh\left((x/L)\, n \sqrt{P/d}\right)}{\sinh\left(n \sqrt{P/d}\right)} \tag{9.48}$$

$$f\left(\frac{x}{L}\right)_{max} = f(1) = n \sqrt{\frac{P}{d}} \coth\left(n \sqrt{\frac{P}{d}}\right) \tag{9.49}$$

Zugmutter

$$\frac{F_B(x/L)}{F} = \frac{1}{2}\left[1 + \frac{\sinh\left((x/L)\, n \sqrt{P/d}\right)}{\sinh\left(n \sqrt{P/d}\right)} - \frac{\sinh\left(((L - x)/L)\, n \sqrt{P/d}\right)}{\sinh\left(n \sqrt{P/d}\right)}\right] \tag{9.50}$$

$$f\left(\frac{x}{L}\right) = \frac{1}{2}\, n \sqrt{\frac{P}{d}}\left[\frac{\cosh\left((x/L)\, n \sqrt{P/d}\right)}{\sinh\left(n \sqrt{P/d}\right)} + \frac{\cosh\left(((L - x)/L)\, n \sqrt{P/d}\right)}{\sinh\left(n \sqrt{P/d}\right)}\right] \tag{9.51}$$

$$f\left(\frac{x}{L}\right)_{max} = f(0) = f(1) = \frac{1}{2}\, n \sqrt{\frac{P}{d}}\left[\coth\left(n \sqrt{\frac{P}{d}}\right) + \frac{1}{\sinh\left(n \sqrt{P/d}\right)}\right]. \tag{9.52}$$

Für eine Paarung mit $n = 6$ bzw. $n = 12$ Gewindegängen und $P/d = 0{,}1$ sind die sich aus den Gln. (9.47) bis (9.52) ergebenden Verhältnisse im Bild 9.17 dargestellt.

Die Gln. (9.47) und (9.50) schließen sowohl die Möglichkeit der kontinuierlichen als auch die der diskontinuierlichen Betrachtungsweise ein.

Die relative Belastung eines Gewindegangs i, bezogen auf die mittlere Belastung F/n, ergibt sich aus der Beziehung

$$\frac{F_{Gi}}{F_{mittel}} = \frac{F_{Gi}}{F/n} = \frac{n}{F}\left[F_{B;(x/L = 1 - (i-1)/n)} - F_{B;(x/L = 1 - i/n)}\right]. \tag{9.53}$$

Dabei zählt i vom schaftseitigen Ende der Paarung.

Für die besonders interessierenden Gewindegänge $i = 1$ und $i = n$ an den Paarungsenden ergeben sich damit folgende relative Lastspitzen:
Druckmutter

$$\frac{F_{G1}}{F_{\text{mittel}}} = n\left(1 - \frac{\sinh\left((n-1)\sqrt{P/d}\right)}{\sinh\left(n\sqrt{P/d}\right)}\right) \tag{9.54}$$

$$\frac{F_{Gn}}{F_{\text{mittel}}} = n\left(\frac{\sinh\sqrt{P/d}}{\sinh\left(n\sqrt{P/d}\right)}\right) \tag{9.55}$$

Zugmutter

$$\frac{F_{G1}}{F_{\text{mittel}}} = \frac{F_{Gn}}{F_{\text{mittel}}} = \frac{n}{2}\left(1 - \frac{\sinh\left((n-1)\sqrt{P/d}\right)}{\sinh\left(n\sqrt{P/d}\right)} + \frac{\sinh\sqrt{P/d}}{\sinh\left(n\sqrt{P/d}\right)}\right). \tag{9.56}$$

Konstruktive Schlußfolgerungen

Bild 9.17 vermittelt einen Eindruck über die Art der axialen Lastverteilung in Gewindepaarungen. Unter Voraussetzung der angenommenen Steifigkeitsverhältnisse ergeben sich Lastspitzen im Gewindeauslauf bzw. mittlere Belastungen der Gewindegänge an den Enden der Paarung, die erheblich über den Mittelwerten liegen. Wie noch anhand der Variierung der konstruktiven Parameter zu zeigen sein wird, ergeben sich daraus praktische Grenzen für den Einsatz von Gewindepaarungen, die jedoch durch eine Reihe konstruktiver Maßnahmen variabel gestaltet werden können.

- Für die in ihrer Ausführungshäufigkeit überwiegende Druckmutter liegt die kritische Beanspruchung im Bereich des schaftseitig ersten Gewindegangs. Es gibt neben der im Bild 9.18 dargestellten eine Reihe weiterer konstruktiver Möglichkeiten zur Realisierung einer Krafteinleitung, die der der Zugmutter mehr oder weniger nahekommt und nach Bild 9.17 eine wesentlich gleichmäßigere Lastverteilung mit geringeren relativen Lastspitzen an den Ausläufen bewirkt [9.1].

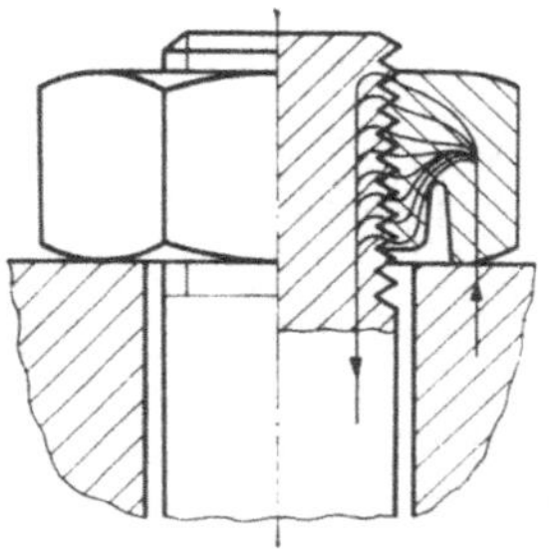

Bild 9.18
Zugmutter

- Bei derartigen Lösungen bietet sich nach Gl. (9.45) bzw. Gl. (9.46) durch Wahl geeigneter Mutternwerkstoffe bzw. gezielte konstruktive Gestaltung der Mutter mit der Zielsetzung $C_M < C_B$ die Möglichkeit einer weiteren Entlastung des kritischen schaftseitigen Gewindeauslaufs. So liefern beispielsweise Stiftschrauben in Graugußbauteilen wesentlich bessere Lastverteilungen im Gewinde des Einschraubendes als in Stahl. Das ist auf den geringeren E-Modul von Grauguß zurückzuführen. Wichtig ist in diesem Zusammenhang die Beachtung der sich aus Gl. (9.44) ableitenden Tatsache, daß dieser Effekt bei reinen Druckmuttern nicht zu erzielen ist. Bei der

Druckmutter wirkt sich ganz allgemein jede Kernsteifigkeitsverringerung bei Mutter oder Bolzen negativ aus.

- Die Nachrechnung praktisch ausgeführter Paarungen zeigt, daß ein großer Teil im Gewindeauslauf theoretisch oberhalb der Streckgrenze belastet wird. Das führt jedoch auf Grund der lediglich örtlichen Überschreitung der Streckgrenze nicht zum völligen Verlust der Tragfähigkeit, sondern zu einer gegenüber dem elastischen Zustand jetzt besseren Lastverteilung ohne Verminderung der Sicherheit gegen Erreichen der Streckgrenze für den gesamten Querschnitt. Das gilt allerdings nur für statische Belastung. Die gefügeschädigende Wirkung auch örtlicher Streckgrenzenüberschreitungen bei dynamischem Einwirken führt zu der bekanntlich außerordentlich geringen Wechselfestigkeit von Gewindebauteilen.

Zur Beurteilung des Einflusses der Variation der konstruktiven Parameter L/d; P/d und n wird die relative Lastspitze am schaftseitigen Gewindeauslauf der Druckmutter herangezogen. Die Ergebnisse gelten qualitativ und sinngemäß auch für die Zugmutter sowie für das Verhalten der Gewindegänge an den Paarungsenden bei diskontinuierlicher Betrachtungsweise.
Die Tragfähigkeit des Gewindes kann davon ausgehend in folgender Form geschrieben werden:

$$F = F_G(L)_{zul} L \gamma; \tag{9.57}$$

F	Tragfähigkeit in N
$F_G(L)_{zul} \sim d$	zulässige Lastkonzentration im Gewindeauslauf in N/m
d	Gewindedurchmesser in m
L	Gewindelänge in m

$$\gamma = \frac{\tanh\left(n\sqrt{P/d}\right)}{n\sqrt{P/d}} \tag{9.58}$$

Abminderungsfaktor infolge ungleichmäßiger Lastverteilung (s. Bild 9.21).

Unter diesen Bedingungen ist $(F_G(L)/d)_{zul}$ eine von der speziellen Profilgeometrie eines Gewindetyps und von Werkstoffeigenschaften abhängige, jedoch von der absoluten Profilgröße P und der Profilzuordnung zum Gewindedurchmesser P/d unabhängige Konstante (s. Abschn. 9.1.4.1.).
Sie ist interpretierbar als in der Zylindermantelfläche des Gewindes übertragbare Schubspannung. Diese Überlegung macht die Wirkungsweise der durch die Standardisierung in Grenzen zugelassenen Variation der Zuordnung zwischen Gewindeprofil und Gewindedurchmesser anschaulich.
Daraus folgt

$$F \sim d^2 \frac{L}{d} \gamma \tag{9.59}$$

bzw.

$$F \sim d^2 \sqrt{\frac{P}{d}} \tanh\left(n\sqrt{\frac{P}{d}}\right). \tag{9.59a}$$

Betrachtet man $(L/d)\gamma = (L/d)^*$ als wirksame relative Gewindelänge

$$\left(\frac{L}{d}\right)^* = \sqrt{\frac{P}{d}} \tanh\left(n\sqrt{\frac{P}{d}}\right), \tag{9.60}$$

so ergibt sich die Tragfähigkeit zu

$$F \sim d^2 \left(\frac{L}{d}\right)^*. \tag{9.61}$$

Die Bilder 9.19 und 9.20 zeigen γ und $(L/d)^*$ in Abhängigkeit von L/d und P/d für eine Druckmutter mit den vorgenannten Steifigkeitsverhältnissen.
Für eine Tragfähigkeitserhöhung durch Variierung konstruktiver Parameter bietet sich als einfachste Lösung eine streng geometrisch ähnliche Vergrößerung der Paarung an. Davon wird die Qualität der Lastverteilung γ nicht berührt, und es folgt

$$F \sim d^2. \tag{9.62}$$

Im Interesse des Anzugsmoments wird jedoch bei sehr großen Paarungen eine Reduzierung des Verhältnisses P/d angestrebt. Für den Sonderfall P = konst. tritt bei ähnlicher Vergrößerung aller übrigen Abmessungen eine Verschlechterung der Qualität der Lastverteilung ein. Bei extremer Vergrößerung wird $\gamma \sim 1/\sqrt{d}$, so daß nach Gl. (9.59) lediglich

$$F \sim d^{1,5} \tag{9.63}$$

gilt.

Unter Voraussetzung von d = konst. gibt es drei Grundvarianten der Veränderung geometrischer Gewindeparameter, deren Auswirkungen in den Bildern 9.19 und 9.20 anhand eines Beispiels dargestellt sind.

1. Veränderung der Gewindelänge L/d unter Beibehaltung der Gewindesteigung P/d
Die Maßnahme führt bei üblich ausgeführten Gewinden sehr schnell zu einem Grenzwert für $(L/d)^* \to \sqrt{P/d}$ [s. Gl. (9.60)] und erzielt nach Gl. (9.61) keinen nennenswerten Effekt infolge der sich mit $\gamma \sim 1/(L/d)$ verringernden Qualität der Lastverteilung (Bilder 9.19 und 9.20). Die Effektivität der Maßnahme ist jedoch stark von der Ausgangslänge und dem Steigungsverhältnis P/d abhängig. Definiert man diese Effektivität bei der Ausgangslänge von n Gewindegängen mit

$$E_n = \left(\frac{\mathrm{d}F}{\mathrm{d}n}\right)_n \tag{9.64}$$

und die relative Effektivität

$$\varepsilon_n = \frac{E_n}{E_{(n=0)}}, \tag{9.65}$$

so ergibt sich aus

$$\varepsilon_n = 1 - \tanh^2\left(n\sqrt{\frac{P}{d}}\right), \tag{9.66}$$

daß bei einem normalen Gewinde mit $P/d = 0{,}1$ diese relative Effektivität bereits bei $n = 7$ Gewindegängen nur noch 5% beträgt, während bei Feinstgewinde mit $P/d = 0{,}01$ der gleiche Effektivitätsabfall erst bei $n = 22$ Gewindegängen auftritt.
2. Vergrößerung der Gewindesteigung P/d unter Beibehaltung der Gewindelänge L/d
Die relativen Tragfähigkeitseigenschaften, d.h. die Qualität der Lastverteilung, verbessern sich mit

$$\gamma = \frac{\tanh\left((L/d)\sqrt{d/P}\right)}{(L/d)\sqrt{d/P}}.$$

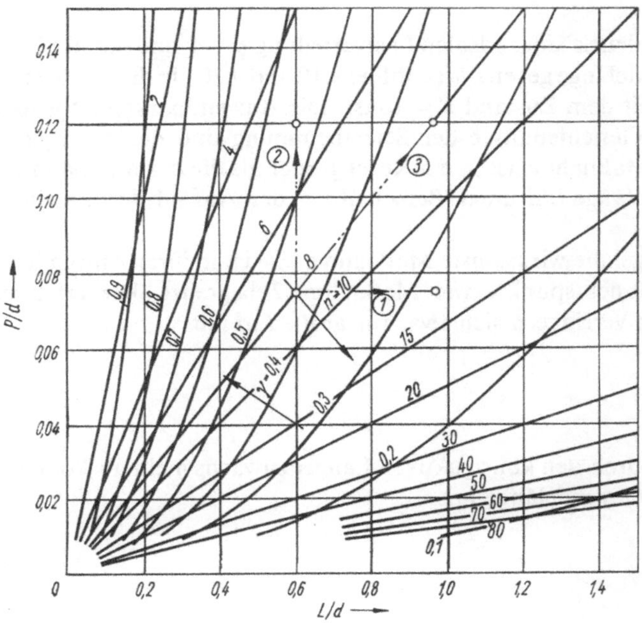

Bild 9.19
Abminderungsfaktor
$\gamma = f(P/d;\ L/d)$
für die Bestimmung
der wirksamen Gewindelänge

Beispiel
1 Veränderung der relativen Gewindelänge unter Beibehaltung der relativen Gewindesteigung; 2 Veränderung der relativen Gewindesteigung unter Beibehaltung der relativen Gewindelänge; 3 Veränderung der relativen Gewindelänge unter Beibehaltung der Anzahl der Gewindegänge

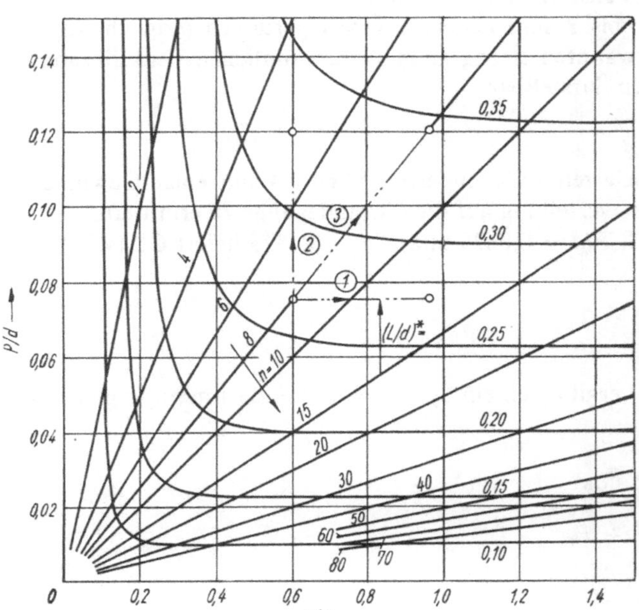

Bild 9.20
Reduzierte (wirksame)
relative Gewindelänge
$(L/d)^* = f(P/d;\ L/d)$

Beispiel
1 Veränderung der relativen Gewindelänge unter Beibehaltung der relativen Gewindesteigung; 2 Veränderung der relativen Gewindesteigung unter Beibehaltung der relativen Gewindelänge; 3 Veränderung der relativen Gewindelänge unter Beibehaltung der Anzahl der Gewindegänge

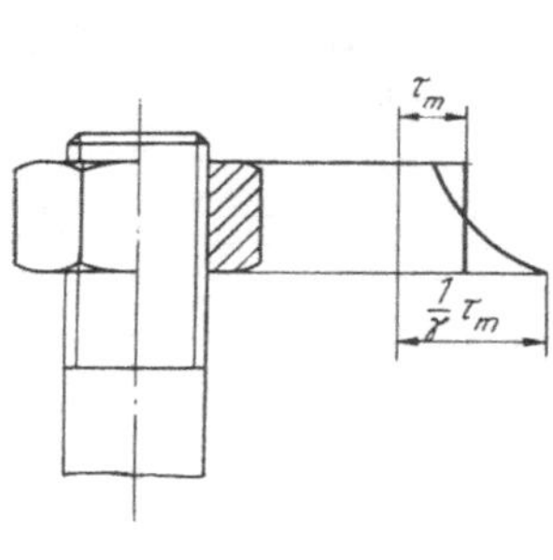

Bild 9.21
Lastspitze am schaftseitigen Gewindeende $1/\gamma$

Für große P/d geht als Ausdruck einer idealen Lastverteilung $\gamma \to 1$ und damit $(L/d)^*$ als wirksame relative Gewindelänge gegen L/d (s. Bilder 9.19 und 9.20). In diesem Bereich nähert sich die Tragfähigkeit dem Zustand $F =$ konst. Die Anwendbarkeit ist jedoch praktisch begrenzt durch Gesichtspunkte der Selbsthemmung und des Anzugsmoments. Die Effektivität der Maßnahme ist in der Regel größer als die der Maßnahme 1.

3. Vergrößerung der Gewindelänge L/d unter Beibehaltung der Anzahl der Gewindegänge n

Letztgenannte ist in der Regel die wirksamste Maßnahme. Sie ist in ihrer Anwendbarkeit durch die gleichen Gesichtspunkte wie Maßnahme 2 begrenzt. Die relativen Tragfähigkeitseigenschaften verringern sich zwar für große L/d mit

$$\gamma \sim \frac{1}{\sqrt{L/d}},$$

der Nachteil wird jedoch durch den konstruktiven Längenzuwachs mehr als kompensiert, so daß die wirksame Gewindelänge mit

$$\left(\frac{L}{d}\right)^* \sim \sqrt{\frac{L}{d}} \tag{9.67}$$

wächst. In gleichem Maß wächst die Tragfähigkeit.

Zwischen den Maßnahmen 1 bis 3 sind beliebige Überlagerungen möglich. In Überlagerung mit der eingangs erwähnten streng geometrisch ähnlichen Veränderung sind beliebige Parameteränderungen darstellbar.

Beispiel 1

Für einen als Druckmutter belasteten Gewindering M 64 × 4 mit einer Gewindelänge von 12 mm ist die anteilige Lastverteilung auf die Gewindegänge zu ermitteln.
Mit den Ausgangsdaten $n = 3$, $P/d = 0{,}0625$ und $L/d = 0{,}1875$ liefert Gl. (9.31)

$$C_G/C_M = 2{,}81 \cdot 10^{-2}.$$

Variante 1:

Aus den Gln. (9.28) und (9.29) ergibt sich ein System von drei Bestimmungsgleichungen in der Form

$$2{,}056F_{G2} = F_{G1} + F_{G3}$$

$$1{,}056F_{G1} = 0{,}056F + F_{G2}$$

$$1{,}056F_{G3} = F_{G2},$$

dessen Lösungen die Belastungen der einzelnen Gewindegänge darstellen. Es ergibt sich

$$F_{G1} = 0{,}364F$$

$$F_{G2} = 0{,}329F$$

$$F_{G3} = 0{,}311F$$

mit F als Gesamtbelastung der Gewindepaarung.

Variante 2:

Gl. (9.54) liefert $F_{G1} = 0{,}367\,F$, Gl. (9.55) liefert $F_{G3} = 0{,}308\,F$.
Für $n = 3$ ist

$$F_{G2} = F - (F_{G1} + F_{G3}) = 0{,}325\,F.$$

Hinweis. Für $n > 3$ liefert Variante 2 nur die anteilige Belastung des ersten und letzten Gewindegangs. Es besteht jedoch die Möglichkeit, Gl. (9.53) auch für andere Gewindegänge aufzubereiten.

Beispiel 2

Für einen Bolzen M $10 \times 1{,}0$ mit einer üblichen Mutter von $L/d = 0{,}8$ ist die relative Lastspitze im schaftseitigen Gewindeauslauf, bezogen auf die mittlere Gewindebelastung, zu ermitteln.
Mit den Ausgangsdaten $L/d = 0{,}8$ und $P/d = 0{,}1$ ergibt sich aus Bild 9.19 $\gamma = 0{,}39$. Demzufolge beträgt die relative Lastüberhöhung

$$1/\gamma = 2{,}56.$$

Beispiel 3

Die Tragfähigkeit eines Gewinderings M 100×4 mit einer Gewindelänge von $L = 20$ mm soll durch Vergrößerung der Länge verdoppelt werden. Wie groß ist der erforderliche Längenzuwachs?
Das Verhältnis der Tragfähigkeiten wird bei $d =$ konst. durch das Verhältnis der wirksamen relativen Gewindelängen $(L/d)^* = \gamma\,(L/d)$ wiedergegeben. Mit den Ausgangsdaten $L/d = 0{,}2$ und $P/d = 0{,}04$ liefert Bild 9.20 $(L/d)^* = 0{,}15$. Bild 9.20 zeigt ferner, daß eine Steigerung der relativen Ausgangslänge von 0,2 auf Werte über 0,6 keinen weiteren Effekt erbringt. Im Extremfall ist für die wirksame relative Gewindelänge $(L/d)^*$ eine Steigerung von 0,15 auf 0,20 und dementsprechend eine Tragfähigkeitssteigerung um $\frac{1}{3}$ erzielbar. Die Dimensionierungsaufgabe erweist sich demnach als nicht lösbar.

9.1.5. Festigkeit des Gewindeschafts

9.1.5.1. Funktionsbedingte Belastungen

Die im Abschn. 9.1.4. behandelten, in der Gewindepaarung erzeugten hohen Axialkräfte werden den umgebenden Bauteilen einerseits über entsprechende Formschlußverbindungen der Mutter und andererseits über den zylindrischen Schraubenschaft und wiederum über ein entsprechendes formschlüssiges Element (Schraubenkopf) zugeleitet. Während dem erstgenannten Kraftfluß hinsichtlich der Flächenpressung in der Auflagefläche zwar Beachtung gewidmet werden muß, treten dort jedoch normalerweise keine unüberwindlichen konstruktiven Probleme auf. Dagegen stellt der Schraubenschaft in gleicher Weise wie die Gewindepaarung selbst ein außerordentlich hoch beanspruchtes Konstruktionselement dar. Aus den im Abschn. 9.1.4.1. angestellten Ähnlichkeitsüberlegungen resultiert bereits das Bestreben, Schaftquerschnitt und Profilparameter einander so zuzuordnen, daß im ökonomischen Interesse eine insgesamt möglichst hoch und gleichmäßig ausgelastete konstruktive Einheit geschaffen wird. Das setzt eine genaue Kenntnis der Beanspruchungsverhältnisse voraus.

Der Schraubenschaft wird in erster Linie auf Zug beansprucht. Die Nennzugspannung ergibt sich aus der im Gewinde erzeugten Zugkraft unter Berücksichtigung eines vom Gewindeprofil nicht angeschnittenen Kernquerschnitts, da aus funktionellen Gründen zumindest ein Teil des aus der Mutter herausragenden Schaftes Gewindeprofil trägt.
Der daraus resultierenden Beanspruchung überlagert sich eine Torsionsbelastung, die durch das kinematische Prinzip der Gewindepaarung bedingt ist und sich aus Gl. (9.4) für das Anziehen der Verbindung ergibt. Diese Zusatzbeanspruchung bleibt bei ruhend belasteten Verbindungen auch nach dem Anziehen erhalten, während sie unter dynamischer Belastung allmählich abgebaut wird. Sie bewirkt im Schraubenkernquerschnitt eine Torsionsschubspannung, deren relative Auswirkung, bezogen auf die Zugbeanspruchung, mit P/d und μ infolge der wachsenden erforderlichen Anzugsmomente wächst.
Ermittelt man nach der Gestaltänderungshypothese [s. a. Gl. (4.39)]

$$\sigma_v = \sqrt{\sigma_1^2 + \sigma_2^2 - \sigma_1\sigma_2}$$

über die Hauptspannungen der kombinierten Beanspruchung Zug–Torsion

$$\sigma_{1;2} = \frac{\sigma}{2} \pm \sqrt{\frac{\sigma^2}{4} + \tau^2}$$

die Vergleichsspannung für den Kernquerschnitt in der Form

$$\sigma_v = \sqrt{\sigma^2 + 3\tau^2}, \tag{9.68}$$

so liefert diese für Grobgewinde [9.1]

$$\sigma_v/\sigma \approx 1{,}3. \tag{9.69}$$

Bei hochbelasteten Verbindungen ist man bestrebt, diese zusätzliche Beanspruchung zu vermeiden. Das ist möglich, wenn man auf den Kraftumsetzungseffekt der Gewindepaarung verzichtet und diesen durch andere physikalische Prinzipien und Vorrichtungen, wie hydraulisches Längen, thermisches Längen o. ä., erzielt. Mit Hilfe dieser Prinzipien ist eine reine Längsbeanspruchung der Schraube möglich. Die Aufgabe der Gewindepaarung reduziert sich damit auf das kräftefreie Nachstellen der Summe der Bauteilklemmlängen um den der erforderlichen Vorspannung entsprechenden Dehnungsbetrag, die reibschlüssige Fixierung dieses Zustands und die Möglichkeit des schnellen Lösens.
Die obengenannte Vergleichsspannung charakterisiert den Beanspruchungszustand im Gewindekern jedoch nicht ausreichend. Infolge der konstruktiv bedingten Oberflächen-

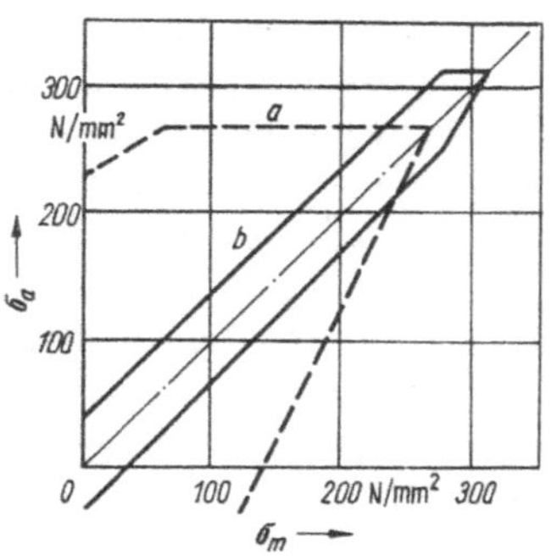

Bild 9.22
Dauerfestigkeitsschaubild
a glatter Stab; *b* Schraube (Beispiel)

gestalt kommt es im Gewindegrund zu einer erheblichen Spannungskonzentration, die als Kerbwirkung die dynamische Belastbarkeit von Gewindebauteilen stark reduziert. Dagegen stellt im ruhend belasteten Fall der räumliche Spannungszustand im Gewindegrund eine Fließbehinderung dar, die eine erhöhte Bruchfestigkeit bei verringerter Bruchdehnung bewirkt.

Bild 9.22 macht in Form des Dauerfestigkeitsschaubilds diese Verhältnisse anhand eines Vergleichs mit einem glatten Stab anschaulich [9.3]. Bemerkenswert ist in diesem Zusammenhang, daß die Werkstoffqualität wohl Einfluß auf die statische Belastbarkeit, nicht jedoch auf den ertragbaren Spannungsausschlag hat.

[9.1] macht das anhand der Gegenüberstellung von Schraubenwerkstoffen mit Streckgrenzen zwischen 280 und 1080 N/mm² bei gleichbleibendem σ_A von 50 N/mm² deutlich.

Punkte ausgesprochener Beanspruchungskonzentration sind:

- der Gewindegang im Bereich des schaftseitigen Endes der Mutter auf Grund der Überlagerung der Spannungskonzentration im Gewindegrund infolge der hier noch in voller Höhe wirkenden Längskraft und der Spannungskonzentration aus dem über den ersten Gewindegang eingeleiteten maximalen Lastanteil.

  Mittel zur Bekämpfung einer Spannungskonzentration in diesem Bereich liegen in erster Linie in der Realisierung einer guten Lastverteilung im Gewinde durch geeignete konstruktive Gestaltung und geeignete Werkstoffwahl entsprechend den sich aus Abschn. 9.1.4.2. ergebenden grundsätzlichen Forderungen hinsichtlich der Steifigkeitsverhältnisse und der Krafteinleitung.

  Besonders gefährdet sind infolge der ungünstigen Lastverteilung Feingewinde.

  Interessant ist in diesem Zusammenhang folgender Effekt: Der Einsatz von Muttern mit niedrigerem Elastizitätsmodul bewirkt nicht nur die bei Zugmuttern nach Gl. (9.45) ausgewiesene Reduzierung der Lastspitze am schaftseitigen Ende der Paarung, sondern auch eine Asymmetrie der radialen Lastverteilung an den gepaarten Flanken infolge der Verformung derselben. Die Veränderung erfolgt in Richtung auf größere Scherquerschnitte und kleinere Biegehebelarme für die Mutter. Dadurch wird eine eventuell geringere Festigkeit des Mutternwerkstoffs zumindest teilweise kompensiert.

- der schaftseitige Auslauf des Bolzengewindes

  Die Spannungskonzentration an dieser Stelle wird durch den relativ scharfkantigen Querschnittsübergang hervorgerufen. Man erreicht eine wesentliche Verbesserung, indem man eine Gewinderille mit einem Durchmesser im Grund geringfügig unterhalb des Kerndurchmessers und mit definiert ausgerundeten Übergängen vorsieht. Gewinderillen sind als konstruktives Element standardisiert.

  Sinnvoll ist auch die gänzliche Vermeidung eines Querschnittsübergangs, da im Grunde genommen festigkeitsmäßig kein Anlaß dazu besteht, den glatten Gewindeschaft im Durchmesser größer auszuführen als den Kerndurchmesser des Gewindes. Diese technologisch aufwendigere Lösung gewinnt, wie im Abschn. 9.2. gezeigt wird, dann an Bedeutung, wenn das elastische Verhalten der Verbindung im Vordergrund steht.

- der Übergang zwischen Schaft und Schraubenkopf

  An dieser Stelle überlagert sich die negative Wirkung der schroffen Querschnittsänderung mit der räumlich eng begrenzten Richtungsänderung des Kraftflusses. Die Bekämpfung dieser Erscheinung reduziert sich im wesentlichen auf die Schaffung optimaler Querschnittsübergänge. In der Regel findet man eine einfache Ausrundung der Kerbe. Optimale Querschnittsverläufe existieren. Sie sind jedoch technologisch aufwendig und finden nur in Sonderfällen Verwendung (Bild 9.23).

Die Reihenfolge der Behandlung der vorstehend genannten kritischen Bereiche des Schraubenschafts entspricht ihrer statistischen Bedeutung hinsichtlich des Auftretens von Dauerbrüchen. Nach [9.4] ergeben sich für ein Beispiel folgende Kerbwirkungszahlen

$\beta_k = 5 \dots 8$ Gewindeschaft am Austritt aus der Mutter
$\beta_k = 2$ Auslauf des Bolzengewindes
$\beta_k = 2 \dots 4$ Kopfübergang.

Die genannten Zonen sind in der aufgeführten Reihenfolge nach [9.1] mit 65, 20 und 15% an der Summe der statistisch ausgewerteten Dauerbrüche an Schrauben beteiligt.
In Auswertung der Feststellungen im Abschn. 9.1.4.1. und der vorstehenden ergibt sich, daß bei Anwendung standardisierter Gewindeprofile eine Nachrechnung der Beanspruchung im Kern des Schaftgewindes und ggf. eine Kontrolle der Flankenpressung genügt. Letztere wird bei Verwendung standardisierter Mutternhöhen und normaler Gewindesteigung bei ausreichender Kernfestigkeit automatisch in zulässigen Grenzen liegen.

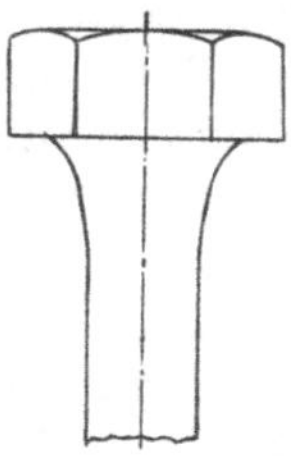

Bild 9.23
Beanspruchungsgerechter Kopfübergang

Literaturwerte über zulässige Flankenpressungen in Handbüchern, wie beispielsweise [9.1], beziehen sich in der Regel auf Gewindeausführungen der obengenannten Art und berücksichtigen die Lastverteilung im Gewinde stillschweigend.
Unter diesem Aspekt sind auch die extrem hoch erscheinenden Kerbwirkungszahlen von $\beta_k = 5 \dots 8$ für den Gewindeschaft am Austritt aus der Mutter zu sehen und demzufolge auf die mittlere Belastung anzuwenden.
Eine ausreichend genaue Beurteilung der detaillierten Beanspruchung hochbelasteter Verbindungen, insbesondere dann, wenn die Parameter der Paarung extreme Werte annehmen, ist nur unter Berücksichtigung der im Abschn. 9.1.4.2. dargelegten Gesichtspunkte möglich.
Das gilt vor allem für

- extrem feine Gewinde
- Gewindepaarungen mit extrem großen Hauptabmessungen
- Gewindepaarungen mit komplizierter Krafteinleitung
- Gewindepaarungen mit unterschiedlichen Werkstoffen

sowie ganz allgemein dann, wenn der Rechnung nicht spezielle zulässige Flankenpressungen in Gewinden, sondern allgemeine Werkstoffwerte zugrunde gelegt werden.
In diesem Fall sind anstelle der obengenannten Werte für den Schaftaustritt normale Kerbwirkungszahlen entsprechend den geometrischen und werkstoffseitigen Bedingungen an der Kerbe zu verwenden.
Die Größenordnung normaler β_k-Werte führt im Bereich üblicher Gewindeparameter bei Berücksichtigung des Abminderungsfaktors γ für die wirksame Gewindelänge folgerichtig zu den obengenannten fiktiven Werten für β_k.

Auf eine Darlegung des Routinenachrechnungsgangs für den Tragfähigkeitsnachweis an Gewindebauteilen wird unter Hinweis auf die Taschenbuchliteratur verzichtet. In [9.1] wurde im Abschn. 8.1. eine systematische Ordnung der rechnerischen Nachweisverfahren der Schraubenfestigkeit für unterschiedliche Einsatzfälle vorgenommen. Die Übersicht im Abschn. 8.1.5. umfaßt dort folgende Fälle:

- längsbelastete Lasten- und Spannschrauben ohne Vorspannung
  ruhende Beanspruchung
  Schwingbeanspruchung
- unter Last drehend angezogene Spannschrauben
- vorgespannte, durch Betriebszugkraft längsbelastete Verbindungen
  Bestimmung der Vorspannkraft
  Bestimmung der Schraubenhöchstlast
  Berechnung auf Verformungsgrenzen
  Berechnung auf Schwingbruch
  Berechnung auf Stoßbelastung
  Berechnung auf Kopfauflagepressung
- vorgespannte, durch Betriebskraft und Wärmedehnungen belastete Verbindungen
- vorgespannte, durch Schubkräfte belastete Verbindungen
  Reibschlußverbindungen
  Formschlußverbindungen
  Blechlaschenstöße in Stahltragwerken
  gleitfeste (HV-)Verbindungen in Stahltragwerken.

9.1.5.2. **Zusatzbelastungen**

Neben den vorstehend behandelten Zug- und Torsionsbeanspruchungen treten unter speziellen Bedingungen Biegebeanspruchungen des Schraubenschafts auf, die auf Grund der extrem niedrigen Biegewechselfestigkeit von Gewindebauteilen außerordentlich kritisch sind. Schrauben mit ihrem speziellen, durch das Gewindeprofil bedingten Kerbverhalten sind für die Aufnahme von Biegebeanspruchungen grundsätzlich ungeeignet. Aus diesem Grund erfolgt die Behandlung der Schraubenbiegung bewußt nicht im Zusammenhang mit den obengenannten funktionsbedingten Beanspruchungen Zug und Torsion. Nennenswerte Biegebeanspruchungen an der Schraube sind in jedem Fall ein Hinweis auf schwerwiegende konstruktive oder technologische Mängel. Im wesentlichen kommen folgende Ursachen in Frage:

- Anordnung der Schrauben weit außerhalb der Wirkungslinie der Betriebskraft bzw. außerhalb der Trennfuge der zu verbindenden Bauteile bei unzureichender Bauteilsteifigkeit
- hinsichtlich der Elastizität unsymmetrische Gestaltung der zu verbindenden Bauteile im unmittelbaren Bereich der Schraube
- technologisch bedingte Fluchtungsfehler
- Gleiten in der Trennfuge.

Bild 9.24 zeigt konstruktive Anordnungen, bei denen es infolge der Verformung der Flanschbereiche zu einer Neigung der Auflageebenen von Schraubenkopf und Mutter zueinander kommt. Eine Reduzierung des Winkels δ ist erzielbar durch eine möglichst biegesteife Gestaltung der Flansche. Anzustreben ist eine Lösung, bei der die Wirkungslinien der resultierenden Belastungen einschließlich der äußeren Betriebsbelastung weitmöglichst zusammenfallen. Wo das im praktischen Fall nur bedingt möglich ist, muß die erforderliche Biegesteifigkeit beispielsweise durch eine ausreichende Flanschdicke gewährleistet sein. Eine größenordnungsmäßige Abschätzung der Biegebeanspruchung wird möglich, wenn es gelingt, eine Annahme über den Neigungswinkel δ zu treffen. Setzt

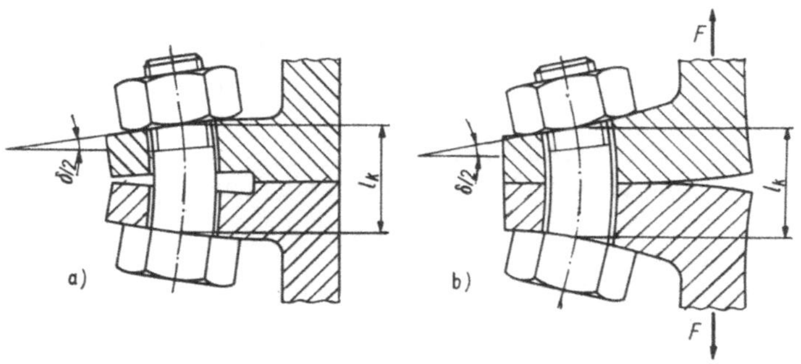

Bild 9.24. Biegebeanspruchte Schrauben
a) Schraubenachse außerhalb der Trennfuge; b) großer Abstand zwischen Beanspruchungs- und Schraubenachse

man eine konstante Krümmung der Schraube über die Klemmlänge l_k voraus, so ergibt sich die Biegespannung zu

$$\sigma_b = \delta E \frac{d/2}{l_k}. \tag{9.70}$$

Der Verformungswinkel δ ist von der Flanschdicke und damit von der Klemmlänge l_k näherungsweise in den Grenzen

$$\delta \sim \frac{1}{l_k} \quad \text{für Schubbelastung der Flansche} \tag{9.71}$$

und

$$\delta \sim \frac{1}{l_k^3} \quad \text{für Biegung der Flansche} \tag{9.72}$$

abhängig.
Damit liefert Gl. (9.70) in der Form

$$\sigma_b \sim \frac{1}{l_k^2} \tag{9.73}$$

bzw.

$$\sigma_b \sim \frac{1}{l_k^4} \tag{9.74}$$

einen Hinweis auf die Vergrößerung der Klemmlänge l_k als vorrangig wirksame Maßnahme gegen derartige zusätzliche Biegebeanspruchungen.
In [9.5] erfolgt eine genauere Untersuchung derartiger Verhältnisse. Dabei wird einerseits unterschieden zwischen voll oder lediglich an der Kante aufliegender Mutter und andererseits zwischen einem Zustand, bei dem in der Auflage der Mutter Querkräfte wirksam sind, und einem solchen, in dem diese Null werden.
Von praktisch vorrangigem Interesse ist der Fall der vollen, infolge der Reibungsverhältnisse beim Anziehen querkraftfreien Mutternauflage. Für Stiftschrauben ergibt sich

nach [9.5] ein Momentenverlauf

$$M(x) = -\frac{F}{\lambda} \tan \delta \left[\sin(\lambda x) + \cot(\lambda l_k) \cos(\lambda x)\right] \tag{9.75}$$

mit $\lambda = \sqrt{F/(EJ)}$.
Dieser Momentenverlauf hat bei $x/l_k = 1 - (n\pi/\lambda l_k)$ mit $n = 0;\ 1;\ 2\ldots$ Extrema der Größe

$$M_{\text{extr}} = \mp \lambda EJ \frac{\tan \delta}{\sin \lambda l_k}. \tag{9.76}$$

Auf Grund der praktisch auftretenden Werte für λ liegt lediglich ein Maximum innerhalb des interessierenden Bereichs für x/l_k bei $x/l_k = 1$, d.h. unmittelbar am Austritt des Gewindeschafts aus der Mutter. Das Moment am Auslauf des Einschraubgewindes ist nach Gl. (9.75)

$$M_0 = -\lambda EJ \frac{\tan \delta}{\tan \lambda l_k}. \tag{9.77}$$

Für praktisch auftretende Fälle gilt mit Sicherheit $\lambda l_k/\pi < 0{,}1$; für kleine λl_k kann daher mit ausreichender Genauigkeit geschlossen werden auf

$$\lim_{\lambda l_k \to 0} M(x) = -\frac{EJ \tan \delta}{l_k} = \text{konst.} \tag{9.78}$$

Das rechtfertigt die eingangs getroffenen vereinfachenden Annahmen über ein konstantes Moment und eine konstante Krümmung von der Größe

$$\frac{\tan \delta}{l_k}.$$

In [9.6] wird ein Verfahren zur Ermittlung der Beanspruchungen innerhalb exzentrisch belasteter Schraubenverbindungen dargestellt, das von den äußeren Belastungen ausgeht und nicht die Kenntnis des Neigungswinkels δ voraussetzt.
In den Kraftfluß der vorgespannten Verbindungen werden Bereiche der zu verbindenden Bauteile im Bereich der Schrauben einbezogen. Ihre Beanspruchung erfolgt theoretisch rotationssymmetrisch in bezug auf die Schraubenachse und klingt mit zunehmendem Abstand von der Schraubenachse ab. Eine ausführliche Behandlung dieser Verhältnisse erfolgt im Abschn. 9.2.
Infolge der endlichen Bauteilabmessungen und der spezifischen Gestaltung der Bauteile kommt es zu Störungen dieser Symmetrie, die im Normalfall im Bereich bereits stark abgeklungener Beanspruchung liegen und demnach ohne wesentlichen Einfluß sind. Unter extrem beengten Platzverhältnissen kommt es jedoch gelegentlich zu Schraubenanordnungen, bei denen infolge derartiger Störungen die resultierende Belastung der Trennfuge nicht mit der Schraubenachse zusammenfällt. Ein Beispiel für derartige Anordnungen stellen Flanschverbindungen mit unzureichendem Abstand zwischen Lochkreis- und Flanschaußendurchmesser dar. Anhaltswerte für den erforderlichen Abstand können aus dem im Abschn. 9.2.2.2.2. behandelten Rötscher-Kegel abgeleitet werden. Die rechnerische Erfassung dieser Biegebeanspruchung ist nicht ohne weiteres möglich. Eine Größenvorstellung gewinnt man aus der Untersuchung des Abstands der Trägheitsachsen von Schraube und als beteiligt angenommenem Trennfugenbereich.

Ein nach Bild 9.25 begrenzter, in den Kraftfluß einbezogener Trennfugenbereich liefert eine Exzentrizität des Flächenschwerpunkts, bezogen auf die Bohrungsachse von $e \approx d/8$. Eine axiale Verspannung der Verbindung mit der Kraft F hat demzufolge eine außermittige Belastung sowohl dieser fiktiven Trennfugenzone als auch des Schraubenschafts zur Folge.

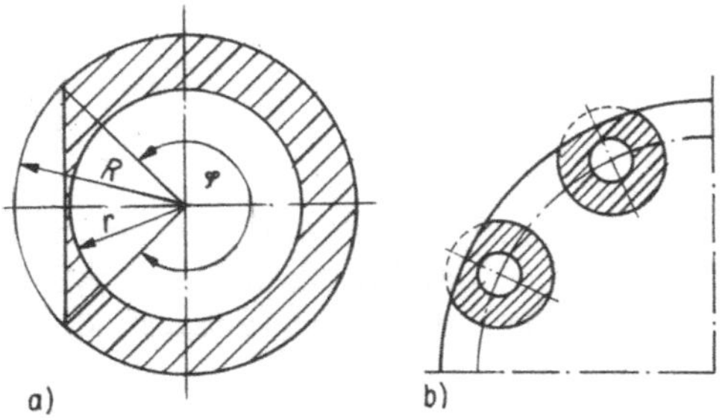

Bild 9.25. Unsymmetrische Kraftdurchleitung in der Trennfuge

$r/R = 2/3$; $\varphi = 3/2\pi$

a) Einzelelement; b) Übersicht

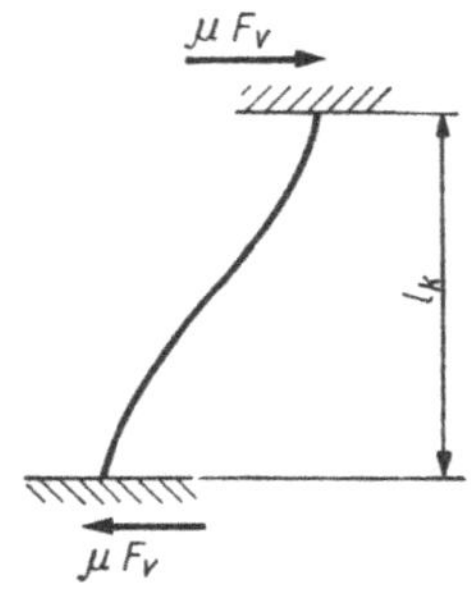

Bild 9.26. Biegebeanspruchung der Schraube in schubbelasteten Verbindungen

Belegt man das einbezogene Flanschmaterial beiderseitig dieser Trennfugenzone mit einer fiktiven Biegesteifigkeit, so ergibt sich für den Fall einer lediglich größenordnungsmäßigen Abschätzung das Biegemoment der Schraube im Bereich der Trennfuge bei freier radialer Verschiebbarkeit der Schraube gegenüber der Bohrung (Durchsteckschraube) auf der Grundlage der Lastverteilungsgesetze an parallel geschalteten Federn

$$M_{\text{versch}} = \frac{F\,e}{2\,(1 + \beta)} \tag{9.79}$$

und bei radial fixierter Schraube (Paß- oder Stiftschraube) auf Grund der im Paßsitz entstehenden Querkräfte, die ein Zusatzbiegemoment in der Schraube bewirken,

$$M_{\text{fest}} = \frac{F\,e}{1 + \beta} \tag{9.80}$$

mit

$$\beta = \frac{(EJ)_{\text{Flansch}}}{(EJ)_{\text{Schraube}}}.$$

Abschätzungen über β ergeben $5 \leqq 1 + \beta \leqq 10$ mit fallenden Werten für größere Schraubendurchmesser. Daraus folgt die relative Spannungserhöhung durch Zusatzbiegung, bezogen auf die Nennspannung, beispielsweise für den Fall der Stiftschraube und die oben angenommene Exzentrizität zu

$$\frac{\sigma_b}{\sigma_z} = \frac{M/W}{F/A} = 0{,}1 \ldots 0{,}2. \tag{9.81}$$

Technologisch bedingte Fluchtungsfehler entstehen durch ungenaue Bearbeitung der Kopf- und Mutternauflageflächen, durch ungenaue Gewindebearbeitung (Winkelabweichungen zwischen Schaft- und Profilachse) und Nichtbeachten von Guß-, Walz- oder Schmiedeschrägen in Verbindungen mit unbearbeiteten Auflageflächen. Ihre Erfassung erfolgt in gleicher Weise wie die der elastisch bedingten Neigung der Auflage-

flächen nach Gl. (9.70). Die Auswirkungen sind auf Grund der größeren Winkel u. U. erheblich.
In schubbelasteten Verbindungen weisen die Schrauben neben Schubspannungen auch Biegebeanspruchungen in der im Bild 9.26 dargestellten Form auf, die dann erhebliche Werte annehmen können, wenn der Reibschluß in den Auflageflächen von Kopf und Mutter noch erhalten bleibt, während er in der Trennfuge durchbrochen wird. Bei einer Verspannung der Verbindung mit der Kraft F ergibt sich ein Biegemoment der Größe

$$M = F\mu \frac{l_k}{2} \tag{9.82}$$

und eine relative Spannungserhöhung

$$\frac{\sigma_b}{\sigma_z} = \frac{M/W}{F/A} = 4\mu \frac{l_k}{d}. \tag{9.83}$$

Eine ausführliche Behandlung der Kräfteverhältnisse in schubbelasteten Schraubenverbindungen erfolgt im Abschn. 9.2.

9.1.6. Standardausführungen für Gewinde, Schrauben und Muttern

9.1.6.1. Standardisierungsbedingungen

Die vorangegangenen Untersuchungen haben deutlich gemacht, daß Gewindepaarungen in sehr weitgehendem Maß universell einsetzbare Konstruktionselemente darstellen. Damit sind Standardisierungsanforderungen und Möglichkeiten im wesentlichen abgesteckt.
Der Grad der Standardisierung der auf dem Gewindeprinzip aufgebauten Verbindung hängt in erster Linie von der Einordnung in die konstruktive Lösung einer bestimmten Aufgabe ab. Für die Art der Einordnung gibt es zwei Extrema. Die Elemente der Gewindepaarung können völlig integrierter Bestandteil von Bauteilen sein, deren funktionsgerechte Gestaltung weitgehend durch eine spezifische Aufgabenstellung und nur untergeordnet durch die dem Gewinde zugeordnete Teilaufgabe bedingt ist. Dieser Fall trifft für den überwiegenden Teil der Bewegungsgewinde zu. Die Standardisierung beschränkt sich unter diesen Bedingungen auf das eigentliche Gewindeprofil und dessen gestufte Zuordnung zu ebenfalls gestuften Gewindedurchmessern.
Die Bedeutung liegt neben zwingenden technologisch-ökonomischen Aspekten in einer Optimierung der relativen Zuordnung der profilbestimmenden Parameter unter festigkeitsmäßiger Sicht.
Im entgegengesetzten Extremfall sind die Elemente der Gewindepaarung Bauteilen zugeordnet, die in ihrer Gesamtkonzeption ausschließlich durch die Aufgabe der Gewindepaarung bestimmt sind und als Bauelemente konstruktiv selbständig und universell einsetzbar sind. Derartige Verhältnisse sind für Befestigungsgewinde charakteristisch. In diesem Fall ist es möglich und im ökonomischen Interesse erforderlich, die gesamte Bauteilgestaltung einer weitgehenden Standardisierung zu unterwerfen.

9.1.6.2. Standardbauelemente

Im folgenden wird eine Reihe von Standardisierungsprinzipien und ihre Anwendung auf Gewindebauteile behandelt. Umfassende Auskunft über den gegenwärtigen Stand der Standardisierungsarbeit gibt die Taschenbuchliteratur, insbesondere [9.1].

9.1.6.2.1. *Schraubenbolzen*

Schraubenbolzen dienen, bestehend aus Schraubenkopf und gewindetragendem Schaft, im Zusammenwirken mit Muttern bzw. eingeschraubt in Gewindelöcher eines der zu verbindenden Bauteile als selbständige Verbindungselemente. Der Standardisierung unterliegen, über die Profilzuordnung zum Gewindedurchmesser hinausgehend, die Schaftlänge, die anteilige Länge des Gewindes, bezogen auf die Gesamtlänge des Schaftes, der Durchmesser des glatten Schaftteils in Abstimmung mit den charakteristischen Durchmessern des Gewindeprofils, die Gestaltung der Übergänge zwischen Kopf und Schaft bzw. zwischen glattem Schaftteil und Gewinde sowie das Schraubenende. Die Standardfestlegungen erfolgen unter weitgehender Berücksichtigung technologischer Gesichtspunkte und tragen insbesondere den speziellen dauerfestigkeitsmäßigen Bedingungen Rechnung.

Speziellen Gesichtspunkten unterliegt die Standardisierung der Schraubenköpfe. Ihre Gestaltung wird durch zwei Aufgaben bestimmt. Ihnen obliegt die Umleitung des Kraftflusses und dessen formschlüssige Übertragung auf eines der zu verbindenden Bauteile. Ihnen obliegt ferner, während des Anziehens der Verbindung, die Übertragung des im Gewinde erzeugten Drehmoments auf das zu verbindende Bauteil oder auf ein Haltewerkzeug.

Der erstgenannte Aufgabenteil bestimmt eine standardisierte Kopfhöhe und die Gestaltung der Auflagefläche; der zweite Teil bedingt auf Grund der vielseitigen Lösungsmöglichkeiten eine Reihe von standardisierten Ausführungen. Die reibschlüssige Momentenübertragung bei ebener Kopfauflage ist vor allem bei großer Gewindesteigung nicht sicher. Sie kann durch extrem keglige Auflage verbessert oder durch formschlüssige Übertragung ersetzt werden. Standardisiert sind ebene tangentiale Anflächungen, für die entsprechende Flächen an dem zu verbindenden Bauteil vorzusehen sind, sowie Nasen- und Vierkantformgebungen im Schaftbereich unmittelbar unterhalb des eigentlichen Kopfes, die bei verformbarem Gegenwerkstoff (Holz) einen Formschluß innerhalb der Bohrung selbsttätig schaffen.

Eine sichere Übertragung des Gewindemoments und darüber hinaus eine bessere Handhabung während des Verschraubens vor Belastung der Auflageflächen ermöglicht die formschlüssige Einleitung in ein Haltewerkzeug. Standardisiert sind radiale Bohrungen, Querschlitze und Kreuzschlitze für untergeordnete Zwecke. Für die Übertragung hoher Momente werden ausschließlich tangentiale Anflächungen angewendet. Als Optimallösung hat sich die Sechskantausführung durchgesetzt. Bei geringerer Flächen-

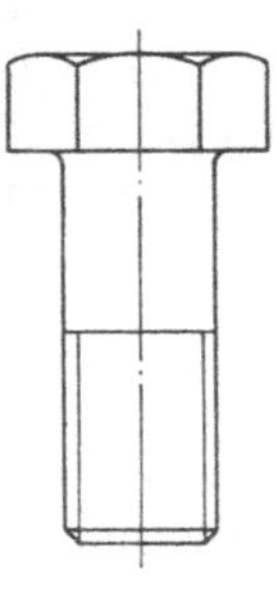

Bild 9.27
Schraubenbolzen

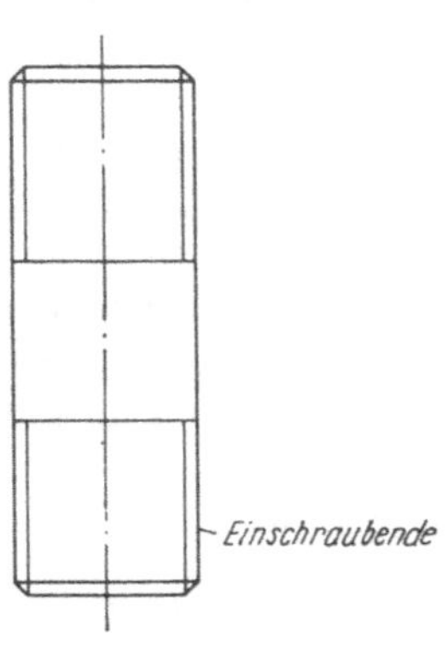

Bild 9.28
Stiftschraube

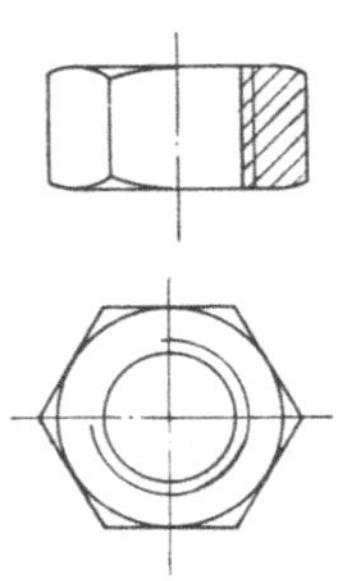

Bild 9.29
Sechskantmutter

zahl verschlechtert sich der Kraftfluß hinsichtlich der Auflagebedingungen gegenüber dem zu verbindenden Bauteil erheblich. Bei größerer Flächenzahl werden die Auflagebedingungen in der Angriffsfläche des Werkzeugs so ungünstig und die Differenz zwischen sog. Schlüsselweite und dem Eckenmaß so gering, daß bereits bei geringem Verschleiß bzw. geringen Maßabweichungen eine Momentenübertragung nicht mehr möglich ist. Für begrenzte Platzverhältnisse findet eine Innensechskantausführung Anwendung.

9.1.6.2.2. *Stiftschrauben*

Stiftschrauben tragen anstelle des Kopfes ein zweites Gewindeende und sind in ihrer Anwendung als Sonderform der im Abschn. 9.1.6.2.1. behandelten Momenteneinleitung in eines der zu verbindenden Bauteile ohne Verwendung eines Haltewerkzeugs anzusehen. Der Standardisierung unterliegt die Länge des Einschraubgewindes. Sie werden dort bevorzugt, wo aus vielen Einzelverschraubungen bestehende Verbindungen häufig gelöst werden (Gehäusedeckel u.a) und deshalb nach erstmaliger Montage eine bleibende Einbeziehung in eines der zu verbindenden Bauteile im Sinne der im Abschnitt 9.1.6.1. angestellten Überlegungen sinnvoll erscheint, ohne auf die Möglichkeit der Standardisierung zu verzichten. Einen weiteren Schritt in dieser Richtung stellen sog. Anschweißenden dar, die jedoch bereits wieder spezielle Anforderungen an den Werkstoff der zu verbindenden Bauteile stellen.
Spezifische dauerfestigkeitsmäßige Probleme, die sich beim Einsatz von Stiftschrauben ergeben, werden im Abschn. 9.2. behandelt. Das gleiche gilt für daraus resultierende konstruktive Standardlösungen von Details.

9.1.6.2.3. *Muttern*

Muttern dienen der Einleitung des durch den Gewindemechanismus bedingten Anzugsmoments in die Verbindung und der formschlüssigen Übertragung der erzeugten Verspannungslast auf die zu verbindenden Bauteile.
Ihrer konstruktiven Gestaltung und den daraus resultierenden Standardfestlegungen liegen demzufolge zwangsläufig ähnliche Überlegungen wie beim Schraubenkopf zugrunde. Die Momenteneinleitung erfolgt ausschließlich formschlüssig. Standardisiert sind radiale und achsparallele Bohrungen sowie Querschlitze für untergeordnete Zwecke, achsparallele Nuten mit radialen Anlageflächen für begrenzte Platzverhältnisse und Flügelmuttern für manuelle Betätigung ohne Zusatzwerkzeug.
Für hochbelastete Verbindungen werden jedoch durchweg Sechskantmuttern eingesetzt, sofern es sich um Verbindungen handelt, die drehend unter Last gespannt werden.
Für die Wahl der Flächenzahl 6 gelten die gleichen Argumente wie beim Schraubenkopf. Dadurch wird jedoch speziell bei der Mutter, insbesondere bei erschwerenden Platzverhältnissen, das Problem des Anzugswinkels aufgeworfen. Die Mutter verlangt an sich eine Bewegungsfreiheit für das jeweilige Nachsetzen des Schlüssels von 60°. Diese Forderung wird auf 30° reduziert durch die allgemeine Verwendung von Schlüsseln, deren Hebelarmachse um 15° gegen die Anlagefläche geneigt ist. Ringschlüssel haben auf Grund ihrer geschlossenen Bauweise eine Festigkeit, die es gestattet, die Auflageflächen so zu gestalten, daß ohne Umsetzen ein Nachsetzen um jeweils 30° möglich ist, und sind auch vom Platzbedarf im unmittelbaren Mutternbereich her für beengte Platzverhältnisse besonders geeignet.
Gegenstand der Standardisierung bei Muttern sind darüber hinaus eine Reihe von Details, die im Zusammenhang mit der Sicherung gegen Losdrehen stehen und im Abschnitt 9.2. näher behandelt werden.

9.1.6.2.4. *Sonstige Standardbauelemente*

Es gibt über die bisher genannten hinausgehend eine Reihe weiterer standardisierter Bauelemente, wie Ringschrauben als Tragelemente, Verschlußschrauben, Hutmuttern für Abdichtzwecke, Rohrverschraubungen, Nietmuttern, Gewindeschneidschrauben, Blechschrauben, Spannschlösser u.a. Es handelt sich dabei durchweg um Bauelemente, die neben der eigentlichen Gewindefunktion bereits spezifische weitere Funktionen übernehmen und dabei trotzdem so universell einsetzbar bleiben, daß ihre Standardisierung möglich ist [9.1].

9.2. Hochfeste Schraubenverbindungen

9.2.1. Allgemeines

Die Aufgabe einer Schraubenverbindung beschränkt sich in der Regel nicht auf das reine Verbinden von Bauteilen, d.h. ihre Lagefixierung zueinander. Im allgemeinen sind derartige Verbindungsstellen Kraftwirkungen unterworfen, die spezielle festigkeitsmäßige Forderungen an das Verbindungselement Schraube stellen.
Ausgehend vom grundsätzlichen geometrisch-konstruktiven Aufbau der Elemente einer Schraubenverbindung, scheint eine rein formschlüssige Kraftübertragung als Lösung nahezuliegen.

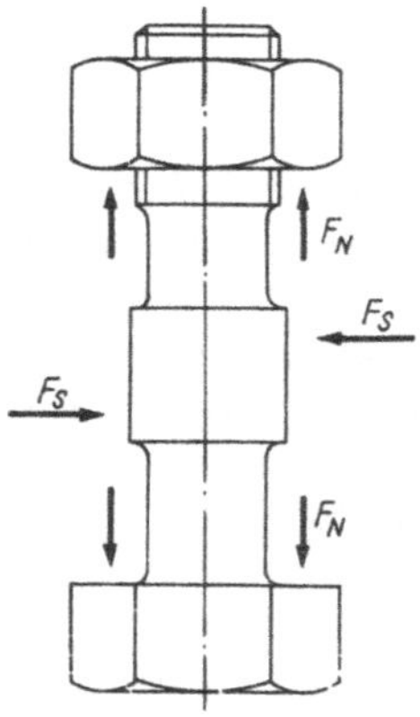

Bild 9.30
Formschlußelemente der Schraube

Bild 9.30 zeigt, daß, bezogen auf die Trennfuge, rein geometrisch sowohl Schub- als auch Normalkräfte über einen Paßsitz im Bereich der Trennfuge bzw. über Muttern- und Schraubenauflage übertragen werden können. Dabei herrschen im Schraubenquerschnitt folgende Beanspruchungen:

$$\tau_0 = F_S/A_S \tag{9.84}$$

bzw.

$$\sigma_0 = F_N/A_S; \tag{9.85}$$

F_S Schubbelastung
F_N Normalbelastung
A_S Gesamtschraubenquerschnitt.

Im Interesse der Vergleichbarkeit der Beanspruchungen werden im folgenden alle Beanspruchungen in Form einer Vergleichsnormalspannung auf der Basis der Gestaltänderungshypothese

$$\sigma_v = \sqrt{\sigma^2 + 3\tau^2} \tag{9.86}$$

ausgedrückt. Damit ergibt sich aus Gl. (9.84) und Gl. (9.85) die Beanspruchung infolge Schubbelastung

$$\sigma_{FS} = \sqrt{3}\,\frac{F_S}{A_S} \tag{9.87}$$

und die Beanspruchung infolge Normalbelastung

$$\sigma_{FN} = \frac{F_N}{A_S} \tag{9.88}$$

bzw. die Grenzbelastungen für Schub

$$F_s = \frac{A_S}{\sqrt{3}}\,\sigma_{zul} \tag{9.89}$$

und für Normalbelastung

$$F_N = A_S\sigma_{zul}. \tag{9.90}$$

In beiden Fällen hängt die Tragfähigkeit der Verbindung demzufolge in erster Näherung davon ab, welcher Schraubenquerschnitt innerhalb der in der Regel durch die Bauteilgeometrie begrenzten Trennfugenfläche durch Schraubenzahl und -durchmesser realisierbar ist. In dieser Weise aufgebaute Schubverbindungen werden zwar angewendet (Paßschrauben), stellen aber auf Grund der Form der Krafteinleitung in den Schraubenquerschnitt keine Optimallösung dar. Normalkraftbelastete Verbindungen, die lediglich auf dem obengenannten Formschluß beruhen, sind auf Grund der Vorgänge in der Trennfuge (Abheben infolge elastischer Längung der Schraube) praktisch nicht realisierbar. Das gilt besonders dann, wenn der Schraubenverbindung neben der Kraftübertragungsfunktion zusätzlich eine Dichtfunktion zugeordnet wird.
Hinsichtlich der Kraftübertragungsfunktion gibt es darüber hinaus jedoch grundsätzliche Gesichtspunkte, die unabhängig von der Belastungsrichtung gegen einen derartigen Verbindungsaufbau sprechen. Neben dem Schraubenquerschnitt ist prinzipiell auch die Trennfuge in der Lage, sowohl Schub- als auch Normalkräfte zwischen den zu verbindenden Bauteilen zu übertragen. Voraussetzung ist dafür allerdings der Aufbau eines definierten inneren Verspannungszustands bei Montage der Verbindung als Ausgangsbasis für die Art der Beanspruchungsverteilung infolge der äußeren Belastung. Dieser Effekt ist unter bestimmten Bedingungen mit einer Erhöhung der Tragfähigkeit der Verbindung verbunden. Im folgenden wird gezeigt, daß sich die sog. vorgespannte Schraubenverbindung gegenüber statischen und dynamischen Belastungen unterschiedlich verhält.

9.2.2. Kräfteverhältnisse innerhalb hochfester Schraubenverbindungen

9.2.2.1. Schraubenverbindungen unter Schubbelastung

Wird zur Übertragung der Schubbelastung die Trennfugenfläche mit herangezogen, so geschieht das über die Erzeugung von Reibkräften. Die zu ihrer Erzeugung erforderlichen Normalkräfte werden durch axiale Verspannung der Schraubenverbindung hervorgerufen und stellen eine Zugbeanspruchung im Schraubenquerschnitt dar.

Damit zerfällt die Schubbelastung in zwei durch die jeweilige Übertragungsart charakterisierte Anteile

$$F_{S1} = \tau A_S \tag{9.91}$$

und

$$F_{S2} = \sigma A_S \mu; \tag{9.92}$$

μ Reibfaktor.

Läßt man beim Aufbringen der Belastung in der Trennfuge ein Gleiten in der Größenordnung der elastischen Querverformung der Schraube zu, so ergibt sich der Zusammenhang zwischen Schubbelastung und komplexer Schraubenbeanspruchung in der Form

$$F_S = F_{S1} + F_{S2} = A_S(\tau + \mu\sigma). \tag{9.93}$$

Unter Berücksichtigung von Gl. (9.86) folgt daraus

$$F_S = A_S\sigma_{zul}\left[\frac{1}{\sqrt{3}}\sqrt{1 - \left(\frac{\sigma}{\sigma_{zul}}\right)^2} + \mu\left(\frac{\sigma}{\sigma_{zul}}\right)\right], \tag{9.94}$$

d.h., die Grenzbelastung ist abhängig von dem Maß, in dem die axiale Vorspannung bzw. in gegenläufiger Tendenz die Schubbeanspruchung an der Gesamtanstrengung des Schraubenquerschnitts beteiligt ist. Die Differentiation von Gl. (9.94) zeigt, daß sich für die Grenzbelastung F_S optimale Verhältnisse bei

$$\left(\frac{\sigma}{\sigma_{zul}}\right)_{opt} = \frac{\mu}{\sqrt{\frac{1}{3} + \mu^2}} \tag{9.95}$$

in der Größe

$$F_{S\max} = A_S\sigma_{zul}\sqrt{\tfrac{1}{3} + \mu^2} \tag{9.96}$$

ergeben (Bild 9.31).

Die Gln. (9.93) und (9.94) sagen unter anderem aus, daß ein Heranziehen der Trennfugenfläche zur Lastübertragung generell gekoppelt ist mit einer notwendigen Reduzierung des zulässigen Schubanteils im Schraubenquerschnitt. Letzterer wird zu Null, wenn die Schraube mit der Zugspannung $\sigma = \sigma_{zul}$ bei Montage vorgespannt wird.

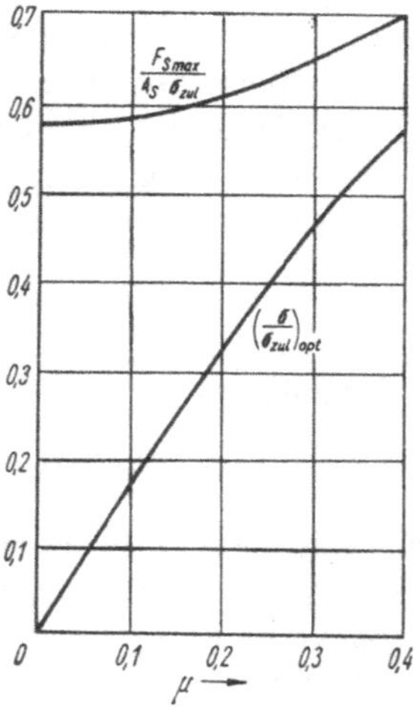

Bild 9.31
Optimales Vorspannungsverhältnis $(\sigma/\sigma_{zul})_{opt}$ und erreichbare Tragfähigkeit $F_{S\max}/A_S\sigma_{zul}$ für schubbelastete Verbindungen bei Belastung bis zur Gleitgrenze

Gl. (9.94) enthält als Grenzfall auch den Fall der nicht vorgespannten Paßschraubenverbindung und wird dann identisch mit Gl. (9.89). Daraus läßt sich unter Verwendung von Gl. (9.96) als Sonderfall der Gl. (9.94) die unter Einhaltung von Optimalbedingungen nach Gl. (9.95) erzielbare Tragfähigkeitssteigerung gegenüber der nichtvorgespannten Verbindung bei gleicher Schraubenbeanspruchung ableiten:

$$\frac{F_{S\,max}}{F_{S(\sigma/\sigma_{zul}=0)}} \doteq \sqrt{1 + 3\mu^2}. \tag{9.97}$$

Ein Gleiten in der Trennfuge entsprechend den bisherigen Voraussetzungen kann jedoch nur in Sonderfällen zugelassen werden und ist ausschließlich bei ruhend belasteten Verbindungen vertretbar.

Für dynamisch beanspruchte Verbindungen muß im Interesse der Beherrschbarkeit der Verhältnisse in der Trennfuge gefordert werden, daß der Reibschluß auch bei Auftreten der Betriebskraft im gesamten Trennfugenbereich sicher erhalten bleibt. Bei Einhaltung dieser Bedingung liegt eine statisch unbestimmte Lastverzweigung in Form einer Parallelschaltung zwischen Schraube und Trennfuge vor, deren Beurteilung nur nach Untersuchung der elastischen Eigenschaften möglich ist. Dabei sind vorerst zwei Fälle zu unterscheiden.

Im ersten Fall besteht zwischen Schraube und Bohrung im Bereich der Trennfuge ein Paßsitz. Unter diesen Bedingungen kann für den Trennfugenbereich einschließlich des Schraubenquerschnitts näherungsweise Kontinuität der Verhältnisse vorausgesetzt werden. Die Schubspannung im Schraubenquerschnitt wird maximal gleich der in der Trennfuge

$$\tau = \sigma\mu \frac{A_S}{A_F} \frac{1}{S_G}; \tag{9.98}$$

A_F Trennfugenfläche einschließlich Schraubenquerschnitt
S_G Sicherheit gegen Gleiten.

Daraus folgt die Vergleichsspannung in der Schraube zu

$$\sigma_v = \sigma \sqrt{1 + 3\left(\frac{\mu}{S_G}\right)^2 \left(\frac{A_S}{A_F}\right)^2}. \tag{9.99}$$

Mit $F_S = \sigma A_S (\mu/S_G)$ ergibt sich die Belastbarkeit der Verbindung

$$F_{S\,zul} = \frac{A_S (\mu/S_G)\, \sigma_{zul}}{\sqrt{1 + 3(\mu/S_G)^2 (A_S/A_F)^2}}. \tag{9.100}$$

Für praktische Verhältnisse gilt

$$F_S \approx A_S \frac{\mu}{S_G} \sigma_{zul}, \tag{9.101}$$

d.h., die Verbindung kann mit $\sigma = \sigma_{zul}$ vorgespannt werden. Ein Vergleich mit der Tragfähigkeit der nichtvorgespannten Verbindung bei gleicher Schraubenbeanspruchung nach Gl. (9.89) führt über

$$\frac{F_S}{F_{S(\sigma/\sigma_{zul}=0)}} = \frac{\mu}{S_G}\sqrt{3} \tag{9.102}$$

zu der Aussage, daß eine Tragfähigkeitssteigerung durch Vorspannen selbst bei Sicherheiten gegen Gleiten, die gegen 1 gehen, erst bei extrem hohen Reibwerten $\mu > 1/\sqrt{3}$ erzielbar ist.
Im zweiten Fall befindet sich der Paßsitz zwischen Schraube und Bohrung außerhalb der Trennfugenebene, bzw. die Querkrafteinleitung in die Schraube erfolgt im Bereich der Kopf- und Mutternauflage. In diesem Fall ist die Schub-Biegefeder der Schraube so weich gegenüber den Federungseigenschaften der Trennfuge, daß die Schubbeanspruchung des Schraubenquerschnitts von vornherein vernachlässigbar ist. Demzufolge haben die Gln. (9.101) und (9.102) auch für diesen Fall Gültigkeit, und die anfänglich getroffene Unterscheidung ist nur für extreme Bedingungen aufrechtzuerhalten.
Die vorstehend gemachte Feststellung, daß im Regelfall durch Aufbringen einer axialen Schraubenvorspannung die Tragfähigkeit einer dadurch gleitfest ausgeführten, durch Schubkräfte belasteten Verbindung erheblich herabgesetzt wird, bezieht sich auf ruhende Belastungen und die quasi statisch zu beurteilende Maximallast bei dynamischer Beanspruchung. Die Beanspruchung dynamisch belasteter Bauteile ist jedoch neben der Maximallast wesentlich durch die Lastamplitude charakterisiert.
Dabei ist die zulässige Lastamplitude im allgemeinen mit Ausnahme des streckgrenzennahen Bereichs nur geringfügig von der aufgebrachten Maximallast abhängig. Letzteres gilt in besonderem Maß für Gewindebauteile. Die spezielle Oberflächengeometrie von Schrauben führt, wie bereits im Abschn. 9.1. dargelegt, zu einer sehr geringen Wechselfestigkeit. Charakteristisch ist ferner, daß die zulässige Ausschlagspannung bis unmittelbar vor Erreichen der Streckgrenze nahezu vollständig unabhängig von der Maximalspannung ist. Sie ist darüber hinaus auch nahezu unabhängig von der Werkstoffgüte der verwendeten Schrauben und beträgt nach [9.1] etwa $\sigma_{a\,zul} = 50\ \mathrm{MN/m^2}$. Die dargelegten Umstände führen dazu, daß die Lastamplitude zu einem vorrangigen Beurteilungskriterium für die festigkeitsmäßigen Eigenschaften einer Schraubenverbindung wird.
Die vorangegangenen Überlegungen über die Lastverteilung in schubbelasteten Schraubenverbindungen lassen den unter diesen Aspekten sehr wichtigen Schluß zu, daß die Schubspannungsamplitude im Schraubenquerschnitt im ungünstigsten Fall der Schraube mit Paßsitz im Bereich der Trennfuge den Betrag

$$\tau_a = \frac{F_{Sa}}{A_F}; \tag{9.103}$$

F_{Sa} Lastamplitude

annimmt und bei Durchsteckschrauben (spielbehaftet) bzw. bei Schrauben mit Paßsitz außerhalb des Trennfugenbereichs gegen Null geht.
Bei sinngemäßer Anwendung von Gl. (9.84) findet man vergleichsweise die Schubspannungsamplitude für die nichtvorgespannte Verbindung mit

$$\tau_{0a} = \frac{F_{Sa}}{A_S} \tag{9.104}$$

und damit die durch axiales Verspannen erzielte Reduzierung der Schubspannungsamplitude nach der Beziehung

$$\frac{\tau_a}{\tau_{0a}} = \frac{A_S}{A_F}. \tag{9.105}$$

Die Auswertung der Gln. (9.102) und (9.105) führt zu der grundlegenden Feststellung, daß durch Erzeugung eines axialen inneren Verspannungszustands eine Erhöhung der

Dauerfestigkeit der Verbindung auf Kosten der statischen Belastbarkeit erzielbar ist. Der Aufbau des Verspannungszustands erfolgt durch Erzeugung einer Klemmlängendifferenz der Summe der im Kraftfluß liegenden Bauteillängen unter Ausnutzung des Gewindeeffekts.

Die Effektivität dieser Maßnahme wird anschaulich, wenn man bei einer vergleichenden Betrachtung von einer rein formschlüssig ausgelegten Verbindung ausgeht und den im ersten Fall bei Übergang auf eine gleitfeste Verbindung erforderlichen Mehraufwand an Schraubenquerschnitt im zweiten Fall direkt für die Reduzierung der Ausschlagspannung bei Beibehaltung des reinen Formschlußprinzips einsetzt.

Für den ersten Fall beträgt nach Gln. (9.89) und (9.101) der relative Mehraufwand

$$a = \frac{S_G}{\mu\sqrt{3}}. \tag{9.106}$$

Der dadurch erzielbare Effekt geht aus Gl. (9.105) hervor und beträgt

$$\varepsilon_{\text{gleitfest}} = \frac{A_F}{A_S} > 1. \tag{9.107}$$

Der im zweiten Fall erzielbare Effekt beträgt lediglich

$$\varepsilon_{\text{verstärkt}} = a = \frac{S_G}{\mu\sqrt{3}}. \tag{9.108}$$

In der Regel gilt $a > 1$.

Der Vergleich der Effektivität beider Varianten führt auf

$$\frac{\varepsilon_{\text{gleitfest}}}{\varepsilon_{\text{verstärkt}}} = \frac{A_F}{A_S}\,\frac{\mu}{S_G}\,\sqrt{3}. \tag{9.109}$$

Dieser Wert ist unter normalen Bedingungen immer größer als 1, d.h., daß im Interesse der Dauerfestigkeit ein axiales Verspannen der Verbindung generell zu fordern ist.

9.2.2.2. **Schraubenverbindungen unter axialer Belastung**

9.2.2.2.1. *Prinzipieller Aufbau*

Axial belastete Schraubenverbindungen sind grundsätzlich ausschließlich als vorgespannte Verbindungen realisierbar. Die nicht vorgespannte, zugbelastete Verbindung bietet hinsichtlich ihrer kräftemäßigen Behandlung zwar keine Besonderheiten, liefert jedoch infolge der bereits im Abschn. 9.2.1. angedeuteten Vorgänge in der Trennfuge bei Belastung des Schraubenquerschnitts mit der Last F_N keine praktisch anwendbare konstruktive Lösung. Die nichtvorgespannte, druckbelastete Verbindung erfüllt nicht die definitionsgemäße Bedingung der Kraftübertragung über das Verbindungselement Schraube. Die Lastübertragung erfolgt in diesem Fall ausschließlich über die Trennfuge, während in den Auflageflächen der Formschlußelemente der Schraube (Kopf und Mutter) ein kräftefreies Abheben eintritt. Letztgenannte Verbindungsform kann somit nicht Gegenstand der vorliegenden Betrachtungen sein.

Die konstruktive Gestaltung hochfester Schraubenverbindungen unter axialer Belastung erfolgt analog zu schubbelasteten Verbindungen, ausgehend vom Schraubenquerschnitt, mit dem Ziel der Einbeziehung weiterer Bauteilquerschnitte in die Lastübertragung und der Ausnutzung dadurch entstehender Effekte hinsichtlich der statischen und dynamischen Schraubenbeanspruchung. Unter diesem Aspekt liegt eine Untersuchung des kräftemäßigen Verhaltens des Materials, das die Schraubenbohrungen unmittelbar umgibt, nahe. Die Querschnitte dieses Materials sind in der Lage, achsparallele Beanspruchungen in beiden Richtungen zu übertragen. Eine Ausnahme bilden als Querschnitte mit besonderen Eigenschaften die Trennfugen zwischen den zu verbindenden Bauteilen, die Auflageflächen an Schraubenkopf und Mutter, die Gewindeflanken und u. U. weitere im Kraftfluß liegende, sich normal zum Kraftfluß erstreckende Bauteilgrenzen. An diesen Bauteilgrenzen können naturgemäß lediglich Druckbelastungen übertragen werden. Unter dieser Voraussetzung ist jedoch die Einbeziehung der entsprechenden Bauteile in die Lastübertragung nur bei jeweils einer der möglichen beiden Kraftrichtungen der äußeren Belastung der Schraubenverbindung möglich. Bei der jeweils entgegengesetzten Kraftrichtung tritt an den betreffenden Bauteiltrennfugen ein lastfreies Abheben ein. In der Regel liegen bei einer bestimmten Lastrichtung sowohl abhebende als auch druckbelastete Bauteiltrennfugen vor, deren Zustand mit dem Richtungswechsel der äußeren Belastung der Verbindung wechselt. Insbesondere bei dynamischer Beanspruchung verlangt eine funktionsgerechte Gestaltung der Schraubenverbindung jedoch die Einbeziehung der entsprechenden Zusatzquerschnitte in den Kraftfluß unabhängig von der Belastungsrichtung der Verbindung, d. h., daß die Möglichkeit der Übertragung von Zugbelastungen an den Trennfugen geschaffen werden muß. Das ist realisierbar durch die Schaffung eines inneren Spannungszustands in der Verbindung in Form von Druckvorspannungen in allen Trennfugen. Unter dieser Voraussetzung ist auch an den Trennfugen die Übertragung von Zugbeanspruchungen in Form des Abbaus der Druckvorspannung möglich. Die mechanische Voraussetzung für die Erzeugung der sog. Vorspannung der Verbindung bietet wiederum der Gewindemechanismus über die Erzeugung einer Zugbeanspruchung in der Schraube, die einen geschlossenen Kraftfluß unter Einbeziehung der die Schraube umgebenden Bauteile aufbaut.

Es leuchtet auch ohne detaillierte Untersuchungen ein, daß dieser Vorspannungszustand generell eine Erhöhung der Maximalbelastung in der Schraube bewirkt. Es wird jedoch im folgenden gezeigt, daß, wie bei der schubbelasteten Verbindung, eine erhebliche Reduzierung der Lastamplitude an der dauerfestigkeitsmäßig grundsätzlich anfälligen Schraube erzielbar ist. Prinzipielle Unterschiede zur schubbelasteten Verbindung bestehen jedoch in den Wechselbeziehungen zwischen Vorspannungszustand und Betriebslastzustand der Verbindung. Der durch Aufbringung einer Schubbelastung weitgehend unbeeinflußte axiale Vorspannungszustand der Schraube erfährt bei Aufbringung axialer Betriebsbelastungen unmittelbare Veränderungen, deren detaillierte Beurteilung die quantitative Untersuchung des elastischen Bauteilverhaltens notwendig macht.

9.2.2.2.2. *Elastisches Bauteilverhalten*

Das elastische Verhalten von Bauteilen wird in der Regel charakterisiert durch die auf eine eindimensionale Einheitsverformung bezogene, zu deren Erzeugung erforderliche Kraft in Form der sog. Federkonstanten mit der Dimension N/m. Im Fall der Schraubenverbindung gilt das ohne weiteres für die Federkonstanten der Bauteile mit eindeutig überschaubaren Verformungen in Achsrichtung der Schraube, wie die des Schraubenschafts, der Unterlegscheiben, der eventuell zwischen den Flanschen liegenden Dichtungen, unter bestimmten Bedingungen die der zu verbindenden Bauteile selbst u. a. Da jedoch im Mittelpunkt des Interesses die vorrangig axiale Verformung der Schraube steht,

genügt es vorerst auch für Bauteile mit komplizierten Lastverläufen, die Überlegungen auf die Erfassung der axialen Verschiebung der Lasteinleitungszonen zueinander zu beschränken. Das gilt z. B. für das elastische Verhalten von Schraubenköpfen und Muttern, für Flanschverbindungen, bei denen durch Anordnung der Schrauben außerhalb der lastübertragenden Fläche in der Trennfuge Biegebeanspruchung auftritt u. a.
Der überwiegende Teil der Bauteile kann hinsichtlich seines elastischen Verhaltens als als Zug-Druck-Feder mit der Steifigkeit

$$C = \frac{EA}{l} \tag{9.110}$$

aufgefaßt werden (Bild 9.32). Für Bauteile mit veränderlichem Querschnitt erfolgt die Erfassung abschnittsweise. Für die in diesem Fall notwendige Zusammenfassung gelten die als bekannt vorausgesetzten Gesetzmäßigkeiten der Reihenschaltung von Federn.

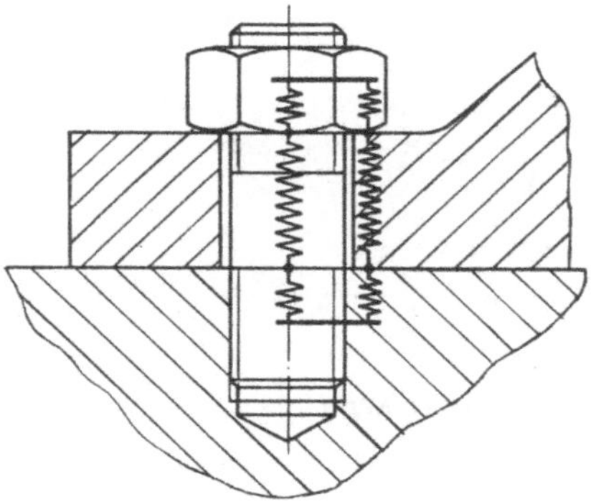

Bild 9.32
Federmodell einer Schraubenverbindung

Entsprechend elementare Lastannahmen lassen sich auch für eine Reihe weiterer Bauteile treffen. Als Beispiel sei die Annahme der membranartigen Verformung in obengenannter Weise biegebelasteter Flansche genannt.
Mit dem letztgenannten Beispiel wird bereits der Übergang zu ausgesprochen spezifischen Bauteilen angedeutet, deren nähere Untersuchung im Rahmen des vorliegenden Abschnitts notwendig ist.
Es gibt eine Reihe von Versuchen, vereinfachende Last- und Verformungsannahmen für derartige Bauteile zu treffen und sie so einer rechnerischen Behandlung mit minimalem Aufwand zuzuführen. Diese Verfahren sind jedoch in der Regel dadurch belastet, daß sie im Interesse der Vereinfachung wesentliche Einflußfaktoren unterdrücken müssen. Sie führen im Bereich normaler Parameter der Schraubenverbindungen jedoch zu brauchbaren Richtwerten. Es soll hier nur auf die gebräuchlichsten Verfahren eingegangen werden.
Eine wesentliche Ergänzung, vor allem in Richtung auf eine größere Verallgemeinerungsfähigkeit bei variierten Parametern, erfahren diese Richtwerte durch experimentelle Untersuchungen [9.8].
Diesbezüglich besonders problematisch ist die Beurteilung der elastischen Eigenschaften der zu verbindenden Bauteile, der Muttern und Schraubenköpfe sowie der Einschraubenden von Stiftschrauben.
In allen genannten Fällen ist die sonst getroffene Annahme der konstanten Spannungsverteilung über definierte Querschnitte nicht mehr zulässig.

Der im Bild 9.33 angedeutete Kraftfluß und die zugehörige Spannungsverteilung an einem der zu verbindenden Bauteile in den Bereichen der Mutternauflage und der Trennfuge machen anschaulich, daß es weder eine konstante Lastverteilung noch konstruktiv begrenzte Querschnitte gibt. Es leuchtet aber auch ein, daß elastische Vorgänge innerhalb des Bauteils auf Grund ihrer senkrecht zur Lastrichtung abklingenden Wirkung nur dann auf die Verhältnisse der Schraube einen Einfluß haben, wenn sie sich innerhalb eines bestimmten Abstands zur Schraube abspielen. Damit scheint die vereinfachende Annahme sinnvoll, daß in die elastische Verformung nur ein definiertes Volumen der zu verbindenden Bauteile im schraubennahen Bereich einbezogen wird. Für die durch entsprechende Festlegungen nunmehr definierten Querschnitte wird dann vereinfachend ferner eine konstante Spannungsverteilung angenommen.

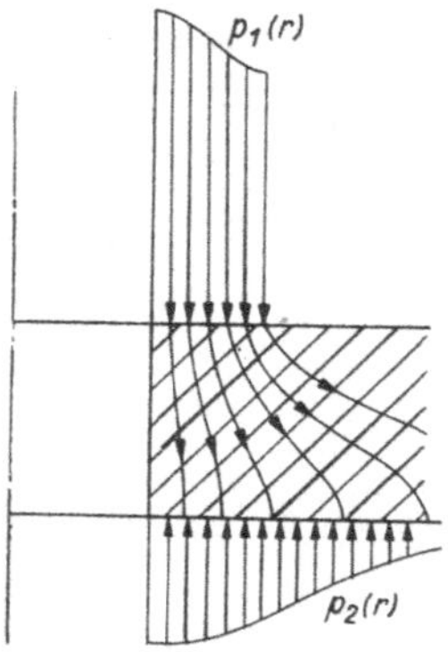

Bild 9.33. Kraftfluß in einer verspannten Platte

$p_1(r)$ Pressungsverteilung in der Mutternauflage
$p_2(r)$ Pressungsverteilung in der Trennfuge

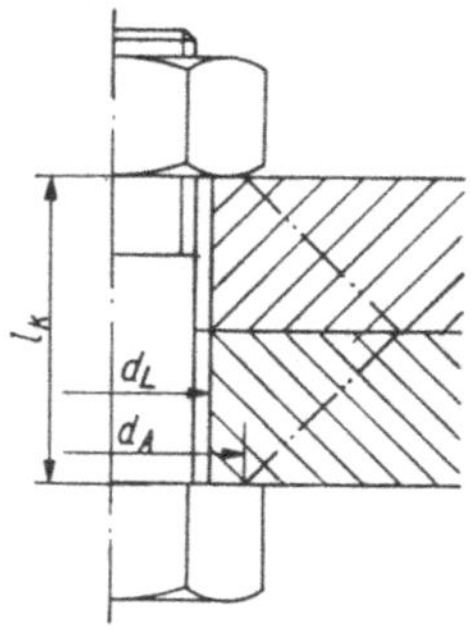

Bild 9.34. Rötscher-Kegel

Rötscher legt das an den elastischen Vorgängen beteiligte Volumen in der im Bild 9.34 dargestellten Form eines Doppelkegelstumpfs fest. Die Bestimmung der Federkonstanten des sog. Rötscher-Kegels ist rechnerisch möglich. Die Werte liefern, verglichen mit experimentellen Ergebnissen, etwas zu große Steifigkeiten. Üblich ist auch die Ersetzung des Rötscher-Kegels durch eine im Axialschnitt flächengleiche Druckhülse, deren Federkonstante für zwei zu verbindende Bauteile folgende Form annimmt:

$$C = \frac{\pi E}{4 l_k} \left[\left(d_A + \frac{l_k}{2} \right)^2 - d_L^2 \right]; \tag{9.111}$$

l_k Gesamtklemmlänge der zu verbindenden Bauteile
d_A Auflagedurchmesser des Schraubenkopfs bzw. der Mutter
d_L Lochdurchmesser der Schraubenbohrung.

Die Ergebnisse experimenteller Untersuchungen unter Berücksichtigung der Variation der relativen Abmessungen von Schraubenverbindungen enthält [9.8].
Ebenfalls ausschließlich experimentell zugänglich ist die Problematik der Federungseigenschaften des Schraubenkopfs sowie der Mutter bzw. des Einschraubendes von Stiftschrauben. Überschläglich werden die elastischen Eigenschaften dieser Elemente der Schraubenverbindung durch Längenzuschläge zum Schraubenschaft erfaßt. Für die Mutter wird üblicherweise eine fiktive Länge des Zuschlags von

$$L_m^* = \tfrac{1}{3} L \tag{9.112}$$

und für den Schraubenkopf von

$$L^*_{\text{Kopf}} = \tfrac{1}{3} L_{\text{Kopf}} \tag{9.112a}$$

als Ersatz für den elastisch verformten Werkstoff zwischen Auflagefläche und schaftseitigem Ende der Gewindepaarung bzw. Übergang zwischen Kopf und Schaft angenommen. Darin bedeuten L bzw. L_{Kopf} die Höhen der Mutter bzw. des Schraubenkopfs. Diese Annahme kann nur als Richtwert für übliche Ausführungen gelten, da sie bereits eine Veränderung der Mutter- bzw. Kopfhöhe in der Tendenz ihrer Auswirkung falsch widerspiegelt. So wird die, wenn auch geringe, Steifigkeitszunahme der Mutter bei Vergrößerung der Mutternhöhe unter der Bedingung konstanter relativer Steigung P/d nach der obengenannten Annahme als proportionale Steifigkeitsverringerung ausgewiesen.

Diese Annahme führt für übliche Muttern mit $L/d = 0{,}8$ auf eine Federsteifigkeit der Gewindepaarung von

$$C_{\text{Mu}\,1} = 2{,}94\, Ed. \tag{9.113}$$

In [9.7] wird ein Längenzuschlag in der Größe von $2P$ vorgeschlagen. Das führt unter den gleichen Bedingungen auf eine Federsteifigkeit der Gewindepaarung von

$$C_{\text{Mu}\,2} = 0{,}392\, \frac{Ed}{(P/d)}. \tag{9.114}$$

Der Vorteil liegt in der von der Tendenz her richtigen Berücksichtigung der relativen Gewindesteigung.

Die Möglichkeit der umfassenden Beurteilung aller Einflüsse bietet das im Abschn. 9.1. dargestellte Verfahren.

Gl. (9.31) und Gl. (9.33) liefern für die spezifische Steifigkeit des Gewindeprofils bei kontinuierlicher Betrachtungsweise

$$C^*_{\text{G}} \sim \frac{Ed}{P} \tag{9.115}$$

als Federsteifigkeit je m Gewindelänge.

Unter Verwendung der Gl. (9.57) ergibt sich die axiale Verschiebung der Lasteinleitungszonen der Mutter im Bereich des schaftseitig ersten Gewindegangs zueinander mit

$$f = \frac{F_{\text{N}} P}{L \gamma E d}\, \frac{1}{0{,}34}$$

und die Federkonstante der Gewindepaarung mit

$$C_{\text{Mu}\,3} = \frac{F_{\text{N}}}{f} = 0{,}34\, Ed\gamma\, \frac{L/d}{P/d} = 0{,}34\, Edn\gamma \tag{9.116}$$

(s. Bilder 9.19 und 9.20).

Gl. (9.116) weist in Verbindung mit Bild 9.19 und Bild 9.20 eindeutig auf die Unvollkommenheit und teilweise Widersprüchlichkeit der mit Gl. (9.112) und Gl. (9.112a) wiedergegebenen Annahmen hin, indem sie erwartungsgemäß unter anderem für wachsende Gewindelängen bei konstanter relativer Steigung wachsende Steifigkeit in Richtung auf einen von P/d abhängigen Grenzwert ausweist:

$$\lim_{L/d \to \infty} C_{\text{Mu}} = \frac{0{,}34\, Ed}{\sqrt{P/d}}. \tag{9.117}$$

Für übliche Muttern mit $L/d = 0{,}8$ liefert Gl. (9.116) mit Gl. (9.58) die Federsteifigkeit der Gewindepaarung in der Form

$$C_{\mathrm{Mu\,3}} = 0{,}34\, Ed \sqrt{d/P} \tan h \,(0{,}8 \sqrt{d/P}). \tag{9.118}$$

Bild 9.35 zeigt vergleichsweise die nach unterschiedlichen Verfahren bestimmten Federsteifigkeiten einer Gewindepaarung mit $L/d = 0{,}8$ in Abhängigkeit von P/d.

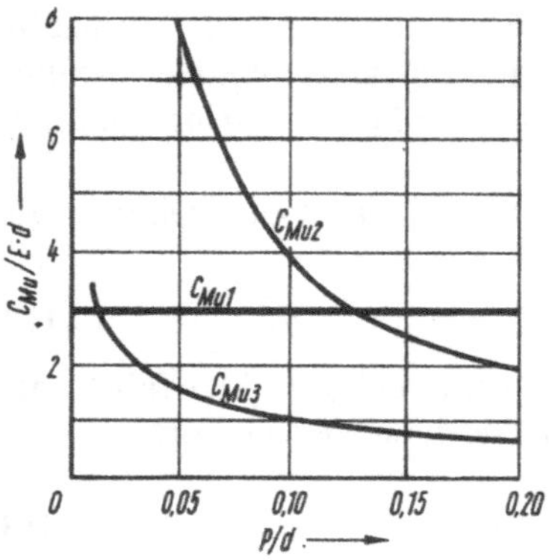

Bild 9.35
Federsteifigkeit der Gewindepaarung nach unterschiedlichen Berechnungsmethoden

9.2.2.2.3. *Innerer Vorspannungszustand*

Der innere Vorspannungszustand einer Schraubenverbindung wird im Verlauf des Montagevorgangs mit dem Ziel geschaffen, über die Schraube hinaus weitere Bauteilquerschnitte in die Übertragung der Betriebsbelastung der Verbindung einzubeziehen und damit unter bestimmten Bedingungen eine Steigerung der Belastbarkeit der Verbindung zu erzielen. Die dazu notwendigen Voraussetzungen bestehen nach Abschnitt 9.2.2.2.1. in der Schaffung der Übertragungsmöglichkeit für Zugbeanspruchungen an Trennfugen zwischen den Bauteilen. Die Realisierung erfolgt über die Schaffung eines Druckspannungszustands in den Trennfugen, der die Übertragung von Zugbeanspruchungen auf dem Weg des Druckspannungsabbaus bei völliger Gültigkeit der

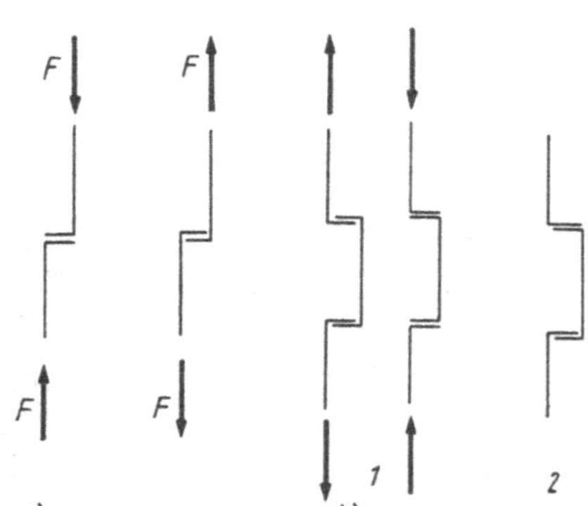

Bild 9.36. Formschlußelemente
a) für unterschiedliche Kraftrichtung;
b) Zuordnung der beiden Formschlußelemente eines Bauteils zueinander
***1* zulässig; *2* unzulässig**

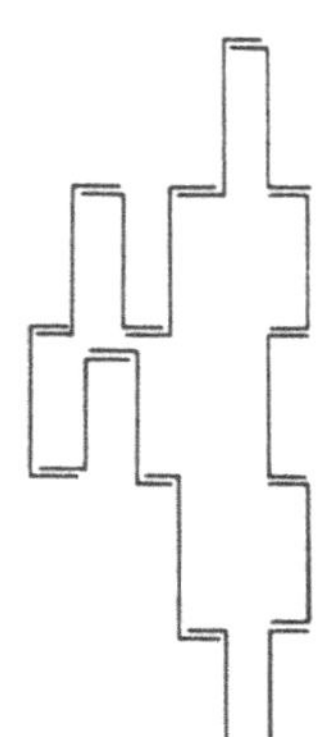

Bild 9.37. Formschlußelemente für umlaufenden Kraftfluß

elastischen Verformungsbeziehungen erlaubt. Voraussetzungen für die Schaffung eines inneren Vorspannungszustands innerhalb einer Bauteilgruppe sind

- das Vorhandensein von Formschlußelementen an den Fügestellen der Bauteile (Bild 9.36a)
- die Ausführung der Formschlußelemente in der Weise, daß in den Krafteinleitungsbereichen jedes Bauteils sowohl Aktions- als auch Reaktionskräfte, bezogen auf die Oberfläche, als Druckkräfte eingeleitet werden können (Bild 9.36b)
- die Anordnung der Bauteile in der Weise, daß über Bauteile und Fügestellen ein umlaufender, in sich geschlossener Kraftfluß möglich ist (Bild 9.37)
- die Möglichkeit der Erzeugung einer äußeren Längenänderung Δl_v im Gegensatz zur elastischen inneren Längenänderung an einem oder mehreren der zu verspannenden Bauteile, die so gerichtet ist, daß in allen Trennfugen Druckbeanspruchungen erzeugt werden (Bild 9.38).

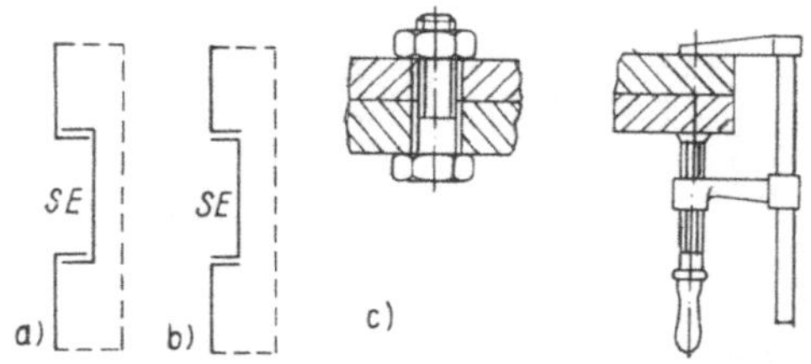

Bild 9.38
Spannelementanordnungen
a) $\Delta l_v < 0$; b) $\Delta l_v > 0$; c) Anwendungsformen

Die gesonderte Funktion dieses Spannelements übt im Fall der Schraubenverbindung die Schraube aus. Im übrigen gelten die obengenannten Gesichtspunkte für Verspannungszustände ganz allgemein.

Eine unter Einhaltung dieser Bedingung gestaltete und gefügte Bauteilgruppe setzt der äußeren Längenänderung des Spannelements im obengenannten Sinne eine elastische Behinderung entgegen. Die aus der erzwungenen inneren elastischen Längenänderung resultierenden Reaktionskräfte stellen die im Fall der Schraubenverbindung als Vorspannkraft F_V bezeichnete innere Verspannung der Bauteilgruppe dar.

Der Zusammenhang zwischen der äußeren Längenänderung des Spannelements (z.B. Schraube) und den elastischen Vorgängen an den Elementen der Bauteilgruppe einschließlich des Spannelements leitet sich aus der Betrachtung der Verschiebung der Trennfugen ab.

Bild 9.39 stellt das vereinfachte Modell einer Bauteilgruppe, bestehend aus n Bauteilen, die in der obengenannten Weise gefügt ist, dar. s_m sei die axiale Entfernung der m-ten von n Trennfugen zu einer beliebigen achsnormalen Bezugsebene außerhalb der Baugruppe. s_i und s_j seien die Entfernungen spezieller Trennfugen.

Gleichgewichtsüberlegungen anhand von Bild 9.39 führen ohne weiteres zu dem Schluß, daß ein innerer Vorspannungszustand in einer derartigen Bauteilgruppe als in sich geschlossener Fluß der Vorspannkraft F_V einen Teil der Bauteile als Zugbeanspruchung und den anderen Teil als Druckbeanspruchung durchläuft (s. Zugbelastung der Schraube und daraus resultierende Druckbelastung, beispielsweise von verspannten Platten). Die elastischen Längenänderungen der Bauteile sind demzufolge zu einem Teil positiv und für den anderen Teil negativ.

Aus diesem Umstand wird gern die Schlußfolgerung gezogen, daß ein daraus resultierendes, qualitativ unterschiedliches Verhalten der Bauteile hinsichtlich der elastischen Vorgänge vorliegt. Unterstützt wird diese Vorstellung durch die verbreitete Darstellung von Verspannungsschaubildern des Vorspannungszustands, in denen eine gruppenweise

Zusammenfassung der Federsteifigkeiten der druckbeanspruchten und der zugbeanspruchten Teile üblich ist. Diese Darstellung ist nicht falsch, sie führt aber bei willkürlicher Veränderung der Zusammenfassungsgesichtspunkte immer wieder zu dem gleichen im folgenden behandelten Zusammenhang zwischen äußerer Längenänderung und Vorspannkraft. Ihre Aussage beschränkt sich lediglich auf die Darstellung der elastischen Längenänderung bestimmter Bauteile in Abhängigkeit von der äußeren Längenänderung oder der Vorspannkraft. Die Zusammenfassung nach zug- und druckbeanspruchten Bauteilen birgt jedoch die Gefahr der Fehleinschätzung im Hinblick auf die im Abschn.9.2.2.2.4. näher untersuchte Wirkungsweise von Betriebsbelastungen der Schraubenverbindung.

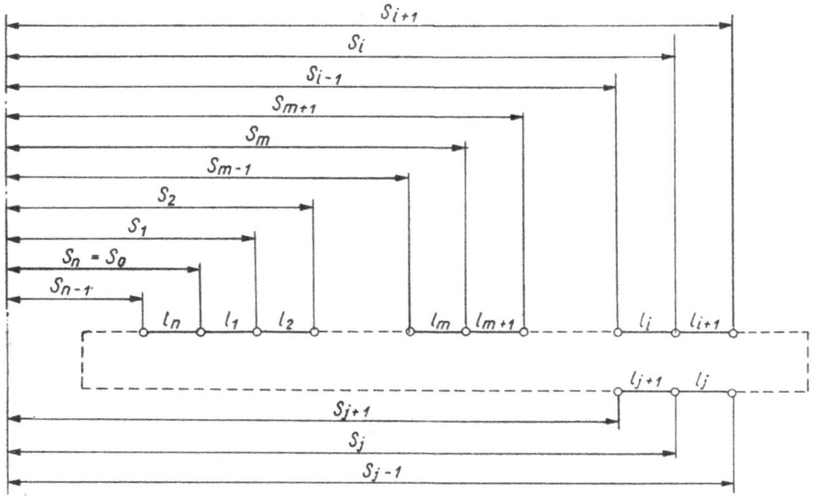

Bild 9.39. Modell einer vorgespannten Bauteilgruppe (schematisch)

Anknüpfend an die oben getroffene Feststellung bezüglich des unterschiedlichen Vorzeichens der für alle Bauteile dem Absolutbetrag nach gleichen Vorspannkraft F_V muß die im gleichen Zusammenhang gemachte Aussage über die elastischen Längenänderungen eine Präzisierung erfahren.

Bild 9.39 zeigt, daß bei strenger Einhaltung der Vorzeichenbedingungen aus der Beziehung für die Bauteillänge der speziellen Bauteile

$$l_i = s_i - s_{(i-1)} \tag{9.119}$$

bzw.

$$l_j = s_j - s_{(j-1)}$$

geschlußfolgert werden muß, daß die allgemeine rechnerische Federkonstante

$$C_m \sim \frac{1}{l_m} \tag{9.120}$$

für einen Teil der Bauteile negativ ist.

Bild 9.39 zeigt ferner, daß im Verlauf des Kraftflusses der Vorzeichenwechsel der Vorspannkraft und der Vorzeichenwechsel der Federkonstanten zusammenfallen. Aus

$$\Delta l_m = \frac{F_V}{C_m} \tag{9.121}$$

folgt demnach, daß es einen Vorzeichenwechsel der Längenänderung Δl_m des Bauteils m, d.h. einen Vorzeichenwechsel der Verschiebung der Trennfuge m, bezogen auf die Trennfuge $m - 1$, im Sinne der Vorzeichendefinition nicht gibt.
Für die Verschiebung einer beliebigen Trennfuge k gegenüber der Trennfuge 0 infolge elastischer Längenänderung gilt demnach

$$\Delta s_k = \sum_{m=1}^{k} \Delta l_m. \tag{9.122}$$

Die Gesamtverschiebung der n-ten Trennfuge unter Einbeziehung der Verschiebung durch die äußere Längenänderung des Spannelements Δl_V beträgt

$$\Delta s_n = \Delta l_V + \sum_{m=1}^{n} \Delta l_m. \tag{9.123}$$

Aus der geometrischen Fügebedingung folgt

$$\Delta s_n - \Delta s_0 = 0. \tag{9.124}$$

Daraus folgt unter Verwendung der Gln. (9.122) und (9.123)

$$\Delta l_V = -\sum_{m=1}^{n} \Delta l_m. \tag{9.125}$$

Hieraus ergibt sich die Schlußfolgerung, daß zur elastischen Kompensation der durch das Spannelement erzeugten Längenänderung Δl_V alle im Kraftfluß liegenden Bauteile einschließlich des Spannelements durch ihre elastische Verformung Δl_m beitragen. Gl. (9.125) trifft die eindeutige Aussage, daß alle Bauteile unter der einheitlichen Belastung durch die Vorspannkraft F_V in qualitativ absolut gleicher Weise an den elastischen Vorgängen beteiligt sind, d.h., daß die elastische Längenänderung des zugbelasteten Bauteils in gleicher Weise wie die des druckbelasteten ohne Vorzeicheneinfluß additiv zur Überwindung der durch das Spannelement erzeugten Längenänderung beiträgt.
Unter Verwendung der Gl. (9.121) nimmt Gl. (9.125) die Form

$$\Delta l_V = -\sum_{m=1}^{n} \frac{F_V}{C_m} \tag{9.126}$$

an. Bei Anwendung der für in Reihe geschaltete Federn geltenden Gesetzmäßigkeit

$$\frac{1}{C_V} = \sum_{m=1}^{n} \left| \frac{1}{C_m} \right| \tag{9.127}$$

ergibt sich die Beziehung zwischen der inneren Vorspannkraft, der am Spannelement erzeugten Längenänderung und den elastischen Eigenschaften der Schraubenverbindung aus der Proportionalitätsbeziehung

$$F_V = -\Delta l_V C_V. \tag{9.128}$$

Darin gilt für F_V das im Bereich des Spannelements gültige Vorzeichen.
Daraus ergibt sich die elastische Längenänderung des einzelnen Bauteils im Vorspannungszustand unter Verwendung von Gl. (9.121) in der Form

$$\Delta l_m = -\Delta l_V \frac{C_V}{C_m}. \tag{9.129}$$

9.2.2.2.4. *Vorgespannte Schraubenverbindungen unter äußerer Betriebsbelastung*

9.2.2.2.4.1. Lastverteilung und ideales Verspannungsschaubild

Die Durchleitung von äußeren Betriebsbelastungen, d.h. deren Übertragung zwischen einzelnen Bauteilen, ist die eigentliche Aufgabe von Schraubenverbindungen. Sie erfolgt im Interesse der Entlastung der dauerfestigkeitsmäßig auf Grund ihrer spezifischen Gestaltung generell gefährdeten Schraube unter Einbeziehung von Bauteilquerschnitten der die Schraube umgebenden Elemente. Die dazu erforderlichen Voraussetzungen sind im Abschn. 9.2.2.2.3. behandelt worden. Die Einleitung der äußeren Betriebsbelastung erfolgt in der Regel über die zu verbindenden Bauteile in bestimmten konstruktiv bedingten Punkten bzw. Zonen des umlaufenden Vorspannungsflusses. Die Übertragung erfolgt auf zwei parallelen Wegen durch je eine Gruppe von untereinander in Reihe geschalteten Elementen der Verbindung, so daß die Bauteilgruppe, die die Schraube enthält, nur einen Teil der insgesamt durchzuleitenden Betriebskraft aufnimmt (Bild 9.40).

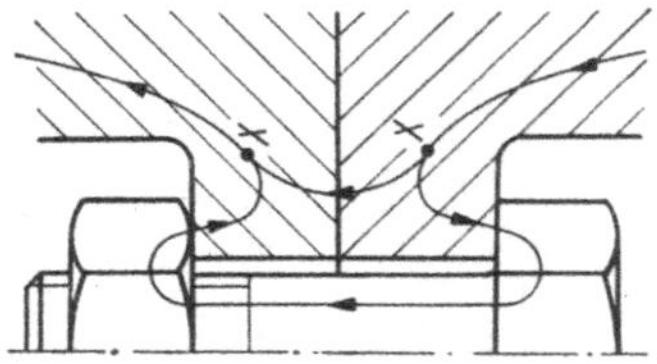

Bild 9.40
Wirkungsweise äußerer Betriebsbelastungen
X Lasteinleitungspunkte

Die Krafteinleitungspunkte *X* der äußeren Betriebskraft und deren Reaktionskraft stellen demnach die Verzweigungs- und Zusammenführungspunkte des Kraftflusses durch die Verbindung dar. Die Einleitung der Betriebsbelastung in diesen Punkten bewirkt elastische Vorgänge innerhalb der Verbindung mit dem Ergebnis einer Veränderung der Bauteilbeanspruchungen gegenüber dem Vorspannungszustand. Durch die in diesem Zusammenhang auftretende Verschiebung Δl_B der Krafteinleitungspunkte zueinander infolge der Betriebsbelastung F_B ist das Verhalten der Schraubenverbindung gegenüber äußeren Belastungen in der Form

$$C_B = \frac{F_B}{\Delta l_B} \tag{9.130}$$

grundsätzlich charakterisiert.

C_B ist darin die gemeinsame Federkonstante zweier untereinander parallelgeschalteter Bauteilgruppen 1 und 2, die, jeweils aus untereinander in Reihe geschalteten Bauteilen bestehend, beide der elastischen Längenänderung Δl_B infolge der Betriebskraft unterworfen sind.

Führt man in Gl. (9.130) die Federkonstanten der beiden parallelgeschalteten Bauteilgruppen C_{B1} und C_{B2} sowie die von ihnen übertragenen Anteile der Betriebsbelastung F_{B1} und F_{B2} ein, so geht sie über in die Form

$$C_{B1} + C_{B2} = \frac{F_{B1}}{\Delta l_B} + \frac{F_{B2}}{\Delta l_B}. \tag{9.131}$$

Daraus folgt

$$F_{B1} = C_{B1}\Delta l_B \tag{9.132}$$

$$F_{B2} = C_{B2}\Delta l_B.$$

Gleichgewichtsbetrachtungen an den Krafteinleitungspunkten des im Bild 9.41 schematisch dargestellten Kraftflusses lassen erkennen, daß die in Gl. (9.132) ermittelten Betriebslastanteile in den durch die Lasteinleitungspunkte voneinander getrennten Bauteilgruppen qualitativ unterschiedlich hinsichtlich der Veränderung des Belastungszustands gegenüber dem Vorspannungszustand wirksam werden, und zwar in der einen in Form einer Lasterhöhung und in der anderen in Form einer Entlastung. Dabei wechselt das Vorzeichen der Belastungsveränderung der Bauteilgruppen mit dem Vorzeichen der Betriebsbelastung. Das Ergebnis dieser Überlegung steht im Einklang mit der auf der Grundlage von Bild 9.39 im Abschn. 9.2.2.2.3. getroffenen Vorzeichenregelung für die Federkonstanten. Danach müssen generell die Federkonstanten C_{B1} und C_{B2} gegenteilige Vorzeichen haben, so daß bei gleichgerichteter Längenänderung F_{B1} und F_{B2} ebenfalls gegenteilige Vorzeichen haben. Bei strenger Beachtung der Vorzeichenregelung ergibt sich nach Bild 9.41 die Betriebsbelastung als Differenz der Laständerungen

$$F_B = F_{B1} - F_{B2}. \tag{9.133}$$

Bild 9.42 zeigt die obengenannten Zusammenhänge in einem Kraft-Längenänderungs-Diagramm für Betriebsbelastungen mit wechselndem Vorzeichen.

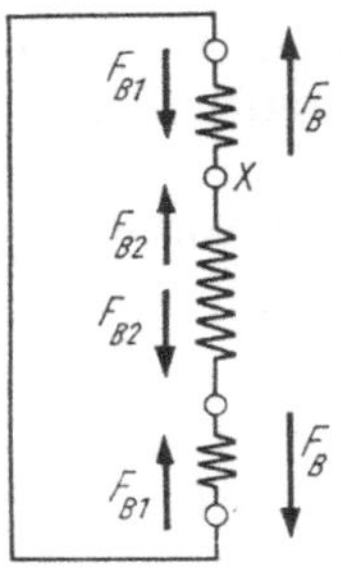

Bild 9.41. Kräftegleichgewicht am Lasteinleitungspunkt X

$F_{B1} > 0$; $F_{B2} < 0$

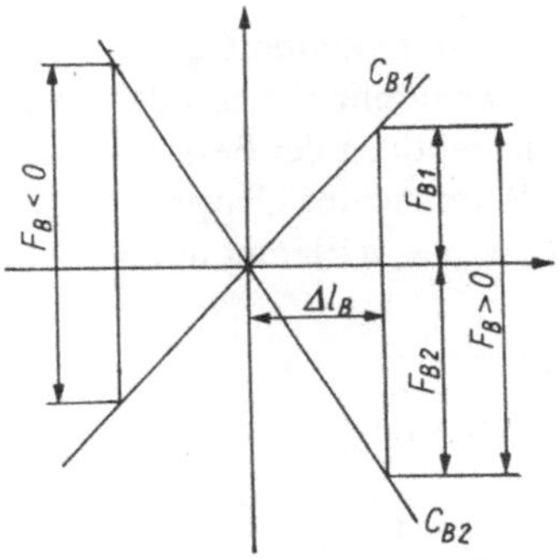

Bild 9.42. Kraft-Längenänderungs-Diagramm für äußere Betriebsbelastungen

Daraus ist ersichtlich, daß es im Gegensatz zum Vorspannungszustand mit gleicher Belastung in allen Bauteilen und qualitativ gleichem elastischem Verhalten derselben im Fall der äußeren Belastung der Verbindung zwei qualitativ unterschiedliche Formen der Auswirkung derselben auf zwei Gruppen von Bauteilen gibt. Die Zuordnung der einzelnen Bauteile der Schraubenverbindung zu der jeweiligen Gruppe erfolgt ohne Rücksicht auf ihre Anordnungsweise innerhalb der Verbindung und ohne Rücksicht auf das Vorzeichen ihrer Belastung bzw. Längenänderung ausschließlich danach, ob unter Einfluß der Betriebsbelastung eine Lasterhöhung bzw. Entlastung gegenüber dem Vorspannungszustand erfolgt. Aus dieser Feststellung ergibt sich die Schlußfolgerung, daß die sog. Kraftangriffspunkte zwischen den beiden Bauteilgruppen ohne weiteres auch innerhalb von Bauteilen liegen können und somit bestimmte Bauteilabschnitte der jeweiligen Gruppe zugeordnet werden müssen.

Vervollständigt man Bild 9.42 durch Superposition von Betriebslasteinfluß und Vorspannungszustand, so ergibt sich mit Bild 9.43 eine Darstellungsform, durch die sowohl der Parallelschaltungsvorgang zwischen den Federkonstanten der Baugruppen bei Aufbringung der Betriebsbelastung F_B als auch der Reihenschaltungsvorgang zwischen den gleichen Federkonstanten bei Aufbringung der äußeren Längenänderung Δl_V im Vorspannungszustand erfaßt wird. Die Ordinatendifferenz zwischen den beiden Federkonstanten liefert die Summe der Absolutwerte der Belastungsänderungen bei gleicher Dehnung (Parallelschaltung). Die Abszissendifferenz zwischen den gleichen Federkonstanten liefert die Summe der Absolutwerte der Längenänderungen bei gleicher Belastung durch die Vorspannung (Reihenschaltung). Damit ist der Zusammenhang zwischen allen die Lastverhältnisse der Schraubenverbindung bestimmenden Größen überschaubar.

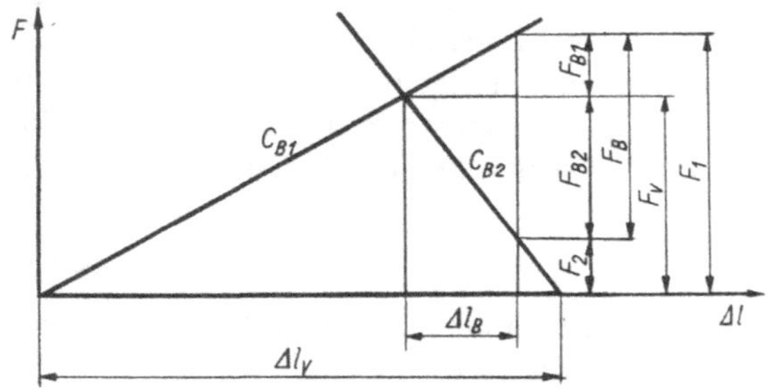

Bild 9.43
Vollständiges Verspannungsdiagramm

Die Kenntnis der Federsteifigkeiten C_m der n einzelnen Elemente und Bauteilbereiche der Schraubenverbindung ermöglicht nach Beurteilung ihrer Gruppenzugehörigkeit im Hinblick auf die Belastungstendenz der Betriebskraft gegenüber der Vorspannkraft die Aufteilung in Bauteile und Bereiche der Gruppen 1 und 2 und die Ermittlung der Federkonstanten der beiden aus p bzw. $n - p$ Elementen bestehenden Bauteilgruppen aus der Beziehung

$$C_{B1} = \frac{1}{\sum\limits_{m=1}^{p} 1/|C_m|}$$

$$C_{B2} = -\frac{1}{\sum\limits_{m=p+1}^{n} 1/|C_m|}. \tag{9.134}$$

Elemente der Schraubenverbindung im obengenannten Sinne sind unter anderem Schraubenschaft, Schraubenkopf und -mutter, verformungsmäßig einbezogene Bereiche der zu verbindenden Bauteile, Dichtungen, Unterlegscheiben, Sicherungselemente und ggf. Teilbereiche dieser Bauteile.

Die Ergebnisse aus Gl. (9.134) gestatten unter Beachtung der Vorzeichenregelung die Darstellung der Federsteifigkeiten nach Bild 9.43, die Vorgabe einer Vorspannkraft oder einer äußeren Längenänderung im Vorspannzustand sowie die Bestimmung der jeweils verbleibenden Restgröße äußere Längenänderung oder Vorspannkraft. Bei Vorgabe einer äußeren Betriebsbelastung F_B bietet Bild 9.43 die Möglichkeit der Beurteilung ihres Einflusses hinsichtlich der Belastungsveränderung der Bauteilgruppen gegenüber dem Vorspannungszustand durch Darstellung des Belastungsendzustands F_1 bzw. F_2 der beiden Bauteilgruppen. Aus Bild 9.43 leiten sich über Gl. (9.128) hinaus folgende Beziehungen ab:

- Belastung der durch eine positive Betriebskraft (Zug) erhöht belasteten Teile

$$F_1 = F_v + \frac{C_{B1}}{C_{B1} - C_{B2}} F_B \tag{9.135}$$

- Belastung der durch eine positive Betriebskraft entlasteten Teile

$$F_2 = F_V + \frac{C_{B2}}{C_{B1} - C_{B2}} F_B \tag{9.136}$$

sowie

$$F_B = F_1 - F_2 . \tag{9.137}$$

Es gilt die Festlegung

$$C_{B1} > 0$$

und

$$C_{B2} < 0 .$$

9.2.2.2.4.2. Konstruktive Schlußfolgerungen

Die Untersuchung üblicher Schraubenverbindungen im Hinblick auf die im Abschnitt 9.2.2.2.4.1. dargestellten Gesichtspunkte führt zu folgenden, für den überwiegenden Teil der Verbindungen gültigen Feststellungen:

- Die Verbindungen sind in der Regel durch im Sinne der Vorzeichenregelung nach Bild 9.39 und Bild 9.43 positive äußere Betriebsbelastungen (Zugkräfte) belastet.
- Die Schraube gehört in der Regel zu der Gruppe der durch positive Betriebskräfte gegenüber der Vorspannung erhöht belasteten Bauteile.
- Die Trennfuge zwischen den zu verbindenden Bauteilen liegt in der Regel im Bereich der Bauteilgruppe, die gegenüber dem Vorspannungszustand durch positive Betriebskräfte entlastet wird.

Aus diesen Feststellungen lassen sich anschaulich die in analoger Weise jedoch auch für den allgemeinen Fall geltenden Grenzzustände für die Funktionstüchtigkeit einer Schraubenverbindung ableiten:

- Einhaltung einer oberen Belastungsgrenze $F_{1\,max}$ für den geringsten Schraubenquerschnitt unter Betriebskrafteinfluß. Die Schraube liefert mit ihrem geringsten Querschnitt in der Regel auch den geringsten Querschnitt der gesamten Verbindung. Dadurch wird der Einsatz relativ hochwertiger Schraubenwerkstoffe im Interesse ökonomisch effektiver Konstruktionen gerechtfertigt.
- Sicherung einer Mindestdruckbelastung $F_{2\,min}$ in der Trennfuge zwischen den zu verbindenden Teilen unter Betriebskrafteinfluß.

Die absoluten Grenzwerte für $F_{1\,max}$ und $F_{2\,min}$ sind durch das Erreichen der Streckgrenze im engsten Schraubenquerschnitt bzw. durch die Erscheinung des kraftfreien Abhebens in der Trennfuge gegeben.
Als vorrangiges Kriterium für die Funktionstüchtigkeit dynamisch belasteter Schraubenverbindungen ist darüber hinaus die Einhaltung einer oberen Grenze des auf die Schraube entfallenden Anteils des Lastausschlags der Betriebskraft anzusehen. Bild 9.43 vermittelt die auch aus den Gln. (9.135) und (9.136) bzw. (9.137) unter der Bedingung $F_2 > 0$ abzuleitende Bedingung, daß für die maximale Schraubenbelastung generell $F_1 > F_B$ gilt. Das bedeutet eine Beanspruchungserhöhung gegenüber der nichtvorgespannten Verbindung. Es gilt also im Hinblick auf die Beurteilung der statischen Belastbarkeit analog die bereits im Abschn. 9.2.2.1. gemachte Feststellung, daß eine Erhöhung der Belastungsgrenze durch Vorspannen auch bei der axial belasteten Verbindung nicht möglich ist. Der eigentliche Effekt wird hinsichtlich der Erhöhung der bei

Schraubenverbindungen ohnehin im Vordergrund stehenden dynamischen Belastbarkeit erzielt. Die Zusammenhänge zwischen dem Verspannungsschaubild und dem Dauerfestigkeitsdiagramm zeigt Bild 9.44 für die nichtvorgespannte und für die vorgespannte Schraubenverbindung. Dabei hängt die Stärke des Effekts in erster Linie von den elastischen Eigenschaften der Schraubenverbindung ab und ist demzufolge durch zielgerichtete konstruktive Maßnahmen beeinflußbar.

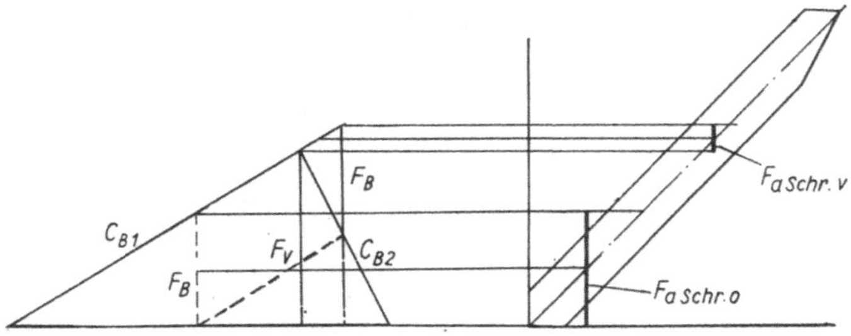

Bild 9.44
Wechselbeziehungen zwischen Verspannungs- und Dauerfestigkeitsdiagramm

Beispiel
Gegenüberstellung der nichtvorgespannten ($F_{a\,Schr0} > F_{a\,zul}$) und der vorgespannten Schraubenverbindung ($F_{a\,SchrV} < F_{a\,zul}$)

Bild 9.45 zeigt den Einfluß des Verhältnisses der Federkonstanten der beiden Bauteilgruppen bei einer allgemeinen durch Mittellast und Amplitude charakterisierten dynamischen Belastung. Der Lastausschlag an der Schraube wird geringer mit relativ weicher werdender Schraubenfeder, und zwar zu Lasten der Lastamplitude der dauerfestigkeits-

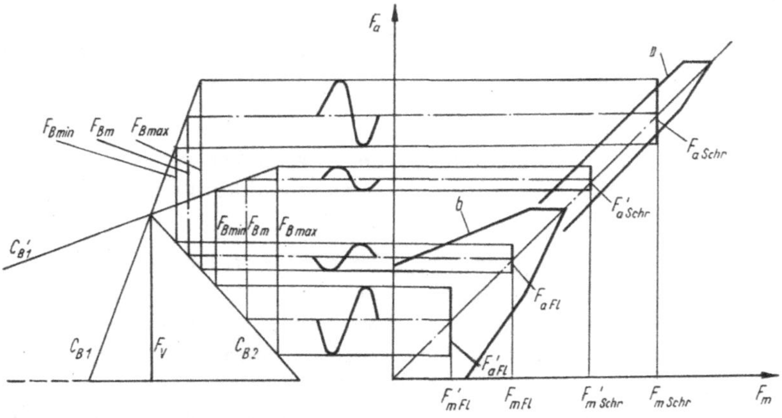

***Bild 9.45.** Einfluß des Steifigkeitsverhältnisses C_{B1}/C_{B2} auf die Beanspruchungsausschläge*
a **durch F_B erhöht belastete Teile**
b **durch F_B entlastete Teile**

mäßig kaum gefährdeten zu verbindenden Bauteile. Die aus Gl. (9.135) abzuleitende Beziehung

$$\frac{F_{B1}}{F_B} = \frac{1}{1 - (C_{B2}/C_{B1})} \tag{9.138}$$

gilt ohne weiteres auch für die Lastamplituden und bestätigt die oben gemachte Feststellung. Die sich daraus ableitenden konstruktiven Forderungen sind gerichtet auf

- Vermeidung unnötiger elastischer Elemente im Bereich der durch die Betriebskraft entlasteten Teile.

  Das gilt vor allem für den Fall eventueller Dichtungen zwischen den zu verbindenden Teilen und gewinnt besonders im Zuge der Substitution metallischer Werkstoffe durch Plaste entscheidend an Bedeutung. Die Beeinflussung des Federsteifigkeitsverhältnisses ist aber auch bei Einsatz von Grauguß und Nichteisenmetallen gegenüber Stahl bereits wesentlich.

- bewußte Schaffung zusätzlicher Elastizität im Bereich der durch Betriebskräfte erhöht belasteten Teile.

Eine Beeinflussung von der Werkstoffseite her scheidet aus festigkeitsmäßigen Gründen im Normalfall aus. Die Reserven liegen in einer funktionsgerechten Gestaltung der Schraube, und zwar sowohl bezüglich des Querschnitts als auch bezüglich der Länge. Diese Überlegungen führen in ihrem Ergebnis zur sog. Dehnschraube, die sich durch eine spezifische Querschnittsdimensionierung und durch eine relativ große Länge auszeichnet. Wie bereits im Abschn. 9.1.5. angedeutet, wird die Zielstellung der Schaffung eines Schraubenschafts mit ausgewogenen Festigkeitseigenschaften an den kritischen Stellen sehr gut angenähert, wenn man den Schaftdurchmesser geringfügig unterhalb des Kerndurchmessers des Gewindes ausführt. Die Minimierung der Federsteifigkeit bei vorgegebener Tragfähigkeit und die Schaffung einer Schraube gleicher Festigkeit sind auf die gleiche Zielstellung hinsichtlich des Querschnittsverlaufs orientiert (Bild 9.46).

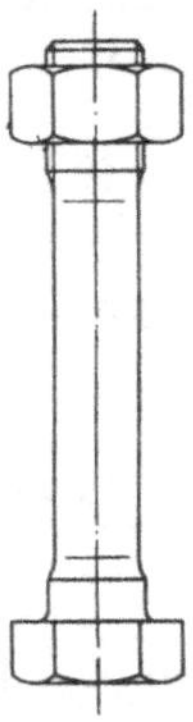

Bild 9.46. Dehnschraube

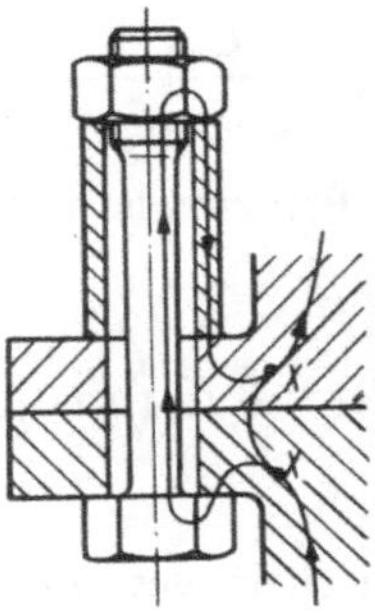

Bild 9.47. Konstruktive Beeinflussung der Steifigkeitsverhältnisse

Die Vergrößerung der Schraubenlänge erscheint zunächst wegen der damit verbundenen Veränderung der Verspannungslänge der entlasteten Teile wenig sinnvoll. Jedoch die Berücksichtigung der Lastverteilung innerhalb derselben führt zu dem Schluß, daß sich das Steifigkeitsverhältnis bei Vergrößerung der Klemmlänge in Richtung auf relativ weiche Schrauben verändert.

Besonders wirkungsvoll sind Maßnahmen, die in der im Bild 9.47 dargestellten Weise eine einseitige Veränderung der Steifigkeitsverhältnisse bewirken. Nur bedingt in diesem Sinne zu werten ist der Einsatz elastischer Sicherungselemente, wie Federringe u.a. Sie sind im Normalfall auf Anschlag, d.h. bis zur Überbrückung ihrer speziellen Gestaltselastizität angezogen und nur im Rahmen ihrer in diesem Zustand sehr geringen Materialelastizität wirksam. Ihre Bedeutung wird im Abschn. 9.2.3. behandelt.

Aus Bild 9.45 kann abgeleitet werden, daß die Lastamplitude in bestimmten Grenzen unabhängig von der Höhe der Vorspannung ist. Das gilt nicht mehr, wenn die bereits obengenannten Grenzzustände bezüglich des Abhebens in der Trennfuge ($F_2 = 0$) bzw. bezüglich der Erreichung der Streckgrenze in der Schraube erreicht sind.

Beide Zustände stellen eine akute Gefahr für die weitere Funktionstüchtigkeit der Schraube dar.

Darüber hinaus bestehen ggf. Mindestforderungen an die Trennfugenbelastung, wenn an dieser Stelle reibschlüssig Zusatzbelastungen übertragen bzw. Dichtungsaufgaben erfüllt werden sollen. Im Interesse einer ökonomisch orientierten Konstruktion ist der Spielraum zwischen beiden Zuständen so gering zu halten, daß lediglich ein erforderliches Mindestmaß an Sicherheit gegen Erreichen dieser Zustände bei Aufbringung der Betriebsbelastung vorliegt. Das führt zu der Forderung nach relativ enger Vorgabe der Grenzen für die Vorspannung.

Die Sicherheit gegen das Erreichen kritischer Grenzzustände kann nach einheitlichen Gesichtspunkten sowohl für den Fall des Abhebens in der Trennfuge als auch für den Fall der Streckgrenzenüberschreitung definiert werden, wenn man von der Vorstellung ausgeht, daß Sicherheitsangaben lediglich eine Aussage über das Verhalten der Schraubenverbindung als Ganzes gegenüber der Betriebsbelastung machen sollen. Das setzt voraus, daß man den inneren Verspannungszustand nicht als Belastung der Verbindung, sondern als eine charakteristische Eigenschaft der Verbindung im Zusammenwirken mit den elastischen Eigenschaften derselben auffaßt. Unter dieser Voraussetzung sagt der Reziprokwert der Sicherheit in üblicher Weise über den Grad der Auslastung der Reserven zwischen Vorspannungszustand und kritischem Grenzzustand durch die Einflüsse der Betriebskraft aus. Für die Sicherheit gegen Abheben in der Trennfuge ist das auch im Fall der Schraubenverbindung üblich und geschieht in der Form (s. Bild 9.43)

$$S_2 = \frac{-F_V}{F_{B2}} = -F_V \bigg/ \left(F_B \frac{C_{B2}}{C_{B1} - C_{B2}} \right). \tag{9.139}$$

In konsequenter Verfolgung dieses Prinzips ist für die Sicherheit gegen Streckgrenzenüberschreitung die Definition

$$S_1 = \frac{\sigma_F A_S - F_V}{F_{B1}} = (\sigma_F A_S - F_V) \bigg/ \left(F_B \frac{C_{B1}}{C_{B1} - C_{B2}} \right) \tag{9.140}$$

zu empfehlen (s. Bild 9.43).

Üblich hingegen ist für die Sicherheit gegenüber Streckgrenzenüberschreitung die Definition

$$S_1' = \frac{\sigma_F A_S}{F_1} = (\sigma_F A_S) \bigg/ \left(F_V + F_B \frac{C_{B1}}{C_{B1} - C_{B2}} \right) \tag{9.141}$$

(s. Bild 9.43) als Aussage über die Streckgrenzenauslastung der Schraube infolge der komplexen Belastung durch innere Verspannung und äußere Betriebsbelastung. Die Gln. (9.139), (9.140) und (9.141) gelten unter Beachtung der Vorzeichenregelung

$$F_{B1} > 0, \quad F_{B2} < 0, \quad C_{B1} > 0, \quad C_{B2} < 0, \quad F_B > 0.$$

Für $F_B < 0$ lassen sich analoge Beziehungen aus Bild 9.43 ableiten.

Im folgenden wird die Verwendung der Sicherheit S_1 gegenüber S_1' vorgezogen.

Bild 9.48 zeigt die Vorgänge beim Abheben in der Trennfuge infolge zu niedriger Vorspannung. Nach Überschreiten des Abhebepunktes fällt die Bauteilgruppe 2 für die Übertragung des verbleibenden Betriebslastanteils aus. Das führt zur Erhöhung der Lastamplitude für die Schraube. Die sich bei dynamischer Belastung pulsierend um den Betrag f öffnende und stoßartig schließende Trennfuge ist Setzungserscheinungen an den Bauteiloberflächen unterworfen, die sich effektiv wie eine Verringerung der äußeren Verspannlänge Δl_V auswirken und einen allmählichen Abbau der Vorspannung und eine progressive Steigerung des Effekts nach sich ziehen, die letztlich in der Regel zum dauerfestigkeitsmäßigen Versagen der Verbindung führt.

Bild 9.49 zeigt die Vorgänge beim Überschreiten der Streckgrenze in der Schraube infolge zu hoher Vorspannung. Beim einmaligen Überschreiten der Streckgrenze ist auf Grund der komplexen Lastverteilung innerhalb der Verbindung deren Gesamttragfähigkeit nicht erschöpft. Die unter Wirkung der Betriebskraft entlasteten Teile tragen gemäß

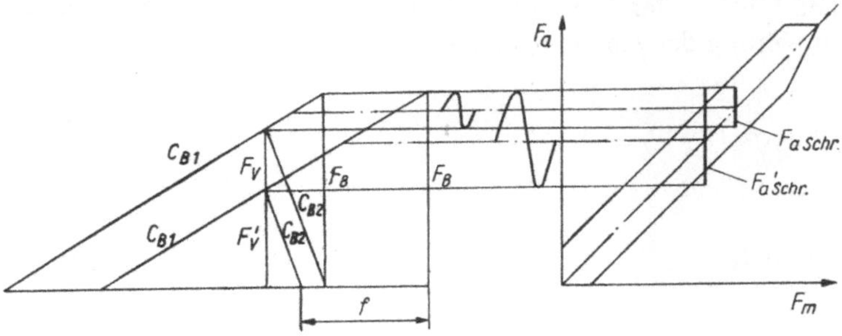

Bild 9.48. Abheben in der Trennfuge um den Betrag f infolge zu niedriger Vorspannung

Bild 9.49 nach wie vor im elastischen Bereich, so daß ein Gleichgewichtszustand erreicht wird. Allerdings wirkt sich die plastische Längenänderung Δl_{pl} im Sinne eines Verlustes an äußerer Verspannlänge Δl_V aus und bedingt einen Abbau der Vorspannung. Dieser Vorgang kommt zum Stillstand, wenn das Maß an plastischer Dehnung und die damit verbundene Werkstoffschädigung der Schraube gering ist und der Abbau der Vorspannung in dem Maß erfolgt ist, daß bei erneuter Belastung der Verbindung eine nochmalige Streckgrenzenüberschreitung nicht erfolgt. Die Verbindung versagt jedoch, wenn es im Verlauf dieses Vorgangs infolge der Vorspannungsreduzierung zum Abheben in der Trennfuge kommt.

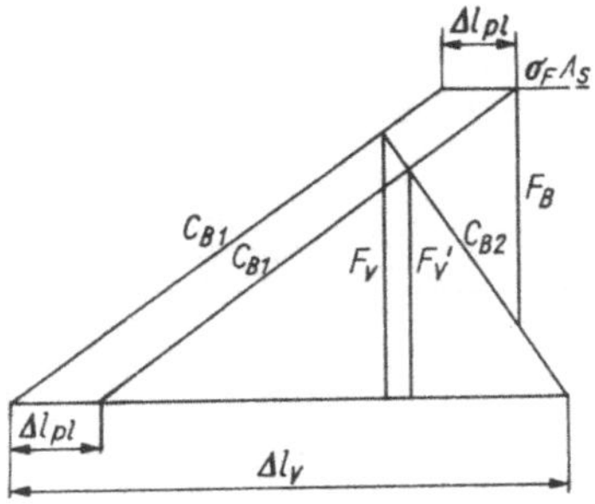

Bild 9.49
Vorspannungsverlust infolge Streckgrenzüberschreitung

Damit sind die wesentlichen Gesichtspunkte für die Gestaltung und Dimensionierung einer Schraubenverbindung erläutert.

Für die Dimensionierung von Schraubenverbindungen ergeben sich folgende Aufgabenstellungen und Lösungswege:

- Tragfähigkeitsberechnung einer vollständig einschließlich der Vorspannung dimensionierten Verbindung bei Vorgabe der Sicherheiten $S_{1\,zul}$ und $S_{2\,zul}$ gegen das Erreichen kritischer Grenzzustände (Bild 9.50)
- Tragfähigkeitsoptimierung einer mit Ausnahme der Vorspannung vollständig dimensionierten Verbindung bei Vorgabe der Sicherheiten $S_{1\,zul}$ und $S_{2\,zul}$ gegen das Erreichen kritischer Grenzzustände

  Eine maximale Tragfähigkeit wird erreicht, wenn beide Sicherheiten bei gleicher Dehnung Δl_B erreicht werden (Bild 9.51).

- Schraubendimensionierung bei vorgegebener Betriebsbelastung F_B und geforderten Sicherheiten $S_{1\,zul}$ und $S_{2\,zul}$ gegen das Erreichen kritischer Grenzzustände
  Die Verknüpfungsbeziehungen zwischen A_S und der zulässigen Streckgrenzenbelastung einerseits und den Steifigkeitsverhältnissen andererseits machen einen Iterationsprozeß erforderlich (Bild 9.52). Der Iterationsprozeß ist in seiner Anwendung einfacher als die Algorithmierung der Abhängigkeiten

$$\frac{C_{B1}}{C_{B1} - C_{B2}} = f_1(A_S) \tag{9.142}$$

und

$$\frac{C_{B2}}{C_{B1} - C_{B2}} = f_2(A_S), \tag{9.143}$$

die eine explizite Bestimmung von A_S und F_V zulassen würde.

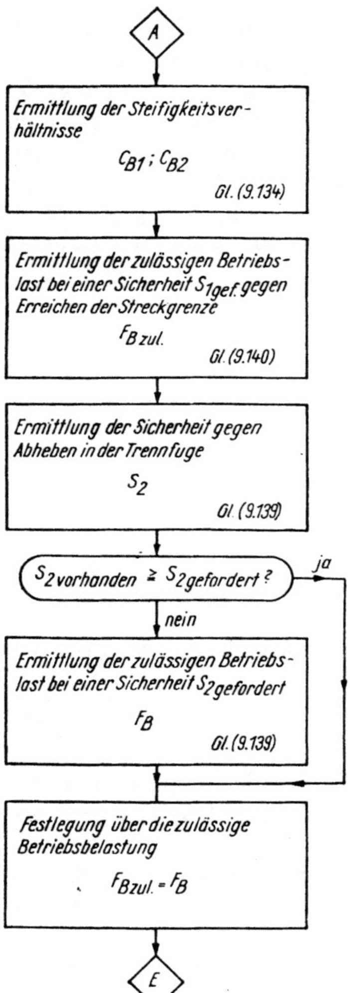

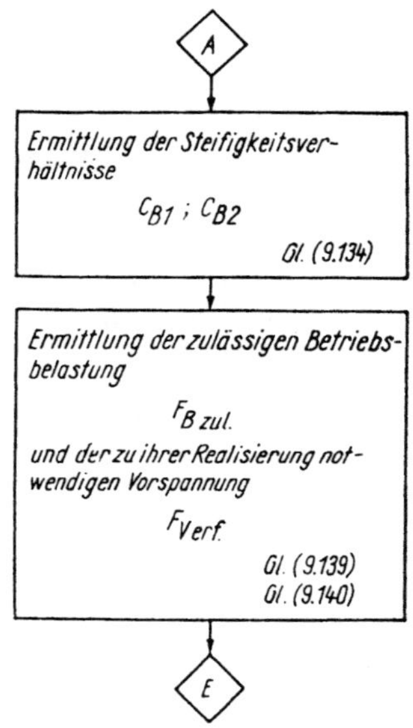

Bild 9.51
Tragfähigkeitsoptimierung einer Schraubenverbindung (Bestimmung der optimalen Vorspannung)

Bild 9.50
Tragfähigkeitsberechnung einer vollständig dimensionierten Schraubenverbindung

Bei einigermaßen treffsicherer Annahme von A_S kann der Iterationsvorgang umgangen werden, indem die Auslegung lediglich unter Einhaltung einer der beiden Sicherheiten erfolgt, während die andere lediglich das Kriterium $S \geqq S_{erf}$ zu erfüllen hat.

- Kontrolle der Dauerfestigkeit.

Aus Gl. (9.135) leiten sich die Beziehungen

$$\sigma_m = \frac{1}{A_S}\left[F_V + \frac{C_{B1}}{C_{B1} - C_{B2}}\left(\frac{F_{B\,max} + F_{B\,min}}{2}\right)\right] \tag{9.144}$$

und

$$\sigma_a = \frac{1}{A_S}\,\frac{C_{B1}}{C_{B1} - C_{B2}}\left(\frac{F_{B\,max} - F_{B\,min}}{2}\right) \tag{9.145}$$

ab (Bild 9.53).

Ein spezielles Problem stellen die Belastungsverhältnisse an Einschraubenden von Stiftschrauben dar. Konstruktiv handelt es sich um eine Sonderform der formschlüssigen Einleitung der Schraubenschaftkräfte in eines der zu verbindenden Bauteile. Im Ab-

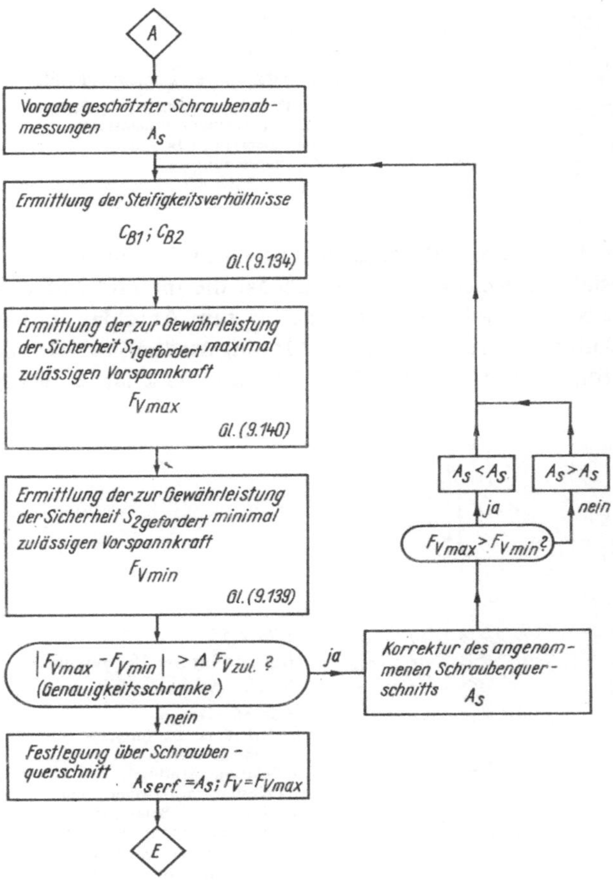

Bild 9.52. Schraubendimensionierung

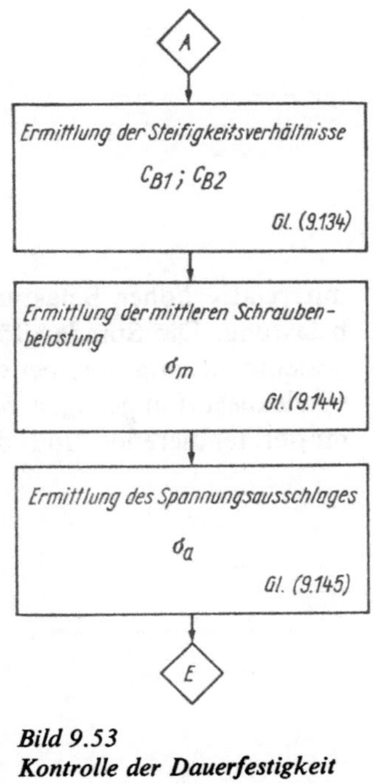

Bild 9.53
Kontrolle der Dauerfestigkeit

schnitt 9.1.6. wurde auf die praktischen Vorteile bereits eingegangen. Einen Nachteil stellt zweifelsohne die im Vergleich zu allen anderen Lösungen relativ kurze Klemmlänge und die damit verbundene dauerfestigkeitsmäßige Gefährdung dar. In der ebenfalls durch die kurze Klemmlänge bedingten Anfälligkeit gegen Fluchtungsfehler und den daraus resultierenden Biegebelastungen besteht ein weiterer Nachteil. Diese Gesichtspunkte zwingen zu einer gründlichen Untersuchung der Verhältnisse in den im Abschnitt 9.1.5. als kritisch erkannten Punkten und insbesondere in dem schaftseitig ersten Gewindegang des Einschraubgewindes. Bezüglich der Krafteinleitung handelt es sich bei der im Bild 9.54 dargestellten Anordnung nach Abschn. 9.1.4. um eine Druckmutter

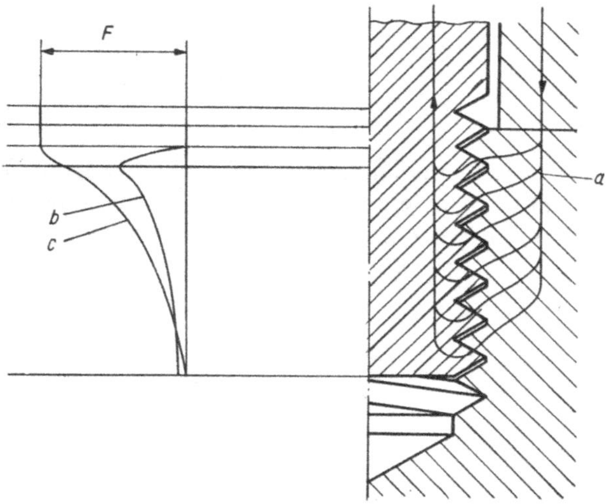

Bild 9.54
Lastverlauf
am unverspannten Einschraubende
F Schaftbelastung außerhalb der Paarung; *a* Belastungskraftfluß; *b* Belastung im Gewindegrund; *c* Belastung im Kernquerschnitt

mit relativ hoher Belastung des ersten Gewindegangs bei Aufbringung einer Schaftbelastung. Die Standardlösung sieht, abweichend von Bild 9.54, die im Bild 9.55 dargestellte Lösung vor, bei der die Stiftschraube bei Montage bis zum Anschlag im Gewindeauslauf angezogen wird. Dadurch werden bereits im Montagezustand zur Druckmutter tendierende und demzufolge für den ersten Gewindegang verschärfte Bedin-

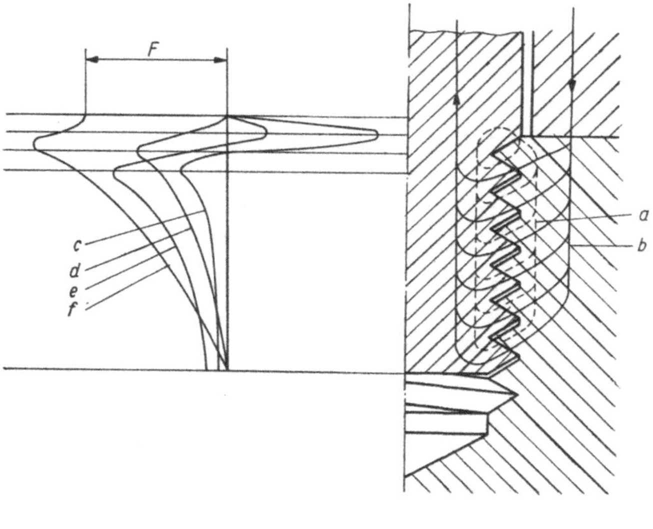

Bild 9.55
Lastverlauf bei Verspannung im Gewindeauslauf
F Schaftbelastung außerhalb der Paarung; *a* Montagekraftfluß; *b* Belastungskraftfluß; *c* Belastung im Gewindegrund bei Montage; *d* Belastung im Kernquerschnitt bei Montage; *e* Belastung im Gewindegrund unter Schaftbelastung; *f* Belastung im Kernquerschnitt unter Schaftbelastung

gungen erzeugt, denen sich die Lastspitze bei Aufbringen einer Schaftbelastung noch überlagert. Abhilfe schafft eine Lösung, die eine Verspannung nicht durch Anschlag im ersten Gewindegang, sondern über spezielle Druckstücke am entgegengesetzten Gewindeende im Grund der Gewindebohrung vorsieht (Bild 9.56). Sie bewirkt eine räumliche Trennung der Lastspitzen infolge des Anziehens bei Montage und infolge der

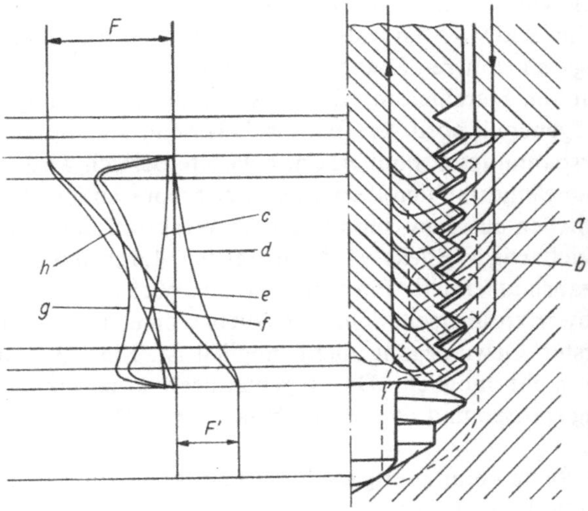

Bild 9.56
Lastverlauf bei Verspannung im Bohrungsgrund

F Schaftbelastung außerhalb der Paarung; a Montagekraftfluß; b Belastungskraftfluß; c Belastung im Gewindegrund bei Montage; d Belastung im Kernquerschnitt bei Montage; e Einfluß der Betriebsbelastung im Gewindegrund; f Einfluß der Betriebsbelastung im Kernquerschnitt; g resultierende Belastung im Gewindegrund; h resultierende Belastung im Kernquerschnitt

Schaftbelastung durch die eigentliche durch die Verbindungsaufgabe bestimmte Schraubenkraft. Spezielle Anforderungen an derartige als Fortsätze der Stiftschraube ausgebildete Druckstücke werden hinsichtlich einer geringen Anfälligkeit gegen Zentrierfehler gestellt [9.1]. Die vorstehend gemachten Feststellungen gelten für ruhend belastete Verbindungen.

Bei dynamisch belasteten Verbindungen mit zeitlich veränderlicher Belastung des Schraubenschafts tritt bei der obengenannten Verspannung mittels Druckstück ein Zustand ein, der gekennzeichnet ist durch einen durch die Schaftbelastung kaum be-

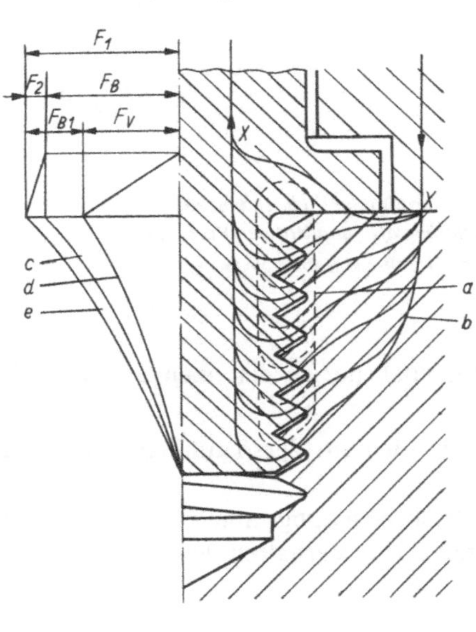

Bild 9.57
Reduzierung des dynamischen Belastungsausschlages am vorgespannten Einschraubende

a Montagekraftfluß; b Belastungskraftfluß; c Lastverlauf im Kernquerschnitt der nichtvorgespannten Verbindung; d Einfluß der Vorspannung auf den Lastverlauf im Kernquerschnitt; e resultierende Belastung im Kernquerschnitt; X Lasteinleitungspunkte

einflußten ruhenden Lastzustand infolge der Montagevorspannung im lochgrundseitigen Ende der Paarung und durch einen durch die Montagevorspannung auf Grund des Abklingens kaum beeinflußten dynamischen Lastzustand am schaftseitigen Ende der Paarung. Das führt zu einer hohen dynamischen Beanspruchung der ersten Gewindegänge und des Kernquerschnitts in diesem Bereich. Vorspannungszustände sind jedoch im Hinblick auf die dynamische Beanspruchung bestimmter Teile überhaupt nur dann sinnvoll, wenn sie den gefährdeten Bereich unmittelbar einbeziehen.
Durch Formschlußelemente in der im Bild 9.57 dargestellten Art läßt sich im Bereich des schaftseitig ersten Gewindegangs ein innerer Spannungszustand schaffen, der erheblich verbesserte Bedingungen für die Durchleitung dynamischer Beanspruchungen schafft. Der bei Aufbringung der generell positiven Betriebsbelastung (Schraubenschaftbelastung) gegenüber dem Vorspannungszustand erhöht belastete Bereich wird im wesentlichen durch die ersten Gewindegänge und den Kernquerschnitt repräsentiert. Der entlastete Bereich besteht im wesentlichen aus dem Bund und dem Werkstoff unterhalb der Bundauflage. Ein qualitativ gleichartiger Effekt wird theoretisch durch das Verspannen im schaftseitigen Gewindeauslauf erzielt. Praktisch ist die Wirksamkeit der letztgenanten Maßnahme jedoch schwer zu übersehen, da der Aufbau eines umlaufend symmetrischen Zustands für den ersten Gewindegang nicht möglich ist. Eine Quantifizierung des Effekts ist allgemein nicht möglich. Die gegenläufigen konstruktiven Schlußfolgerungen für die Gestaltung statisch und dynamisch belasteter Stiftschraubenverbindungen sind jedoch eindeutig.
Eine Nutzung des Bundes über seine Verspannungsaufgabe hinaus zur kraft- oder formschlüssigen Biegeentlastung des Einschraubendes ist üblich.

9.2.2.2.4.3. Reales Verspannungsschaubild

Bei der Ableitung der Beziehungen, die sich am idealisierten Verspannungsschaubild ergeben, sind bezüglich des elastischen Bauteilverhaltens Voraussetzungen gemacht worden, die die überschaubare Darstellung der grundsätzlichen Zusammenhänge und die näherungsweise quantitative Erfassung der Belastungsverhältnisse gestatten, die jedoch in der

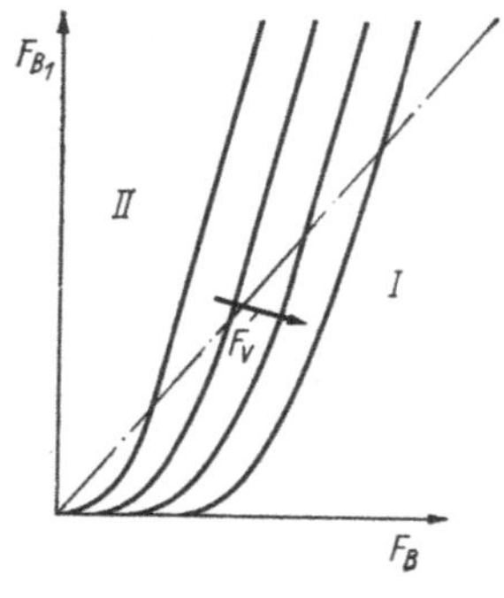

Bild 9.58
Reale Abhängigkeit zwischen maximaler Schraubenkraft, Betriebsbelastung und Vorspannkraft (qualitativer Verlauf)
I teilweise abgehobene Trennfuge; *II* vollständig abgehobene Trennfuge

Praxis nur bedingt erfüllt sind. Wesentliche Gültigkeitskriterien der obengenannten Beziehungen sind

- im wesentlichen einachsiger Spannungszustand in allen am Verspannungsvorgang beteiligten Bauteilbereichen
- eindeutig definierte Einleitungszonen der Betriebsbelastung innerhalb des vorgespannten Systems und daraus abzuleitendes eindeutiges Verhalten der einzelnen Bauteilbereiche gegenüber der Betriebskraft

- eindeutig definierte, vom Belastungszustand unabhängige Steifigkeitseigenschaften aller am Verspannungsvorgang beteiligten Bauteilbereiche.

In [9.8] ist das Ergebnis experimenteller Untersuchungen dargestellt, die ausweisen, daß die im Abschn. 9.2.2.2.2. stillschweigend vorausgesetzte Bedingung C_m = konst. praktisch nicht für alle Bauteile in gleicher Weise erfüllt ist. Diese Feststellung wird aus dem im Rahmen der Untersuchung ermittelten Verlauf

$$F_{B1} = F_1 - F_V = f(F_B; F_V) \tag{9.146}$$

abgeleitet, dessen qualitativen Verlauf Bild 9.58 wiedergibt. Unter Verwendung von Gl. (9.135) leitet sich daraus die Feststellung

$$\frac{C_{B1}}{C_{B1} - C_{B2}} \neq \text{konst.} \tag{9.147}$$

ab, die zu einer nochmaligen kritischen Beurteilung des elastischen Verhaltens der Elemente der Schraubenverbindung aus der Sicht der obengenannten Kriterien zwingt. Das Ergebnis läßt sich etwa folgendermaßen zusammenfassen:

- Selbst unter der Voraussetzung, daß die Bauteilbereiche außerhalb der eigentlichen Schraubenverbindung durch die Betriebskraft im wesentlichen einachsig belastet werden, trifft dies für den unmittelbaren Bereich der vorgespannten Verbindung praktisch kaum zu.
- Für die Bauteile im Bereich der Einleitung der Betriebsbelastung kann lediglich über mehr oder weniger große Grenzzonen im Bereich der Trennfugen zum Nachbarbauteil eine eindeutige Aussage bezüglich des Verhaltens gegenüber der Betriebsbelastung gemacht werden. Im eigentlichen Einleitungsbereich bewirkt die Betriebsbelastung eine Veränderung eines räumlichen Spannungszustands hinsichtlich seiner Komponenten, deren Auswirkung auf die am Verspannungsvorgang beteiligten Bauteilbereiche einachsig nicht exakt beschreibbar ist. Damit entfällt die Möglichkeit einer eindeutigen Fixierung der Einleitungszone für die Betriebsbelastung und einer eindeutigen Einordnung bestimmter Bauteilbereiche hinsichtlich ihres Verhaltens gegenüber der Betriebsbelastung.
- Die Bauteilbereiche im Bereich der Betriebslasteinleitung weisen Federsteifigkeiten auf, die mit der Art der Lastdurchleitung veränderlich sind. Die Zuordnung bestimmter Federeigenschaften zu bestimmten Bauteilbereichen ist nicht gegeben. Die Möglichkeit der qualitativen Beurteilung der Steifigkeitsverhältnisse ergibt sich, wenn man am zu verbindenden Bauteil den fiktiven Einleitungspunkt der Betriebsbelastung aus dem Bereich des räumlichen Spannungszustands hinaus in den Bereich der einachsigen Lasteinleitung verlegt. Damit entsteht ein mit elastischen Eigenschaften behafteter Bauteilbereich mit drei einachsig belasteten Lasteinleitungszonen (Bild 9.59). Zwischen jeweils zwei dieser Zonen erfolgt die Lastdurchleitung auf drei Wegen mit unterschiedlichen elastischen Eigenschaften, die jedoch nicht, wie unter idealisierten Verhältnissen vorausgesetzt, additiv verknüpft sind, d.h.

$$\frac{1}{|C_I|} + \frac{1}{|C_{II}|} \neq \frac{1}{|C_{III}|}. \tag{9.148}$$

Die Durchleitung der inneren Kräfte auf dem Weg III erfolgt unter elastischen Bedingungen, die, wie auch in [9.8] experimentell bestätigt, von der Betriebsbelastung unabhängig sind. Das gleiche gilt für die Durchleitung eines Teils der Betriebsbelastung auf dem Weg I. Auf dem Weg II werden jedoch bei Durchleitung des betreffenden Betriebslastanteils Effekte erzeugt, die eine betriebslastabhängige Veränderung der elastischen Eigenschaften bewirken. Die Trennfuge zwischen den zu verbindenden Bauteilen wird als lastübertragender Querschnitt durch die Vorspannung einer Druckbelastung und durch die Betriebsbelastung in der Regel einer Zugbelastung unterworfen. Beide Belastungen rufen ungleichförmige Lastverteilungen hervor, deren absolute Maxima nicht lagegleich sind (Bild 9.60). Das führt zu einer vollständigen Entlastung der Trennfuge im Bereich der Wirkungslinie der Betriebsbelastung bereits bei geringen Betriebskräften. Jedoch auch bei zunehmenden Betriebskräften erfolgt zunächst auf Grund ihrer senkrecht zur Wirkungslinie schnell abklingenden Wirkung nur eine unwesentliche Beeinflussung der Beanspruchungsverhältnisse im schraubennahen Bereich, wohl aber eine Ausweitung des entlasteten Trennfugenbereichs und damit eine allmähliche Reduzierung der Federsteifigkeit.

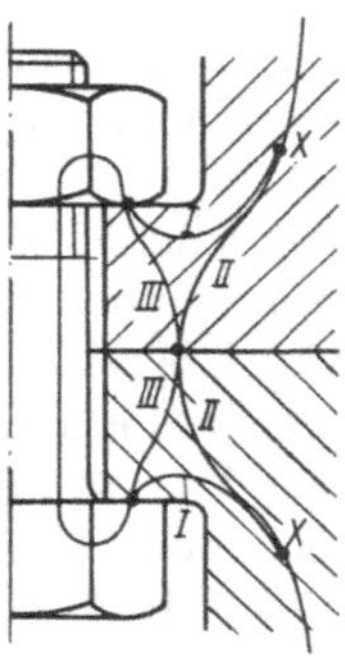

Bild 9.59. Auflösung des Lastangriffspunktes in einen Lasteinleitungsbereich mit teilweise veränderlichen Teilsteifigkeiten auf den Durchleitungswegen I, II und III

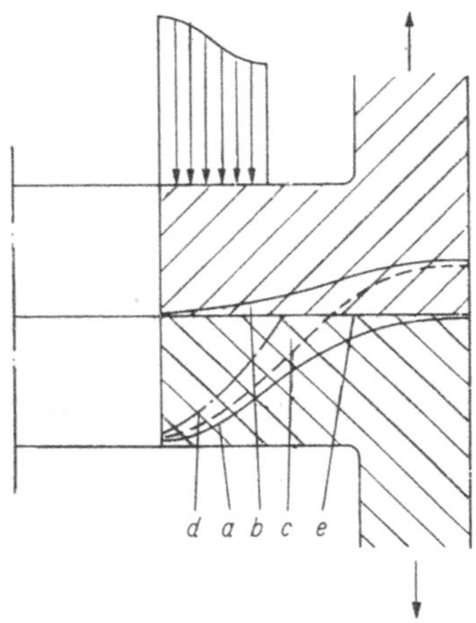

Bild 9.60. Reale Lastverteilung in der Trennfuge (qualitativ)

a Einfluß der Vorspannung; *b* Einfluß der Betriebsbelastung; *c* theoretische Überlagerung von *a* und *b*; *d* praktischer Lastverlauf bei Überlagerung infolge teilweisen Abhebens der Trennfuge; *e* entlasteter Trennfugenbereich

Erst bei relativ großen Betriebsbelastungen erfolgt bei sehr geringer Steifigkeit der unter Betriebslasteinfluß entlasteten Bauteilbereiche eine wesentliche Lastzunahme für die übrigen Bauteilbereiche. Damit nimmt die Darstellung im Bild 9.43 die im Bild 9.61 wiedergegebene Form an.

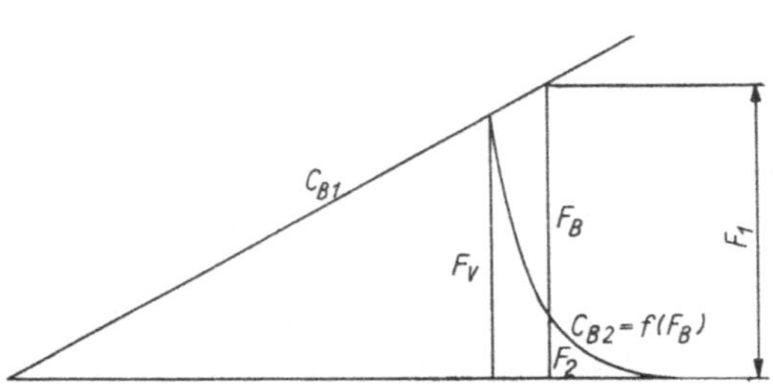

Bild 9.61
Reales Verspannungsschaubild

Aus dem Gesagten kann geschlußfolgert werden, daß die reale Sicherheit gegen Erreichen der Streckgrenze größer als die nach Abschn. 9.2.2.2.4.2. ermittelte rechnerische Sicherheit ist. Die reale, in der Trennfuge vorliegende Restanpreßkraft F_2 ist geringer als die rechnerische. Dagegen ist die spezifische Trennfugenpressung im schraubennahen Bereich größer als die rechnerische. Definiert man unter den Bedingungen des realen Verspannungszustands die in erster Linie kritische Sicherheit gegenüber völligem Abheben in der Trennfuge nicht in der mittelbaren Form der Gl. (9.139), sondern unmittelbar als Verhältnis der zulässigen zur vorhandenen Betriebskraft, so ergibt sich wahrscheinlich eine recht gute Übereinstimmung zwischen den realen und den rechnerischen Werten, da im Zustand des völligen Abhebens in der Trennfuge der veränderliche Einfluß der Steifigkeit der entlasteten Bauteilbereiche entfällt.
Die Erweiterung dieser Überlegungen auf den Bereich negativer Betriebskräfte zeigt anhand von Bild 9.61, daß dafür das idealisierte Verspannungsschaubild nur sehr bedingt aussagefähig ist. Unter diesen Bedingungen ist die Schraube an der Übertragung der Betriebskraft so gut wie unbeteiligt.

9.2.2.2.4.4. Verspannungszustände unter Temperatureinfluß

Die Temperaturbeeinflussung verspannter Bauteilsysteme erfolgt einerseits über die Veränderung der elastischen Eigenschaften der Bauteile infolge der Temperaturabhängigkeit des Elastizitätsmoduls und andererseits über die Veränderung der äußeren Längenänderung Δl_V. Mit zunehmender Bauteiltemperatur ist für die in Frage kommenden Werkstoffe generell eine Verringerung des Elastizitätsmoduls verbunden.
Auf Grund der Proportionalitätsbeziehung zwischen Werkstoffsteifigkeit, Gestaltsteifigkeit und Bauteilsteifigkeit drückt sich dieser Einfluß in einer Veränderung der Neigung der Federkennlinien aus. Für den vorherrschenden Fall, daß die Einsatztemperatur einer Verbindung oberhalb der Montagetemperatur liegt, ist damit die Gefahr eines unzulässigen Abbaus des Vorspannungszustands mit den im Abschnitt 9.2.2.2.4.2. ausführlich behandelten Konsequenzen verbunden (Leckage bei Wärmeleitungen – Bild 9.62). Analog dazu erfolgt eine Vorspannungserhöhung für den Fall, daß die Betriebstemperatur unterhalb der Montagetemperatur liegt.

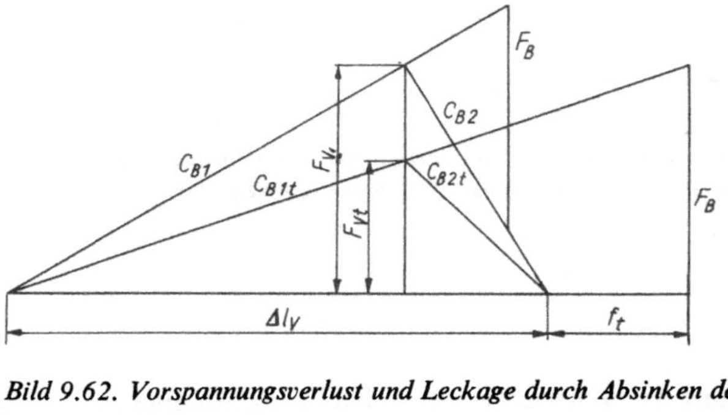

f_t Betrag des Abhebens in der Trennfuge

Bild 9.62. Vorspannungsverlust und Leckage durch Absinken des Elastizitätsmoduls bei Erwärmung

Diesem Vorgang überlagern sich Einflüsse, die aus einer temperaturbedingten Änderung der äußeren Längenänderung Δl_V um den Betrag Δl_t resultieren. Die Summe der temperaturbedingten Längenänderungen der Bauteile Δl_t wirkt sich dabei auf den Verspannungszustand aus wie eine äußere Längenänderung am Spannelement Δl_V und hat damit wesentlichen Einfluß auf den Verspannungszustand. Aus der temperaturbedingten

Längenänderung des Einzelbauteils

$$\Delta l_{tm} = l_m \alpha_m \Delta t_m ; \qquad (9.149)$$

l_m Bauteillänge
α_m Wärmedehnungskoeffizient
Δt_m Temperaturdifferenz gegenüber dem Montagezustand

ergibt sich

$$\Delta l_t = \sum_{m=1}^{n} l_m \alpha_m \Delta t_m . \qquad (9.150)$$

Der Einfluß von Δl_t ist aus Bild 9.63 ersichtlich. Gl. (9.150) ist unter Berücksichtigung der im Abschn. 9.2.2.2.3. getroffenen Vorzeichenregelung für l_m zu verstehen. Unter dieser Voraussetzung gilt bei gleichen Wärmedehnungskoeffizienten und gleicher Temperaturdifferenz für alle Bauteile

$$\Delta l_t = \alpha \Delta t \sum_{m=1}^{n} l_m = 0 . \qquad (9.151)$$

Temperaturbedingte Änderungen der äußeren Längenänderung mit beliebigem Vorzeichen resultieren demnach sowohl aus unterschiedlichen Wärmedehnungskoeffizienten α_m als auch aus unterschiedlichen Temperaturdifferenzen Δt_m. In diesem Sachverhalt liegt in Sonderfällen u. U. eine Möglichkeit der Bekämpfung schädlicher Längenänderungen. Derartige Änderungen der Verspannlänge wirken sich je nach Vorzeichen

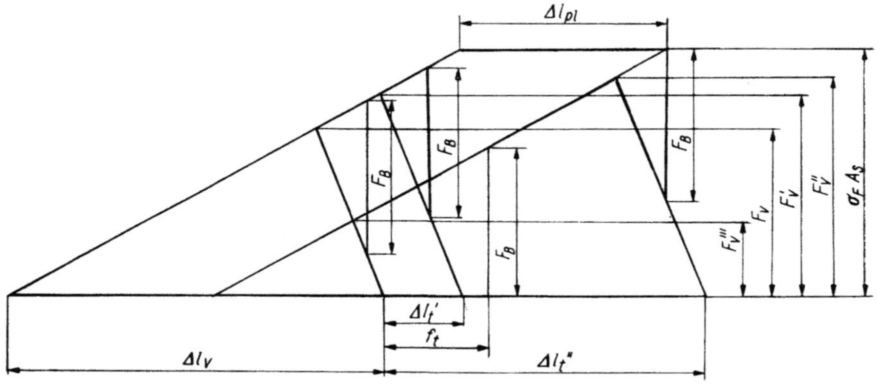

***Bild 9.63.** Lasterhöhung in der Schraube und Überschreitung der Streckgrenze mit nachfolgendem Vorspannungsverlust bei Rückgang von Δl_t auf Null und daraus resultierende Leckage f_t infolge Wärmedehnung Δl_t*

elastische Überlastung: Zustand $\Delta l_t'$; F_v'
plastische Überlastung: Zustand $\Delta l_t''$; F_v''; Δl_{pL}
Temperaturausgleich unter Betriebsbelastung:
Zustand F_v'''; f_t

über einen Abbau bzw. eine Erhöhung der Vorspannkraft in Richtung auf eine eventuelle Unterschreitung der geforderten Sicherheiten gegen Abheben in der Trennfuge bzw. Überschreiten der Streckgrenze aus. Besondere Aufmerksamkeit verlangen in diesem Zusammenhang instationäre Übergangszustände, da sie u. U. gegenüber dem Dauerbetriebszustand durch erheblich höhere Differenztemperaturen der Bauteile gekennzeichnet sind. Leckagen oder Überbeanspruchungen einzelner Bauteile während des Anfahrvorgangs von Rohrleitungen sind beispielsweise dann Folgen der Nichtbeachtung der Forderung nach einer Fahrweise, die einen weitmöglichen Temperaturausgleich sichert. Insbesondere die Schrauben sind nach dem Abheben in der Trennfuge durch erhöhte Lastamplituden dynamisch gefährdet. Diesen Umständen ist bei der Festlegung bzw. Beurteilung der Sicherheiten gegen Streckgrenzenüberschreitung und Abheben in der Trennfuge Rechnung zu tragen.

Beispiel 4

Die im Bild 9.64 dargestellte Schraubenverbindung wird mit 190 kN vorgespannt und dynamisch mit 55 ± 45 kN belastet.

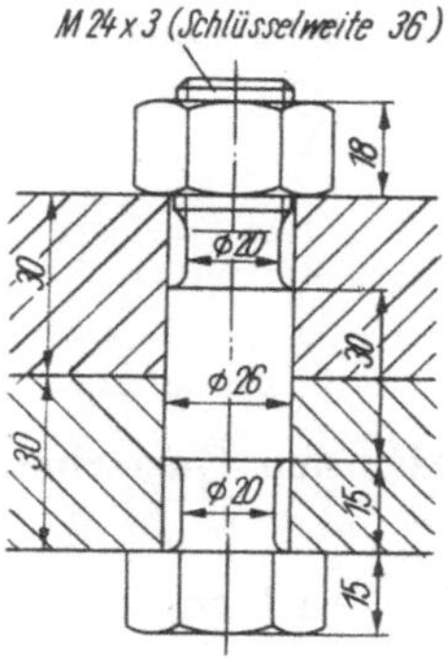

Bild 9.64
Schraubenverbindung mit axialer Betriebsbelastung
Schraubwerkstoff 8 G; σ_F = 640 N/mm²; σ_A = ± 50 N/mm² für das Bauteil Schraube (annähernd unabhängig von der Mittelspannung)

Es sind folgende Größen zu ermitteln:

- Sicherheit gegen Überschreiten der Streckgrenze S_1
- Sicherheit gegen Abheben in der Trennfuge S_2
- Sicherheit gegen Dauerbruch S_D.

Die Kontrolle erfolgt nach Bild 9.53.
Stufe 1: Ermittlung der Steifigkeitsverhältnisse
Die Angriffspunkte der Betriebskraft werden jeweils auf der halben Dicke der verspannten Teile angenommen.
C_{B1} als Federkonstante der unter Betriebskraft erhöht belasteten Teile erfaßt:

C_1 halbe Dicke der unteren Platte
C_2 Schraubenkopf
C_3 untere Freidrehung am Schraubenschaft
C_4 Paßsitz
C_5 obere Freidrehung und freie Gewindelänge
C_6 Mutter
C_7 halbe Dicke der oberen Platte.

C_{B2} als Federkonstante der unter Betriebskraft entlasteten Teile erfaßt:

C_8 und C_9 halbe Dicke der oberen und unteren Platte.

Für die Gesamtfederkonstante der Platten wird nach Gl. (9.111)

$$C = 1{,}0 \cdot 10^4 \text{ MN/m}$$

ermittelt. Aus den Beziehungen zwischen in Reihe geschalteten Federn ergibt sich

$$C_1 = C_7 = C_8 = C_9 = 4C = 4{,}0 \cdot 10^4 \text{ MN/m}.$$

Aus Gl. (9.110) und Gl. (9.112a) ergibt sich

$$C_2 = 1{,}9 \cdot 10^4 \text{ MN/m}.$$

Aus Gl. (9.110) ergibt sich

$$C_3 = C_5 = 0{,}44 \cdot 10^4 \text{ MN/m}$$

und

$$C_4 = 0{,}37 \cdot 10^4 \text{ MN/m}.$$

Aus Gl. (9.116) und Bild 9.19 ergibt sich mit $L/d = 0{,}75$ und $P/d = 0{,}125$

$$C_6 = 0{,}473 \cdot 10^4 \text{ MN/m}.$$

Aus Gl. (9.134) ergibt sich

$$C_{B1} = 0{,}1 \cdot 10^4 \text{ MN/m}$$

und

$$C_{B2} = -2{,}0 \cdot 10^4 \text{ MN/m}.$$

Daraus folgt $C_{B1}/C_{B2} = -20$.

Stufe 2: Ermittlung der mittleren Schraubenbelastung für den kleinsten Querschnitt nach Gl. (9.144)

$$\sigma_m = 613 \text{ MN/m}^2 \quad \text{bzw.} \quad \text{N/mm}^2 \quad (\text{Vorzeichen von } C_{B2} \text{ beachten})$$

Stufe 3: Ermittlung des Spannungsausschlags für den kleinsten Querschnitt nach Gl. (9.145)

$$\sigma_a = 6{,}82 \text{ MN/m}^2.$$

In der Dauerfestigkeitsangabe im Bild 9.64 ist der Kerbwirkungseinfluß bereits enthalten. Demzufolge wird

$$\underline{S_D = \frac{\sigma_A}{\sigma_a} = 7{,}33.}$$

Nach Gl. (9.140) wird mit einer Betriebskraft $F_{B\max} = 100$ kN

$$\underline{S_1 = 2{,}31}$$

und nach Gl. (9.139)

$$\underline{S_2 = 2{,}0.}$$

Beispiel 5

Für eine im übrigen konstruktiv festgelegte Verbindung sind der kleinstmögliche Schraubendurchmesser und die optimale Vorspannkraft zu bestimmen. Die Sicherheiten gegen Überschreiten der Streckgrenze [s. Gl. (9.140)] und gegen Abheben in der Trennfuge [s. Gl. (9.139)] sind in der Größe von 2,5 einzuhalten. Gegeben ist die Betriebskraft F_B und die Streckgrenze des Schraubenwerkstoffs σ_F sowie die Fehlerschranke für die Vorspannkraft $\Delta F_V = 0{,}1\, F_B$. Die Dimensionierung erfolgt nach Bild 9.52.

Stufe 0: Vorabfestlegung des Schraubenquerschnitts A_s entsprechend der Relation

$$F_B/A_s = 0{,}5\sigma_F \quad \text{bzw.} \quad A_s = 2F_B/\sigma_F.$$

Die Relation ist in Grenzen wählbar. Der Bezug auf F_B und σ_F erweist sich als zweckmäßig.

Durchlauf 1

Stufe 1.1: Unter den gegebenen Bedingungen sei das Federkonstantenverhältnis aus Gl. (9.134) mit $C_{B2}/C_{B1} = -4$ ermittelt worden. (Vorzeichen beachten).
Stufe 1.2: Aus Gl. (9.140) ergibt sich $F_{V\,max} = 1{,}5\,F_B$.
Stufe 1.3: Aus Gl. (9.139) ergibt sich $F_{V\,min} = 2{,}0\,F_B$.
Stufe 1.4: $|F_{V\,max} - F_{V\,min}| = 0{,}5\,F_B > 0{,}1\,F_B$, d.h. Korrektur erforderlich.
Stufe 1.5: $F_{V\,max} < F_{V\,min}$, d.h. Vergrößerung des Schraubenquerschnitts erforderlich.
Stufe 1.6: Neufestlegung des Schraubenquerschnitts

$$A_s = 3F_B/\sigma_F.$$

Durchlauf 2

Stufe 2.1: Unter den veränderten Bedingungen sei das Federkonstantenverhältnis aus Gl. (9.134) mit $C_{B2}/C_{B1} = -2$ ermittelt worden.
Stufe 2.2: $F_{V\,max} = 2{,}167\,F_B$.
Stufe 2.3: $F_{V\,min} = 1{,}667\,F_B$.
Stufe 2.4: $|F_{V\,max} - F_{V\,min}| = 0{,}5\,F_B > 0{,}1\,F_B$, d.h. Korrektur erforderlich.
Stufe 2.5: $F_{V\,max} > F_{V\,min}$, Verringerung des Schraubenquerschnitts ist möglich.
Stufe 2.6: Neufestlegung des Schraubenquerschnitts

$$A_s = 2{,}5F_B/\sigma_F.$$

Durchlauf 3

Stufe 3.1: Unter den veränderten Bedingungen sei das Federkonstantenverhältnis aus Gl. (9.134) mit $C_{B2}/C_{B1} = -3$ ermittelt worden.
Stufe 3.2: $F_{V\,max} = 1{,}875\,F_B$.
Stufe 3.3: $F_{V\,min} = 1{,}875\,F_B$.
Stufe 3.4: $|F_{V\,max} - F_{V\,min}| = 0{,}0 < 0{,}1\,F_B$, d.h. keine Korrektur erforderlich.

Abbruch der Iteration.

Festlegung:

$$A_s = 2{,}5\,F_B/\sigma_F$$

$$F_{V\,opt} = 1{,}875\,F_B.$$

9.2.3. Sicherung von Schraubenverbindungen

9.2.3.1. Aufgabenstellung

Im Abschn. 9.2.2.2.4.2. wird die Auffassung begründet, daß es unter bestimmten Bedingungen sinnvoll ist, den inneren Vorspannungszustand einer Schraubenverbindung nicht als Belastung, sondern als Eigenschaft derselben im Zusammenwirken mit den elastischen Eigenschaften zu interpretieren. Alle vorstehend gemachten Aussagen über die Kraftwirkungen innerhalb vorgespannter Schraubenverbindungen und speziell die Aussagen über das Verhalten gegenüber äußeren Belastungen unterstreichen die Bedeutung dieser konstruktiv vorgegebenen Eigenschaft. Es kann ferner geschlußfolgert werden, daß hochfeste Schraubenverbindungen, d.h. funktionsgerecht gestaltete Verbindungen mit minimalem Platzbedarf und Werkstoffeinsatz bei hoher Zuverlässigkeit, eine enge Tolerierung aller konstruktiven Eigenschaften und damit auch der Vorspannung voraussetzen. Die Problematik der Sicherung von Schraubenverbindungen leitet sich daraus in ihren Teilaufgaben *Aufbau* und *Erhaltung* des Vorspannungszustands ab.

9.2.3.2. Aufbau des Vorspannungszustands

Wie bereits erläutert, erfolgt der Aufbau eines Vorspannungszustands durch Aufbringen einer äußeren Längenänderung Δl_V an einem als Spannelement ausgebildeten, im zu erzeugenden Kraftfluß liegenden Bauteil. Diese Funktion erfüllt im vorliegenden Fall die Schraube. Dabei sind technologisch zwei Wege gangbar. Der überwiegende Teil der in üblicher Weise ausgeführten Schraubenverbindungen wird angezogen (vorgespannt), indem unter Ausnutzung der getriebetechnischen Eigenschaften die Vorspannarbeit als Rotation in die Mutter eingeleitet und in der Gewindepaarung in die Translationsform umgesetzt wird. Dabei unterliegt das Gewinde während des Anzugsvorgangs der Vorspannkraft.
Gl. (9.4) liefert zu dem für die Erzeugung einer bestimmten Vorspannkraft notwendigen Drehmoment den Anteil der reinen Gewindereibung. Es ist ferner das Reibmoment in der Mutternauflage

$$M_m = F\mu \frac{d_r}{2} \tag{9.152}$$

zu berücksichtigen.
Zusatzreibmomente infolge der einseitigen Belastung des Gewindes durch Querkräfte beim Anziehen erlangen nur bei extrem kurzen Hebelarmen Bedeutung und sind im Normalfall vernachlässigbar.
In der einfachsten Weise erfolgt die Realisierung dieses Drehmoments unter Zugrundelegung mittlerer erzielbarer Handkräfte durch Festlegung standardisierter Hebellängen der Schraubenschlüssel in fester Zuordnung zur Schlüsselweite der Mutter und damit zum Gewindedurchmesser. Damit ist allerdings die Anpassungsfähigkeit der konstruktiven Eigenschaften an die Belastungsweise der Verbindung durch die feste Zuordnung zwischen Vorspannkraft und elastischen Eigenschaften der Verbindung bereits eingeschränkt. Im Normalfall wird ein Anziehen der Verbindung mit einer Vorspannung, die in der Schraube eine 70%ige Auslastung der Streckgrenze darstellt, vorausgesetzt. Unter diesen Bedingungen kann aus Gl. (9.4) bei konstanter Handkraft für die erforderliche Hebelarmlänge des Schraubenschlüssels in Abhängigkeit vom Gewindedurchmesser auf

$$l_{Sch} \sim d^3 \tag{9.153}$$

geschlußfolgert werden.
Gl. (9.153) gilt unter der Voraussetzung streng geometrisch ähnlicher Gewinde mit α = konst. und unterstreicht die im Abschn. 9.1.4.2. erwähnte Notwendigkeit, große Gewinde mit relativ kleinen Steigungen auszuführen.
Daraus ist ferner ersichtlich, daß für große Gewindedurchmesser andere Montageverfahren eingesetzt werden müssen. Dort, wo selbst überlange Schraubenschlüssel versagen, ist der Einsatz sog. Schlagschlüssel (Ausnutzung kinetischer Energie) verbreitet.
Allen Verfahren des manuellen Anziehens haftet gemeinsam der Defekt der großen Schwankungsbreite der Haftkraft und demzufolge auch der Vorspannkraft an. Durch Mechanisierung des Anziehvorgangs ist auf direktem Weg bzw. auf dem Umweg über hydraulische Vorrichtungen ein kontrolliertes Anziehen auf der Basis der Messung des Anziehmoments möglich. Bringt man am Hebelarm einer Anzugsvorrichtung beispielsweise die Anziehkraft mit einem Hydraulikarbeitszylinder auf, so ist man in der Lage, die Beziehung zwischen Anziehmoment und Öldruck zu eichen.
Ein ungeachtet dieser Maßnahme nach wie vor verbleibender Defekt besteht in dem

großen Streubereich des Reibverhaltens der Schraubenverbindung und der daraus resultierenden Einschränkung der Aussagefähigkeit von Gl. (9.4). Durch geringfügiges Lösen der Verbindung nach dem Anziehen und darauffolgendes endgültiges Anziehen kann zwar eine Erfassung des Hysteresevorgangs infolge Reibung angestrebt werden. Diese Verfahrensweise hat jedoch kaum praktische Bedeutung. Die zielstrebige Bekämpfung des Defekts führt zu einer meßtechnischen Umgehung. Für hochfeste Schraubenverbindungen erfolgt die Messung der Vorspannkraft sinnvoll direkt an der Schraube in Form einer Dehnungsmessung, beispielsweise innerhalb einer zentralen Längsbohrung im Schraubenschaft. In Frage kommen mechanische Meßgeräte für die serienmäßige Montage. Dehnmeßstreifen sind in ihrer Anwendung auf den Laborbetrieb beschränkt.

Auf diese Weise wird der Einfluß des Reibmoments zwar im Hinblick auf eine präzise Einhaltung der axialen Vorspannkraft ausgeschaltet, bleibt aber als Zusatzbeanspruchung des Schraubenschafts in Form eines Torsionsmoments bestehen. Speziell auf die Bekämpfung des Torsionsmoments beim Anziehen ist eine Technologie gerichtet, bei der mit einem zweiten Schlüssel an geeigneten Schlüsselflächen der Schraube oberhalb der Mutter das Reaktionsmoment aufgebracht wird und die somit die im Kraftfluß der eigentlichen Verbindung liegenden Teile nicht belastet. Die Wirksamkeit hängt jedoch in starkem Maß von der begrenzten Genauigkeit beim Aufbringen des Gegenmoments ab.

Abhilfe hinsichtlich aller mit Gewindereibung gekoppelten Defekte schafft der eingangs erwähnte zweite grundsätzliche Weg einer Montagetechnologie für Schraubenverbindungen.

In diesem Fall erfolgen elastische Längung des Spannelements und die Aufbringung der äußeren Längenänderung mit Hilfe des Spannelements zeitlich getrennt im Gegensatz zum herkömmlichen Montagevorgang.

Dazu ist als Hilfsmittel eine Vorrichtung notwendig, die eine elastische Längung der Schraube ermöglicht, ohne daß die dazu erforderliche Kraft über die Gewindepaarung eingeleitet wird. Ist die auf diese Weise erzeugte Längenänderung genügend groß, so kann anschließend die Spannvorrichtung Schraube mittels des Gewindemechanismus um den Betrag der äußeren Längenänderung Δl_V verkürzt werden, ohne daß diesem Vorgang elastische Rückwirkungen entgegengestellt werden. Das heißt, die Mutter wird bis zum kraftfreien Anliegen angezogen und erst im Verlauf des im Anschluß daran erfolgenden Abbaus der Montagekraft F_M mit der Vorspannkraft F_V belastet. Dabei sinkt die Schraubenbelastung von der Montagekraft F_M auf die darunterliegende Vorspannungsbelastung F_V ab. Ein Torsionsmoment wird dabei offensichtlich nicht in die Verbindung eingeleitet.

Bild 9.65 zeigt den Vorgang im Verspannungsdiagramm. Die Montagekraft wirkt wie eine Betriebskraft. Das Maß des Absinkens der Schraubenbelastung hängt unmittelbar von den relativen Steifigkeitsverhältnissen der Verbindung ab. Es ist eine konstruktive Anordnung der Krafteinleitungspunkte der Montagekraft anzustreben, die eine ver-

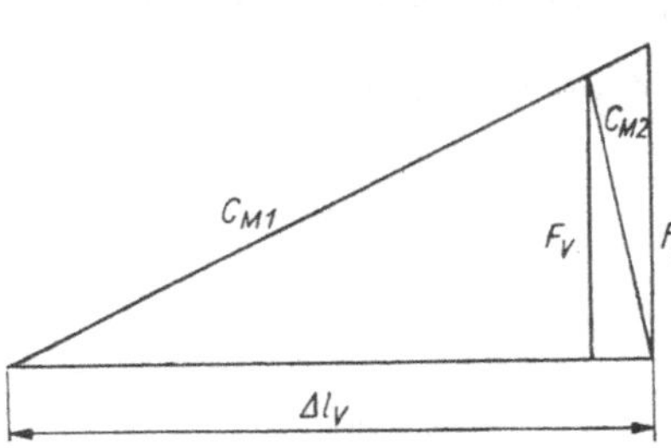

Bild 9.65
Wirkungsweise der Montagekraft F_M, beim momentenfreien Anziehen von Schraubenverbindungen

gleichsweise große Elastizität der durch die Montagekraft belasteten Bauteile und eine große Steifigkeit der beim Abbau der Montagekraft zu belastenden Bauteile gewährleistet. Die damit verbundene Minimierung des Lastabbaus von F_M auf F_V ist von wesentlicher Bedeutung für die ökonomische Auslegung der Verbindung.
Bild 9.66 zeigt anhand eines Verbindungsbeispiels in vereinfachter Weise, daß Montagekraft F_M und äußere Belastung F_B an unterschiedlichen Krafteinleitungspunkten in das System eingreifen.

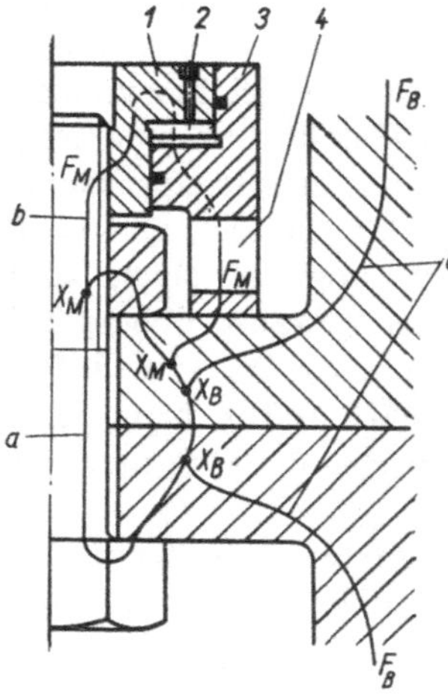

Bild 9.66
Lastverlauf beim momentenfreien Anziehen
X_M Lasteinleitungspunkte der Montagekraft;
X_B Lasteinleitungspunkte der Betriebskraft;
a Vorspannungskrafteinfluß; *b* Montagekraftfluß;
c Betriebskraftfluß
1 Hydraulikmutter; *2* Druckanschluß; *3* Gehäuse;
4 Durchbruch zum lastfreien Anziehen der Aktivmutter

Bild 9.67 zeigt die Gegenüberstellung im Verspannungsschaubild und macht deutlich, daß im Interesse einer ökonomischen Auslegung der Verbindung durch konstruktive Maßnahmen bezüglich der Krafteinleitungspunkte die Erfüllung der Beziehung $F_M < F_1$ angestrebt werden muß, so daß die Dimensionierung der Verbindung durch die äußere Belastung und nicht durch den Montagevorgang bestimmt wird.

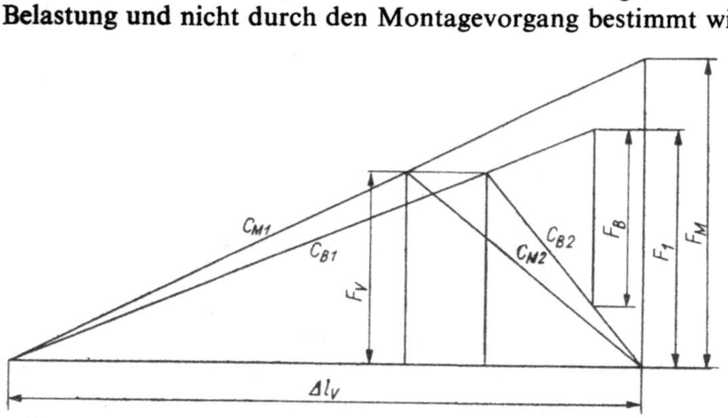

***Bild 9.67.** Beziehungen zwischen Verspannungszustand bei Montage und im Betrieb einer Verbindung nach Bild 9.66*

Federkonstanten: C_1 Schraubenschaft; C_2 Gewindepaarung; C_3 Mutter (Auflagebereich); C_4 Flansch (Auflagebereich); C_5 Flansch (Trennfugenbereich); C_6 Schraubenkopf

$$C_{B1} = \frac{1}{1/C_1 + 1/C_2 + 1/C_3 + 2/C_4 + 1/C_6}$$

$$C_{B2} = -C_5/2$$

$$C_{M1} = \frac{1}{1/C_1 + 2/C_5 + 1/C_4 + 1/C_6}$$

$$C_{M2} = -\frac{1}{1/C_2 + 1/C_3 + 1/C_4}$$

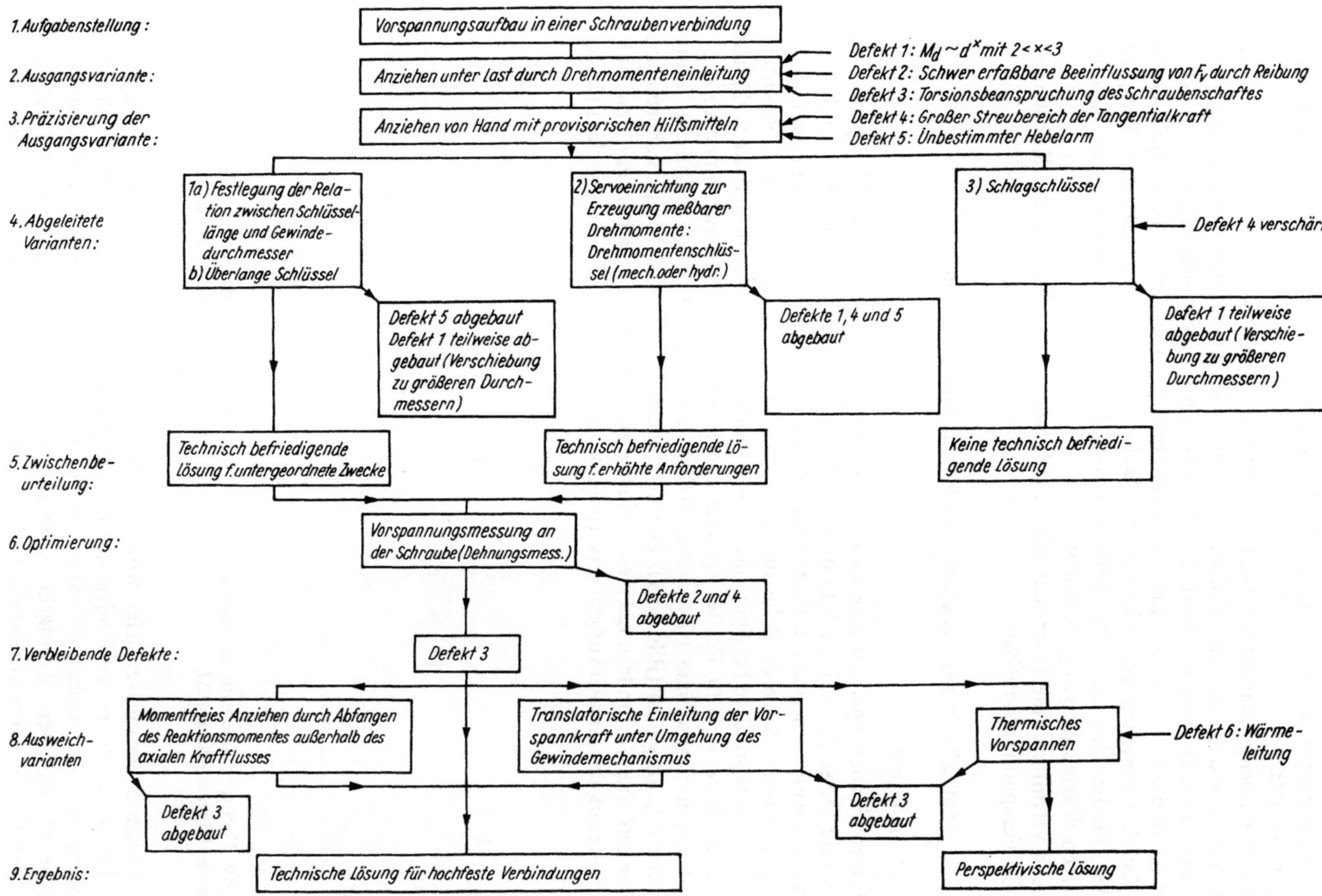

Bild 9.68. *Defektabbau im System Vorspannungsaufbau*

Die Messung der Vorspannkraft erfolgt in Ermangelung einer eichfähigen Beziehung zwischen Montagekraft und Vorspannkraft auch in diesem Fall sinnvoll unmittelbar am Schraubenschaft.
Ein mit dem obengenannten verwandtes Verfahren beruht auf der thermischen Längung der Schraube und der im Anschluß daran erfolgenden kraftfreien Aufbringung von Δl_V. Nach dem anschließenden Abbau der thermischen Längenänderung durch Abkühlung wird dieselbe durch innere Längenänderungen abgelöst. Neue, jedoch prinzipiell beherrschbare Defekte bestehen vor allem in der Sicherung eines ausreichenden Temperaturgefälles zwischen den Bauteilen. Dieses ist vor allem bei der Demontage auf Grund des intensiven Wärmeübergangs gefährdet.
Bild 9.68 vermittelt eine Übersicht über die Lösungsmöglichkeiten der Konstruktionsaufgabe Verspannungsaufbau.

9.2.3.3. **Maßnahmen zur Erhaltung des Vorspannungszustands**

9.2.3.3.1. *Allgemeines*

Die hohen Forderungen an eine enge Tolerierung beim Aufbau des Vorspannungszustands sind logischerweise auch in bezug auf seine Aufrechterhaltung während des Einsatzes der Verbindung unter äußerer Belastung zu stellen. Jeder Vorspannungsverlust der Verbindung unter äußerer Belastung stellt als Veränderung eines ihrer wesentlichen Parameter, insbesondere bei dynamischer Beanspruchung, eine unmittelbare Gefährdung dar. Daraus leitet sich die Forderung nach speziellen Sicherheitsmaßnahmen ab.
Jeder Vorspannungsabbau wird grundsätzlich über einen Verlust an äußerer Längenänderung Δl_V ausgelöst (Bild 9.69). Daraus abgeleitet richten sich alle Sicherungsmaßnahmen auf eine Verhinderung eines Verlustes an äußerer Längenänderung bzw. auf die Verminderung der Auswirkungen unvermeidbarer Verluste. Auf die möglichen Ursachen

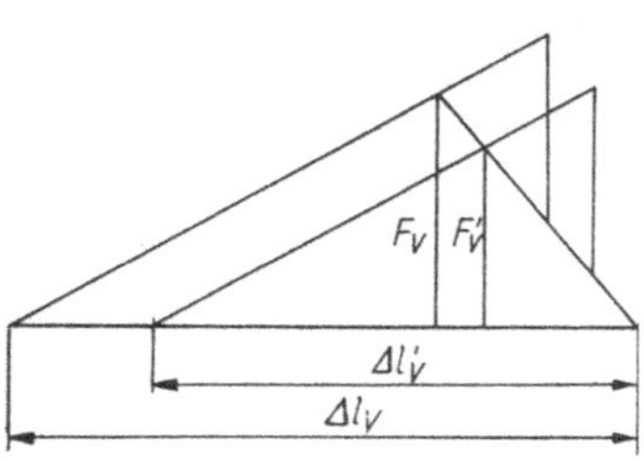

Bild 9.69. Vorspannungsabbau bei Verlust an äußerer Längenänderung Δl_v

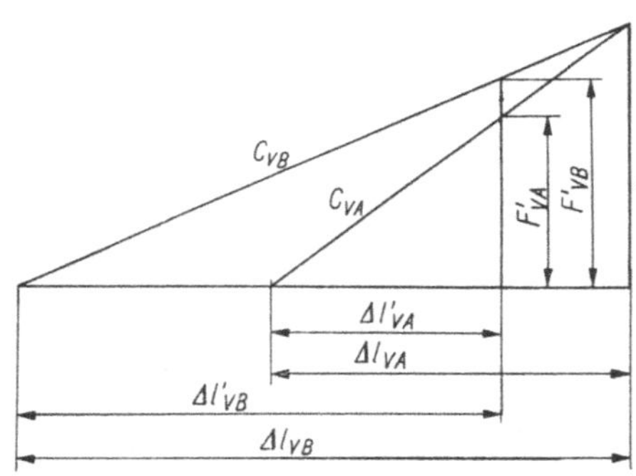

Bild 9.70. Einfluß der Steifigkeit auf den Vorspannungsabbau bei Verlust an äußerer Längenänderung Δl_v

eines Längenänderungsverlustes wird in den folgenden Abschnitten eingegangen. Sowohl die unmittelbare Verhinderung des Längenänderungsverlustes als auch die Bekämpfung seiner Ursachen erfordern in der Regel verhältnismäßig aufwendige konstruktive Maßnahmen. Zwangsläufig ergibt sich daraus die Suche nach Gestaltungsprinzipien für Schraubenverbindungen mit dem Ziel einer geringen Anfälligkeit gegen als gegeben vorauszusetzende begrenzte Längenänderungsverluste. Die Möglichkeiten liegen auch hier wiederum auf dem Gebiet der Elastizitätsverhältnisse. Bild 9.70 zeigt, daß bei gleichem Verhalten gegenüber äußeren Belastungen die Gesamtsteifigkeit der in

Reihe geschalteten Bauteile bzw. die zur Erzeugung einer bestimmten Vorspannkraft F_V erforderliche äußere Längenänderung Δl_V das Kriterium für die Anfälligkeit der Verbindungen A und B gegenüber Längenänderungsverlusten darstellt. Grundsätzlich primäre und in der Mehrzahl der Fälle ausreichende Sicherungsmaßnahmen sind demzufolge die konstruktive Beeinflussung der Federungseigenschaften der Verbindung im obengenannten Sinne. Ihre Wirksamkeit ist allerdings beschränkt auf Anwendungsfälle, bei denen die obengenannte Bedingung des *begrenzten* Längenänderunsgverlustes erfüllt ist. Das gilt dann, wenn die im folgenden genauer zu untersuchenden Ursachen für den Längenänderungsverlust so geartet sind, daß nach Eintreten eines begrenzten Längenänderungs- bzw. Vorspannungsverlustes ein neuer Gleichgewichtszustand diesen Vorgang zum Stillstand bringt. Ist dagegen ein stetig fortschreitender Abbau zu erwarten, so sind Sicherungsmaßnahmen erforderlich, die einen Längenänderungsverlust kraft- oder formschlüssig verhindern. Auf formschlüssigem Weg ist bei Berücksichtigung der Spielverhältnisse präzise keine Verhinderung, sondern wiederum lediglich eine Begrenzung des Längenänderungsverlustes möglich, d. h., daß formschlüssige Sicherungen in unmittelbarem Zusammenwirken mit den elastischen Eigenschaften der Verbindung zu sehen sind, da von ihnen die Auswirkung des Verlustes an äußerer Längenänderung auf die Vorspannung abhängt.

9.2.3.3.2. *Vorspannungsverluste durch Lockern*

Alle vorangestellten Betrachtungen gehen von der Voraussetzung aus, daß Beanspruchungsveränderungen und Verformungen synchron verlaufen. Das gilt nicht für

- einen großen Teil der nichtmetallischen Werkstoffe, die in Zukunft einen breiteren Raum auch im Bereich der Schraubenverbindungen einnehmen werden
- metallische Werkstoffe im unmittelbaren Streckgrenzenbereich.

Der Verformungsvorgang ist in diesem Fall dadurch gekennzeichnet, daß er nach dem Aufbringen einer Belastung erst wesentlich später bzw. bei Überschreitung bestimmter Grenzbelastungen überhaupt nicht zum Stillstand kommt, und wird als „Kriechen" bezeichnet. In Schraubverbindungen würde der Vorgang auch bei Überschreiten dieser Grenzbelastung dadurch zum Stillstand kommen, daß mit zunehmender Verformung ein Abbau der Vorspannung verbunden ist. Das heißt jedoch, daß er nach Aufbringen der äußeren Betriebskraft erneut einsetzt. Daraus kann abgeleitet werden, daß die Verwendung eines Werkstoffs innerhalb von Schraubenverbindungen die wahlweise Erfüllung folgender Bedingungen voraussetzt:

- synchroner Verlauf von Belastung und Verformung, d. h. Beendigung der Verformung mit Beendigung des Lastaufbaus
- Abklingen der Verformungsgeschwindigkeit auf Null innerhalb eines endlichen Zeitraums nach Beendigung des Lastaufbaus
- Erfüllung der vorgenannten Bedingung bei Einhaltung einer werkstoffbedingten spezifischen Grenzbelastung.

Bei Nichteinhaltung dieser Bedingungen ist die im Abschn. 9.2.3.3.1. erhobene Forderung hinsichtlich des begrenzten Längenänderungsverlustes auch durch zusätzliche Sicherungsmaßnahmen praktisch nicht zu erfüllen.

Metallische Werkstoffe werden innerhalb von Schraubenverbindungen so eingesetzt, daß ein Fließen im Bauteilinneren mit Sicherheit ausgeschlossen ist. Die Trennfugen zwischen den Bauteilen nehmen auf Grund der endlichen Rauhigkeit der Bauteiloberflächen eine Sonderstellung ein. In der gegenüber der geometrischen Kontaktfläche sehr

viel kleineren realen Kontaktfläche kommt es zu örtlichen Streckgrenzenüberschreitungen und langsam ablaufenden bleibenden Verformungen nach Beendigung des Montagevorgangs, insbesondere bei dynamischer Betriebsbelastung. Diese als sog. Setzen bezeichnete Erscheinung kommt jedoch nach gewissen Beträgen dadurch zum Stillstand, daß die reale Kontaktfläche mit zunehmender Verformung größer wird. Es leuchtet ein, daß die Verformungs- bzw. Setzbeträge wesentlich von Bearbeitungsqualität und Beanspruchungsart der Oberflächen abhängen.
Nach [9.9] liegen sie in folgendem Größenbereich:

- axiale Schwellbelastung
  - feingeschlichtet $2 \cdot 10^{-3}$ mm/Trennfuge
  - geschlichtet $4 \cdot 10^{-3}$ mm/Trennfuge
- schubbelastete Trennfuge
  - feingeschlichtet $4 \cdot 10^{-3}$ mm/Trennfuge
  - geschlichtet $8 \cdot 10^{-3}$ mm/Trennfuge
- Gewindepaarung $5 \cdot 10^{-3}$ mm/Paarung.

Eine wesentliche Verschärfung der Verhältnisse erfolgt bei Überschreitung des Grenzzustands Abheben in der Trennfuge und damit verbundener stoßartiger Beanspruchung der Oberflächen. Wirksame Sicherungsmaßnahmen gegenüber Setzvorgängen bzw. deren Auswirkungen leiten sich unmittelbar aus dem dargestellten allgemein als Lockern bezeichneten Mechanismus ab und bestehen in der

- konstruktiven Beeinflussung der Bauteilelastizität einschließlich der Verwendung elastischer Sicherungselemente, wie Federringe u. a.
- Vermeidung unnötiger Trennfugen im Verlauf des Kraftflusses
- Realisierung einer hohen Oberflächenqualität in den Trennfugen
- Realisierung einer hohen Oberflächenfestigkeit in den Trennfugen.

9.2.3.3.3. *Vorspannungsverluste durch Losdrehen*

Das unter bestimmten Betriebseinflüssen selbsttätig erfolgende Losdrehen der Gewindepaarung entgegen dem Anziehvorgang stellt im gleichen Sinne wie das vorstehend behandelte Lockern einen Vorspannungsabbau als Folge eines Längenänderungsverlustes dar. Die Ableitung wirksamer Sicherungsmaßnahmen gegen das Losdrehen verlangt die Untersuchung der Kräfte, die zum Losdrehen führen.
Befestigungsgewinde erfüllen generell die Selbsthemmungsbedingung nach Gl. (9.4), d. h., daß selbst bei Vernachlässigung der Reibung in der Auflagefläche der Mutter das durch die Längsbelastung der Schraube im Gewinde erzeugte innere Moment nicht ausreicht, um das Reibmoment zu überwinden.
Ein Losdrehen der Mutter ist demnach gebunden an einen vollständigen Abbau der axialen Gewindebelastung bzw. an das Vorhandensein äußerer losdrehender Momente, die sich unter bestimmten Bedingungen aus der Belastung und Verformung der gesamten Verbindung ergeben. Im ersten Fall würde dem vollständigen Belastungsabbau ein kraftfreies zufälliges Losdrehen unter Vibrationseinwirkung folgen. Die Untersuchung der Möglichkeiten eines vollständigen Belastungsabbaus anhand des idealen Verspannungsschaubilds führt zu folgendem Ergebnis:
Gewinde und Auflagefläche der Mutter liegen im Bereich der durch positive Betriebskräfte erhöht belasteten Bauteile. Eine völlige Entlastung der Mutter ist theoretisch bei negativen Betriebskräften möglich. Die im Abschn. 9.2.2.2.4.3. angestellten Überlegungen hinsichtlich der Betriebslastverteilung in der Trennfuge lassen jedoch den

Schluß zu, daß durch negative Betriebskräfte nur in Sonderfällen eine wesentliche Beeinflussung der Beanspruchungsverhältnisse im Bereich von Schraube und Mutter gegenüber dem Vorspannungszustand erreichbar ist. Ein völliger Abbau der axialen Belastung in der Gewindepaarung als Folge äußerer Belastungen scheidet demnach aus. Ein derartiger Lastabbau als Voraussetzung für ein kraftfreies Losdrehen kann nur im Zusammenhang mit einem völligen Abbau der Vorspannung erfolgen.
Daraus leitet sich ab, daß die im Abschn. 9.2.3.3.2. behandelten Sicherungsmaßnahmen gegen Lockern (Vorspannungsabbau) so lange eine ausreichende Sicherung auch gegen selbsttätiges Losdrehen darstellen, wie keine äußeren losdrehenden Momente wirksam sind.
Diese Bedingung ist bei ausschließlich axial belasteten Schraubenverbindungen ohne weiteres erfüllt.
Die Aussage kann erweitert werden auf schubbelastete Verbindungen, für die die unter Abschn. 9.2.2.1. behandelten Gesichtspunkte der gleitfesten Auslegung ohne Einschränkung gelten.
Die Gefahr der Ausbildung äußerer losdrehender Momente besteht dann, wenn in schubbelasteten Verbindungen der Reibschluß zeitlich oder örtlich, vollständig oder teilweise durchbrochen wird. Die Vorgänge sind für Einzelverschraubungen verhältnismäßig gut überschaubar. Sie laufen jedoch in Schraubenfeldern, die aus mehreren Einzelverschraubungen bestehen, in prinzipiell gleicher Weise ab. Insbesondere bei ungleichförmiger Lastverteilung im letztgenannten Fall besteht für einzelne Verschraubungen der insgesamt rechnerisch ausreichend dimensionierten Verbindung die Gefahr eines Durchbrechens des Reibschlusses und damit des Losdrehens. Erfolgt der Reibschlußdurchbruch zeitlich begrenzt nacheinander für alle Einzelverschraubungen des Schraubenfelds, so

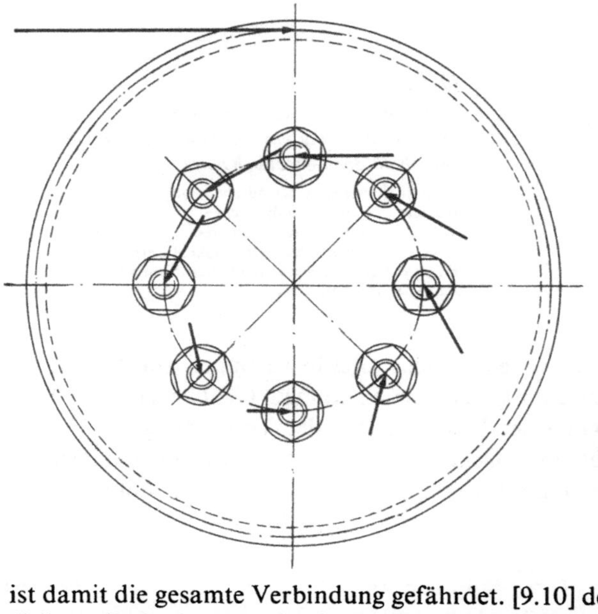

Bild 9.71
Lastverteilung in einem momenten- und querkraftbelasteten Schraubenfeld

ist damit die gesamte Verbindung gefährdet. [9.10] demonstriert diesen Vorgang an einer Tellerradbefestigung, wie sie im Bild 9.71 schematisch dargestellt wird. Zeitlich nacheinander ist jeweils die dem Eingriffspunkt der Verzahnung gegenüberliegende Verschraubung hinsichtlich der Aufrechterhaltung ihres Reibschlusses besonders gefährdet.

Der Mechanismus des Losdrehens läuft wie folgt ab: Örtliches Gleiten in der Trennfuge hat in der Mehrzahl der Fälle Gleitvorgänge in der Auflagefläche der Mutter zur Folge. Die Relativbewegung zwischen Mutter und zu verbindendem Bauteil im Bereich der Auflagefläche läßt sich in ihrer allgemeinsten Form als Rotation beschreiben, die durch die Lage des Momentanzentrums zur Schraubenachse charakterisiert ist. Die Zuordnung zwischen Schraubenachse und Momentanzentrum der Gleitbewegung resultiert aus der Belastungsweise der Verbindung und der Anordnung der Einzelverschraubungen. Die aus der Lage des Momentanzentrums resultierenden Gleitrichtungen in der Auflagefläche zeigt Bild 9.72. Setzt man eine konstante Pressungsverteilung in der Auflagefläche voraus, so liefert die Integration der Reibkräfte bei endlichem Abstand a_z zwischen Momentanzentrum und Schraubenachse, bezogen auf die Schraubenachse, eine Querkraft und ein Moment (Bild 9.72). Für $a_z = \infty$ (reine Translation) geht dieses Moment gegen 0. Für $a_z = 0$ erreicht es sein Maximum. Darüber hinaus ist leicht nachzuweisen, daß bei ungleicher Pressungsverteilung in der Auflagefläche (beispielsweise infolge von Fertigungsungenauigkeiten) auch bei reiner Translation ($a_z = \infty$) ein endliches Moment erzeugt wird. Das gleiche gilt für ungleiche Verteilung der Reibwerte innerhalb der Auflagefläche.

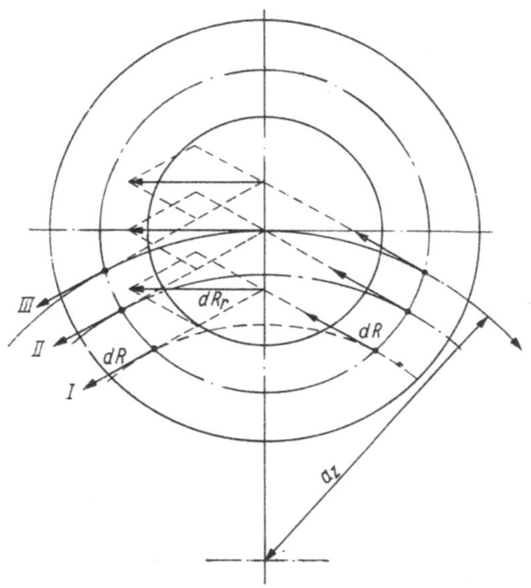

Bild 9.72
Reibkräfte in der Mutternauflage bei Gleitbewegung um ein Momentanzentrum außerhalb der Schraubenachse

I Reibkraftanteil mit rechtsdrehendem resultierendem Moment um die Schraubenachse; *II* Reibkraftanteil ohne resultierendes Moment um die Schraubenachse; *III* Reibkraftanteil mit linksdrehendem resultierendem Moment um die Schraubenachse

Bei einmaliger statischer Belastung kommen örtliche Gleitbewegungen auf Grund des elastischen Tragverhaltens der übrigen Elemente nach kurzen Gleitwegen zum Stillstand, ohne daß eine Beeinträchtigung der Eigenschaften der Verbindung erfolgt. Bei mehrmaliger bzw. dynamischer Belastung führt das obengenannte Moment infolge seines ständigen Vorzeichenwechsels dann zum schrittweisen Losdrehen der Verbindung, wenn es in seiner Größe in den Grenzen

$$F \frac{d_2}{2} \tan(\alpha - \varrho) < M < F \frac{d_2}{2} \tan(\alpha + \varrho) \tag{9.154}$$

d.h. zwischen Löse- und Anziehmoment der Verbindung liegt. Daraus ergibt sich, daß innerhalb eines Belastungs- bzw. Bewegungsspiels die Mutter jeweils entsprechend dem Betrag des örtlichen Gleitwegs gelöst wird, da zwar das niedrigere Lösemoment, nicht jedoch das höhere Anziehmoment in der entgegengesetzten Richtung überwunden wird. Die Relationen zwischen dem Löse- und Anziehmoment einerseits und dem Losdrehmoment andererseits werden bestimmt durch die Reibverhältnisse in der Schraubenverbindung, die Abmessungen der Auflagefläche der Mutter und die Parameter der örtlichen Gleitbewegung. Für in üblichen Relativabmessungen ausgeführte torsionsbelastete Verbindungen mit Anordnung der Einzelverschraubungen auf einem Lochkreis (siehe Bild 9.71) ist bei idealer Pressungs- und Reibwertverteilung normalerweise Gl. (9.154) nicht erfüllt, d. h., das in der Mutterauflage erzeugte Moment liegt unterhalb des Lösemoments. Damit ist die Verbindung gegen Losdrehen sicher.

Eine Gefährdung kann jedoch einerseits durch ungleiche Pressungs- und Reibwertverteilung und andererseits durch extrem kleine Lochkreise, d. h. durch relativ große Schraubendurchmesser, erfolgen. Das Extrem hinsichtlich der letztgenannten Gefährdung ist beim theoretischen Lochkreisdurchmesser $d_{Lk} = 0$, d. h. bei Anordnung einer einzigen Verschraubung in der Beanspruchungsachse erreicht. In diesem Fall wird auch bei idealer Pressungs- und Reibwertverteilung im Bereich normaler Reibwerte Gl. (9.154) erfüllt, d. h., die Verbindung ist bei Durchbrechung des Reibschlusses nicht mehr sicher gegen Losdrehen.

Erweisen sich die vorliegenden Relationen als kritisch, so bleiben sie es infolge der Proportionalitätsbeziehung der Löse- und Anziehmomente und des Losdrehmoments zur Schraubenkraft F unabhängig von deren Größe, so daß der Vorgang nicht zum Stillstand kommt. Eine ausführliche Darstellung der Vorgänge erfolgt in [9.10].

Unter diesen Bedingungen ist der zusätzliche Aufwand für spezielle Sicherungselemente, die in der Lage sind, die Differenz zwischen losdrehendem Moment und Lösemoment einer Schraubenverbindung aufzunehmen, unumgänglich.

Nach dem jeweiligen Prinzip der Momentenübertragung ist zwischen kraft- und formschlüssigen Sicherungsanordnungen zu unterscheiden.

Das Abfangen des Sicherungsmoments erfolgt entweder direkt durch Fixierung der beiden Teile der Gewindepaarung zueinander oder indirekt unter Einbeziehung weiterer Bauteile der Schraubenverbindung. Im letztgenannten Fall ist zu beachten, daß es auch hier um die Fixierung der beiden Teile der Gewindepaarung geht. Das macht u. U. neben der Sicherung der Mutter auch die Sicherung des Kopfes erforderlich. Diese Form der Sicherung ist nur dann funktionstüchtig, wenn auch die Bauteile, gegenüber denen die

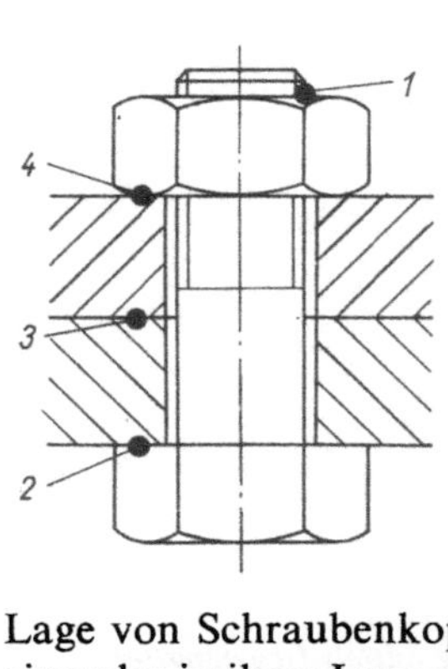

Bild 9.73
Sicherungsprinzipien
1 Fixierung bei direkter Sicherung;
2, 3, 4 Fixierung bei indirekter Sicherung

Lage von Schraubenkopf und Mutter durch Sicherungsmaßnahmen fixiert wird, untereinander in ihrer Lage eindeutig zugeordnet sind. Bild 9.73 verdeutlicht den Unterschied zwischen direkter und indirekter Sicherung schematisch. Jeweils an den bezeichneten Punkten ist eine Lagefixierung notwendig, die sich allerdings im letztgenannten Fall häufig ohne spezielle Maßnahmen aus den spezifischen Bedingungen der Konstruktion

ergibt. Beispielsweise erfolgt die Lagefixierung zwischen zwei Flanschen ohnehin durch die Verwendung mehrerer Schrauben. Sicherungselemente und Anordnungen gegen Losdrehen sind weitgehend standardisiert. Umfassende Aussagen über ihre spezielle Ausführung und Wirkungsweise macht die Taschenbuchliteratur, z. B. [9.1].
Die folgende Aufstellung stellt eine Auswahl von Beispielen für die verschiedenen Sicherungsprinzipien dar:

- formschlüssig direkte Sicherung
  versplintete Kronenmutter
  Gewindestift (Bild 9.74)
- formschlüssig indirekte Sicherung
  Sicherungsblech (Bild 9.75)
  Legeschlüssel
  Sicherungsdraht
  Zahnscheiben
  Sperrzähne

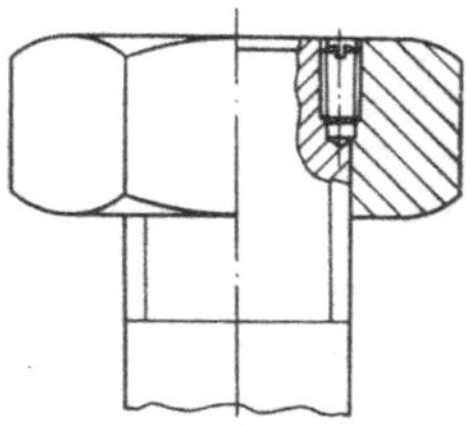

Bild 9.74. Sicherung durch Gewindestift

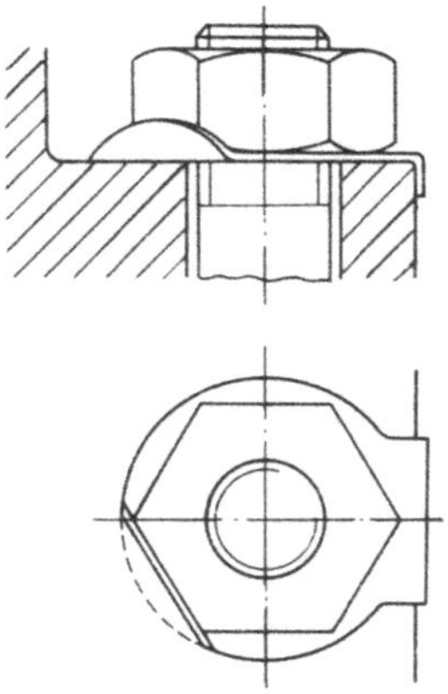

Bild 9.75
Sicherung mittels Sicherungsblech

- kraftschlüssig direkte Sicherung
  Gegenmutter (Bild 9.76)
  (axiale Gewindeflankenverspannung)
  Klemmutter
  (radiale Gewindeflankenverspannung)
- kraftschlüssig indirekte Sicherung
  Reibkegelmutter (Bild 9.77).

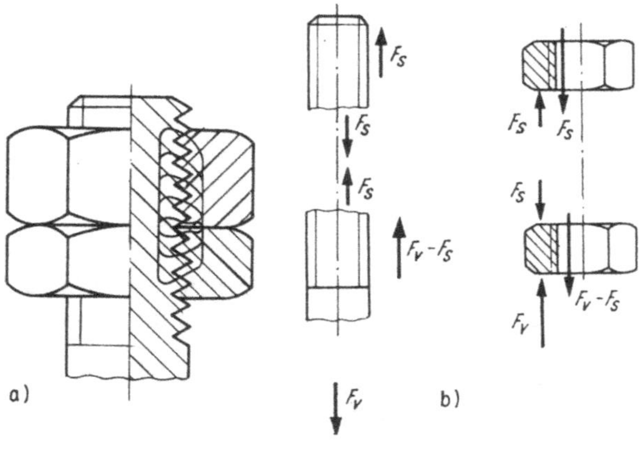

Bild 9.76
Sicherung mittels Gegenmutter
a) konstruktive Ausführung;
b) Kräftegleichgewicht an den Elementen der Sicherung, F_S Anpreßkraft nach Montage zwischen den Muttern

Die eindeutige Einordnung des häufig anzutreffenden Federrings in das obige Schema bereitet Schwierigkeiten. Seine Anwendung ist umstritten. Die formschlüssige Wirkung der Sonderausführung mit verschränkten Enden, die auf dem Einschneiden in die benachbarten Bauteile bei Relativbewegung in Löserichtung beruht, ist an die Wahl geeigneter Gegenwerkstoffe gebunden. Die ihm zugeschriebene elastische Wirkung wird im entsprechenden Bereich seiner abgeknickten Kennlinie erst bei erheblichem Vorspannungsabbau wirksam und verhindert bestenfalls den schnellen Verlust einzelner gelöster Verbindungselemente innerhalb eines Schraubenfelds.

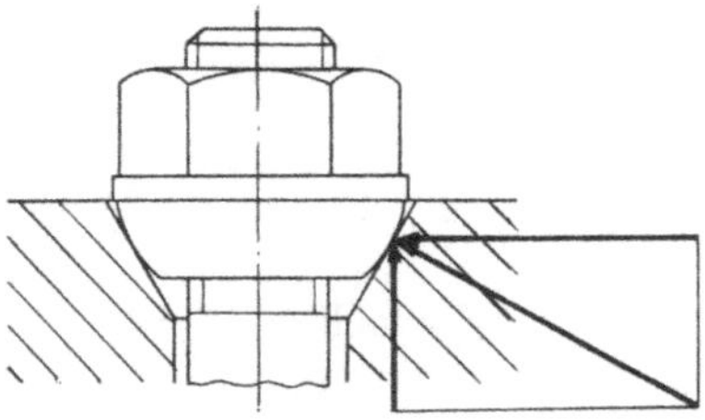

Bild 9.77
Reibkegelmutter

Notwendig erscheint abschließend der Hinweis auf einen Effekt, der unter bestimmten Bedingungen zum Versagen von Sicherungen gegen Losdrehen führt. Derartige Sicherungen sind, wie bereits festgestellt, durch das Differenzmoment zwischen losdrehendem Moment und Lösemoment nach Gl. (9.4) belastet. Eine effektive Beanspruchung setzt also entweder das Vorhandensein äußerer losdrehender Momente oder die Erfüllung der Bedingung $\alpha > \varrho$ voraus. Diese Bedingung widerspricht der Forderung nach Selbsthemmung und ist in der Regel nicht erfüllt. Das gilt jedoch scheinbar nicht generell unter Vibrationsbeeinflussung. Schließt man die Wirkung äußerer losdrehender Momente aus, so ist ein selbsttätiges Losdrehen lediglich durch eine Veränderung des Reibverhaltens der Gewindepaarung erklärlich.

In [9.10] werden Versuchsergebnisse wiedergegeben, die ein Absinken der Reibwerte auf Größen nahe Null in Abhängigkeit von der Frequenz belegen. Die Reibwertabsenkung wird dort als eine scheinbare interpretiert, die dadurch zustande kommt, daß die Arbeit für die Durchbrechung des Reibschlusses der Schwingungsenergie entnommen wird. Ergänzt wird diese Vorstellung durch die Überlegung, daß den tangentialen Gleitgeschwindigkeiten beim Losdrehen u. U. relativ hohe Gleitgeschwindigkeiten beim Durchbrechen des Reibschlusses durch Vibration vektoriell überlagert werden. In Bereichen großer Winkelabweichungen zwischen beiden Komponenten wird damit die Reibkraftkomponente in tangentialer Richtung sehr klein und so ein selbsttätiges Losdrehen bzw. eine erhebliche Lastbeaufschlagung des Sicherungselements möglich. Eine eindeutige Klärung dieser Vorgänge steht noch aus.

Bild 9.78 zeigt die Verhältnisse am mittleren Auflageradius r der Mutter bei einer Überlagerung zwischen Drehbewegung der Mutter und zusätzlicher Translation zwischen Mutter und Auflagefläche.

Das Reibkraftelement

$$dF_R = \mu \, dF_N \tag{9.155}$$

verläuft in Richtung der Resultierenden der beiden Gleitbewegungen aus Lösegeschwindigkeit $r\omega$ und Überlagerungsgeschwindigkeit u_0. Die in Umfangsrichtung wirksame Komponente wird demnach

$$dF_{Ru} = \mu \, dF_N \cos \alpha \, . \tag{9.156}$$

Aus

$$\alpha = \arctan \frac{u_0 \cos\varphi}{u_0 \sin\varphi + r\omega} \tag{9.157}$$

und

$$dM_r = dF_{Ru} r \tag{9.158}$$

ergibt sich das Reibmoment zu

$$M_R = \frac{r\mu F_N}{2\pi} \int_0^{2\pi} \cos \arctan \frac{u_0 \cos\varphi}{u_0 \sin\varphi + r\omega}\, d\varphi. \tag{9.159}$$

Für $u_0 = 0$ wird das Reibmoment erwartungsgemäß

$$M_R = \frac{r\mu F_N}{2\pi} \int_0^{2\pi} d\varphi = r\mu F_N. \tag{9.160}$$

Für extrem große Überlagerungsgeschwindigkeiten $u_0 \to \infty$ ergibt sich

$$M_R = \frac{r\mu F_N}{2\pi} \int_0^{2\pi} \sin\varphi\, d\varphi = 0. \tag{9.161}$$

Das bestätigt die vorstehend dargelegten Überlegungen zumindest von der Tendenz her. Die Bedingung der relativ großen Überlagerungsgeschwindigkeit ist in Anbetracht der extrem niedrigen Lösegeschwindigkeit bereits bei normalen Frequenzen, selbst bei geringen Gleitwegen, in der Auflagefläche erfüllt.

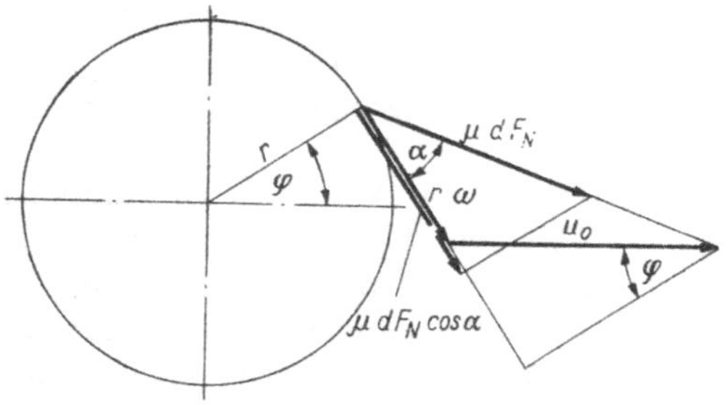

Bild 9.78
Reibeffekte bei Überlagerung von tangentialem und geradlinigem Gleiten in der Mutterauflage

Der beschriebene Effekt kann nur dort auftreten, wo eine unbedingt gleitfeste Dimensionierung der Verbindung nicht möglich ist. Es genügt allerdings ein örtliches Durchbrechen des Reibschlusses unter dynamischer Belastung. Damit sind bereits die Mittel seiner ursächlichen Bekämpfung aufgezeigt. Spezielle Sicherungselemente müssen in der Lage sein, erhebliche Momente aufzunehmen (Gegenmutter, Legeschlüssel, Keil). Eine Bekämpfung ist ferner durch Verwendung geringer Gewindesteigungen bedingt möglich.

9.3. Schraubenfelder

9.3.1. Allgemeines

Der Begriff *Schraubenfeld* bezeichnet die gruppenweise Anwendung des Verbindungselements Schraubenverbindung zur Lösung von Verbindungs- und Lastübertragungsaufgaben. Das Schraubenfeld stellt eine übliche Form der Anwendung der Schraubenverbindung dar und ist hinsichtlich der sich aus der Anwendungshäufigkeit ergebenden Bedeutung der Einzelverbindung gleichwertig. Schraubenfelder bestehen aus technologischen Gründen in der Regel aus Schrauben gleicher Abmessungen und sind im Normalfall nach bestimmten Symmetrieprinzipien angeordnet, die technologisch oder durch die Gestaltung der zu verbindenden Bauteile bedingt sein können. Letztere kann jedoch u. U. auch zu Sonderformen der Anordnung zwingen.

Die Anwendung des Schraubenfelds als Alternative zur Einzelverbindung wird im wesentlichen durch drei Gesichtspunkte bestimmt: Zum einen besteht allgemein die Forderung, hohe Belastungen nicht örtlich konzentriert in Bauteile einzuleiten. Die Verletzung dieses Prinzips zieht einen ökonomisch nicht vertretbaren Aufwand an konstruktiven Maßnahmen zur örtlichen Erhöhung der Tragfähigkeit der zu verbindenden Bauteile nach sich, um einem Versagen vorzubeugen. Die Anwendung des Schraubenfelds begegnet diesem Problem durch die Aufteilung der Beanspruchung auf eine Reihe räumlich voneinander getrennter Angriffspunkte. Zum anderen steht infolge der funktionell bedingten Gestaltung der zu verbindenden Bauteile häufig ein Einbauraum zur Verfügung, der so gestaltet ist, daß die Forderung nach seiner optimalen Ausnutzung im Interesse der Realisierung einer maximalen Belastbarkeit zu einer Aufteilung der Belastung zwingt. Letztlich erwächst überall dort, wo Befestigungsaufgaben mit Dichtungsaufgaben kombiniert auftreten, die Forderung nach einer möglichst gleichmäßigen Verteilung der Anpreßkräfte.

Aus der Forderung nach einer ökonomisch günstigen Dimensionierung der Verbindung leitet sich für die Gestaltung von Schraubenfeldern die Aufgabe ab, eine möglichst weitgehend gleichmäßige Lastverteilung zu gewährleisten. Gelingt dieses, so ergibt sich die Belastung der Einzelverbindung elementar aus der Division der Gesamtbeanspruchung durch die Anzahl der Einzelverbindungen.

Bedingt durch die Art und Weise der äußeren Belastung ist diese Zielstellung jedoch nur in Sonderfällen erfüllbar. Andernfalls ist die genaue Kenntnis der Lastverteilung innerhalb des Schraubenfelds Voraussetzung für eine funktionsgerechte Gestaltung und Dimensionierung unter strenger Beachtung ökonomischer Gesichtspunkte. Auf die sich daraus ergebenden speziellen Probleme wird im folgenden näher eingegangen. Gegenstand der Untersuchung ist dabei in jedem Fall der auf die Einzelverbindung des Feldes wirkende Anteil der Gesamtbelastung. Auf die Umsetzung dieser Belastung an der Einzelverbindung wurde im Abschn. 9.2. ausführlich eingegangen.

9.3.2. Zugbelastete Schraubenfelder

Im folgenden werden definitionsgemäß Schraubenfelder untersucht, die durch eine resultierende Kraft parallel zur Schraubenachse der Einzelverbindungen belastet werden. Theoretisch wird im Fall der Zugbelastung die eingangs aufgestellte Forderung nach gleichmäßiger Lastverteilung von der äußeren Beanspruchung her voll erfüllt, allerdings unter der Voraussetzung, daß die resultierende Beanspruchung durch den Schwerpunkt der Schraubenanordnung verläuft. Andernfalls kommt es zu zusätzlichen Biegebeanspruchungen und damit unterschiedlichen Belastungen der Einzelverbindungen, auf die im weiteren Verlauf noch gesondert eingegangen wird. Besondere Beachtung verlangt ferner die Gestaltung der Bauteilbereiche der zu verbindenden Bauteile in der unmittelbaren Angriffszone der Schraubenverbindung. Voraussetzung für eine gleichmäßige Lastverteilung sind gleiche Steifigkeiten der im Kraftfluß unmittelbar an die Schraubenverbindung anschließenden Bauteilbereiche untereinander. Ein anschauliches Beispiel für dieses Problem stellen die unterschiedlichen Möglichkeiten der Gestaltung von Schraubenverbindungen an durch Rippen versteiften Grundplatten beispielsweise bei Guß- oder Schweißkonstruktionen dar (Bild 9.79). Die Teilung der Rippenanordnung t_R sei funktionell bedingt. Die im Normalfall anzuwendende Beziehung zur Ermittlung der Betriebskraft F_B aus der Gesamtbelastung F und der Schraubenzahl z

$$F_B = F/z \tag{9.162}$$

führt bei beschränkten Abmessungen zu einer erforderlichen Schraubenzahl und zu der sich daraus ergebenden Teilung der Schraubenanordnung t_S (Bild 9.79a). Diese erfüllt jedoch im Zusammenwirken mit der Teilung der Rippenanordnung t_R nicht die Voraussetzung hinsichtlich gleicher Elastizität für die Anwendung der Gl. (9.162). Die in

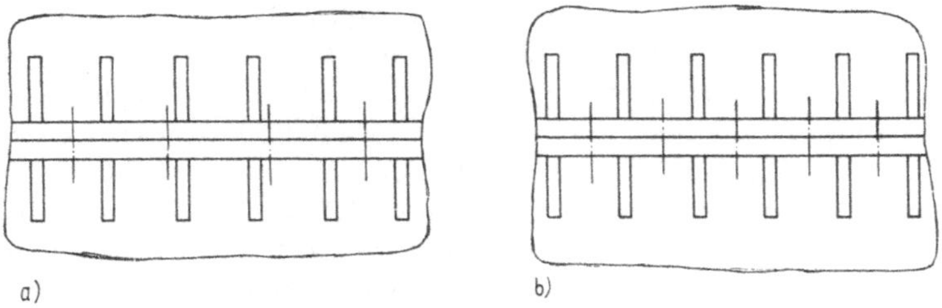

Bild 9.79. *Steifigkeitsverhältnisse im Bereich von Schraubenverbindungen*
a) ungünstig; b) richtig

Rippennähe angeordneten Schrauben werden erheblich oberhalb der rechnerischen Belastung beansprucht. Eine Anpassung der Teilungen entsprechend Bild 9.79b im Interesse einer gleichmäßigen Lastverteilung ist trotz der sich daraus ergebenden Erhöhung der Schraubenzahl sinnvoll.

9.3.3. Schubbelastete Schraubenfelder

Die resultierende Belastung verläuft definitionsgemäß senkrecht zur Schraubenachse der Einzelverbindungen des Schraubenfelds. In erster Näherung gilt bei Belastung durch Querkräfte für die von der Einzelverbindung formschlüssig oder kraftschlüssig zu übertragende Kraft

$$F_S = F/z. \tag{9.163}$$

Voraussetzung dafür sind folgende Bedingungen:

- Die resultierende Querkraft verläuft durch den Schwerpunkt der Schraubenanordnung, andernfalls wirkt analog zum Biegemoment an der zugbelasteten Verbindung ein Torsionsmoment aus resultierender Belastung und Abstand ihrer Wirkungslinie vom Anordnungsschwerpunkt des Schraubenfelds, das eine ungleichförmige Lastverteilung bewirkt, auf die im folgenden noch gesondert eingegangen wird.
- Die Anordnung der Einzelelemente der Verbindung erstreckt sich quer zur Belastungsrichtung. Bei Erstreckung der Anordnung in Längsrichtung kommt es zu dem im Abschn. 9.1. ausführlich im Zusammenhang mit der Lastverteilung im Gewinde behandelten und in gleicher Weise in Schweiß-, Kleb- und Nietverbindungen auftretenden Effekt, der zu einer ungleichförmigen Lastverteilung mit Extremwerten an beiden Enden des Feldes führt. Die rechnerische Erfassung dieser Ungleichförmigkeit dürfte auf Grund der komplizierten Steifigkeitsverhältnisse, im speziellen Fall des schubbelasteten Schraubenfelds, kaum möglich sein.

Bei Belastung eines Schraubenfelds durch Torsion erfolgt die Ermittlung der Lastverteilung analog zur Beanspruchungsermittlung in tordierten Querschnitten. Die Lage des Schwerpunkts des Schraubenfelds ist in der Mehrzahl der Fälle aus Symmetriegründen einfach zu ersehen, andernfalls aus dem statischen Momentengleichgewicht entsprechend Bild 9.80 nach der Beziehung

$$x_s = \frac{\sum_{i=1}^{z} A_i x_i}{\sum_{i=1}^{z} A_i} \tag{9.164}$$

$$y_s = \frac{\sum_{i=1}^{z} A_i y_i}{\sum_{i=1}^{z} A_i} \tag{9.165}$$

zu bestimmen.

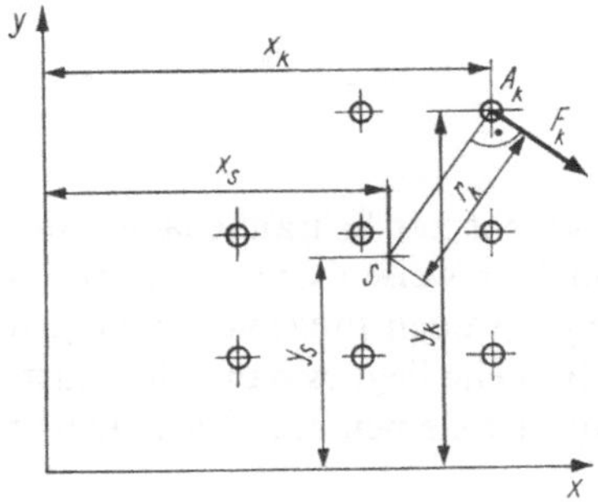

Bild 9.80
Torsionsbelastetes Schraubenfeld
A_k Querschnittsfläche der Schraube k; x_k, y_k Koordinaten der Schraube k; x_s, y_s Koordinaten des Flächenschwerpunkts der Schraubenanordnung

Für einheitliche Schraubenquerschnitte geht die Beziehung über in

$$x_s = \frac{1}{z} \sum_{i=1}^{z} x_i \tag{9.166}$$

$$y_s = \frac{1}{z} \sum_{i=1}^{z} y_i . \tag{9.167}$$

Analog zum polaren Flächenträgheitsmoment tordierter Querschnitte wird

$$J_p = \sum_{i=1}^{z} A_i r_i^2 \tag{9.168}$$

gebildet. In Weiterführung der Analogie ergibt sich

$$W_p = \frac{1}{r_k} \sum_{i=1}^{z} A_i r_i^2 \tag{9.169}$$

und als anteilige Querkraft an der extrem belasteten Einzelverbindung

$$F_{k;\,max} = \frac{M_p}{W_p} = \frac{M r_{k;\,max} A_k}{\sum_{i=1}^{z} A_i r_i^2} . \tag{9.170}$$

Für den Normalfall A_i = konst. gilt

$$F_{k;max} = \frac{M r_{k;max}}{\sum_{i=1}^{z} r_i^2}. \tag{9.171}$$

Der häufige Sonderfall der Flanschverbindung mit r_i = konst. führt auf

$$F_k = \frac{M}{zr} = \text{konst.} \tag{9.172}$$

Als generelle Voraussetzung für die Gültigkeit dieser Beziehungen gilt analog zum zugbelasteten Schraubenfeld, daß die örtlichen Steifigkeiten der an die Schraubenverbindung anschließenden Bauteilbereiche über das gesamte Schraubenfeld annähernd konstant ist. Die ermittele anteilige Belastung F_k der Einzelverbindung erfolgt tangential, bezogen auf den Radius r_k, und ist ggf. mit Schubbelastungen aus Querkräften vektoriell zu addieren (Bild 9.80).

9.3.4. Biegebelastete Schraubenfelder

9.3.4.1. Beanspruchungsverteilung

Definitionsgemäß ist der Vektor des Biegemoments senkrecht zur Schraubenachse der Einzelverbindungen gerichtet. Biegebelastete Schraubenfelder weisen analog zu biegebelasteten Querschnitten unterschiedliche Beanspruchungen an den Einzelverbindungen auf. Unter der Voraussetzung biegesteifer verbindender Bauteile liegt es nahe, den Lastanteil der maximal belasteten Schraube auf der Grundlage der elementaren Biegetheorie

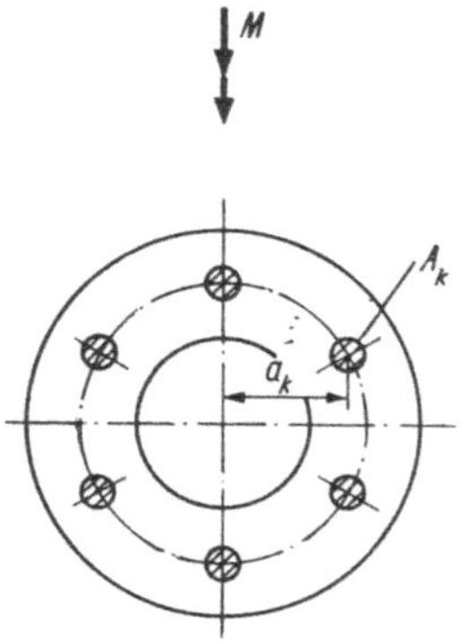

Bild 9.81. Biegebelastetes Schraubenfeld
A_k Schraubenquerschnitt; a_k Abstand der Schraube k von der neutralen Achse

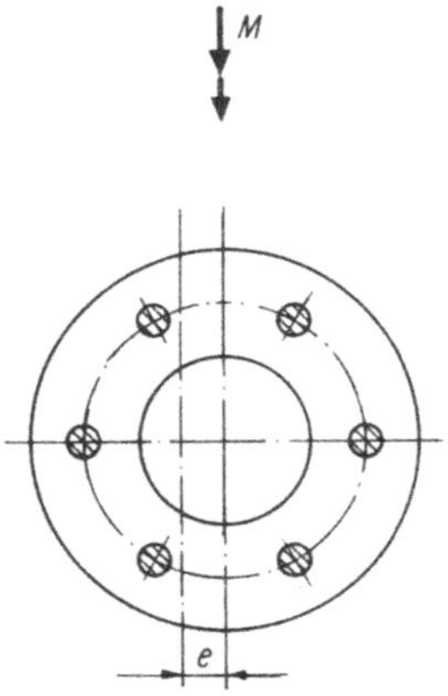

Bild 9.82. Lage der neutralen Achse im biegebelasteten Schraubenfeld

ebener Querschnitte zu ermitteln. Nach Bestimmung des Schwerpunkts des Schraubenfelds und des axialen Flächenträgheitsmoments gemäß Bild 9.81 in der Form

$$J_{a;0} = \sum_{i=1}^{z} A_i a_i^2 \tag{9.173}$$

ergibt sich für untereinander gleich ausgeführte Einzelverbindungen die Betriebskraft der extrem belasteten Verbindung zu

$$F_{\mathrm{B\,max}} = \frac{M a_{\mathrm{k;\,max}}}{\sum\limits_{i=1}^{z} a_i^2}. \tag{9.174}$$

Der häufige Sonderfall der rechteckigen Anordnung mit a_i = konst. führt auf

$$F_{\mathrm{B}} = \frac{M}{za} = \text{konst.} \tag{9.175}$$

Der Mangel dieser Verfahrensweise besteht in der stillschweigenden Voraussetzung symmetrischer Steifigkeitsverhältnisse beiderseits der Biegeachse. Anknüpfend an die Feststellungen zum realen Verspannungsschaubild im Abschn. 9.2.2.2. muß davon ausgegangen werden, daß infolge der Vorgänge in der Kontaktfläche der zu verbindenden Bauteile gegenüber dem Aufbringen von Betriebsbelastungen auf der Druckseite mit einer höheren Steifigkeit je Verbindungselement als auf der Zugseite zu rechnen ist. Daraus resultiert eine Verschiebung des Schwerpunkts des Schraubenfelds und damit der Biegeachse in Richtung Druckseite um den Betrag der Exzentrizität e (Bild 9.82).
Es ist üblich, über die Größe e Annahmen zu treffen und das durch die Verschiebung vergrößerte axiale Flächenträgheitsmoment in der Form

$$I_{\mathrm{a}} = I_{\mathrm{a;\,0}} + e^2 \sum_{i=1}^{z} A_i \tag{9.176}$$

und das zugehörige Widerstandsmoment in der Form

$$W = I_{\mathrm{a}}/(e + a_{\mathrm{k;\,max}}) \tag{9.177}$$

zu bestimmen. Bezieht man die exzentrische Lage e der angenommenen Biegeachse auf den Lochkreisradius r_{s} eines rotationssymmetrischen Schraubenfelds, so ergibt sich das Widerstandsmoment des Schraubenfelds, bezogen auf das Ausgangswiderstandsmoment, in der Form

$$W/W_0 = (1 + 2\,(e/r_{\mathrm{s}})^2)/(1 + (e/r_{\mathrm{s}})). \tag{9.178}$$

Der Umstand, daß der Verlauf nicht monoton steigt, sondern wider Erwarten innerhalb des Bereichs $0 \leqq e/r \leqq 1$ ein Minimum durchläuft und erst oberhalb $e/r = 0{,}5$ wieder > 1 wird, weist bereits auf Mängel dieses Verfahrens hin. Tatsächlich bleibt zu Lasten des statischen Momentengleichgewichts die erhöhte Steifigkeit auf der Druckseite nach wie vor unberücksichtigt.
Eine grundsätzliche Verbesserung wird erst mit Annahmen über die Steifigkeitsrelationen auf beiden Seiten der Biegeachse erzielt. Zu diesem Zweck wird die Annahme getroffen, daß die Steifigkeiten auf den jeweiligen Seiten der Biegeachse durch Flächen in folgender Weise repräsentiert werden:

- Zugseite
  Alle infolge der konkreten Lage der Biegeachse im Bereich der Zugseite liegenden Einzelverbindungen in der Form

$$A = (C_{\mathrm{B1}} + C_{\mathrm{B2}})\,\frac{zl}{E}. \tag{9.179}$$

Die Gl. (9.179) spiegelt die Parallelschaltung von Schraube und umgebendem Flanschmaterial wider. Im einzelnen bedeuten

$C_{B1;B2}$ Federkonstanten entsprechend Abschn. 9.2.2.2.4
z Schraubenzahl
l Abstand der Kraftangriffspunkte der Betriebskraft
E Elastizitätsmodul.

- Druckseite

  Die Annahme geht davon aus, daß zur Charakterisierung der Federungseigenschaften auf der Druckseite die gesamte Kontaktfläche heranzuziehen ist, die begrenzt wird durch die konstruktiven Begrenzungen des Flansches und die in ihrer Lage noch zu bestimmende Biegeachse (Bild 9.83). Diese Annahme ist anschaulich in der Weise interpretierbar, daß die Einleitung des Biegemoments in die Verbindung über zwei starre parallele Ebenen im Abstand l voneinander erfolgt.

Unter dieser Voraussetzung besteht die Möglichkeit, die exzentrische Lage der Biegeachse e entsprechend Bild 9.83 aus dem statischen Momentengleichgewicht der Flächenanteile und den geometrischen Beziehungen zwischen druckseitiger Kontaktfläche und

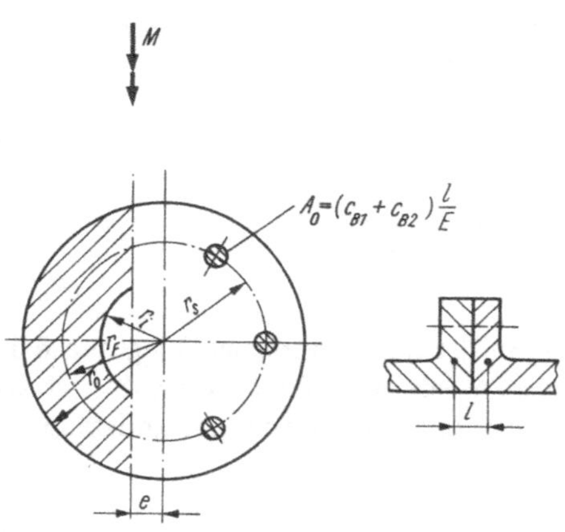

Bild 9.83. Steifigkeitsverteilung im rotationssymmetrischen Schraubenfeld unter Biegung

A_0 steifigkeitsäquivalente Fläche der Einzelverbindung; e Exzentrizität der neutralen Achse; r_s Lochkreisradius; r_0, r_i Begrenzungsradien der Flanschauflage; r_F mittlerer Flanschauflagedurchmesser; l Abstand der Krafteinleitungspunkte

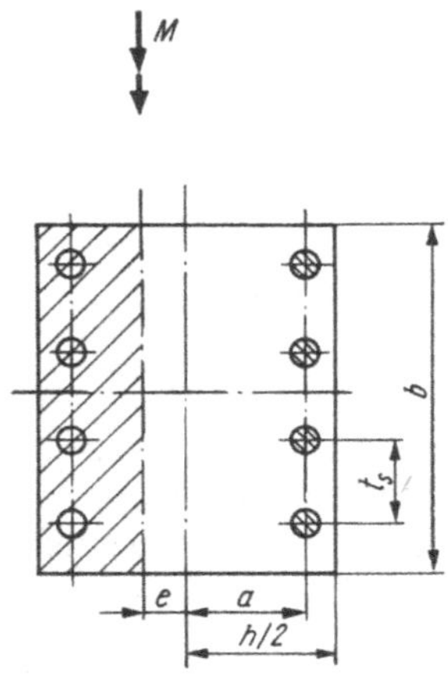

Bild 9.84. Steifigkeitsverhältnisse im rechteckigen Schraubenfeld unter Biegung

a Schraubenabstand von der Symmetrieachse; e Exzentrizität der neutralen Achse; b, h Flanschabmessungen

e für rechteckige Schraubenfelder nach Bild 9.84 exakt und für rotationssymmetrische Schraubenfelder nach Bild 9.85 näherungsweise jeweils bei konstanter Teilung zu bestimmen. Zu diesem Zweck sind im rotationssymmetrischen Schraubenfeld die Einzelelemente durch einen elastisch gleichwertigen Kreisring mit den Abmessungen r_s und b bzw. $r_1 = r_s + b/2$ und $r_2 = r_s - b/2$ ersetzt worden. Die Breite des Ersatzkreisrings ergibt sich aus der Beziehung

$$b = \frac{A}{2r_s\pi} = (C_{B1} + C_{B2})\frac{lz}{2E\pi r_s}. \tag{9.180}$$

Die Lage der Biegeachse ergibt sich wie folgt für

- rechteckiges Schraubenfeld nach Bild 9.84

$$e = (h/2)\left[1 - \varphi\left(\sqrt{1 + (2/\varphi)(1 + \alpha)} - 1\right)\right] \tag{9.181}$$

mit

$$\varphi = \frac{A}{t\,(h/2)} \quad \text{und} \quad \alpha = \frac{a}{h/2}.$$

- rotationssymmetrisches Schraubenfeld nach Bild 9.85

$$e = 1{,}5\,\frac{K_1}{K_2}\left(1 - \sqrt{1 - (8/9)\,\frac{K_2 K_3}{K_1^2}}\right) \tag{9.182}$$

mit

$$K_1 = r_F b_F + r_S b_S$$

$$K_2 = b_F - b_S$$

$$K_3 = r_F^2 b_F - r_S^2 b_S + b_F^3/12 - b_S^3/12;$$

r_F mittlerer Auflageradius der Flanschseite
r_S mittlerer Radius der Schraubenseite (Lochkreis)
b_F Auflagebreite der Flanschseite
b_S Ersatzauflagebreite der Schraubenseite

$$b_S = (C_{B1} + C_{B2})\,\frac{1z}{2E\pi r_S}.$$

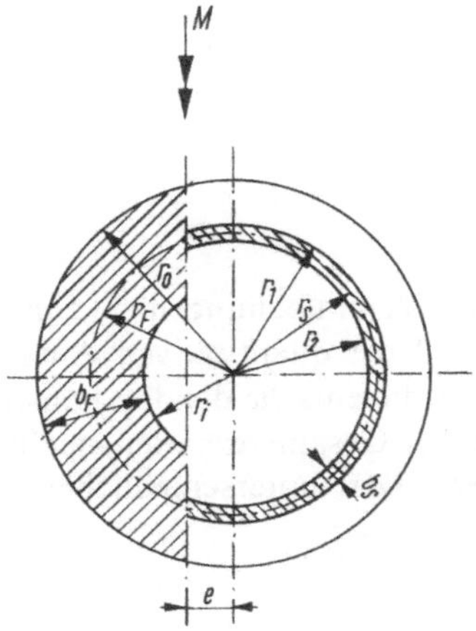

Bild 9.85
Ersatzsystem der Steifigkeitsverteilung im rotationssymmetrischen Schraubenfeld unter Biegung
r_1; r_2 Begrenzungsradien der Ersatzfläche für die Schraubenseite
b_F; b_s Auflagenbreiten

In der Mehrzahl der praktischen Fälle kann näherungsweise $r_F = r_S = r_m$ gesetzt werden. In diesem Fall nehmen die Konstanten K_1 bis K_2 folgende vereinfachte Form an:

$$K_1 = r_m^2\,(b_F/r_m + b_S/r_m)$$

$$K_2 = r_m\,(b_F/r_m - b_S/r_m)$$

$$K_3 = r_m^3\,[b_F/r_m - b_S/r_m + (1/12)\,((b_F/r_m)^3 - (b_S/r_m)^3)].$$

Die relative Lage der Biegeachse in Abhängigkeit von den charakteristischen Abmessungen eines rotationssymmetrischen Schraubenfelds unter der Voraussetzung $r_F = r_S = r_m$

zeigt Bild 9.86. Mit der Exzentrizität e nach Gl. (9.181) bzw. Gl. (9.182) ergibt sich das axiale Flächenträgheitsmoment wie folgt für

- rechteckiges Schraubenfeld nach Bild 9.84

$$I = I_0 \left(1{,}5\,\varphi \left(\alpha + \frac{e}{h/2}\right)^2 + 0{,}5 \left(1 - \frac{e}{h/2}\right)^3\right) \tag{9.183}$$

mit

$$I_0 = bh^3/12$$

- rotationssymmetrisches Schraubenfeld nach Bild 9.85

$$I = 0{,}4\,(L_0 - 3{,}2\,L_1 e + 3{,}6\,L_2 e^2 - 1{,}6\,L_3 e^3) \tag{9.184}$$

mit

$$L_0 = r_0^4 - r_i^4 + r_1^4 + r_2^4$$
$$L_1 = r_0^3 - r_i^3 - r_1^3 + r_2^3$$
$$L_2 = r_0^2 - r_i^2 + r_1^2 - r_2^2$$
$$L_3 = r_0 - r_i - r_1 + r_2$$

und

$$r_{0;i} = r_F \pm b_F/2$$
$$r_{1;2} = r_S \pm b_S/2.$$

Für die am weitesten von der Biegeachse entfernt liegende Einzelverbindung erfolgt die Bestimmung des Belastungsanteils über Gl. (9.177) in der Form

$$F_B = \frac{M}{W}\,(C_{B1} + C_{B2})\,l/E \tag{9.185}$$

bzw.

$$F_B = \frac{M}{W} \cdot 2\pi r_S b_S/z. \tag{9.186}$$

Das vorstehend dargelegte Verfahren geht von starken Vereinfachungen in den Annahmen über das elastische Bauteilverhalten aus, so daß die quantitativen Aussagen entsprechend kritisch zu beurteilen sind. Es erfaßt jedoch die entscheidenden konstruktiven Parameter in ihren Wechselbeziehungen so, daß das Gesamtverhalten qualitativ richtig wiedergegeben ist und zumindest Relativbewertungen unterschiedlicher konstruktiver Ausführungen auch quantitativ möglich sind.

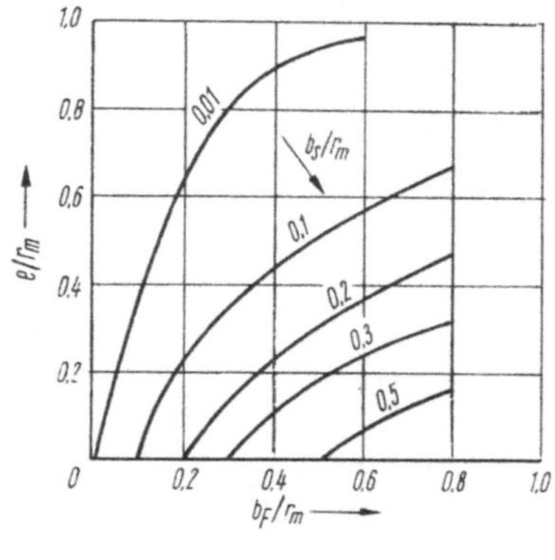

Bild 9.86
Relative Lage der neutralen Achse e/r_m in Abhängigkeit von der relativen Auflagebreite des Flansches b_F/r_m und der Ersatzauflagebreite der Schrauben b_s/r_m für ein rotationssymmetrisches Schraubenfeld unter Biegung (Bedingung $r_s = r_F = r_m$)

9.3.4.2. Optimierungsgesichtspunkte

Im Abschn. 9.3.1. wurden Fragen des zur Verfügung stehenden Einbauraums und seiner optimalen Ausnutzung angeschnitten. Der Weg zur Erreichung eines maximalen axialen Flächenträgheitsmoments der Schraubenanordnung in einem rotationssymmetrischen Schraubenfeld entsprechend Bild 9.87 besteht in der optimalen Zuordnung zwischen Lochkreisdurchmesser $2r_s$ und Teilung t_s bzw. Schraubenzahl z bei maximaler Nutzung des

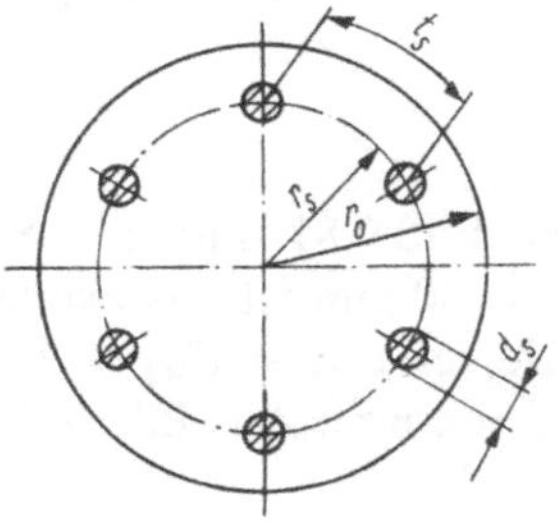

Bild 9.87
Optimierungsparameter des rotationssymmetrischen Schraubenfeldes unter Biegung
t_s Lochkreisteilung der Schraubenanordnung

durch die Flanschkontur r_0 gegebenen Einbauraums und Einhaltung der Bedingung, daß Teilung t_s und der erforderliche Abstand des Lochkreises zum Rand $r_0 - r_s$ proportional dem Schraubendurchmesser d_s sind (Bild 9.87).
Das axiale Trägheitsmoment

$$I_a = \frac{\pi d_s^2 z r_s^2}{8} \tag{9.187}$$

nimmt unter der allgemeinen Bedingung

$$z = \frac{2\pi r_s}{t_s}$$

und den speziellen Bedingungen

$$r_0 - r_s = \alpha d_s \quad \text{und} \quad t_s = \beta d_s$$

die Form

$$I_a = \frac{\pi^2 r_0^4}{4\beta} \left(\frac{d_s}{r_0}\right) \left(1 - \alpha \frac{d_s}{r_0}\right)^3 \tag{9.188}$$

an und hat bei

$$\left(\frac{d_s}{r_0}\right)_{\text{opt}} = \frac{1}{4\alpha} \tag{9.189}$$

ein Maximum in der Größe

$$I_{a\,\max} = \frac{27\pi^2 r_0^4}{1024\alpha\beta}. \tag{9.190}$$

Für die zugehörigen Parameter der Anordnung ergibt sich

$$\left(\frac{t_s}{r_0}\right)_{\text{opt}} = \frac{\beta}{4\alpha} \tag{9.191}$$

und

$$\left(\frac{r_s}{r_0}\right)_{opt} = 0{,}75 \qquad (9.192)$$

sowie

$$z_{opt} = 6\pi \frac{\alpha}{\beta}. \qquad (9.193)$$

Die Proportionalitätsfaktoren α und β sind entsprechend den speziellen Bedingungen der vorliegenden Konstruktion festzulegen.

Beispiel 6

Für ein rotationssymmetrisches Schraubenfeld entsprechend Bild 9.87 mit $z = 8$, $r_F = r_S = r_m = 50$ mm, $d_S = 10$ mm und $l = 15$ mm sowie $b_F = 30$ mm ist das axiale Flächenträgheitsmoment zu bestimmen. Nach Abschn. 9.2.2.2. sei $C_{B1} + C_{B2} = 2{,}0 \times 10^3$ MN/m ermittelt worden. Daraus folgt nach Gl. (9.180) $b_S = 4$ mm. Aus Bild 9.86 ergibt sich mit

$$b_F/r_m = 0{,}6 \quad \text{und} \quad b_S/r_m = 0{,}08$$

$$e/r_m = 0{,}65$$

bzw.

$$e = 32{,}5 \text{ mm}.$$

Mit

$$r_0 = r_m + b_F/2 = 65 \text{ mm}$$

$$r_i = r_m - b_F/2 = 35 \text{ mm}$$

$$r_1 = r_m + b_S/2 = 52 \text{ mm}$$

$$r_2 = r_m - b_S/2 = 48 \text{ mm}$$

ergibt sich nach Gl. (9.184)

$$I = 356 \text{ cm}^4.$$

Beispiel 7

Für ein Schraubenfeld sind Schraubendurchmesser d_s, Lochkreisradius r_s und Schraubenzahl z bei gegebenem Flanschaußenradius r_0 so festzulegen, daß das axiale Flächenträgheitsmoment ein Maximum erreicht. Folgende Bedingungen sind einzuhalten:

Randabstand des Lochkreises $r_0 - r_s = 1{,}0\, d_s$, d. h. $\alpha = 1{,}0$
Umfangsteilung des Lochkreises $t_s = 2{,}5\, d_s$, d. h. $\beta = 2{,}5$.

Aus Gl. (9.189) folgt $(d_s/r_0)_{opt} = 0{,}25$,
aus Gl. (9.192) folgt $(r_s/r_0)_{opt} = 0{,}75$ (gilt grundsätzlich),
aus Gl. (9.193) folgt $z_{opt} = 7{,}53$ (praktischer Wert $z = 8$).

9.4. Literaturverzeichnis

[9.1] Taschenbuch Maschinenbau. Bd. 1 – Grundlagen, Teil I. 3. Aufl. Berlin: VEB Verlag Technik 1974. Grundlagen, Teil II. 3. Aufl. Berlin: VEB Verlag Technik 1975.

[9.2] *Benz, W.:* Hochwertige Schrauben und Schraubenverbindungen. Konstruktion *7* (1959) H. 5, S. 175–184.

[9.3] *Tauscher, H.:* Berechnung der Dauerfestigkeit, Einfluß von Werkstoff und Gestalt. Leipzig: VEB Fachbuchverlag 1967.

[9.4] *Wiegand, H.; Strigens, P.:* Betrachtungen zur Gestaltung und Haltbarkeit von Schraubenverbindungen. Der Maschinenschaden *42* (1969) H. 4, S. 103–112.

[9.5] *Illgner, K.H.; Beelich, K.H.:* Einfluß überlagerter Biegung auf die Haltbarkeit von Schraubenverbindungen. Konstruktion *18* (1966) H. 3, S. 117–124.

[9.6] *Agatonovic, P.:* Zusammengesetzte Betriebsbeanspruchungen von Schraubenverbindungen. Konstruktion (1974) H. 7, S. 266–271.

[9.7] *Junker, G.; Köthe, H.; Lienemann, H.:* Schraubenverbindungen. Berlin: VEB Verlag Technik 1971.

[9.8] *Schlottmann, D.:* Zur Beanspruchung hochfester Schrauben. Maschinenbautechnik *17* (1968) H. 7, S. 343–348.

[9.9] *Dreger, H.:* Setzbeträge und ihre Berücksichtigung bei der vereinfachten Berechnung vorgespannter Schrauben. Konstruktion *18* (1966) H. 5, S. 209–212.

[9.10] *Junker, G.; Strelow, D.:* Untersuchungen über die Mechanik des selbsttätigen Lösens und die zweckmäßige Sicherung von Schraubenverbindungen. Teil I, II und III. Draht-Welt *52* (1966) H. 2, S. 103–114, H. 3, S. 175–182, H. 5, S. 317–335.

10. Wellen-Naben-Verbindungen

10.1. Aufgabe und Einteilung der Wellen-Naben-Verbindungen

Mittels Naben werden Räder (Zahnräder, Schwungräder, Riemenscheiben u.a) auf Wellen gelagert.
Wellen-Naben-Verbindungen dienen der Nabenbefestigung zum Zweck des Kräfte- und Momententransports von der Welle über die Nabe in die Räder.
Wellen-Naben-Verbindungen unterbinden bestimmte Freiheitsgrade der Relativbewegung der Welle gegenüber der Nabe. Grundsätzlich verhindern sie eine relative Drehbewegung zueinander, in vielen Konstruktionsausführungen auch eine Längsbewegung.
Wellen-Naben-Verbindungen mit vorsätzlicher Längsbeweglichkeit dienen gelegentlich zusätzlich als Führung, z. B. beim axialen Schiebesitz mittels Gleitfeder.

Tafel 10.1. Einteilung der Wellen-Naben-Verbindungen

Kontaktschluß	Verbindungselemente und Verbindungen
Formschluß	Stifte, Paßfedern, Profilwellen
Kraftschluß	Klemm-, Kegel-, Ringspannverbindungen, Preß- und Schrumpfverbindungen
Vorgespannter Formschluß	Keile, Längskegelstifte, Profilwellen mit Preßsitz

Nach der Art des Kontaktschlusses können Wellen-Naben-Verbindungen kraftschlüssig, formschlüssig und kombiniert durch vorgespannten Formschluß belastet werden. Tafel 10.1 gibt eine Einteilung der Wellen-Naben-Verbindungen. Diese verschiedenen konstruktiven Ausführungsformen sind als Kompromiß zwischen Beanspruchungs-, Fertigungs- und Montageforderungen hervorgegangen.

10.2. Belastungsgrößen

Voraussetzung für die Berechnung der Wellen-Naben-Verbindungen ist eine möglichst wirklichkeitsnahe Kenntnis der zu erwartenden Belastungen und Betriebsbedingungen. Im Normalfall ist der zeitliche Drehmomentenverlauf auch bei stationärem Betrieb nicht konstant, sondern hat eine schwellende Charakteristik, die die Wellen-Naben-Verbindung dynamisch belastet. Ist der wirkliche Drehmomentenverlauf im Entwurfsstadium nicht bekannt, wird das Nenndrehmoment um einen empirisch gefundenen Betriebsfaktor c_B erhöht:

$$M_t = c_B M_{tN}. \tag{10.1}$$

Betriebsfaktoren liegen je nach der Stoßartigkeit der Belastung bei $c_B = 1 \ldots 3$ (s. [10.1]). Die dominierende Beanspruchung der Nabensitze und ihrer Verbindungselemente ist die Flächenpressung. Obwohl hier eindeutig ein Dauerfestigkeitsproblem zu lösen ist, werden gegenwärtig bei der Berechnung auf Flächenpressung noch kaum Dauerfestigkeitsschaubilder herangezogen. Der Grund liegt darin, daß die in TGL 19340 enthaltenen Dauerfestigkeitsschaubilder und Einflußfaktoren dem Nachweis von Beanspruchungen in Querschnitten dienen und nicht unmittelbar zur Ermittlung der Beanspruchung von druck- und schubbelasteten Oberflächen übernommen werden können. Daher müssen gegenwärtig noch relativ hohe Sicherheitszahlen die Unsicherheiten der Lastannahmen und der Berechnungsverfahren abdecken.

10.3. Formschlüssige Wellen-Naben-Verbindungen

Sie übertragen die Momente durch Mitnehmerwirkung, durch das Ineinandergreifen von Welle und Nabe. Das geschieht entweder mittel spezieller Verbindungselemente, wie Stifte und Paßfedern, oder durch entsprechende Profilgebung von Welle und Nabe (Zähne, Wulste, „Mitnehmer").
Formschlüssige Wellen-Naben-Verbindungen erzeugen keine Verspannung zwischen Welle und Nabe und damit keine zusätzliche Spannung in der Nabe durch Vorspannung. Sie erfordern genaues seitliches Passen der Mitnehmer, da durch Spiel die Gefahr des Ausschlagens der Mitnehmerführungen besteht. Die Verbindungselemente werden vorwiegend auf Abscheren, Biegung und Flächenpressung beansprucht. Die Querschnittsabmessungen der Mitnehmer bei formschlüssigen Wellen-Naben-Verbindungen sind, mit Ausnahme der Stifte, laut Standard in Abhängigkeit vom Wellendurchmesser so festgelegt, daß die zulässige Flächenpressung eher erreicht wird als die zulässige Scherfestigkeit. Ist eine Entscheidung über die anzuwendende Verbindungsart getroffen, so enthält die Dimensionierungsrechnung nur die Ermittlung der erforderlichen Mitnehmerlänge nach Maßgabe der für den schwächsten Werkstoff zulässigen Flächenpressung. Wegen der möglichen hohen Kerbspannungsspitzen ist die Dauerfestigkeit der Welle im Bereich der Nabenverbindung stets zu kontrollieren.

10.3.1. Stiftverbindungen

Stiftverbindungen eignen sich zur Übertragung kleiner und einseitig wirkender Drehmomente. Man unterscheidet hinsichtlich der Anordnung der Stifte im Wellen-Naben-Verband Querstifte und Längsstifte.
Die exakte Berechnung von Stiftverbindungen ist aufwendig, wenn Stifte als elastisch gebettete Träger unter Flächenlast betrachtet werden. Überschläglich berechnet man Stiftverbindungen auf Flächenpressung und Abscheren gemäß den im Bild 10.1 dargestellten Beanspruchungsverläufen. Die Berechnungsgrundlagen sind in Tafel 10.2 zusammengestellt.
Bild 10.2 enthält einige standardisierte konstruktive Ausführungsformen.
Zylinderstifte werden mit Übermaß in die Bohrungen eingeschlagen, die zuvor auf Passung aufgerieben werden müssen.
Kerbstifte tragen drei symmetrisch über den Umfang eingedrückte Aufwulstungen. Beim Einschlagen der Stifte werden diese elastisch-plastisch zusammengedrückt und erzeugen einen Preßsitz.

Tafel 10.2. Berechnungsunterlagen für formschlüssige Wellen-Naben-Verbindungen

Querstiftverbindung	Längsstiftverbindung	Federverbindung	Keilwellenverbindung	Zahnwellenverbindung	Kerbzahnwellenverbindung
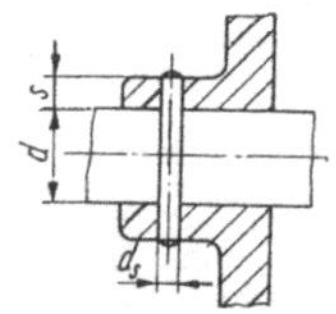	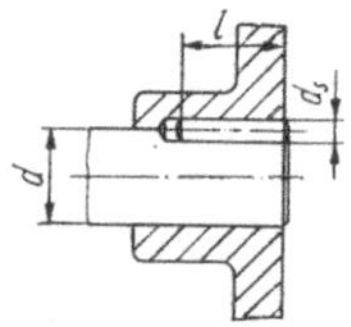	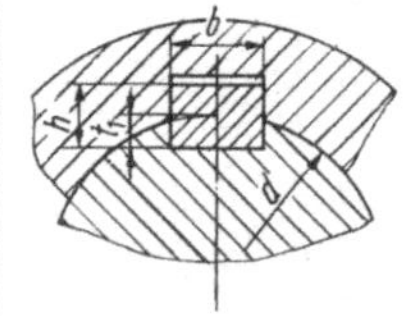	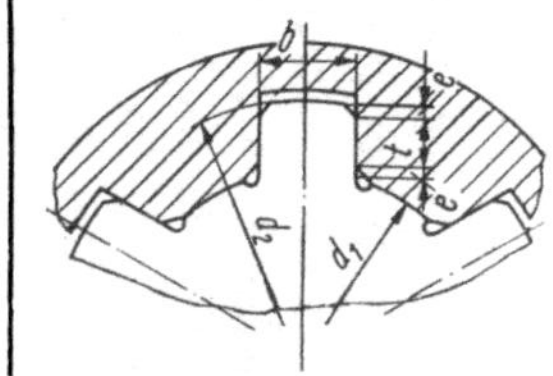	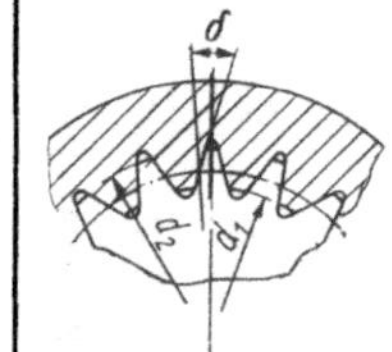	
Pressung in der Nabenbohrung		resultierende Umfangskraft $F_u = \frac{2M_t}{d_m}$			
$\bar{p}_N = \frac{M_t}{(d+s)\,d_s s}$	$\bar{p}_N = \frac{4M_t}{d d_s l}$	erforderliche Länge der Verbindung			
$\bar{p}_{N\max} \approx 2\bar{p}_N$	$\bar{p}_{N\max} \approx 2\bar{p}_N$	$l_{erf} = \frac{2M_t}{d_m t i \varphi p_{zul} \cos\delta}$			
Pressung in der Wellenbohrung		wirksamer Durchmesser			
$p_{W\max} = \frac{6M_t}{d_s d^2}$	$p_{W\max} = p_{N\max}$	$d_m = d$	$d_m = \frac{d_2 + d_1}{2}$		
Abscherspannung im Stift		wirksame Mitnehmerhöhe			
$\tau_a = \frac{4M_t}{\pi d_s^2 d}$	$\tau_a = \frac{2M_t}{d d_s l}$	$t = h - t_1$ für Nabe $t = t_1$ für Welle	$t = \frac{d_2 - d_1}{2} - 2e$; e Fasenbreite	$t = \frac{d_2 - d_1}{2}$	
konstruktive Richtwerte		Anzahl der Mitnehmer			
$\frac{d_s}{d} = 0{,}2 \ldots 0{,}3$, $s = \frac{D-d}{2}$		$i = 1$, selten $i = 2$	$i = 4 \ldots 16$	$i = 8 \ldots 38$	$i = 28 \ldots 61$
$\frac{D}{d} = 2{,}0 \ldots 2{,}2$ für GG;		Minderungsfaktor			
$\frac{D}{d} = 1{,}6 \ldots 2{,}0$ für St		$\varphi = 1$		$\varphi = 0{,}75$	
		Flankenwinkel			
		$\delta = 0°$	$\delta = 0°$	$\delta = 30°$	$\delta = 25°$
$p_{zul} = \frac{\sigma_s}{S}$; Sicherheit $S = 2 \ldots 4$ $\tau_{a\,zul} = \frac{\tau_F}{S}$		konstruktive Richtwerte (t und p_{zul} für Werkstoff mit geringerer Festigkeit einsetzen) $p_{zul} = \frac{\sigma_s}{S}$ $S =$ 2 … 3 für statische Belastung und Festsitz; 3 … 4 für dynamische Belastung und Festsitz; 4 … 6 für dynamische Belastung und Schiebesitz			

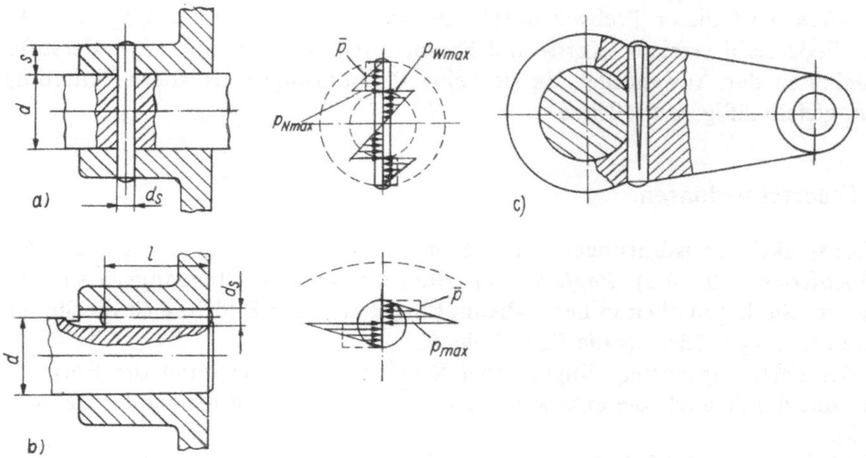

Bild 10.1. Stiftverbindungen

a) Zylinderstift als Querstift; b) Zylinderstift als Längsstift; c) Paßkerbstift

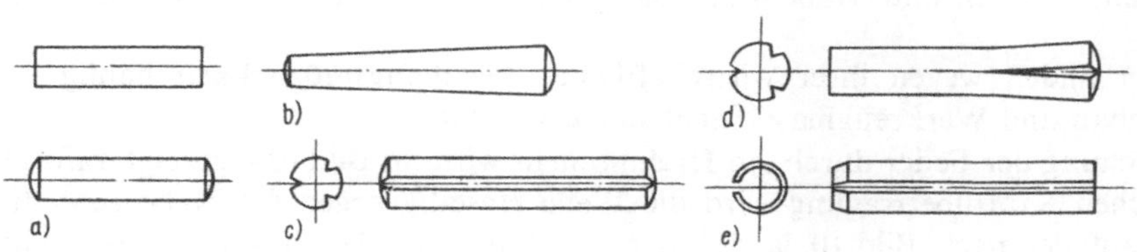

Bild 10.2. Stiftformen

a) Zylinderstift, TGL 0-7; b) Kegelstift, TGL 0-1; c) Zylinderkerbstift, TGL 0-1473; d) Paßkerbstift, TGL 0-1472; e) Spannstift, TGL 0-1481

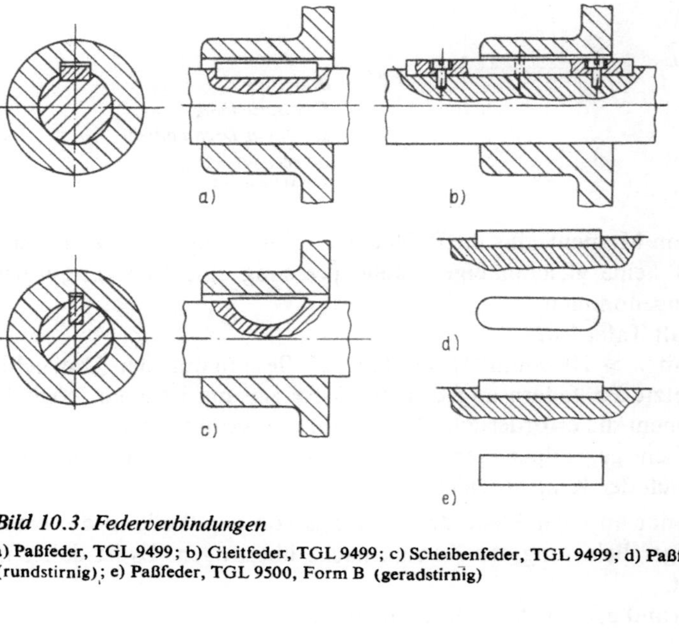

Bild 10.3. Federverbindungen

a) Paßfeder, TGL 9499; b) Gleitfeder, TGL 9499; c) Scheibenfeder, TGL 9499; d) Paßfeder, TGL 9500, Form A (rundstirnig); e) Paßfeder, TGL 9500, Form B (geradstirnig)

Bei *Spannstiften* wird dieser Preßsitz durch Zusammendrücken von längsgeschlitzten Hülsen aus Federstahl erreicht. Kerb- und Spannstifte sind gegenüber Zylinderstiften wirtschaftlicher in der Anwendung, da sie keine Paßbohrungen erfordern. Allerdings haben sie ungleichmäßigere Preßsitze.

10.3.2. Federverbindungen

Übliche Konstruktionsausführungen sind Verbindungen mittels Paßfeder, Gleitfeder, oder Scheibenfeder (Bild 10.3). *Paßfedern* erhalten seitlich eine Übergangspassung für den Wellennut. Sie liegen oben in der Nabennut nicht an; nach Bild 10.4 ist die Summe der Nuttiefen $t_1 + t_2$ größer als die Federhöhe h.

Die Wahl der Fertigungsmittel (Finger- oder Scheibenfräser) bestimmt die Form des Nutgrunds und damit auch die anzuwendende konstruktive Ausführung der Paßfeder (s. Bild 10.3).

In TGL 9500 sind sechs Paßfederformen (A bis F) standardisiert. Die Nutabmessungen enthält TGL 21000.

Gleitfedern ermöglichen die axiale Verschiebbarkeit der Nabe auf der Welle durch Spielpassung zwischen Feder und Nabennut. Dazu sind für Gleitfedern Halteschrauben notwendig.

Scheibenfedern finden wegen ihrer wirtschaftlichen Fertigungsmöglichkeit häufig im Kraftfahrzeugbau und Werkzeugmaschinenbau Verwendung.

Die Beanspruchung der Feder durch ein Drehmoment wird im Bild 10.4 gezeigt. Infolge der exzentrischen Kraftübertragung wird die Welle einseitig gegen die Nabe gepreßt. Da an der Paßfeder nach Bild 10.4a die Wirkungslinien der Umfangskräfte F_u nicht

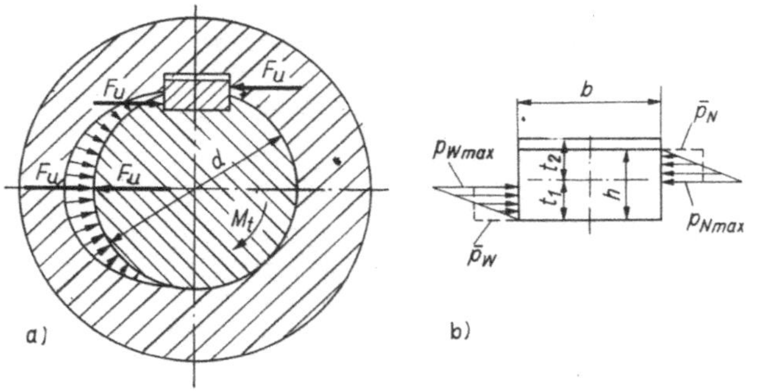

Bild 10.4
Beanspruchung durch ein Drehmoment
a) Federverbindung;
b) Kräfte an der Feder

zusammenfallen, entsteht ein Moment, das die Paßfeder um ihre Längsachse zu drehen versucht. Demzufolge tritt keine gleichmäßige Flächenpressung auf. Näherungsweise wird Dreiecksflächenlast angenommen.

Berechnungshinweise enthält Tafel 10.2.

Bei hohen Drehzahlen (mit $n > 2000\ \text{min}^{-1}$) werden zur Beseitigung der Unwuchtgefahr zwei um 180° versetzte Paßfedern angeordnet. Diese Lösung ist auch möglich, wenn bei großem Drehmoment die erforderliche Nabenlänge zu groß wird.

Paßfederverbindungen haben gegenüber den bereits beschriebenen Vorzügen zwei wesentliche Mängel bezüglich der Kraftdurchleitung:

1. Das Drehmoment wird nur an einer Stelle des Umfangs von der Welle in die Nabe und unter ungleichmäßiger Belastung der Kontaktfläche übertragen. Es ist daher in seiner Größe beschränkt.
2. Der scharfkantige Nutgrund erzeugt hohe Kerbspannungen.

Die konstruktive Lösung der ersten Problems führt auf Wellen-Naben-Verbindungen mit mehreren Mitnehmern, z. B. zwei Paßfedern, Keilwellen.
Das zweite Problem, die Kerbspannung, läßt sich durch Mitnehmer mit geneigten Flanken und ausgerundetem Nutgrund, z. B. mittels Zahnwellen, Kerbzahnwellen, am vorteilhaftesten aber durch Polygonprofile beseitigen.

10.3.3. Profilwellen

Profilwellen haben gegenüber Federverbindungen große Anlageflächen zwischen Welle und Nabe durch Vervielfachung der Mitnehmer. Die symmetrische Lage der Mitnehmer gewährleistet stets einen mittigen Sitz der Nabe.
Die Profilgebung der Welle hat gegenüber der Verwendung spezieller Verbindungselemente (z. B. Paßfedern, Stifte) den weiteren Vorteil der gleichmäßigeren Flächenpressung in den Kontaktflächen, da die Wirkungslinien der Umfangskräfte (aus Aktions- und Reaktionskräften) zusammenfallen. Dafür tritt eine Biegebelastung im Mitnehmer- bzw. Zahnfuß auf.
Profilwellenverbindungen sind für hohe, wechselnde Momente geeignet. Nachfolgend werden Ausführungsformen von Profilwellen beschrieben.
Keilwellen mit geraden und parallelen Flanken nach Bild 10.5 wirken (trotz des irreführenden Namens) formschlüssig. Sie werden mit Fest- und Schiebesitz ausgeführt. Die Zahl der Mitnehmer liegt bei $i = 4 \dots 20$.
Die Ausbildung des Nutgrunds ist durch das Fertigungsverfahren gegeben.
Für etwa $i < 10$ erfolgt die Herstellung der Wellennuten durch Abwälzfräsen (Innenzentrierung nach Bild 10.5b).

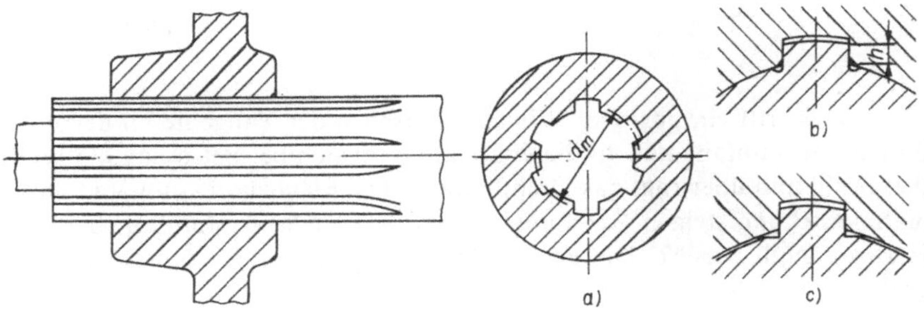

Bild 10.5. Keilwelle mit geraden Flanken
a) Längsschnitt, nicht standardgerecht dargestellt; b) Innenzentrierung, TGL 0-5461 bis TGL 0-5463, TGL 0-5471; c) Flankenzentrierung, TGL 0-5464

Bei mehreren Mitnehmern, $i > 10$, werden die Keilnuten durch Scheibenfräser gefertigt (Flankenzentrierung nach Bild 10.5c). Für die Berechnung können wegen unvermeidlicher Teilungsfehler nicht alle Flächen als tragend angenommen werden.
Für $i > 1$ setzt man einen Minderungsfaktor $\varphi \approx 0{,}75$ ein. Da die Mitnehmerabmessungen standardisiert sind, beschränkt sich die Berechnung auf die Bestimmung der erforderlichen Mitnehmerlänge. Die Berechnung erfolgt anhand der in Tafel 10.2 zusammengestellten Beziehungen.
Zahnwellen nach Bild 10.6a haben meist Evolventenflanken und damit geringere Kerbspannungen als geradflankige Keilwellen. Dafür treten Kraftkomponenten in radialer Richtung auf.

Kerbzahnwellen sind vorwiegend geradflankig (Bild 10.6b). Die Profilhöhe ist kleiner als bei Zahnwellen, so daß eine billigere Herstellung durch Prägen möglich ist. Der flache, ausgerundete Nutgrund erzeugt relativ geringe Kerbwirkungen. Die hohen Zähnezahlen ermöglichen leicht eine Verstellung der Nabe gegenüber der Welle um kleine Winkel. Zur Berechnung s. Tafel 10.2.

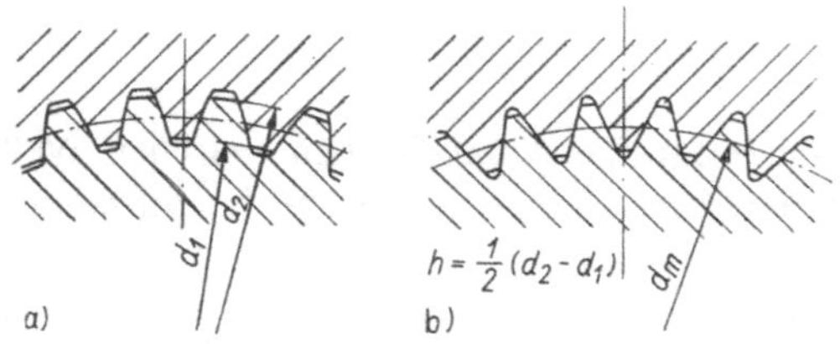

Bild 10.6
Profilwellen
a) Zahnwelle mit Evolventenflanken, TGL 0-5482;
b) Kerbzahnwelle mit geraden Flanken, TGL 0-5481

Polygonprofile sind gekennzeichnet durch unrunde Wellenquerschnitte. Sie haben meist die Form eines abgerundeten Dreiecks oder Quadrats (Bild 10.7). Gegenüber den besprochenen Profilwellen weisen Polygonprofile keine ausgeprägten Mitnehmer auf. Demzufolge ist ihre Kerbwirkung besonders gering. Bild 10.8 zeigt die Geometrie sowie den Mechanismus der Kraftübertragung eines dreiseitigen Polygonquerschnitts.

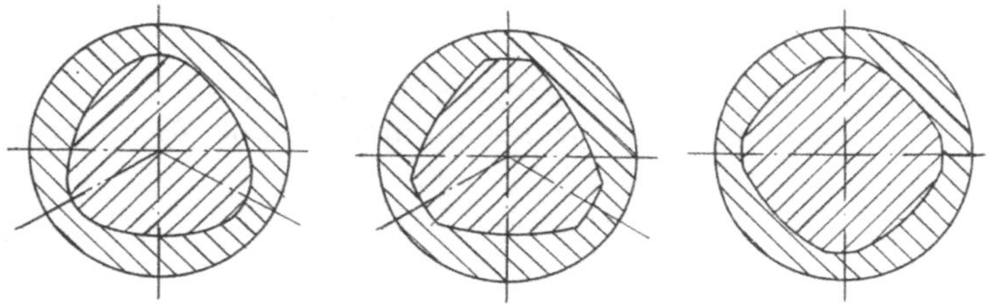

Bild 10.7
Polygonprofile

Im Bereich von I bis II tritt ein positiver Winkel β zwischen der Tangente an der Polygonkurve und dem Kreisumfang auf. In diesem Sektor legt sich bei Belastung die Welle gegen das Nabenprofil und überträgt das Drehmoment. Die Flächenpressung und damit auch die Mitnahmewirkung steigen von I anwachsend auf ein Maximum an (bei β_{max}) und gehen bis II auf Null zurück. Die exakte Berechnung des tragenden Bogens I–II ist aufwendig [10.2].

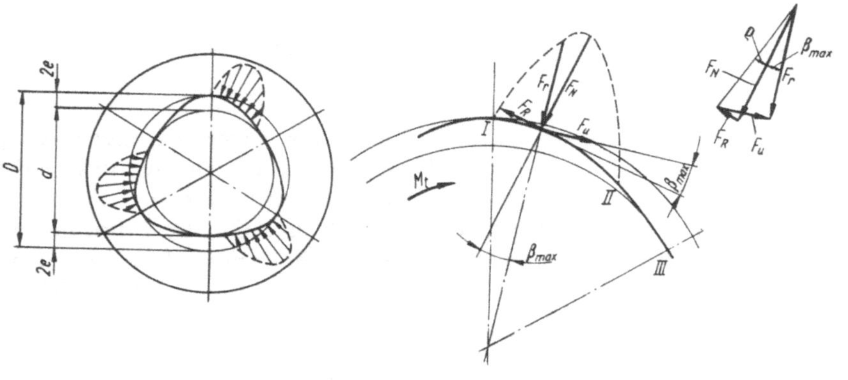

Bild 10.8. Geometrie und Kraftverhältnisse eines Dreiseitenpolygons
F_N Normalkraft; $F_R = \mu F_N$ Reibkraft; F_u Umfangskraft; F_r Radialkraft

Bei kleiner Belastung liegt II etwa in III. Mit steigender Belastung wird die Nabe bei I nach außen geweitet. Dabei legt sie sich von III beginnend an die Welle an (Biegemomentenwechsel in der Nabe).

Die örtliche Flächenpressung kann sehr hoch werden. Die Berechnung umfaßt die Bestimmung der maximalen Flächenpressung und der Biegespannung in der Nabe.

Polygonprofile erlauben sowohl Spielpassungen (Verschiebesitze) als auch Preßpassungen (vorgespannter Formschluß). Sie lassen sich bei zylindrischen und kegligen Wellenenden anwenden. Die Herstellung erfolgt jedoch auf Spezialmaschinen (Schleifen der Welle, Schleifen oder Wälzstoßen der Nabe).

Polygonprofile sind noch nicht standardisiert.

10.4. Kraftschlüssige Wellen-Naben-Verbindungen

Kraftschlüssige Verbindungen übertragen die Kräfte durch Reibung. Reibungskräfte treten in den Kontaktflächen zweier sich berührender Körper nur auf, wenn diese Flächen durch Normalkräfte aufeinandergepreßt werden. Oder anders ausgedrückt: Kraftschlüssige Verbindungen müssen vorgespannt sein. Anhand Bild 10.9 läßt sich sofort die Bedingung für Kraftschluß angeben:

$$F_R = \mu F_N = \mu A p > F_Q. \tag{10.2}$$

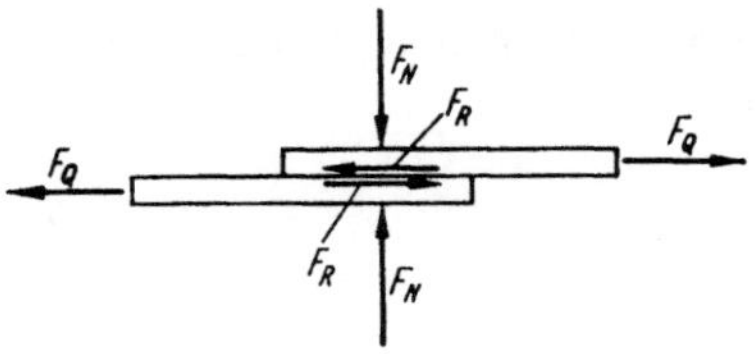

Bild 10.9
Kraftschluß

Es gibt bei Wellen-Naben-Verbindungen konstruktiv zwei grundsätzliche Möglichkeiten zur Erzeugung der erforderlichen Anpreßkraft, der Verspannung:

a) die durch Aufbringen äußerer Normalkräfte mittels Spannelementen (Klemmverbindung, Ringspannverbindung)
b) die durch Erzeugung innerer Normalkräfte infolge Übermaß der Welle gegenüber der Bohrung (Preßverbindungen).

Beide prinzipiellen Methoden finden auch kombinierte Anwendung, z. B. bei der axial verspannten Kegelpreßverbindung.

Tafel 10.3 bringt eine Übersicht kraftschlüssiger Wellen-Naben-Verbindungen. Der Spannhülsenverband ist seinem Charakter nach eine Kegelpreßverbindung mit mittel-

Tafel 10.3. Einteilung kraftschlüssiger Wellen-Naben-Verbindungen

Kraftschlüssige Wellen-Naben-Verbindungen
- Klemm- und Spannverbindungen
  - Axialklemmverbindung
  - Radialklemmverbindung
  - Spannhülsenverband
  - Ringspannverbindung
- Preßverbindungen
  - zylindrische Preßverbindung
  - Kegelpreßverbindung

barer Umsetzung der Spannkraft in die Anpreßkraft, die Ringspannverbindung eine mittelbar wirkende zylindrische Preßverbindung.
Kraftschlüssige Wellen-Naben-Verbindungen vermögen sowohl Drehmomente als auch Längskräfte aufzunehmen. Gleichzeitig wirkende Radialkräfte und Biegemomente können den Pressungszustand in der Verbindungsfuge örtlich erheblich verändern. Solange der Kraftschluß nicht durchbrochen ist, gilt in Gl. (10.2) der Reibungskoeffizient μ_H für Haftreibung. Tritt jedoch Gleiten auf, so wirkt der wesentlich kleinere Reibungskoeffizient μ_{Gl} für Gleitreibung. Da in kraftschlüssigen Verbindungen nie überall gleich große Anpreßkräfte wirken, ist oft örtlich, wenn auch nur sehr begrenzt, die Gefahr des Gleitens gegeben. Kraftschlüssige Verbindungen werden daher aus Sicherheitsgründen mit μ_{Gl} für Gleitreibung ausgelegt.

Tafel 10.4. Gleitreibungsfaktoren

Werkstoffpaarung	μ trocken	μ Öl
St/St und St/GS	0,07 ... 0,16	0,05 ... 0,13
St/GG und GG/GG St/Bz	0,13 ... 0,25	0,02 ... 0,1
St/Mg-Al	0,03 ... 0,08	
St/Ms	0,04 ... 0,14	

In Tafel 10.4 sind einige Angaben über Gleitreibungsfaktoren gemacht. Für zulässige Flächenpressungen können folgende Richtwerte gelten:

$$p_{zul} = \frac{\sigma_{0,2N}}{S_F}; \qquad (10.3)$$

N für Nabenwerkstoff; $S_F = 3 \ldots 5$.

Für Überschlagsrechnungen:

St/St oder St/GS $p_{zul} = 50 \ldots 90\ \text{N/mm}^2$
St/GG $p_{zul} = 30 \ldots 50\ \text{N/mm}^2$.

Nachfolgend werden aus der Sicht der konstruktiven Anwendung die wichtigsten kraftschlüssigen Verbindungen behandelt.

10.4.1. Klemmverbindungen

Bei Klemmverbindungen wird die erforderliche Flächenpressung zur betriebssicheren Übertragung des Drehmoments durch Schraubenkräfte erzeugt. Typische konstruktive Ausführungsformen zeigen Bild 10.10 und Tafel 10.5.

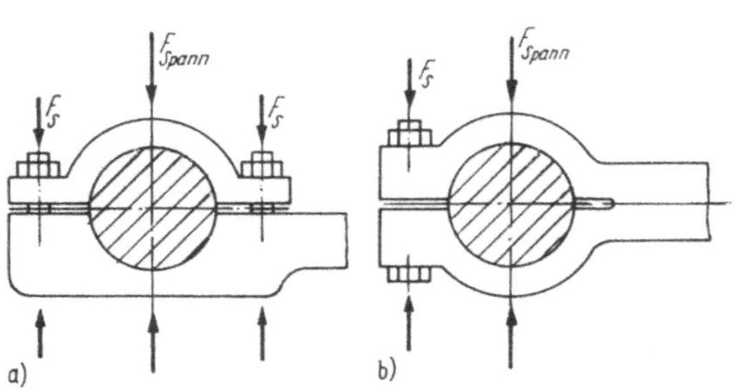

Bild 10.10
Klemmsitz
a) mit geteilter Nabe; b) mit geschlitzter Nabe

Die Wirkungsweise der *Axialklemmverbindung* entspricht der einer Einscheibenkupplung. Die notwendigen Berechnungsunterlagen enthält Tafel 10.5. Danach ist die erforderliche Bundbreite umgekehrt proportional dem Quadrat des mittleren Reibflächendurchmessers

$$s = \frac{2M_t}{\pi\mu p_{zul}} \frac{1}{d_m^2}. \tag{10.4}$$

Zur Übertragung kleinerer Drehmomente genügt die Verspannung mittels einer Zentralschraube. Für große Drehmomente wählt man besser die Befestigung durch Umfangsschrauben, um die erforderliche Gleichmäßigkeit der Flächenpressung auf der gesamten

Tafel 10.5. Berechnungsunterlagen für Klemmverbindungen

Klemmverbindung			
axial verspannt		radial verspannt	
mit Zentralschraube	mit Umfangsschrauben	geteilte Nabe	geschlitzte Nabe
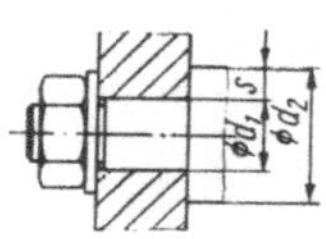	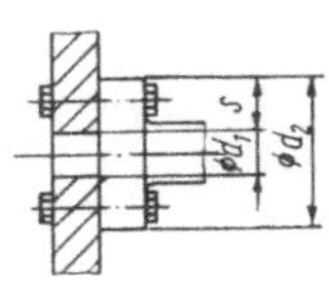	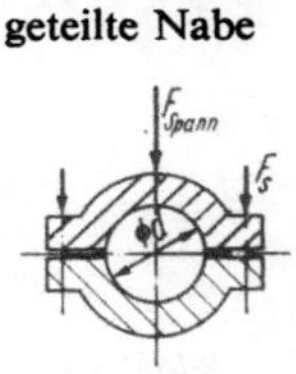	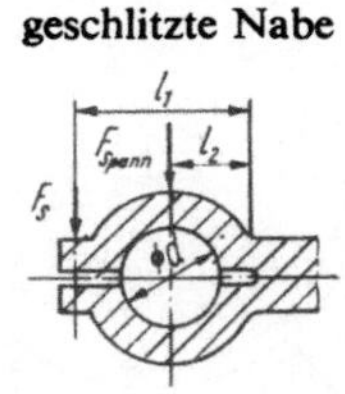
übertragbares Moment			
$M_t \leqq F_R \frac{d_m}{2} = \frac{d_m}{2} \mu A p_{zul}$			
mittlerer Reibflächendurchmesser			
$d_m = \frac{d_1 + d_2}{2}$		$d_m = d$	
Reibfläche			
$A = \frac{\pi}{4}(d_2^2 - d_1^2) = \pi d_m s$		$A = \pi d l$	
erforderliche Bundbreite		erforderliche Nabenlänge	
$s_{erf} = \frac{2M_t}{\mu\pi d_m^2 p_{zul}}$; μ s. Tafel 10.4.; p_{zul} s. Gl. (10.3)		$l_{erf} = \frac{2M_t}{\mu\pi d_m^2 p_{zul}}$	
erforderliche resultierende Schraubenkraft			
$F_{spann} = F_{s\,ges} = \pi d_m s_{erf} p_{zul} = \frac{2M_t}{\mu d_m}$		$F_{spann} = d l_{erf} p_{zul} = \frac{2M_t}{\mu\pi d}$; $F_{s\,ges} = F_{spann}$	$F_{s\,ges} = \frac{l_2}{l_1} F_{spann}$
Einzelschraubenkraft bei i Schrauben			
$F_s = F_{s\,ges}$	$F_s = \frac{F_{s\,ges}}{i}$	$F_s = \frac{F_{s\,ges}}{i}$	

Anlagefläche zu gewährleisten, oder die Verbindung wird als axial verspannter Kegelpreßverband ausgeführt. Ein typisches Beispiel hierfür ist die Befestigung von Schwungrädern.

Radialklemmverbindungen haben den Vorteil leichter Montierbarkeit auf durchlaufende Antriebswellen. Wegen der ungleichmäßigen Verteilung der Flächenpressung sind Radialklemmsitze für große wechselnde Drehmomente ungeeignet.

In erster Näherung rechnet man mit konstanter Flächenpressung und konstantem Reibungsfaktor. Da meist d und p_{zul} gegeben sind, erlaubt Tafel 10.5 die Bestimmung der erforderlichen Klemmlänge l für ein gegebenes Moment. Diese aus der Bedingung für Kraftschluß resultierende Länge ist häufig erheblich kleiner als die konstruktiv für die Unterbringung der Schrauben notwendige, so daß die Klemmverbindung oft überdimensioniert wird.

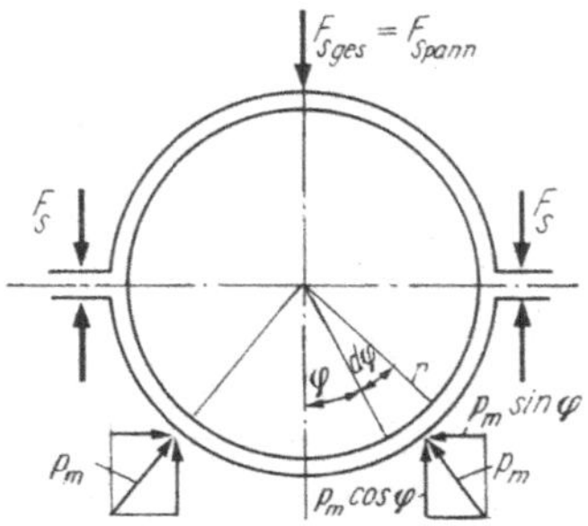

Bild 10.11
Schraubenkräfte einer Klemmverbindung

Die erforderliche Schraubenkraft kann aus Bild 10.11 abgeleitet werden. Für jeden Punkt des Umfangs läßt sich die mittlere Flächenpressung p_m in horizontale und vertikale Komponenten zerlegen. Aus Symmetriegründen heben sich die horizontalen Teilkraftkomponenten $p_m \sin\varphi$ heraus, so daß gilt:

- für die Horizontalkomponenten

$$\int_{-\pi/2}^{+\pi/2} p_m r l \sin\varphi \, d\varphi = 0 \tag{10.5}$$

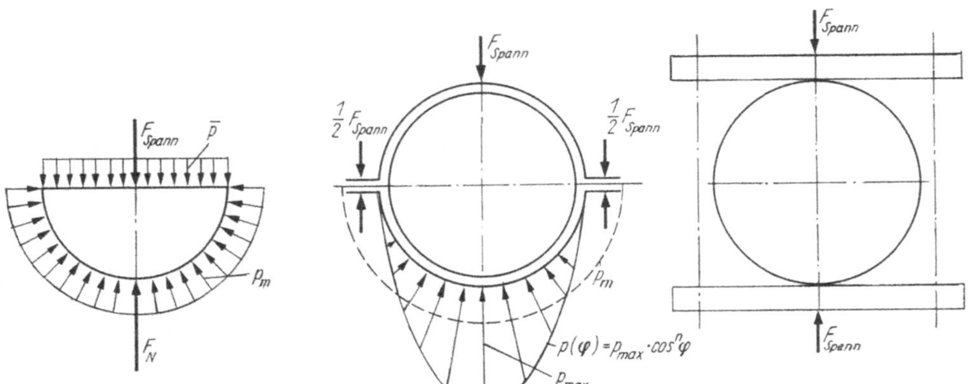

Bild 10.12. Pressungsverteilung bei einer Klemmverbindung

a) projizierte und mittlere Flächenpressung; b) Prinzip der biegeweichen Nabe; c) Prinzip der unendlich starren Nabe

- für die Vertikalkomponenten

$$F_{\mathrm{S\,ges}} = \int_{-\pi/2}^{+\pi/2} p_{\mathrm{m}} r l \cos\varphi \, \mathrm{d}\varphi = d l p_{\mathrm{m}}. \tag{10.6}$$

Aus Gl. (10.6) läßt sich für eine gegebene Schraubenqualität der erforderliche Gesamtschraubenquerschnitt und die Anzahl der Schrauben bestimmen.
Der wirkliche Pressungsverlauf ist nicht wie oben angenommen konstant. Er wird durch die Schmiegungsverhältnisse zwischen Welle und Nabe sowie durch die Biegesteife der Nabe bestimmt. Je geringer die Biegesteife, desto vollständiger ist das Anschmiegen und desto gleichmäßiger der Pressungsverlauf. Ist in Umfangsrichtung die Biegesteife der Nabe hoch, tritt ein ausgesprochenes Pressungsmaximum auf.
Für eine genauere Berechnung muß nach Bild 10.12 unterschieden werden zwischen der auf die projizierte Fläche ld bezogenen Flächenpressung $\bar{p}$ und der mittleren Flächenpressung p_{m} des Zapfens entsprechend den Beziehungen

$$F_{\mathrm{spann}} = \bar{p} l d, \quad F_{\mathrm{N}} = p_{\mathrm{m}} \pi l d \tag{10.7}$$

und

$$\frac{F_{\mathrm{N}}}{F_{\mathrm{spann}}} = \pi \frac{p_{\mathrm{m}}}{\bar{p}}. \tag{10.8}$$

(Der Leser möge sich klarmachen, daß im Bild 10.12a mit der Aussage $F_{\mathrm{spann}} \neq F_{\mathrm{N}}$ das Dritte Newtonsche Prinzip nicht verletzt wird; denn F_{spann} hält lediglich der resultierenden Vertikalkomponente von F_{N} das Gleichgewicht.)
Die mittlere Flächenpressung p_{m} ist das arithmetische Mittel des tatsächlichen Pressungsverlaufs über den Zapfenumfang

$$p_{\mathrm{m}} = \frac{1}{\pi} \int_{-\pi/2}^{+\pi/2} p(\varphi) \, \mathrm{d}\varphi. \tag{10.9}$$

Die projizierte Flächenpressung $\bar{p}$ ergibt sich nach Bild 10.12 aus den Vertikalkomponenten der tatsächlichen Pressung nach der Beziehung

$$\bar{p} = \frac{\int_{-\pi/2}^{+\pi/2} p(\varphi) \cos\varphi \, \mathrm{d}\varphi}{\int_{-\pi/2}^{\pi/2} \cos\varphi \, \mathrm{d}\varphi} = \frac{1}{2} \int_{-\pi/2}^{\pi/2} p(\varphi) \cos\varphi \, \mathrm{d}\varphi. \tag{10.10}$$

Der wirkliche Pressungsverlauf $p(\varphi)$ wird näherungsweise durch eine $\cos^n$-Funktion erfaßt (Bild 10.12b):

$$p(\varphi) = p_{\max} \cos^n \varphi = \frac{1}{\pi} p_{\max} \int_{-\pi/2}^{+\pi/2} \cos^n \varphi \, \mathrm{d}\varphi. \tag{10.11}$$

In Tafel 10.6 ist für verschiedene Exponenten n das Verhältnis der Pressungen und der Kräfte dargestellt, unter der Annahme, daß Reibungskräfte nicht auftreten.
Für $n = 0$ liegt biegeweiche Nabe vor mit

$$\frac{p_{\max}}{\bar{p}} = \frac{p_{\max}}{p_{\mathrm{m}}} = 1, \quad \frac{F_{\mathrm{N}}}{F_{\mathrm{spann}}} = \pi. \tag{10.12}$$

Nimmt man eine spielfrei anliegende druckelastische, jedoch biegesteife Nabe an, so bleibt die Nabenform infolge F_{spann} kreisförmig. Aus der Proportionalität zwischen der

Tafel 10.6. Pressungs- und Kräfteverhältnisse in Klemmverbindungen

$\frac{p(\varphi)}{p_{max}}$	$\frac{p_{max}}{\bar{p}}$	$\frac{p_{max}}{p_m}$	$\frac{p_m}{\bar{p}}$	$\frac{F_N}{F_{spann}} = k$	
$\cos^0 \varphi = 1$	1	1	1	π	Nabe biegeweich
$\cos \varphi$	$4/\pi$	$\pi/2$	$8/\pi^2$	$8/\pi$	Nabe druckelastisch, biegesteif
$\cos^2 \varphi$	3/2	2	3/4	$3\pi/4$	
...					
...					
...					
$\cos^\infty \varphi$	∞	∞	$2/\pi$	2	Nabe druck- und biegesteif

Pressung p und der elastischen Verschiebung v folgt dann

$$\frac{p_{max}}{p(\varphi)} = \frac{v}{v \cos \varphi}$$

und damit

$$p(\varphi) = p_{max} \cos \varphi. \tag{10.13}$$

Im Fall vollständig druck- und biegesteifer Nabe (Bild 10.12c) ist $n = \infty$, somit

$$\frac{p_{max}}{\bar{p}} = \frac{p_{max}}{p_m} = \infty, \quad \frac{F_N}{F_{spann}} = 2. \tag{10.14}$$

Nur bei völlig biegeweicher Nabe ist also $\bar{p}$ mit p_m identisch.
Das übertragbare Moment einer Klemmverbindung ist

$$M_t = F_R \frac{d}{2} = \mu l \frac{d}{4} \int_0^{2\pi} p \, dp. \tag{10.15}$$

Unter der Annahme gleicher Flächenpressung ist

$$M_t = \tfrac{1}{2} \mu \pi d^2 l p_m. \tag{10.16}$$

Diese Gleichung liegt der Formelzusammenstellung Tafel 10.5 zugrunde. Da die maximale Flächenpressung höhere Werte als p_m annimmt, ist die in Tafel 10.6 durch p_{zul} angenommene Sicherheit nicht in voller Höhe über den gesamten Umfang gewährleistet. Die genaue Bestimmung von p_{max} und damit auch der Sicherheit stößt in der Praxis auf Schwierigkeiten wegen der ungenauen Kenntnis der Nabensteifigkeit. Zur Beurteilung der bei den verschiedenen Wellen-Naben-Verbindungen vorhandenen Pressung gekrümmter Flächen erscheinen diese Darlegungen jedoch sinnvoll.
Tafel 10.6 enthält noch ein interessantes Ergebnis. Die äußere Schraubenkraft F_{spann} erzeugt durch Übertragung der Kraft auf eine andere Wirkungsfläche je nach Steifigkeit der Nabe die 2- bis π-fache Anpreßkraft F_N (bei vernachlässigter Reibung). Diese *Verstärkerwirkung* tritt bei Keilverbindungen noch deutlicher hervor.
In der Praxis können Klemmverbindungen auch durch Querkräfte belastet werden. Diese beanspruchen eine Sitzfläche zusätzlich, wobei die gegenüberliegende um den gleichen Anteil entlastet wird. Aus der Forderung, daß an keiner Stelle die Pressung vollständig aufgehoben werden darf, ergibt sich nach Bild 10.12c die maximal zulässige Querkraft

$$F_{Q\,max} = 2F_{spann}. \tag{10.17}$$

10.4.2. Ringspannverbindungen

Die Anwendung der Ringfeder (s. Abschn. 5.5.1.1.) als kraftschlüssige Nabenverbindung führt zur Ringspannverbindung. Ein Ringspannelement besteht aus zwei ungeteilten, kreisförmigen Ringen, von denen der eine innen, der andere außen konisch ausgeführt

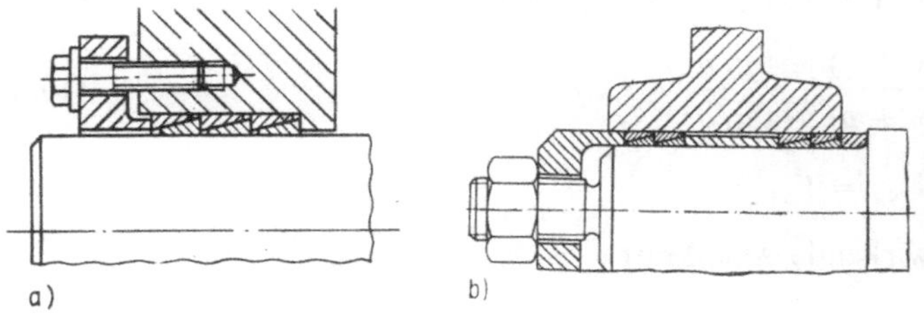

Bild 10.13
Ringspannverbindung
a) nabenseitige Verspannung;
b) wellenseitige Verspannung (zweiseitig verspannt)

ist. Den prinzipiellen Aufbau zeigt an zwei Einbaubeispielen Bild 10.13. Diese Verbindung hat gegenüber dem Preßsitz den Vorteil der Lösbarkeit, d. h., sie ist wiederverwendungsfähig. Außerdem erlaubt sie gröbere Passungen. Nachteilig sind der größere Platzbedarf und der erforderliche Verspannungsmechanismus. Bei axialer Belastung der Ringspannverbindung entstehen in den Ringen tangentiale Zug- bzw. Druckspannungen, verbunden mit einer Vergrößerung des Außenrings und einer Verkleinerung des Innenrings, die zu hohen Flächenpressungen in den Fugen führen. Zur Übertragung größerer Drehmomente werden mehrere Elemente hintereinandergeschaltet. Im Bild 10.14 sind die an

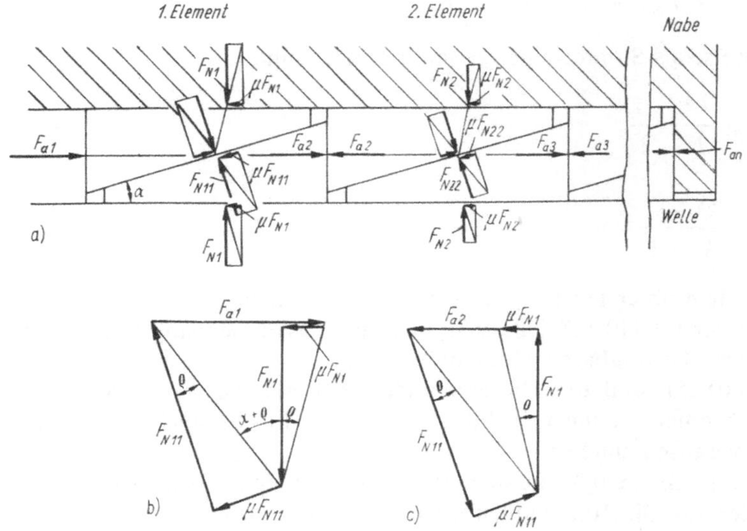

Bild 10.14. Ringspannelement

a) Mehrelementverbindung; b) Krafteck für Nabenring des ersten Elements; c) Krafteck für Wellenring des ersten Elements

einer Mehrelementverbindung auftretenden Kräfte eingezeichnet. Die von links eingeleitete Axialkraft F_{a1} wird von Ring zu Ring durch auftretende Reibungskräfte um einen bestimmten Anteil abgebaut, so daß die in der rechten Anlage wirkende axiale Reaktionskraft F_{an} erheblich kleiner als F_{a1} ist. Dieser Einfluß bewirkt auch eine Abnahme der Radialpressung und damit der Nabenbeanspruchung in Abhängigkeit von der Nabenlänge. Nimmt man an, daß durch jeden Ring die Axialkraft um die in der äußeren Anlagefläche wirkende Reibkraft μF_N reduziert wird, so läßt sich schreiben (Bild 10.14):

$$F_{a1} = F_{N1} [\tan(\alpha + \varrho) + \tan\varrho] \tag{10.18}$$

$$F_{a2} = F_{a1} - 2\mu F_{N1} = F_{N1} [\tan(\alpha + \varrho) - \tan\varrho] \tag{10.19}$$

$$= F_{a1} \frac{\tan(\alpha + \varrho) - \tan\varrho}{\tan(\alpha + \varrho) + \tan\varrho} = F_{a1} k \tag{10.20}$$

$$F_{a3} = F_{a2} - 2\mu F_{N2} = F_{a1} k^2$$

und für die am i-ten Ring wirkende Axialkraft

$$F_{ai} = F_{a1} k^{(i-1)}. \tag{10.21}$$

Ebenso läßt sich nachweisen, daß

$$F_{Ni} = F_{N1} k^{(i-1)}. \tag{10.22}$$

Das übertragbare Drehmoment einer Mehrelementverbindung ist dann

$$M_t = \Sigma F_N \mu d/2. \tag{10.23}$$

Nun ist bei n Elementen

$$\Sigma F_N = F_{N1} + F_{N2} + \ldots + F_{Nn} = F_{N1} (1 + k + k^2 + \ldots + k^{n-1})$$

oder in der Schreibweise als Summe einer geometrischen Reihe

$$\Sigma F_N = F_{N1} \frac{k^n - 1}{k - 1}. \tag{10.24}$$

und damit

$$M_t = M_{t1} \frac{k^n - 1}{k - 1} \tag{10.25}$$

mit $M_{t1} = F_{N1} \mu d/2$, dem im ersten Ring übertragbaren Moment.
Unter Zuhilfenahme der Gl. (10.18) ließe sich auch der Zusammenhang zwischen Einpreßkraft F_{a1} und dem übertragbaren Moment angeben.
Man sieht aus Gl. (10.25), daß die Hintereinanderschaltung mehrerer Elemente die Übertragbarkeit des Moments keineswegs linear vergrößert. Ein Beispiel soll die quantitativen Verhältnisse veranschaulichen.
Für übliche Kegel mit $\tan\alpha \approx 0{,}3$ und $\mu = 0{,}15$ folgt für den Vermehrungsfaktor k unter Verwendung der aus Gl. (10.20) ableitbaren Näherungsformel

$$k = \frac{\tan\alpha}{\tan\alpha + 2\mu} = \frac{1}{2}.$$

Diesen Wert in Gl. (10.25) eingesetzt, ergibt das übertragbare Gesamtmoment im Verhältnis zum Moment des ersten Ringpaars:

n	1	2	3	4	∞
M_t/M_{t1}	1	1,5	1,75	1,87	2

(10.26)

Dieser Zusammenhang ist auch im Bild 10.15 dargestellt. Gegenüber einer 1-Element-Verbindung kann bei zwei Elementen das Drehmoment um 50 %, bei drei Elementen nur noch um weitere 25 % gesteigert werden. Bei einseitiger Verspannung sind daher Spannverbindungen aus mehr als vier Elementen unzweckmäßig. Die doppelseitige Verspannung (s. Bild 10.13 b) gestattet, bis zu acht Elemente hintereinanderzuschalten.

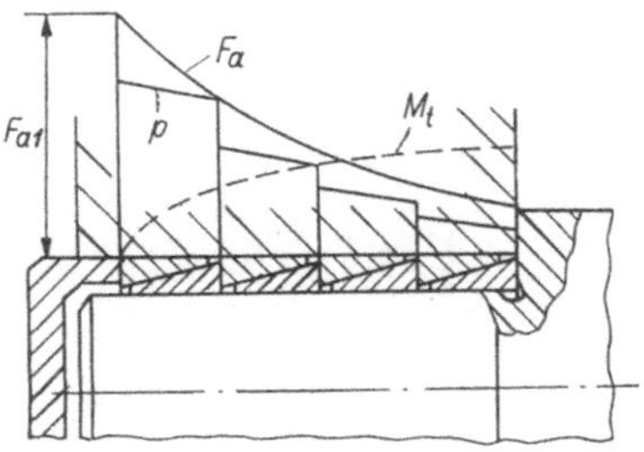

Bild 10.15
Ringspannverbindung mit Pressungs- und Axialkraftverlauf sowie übertragbarem Drehmoment

Zur Bemessung von Ringspannverbindungen ist neben der Ermittlung der erforderlichen Einpreßkraft F_{a1} auch die Kontrolle der Flächenpressung an den Ringen und der Sicherheitsnachweis für die Spannungen in Ringen und Nabe notwendig. (s. [10.3]).
Ringspannverbindungen sind noch nicht standardisiert. Die üblichen Bauabmessungen eines Ringes liegen in der Größenordnung $D/d = 1{,}1 \ldots 1{,}25$ und $l/d = 0{,}2 \ldots 0{,}45$.

10.4.3. **Preßverbindungen**

Bei Preßverbindungen wird die zur kraftschlüssigen Drehmomentenübertragung erforderliche radiale Anpreßkraft durch ein Übermaß der Welle gegenüber der Bohrung erreicht. Nach dem Fügen hat sich der Wellendurchmesser infolge Verspannung zusammengedrückt und der Nabendurchmesser auf den gemeinsamen neuen Fugendurchmesser geweitet.
Preßverbindungen eignen sich für die Übertragung wechselnder und stoßartiger Drehmomente und Längskräfte, da die Kraftwirkungen flächenförmig übertragen werden und der Wellen- und Nabenquerschnitt durch keine dauerfestigkeitsmindernden Nuten geschwächt ist. Durch die gleichmäßige Verspannung sind Unwuchten aus der Wellen-Naben-Verbindung ausgeschaltet. Das Anwendungsgebiet ist sehr vielseitig:
Wellenbunde, Kupplungsnaben, Zahnkränze auf Radkörpern, Gleitlagerbuchsen in Gehäusen, Wälzlagerringe, *gebaute* Kurbelwellen, Schrumpfringe auf geteilten Naben u. a.
Man unterscheidet bei zylindrischen Preßverbindungen Längs- und Querpreßsitze.
Längspreßsitze werden durch axiales Aufpressen der Nabe auf die Welle bei Raumtemperatur hergestellt. Bei *Querpreßsitzen* wird zum Fügen entweder die Nabe so weit erwärmt (*Schrumpfsitz*) oder die Welle so unterkühlt (*Dehnsitz*), daß Spiel entsteht und die Verbindung sich ohne Einpreßkraft herstellen läßt. Gelegentlich werden beide Methoden kombiniert angewendet. Das Erwärmen der Nabe erfolgt bis etwa 100 °C auf der Wärmplatte, bis 370 °C im Ölbad, bis 700 °C im Muffelofen oder mit offener Flamme. Zunehmend wird auch induktiv erwärmt. Bei Temperaturen oberhalb 300 °C tritt im Ofen eine Verzunderung der Oberfläche ein, die bei lösbaren Preßsitzen unzulässig ist. Zur Unterkühlung der Welle verwendet man Trockeneis (CO_2, max. −72 °C) oder flüssige Luft (max. −190 °C). Längspreßsitze werden allgemein mittels hydraulischer Pressen erzeugt. Dazu ist ein Abfasen der Stirnseiten von 5° zur Verminderung der Freßgefahr zweckmäßig. Die Einpreßgeschwindigkeit beträgt etwa 2 mm/s.

Das Aufziehen und Lösen großer Naben, z. B. bei Schiffspropellern und Eisenbahnradsätzen, geschieht häufig mittels Öldruck. Dazu wird die Wellen-Naben-Verbindung als sog. Ölpreßverband mit schwach kegliger Paßfläche ausgeführt. Zu diesem Zweck hat die Nabe mehrere Bohrungen, die in Ringnuten münden. Durch Einpressen von Öl mit hohem Druck (bis zu 200 N/mm²) wird das vorgesehene Übermaß zwischen Welle und Nabe aufgehoben, so daß die Verbindung mit leichtem Kraftaufwand verschiebbar ist.

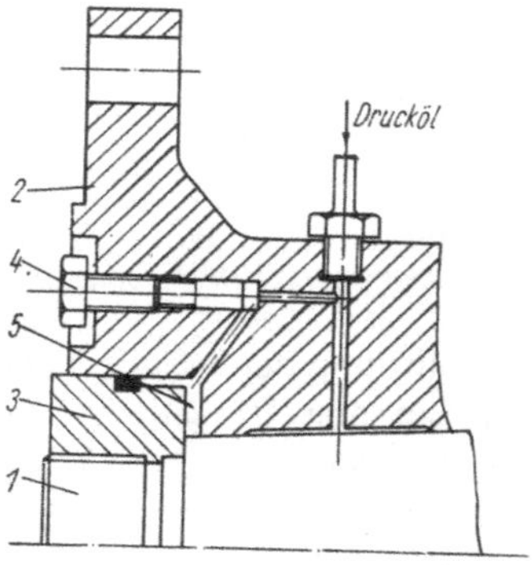

Bild 10.16
Ölpreßverband
1 Welle; *2* Kupplungshälfte; *3* Ölpreßmutter; *4* Verschlußkolben; *5* Druckraum

Bild 10.16 zeigt einen Ölpreßverband für eine Verstellpropelleranlage [10.4]. Zur Montage der Ölpreßverbindung werden Paßfläche und Druckraum mit gleichem Druck beaufschlagt. Zum Lösen wird nur die Paßfläche unter Druck gesetzt, bis die Nabe vom Wellenkonus zurückspringt.

Tafel 10.7. Rechnungsgang für eine Preßverbindung

Zur kraftschlüssigen Übertragung erforderliche Mindestflächenpressung p_k

↓

erforderliches Mindestübermaß U_k

↓

aus Festigkeitsgründen maximal zulässige Flächenpressung p_G

↓

maximal zulässiges Übermaß U_G

↓

Festlegen der Passung

↓

erforderliche Erwärmungstemperatur der Nabe bzw. Unterkühlungstemperatur der Welle

Der Rechnungsgang zur Dimensionierung einer Preßverbindung (Schrumpfverbindung) ist in TGL 0-7190 standardisiert. Das Flußbild (Tafel 10.7) gibt die wesentlichen Berechnungsschritte an. Vor dem Fügen hat die Welle ein Übermaß U gegenüber der Bohrung (Bild 10.17)

$$U = d_{Ia} - d_{Ai}. \tag{10.27}$$

Durch den Fügevorgang werden die Rauhigkeitsspitzen der Oberflächen um den Betrag ΔU geglättet, so daß für die Erzeugung der Flächenpressung p nur noch das sog. Haftmaß Z wirksam wird.
Es ist

$$U = Z + \Delta U \tag{10.28}$$

mit dem Übermaßverlust

$$\Delta U = \Delta U_\mathrm{I} + \Delta U_\mathrm{A} = 2\,(R_\mathrm{pI} + R_\mathrm{pA}). \qquad (10.29)$$

Die Glättungstiefe R_p beträgt näherungsweise das 0,6fache der Rauhtiefe R_t. Damit wird

$$\Delta U \approx 1{,}2\,(R_\mathrm{tI} + R_\mathrm{tA}). \qquad (10.30)$$

Die Rauhtiefe ist abhängig von der Feinheit der Oberflächenbearbeitung.

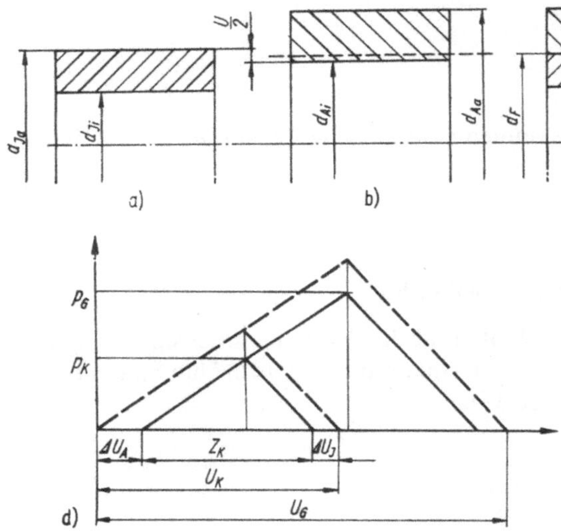

Bild 10.17
Preßpassung
a) Innenteil vor dem Fügen;
b) Außenteil vor dem Fügen;
c) Preßpassung nach dem Fügen;
d) Verspannungsdiagramm;
d_F Fugendurchmesser nach dem Fügen

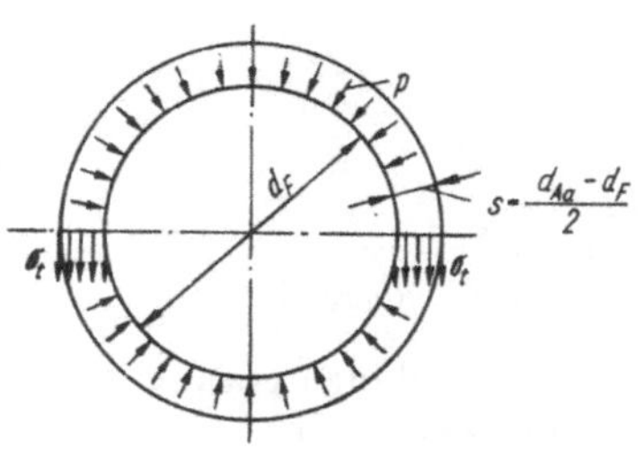

Bild 10.18
Spannungsverteilung bei dünner Nabe

Der Zusammenhang zwischen Haftmaß Z und Flächenpressung p läßt sich ohne Schwierigkeiten mittels bekannter Beziehungen aus der Festigkeitslehre herstellen, zunächst für den einfachen Fall der dünnen Nabe, anschließend erweitert auf den allgemeinen Fall.

10.4.3.1. Berechnung für „Dünne Nabe auf Vollwelle"

Als wesentliche Vernachlässigung wird die Verformung der Welle gleich Null gesetzt: $\varepsilon_\mathrm{r} = 0$, $\sigma_\mathrm{r} = 0$. Sie ist zulässig, wenn d_Aa nur etwas größer als d_Ia ist. Damit erzeugt die durch ein Übermaß U hervorgerufene Pressung p nur Tangentialspannungen σ_t in der Nabe in konstanter Größe über den Querschnitt. Nach Bild 10.18 ist

$$p d_\mathrm{W} l = \sigma_\mathrm{t} 2 s l$$

oder

$$\sigma_\mathrm{t} = \frac{p d_\mathrm{F}}{2s} = p\,\frac{Q_\mathrm{A}}{1 - Q_\mathrm{A}} \quad \text{(sog. Kesselformel)} \qquad (10.31)$$

mit

$$Q_A = \frac{d_F}{d_{Aa}}.$$

Nun ist das Haftmaß $Z = \Delta d = d_F = d_{Ai}$.
Infolge p weitet sich der Nabenumfang U_A^* um ΔU^*. Somit gilt für die Nabendehnung in tangentialer Richtung

$$\varepsilon_t = \frac{\Delta U^*}{U_A^*} = \frac{\pi \Delta d}{\pi d_F} = \frac{\Delta d}{d_F} \tag{10.32}$$

und

$$Z = d_F \varepsilon_t = \frac{d_F \sigma_t}{E}. \tag{10.33}$$

Mit Gl. (10.31) folgt daraus für den Zusammenhang zwischen Z und p

$$Z = \frac{p d_F}{E} \frac{Q_A}{1 - Q_A}. \tag{10.34}$$

10.4.3.2. Berechnung für „Dicke Nabe auf Hohlwelle"

Infolge des Übermaßes entstehen in der Welle und der Nabe mehrachsige Spannungszustände mit tangentialen, radialen und axialen Spannungen. Die größte Spannung tritt dabei in tangentialer Richtung auf (Bild 10.19).

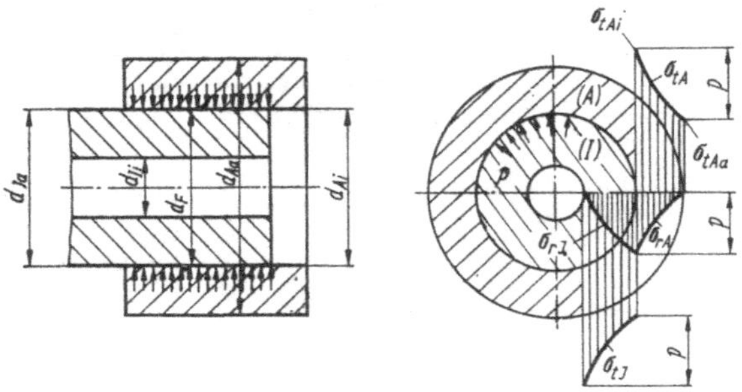

Bild 10.19
Spannungsverteilung für dickwandige Rohre

Zur Berechnung setzt man näherungsweise eine unendliche Nabenlänge voraus. Damit wird die Axialspannung gleich Null und der Spannungszustand zweiachsig.
Aus der Elastizitätslehre ist die Spannungsverteilung für dickwandige Rohre unter Innen- und Außendruck bekannt, die hier ohne Einschränkung auf Welle und Nabe übertragen werden kann (Tafel 10.8).

Tafel 10.8. Spannungsgleichungen für Preßverbindungen

Tangentialspannung		Radialspannung	
Außenteil	Innenteil	Außenteil	Innenteil
$\sigma_{tAi} = p \frac{1 + Q_A^2}{1 - Q_A^2}$	$\sigma_{tIi} = -p \frac{2}{1 - Q_I^2}$	$\sigma_{rAi} = -p$	$\sigma_{rIi} = 0$
$\sigma_{tAa} = p \frac{2Q_A^2}{1 - Q_A^2}$	$\sigma_{tIa} = -p \frac{1 + Q_I^2}{1 - Q_I^2}$	$\sigma_{rAa} = 0$	$\sigma_{rIA} = -p$

$Q_A = \frac{d_{AI}}{d_{Aa}}$; $Q_I = \frac{d_{II}}{d_{Ia}}$ ... Durchmesserverhältnis

Die Größe der Spannungen hängt von der Größe des Haftmaßes Z bzw. des Übermaßes U ab. Bei kleinem Übermaß wird die Nabe nur elastisch verformt. Bei größerem Übermaß kann die Nabe vom Innendurchmesser ausgehend bis zu einer bestimmten Tiefe über die Fließgrenze beansprucht, also plastisch verformt werden, im Grenzfall die gesamte Nabe. Preßpassungen sind im elastischen und elastisch-plastischen Gebiet zulässig.
Wird Gl. (10.33) auf die dicke Nabe unter Berücksichtigung der Wellenverformung angewandt, so lautet

$$Z = d_W (|\varepsilon_{tA}| + |\varepsilon_{tI}|). \tag{10.35}$$

Die Nabendehnung ε_{tA} und die Wellendehnung ε_{tI} lassen sich mit Hilfe des Hookeschen Gesetzes für den zweiachsigen Spannungszustand berechnen:

- Nabe

$$E_A \varepsilon_{tA} = \sigma_{tAi} - \frac{1}{m_A} \sigma_{rAi} = p \left[\frac{1 + Q_A^2}{1 - Q_A^2} + \frac{1}{m_A} \right]$$

- Welle

$$E_I \varepsilon_{tI} = \sigma_{tIa} - \frac{1}{m_I} \sigma_{rIa} = -p \left[\frac{1 + Q_I^2}{1 - Q_I^2} - \frac{1}{m_I} \right].$$

Die Poisonsche Konstante beträgt $m \approx 10/3$ für Stahl, $m \approx 4$ für GG. Diese Beziehungen in Gl. (10.35) eingesetzt, ergibt

$$Z = p d_F \Bigg[\underbrace{\frac{1}{E_A} \left(\frac{1 + Q_A^2}{1 - Q_A^2} + \frac{1}{m_A} \right)}_{K_A} + \underbrace{\frac{1}{E_I} \left(\frac{1 + Q_I^2}{1 - Q_I^2} - \frac{1}{m_I} \right)}_{K_I} \Bigg]. \tag{10.36}$$

Für Vollwelle ($Q_I = 0$) und Werkstoffe gleicher Elastizität ($E_A = E_I = E$) vereinfacht sich Gl. (10.36) zu

$$Z = \frac{p d_F}{E} \frac{2}{1 - Q_A^2}. \tag{10.37}$$

Die Mindestflächenpressung p_k ergibt sich aus der Bedingung für kraftschlüssige Übertragung des Drehmoments. Bei elementarer Betrachtung nimmt man gleichmäßige Flächenpressung und einen durch Betriebskräfte unveränderbaren Verspannungszustand an. Wirkt ein Drehmoment, so ist

$$p_k \geqq \frac{F_u}{\mu A_F} = \frac{2 M_t}{\mu \pi d_F^2 l}. \tag{10.38}$$

Soll eine Längskraft übertragen werden, ist

$$p_k \geqq \frac{F_L}{\mu A_F} = \frac{F_L}{\mu \pi d_F l}; \tag{10.39}$$

$A_F = \pi d_F l$ Fläche der Preßfuge.

Für μ wird aus Sicherheitsgründen der Rutschbeiwert, nicht der Haftbeiwert genommen (s. Tafel 10.4).
Die maximale Fugenpressung p_G ist bestimmt durch die Festigkeit des Werkstoffs. Bei elastischen Preßverbindungen läßt sich mittels der Gestaltänderungshypothese die Gesamtbeanspruchung für den Innendurchmesser der Nabe als Vergleichsspannung σ_v berechnen.

Aus den drei Hauptspannungen

$$\sigma_1 = \sigma_{tAi}, \quad \sigma_2 = 0, \quad \sigma_3 = -p \tag{10.40}$$

folgt mit Gl. (4.39) und mit den Werten aus Tafel 10.8

$$\sigma_{vA} = p\,\frac{\sqrt{3 + Q_A^4}}{1 - Q_A^2}. \tag{10.41}$$

Für den Innendurchmesser der Hohlwelle ist nach Tafel 10.8

$$\sigma_{vJ} = \sigma_{tJi} = p\,\frac{2}{1 - Q_I^2}. \tag{10.42}$$

Diese Werte sollen bei zähen Werkstoffen die im einachsigen Zugversuch gefundene Fließgrenze nicht überschreiten, also $\sigma_v \leqq \sigma_F$. Für spröde Werkstoffe ohne eindeutige Fließgrenze ist eine bestimmte Sicherheit gegenüber der Bruchfestigkeit zu gewährleisten. Somit ergibt sich die maximal ertragbare Fugenpressung für die

- Nabe

$$p_{GN} = \sigma_{zul}\,\frac{1 - Q_A^2}{\sqrt{3 + Q_A^4}} \tag{10.43}$$

- Welle

$$p_{GW} = \sigma_{zul}\,\frac{1 - Q_I^2}{2} \tag{10.44}$$

mit

$$\sigma_{zul} = \frac{\sigma_{0,2}}{S_F}; \quad \text{Sicherheit } S_F = 1{,}1 \ldots 1{,}3$$

oder

$$\sigma_{zul} = \frac{\sigma_B}{S_B}; \quad \text{Sicherheit } S_B = 2 \ldots 3.$$

(TGL 0-7190 legt zur Berechnung von p_G nur die Tangentialspannungen zugrunde. Hierbei muß die resultierende Nabenbeanspruchung gesondert kontrolliert werden.)
Werden p_k und der Größtwert von p_G in Gl. (10.36) eingesetzt, erhält man das kleinste erforderliche und das größte zulässige Haftmaß (Z_k und Z_G) und über Gl. (10.28) das kleinste und größte Übermaß (U_k und U_G).
Die benötigte Fügetemperatur zum zwanglosen Ineinanderschieben von Welle und Nabe ergibt sich aus

$$\Delta t = \frac{U_G + S}{\alpha d_F} \tag{10.45}$$

mit dem Fügespiel $S \geqq d_F/1000$ und dem linearen Ausdehnungskoeffizienten α.
Bei elastisch-plastischen Preßpassungen ist U_G so groß, daß an der höchstbeanspruchten Stelle (Innenbohrung) die Fließgrenze überschritten wird. Der Bereich plastischer Verformung, charakterisiert durch den sog. Plastizitätsradius, wandert mit zunehmender Fugenpressung bis zum Außenrand, wobei dann der vollplastische Zustand erreicht ist.
Die Anwendung elastisch-plastischer Preßverbindungen ist bei zähen Werkstoffen für gering schwankende Drehmomente technisch durchaus sinnvoll; denn sie gestattet neben einer höheren Werkstoffausnutzung auch größere Toleranzen (nach TGL 0-7190 bis

IT 11) bei nur gering ansteigender Fugenpressung. Jedoch darf der vollplastische Zustand nicht erreicht werden, da er einen selbständigen Passungsabbau und damit eine Durchrutschgefahr der Verbindung bewirkt.
Die nach der Elastizitätstheorie gewonnenen Zusammenhänge zwischen Übermaß, Pressung und Spannungen gelten nicht für den plastischen Zustand. Sie erfordern in diesem Fall einen höheren Rechenaufwand, besonders da der Plastizitätsradius durch den Betriebszustand beeinflußt wird.
Um unkompliziert die notwendige Sicherheit gegenüber Vollplastizität zu garantieren, fordert TGL 0-7190 für elastisch-plastische Verbindungen, daß die Mindestpressung höchstens halb so groß wie die zur elastischen Momentenübertragung zulässige Maximalpressung sein darf: $p_k < \frac{1}{2} p_G$.
Der hier dargelegte Berechnungsgang zur Dimensionierung von Preßverbindungen ist für höhere Drehzahlen nicht ausreichend; denn er berücksichtigt nicht den Außenzug durch Fliehkraftwirkung der Bauteilmassen. Infolge der Fliehkräfte weitet sich der Durchmesser des Innenteils um den Betrag ΔZ_I, der Durchmesser des Außenteils um den größeren Betrag ΔZ_A, wobei die für den Ruhezustand ermittelte Flächenpressung p auf p_ω zurückgeht (Bild 10.20). Zur betriebssicheren Auslegung muß deshalb für hohe Betriebsdrehzahlen p_k gegenüber TGL 0-7190 erhöht werden. Bei Berücksichtigung des Fliehkrafteinflusses erweitern sich die in Tafel 10.8 enthaltenen Spannungsgleichungen um zusätzliche Glieder. Zur Berechnung fliehkraftbelasteter Preßverbindungen wird auf die Literatur verwiesen [10.5].

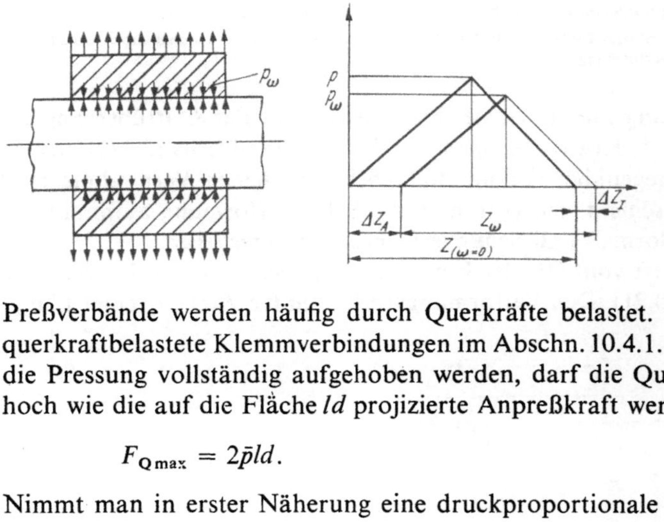

Bild 10.20
Preßverbindung unter Fliehkraftbelastung

Preßverbände werden häufig durch Querkräfte belastet. Hier gilt im Prinzip das für querkraftbelastete Klemmverbindungen im Abschn. 10.4.1. Gesagte. Soll an keiner Stelle die Pressung vollständig aufgehoben werden, darf die Querkraft höchstens doppelt so hoch wie die auf die Fläche ld projizierte Anpreßkraft werden, also

$$F_{Q\max} = 2\bar{p}ld. \qquad (10.46)$$

Nimmt man in erster Näherung eine druckproportionale Verformung an, so folgt aus Tafel 10.6

$$p_m/\bar{p} = 8/\pi^2.$$

Für p_m ist die maximal zulässige Pressung einzusetzen. Somit ergibt sich

$$F_{Q\max} = \frac{\pi^2}{4} p_G ld. \qquad (10.47)$$

Weitere Hinweise zur Berechnung von Preßpassungen unter Querkräften sowie für exzentrische Preßverbände gibt [10.6]. Preßverbände unter Belastung durch Biegemomente untersucht [10.7].

10.4.3.3. Kraft- und Momentenverlauf in Preßverbindungen

Die bisherige Betrachtungsweise geht von der vereinfachten Annahme aus, daß die in einen Preßverband eingeleiteten Kräfte und Momente in Längsrichtung kontinuierlich von einem Bauteil zum anderen übergehen und damit die Sitzlänge gleichmäßig in Anspruch nehmen. Das ist in Wirklichkeit nicht der Fall. Im Abschn. 6. wurde bereits für

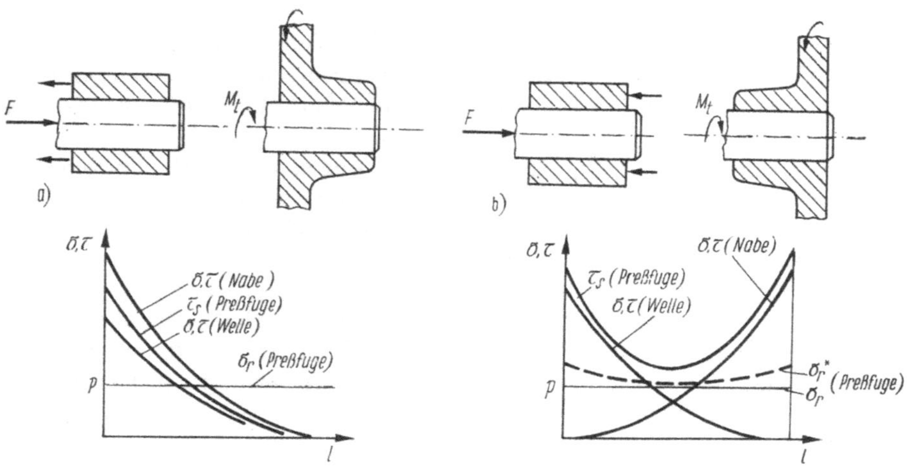

Bild 10.21. Kraft- und Drehmomentenverlauf in Preßverbindungen (qualitativ dargestellt)

a) Kraft- und Momentenaustritt an der Seite der Einleitung; b) Kraft- und Momentenaustritt an der gegenüberliegenden Seite (σ_r^* mit Berücksichtigung der Querverformung)

eine schubbelastete Verbindung mit elastischer Zwischenschicht der Kraftübergang abgeleitet. Die Übertragung von Kraftwirkungen durch einen Preßverband läßt sich in ähnlicher Form darlegen. Gegenüber der im Bild 6.6 besprochenen Verbindung fehlt hier die elastische Zwischenschicht, die vorrangig die Schubverformung aufnimmt, so daß Innen- und Außenteil Normal- und Schubverformungen unterliegen.

Der Beanspruchungsverlauf ist vom Ort der Ein- und der Ausleitung von Kräften und Momenten abhängig (Bild 10.21). Den Verformungsverlauf unter Wirkung einer Längs-

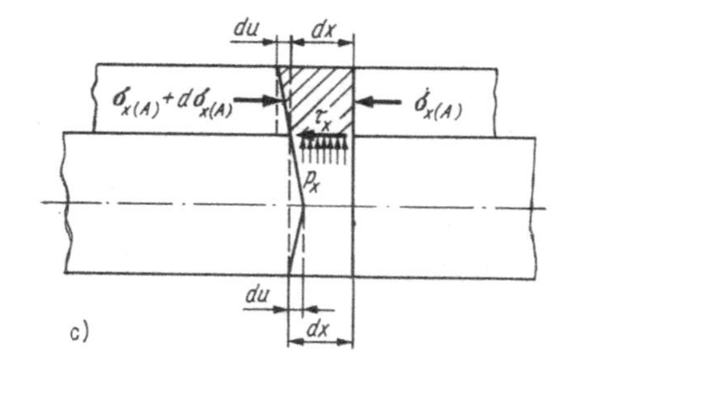

Bild 10.22
Beanspruchung und Verformung einer Preßverbindung unter Wirkung einer Längskraft

a) Verformung bei gezogener Nabe;
b) Verformung bei gedrückter Nabe;
c) Kraftwirkungen an einem Element der Verbindung

kraft stellt vereinfacht in einachsiger Betrachtungsweise Bild 10.22 dar. Will man den zugehörigen Beanspruchungsverlauf über die Nabenlänge erfassen, geht man von den an einem Element wirkenden Beanspruchungen aus. Für die Nabe gilt

$$\frac{\partial \sigma_{x(\mathrm{A})}}{\partial x} A_{\mathrm{A}}\, \mathrm{d}x - \tau_x \pi d_{\mathrm{Ai}}\, \mathrm{d}x = 0$$

oder

$$\frac{\partial \sigma_{x(\mathrm{A})}}{\partial x} - \frac{4 d_{\mathrm{Ai}}}{d_{\mathrm{Aa}}^2 - d_{\mathrm{Ai}}^2} \tau_x = 0. \tag{10.48}$$

Kraftschluß ohne Relativbewegung der Preßflächen gegeneinander liegt vor, wenn die Verformung der anliegenden Flächenelemente gleich ist, wenn also für

- Längskraftbelastung

$$\mathrm{d}u_{(\mathrm{A})} = \mathrm{d}u_{(\mathrm{I})},$$

damit

$$\frac{\mathrm{d}u_{(\mathrm{A})}}{\mathrm{d}x} = \frac{\mathrm{d}u_{(\mathrm{I})}}{\mathrm{d}x}, \quad \varepsilon_{\mathrm{A}} = \varepsilon_{\mathrm{I}}$$

$$\frac{\mathrm{d}\sigma_{x(\mathrm{A})}}{\mathrm{d}x} = \frac{\mathrm{d}\sigma_{x(\mathrm{I})}}{\mathrm{d}x}, \quad \frac{\mathrm{d}F_{x(\mathrm{A})}}{\mathrm{d}x} = \frac{\mathrm{d}F_{x(\mathrm{I})}}{\mathrm{d}x} \tag{10.49}$$

- Momentenbelastung

$$\frac{\mathrm{d}\varphi_{(\mathrm{A})}}{\mathrm{d}x} = \frac{\mathrm{d}\varphi_{(\mathrm{I})}}{\mathrm{d}x}, \quad \frac{\mathrm{d}M_{x(\mathrm{A})}}{\mathrm{d}x} = \frac{\mathrm{d}M_{x(\mathrm{I})}}{\mathrm{d}x}, \tag{10.50}$$

d.h., wenn im Bereich dx der in die Nabe geleitete Kraftanteil bzw. Momentenanteil gleich dem Abfall im zugeordneten Teil der Welle ist.
Außer der Beziehung für das Spannungsgleichgewicht [s. Gl. (10.48)] besteht infolge des Stoffgesetzes analog zu Gl. (6.7) ein zweiter Zusammenhang zwischen σ und τ in der Form

$$\sigma_x = \sigma_x \left(E, G, d_{\mathrm{A}}, d_{\mathrm{I}}, \frac{\mathrm{d}\tau}{\mathrm{d}x} \right).$$

Mit diesem Ausdruck läßt sich Gl. (10.48) in eine Differentialgleichung zweiter Ordnung für σ_x überführen:

$$\frac{\mathrm{d}^2 \sigma_{x(\mathrm{A})}}{\mathrm{d}x^2} - a \frac{G}{E} \sigma_x = 0. \tag{10.51}$$

Die Lösung dieser Gleichung ergibt einen exponentiellen Abfall der eingeleiteten Kraft. Die Fachliteratur enthält hierüber eine Zahl von Aufsätzen [10.8]. Im Bild 10.21 sind einige Ergebnisse qualitativ dargestellt. Sie zeigen den Spannungsverlauf und damit den Kraft- bzw. Momentenübergang in Abhängigkeit von der Zuordnung der Krafteinleitungsstellen zu den -ableitungsstellen mit charakteristischen Spannungsspitzen an den Sitzrändern. Dieses Ergebnis hat Gültigkeit bei rein elastischer Kraftübertragung, d.h., solange die örtliche Schubspannung den durch die örtliche Flächenpressung bestimmten Kraftschluß nicht durchbricht; es entspricht der Kurve a im Bild 10.23.

Wird das Drehmoment gesteigert, so ist die Grenze rein elastischer Übertragung (M_g) dann erreicht, wenn der Verdrillungswinkel der Preßflächen am Sitzanfang gleich dem Winkel im Rutschzustand wird: $\varphi = \varphi_R$ (Kurve *b*).
Liegt M_t oberhalb M_g, z. B. bei M^*, so müßte sich unter Voraussetzung rein elastischer Kraftübertragung ein Winkel $\varphi^* > \varphi_R$ einstellen. Das ist jedoch nicht möglich, da bereits bei $\varphi = \varphi_R$ Rutschen eintritt. Folglich muß zwangsläufig das Drehmoment bis zu einer Tiefe l_g unter örtlichem Gleiten übertragen werden, woran sich der Bereich des kraftschlüssigen Kontakts anschließt (Kurve *c*).

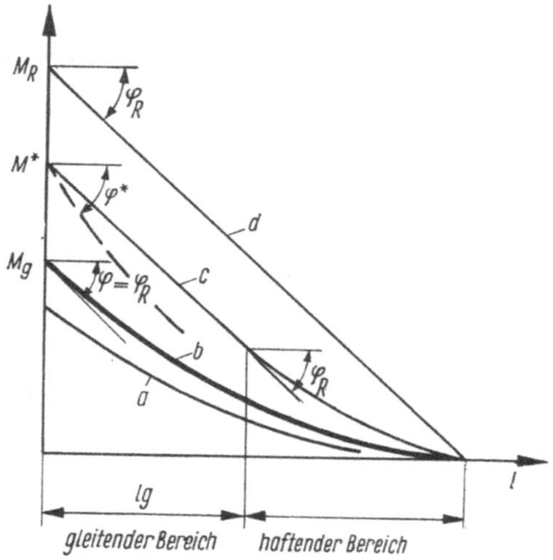

Bild 10.23
Drehmomentübergang in einer Preßverbindung
M_R Rutschmoment; M_g Grenzmoment für rein elastische Übertragung; l Nabenlänge

Ist $M_t = M_R$, erfolgt ein Durchrutschen der Welle. Das Drehmoment nimmt bei konstant bleibender Schubspannung linear bis auf Null ab (Kurve *d*). Somit läßt sich die grundsätzliche Problematik für die optimale Gestaltung von Preßsitzen ableiten: An Krafteinleitungsstellen wird infolge der Schubspannungskonzentration der Mittelwert der Schubspannung z. T. erheblich überschritten, wodurch örtliches Gleiten möglich ist, das den gesamten Kraftschluß zwar nicht aufhebt, jedoch besonders bei wechselnden Drehmomenten über längere Betriebszeiten hinweg örtlich zu metallischem Abrieb führt, der bei Hinzutritt von Sauerstoff zum sog. Passungsrost oxydiert. Längskraftbelastete Preßverbände mit gedrückter Nabe (Bild 10.21 b) entwickeln an den Sitzrändern infolge Stauchung einen Pressungsanstieg. Der Zusammenhang zwischen Längskraftverlauf und Pressungsänderung läßt sich aus dem allgemeinen Hookeschen Gesetz ableiten:

$$E\varepsilon_t = \sigma_t - \frac{1}{m}(\sigma_r + \sigma_x). \qquad (10.52)$$

Für die Nabe wird

$$E_A\varepsilon_{tA} = p(x)\frac{1+Q_A^2}{1-Q_A^2} + \frac{1}{m_A}p(x) - \frac{1}{m_A}\frac{F_{x(A)}}{A_A}$$

und für die Welle

$$-E_I\varepsilon_{tI} = p(x)\frac{1+Q_I^2}{1-Q_I^2} - \frac{1}{m_I}p(x) - \frac{1}{m_I}\frac{F_{x(I)}}{A_I};$$

A_A, A_I Naben- bzw. Wellenquerschnitt.

Setzt man $E_A = E_I$ und $Q_I = 0$ (Vollwelle), dann ergibt sich für das Haftmaß nach Gl. (10.36)

$$Z = \frac{d_F}{E}\left[\frac{2p(x)}{1 - Q_A^2} - \frac{1}{m}\left(\frac{F_{x(A)}}{A_A} + \frac{F_{x(I)}}{A_I}\right)\right] \quad (10.53)$$

und daraus für den Pressungsverlauf

$$p(x) = \frac{1 - Q_A^2}{2}\left[Z\frac{E}{d_F} + \frac{1}{m}\left(\frac{F_{x(A)}}{A_A} + \frac{F_{x(I)}}{A_I}\right)\right] = p_0 + p\,(F_{x(A)};\; F_{x(I)}). \quad (10.54)$$

Durch eine stauchende Längskraft wird die aus dem Übermaß resultierende gleichmäßige Pressung p_0 um einen in Nabenrichtung mit F_x veränderlichen Betrag erhöht. Dieser Pressungsanstieg an den Sitzrändern bedeutet einerseits eine selbsttätige Sicherung gegen Gleiten, da die wirkliche Abdrückkraft der Nabe etwas höher ist als unter Vernachlässigung der Stauchung. Andererseits können sich Stellen mit Pressungsspitzen wegen Überschreitung der Fließgrenze plastisch verformen, dadurch ein örtliches Unterschreiten des zum Kraftschluß erforderlichen Haftmaßes bewirken, wodurch ebenfalls partielle Gleitbewegungen in der Verbindungsfuge möglich werden. Diese Gefahren an den Sitzrändern können teilweise durch zweckmäßige konstruktive Gestaltung abgefangen werden (s. Abschn. 10.6).

10.4.4. Kegelverbindungen

Kegelverbindungen eignen sich für die Befestigung von Rädern an Wellenenden, für Wälzlager mit nachstellbarem Innenring u.a. Die Verspannung geschieht durch Einleitung einer Axialkraft mittels Nutringmutter oder Sechskantmutter. Zusätzliche Einlege- oder Scheibenfedern mit Flankenspiel sind als Funktionselemente zur Lagezuordnung möglich, als formschlüssige Sicherung gegenüber Verdrehung jedoch unzweckmäßig, da sie den kraftschlüssigen Kontakt stören.
Kegelsitze können entweder ohne Selbsthemmung ($\alpha/2 > \varrho$) als einfache Kegelverbindungen (z.B. bei der Kegelreibungskupplung) oder mit Selbsthemmung ($\alpha/2 < \varrho$) als Kegelpreßverband ausgeführt werden. Im letzten Fall ist neben dem allgemein üblichen axial verspannten Kegelpreßverband (Bild 10.24a) auch der axial nichtverspannte Kegelpreßverband (Bild 10.24b) möglich, der als konischer Längspreßsitz aufzufassen ist.

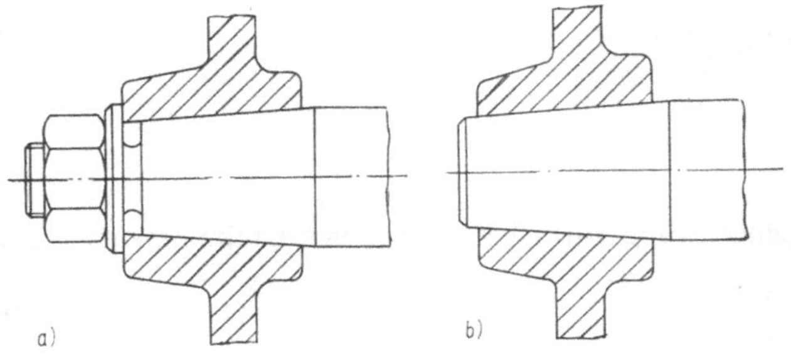

Bild 10.24
Kegelverbindung
a) axial verspannt;
b) axial nichtverspannt

Der große Vorteil der Kegelpreßpassung gegenüber der zylindrischen Preßpassung besteht darin, daß sich durch gegenseitige axiale Verschiebung von Welle und Nabe um relativ kleine Wege beliebige Durchmesserdifferenzen der beiden Bauteile herstellen lassen.

Weitere Vorteile sind Nachstellbarkeit der Verspannkraft, ein kurzer Preß- und Löseweg sowie eine kleine Lösekraft. Schwierigkeiten macht jedoch die exakte Berechnung der Axial-, Radial- und Tangentialspannungen bei Kegelpreßsitzen, da die Einpreßkraft nur mit beschränkter Genauigkeit angegeben werden kann, sowie die Gewährleistung genau übereinstimmender Kegelneigungswinkel beim Innen- und Außenteil.
Der Rechnungsgang zur Dimensionierung einer Kegelverbindung umfaßt folgende Schritte

a) die zur kraftschlüssigen Übertragung eines gegebenen Drehmoments M_t erforderliche Mindestflächenpressung p_k
b) die zur Erzeugung von p_k benötigte axiale Einpreßkraft F_e
c) den erforderlichen Einpreßweg Δe
d) die Kontrolle der Spannungen in Nabe und Zapfen oder – wie bei der zylindrischen Preßpassung – die aus der maximal ertragbaren Nabenbeanspruchung ableitbare maximale Flächenpressung sowie den maximalen zulässigen Einpreßweg.

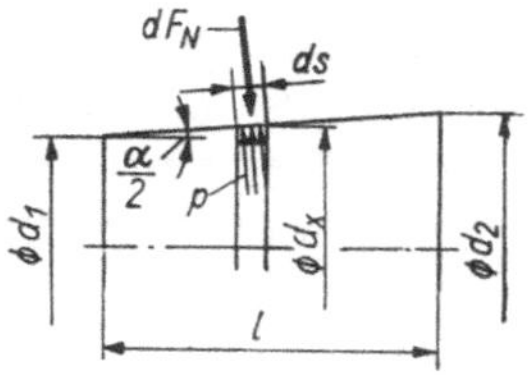

Bild 10.25
Beanspruchung eines Kegelelements

Nach Bild 10.25 ist die Normalkraft

$$\mathrm{d}F_N = \pi d_x p \,\mathrm{d}s$$

und das Reibmoment

$$\mathrm{d}M_R = \mu \,\mathrm{d}F_N \frac{d_x}{2} = \mu\pi p \frac{d_x^2}{2} \,\mathrm{d}s.$$

Unter der Annahme konstanter Flächenpressung $\bar{p}$ ist

$$M_R = \mu\pi\bar{p} \int_0^l \frac{d_x^2}{2} \,\mathrm{d}s,$$

daraus mit ertragbarer Näherung

$$M_R = \mu\pi\bar{p}l \frac{d_m^2}{2} = \mu F_N \frac{d_m}{2} \leqq M_t, \qquad (10.55)$$

wobei

$$d_m = \frac{d_1 + d_2}{2}.$$

Die erforderliche Mindestflächenpressung zur Übertragung des Drehmoments M_t ist dann

$$p_k = \frac{2M_t}{\mu\pi d_m^2 l}. \qquad (10.56)$$

Für gering belastete Verbindungen genügt der Nachweis $p_k \leqq p_{zul}$. Bei höherer Belastung muß die durch den Fügevorgang tatsächlich erreichte Pressung ermittelt werden. Dazu sind die Zusammenhänge zwischen Einpreßkraft, Einpreßweg, Übermaß und Flächenpressung abzuleiten.

Die zur Erzeugung von p_k benötigte Einpreßkraft F_e folgt aus Bild 10.26

$$F_e = F_N \left(\sin \frac{\alpha}{2} + \mu \cos \frac{\alpha}{2} \right) = F_N \frac{\sin(\frac{1}{2}\alpha + \varrho)}{\cos \varrho} \approx F_N \tan \left(\frac{\alpha}{2} + \varrho \right) \tag{10.57}$$

oder mit Gl. (10.55)

$$F_e = \frac{2M_t}{\mu d_m} \tan \left(\frac{\alpha}{2} + \varrho \right). \tag{10.58}$$

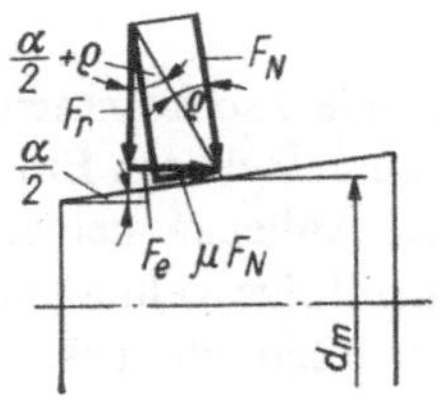

Bild 10.26
Kräfte an einer Kegelverbindung

Die Lösekraft F_a zum Auspressen des Kegels ist wegen der Richtungsumkehr der Reibkraft

$$F_a = \frac{2M_t}{\mu d_m} \tan \left(\frac{\alpha}{2} - \varrho \right). \tag{10.59}$$

Analog zur zylindrischen Preßpassung ist das erforderliche kleinste Übermaß nach Gl. (10.28)

$$U_k = Z_k + \Delta \underset{\smile}{U}.$$

Dieses Übermaß U_k wird durch Zusammenschieben der Verbindung um Δe erzeugt:

$$U_k = \Delta e \tan \frac{\alpha}{2}. \tag{10.60}$$

Zur Bestimmung des Mindesthaftmaßes Z_k ersetzt man in erster Näherung die Kegelform von Nabe und Zapfen durch mittlere zylindrische Formen, so daß für die Beiwerte der Gl. (10.36)

$$Q_A = \frac{d_m}{d_N}, \quad Q_I = \frac{d_i}{d_m}$$

einzusetzen ist. Außerdem wird zur Lösung der Gl. (10.36) die Radialkomponente der Flächenpressung p benötigt:

$$p_r = p_k \cos \frac{\alpha}{2}$$

$$p_r = \frac{Z_k}{(K_A + K_I)\, d_W} \cos \frac{\alpha}{2} = \frac{\Delta e \tan \alpha/2 - \Delta U}{(K_A + K_I)\, d_W} \cos \frac{\alpha}{2}. \tag{10.61}$$

Somit läßt sich Gl. (10.57) schreiben:

$$F_e = \pi d_m l p_k \left(\sin \frac{\alpha}{2} + \mu \cos \frac{\alpha}{2} \right) = \pi d_m l p_r \left[\tan \frac{\alpha}{2} + \mu \right]. \tag{10.62}$$

Als Beziehung zwischen Einpreßkraft F_e und Einpreßweg Δe ergibt sich nunmehr

$$F_e = \pi l \left[\tan\frac{\alpha}{2} + \mu\right] \frac{\Delta e \tan\alpha/2 - \Delta U}{K_A + K_I}. \qquad (10.63)$$

In analoger Weise lassen sich unter Zuhilfenahme der Gln. (10.43) und (10.62) auch die aus Festigkeitsgründen maximal zulässige Einpreßkraft und der zulässige maximale Einpreßweg bestimmen.

Aus Bild 10.26 und Gl. (10.57) ist ersichtlich, daß als Einpreßkraft F_e nur ein Bruchteil der erforderlichen Anpreßkraft F_N aufgebracht werden muß. Hier zeigt sich ein Vorteil gegenüber dem Axialklemmsitz (s. Tafel 10.5), bei dem $F_e = F_s = F_N$ ist. Dieser Vorteil wird allerdings auf Kosten recht hoher Radialkräfte F_r erreicht.

Besteht zwischen den Kegelwinkeln von Welle und Nabe ein Winkelfehler, so kommen beim Zusammenfügen zunächst nur bestimmte Bereiche zur Anlage. Beim weiteren Einpressen vergrößern sich die Kontaktflächen. Bis zum vollständigen Anliegen beider Kegel muß also ein bestimmter Anpassungsaufschub erfolgen. Demzufolge geht vom tatsächlichen Übermaß U nicht nur der Glättungsverlust ΔU, sondern auch ein zusätzlicher Anteil U_s zur Gewährleistung der Totalanlage verloren:

$$Z = U - \Delta U - U_s.$$

Es ist einleuchtend, daß bereits kleine Neigungswinkelfehler den eingangs vorausgesetzten Pressungsverlauf erheblich ändern. Die Berechnung von Kegelpreßverbänden mit Neigungswinkelfehlern ist in [10.9] dargelegt.

Der wesentliche Unterschied zwischen dem axial verspannten und dem nichtverspannten Kegelpreßverband besteht im Betriebsverhalten.

Beim axial verspannten Verband wird das durch den Fügeprozeß aufgebaute Kräftegleichgewicht bei der ersten Drehmomentbelastung gewandelt. Infolge der nun zusätzlich wirkenden Umfangskraft dreht der Reibungskraftvektor aus der Achsrichtung in die Richtung der von F_u und μF_N gebildeten Resultierenden, so daß nur noch eine Komponente der Reibungskraft der Eintriebskraft F_e entgegenwirkt. Als Folge schiebt nun die Kraft F_e die Nabe schraubenförmig etwas weiter auf den Zapfen, bis die neue Gleichgewichtslage erreicht ist. Dabei geht die Kraft F_e zurück, wofür F_N und p ansteigen und damit eine erhöhte Sicherheit gegen Rutschen bieten [10.9]. Dieser Effekt fehlt dem axial nichtverspannten Kegelpreßverband.

10.5. Vorgespannte Formschlußverbindungen

Elemente, die ihren Einbauraum paßgerecht ausfüllen und zusätzlich die zu verbindenden Bauteile verspannen, erzeugen vorgespannte Formschlußverbindungen, bei denen Kräfte und Momente kraft- und formschlüssig übertragen werden. Typische Elemente sind Keile.

10.5.1. Keilverbindungen

Als Wellen-Naben-Verbindungen interessieren vorwiegend Längskeile.

Die erforderlichen Anpreßkräfte zur kraftschlüssigen Übertragung von Drehmomenten werden durch Keilflächen erzeugt (standardisierte Keilneigung ist 1 : 100).

Bild 10.27 zeigt verschiedene Keilformen.

Die Verspannung erfolgt entweder durch Einschlagen des Keils (Treibkeilverbindung) oder durch Auftreiben der Nabe (Einlegekeilverbindung).
In beiden Fällen werden die Keile in entsprechende Wellennuten gelegt. Die Breite der *Nutenkeile* (Treibkeile oder Einlegekeile) hat die Toleranz h 9, die Nutenbreite D 10. Wellennuten werden mittels Finger- oder Scheibenfräser gefertigt, Nabennuten werden gestoßen oder elektroerosiv erzeugt.

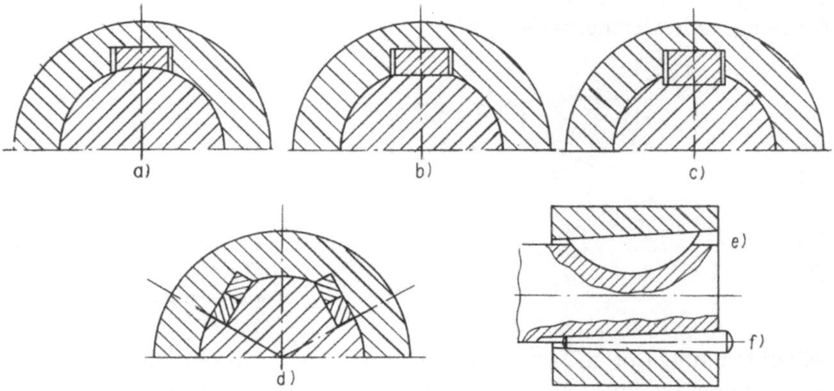

Bild 10.27. Keilformen

a) Hohlkeil; b) Flachkeil; c) Nutenkeil (als Einlegekeil in rundstirniger Ausführung oder als Treibkeil in geradstirniger Ausführung TGL 9501, als Nasentreibkeil TGL 9502); d) Tangentkeil, TGL 18076; e) Scheibenkeil, TGL 9499; f) Rundkeil Kegelstift), TGL 0-1

Allgemein sind Keile auf kraftschlüssige Übertragung des Drehmoments auszulegen. Nutenkeile wirken bei Überschreitung des Rutschdrehmoments auch formschlüssig. *Hohlkeile* wirken nur kraftschlüssig, *Flachkeile* zusätzlich in geringem Maß formschlüssig. Sie werden nur für kleinere Beanspruchungen verwendet und sind in der DDR nicht standardisiert. *Scheibenkeile* sind selbsteinstellend, führen jedoch zu hohen Kerbspannungen in der Welle wegen der erheblichen Nuttiefe. Sie finden im Kraftfahrzeug- und Werkzeugmaschinenbau Verwendung. *Rundkeile* (Längskegelstifte) wirken kraft- und formschlüssig, sind jedoch auch nur für kleine Drehmomente zulässig. Für große und wechselnde Drehmomente eignen sich *Tangentkeile* (Tangentialkeile). Bei ihnen wird durch tangentiale Anordnung der Keilpaare die Wellennabenverbindung nicht nur in radialer, sondern auch in tangentialer Richtung verspannt. Durch zwei um 120° versetzte Keilpaare wird eine zentrische Lage erreicht. Die Drehmomente werden form- und kraftschlüssig übertragen.
Die Vorteile der Keilverbindung bestehen in ihrer leichten Anzugs- und Nachspannmöglichkeit sowie in ihrer Wiederverwendbarkeit. Nachteilig sind die hohen Kerbspannungen in der Keilnut und die Gefahr des Verziehens der Nabe mit der daraus resultierenden Unwucht.
Die Kraftverhältnisse an Keilen sind relativ leicht überschaubar, doch ist die zur Erzeugung der notwendigen Flächenpressung p erforderliche Eintriebskraft F_e nicht meßbar (nur bei hydraulischem Aufziehen). Damit läßt sich das übertragbare Drehmoment nur ungenau angeben. Aus Bild 10.28 folgt der Zusammenhang zwischen Eintriebskraft F_e und Anpreßkraft F_N (Vorspannungszustand):

$$F_e = F_N [\tan(\alpha + \varrho_R) + \tan \varrho_R] \approx 2\mu_R F_N. \tag{10.64}$$

Die Lösekraft ist

$$F_L = F_N [\tan(\alpha - \varrho_H) - \tan \varrho_H] \approx -2\mu_H F_N. \qquad (10.65)$$

Durch konstruktive Umsetzung der von außen aufgebrachten Kraft F_e wird an den Kontaktflächen zur Nabe eine F_e weit übersteigende Anpreßkraft F_N erzeugt.
Bei Einlegekeilen tritt während des Aufziehens der Nabe keine Reibung zwischen Keil und Welle auf, dafür jedoch zwischen Welle und Nabe, so daß die Gln. (10.64) und (10.65) für Treib- und Einlegekeile gleichermaßen gültig sind.

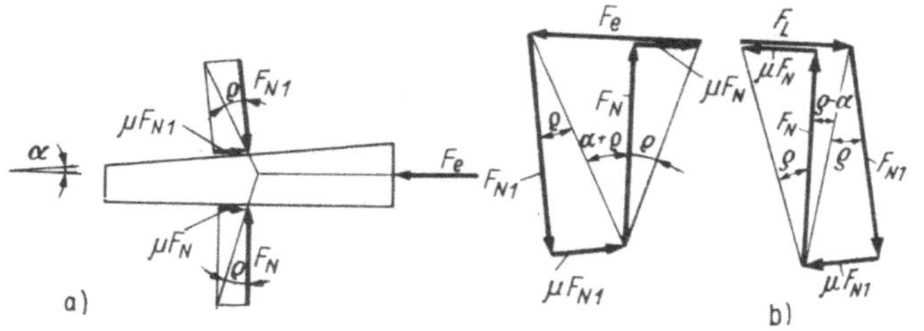

Bild 10.28
Kräfte am Treibkeil
a) beim Eintreiben; b) beim Lösen

Keile haben Selbsthemmung ($\varrho > \alpha/2$). Im Bild 10.29 sind die Kraftverhältnisse an einem Hohlkeil dargelegt. Die Kraftübertragung erfolgt hier durch reinen Kraftschluß an zwei Stellen des Kontaktbereichs, mittelbar am Keil und unmittelbar am gegenüberliegenden Wellenumfang. Infolge des Drehmoments M_t wird die unter Vorspannung gleichmäßig

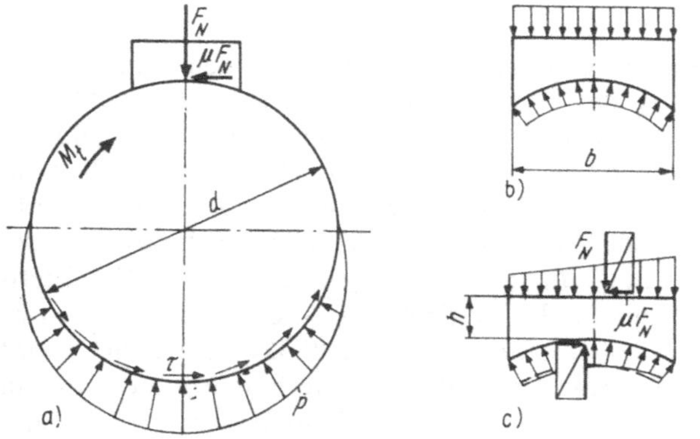

Bild 10.29
Kräfte am Hohlkeil
a) Kräfte an der Welle; b) Kräfte am Keil infolge Vorspannung; c) resultierende Kräfte am Keil

verteilte Flächenpressung geändert. Die am Keil angreifenden Reibkräfte erzeugen ein Moment, das den Keil um seine Längsachse zu drehen versucht und damit Pressungserhöhungen in den Randgebieten erzeugt (Bild 10.29c). Der schwer erfaßbare genaue Pressungsanstieg gegenüber dem Mittelwert wird durch Verwendung hoher Sicherheitsbeiwerte berücksichtigt (s. Tafel 10.9).
Bild 10.30 beschreibt das Kräftegleichgewicht am Einlegekeil und am Flachkeil.
Unter Einwirkung eines Drehmoments in dargestellter Wirkungsrichtung wandert der Nuteneckpunkt *P* nicht horizontal aus, sondern tangential zum Umfang schräg nach oben, so daß der Keil verklemmt wird. Die Kraftübertragung erfolgt demzufolge durch Kraft- und Formschluß. Die Bilder 10.30b und c veranschaulichen die Pressungsverhältnisse. Der durch Klemmwirkung geänderte resultierende Pressungsverlauf wird näherungsweise trapezförmig angenommen.

Nach Bild 10.30 ist infolge Kraft- und Formschluß

$$M_t \leqq \mu F_N y + c F_N. \tag{10.66}$$

Hierbei wird aus Sicherheitsgründen auch für den Bereich der direkten Kraftübertragung am Wellenumfang mit $F_R = \mu F_N$ gerechnet, obwohl nach Tafel 10.6 $F_R = \mu k F_N$ den wirklichen Verhältnissen mehr entspräche.

Da weder μ, c noch F_N genau bekannt sind und der Übertragungsanteil durch Kraftschluß überwiegt, wird allgemein vereinfacht auf reinen Kraftschluß gerechnet.

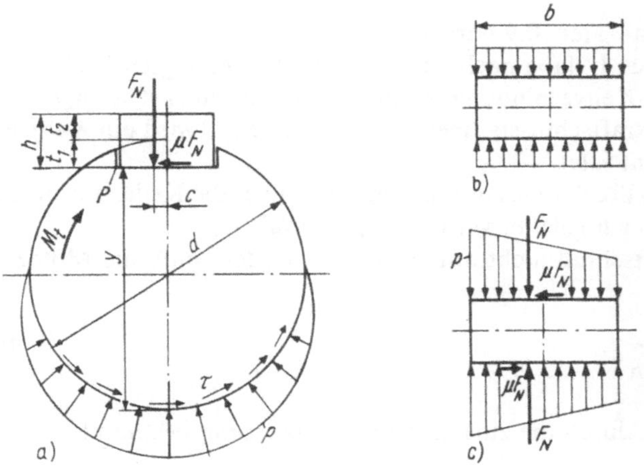

Bild 10.30
Kräfte am Einlegekeil

a) Kräfte an der Welle;
b) Flächenpressung am Keil infolge Vorspannung;
c) resultierende Flächenpressung

Setzt man Gl. (10.64) in Gl. (10.66) ein, dann erhält man die zur Übertragung eines bestimmten Moments M_t erforderliche Eintriebskraft F_e. Analog zur Kegelverbindung wäre nun die Ermittlung des erforderlichen Einpreßwegs Δe angebracht, der sich leicht durch Messung kontrollieren ließe. Jedoch ist die für Kegelverbindungen abgeleitete Beziehung zwischen F_e und Δe [s. Gl. (10.63)] nur für umfangskonstante Fugenbelastung gültig. Die bei Keilverbindungen vorhandene ungleichmäßige Belastung der Kontaktflächen macht den Einpreßweg nicht mit der erforderlichen Genauigkeit berechenbar.

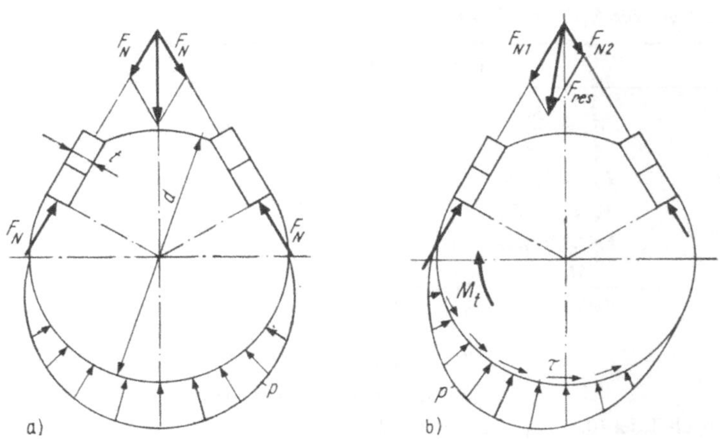

Bild 10.31. Kräfte durch Tangentkeile

a) Vorspannungszustand; b) Betriebszustand

Die mittlere Flächenpressung am Keil ist

$$\bar{p} = \frac{F_N}{bl} = \frac{M_t}{\mu bly} \approx \frac{M_t}{\mu bld}. \tag{10.67}$$

Da die Querschnittsabmessungen für Nutenkeile standardisiert sind, läßt sich mit Gl. (10.67) für ein gegebenes p_{zul} die erforderliche Keillänge bestimmen bzw. für vorhandene Keile die Flächenpressung nachrechnen.

Die maximale Flächenpressung am Keil ist näherungsweise

$$p_{max} \approx 2\bar{p}. \tag{10.68}$$

Der Rechnungsalgorithmus ist in Tafel 10.9 dargelegt.

Tangentkeile verspannen Welle und Nabe nach der im Bild 10.31 gezeigten Weise. Das Drehmoment wird über die Keilverbindung formschlüssig und über den angepreßten Bereich des Nabenumfangs kraftschlüssig übertragen. Infolge M_t wird ein Keilpaar zusätzlich belastet, das andere entlastet.

Unter der Annahme, daß eine Hälfte der Gesamtumfangskraft über die Keile, die andere über den angepreßten Nabenbereich geleitet wird, ist $F_u = M_t/d$.

Soll am Nabenumfang der Kraftschluß nicht durchbrochen werden, muß die Mindestnabenlänge

$$l_N = \frac{F_u}{\mu d p_{zul}} = \frac{M_t}{\mu d^2 p_{zul}} \tag{10.69}$$

betragen.

Die erforderliche Keillänge wird durch die zulässige Flächenpressung bestimmt:

$$l_k = \frac{F_{N1}}{t p_{zul}} \approx \frac{M_t}{\mu d t p_{zul}}, \tag{10.70}$$

wobei $F_{N1} \approx F_{res} \approx F_u/\mu$ angenommen wird.

10.5.2. Berechnungsbeispiel

Der Rechnungsgang zur Bemessung von Keilverbindungen ist in Tafel 10.9 dargelegt.

Tafel 10.9. Berechnungsunterlagen für Keilverbindungen

	Treib- und Einlegekeile	Tangentkeile
Umfangskraft am Keil	$F_u = \frac{M_t}{d}$	
erforderliche Anpreßkraft	$F_N = F_u/\mu_R$	
Eintriebskraft am Keil	$F_e \approx 2\mu_R F_N$	
Lösekraft am Keil	$F_L \approx 2\mu_H F_N$	
erforderliche Keillänge	$l = \frac{M_t}{\mu_R d b p_{zul}}$	$l_N = \frac{M_t}{\mu d^2 p_{zul}}$ $l_K = \frac{M_t}{\mu d t p_{zul}}$ (Größtwert von l verwenden)
	μ_R nach Tafel 10.4; p_{zul} nach Gl. (10.3)	
Pressung in der Stirnfläche der Keile	$p_d = \frac{F_L}{bh}$	$p_d = \frac{F_L}{th} \leqq \sigma_{dzul} \approx 120\ \text{N/mm}^2$

10.6. Gestaltung von Naben

Für den ersten konstruktiven Entwurf von Wellenanlagen macht sich häufig eine überschlägliche Dimensionierung der Naben erforderlich, da die Nabenabmessungen maßgeblich die Lagerabstände beeinflussen können und daher zu Beginn einer konstruktiven Gestaltung näherungsweise bekannt sein müssen.
Liegt der Wellendurchmesser fest, so können nach Tafel 10.10 die Nabenabmessungen überschläglich festgelegt werden.
Für gering beanspruchte Wellen-Naben-Verbindungen genügen diese Näherungswerte.

Tafel 10.10 Überschlägliche Nabenabmessungen (d_w Wellendurchmesser)

Nabenwerkstoff	GG	St
Außendurchmesser der Nabe d_{Aa}	$(2{,}0 \ldots 2{,}2)\, d_w$	$(1{,}6 \ldots 2{,}0)\, d_w$
Nabenlänge l	$(1{,}2 \ldots 2{,}0)\, d_w$	$(1{,}0 \ldots 1{,}3)\, d_w$

In der Antriebstechnik liegt jedoch meist höhere dynamische Beanspruchung vor, die eine genauere Berechnung dieser Verbindungen erforderlich macht. Wellen-Naben-Verbindungen sind oft die am stärksten dauerbruchgefährdeten Bereiche einer Wellenanlage und damit Stellen geringster Betriebssicherheit. Die bei Wellen-Naben-Verbindungen örtlich auftretenden Spannungsspitzen sind bedingt durch zwei sich überlagernde Erscheinungen:

1. Kerbwirkung im Bereich der Verbindung
2. Spannungskonzentration an Krafteinleitungsstellen.

Der Kerbeinfluß wird nach Abschn. 4.5.4.4. und TGL 19340 durch die Kerbwirkungszahl β_k erfaßt.

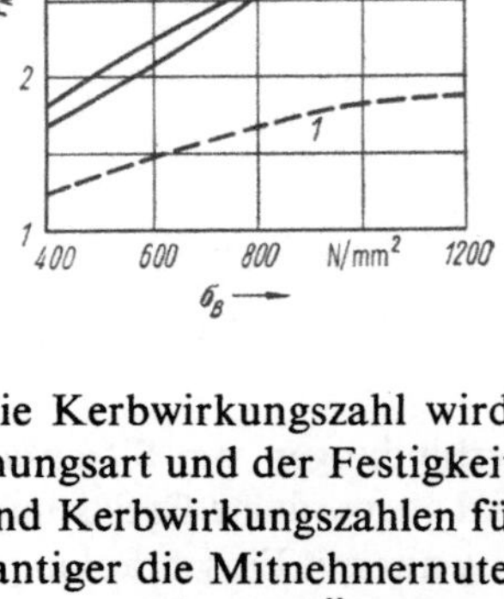

Bild 10.32
Kerbwirkungszahlen für Biegung und Torsion nach TGL 19340

1 β_{ktw} für Preßsitz oder Festsitz mit Paßfeder; *2* β_{kbw} für Preßsitz oder Festsitz mit Paßfeder; *3* β_{kbw} für Festsitz mit Einlegekeil

Die Kerbwirkungszahl wird von der Formzahl, dem Spannungsgefälle, der Beanspruchungsart und der Festigkeit des Werkstoffs beeinflußt. Im Bild 10.32 und in Tafel 10.11 sind Kerbwirkungszahlen für einige Wellen-Naben-Verbindungen angegeben. Je scharfkantiger die Mitnehmernuten ausgeführt sind, desto höher ist die Kerbspannung. Auch ein unvermittelter Übergang zur Preßverbindung hat eine zu beachtende Kerbwirkung.

Zur Erfassung des Kerbeinflusses bei Wellen-Naben-Verbindungen sowie der Spannungskonzentration an Krafteinleitungsstellen liegen inzwischen theoretische und experimentelle Ergebnisse vor. Während die Kerbfaktoren relativ weit erforscht sind, läßt sich der wirkliche Kraft- bzw. Drehmomentenübergang durch eine Wellen-Naben-Verbindung quantitativ nur mit begrenzter Genauigkeit angeben – bei kraftschlüssigen Verbindungen durch Unsicherheiten im Erfassen des wirklichen Pressungs- und Reibungszustands, bei formschlüssigen Verbindungen durch Schwierigkeiten, die örtliche Steifigkeit der Kontaktflächen hinreichend genau zu ermitteln.

Tafel 10.11. Kerbwirkungszahlen verschiedener Wellen-Naben-Verbindungen für Wellen aus St 50

Verbindungsart	β_{ktw}
glatte Welle	1
Paßfederverbindung	1,7 ... 2,1
Keilwelle	2 ... 2,6
Zahnwelle (Evolventenprofil)	1,2 ... 1,5
Polygonprofil	1,15 ... 1,25
Preßsitz	1,7 ... 2,1
Kegelsitz mit Paßfeder	2,4 ... 2,7
Ringspannverbindung	1,15 ... 1,25

Im Bild 10.21 wurde der Drehmomentenverlauf in einer Preßverbindung qualitativ dargestellt. Dieselbe Tendenz tritt auch bei formschlüssigen Wellen-Naben-Verbindungen auf. Danach nimmt das zu übertragende Drehmoment die Sitzlänge nicht gleichmäßig in Anspruch; der größte Teil wird bereits im ersten Drittel der Sitzlänge übertragen. Durch konstruktive Maßnahmen ist es möglich, diese Beanspruchungsspitzen abzubauen, wofür allerdings kaum ingenieurmäßige Berechnungsunterlagen vorliegen. Das Augenmerk ist dabei nicht nur auf die konstruktive Gestaltung der Sitzanfänge, sondern auch auf eine zweckmäßige Formgebung der Welle kurz vor dem Sitzanfang zu richten.

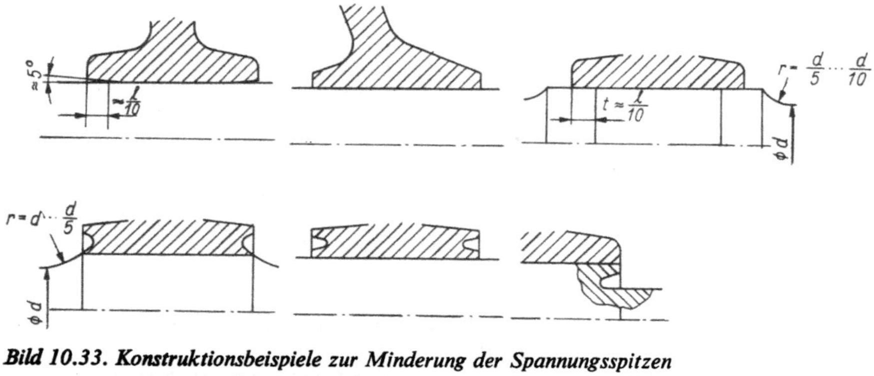

Bild 10.33. Konstruktionsbeispiele zur Minderung der Spannungsspitzen
t Bereich mit vermindertem Übermaß bei Preßsitzen

Wichtigste Maßnahmen zur Erhöhung der Dauerfestigkeit von Wellen-Naben-Verbindungen sind

1. Vergrößerung der Nachgiebigkeit der Wellen-Naben-Verbindungen am Sitzanfang durch elastische Ausführungen bzw. durch axial oder radial angeordnete Entlastungskerben, Rillen, Mulden u.ä. (die bei Biegemomentbelastung nur mit Einschränkungen anwendbar sind)

2. Minderung des Übermaßes am Sitzanfang bei Preßsitzen
3. guter Übergang der Wellenabsätze.

Bild 10.33 enthält hierfür einige Konstruktionsbeispiele.

10.7. Beispiele

Beispiel 1

Das im Bild 10.34 gezeigte Zahnrad sei mittels Paßfeder mit der Welle verbunden. Am Teilkreis d_{01} greife eine Umfangskraft von $F_u = 10 \cdot 10^4$ N an. Radwerkstoff: C 45, Wellenwerkstoff: St 60. Die erforderliche Paßfeder und die Nabenlänge sind zu ermitteln.

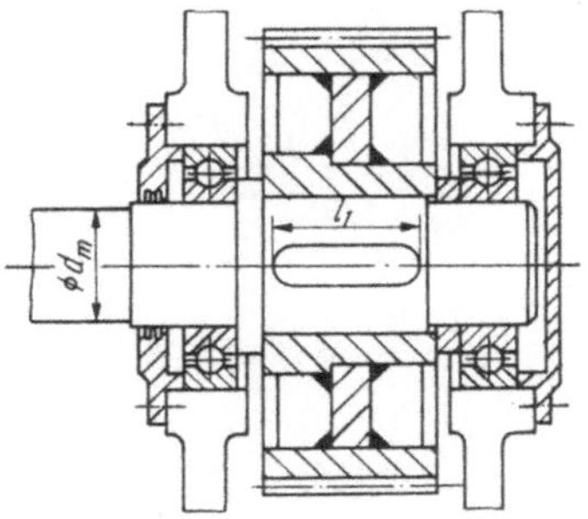

Bild 10.34
Getriebewelle mit Zahnrad

Lösung

Bei einem Wellendurchmesser $d_m = 220$ mm ergeben sich aus TGL 21000 folgende Abmessungen:
$b = 50$ mm, $h = 28$ mm, $t_1 = 17{,}0$ mm, $t_2 = 11{,}4$ mm.
Werkstoff der Paßfeder: St 60.
Nach Tafel 10.2 ist die erforderliche Paßfederlänge

$$l = \frac{2M_t}{d_m t p_{zul}}.$$

Drehmoment:

$$M_t = F_u \frac{d_{01}}{2} = 45{,}0 \cdot 10^6 \text{ N} \cdot \text{mm}.$$

Zulässige Flächenpressung nach Tafel 10.2:

$$p_{zul} = \frac{\sigma_s}{S}; \quad S = 3.$$

Rad: C 45, $\sigma_s = 480$ N/mm², $p_{zul} = 160$ N/mm².
Welle: St 60, $\sigma_s = 340$ N/mm², $p_{zul} = 114$ N/mm².
Erforderliche tragende Paßfederlänge infolge Flächenpressung in der Nabennut:

$$l_N = \frac{2M_t}{d_m (h - t_1)\, p_{zul}} = 240 \text{ mm}.$$

Erforderliche tragende Paßfederlänge infolge Flächenpressung in der Wellennut:

$$l_w = \frac{2M_t}{d_m \cdot t_1 \cdot p_{zul}} = 211 \text{ mm}.$$

Da $l_N > l_W$, bestimmt l_N die Gesamtfederlänge.
Gesamtfederlänge bei rundstirniger Ausführung:
$l_1 = l_N + b = 290$ mm.
Gewählt: Paßfeder A 50 × 28 × 300 TGL 9500
Nabenlänge 320 mm.

Beispiel 2

Durch einen Hebel (Bild 10.35) ist in eine Schaltwelle ein Drehmoment $M_t = 50$ N · m einzuleiten. Die Spannschrauben und die Nabe des Hebels sind zu bemessen.
Nabenwerkstoff: St 50 mit $\sigma_s = 300$ N/mm², $d = d_m = 30$ mm, $\mu = 0{,}1$.

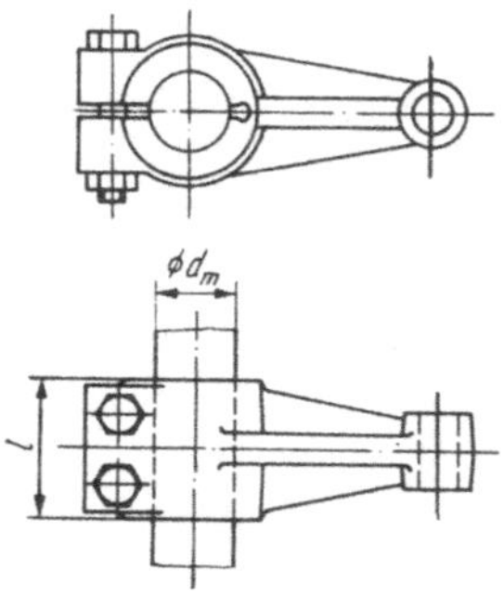

Bild 10.35
Hebel einer Schaltwelle

Lösung

Nach Gl. (10.3) ist

$$p_{zul} = \frac{\sigma_s}{S} = \frac{300}{3} = 100 \text{ N/mm}^2.$$

Erforderliche Nabenlänge zur kraftschlüssigen Übertragung des Drehmoments nach Tafel 10.5:

$$l = \frac{2M_t}{\mu\pi d_m^2 p_{zul}} = 3{,}56 \text{ mm}.$$

Erforderliche radiale Spannkraft:

$$F_{spann} = \frac{2M_t}{\mu\pi d} = 10600 \text{ N}.$$

Schraubenkraft:

$$F_{s\,ges} = \frac{l_2}{l_1} F_{spann} = \frac{25}{50} \cdot 10600 = 5300 \text{ N}$$

$$F_s = \frac{F_{s\,ges}}{i} = 2650 \text{ N}; \quad i = 2 \text{ Schrauben}.$$

Gewählte Schraubenqualität: 4D mit $\sigma_{zul} = 110$ N/mm².

Erforderlicher Schraubenquerschnitt:

$$A_{erf} = \frac{F_s}{\sigma_{zul}} = 24{,}1 \text{ mm}^2.$$

Gewählt: 2 Sechskantschrauben M8 × 60 TGL 0-933 m mit $A_k = 31{,}9 \text{ mm}^2$.
Konstruktiv notwendige Nabenlänge zur Montage der Schrauben:

$$l_N = 40 \text{ mm}.$$

Außendurchmesser der Nabe nach Tafel 10.10:

$$d_a = 50 \text{ mm}.$$

Beispiel 3

Für eine Wellen-Naben-Verbindung ist ein Querpreßsitz nachzurechnen.
Gegebene Daten: Leistung $P = 50$ kW, Drehzahl $n = 1000 \text{ min}^{-1}$.
Wellenwerkstoff: St 50 ($\sigma_s = 300 \text{ N/mm}^2$), $E_{st} = 2{,}06 \cdot 10^5 \text{ N/mm}^2$.
Nabenwerkstoff: St 42 ($\sigma_s = 260 \text{ N/mm}^2$).

$$\mu = 0{,}15, \quad Q_A = d_{Ai}/d_{Aa} = 0{,}65, \quad Q_I = 0 \text{ (Vollwelle)}, \quad b/d = 1$$

Lösung

Mit $M_{t\,max} = 1{,}5\, M_N = 717$ N · m nach Gl. (10.1) ergibt sich der Wellendurchmesser zu $d_w = 60$ mm.

1. Erforderliche Mindestflächenpressung p_k in der Fuge:

$$p_k = \frac{2M_t}{\pi d_w^2 l \mu} = 14{,}1 \text{ N/mm}^2.$$

2. Erforderliches kleinstes Übermaß U_k:

$$U_k = Z_k + \Delta U.$$

Mindesthaftmaß $Z_k = p_k d_w (K_A + K_I)$:

$$K_A = \frac{1}{E_A}\left(\frac{1 + Q_A^2}{1 - Q_A^2} + \frac{1}{m_A}\right) = 1{,}32 \cdot 10^{-5} \text{ mm}^2/\text{N}$$

$$K_I = \frac{1}{E_I}\left(\frac{1 + Q_I^2}{1 - Q_I^2} - \frac{1}{m_I}\right) = 1{,}05 \cdot 10^{-5} \text{ mm}^2/\text{N}$$

$$Z_k = 20{,}0 \cdot 10^{-3} \text{ mm} = 20\,\mu\text{m}.$$

Übermaßverlust:

$$\Delta U \approx 1{,}2\,(R_{tA} + R_{tI}).$$

Welle feingedreht:

$$R_{tI} = 4\,\mu\text{m}.$$

Nabe feingedreht:

$$R_{tA} = 6\,\mu\text{m}$$

$$\Delta U = 12{,}8\,\mu\text{m}$$

$$U_k = 20{,}0 + 12{,}8 = 32{,}8\,\mu\text{m}.$$

3. Größte zulässige Flächenpressung p_{GN} in der Nabe:

$$p_{GN} = \sigma_{zul} \frac{1 - Q_A^2}{\sqrt{3 + Q_A^4}}\,; \quad \sigma_{zul} = \sigma_s/S \text{ mit } S = 1{,}1 \text{ nach Gl. (10.44)}$$

$$p_{GN} = 74{,}5\ \mathrm{N/mm^2}.$$

Größte zulässige Flächenpressung p_{GW} in der Welle:

$$p_{GW} = \sigma_{zul} \frac{1 - Q_i^2}{2} = 136\ \mathrm{N/mm^2}.$$

Da $p_{GN} < p_{GW}$, bestimmt p_{GN} das maximale Übermaß U_G.

4. Größtes zulässiges Übermaß U_G:

$$U_G = Z_G + \Delta U.$$

Maximales Haftmaß

$$Z_G = p_G (K_A + K_I)\, d_w = \frac{p_G}{p_k} Z_k = 106\ \mu\mathrm{m}$$

$$U_G = 106 + 12{,}8 = 118{,}8\ \mu\mathrm{m}.$$

5. Festlegung der Passung (Bild 10.36)

Paßtoleranz: $T = U_G - U_k$

Dmr 60^{H7}	+30 0
Dmr 60_{u7}	+87 +117
Paßmaß	Abmaß

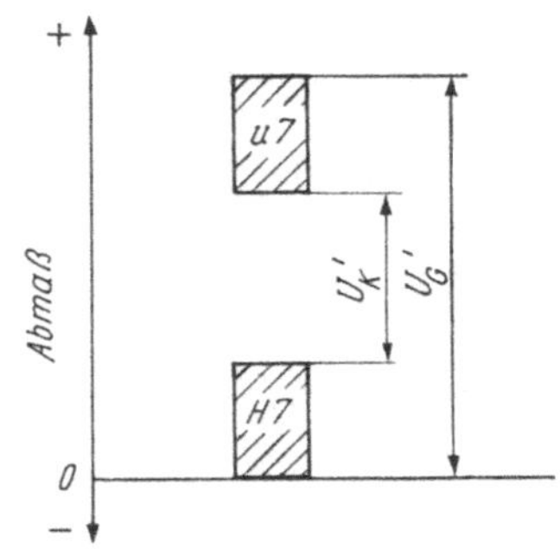

Bild 10.36
Passung Dmr. 60^{H7}_{u7}

Bedingung:

vorhandenes maximales Übermaß $U'_G < U_G$
vorhandenes minimales Übermaß $U'_k > U_k$.
Gewählt: System Einheitsbohrung
Dmr. 60^{H7}_{u7} mit $U'_G = 117\ \mu\mathrm{m} < U_G$
$U'_k = 57\ \mu\mathrm{m} > U_k$.

6. Erforderliche Erwärmung der Nabe:

$$\Delta t = \frac{U'_G + S}{\alpha d_w}$$

$$\Delta t = 276\,°\mathrm{C};$$

$$S \geqq \frac{d_w}{1000} = 65\ \mu\mathrm{m}$$

$$\alpha = 11 \cdot 10^{-6} \frac{\mathrm{m}}{\mathrm{m \cdot k}} \quad \text{für St.}$$

Für Raumtemperatur $t_0 = 20\,°\mathrm{C}$ beträgt die erforderliche Anlaßtemperatur $t_A = 296\,°\mathrm{C}$.

10.8. Literaturverzeichnis

[10.1] Taschenbuch Maschinenbau. Bd. 1 – Grundlagen, Teil II. 3. Aufl. Berlin: VEB Verlag Technik 1975.

[10.2] *Musyl, R.:* Die Polygon-Verbindungen und ihre Nabenberechnung. Konstruktion *14* (1962) H. 2, S. 213–218.

[10.3] *Cornelius, E. A.; Schmidt, P.:* Das Ringfederspannelement als Verbindung von Welle und Nabe. Konstruktion *13* (1961) H. 3, S. 91–100.

[10.4] *Gränz, J.:* Anwendung von Ölpreßverbindungen in Schiffsantriebsanlagen. Seewirtschaft (1973) H. 2, S. 127–130.

[10.5] *Kobold, K.; Gröger, H.:* Berechnung zylindrischer Preßverbindungen. Maschinenbautechnik *21* (1972) H. 2, S. 66–71.

[10.6] *Biederstedt, W.:* Preßpassungen im elastischen, elastisch-plastischen und plastischen Verformungsbereich. Technische Rundschau (1963), H. 9, 11, 14, 20, 24, 29.

[10.7] *Häusler, N.:* Zum Mechanismus der Biegemomentübertragung in Schrumpfverbindungen. Konstruktion *28* (1976) H. 3, S. 103–108.

[10.8] *Lindgren, M.:* Drehmoment-Übertragung in Preßverbindungen. Konstruktion *25* (1973) H. 9, S. 338–341.

[10.9] *Schmid, E.:* Drehmomentübertragung von Kegel-Preß-Verbindungen. Antriebstechnik *12* (1973) H. 10, S. 275–281, H. 12, S. 355–361.

[10.10] *Dmitriew, W. A.:* Maschinenelemente (russ.) Leningrad 1970.

Anhang

In diesem Anhang wurde der Inhalt des vorliegenden Buches für Benutzer in den westlichen Ländern des deutschen Sprachraumes erweitert.
Die Bearbeitung beschränkte sich auf ergänzende Hinweise zur Terminologie, auf eine Anführung der einschlägigen DIN-Normen oder andere Richtlinien und auf eine Erweiterung der Literaturverzeichnisse.
Es wurde versucht, zu der großen Anzahl der zitierten TGL-Standards DIN-Normen mit gleichem oder sinngemäß ähnlichem Inhalt zu finden und anzuführen. Im Hinblick auf die unterschiedliche Entwicklung der Standardisierung in der DDR und des Normenwesens in der Bundesrepublik Deutschland ist es verständlich, daß dies in manchen Fällen Schwierigkeiten bereitete und nicht immer ganz gelingen konnte. Zu solchen Themen finden sich ergänzende Literaturhinweise bei den einzelnen Kapiteln.
Bei den angeführten Werkstofftabellen wurden die in den Normen teilweise noch enthaltenen alten Einheiten kp/cm² durch die neuen Einheiten N/mm² ersetzt und die Zahlenwerte mit 9,81 umgerechnet.
Der Inhalt der in diesem Anhang nicht angeführten Tabellen und Tafeln des Buches ist allgemein gültig und ohne Einschränkung anwendbar.
Alle Angaben der vorliegenden Erweiterung entsprechen dem Stand von 1981.

1. Allgemeine Grundlagen der Konstruktionslehre

zu 1.6.2. Systematische Prinzipfindung, Intuition und Ideenkonferenz (S. 24)

Für den Ausdruck Ideenkonferenz werden im Schrifttum häufig auch die Begriffe „Brainstorming“ oder „kreatives Denken“ verwendet. Siehe [1.10, 1.12].

zu 1.9. Literaturverzeichnis (S. 38)

Weitere Literaturhinweise:

[1.7] *Kesselring, F.:* Technische Kompositionslehre. Berlin, Göttingen, Heidelberg: Springer-Verlag 1954.
[1.8] *Hansen, F.:* Konstruktionswissenschaft. München, Wien: Hanser-Verlag 1974.
[1.9] *Rodenacker, W.:* Methodisches Konstruieren. Berlin, Heidelberg, New York: Springer-Verlag 1976.
[1.10] *Pahl, G.; Beitz, W.:* Konstruktionslehre. Berlin, Heidelberg, New York: Springer-Verlag 1977.
[1.11] VDI-Richtlinien 2222 und 2225: Konstruktionsmethodik. Düsseldorf: VDI-Verlag 1977.
[1.12] *Domke, H.; Robens, M.; Kehrmann, H.:* Methodisches Suchen nach neuen Produkten, Brainstorming auf der Basis der Funktionsbetrachtung. Ind. Anz. 95 (1973).

2. Darstellung technischer Gebilde und Kommunikationsmittel des Konstrukteurs

zu 2.2. Die technische Zeichnung und ihre Anwendung im konstruktiven und technologischen Entwicklungsprozeß (S. 40)

DIN 6771/1 Schriftfelder für Zeichnungen, Pläne und Listen
DIN 6771/2 Vordrucke für technische Unterlagen; Stückliste
DIN 406 Maßeintragung in Zeichnungen
DIN ISO 5455 Maßstäbe

Die in der Bundesrepublik Deutschland genormten Zeichnungsschilder und Stücklisten sind an den Zeilensprung von Rechenanlagen angepaßt und weichen in der Anordnung der Felder und in ihren Maßen von dem Bild 2.6. (S. 42) ab. Sie können den angeführten Normen entnommen werden oder sind in der Literatur über technisches Zeichnen [2.7 bis 2.10] zu finden. Vielfach werden auch firmeninterne Änderungen vorgenommen.

zu 2.4. Arbeitsplatz des Konstrukteurs in der Zukunft (S. 46)

Die beschriebene Gestaltung des Arbeitsplatzes des Konstrukteurs geht Hand in Hand mit der Entwicklung des rechnerunterstützten Konstruierens [2.12 bis 2.19, 2.21], welches in den Veröffentlichungen meist C A D (computer aided design) genannt wird.

zu 2.5. Literaturverzeichnis (S. 46)

Weitere Literaturhinweise:

[2.6] *Hansen, F.:* Konstruktionswissenschaft. München, Wien: Hanser-Verlag 1974.
[2.7] DIN-Taschenbuch 2, Zeichnungswesen 1: Allgemeines, Darstellung, Symbole, Angaben für besondere Fachgebiete. Berlin, Köln: Beuth-Verlag 1980.
[2.8] DIN-Taschenbuch 148, Zeichnungswesen 2: Eintragung von Maßen und Toleranzen, Schriften, Angaben für Oberflächen, Schweißen und Gewinde. Berlin, Köln: Beuth-Verlag 1980.
[2.9] *Hoischen, H.:* Technisches Zeichnen. Essen: Verlag Girardet 1975.
[2.10] *Böttcher, P.; Forberg, R.:* Technisches Zeichnen. Stuttgart: Teubner-Verlag 1980.
VDI-Richtlinien 2210 bis 2217: Datenverarbeitung in der Konstruktion. Düsseldorf: VDI-Verlag.
[2.11] 2210: Analyse des Konstruktionsprozesses im Hinblick auf EDV (1975).
[2.12] 2211/1: Methoden und Hilfsmittel; Aufgabe, Prinzip und Einsatz von Informationssystemen (1980).
[2.13] 2211/2: Methoden und Hilfsmittel; Berechnungen in der Konstruktion (1973).
[2.14] 2211/3: Methoden und Hilfsmittel; Maschinelle Herstellung von Zeichnungen (1980).
[2.15] 2212: Systematisches Suchen und Optimieren konstruktiver Lösungen (1981).
[2.16] 2213: Integrierte Herstellung von Fertigungsunterlagen (1975).
[2.17] 2214: Programmentwicklung (1980).
[2.18] 2215: Organisatorische Voraussetzungen (1980).
[2.19] 2216: Vorgehen bei der Einführung der DV im Konstruktionsbereich (1981).
[2.20] 2217: Begriffserläuterungen (1979).
[2.21] *Händler, W.; Nees, G.:* Rechnergestützte Konstruktion. CAD. Mannheim, Wien, Zürich: Bibliographisches Institut 1980.

3. Standardisierung im Maschinenbau

zu 3.2.1. **Vorzugszahlen** (S. 47)

DIN 323 Normzahlen und Normzahlreihen

zu 3.2.2. **Toleranzen für Längenmaße** (S. 49)

DIN 7168/1 Allgemeintoleranzen (Freimaßtoleranzen)

Tafel 3.2. Toleranzen für Maße ohne Toleranzangabe nach DIN 7168/1 (S. 50)

Nennmaßbereich mm	Klasse fein	mittel	grob	sehr grob
über 0,5 ... 3	±0,05	±0,1	±0,15	–
über 3 ... 6	±0,05	±0,1	±0,2	±0,5
über 6 ... 30	±0,1	±0,2	±0,5	±1
über 30 ... 120	±0,15	±0,3	±0,8	±1,5
über 120 ... 400	±0,2	±0,5	±1,2	±2
über 400 ... 1000	±0,3	±0,8	±2	±3
über 1000 ... 2000	±0,5	±1,2	±3	±4
über 2000 ... 4000	±0,8	±2	±4	±6
über 4000 ... 8000	–	±3	±5	±8
über 8000 ... 12000	–	±4	±6	±10
über 12000 ... 16000	–	±5	±7	±12
über 16000 ... 20000	–	±6	±8	±12

Das ISO-Toleranz- und Passungssystem ist in DIN 7150 bis 7161 niedergelegt.

DIN 7150/1 ISO-Toleranzen und ISO-Passungen für Längenmaße von 1 bis 500 mm; Einführung
DIN 7151 ISO-Grundtoleranzen für Längenmaße von 1 bis 500 mm Nennmaß
DIN 7152 Bildung von Toleranzfeldern aus den ISO-Grundabmaßen für Nennmaße von 1 bis 500 mm
DIN 7154/1 ISO-Passungen für Einheitsbohrung; Toleranzfelder, Abmaße
DIN 7154/2 ISO-Passungen für Einheitsbohrung; Paßtoleranzen, Spiele und Übermaße
DIN 7155/1 ISO-Passungen für Einheitswelle; Toleranzfelder, Abmaße
DIN 7155/2 ISO-Passungen für Einheitswelle; Paßtoleranzen, Spiele und Übermaße
DIN 7157 Passungsauswahl; Toleranzfelder, Abmaße, Paßtoleranzen
DIN 7160 ISO-Abmaße für Außenmaße (Wellen), für Nennmaße von 1 bis 500 mm
DIN 7161 ISO-Abmaße für Innenmaße (Bohrungen), für Nennmaße von 1 bis 500 mm

zu 3.2.4. **Oberflächengüte** (S. 55)

DIN 4762 Oberflächenrauheit; Begriffe
DIN 4766 Herstellverfahren der Rauheit von Oberflächen
DIN 3141 Oberflächenzeichen in Zeichnungen; Zuordnung der Rauhtiefen

Diese Norm wird ersetzt durch DIN ISO 1302, in der Rauhigkeitsklassen von N 1 bis N 12 definiert werden.

zu 3.3. **Literaturverzeichnis** (S. 56)

Weitere Literaturhinweise:

[3.3] Dubbel, Taschenbuch für den Maschinenbau. Berlin, Heidelberg, New York: Springer-Verlag 1981.

4. Berechnen und Gestalten von Konstruktionselementen

zu 4.4.1. **Richtlinien für die Werkstoffauswahl** (S. 72)

Korrosion und Korrosionsschutz
DIN 50900/1 Korrosion der Metalle; Allgemeine Begriffe
DIN 50900/2 Korrosion der Metalle; Elektrochemische Begriffe
Siehe auch [4.17, 4.18].

zu 4.4.2 **Stähle** (S. 72)

Baustähle
DIN 17100 Allgemeine Baustähle
DIN 17115 Stähle für geschweißte Rundstahlketten
DIN 17111 Kohlenstoffarme unlegierte Stähle für Schrauben, Muttern und Niete
DIN 1626 Geschweißte Stahlrohre aus unlegierten und niedrig legierten Stählen für Leitungen, Apparate und Behälter
DIN 1629 Nahtlose Rohre aus unlegierten Stählen für Leitungen, Apparate und Behälter
DIN 2391 Nahtlose Präzisionsstahlrohre
DIN 2393 Geschweißte Präzisionsstahlrohre
SEW 087 Wetterfeste Stähle (entspricht korrosionsträge)[1])
DIN 17102 Schweißgeeignete Feinkornbaustähle normalgeglüht (auch SEW 089)
DIN 1651 Automatenstähle
DIN 17155 Kesselbleche
SEW 590 Druckwasserstoffbeständige Stähle[1])
DIN 1654 Kaltstauch- und Kaltfließpreßstähle

Einsatz- und Vergütungsstähle
DIN 17210 Einsatzstähle
DIN 17200 Vergütungsstähle
DIN 17211 Nitrierstähle

Tafel 4.4. Baustähle (S. 77)

Stahlmarke TGL	DIN	Kurzzeichen	Zugfestigkeit[1]) N/mm²
St 34	17100	St 33	290
St 38		St 37	340 ... 470
St 42		St 44	410 ... 540
St 50		St 50	470 ... 610
H 52-3	17102	StE 380	500 ... 650
St 60	17100	St 60	570 ... 710
St 70		St 70	670 ... 830
KT 45	SEW 087[2])	WTSt 37-3	360 ... 440
KT 52		WTSt 52-3	510 ... 610
9Mn6	nicht genormt		
25MnSi6			
30MnCrSi6			

[1]) Für Dicken von 3 bis 70 mm.
[2]) Stahl-Eisen-Werkstoffblatt.

[1]) Stahl-Eisen-Werkstoffblätter. Düsseldorf: Verlag Stahleisen.

Tafel 4.6. Einsatzstähle (S. 79)

Stahlmarke TGL	DIN	Kurzzeichen	Zugfestigkeit[1]) N/mm²
C 10, CK 10	17210	C 10, Ck 10	640 ... 780
C 15, CK 15		C 15, Ck 15	735 ... 880
15Cr3		15Cr3	780 ... 1030
16MnCr5		16MnCr5	880 ... 1180
20MnCr5		20MnCr5	1080 ... 1370
15CrNi6		15CrNi6	960 ... 1180
18CrNi8		18CrNi8[2])	1230 ... 1470
20MoCr5		20MoCr5	880 ... 1180

[1]) Für Durchmesser bis 11 mm.
[2]) Nur in Sonderfällen verwenden.

Tafel 4.7. Vergütungsstähle (S. 80)

Stahlmarke TGL	DIN	Kurzzeichen	Zugfestigkeit[1]) N/mm²
C25	17200	C22	490 ... 640
C35		C35	580 ... 730
C45		C45	660 ... 800
C60		C60	780 ... 930
30Mn5		28Mn6	690 ... 830
37MnSi5	nicht genormt		
42MnV7			
25CrMo4	17200	25CrMo4	780 ... 930
34CrMo4		34CrMo4	880 ... 1080
42CrMo4		42CrMo4	980 ... 1180
50CrMo4		50CrMo4	980 ... 1180
36CrNiMo4		36CrNiMo4	980 ... 1180

[1]) Für Durchmesser von 16 bis 40 mm.

Stähle für hohe und tiefe Temperaturen

SEW 680 Kaltzähe Stähle[1])
SEW 670 Hochwarmfeste Stähle[1])
DIN 17155 Kesselbleche
DIN 17240 Warmfeste und hochwarmfeste Werkstoffe für Schrauben und Muttern
DIN 17175 Nahtlose Rohre aus warmfesten Stählen
SEW 470 Hitzebeständige Walz- und Schmiedestücke[1])

Werkzeugstähle

DIN 17350 Werkzeugstähle

zu 4.4.3. **Eisengußwerkstoffe** (S. 81)

DIN 1681 Stahlguß für allgemeinen Verwendungszweck
DIN 17445 Nichtrostender Stahlguß
SEW 510 Vergütungsstahlguß für Werkstücke mit Wanddicken[1]) bis 100 mm
DIN 17245 Warmfester ferritischer Stahlguß
DIN 17465 Hitzebeständiger Stahlguß

[1]) Stahl-Eisen-Werkstoffblätter. Düsseldorf: Verlag Stahleisen.

DIN 1693 Gußeisen mit Kugelgraphit
DIN 1691 Gußeisen mit Lamellengraphit (Grauguß)
DIN 1692 Temperguß

Tafel 4.8. Stahlguß (S. 82)

Legierung TGL	DIN	Kurzzeichen	Zugfestigkeit N/mm²	
GS-40.3	1681	GS-38	370	allgemeine
GS-45.3		GS-45	440	Verwendung
GS-50.3		GS-52	510	
GS-60.3		GS-60	590	
GS-20Mn6	nicht			
GS-30MnSi5	genormt			
GS-30CrMo4V				
GS-30CrNiMo6				
GS-X10Cr13	17445	GS-X12Cr14	590 ... 780	nichtrostend
GS-X22CrNi17V		GS-X22CrNi17	800 ... 1000	
GS-X12CrNiMo18.10		GS-X10CrNiMo18.9	440 ... 640	
		GS-X6CrNiMo18.10	440 ... 640	

Tafel 4.9. Gußeisen (S. 84)

Legierung TGL	DIN	Kurzzeichen	Zugfestigkeit N/mm²	Biegefestigkeit N/mm²
GGL-15	1691	GG-15	150	270 ... 340
GGL-20		GG-20	195	330 ... 410
GGL-25		GG-25	245	390 ... 460
GGL-30		GG-30	295	450 ... 480
GGL-35		GG-35	340	510 ... 540
GGG-40	1693	GGG-40	390	nicht genormt
GGG-50		GGG-50	490	
GGG-60		GGG-60	590	
GGG-70		GGG-70	685	
GT-35E	1692	GTW-35	340	
GT-40E		GTW-40	390	
GT-35		GTS-35	340	
GT-65		GTS-65	640	

zu 4.4.4. **Leichtmetalle** (S. 83)

DIN 1725/1 Aluminiumlegierungen; Knetlegierungen
DIN 1725/2 Aluminiumlegierungen; Gußlegierungen
DIN 1746 Rohre aus Aluminium und Aluminium-Knetlegierungen
DIN 1745 Bleche und Bänder aus Aluminium und Aluminium-Knetlegierungen
DIN 1747 Stangen aus Aluminium und Aluminium-Knetlegierungen
DIN 1729 Magnesiumlegierungen
DIN 17606/1 Freiformschmiedestücke aus Aluminium-Knetlegierungen

Tafel 4.10. Aluminiumlegierungen (S. 85)

Legierung TGL		DIN	Kurzzeichen		Zugfestigkeit min. N/mm²	max.
AlMg3	F18	1745	AlMg3	F19	190 ...	230
	F23			F24	240 ...	280
	F26			F27	265 ...	305
AlMg5	F24	1747	AlMg5	F25	250	
	F28			F26	255	
	F32			F28	280	
AlMgSi1	F15	1745	AlMgSi1	W		150
	F20			F21	205	
	F32			F32	315	
AlCuMg1	F22		AlCuMg1	W	215	
	F40			F40	395	
	F37	17606		F38	380	
AlZnMgCu0,5			AlZnMgCu0,5	F46	460	
EMoTi140		nicht genormt				

Tafel 4.11. Aluminiumgußlegierungen (S. 86)

Legierung TGL		DIN	Kurzzeichen	Zugfestigkeit N/mm²
G-AlMg5	unbeh.	1725/2	G-AlMg5	160 ... 220
GK-AlMg5	unbeh.		GK-AlMg5	180 ... 240
GD-AlMg9	unbeh.		GD-AlMg9	200 ... 300
G-AlSi5Mg	unbeh.		G-AlSi5Mg	140 ... 180
G-AlSi5Mg	kalt ausgeh.		G-AlSi5Mg ka	180 ... 250
G-AlSi5Mg	warm ausgeh.		G-AlSi5Mg wa	240 ... 300
G-AlSi10Mg	unbeh.		G-AlSi10Mg	170 ... 220
G-AlSi10Mg	warm ausgeh.		G-AlSi10Mg wa	220 ... 320
G-AlSi6Cu	unbeh.		G-AlSi6Cu	160 ... 200
G-AlSi6Cu	kalt ausgeh.		GK-AlSi6Cu	180 ... 240
G-AlSi6Cu	warm ausgeh.		GD-AlSi6Cu	220 ... 300
G-MgAl8Zn1	unbeh.	1729/2	G-MgAl8Zn1	160 ... 220
G-MgAl8Zn	homogenisiert		G-MgAl8Zn1 ho	240 ... 280

zu 4.4.5. **Kupferwerkstoffe** (S. 87)

DIN 1708 Kupfer; Kathoden und Gußformate
DIN 17660 Kupferknetlegierungen; Kupfer-Zink-Legierungen (Messing), (Sondermessing)
DIN 1709 Kupfer-Zink-Gußlegierungen; (Gußmessing und Gußsondermessing)
DIN 17662 Kupferknetlegierungen; Kupfer-Zinn-Legierungen (Zinnbronze)
DIN 1705 Kupfer-Zinn- und Kupfer-Zinn-Zink-Gußlegierungen; (Guß-Zinnbronze und Rotguß)
DIN 17665 Kupferknetlegierungen; Kupfer-Aluminium-Legierungen (Aluminiumbronze)
DIN 1714 Kupfer-Aluminium-Gußlegierungen (Guß-Aluminiumbronzen)
DIN 1716 Kupfer-Blei-Zinn-Gußlegierungen (Guß-Zinn-Blei-Bronze)

Tafel 4.12. Kupfergußlegierungen (S. 88)

Legierung TGL	DIN	Kurzzeichen	Zugfestigkeit N/mm²
G-CuSn10	1705	G-CuSn10	270
GK-CuSn10		–	
GZ-CuSn10		–	
G-CuSn7Zn4Pb6		G-CuSn7ZnPb	240
GK-CuSn7Zn4Pb6		GZ-CuSn7ZnPb	270
GZ-CuSn7Zn4Pb6		GC-CuSn7ZnPb	270
G-CuZn38Al	1709	GK-CuZn38Al	380
G-CuZn37Mn3AlFe	nicht genormt		
GK-CuZn37Mn3AlFe			
GZ-CuZn37Mn3AlFe			
G-CuZn15Si3	1709	G-CuZn15Si4	400
G-CuAl9Ni4Fe4Mn2	1714	G-CuAl9Ni	500
		GK-CuAl9Ni	600
G-CuMn10Zn8Al6NiFe	nicht genormt		
GC = Strangguß			

zu 4.4.6. **Federwerkstoffe** (S. 89)

DIN 17224 Federdraht und Federband aus nichtrostenden Stählen
DIN 17221 Warmgewalzte Stähle für vergütbare Federn
DIN 17222 Kaltgewalzte Stahlbänder für Federn
DIN 17223 Runder Federstahldraht
DIN 17225 Warmfeste Stähle für Federn
DIN 17682 Runde Federdrähte aus Kupferknetlegierungen

Tafel 4.13 Federwerkstoffe – Einsatzbereiche (S. 90)

Werkstoffgruppe	TGL	DIN
Unlegierte Stähle	14515	17221
Federbandstahl, kalt gewalzt	14192	17222
SiMn-Stähle	13789	17223
Cr-Stähle	13789	17223
CrMoV-Stähle	13872	17225
Rost- und säurebeständige Stähle	14187	17224
Kupferknetlegierungen	0-17662	17662

zu 4.5. **Dimensionierung von Konstruktionselementen, Festigkeitsnachweis und Lebensdauer** (S. 92)

In diesem Abschnitt und auch in einigen späteren Abschnitten finden sich Hinweise auf TGL 19340 T. 1 bis T. 5: Maschinenbauteile; Dauerschwingfestigkeit.
Eine vergleichbare DIN-Norm wurde bisher noch nicht veröffentlicht. Grundsätzlich ähnliche Berechnungsweisen sind in [4.19, 4.20] und im Schrifttum [4.16, 4.21, 4.23] zu finden. Dauerfestigkeitsschaubilder können [4.22] entnommen werden.
Ferner soll noch darauf hingewiesen werden, daß die Regeln für Dimensionierung und Festigkeitsnachweis von Bau- und Maschinenteilen jeweils in den Normen der einzelnen Fachgebiete festgelegt sind. Diese Normen enthalten neben Werkstoffkennwerten zulässige Beanspruchungen, bei deren Festlegung die erforderlichen Sicherheitswerte berücksichtigt wurden. Solche Vorschriften sind zum Beispiel:

DIN 4100	Geschweißte Stahlbauten mit vorwiegend ruhender Belastung
DIN 18800/1	Stahlbauten; Berechnung und Konstruktion
DIN 4101	Geschweißte stählerne Straßenbrücken; Berechnung und bauliche Durchbildung
DIN 15017	Hebezeuge; Grundzüge für Triebwerke, Berechnung
DIN 15018	Krane; Grundsätze für Stahltragwerke, Berechnung
DV 962	Geschweißte Fahrzeuge, Maschinen und Geräte der DB. Vorschrift der deutschen Bundesbahn

zu 4.5.7. **Versagen durch Verschleiß** (S. 129)

Hinweis zu *Tafel 4.18. Auswahl verschleißgünstiger Werkstoffe* (S. 133)

Weißmetalle	DIN 1703
Bleibronze	DIN 1716
Zinnbronze	DIN 1705
Al-Bronze	DIN 1714
Grauguß	DIN 1691

zu 4.6. **Literaturverzeichnis** (S. 143)

Weitere Literaturhinweise:

[4.15] Dubbel, Taschenbuch für den Maschinenbau. Berlin, Heidelberg, New York: Springer-Verlag 1981.

[4.16] *Niemann, G,:* Maschinenelemente Bd. I. 2. Aufl. Berlin, Heidelberg, New York: Springer-Verlag 1975.

[4.17] *Herbsleb, G.:* Korrosionsschutz von Stahl. Düsseldorf: Verlag Stahleisen 1977.

[4.18] *Spähn, H.; Rubo, E.; Pahl, G.:* Korrosionsgerechte Gestaltung. Konstruktion 25 (1973).

[4.19] VDI-Richtlinie 2226: Empfehlung für die Festigkeitsberechnung metallischer Bauteile. Düsseldorf: VDI-Verlag 1965.

[4.20] VDI-Richtlinie 2227: Festigkeit bei wiederholter Beanspruchung; Zeit- und Dauerfestigkeit metallischer Werkstoffe, insbesondere von Stählen. Düsseldorf: VDI-Verlag 1974.

[4.21] *Hänchen, R.; Decker, K.-H.:* Neue Festigkeitsberechnung für den Maschinenbau. München: Hanser-Verlag 1967.

[4.22] *Hänchen, R.:* Dauerfestigkeitsschaubilder für Stahl und Gußeisen. München: Hanser-Verlag 1963.

[4.23] *Neuber, H.:* Kerbspannungslehre. Berlin, Göttingen, Heidelberg: Springer-Verlag 1958.

[4.24] *Wahl, W.:* Abrasive Verschleißschäden und ihre Verminderung. VDI-Berichte Nr. 243. Düsseldorf: VDI-Verlag 1975.

[4.25] *Hoefle, J.:* Zuverlässigkeitsrechnung. Berlin, Heidelberg, New York: Springer-Verlag 1978.

[4.26] *Gaßner, E.:* Betriebsfestigkeit, eine Bemessungsgrundlage für Konstruktionsteile mit statistisch wechselnden Betriebsbeanspruchungen. Konstruktion 6 (1954).

[4.27] *Hornbogen, E.:* Werkstoffe. 2. Aufl. Berlin, Heidelberg, New York: Springer-Verlag 1979.

[4.28] DIN-Taschenbuch 4, Stahl und Eisen; Gütenormen 1 und DIN-Taschenbuch 155, Stahl und Eisen; Gütenormen 2. Berlin, Köln: Beuth-Verlag 1981.

5. **Federn**

zu 5.5.1. **Metallfedern** (S. 164)

DIN 2092	Tellerfedern; Berechnung
DIN 2093	Tellerfedern; Maße, Werkstoff, Eigenschaften
DIN 2088	Zylindrische Schraubenfedern aus runden Drähten und Stäben; Berechnung und Konstruktion von Drehfedern (Schenkelfedern)
DIN 2091	Drehstabfedern mit rundem Querschnitt; Berechnung und Konstruktion

DIN 2089/1 Zylindrische Schraubendruckfedern aus runden Drähten und Stäben; Berechnung und Konstruktion
DIN 2089/2 Zylindrische Schraubenfedern aus runden Drähten und Stäben; Berechnung und Konstruktion von Zugfedern
DIN 2095 Zydlinrische Schraubenfedern aus runden Drähten; Gütevorschriften für kaltgeformte Druckfedern
DIN 2096/1 Zylindrische Schraubendruckfedern aus runden Drähten und Stäben; Güteanforderungen bei warmgeformten Druckfedern
DIN 2097 Zylindrische Schraubenfedern aus runden Drähten; Gütevorschriften für kaltgeformte Zugfedern
DIN 2098/1, 2 Zylindrische Schraubenfedern aus runden Drähten; Baugrößen
DIN 2099/1 Zylindrische Schraubenfedern aus runden Drähten und Stäben; Angaben für Druckfedern, Vordruck
DIN 2099/2 Zylindrische Schraubenfedern aus runden Drähten; Angaben für Zugfedern, Vordruck

zu 5.7. **Literaturverzeichnis** (S. 201)

Weitere Literaturhinweise:

[5.18] Dubbel, Taschenbuch für den Maschinenbau. Berlin, Heidelberg, New York: Springer-Verlag 1981.
[5.19] DIN-Taschenbuch 29: Normen über Federn. Berlin, Köln: Beuth-Verlag 1979.
[5.20] *Göbel, E. F.:* Gummifedern als moderne Konstruktionselemente. Konstruktion 22 (1970) 401–406.

6. Grundlagen der Verbindungselemente und -techniken

zu 6.3. **Literaturverzeichnis** (S. 209)

Weitere Literaturhinweise:

[6.2] Dubbel, Taschenbuch für den Maschinenbau. Berlin, Heidelberg, New York: Springer-Verlag 1981.

7. Schweißverbindungen

zu 7.2.2. **Schweißeignung der Stähle** (S. 214)

DIN 17100 Allgemeine Baustähle
DIN 17155 Kesselbleche
DIN 1626 Geschweißte Stahlrohre aus unlegierten und niedrig legierten Stählen
DIN 17175 Nahtlose Rohre aus warmfesten Stählen
DIN 8571 Schweißzusatzwerkstoffe zum Schmelzschweißen
DIN 8554 Gasschweißstäbe zum Verbindungsschweißen von Stählen
DIN 8555 Schweißzusatzstoffe zum Auftragsschweißen
DIN 8556 Schweißzusatzstoffe für das Schweißen nichtrostender und hitzebeständiger Stähle
DIN 1913 Stabelektroden für das Verbindungsschweißen von Stahl; unlegiert und niedrig legiert
DIN 8557 Schweißzusatzwerkstoffe und Schweißpulver für das Unterpulverschweißen
DIN 8559 Schweißzusatz für das Schutzgasschweißen; Drahtelektroden und Schweißdrähte für das Metall-Schutzgasschweißen von unlegierten und niedrig legierten Stählen

zu 7.2.3. **Schweißeignung der Eisengußstoffe** (S. 217)

DIN 8573 Schweißzusatzstoffe zum Schweißen von Gußeisen

zu 7.2.4. **Schweißeignung sonstiger Metalle und Plaste** (S. 218)

DIN 1732 Schweißzusatzwerkstoffe für Aluminium

zu 7.4. **Richtlinien für die Schweißnahtvorbereitung** (S. 228)

DIN 1910/1 Schweißen; Begriffe, Einteilung der Schweißverfahren
DIN 1910/2 Schweißen; Schweißen von Metallen, Verfahren
DIN 1910/3 Schweißen; Schweißen von Kunststoffen, Verfahren
DIN 1910/4 Schweißen; Schutzgasschweißen, Verfahren
DIN 1910/5 Schweißen; Widerstandsschweißen, Verfahren
DIN 1910/10 Schweißen; Mechanisierte Lichtbogen-Schmelzschweißverfahren, Benennungen
DIN 1910/11 Schweißen; Werkstoffbedingte Begriffe für Metallschweißen
DIN 1910/12 Schweißen; Fertigungsbedingte Begriffe für Metallschweißen
DIN 1912/1 Zeichnerische Darstellung, Schweißen, Löten; Begriffe und Benennungen für Schweißstöße, -fugen, -nähte
DIN 1912/2 Zeichnerische Darstellung, Schweißen, Löten; Arbeitspositionen, Nahtneigungswinkel, Nahtdrehwinkel
DIN 1912/3 Zeichnerische Darstellung, Schweißen, Löten; Begriffe und Grundsätze für Auftragsschweißungen
DIN 1912/4 Zeichnerische Darstellung, Schweißen, Löten; Begriffe und Benennungen für Lötstöße und Lötnähte
DIN 1912/5 Zeichnerische Darstellung, Schweißen, Löten; Grundsätze für Schweiß- und Lötverbindungen, Symbole
DIN 1912/6 Zeichnerische Darstellung, Schweißen, Löten; Grundsätze für die Bemaßung

zu 7.5. **Schweißgerechtes Gestalten von Konstruktionselementen** (S. 230)

DIN 8551/1, 4 Schweißnahtvorbereitung (Stahl)
DIN 8552/1, 2, 3 Schweißnahtvorbereitung (NE-Metalle)

zu 7.6. **Festigkeit und Berechnung von Schmelzschweißverbindungen** (S. 237)

DIN 8563/1 Sicherung der Güte von Schweißarbeiten; Allgemeine Grundsätze
DIN 8563/2 Sicherung der Güte von Schweißarbeiten; Anforderungen an den Betrieb
DIN 8563/3 Sicherung der Güte von Schweißarbeiten; Schmelzschweißverbindungen an Stahl, Anforderungen,Bewertungsgruppen

zu 7.7. **Festigkeit, Berechnung und Gestaltung von widerstandsgeschweißten Verbindungen** (S. 252)

Punktschweißverbindungen
DIN 1115 Stahlleichtbau und Stahlrohrbau im Hochbau
DVS 2902 T. 3 Widerstandspunktschweißen von Stählen bis 3 mm Einzeldicke. Konstruktion und Berechnung. Düsseldorf: DVS-Verlag

zu 7.8. **Literaturverzeichnis** (S. 256)

Weitere Literaturhinweise:

[7.19] Dubbel, Taschenbuch für den Maschinenbau. Berlin, Heidelberg, New York: Springer-Verlag 1981.

[7.20] *Wellinger, K.; Stoll, A.; Hermsen, H. W.*: Schweißen. Stuttgart: Kröner-Verlag 1964.

[7.21] Merkblatt 379. Schweißgerechtes Konstruieren im Maschinenbau, 2. Aufl. Düsseldorf: Beratungsstelle für Stahlverwendung 1975.

[7.22] *Ruge, J.*: Handbuch der Schweißtechnik, 2. Aufl., Bd. I. Werkstoffe, Bd. II. Verfahren und Fertigung. Berlin, Heidelberg, New York: Springer-Verlag 1980.

[7.23] DASt-Richtlinie 009. Empfehlungen zur Wahl der Stahlgütegruppen für geschweißte Stahlbauten. Köln: Stahlbauverlag 1971.

[7.24] DIN 15018. Krane: Grundsätze für Stahltragwerke, Berechnung.

8. Kleb- und Lötverbindungen

zu 8.2.2. **Klebstoffe und Klebstoffverarbeitung** (S. 262)

Ergänzungen zu *Tafel 8.1. Klebstofftypen* (S. 264)

Klebstofftyp	Klebstoff	Hersteller
Epoxidharzkleber	Agomet P76	Degussa (Hanau)
	Araldit	Ciba (Wehr-Bad.)
	Terocal 221	Teroson (Heidelberg)
	Metallon K	Henkel (Düsseldorf)
	Isamet	Isar-Chemie (München)
Phenolharzkleber	Redux 775	Ciba (Wehr-Bad.)
	Isoplast	Isar-Chemie (München)
	Tegocoll	Goldschmidt (Essen)
Polyesterharze, ungesättigt	Agomet U	Degussa (Hanau)
	Vestopal	Chem. Werke Hüls
Polyurethanharzkleber	Macroplast	Henkel (Düsseldorf)
	Terocal 724	Teroson (Heidelberg)
	Körapur	Kömmerling (Pfungstadt Hess.)
	Ultraflex	Isar-Chemie (München)
Epoxid-Silikonkleber	Gupalon	Gussolit (München)
Zyanoacrylatkleber	Agomet C550	Degussa (Hanau)
	Stabilit	Henkel (Düsseldorf)
	Technicol 8201	Beiersdorf (Hamburg)
	Sicomet	Sichelwerke (Hannover)

zu 8.2.4. **Berechnen und Gestalten von Klebverbindungen** (S. 265)

DIN 53282 Prüfung von Metallklebstoffen und Metallklebungen; Winkelschälversuch

zu 8.3.2. **Lötbarkeit, Flußmittel, Lote und Lötverfahren** (S. 281)

DIN 8511 Flußmittel zum Löten metallischer Werkstoffe
DIN 1707 Weichlote
DIN 8513 Hartlote
DIN 8512 Hart- und Weichlote für Aluminium-Werkstoffe
DIN 8505/1 Löten; Allgemeines, Begriffe
DIN 8502/2 Löten; Einteilung der Verfahren, Begriffe

Ergänzungen zu *Tafel 8.4 Anwendungsrichtlinien für Hart- und Weichlote* (S. 283)

Lotgruppe Lot	DIN	Kurzzeichen
Kupferhartlot		
LCu	8513/1	LCu
Kupfer-Phosphor-Lot		
LCuP8		LCuP8
Messinglot		
LMs60		LCuZn40
		LCuZn39Sn
Silberlote		
LAg12	8513/2	LAg12
LAg12Cd7		LAg12Cd
LAg20Cd15	8513/3	LAg20Cd
LAg25		LAg25
LAg27		LAg27
LAg40Cd20		LAg40Cd
LAg49Mn7		LAg49
Weichlote		
LPbSn30Sb...	1707	LPbSn30Sb
LPbSn60Sb		LSn60Pb
LSnSb5		LSnSb5
LPbAg3		LPbAg3

zu 8.4. **Literaturverzeichnis** (S. 290)

Weitere Literaturhinweise:

[8.23] Dubbel, Taschenbuch für den Maschinenbau. Berlin, Heidelberg, New York: Springer-Verlag 1981.
[8.24] VDI-Richtlinie 2229: Metallklebverbindungen. Hinweise für Konstruktion und Fertigung. Düsseldorf: VDI-Verlag 1979.
[8.25] Merkblatt 382. Kleben von Stahl. Düsseldorf: Beratungsstelle für Stahlverwendung.
[8.26] *Brockmann, W.:* Grundlagen und Stand der Metallklebtechnik. Düsseldorf: VDI-Verlag 1971.
[8.26] *Lueder, E.:* Löten, Betriebsbücher, Bd. 25. München: Hanser-Verlag 1966.

9. **Schraubenverbindungen**

zu 9.4. **Literaturverzeichnis** (S. 382)

Weitere Literaturhinweise:

[9.11] Dubbel, Taschenbuch für den Maschinenbau. Berlin, Heidelberg, New York: Springer-Verlag 1981.
[9.12] VDI-Richtlinie 2230: Systematische Berechnung hochbeanspruchter Schraubenverbindungen. Düsseldorf: VDI-Verlag 1974.
[9.13] DASt-Richtlinie 010. Anwendung hochfester Schrauben im Stahlbau. Köln: Stahlbauverlag 1975.
[9.14] *Galwelat, M.:* Programmsystem zum Auslegen von Schraubenverbindungen. Konstruktion 31 (1975) 275–282.

10. Wellen-Naben-Verbindungen

zu 10.3.1. **Stiftverbindungen** (S. 385)

DIN 1 Kegelstifte
DIN 7 Zylinderstifte
DIN 1473 Zylinderkerbstifte
DIN 7346 Spannstifte (Spannhülsen), leichte Ausführung
DIN 1481 Spannstifte (Spannhülsen), schwere Ausführung

zu 10.3.2. **Federverbindungen** (S. 388)

DIN 6888 Mitnehmerverbindungen ohne Anzug; Scheibenfedern
DIN 6885 Mitnehmerverbindungen ohne Anzug; Paßfedern

zu 10.3.3. **Profilwellen** (S. 389)

DIN 5461 Keilwellen-Verbindungen mit geraden Flanken; Übersicht
DIN 5462 Keilwellen-Verbindungen mit geraden Flanken; Leichte Reihe
DIN 5463 Keilwellen-Verbindungen mit geraden Flanken; Mittlere Reihe
DIN 5464 Keilwellen-Verbindungen mit geraden Flanken; Schwere Reihe
DIN 5471 Werkzeugmaschinen; Keilwellen- und Keilnabenprofile mit 4 Keilen, Innenzentrierung, Maße
DIN 5472 Werkzeugmaschinen; Keilwellen- und Keilnabenprofile mit 6 Keilen, Innenzentrierung, Maße
DIN 5481 Kerbzahnnaben- und Kerbzahnwellen-Profile (Kerbverzahnungen)
DIN 5480 Zahnwellenverbindungen mit Evolventenflanken
DIN 5482/1 Zahnnabenprofile und Zahnwellenprofile mit Evolventenflanken; Maße
DIN 5482/2 Zahnnabenprofile und Zahnwellenprofile mit Evolventenflanken; Profil für Abwälzfräser
DIN 5482/3 Zahnnabenprofile und Zahnwellenprofile mit Evolventenflanken; Zahnlücken- und Zahndickenmessung mit Meßkugel oder Meßzylinder

zu 10.4.3. **Preßverbindungen** (S. 399)

DIN 7190 Berechnung und Anwendung von Preßverbänden

zu 10.5.1. **Keilverbindungen** (S. 412)

DIN 6886 Spannungsverbindungen mit Anzug; Keile, Nuten
DIN 6887 Spannungsverbindungen mit Anzug; Nasenkeile, Nuten
DIN 271 Tangentkeile und Tangentkeilnuten für gleichbleibende Beanspruchungen
DIN 268 Tangentkeile und Tangentkeilnuten für stoßartige Wechselbeanspruchungen
DIN 6881 Spannungsverbindungen mit Anzug; Hohlkeile
DIN 6889 Spannungsverbindungen mit Anzug; Nasenhohlkeile

zu 10.8. **Literaturverzeichnis** (S. 423)

Weitere Literaturhinweise:

[10.11] Dubbel, Taschenbuch für den Maschinenbau. Berlin, Heidelberg, New York: Springer-Verlag 1981.

[10.12] *Niemann, G.:* Maschinenelemente Bd. I. 2. Aufl. Berlin, Heidelberg, New York: Springer-Verlag 1975.

[10.13] *Müller, H. W.:* Drehmomentübertragung bei Preßverbindungen. Konstruktion 14 (1962) 47–57, 112–115.

[10.14] *Biederstedt, W.:* Preßpassungen im elastischen, elastisch-plastischen und plastischen Verformungsbereich. Techn. Rundschau H. 57. Bern: Verlag Hallwag 1963.

Sachwörterverzeichnis

GPSR Compliance

The European Union's (EU) General Product Safety Regulation (GPSR) is a set of rules that requires consumer products to be safe and our obligations to ensure this.

If you have any concerns about our products, you can contact us on ProductSafety@springernature.com

In case Publisher is established outside the EU, the EU authorized representative is:

Springer Nature Customer Service Center GmbH
Europaplatz 3
69115 Heidelberg, Germany

Batch number: 10584556

Printed by Printforce, the Netherlands